쉽게 배우는

생활속의 통계학

Statistics in Life

이 재 원 지음

머리말

통계학을 왜 공부해야 할까?

많은 학생들이 통계란 말만 들어도 고개를 흔든다. 통계학은 어렵다고 생각하는 것이다. 게다가 통계학 내용 중 확률과 확률변수를 설명할 때는 '이것은 수학이네?'라고 반응하고, 통계적 추론을 설명하면 '왜 이렇게 복잡하지?'라고 생각한다. 특히 수학적 기반이 부족한 학생들은 더욱 더 그렇다.

과연 통계학이 어려울까? 저자는 전혀 그렇지 않다고 말하고 싶다. 우리는 일상생활에서 숫자를 떠나서 살 수 없으며, 그 숫자들이 모두 통계이기 때문이다. 예를 들어, 현대인은 신문, 방송, 인터넷, 스포츠, 잡지를 비롯한 모든 매체를 통하여 봇물처럼 쏟아지는 수치적인 정보 속에서 살고 있다. 이러한 수치적인 정보들이 바로 통계이다. 또한 통계적 기교가 기업 운영이나 가계에 미치는 영향을 결정하는 데 유용하게 사용되며, 기업 또는 개인의 의사결정을 돕는다는 것이다. 예를 들어, 주부는 재래시장과 대형 마트의 가격을 비교하여 더 싸게 파는 곳에서 동일한 상품을 구매한다. 주부가 여러 시장의 상품 가격을 비교하는 것이 통계조사이고, 동일한 상품을 더 싼 곳에서 사는 것이 의사결정이다.

저자한테 통계학 수업을 듣는 학생들이 수업을 끝마칠 즈음에 하는 한마디 말이 있다. 그 말은 바로 '백문불여일견(百聞不如一見)'이다. 즉, 통계학이란 '백 마디 말보다 하나의 그래프를 통해 자료의 요약이나 정리를 해주고, 과학적으로 의사결정을 내리는 학문'인 것이다. 저자는 이 학생들이 통계학에 대해 제대로 이해하였다고 생각한다. 통계라 할 때 단순히 숫자만 연상하고 딱딱한 학문이라 생각한다면 통계는 의미 없는 숫자들의 집단이고 죽은 숫자들에 불과하다. 그러나 그 속에서 의미를 찾기 시작한다면 숫자들은 스스로 살아 움직이면서 자신들이 품고 있는 비밀들을 풀어 보여준다. 살아 있는 숫자를 통해 집단의 규모나 분포가 어떠한지, 어떻게 변화하고 있는지를 볼 수 있다. 이렇듯 빅데이터(big data)를 처리하는 기술이 요구되는 요즘 시대에, 통계학은 숫자들의 변화를 통해 앞으로 나타날 불확실한 미래의 변화를 과학적으로 예측할 수 있는 학문으로 그 가치가 더 커지고 있다.

그동안 저자는 수학적 배경이 부족한 학부 신입생들이 통계학을 좀 더 쉽게 이해할 수 있는 방법을 지속적으로 고민해 왔다. 그 방법의 하나로 방송이나 신문 또는 여러 가지 사회적인 문제에 대한 보고서 등을 활용한 교재를 집필하게 되었다.

감사의 글

이 책의 기획에서 출판까지 수고를 아끼지 않은 북스힐 조승식 사장님과 박한솔 씨를 비롯한 편집부 관계자 분들께 감사의 말을 전한다.

지은이 **이 재 원**

이 책의 구성

이 책은 수학적 기초가 부족한 학생을 위해, 그 학생들의 통계학적 사고력을 함양시키는 데 목표를 두고 있다. 이러한 방향 아래 이 책은 한 학기용으로 만들었으며, 크게 기술통계학(chapter 01~03), 확률(chpater 04~06) 그리고 통계적 추론(chpater 07~10)의 세 영역으로 구성되어 있다.

기술통계학(Chapter 01~03)

Chapter 01 통계학이란? 통계학이란 무엇이고 왜 통계학을 배워야 하며 자료가 무엇인지 설명한다.

Chapter 02 기술통계학 기법-표와 그래프 수집한 자료의 특성을 알기 위하여 표 또는 그림 등을 이용하여 어떻게 표현할 것인지에 대하여 다룬다.

Chapter 03 기술통계학 기법-수치적 척도 수집한 자료를 대표할 수 있는 여러 가지 척도와 산포의 척도에 대하여 장점과 단점을 비교하는 데 중점을 두고 있다.

확 률(Chapter 04~06)

Chapter 04 확률 경험에 의한 확률과 공리적인 확률의 개념이 동일한 의미를 갖고 있다는 사실과 원인분석을 위한 확률의 개념을 담고 있다.

Chapter 05 이산확률분포 확률변수의 의미와 확률을 구하는 방법 그리고 특수한 이산확률분포의 여러 가지 특성을 소개한다.

Chapter 06 연속확률분포 연속확률변수의 의미와 여러 가지 특수한 연속확률분포에 대한 확률을 구하는 방법을 소개한다. 특히 가장 중요한 정규분포에 대한 자세한 설명과 더불어 정규확률을 쉽게 구하는 방법을 다룬다.

통계적 추론(Chapter 07~10)

Chapter 07 표본분포 표본을 추출하는 여러 가지 방법을 소개하고, 일표본과 이표본에 대한 여러 가지 통계량에 관한 확률분포를 소개한다.

Chapter 08 대표본 추정 신뢰구간의 의미를 소개하고, 표본의 크기가 큰 일표본의 모평균과 모비율, 이표본의 모평균 차와 모비율 차를 추정하는 방법을 학습한다.

Chapter 09 대표본 가설검정 가설을 검정하는 방법을 소개하고, 표본의 크기가 큰 일표본의 모평균과 모비율, 이표본의 모평균 차와 모비율 차에 대한 주장을 검정하는 방법을 학습한다.

Chapter 10 소표본 추론 표본의 크기가 작은 경우에 모평균과 모분산에 대한 추정과 가설검정 방법, 모평균 차와 모분산의 비에 대한 추정과 가설검정 방법을 학습한다.

각 예제에는 예제와 비슷한 유형인 문제 [I Can Do]가 함께 제시되고 있다. 이 책을 이용하여 공부하는 학생들은 반드시 [I Can Do]를 풀어 보기 바란다.

미리 보기

학생들이 효과적으로 통계학을 공부할 수 있도록 다음과 같은 다양한 도구를 활용하였다.

장 도입

모든 장에는 핵심 개념을 대표하는 이미지와 함께 학습목표를 두어 무엇을 배우고 무엇을 반드시 익혀야 하는지를 알 수 있게 하였다.

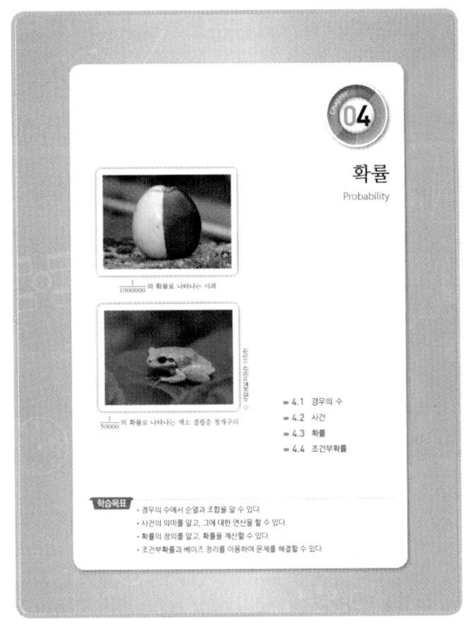

Chapter 04

확률

Probability

$\frac{1}{1000000}$의 확률로 나타나는 사과

$\frac{1}{50000}$의 확률로 나타나는 색소 결핍증 청개구리

학습목표

- 경우의 수에서 순열과 조합을 알 수 있다.
- 사건의 의미를 알고, 그에 대한 연산을 할 수 있다.
- 확률의 정의를 알고, 확률을 계산할 수 있다.
- 조건부확률과 베이즈 정리를 이용하여 문제를 해결할 수 있다.

각종 데이터를 활용한 본문

자주 쓰는 소재의 데이터로 설명하여, 개념을 쉽게 이해하고 확장 · 응용해 볼 수 있도록 하였다.

핵심 용어 · 개념 · 중요 수식

핵심이 되는 용어와 개념, 중요 수식은 음영으로 강조하여 바로 알아볼 수 있도록 하였다.

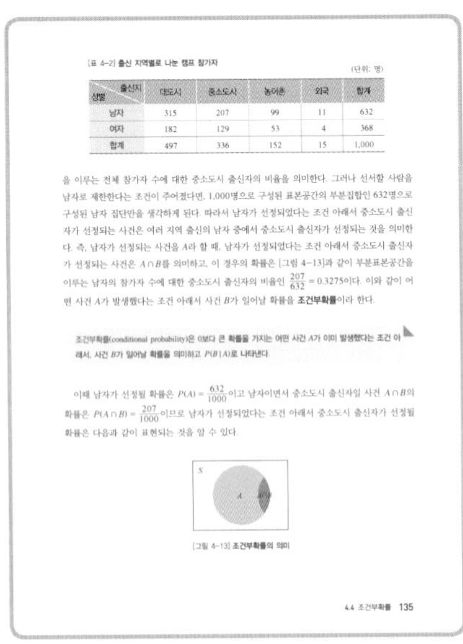

[표 4-2] 출신 지역별로 나눈 캠프 참가자 (단위: 명)

성별 \ 출신지	대도시	중소도시	농어촌	외국	합계
남자	315	207	99	11	632
여자	182	129	53	4	368
합계	497	336	152	15	1,000

을 이루는 전체 참가자 수에 대한 중소도시 출신자의 비율을 의미한다. 그러나 선서할 사람을 남자로 제한한다는 조건이 주어졌다면, 1,000명으로 구성된 표본공간의 부분집합인 632명으로 구성된 남자 집단만을 생각하게 된다. 따라서 남자가 선정되었다는 조건 아래서 중소도시 출신자가 선정되는 사건은 여러 지역 출신의 남자 중에서 중소도시 출신자가 선정되는 것을 의미한다. 즉, 남자가 선정되는 사건을 A라 할 때, 남자가 선정되었다는 조건 아래서 중소도시 출신자가 선정되는 사건은 $A \cap B$를 의미하고, 이 경우의 확률은 [그림 4-13]과 같이 부분표본공간을 이루는 남자의 참가자 수에 대한 중소도시 출신자의 비율인 $\frac{207}{632} = 0.3275$이다. 이와 같이 어떤 사건 A가 발생했다는 조건 아래서 사건 B가 일어날 확률을 **조건부확률**이라 한다.

조건부확률(conditional probability)은 0보다 큰 확률을 가지는 어떤 사건 A가 이미 발생했다는 조건 아래서, 사건 B가 일어날 확률을 의미하고 $P(B \mid A)$로 나타낸다.

이때 남자가 선정될 확률은 $P(A) = \frac{632}{1000}$이고 남자이면서 중소도시 출신자일 사건 $A \cap B$의 확률은 $P(A \cap B) = \frac{207}{1000}$이므로 남자가 선정되었다는 조건 아래서 중소도시 출신자가 선정될 확률은 다음과 같이 표현되는 것을 알 수 있다.

[그림 4-13] 조건부확률의 의미

4.4 조건부확률 135

예제와 [I Can Do]

신문이나 사회 문제의 데이터를 활용해 문제를 출제하여 응용력을 높이고, 예제와 유형이 비슷한 [I Can Do]를 통해 한 번 더 개념과 풀이 방법을 다지도록 하였다.

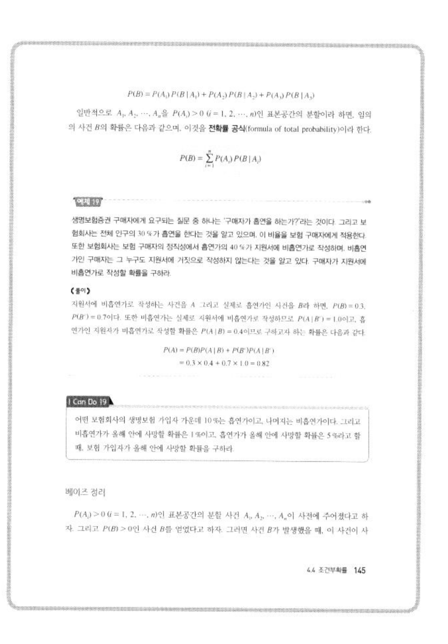

$$P(B) = P(A_1)P(B|A_1) + P(A_2)P(B|A_2) + P(A_3)P(B|A_3)$$

일반적으로 $A_1, A_2, \cdots, A_n$을 $P(A_i) > 0$ $(i = 1, 2, \cdots, n)$인 표본공간의 분할이라 하면, 임의의 사건 B의 확률은 다음과 같으며, 이것을 **전확률 공식**(formula of total probability)이라 한다.

$$P(B) = \sum_{i=1}^{n} P(A_i)P(B|A_i)$$

예제 19

생명보험증권 구매자에게 요구되는 질문 중 하나는 '구매자가 흡연을 하는가?'라는 것이다. 그리고 보험회사는 전체 인구의 30 %가 흡연을 한다는 것을 알고 있으며, 이 비율을 보험 구매자에게 적용한다. 또한 보험회사는 보험 구매자의 정직성에서 흡연가의 40 %가 지원서에 비흡연가로 작성하며, 비흡연가인 구매자는 그 누구도 지원서에 거짓으로 작성하지 않는다는 것을 알고 있다. 구매자가 지원서에 비흡연가로 작성할 확률을 구하라.

〈풀이〉

지원서에 비흡연가로 작성하는 사건을 A 그리고 실제로 흡연가인 사건을 B라 하면, $P(B) = 0.3$, $P(B^c) = 0.7$이다. 또한 비흡연가는 실제로 지원서에 비흡연가로 작성하므로 $P(A|B^c) = 1.0$이고, 흡연가인 지원자가 비흡연가로 작성할 확률은 $P(A|B) = 0.4$이므로 구하고자 하는 확률은 다음과 같다.

$$P(A) = P(B)P(A|B) + P(B^c)P(A|B^c)$$
$$= 0.3 \times 0.4 + 0.7 \times 1.0 = 0.82$$

I Can Do 19

어떤 보험회사의 생명보험 가입자 가운데 10 %는 흡연가이고, 나머지는 비흡연가이다. 그리고 비흡연가가 올해 안에 사망할 확률은 1 %이고, 흡연가가 올해 안에 사망할 확률은 5 %라고 할 때, 보험 가입자가 올해 안에 사망할 확률을 구하라.

베이즈 정리

$P(A_i) > 0$ $(i = 1, 2, \cdots, n)$인 표본공간의 분할 사건 $A_1, A_2, \cdots, A_n$이 사전에 주어졌다고 하자. 그리고 $P(B) > 0$인 사건 B를 얻었다고 하자. 그러면 사건 B가 발생했을 때, 이 사건이 사

4.4 조건부확률 145

장별 연습문제

모든 장에는 연습문제를 두어 본문에서 학습한 주요 내용을 실생활 문제에 활용할 수 있도록 하였다.

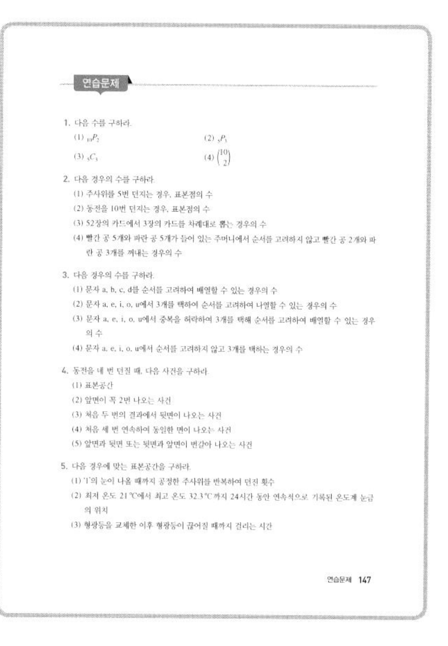

연습문제

1. 다음 수를 구하라.
   (1) ${}_{10}P_2$ (2) ${}_5P_3$
   (3) ${}_5C_3$ (4) $\binom{10}{2}$

2. 다음 경우의 수를 구하라.
   (1) 주사위를 5번 던지는 경우, 표본점의 수
   (2) 동전을 10번 던지는 경우, 표본점의 수
   (3) 52장의 카드에서 3장의 카드를 차례대로 뽑는 경우의 수
   (4) 빨간 공 5개와 파란 공 5개가 들어 있는 주머니에서 순서를 고려하지 않고 빨간 공 2개와 파란 공 3개를 꺼내는 경우의 수

3. 다음 경우의 수를 구하라.
   (1) 문자 a, b, c, d를 순서를 고려하여 배열할 수 있는 경우의 수
   (2) 문자 a, e, i, o, u에서 3개를 택하여 순서를 고려하여 나열할 수 있는 경우의 수
   (3) 문자 a, e, i, o, u에서 중복을 허락하여 3개를 택해 순서를 고려하여 배열할 수 있는 경우의 수
   (4) 문자 a, e, i, o, u에서 순서를 고려하지 않고 3개를 택하는 경우의 수

4. 동전을 네 번 던질 때, 다음 사건을 구하라.
   (1) 표본공간
   (2) 앞면이 꼭 2번 나오는 사건
   (3) 처음 두 번의 결과에서 뒷면이 나오는 사건
   (4) 처음 세 번 연속하여 동일한 면이 나오는 사건
   (5) 앞면과 뒷면 또는 뒷면과 앞면이 번갈아 나오는 사건

5. 다음 경우에 맞는 표본공간을 구하라.
   (1) '1'의 눈이 나올 때까지 공정한 주사위를 반복하여 던진 횟수
   (2) 최저 온도 21 ℃에서 최고 온도 32.3 ℃까지 24시간 동안 연속적으로 기록된 온도계 눈금의 위치
   (3) 형광등을 교체한 이후 형광등이 끊어질 때까지 걸리는 시간

연습문제 147

학습 로드맵

이 책은 크게 세 영역으로 나뉘며 총 10장으로 구성되어 있다. 상황에 따라 기술통계학 영역과 확률 영역의 학습 순서를 바꿀 수 있다. Chapter 07 표본분포는 생략할 수 있으나 가능한 한 수업에 포함하기 바란다.

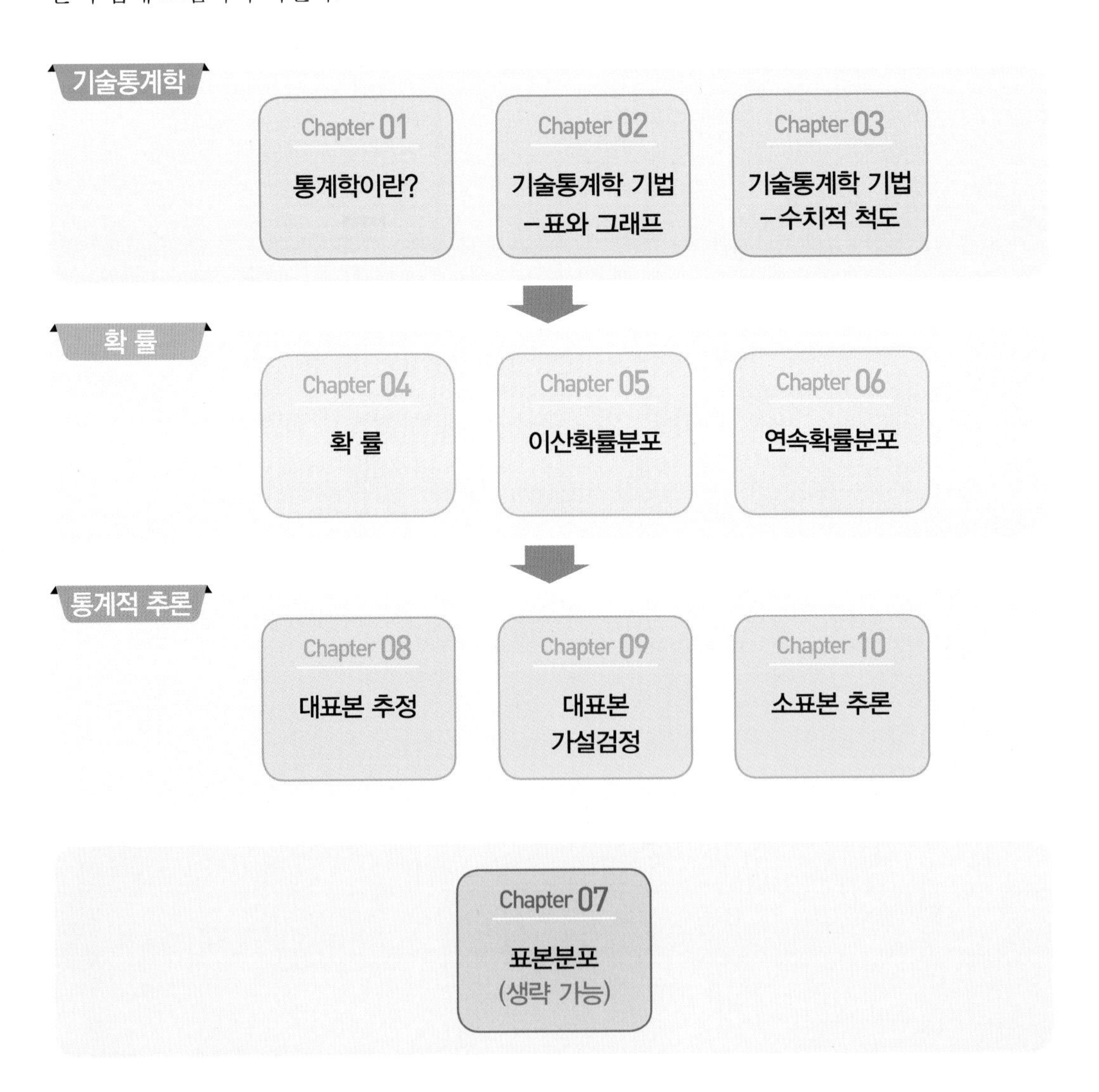

참고 문헌

■ 연습문제 해답 및 풀이

• 다음 사이트에서 회원으로 가입한 학생들에게는 연습문제 풀이를 제공합니다.
http://www.bookshill.com

■ 참고 문헌

1. 이재원 외 3인. 공학인증을 위한 확률과 통계. 제2판. 카오스북. 2013.

2. Douglas A. Lind, William G. Marchal, Samuel A. Wathen, *Basic statistics for business and economics, 8th ed.* McGraw-Hill/Irwin, 2013.

3. Dennis J. Sweeney, Thomas A. Williams, David R. Anderson, *Fundamentals of business statistics*, South-Western, 2006.

4. James T. McClave, Terry Sincich, *A first course in statistics*, *9th ed.* Prentice Hall, 2006.

5. David S. Moore, *The basic practice of statistics*, *5th ed.* W.H. Freeman, 2010.

6. William Mendenhall, James E. Reinmuth, Robert J. Beaver, *Statistics for management and economics, 7th ed.* Duxbury Press. 1993.

7. William Mendenhall, Robert J. Beaver, Barbara M. Beaver, *Introduction to probability and statistics*, *12th ed.* Thomson/Brooks/Cole, 2006.

8. Sheldon M. Ross, *Introductory statistics*, *3rd ed.* Academic Press. 2010.

차 례

확률

통계적 추론

통계학이란?

What is Statistics?

2014
가구주택
기초조사

Census Day | 2014 가구주택기초조사
[11월 4일 ~11월 17일]

© 통계청

학습목표

- 통계학이 무엇인지 말할 수 있다.
- 모집단과 표본의 차이 그리고 모수와 통계량의 차이를 설명할 수 있다.
- 기술통계학과 추측통계학을 구별할 수 있다.

1.1 통계학의 정의

우리는 통계란 무엇이고, 통계학이 내 직업에 어떻게 활용되는지에 대해 때때로 의문을 갖게 된다. 간단히 말해서 통계란 수치적인 정보이다. 동일한 물품의 가격, 대졸자의 평균 연봉, 자동차의 연비, 화폐가치, 연간 외국인 관광객 수 등과 같은 수치적인 정보들이 바로 통계이다. 이와 같은 통계적인 정보를 이해하기 쉽게 표 또는 그림으로 나타내기도 한다. 예를 들어, [표 1-1]은 1985년부터 2010년까지의 우리나라 인구수와 서울특별시에 거주하는 인구수를 5년 주기로 조사하여 표로 나타낸 것이다.

이 표를 분석하면 우리나라 총인구수는 1985년을 기준으로 2010년까지 약 810만 명이 증가한 반면, 서울특별시 거주인은 1990년까지 증가하다가 지속적으로 감소한다는 사실을 알 수 있다. 이것을 [그림 1-1]과 같이 그림으로 나타내면 보다 명확하고 쉽게 서울특별시 인구수의 변화 추이를 이해할 수 있다. 이와 같이 수치 또는 그림에 의한 정보를 **통계**라 한다.

[표 1-1] 우리나라 인구수 대비 서울특별시 인구수와 그 비율

구분 \ 연도	1985년	1990년	1995년	2000년	2005년	2010년
우리나라 인구수(명)	40,448,486	43,410,899	44,608,726	46,136,101	47,278,951	48,580,293
서울특별시 인구수(명)	9,639,110	10,612,577	10,231,217	9,895,217	9,820,171	9,794,304
비율(%)	23.831	24.447	22.935	21.448	20.771	20.161

출처: 통계청

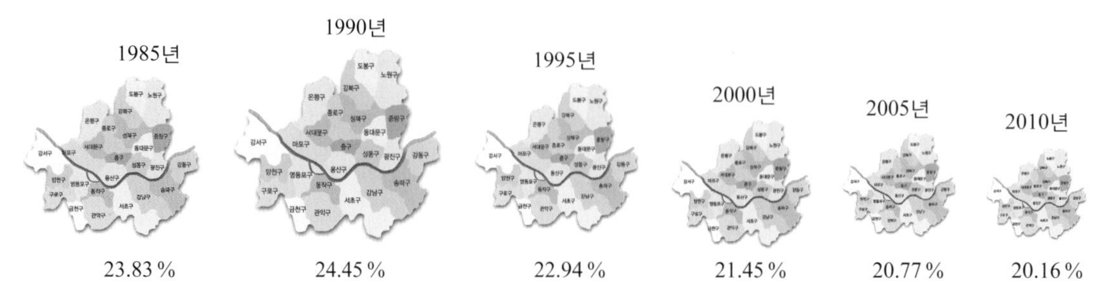

[그림 1-1] 5년 주기로 조사한 서울특별시 인구수

그렇다면 우리는 왜 통계학을 배워야 할까? 통계는 우리 일상생활과 매우 친밀하여 서로 떨어질 수 없는 관계이기 때문이다. 통계학을 배워야 하는 이유에 대해 좀 더 구체적으로 살펴보자.

첫 번째, 수치적인 정보, 즉 통계가 우리 일상생활 속 모든 곳에 존재하기 때문이다. 우리는 신문, 방송, 인터넷 등 여러 매체를 통해 봇물처럼 쏟아지는 수치적인 정보 속에서 살고 있다. 예를 들어, 2014년 5월 30~31일 이틀간 실시된 6 · 4 지방선거 사전투표에 대한 기사를 살펴보자.[1)]

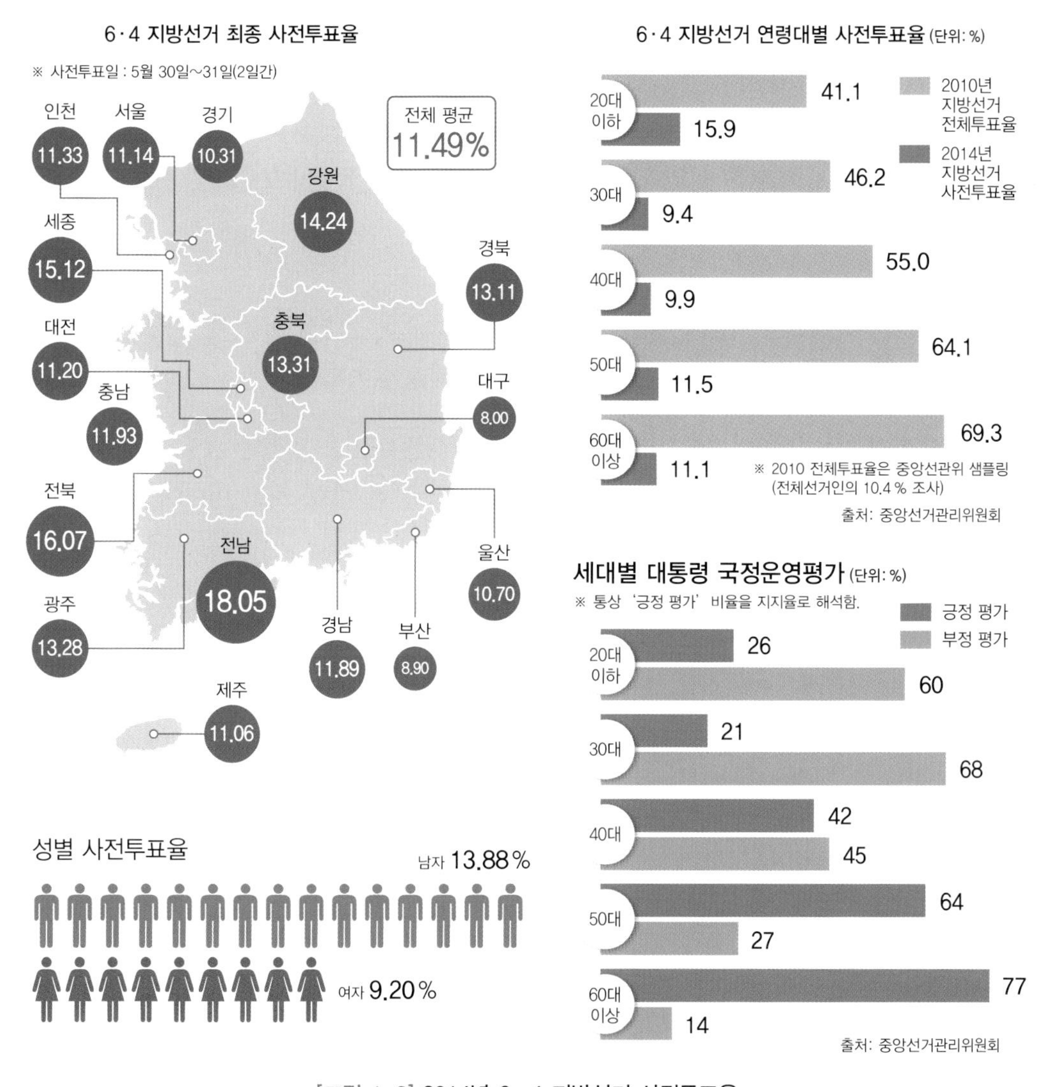

[그림 1-2] 2014년 6 · 4 지방선거 사전투표율

1) 박수익(2014. 6. 1.). 12.6% vs 11.3% 팽팽한 세대투표전. 이데일리.

- 중앙선거관리위원회는 6·4 지방선거 사전투표 결과, 연령대별 투표율이 20대는 15.97%, 30대는 9.41%, 40대는 9.99%, 50대는 11.53%, 60대는 12.22% 그리고 70대 이상은 10%로 집계됐다고 1일 밝혔다.
- 20대는 총 731만 3343명의 선거인 가운데 116만 7,872명이 사전투표에 참가, 가장 높은 투표율을 보였다. 32만여 명의 군인 경찰 부재자투표가 반영된 수치이긴 하지만, 20대는 역대 선거에서 가장 낮은 투표율을 보였던 연령대라는 점에서 의미 있는 수치로 평가된다.
- 각 세대별 사전투표율을 합산하면 20~30대는 12.56%, 50대 이상은 11.32%로 1.24% 차이에 불과했다. 40대가 성향이 비교적 뚜렷한 20대와 60대에 비해 2~5% 낮은 투표율을 보인 점도 주목된다.
- 지역별로는 전라남도의 투표율이 18.05%로 가장 높았고 전북(16.07%), 세종(15.12%), 강원(14.24%) 등이 뒤를 이었다. 대구광역시는 가장 낮은 8%의 투표율을 기록했고, 부산도 8.9%에 그쳤다.

두 번째, 통계적 기교가 기업 운영이나 가계에 대한 중요한 결정을 하는 데 유용하게 사용되며, 기업이나 개인의 의사결정을 돕기 때문이다. 다음 예를 살펴보자.

- 생명보험회사는 각 연령대에 따라 가입자의 여명(생존시간)을 추정한 생명표를 기초로 보험 가격을 결정하고, 자동차 보험은 가입자의 연령, 운전 경력, 사고 이력에 따라 보험료를 책정한다.
- 운전자는 가격이 가장 낮은 주유소를 찾고, 주부는 재래시장과 대형 마트의 가격을 비교하여 그중 한 곳을 선택한다.

특히 어떤 의사결정을 내리기 전에 다음 순서에 따라 정보를 수집하고 검정해야 한다.

❶ 수집한 자료만으로 의사결정을 내리기 충분한지 아니면 추가 자료가 더 필요한지 결정한다.

❷ 추가 자료가 더 필요하다면, 잘못된 의사결정을 피하기 위해 자료를 더 수집해야 한다.

❸ 수집한 자료를 요약하여 그 자료들이 갖고 있는 특성을 분석한다.

❹ 분석한 정보를 이용하여 결과를 추론하고 불확실한 미래를 예측할 수 있는 모형을 설정한다.

❺ 설정한 모형의 타당성을 검증함으로써 최종적으로 의사결정을 내린다.

통계의 사전적 의미는 '수치로 표현되는 사실 또는 자료를 수집하고 분석하며 표로 만들어 어떤 주제에 대한 의미 있는 정보를 얻어내는 일련의 과정'이다. 그러나 통계학자들은 이러한 과정뿐만 아니라, 수집한 자료가 갖는 특성을 일반화하거나 의사결정 과정까지 통계에 포함시킨다. 이때 **자료**(data)는 표현과 판단을 위해 수집되고 요약, 분석된 사실 또는 그림을 의미하며, 통계적으로 처리되지 않은 최초의 수집된 본래의 자료는 **원자료**(raw data)라 한다.

통계학(statistic)은 효과적인 의사결정을 내리기 위해 자료를 수집, 요약, 분석하고 표현하며 판단하는 과학이다.

1.2 모집단과 표본

통계학의 가장 기본이 되는 자료 집단은 크게 모집단과 표본으로 나눌 수 있다. 그중 **모집단**은 통계적인 관찰의 대상이 되는 집단 전체를 말한다. 예를 들어, 2014년의 6 · 4 지방선거에서 선거권을 갖는 20대 유권자 전체, 우리나라 100대 기업의 CEO 전체 등과 같이 모든 자료를 모은 자료 집단을 모집단으로 볼 수 있다.

모집단(population)은 통계적 분석을 위한 관심의 대상이 되는 모든 사람, 응답, 실험 결과, 측정값들과 같은 항목 전체의 집합이다.

이때 유한개의 자료로 구성된 모집단을 **유한모집단**(finite population)이라 하고, 무수히 많은 자료로 구성되지만 그 자료의 수를 셈할 수 있는 모집단이나 몸무게 등과 같이 관찰값이 연속적으로 나타나는 모집단을 **무한모집단**(infinite population)이라 한다.

한편, 7,313,343명인 20대 유권자(2014년 중앙선거관리위원회 자료)의 성향을 조사한다는 것은 사실상 불가능하다. 따라서 각 여론조사 기관들은 그들 중 일부만 선정하여 20대 유권자의 성향을 분석하고, 그 결과를 이용하여 전체 20대의 성향을 예측한다. 이와 같이 통계조사를 위하여 모집단의 일부로 구성된 자료 집단을 생각할 수 있으며, 이러한 모집단의 일부로 구성된 자료 집단을 **표본**이라 한다.

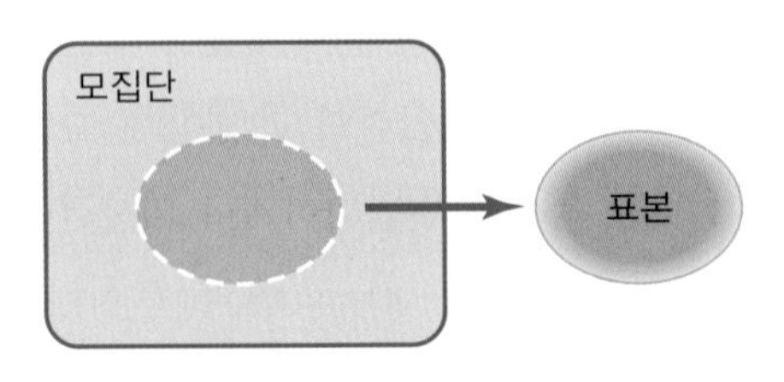

[그림 1-3] **모집단과 표본**

표본(sample)은 모집단으로부터 추출된 일부 대상들의 집합이다.

따라서 어떠한 통계적인 목적을 가지고 통계조사를 할 때, 모집단은 그 대상이 되는 모든 요소들의 집합을 의미하며 표본은 모집단의 부분집합으로서 제한적으로 선정된 요소들의 집합을 의미한다([그림 1-3]).

한편 인구 총조사와 같이 조사 대상이 되는 모든 대상을 상대로 통계조사하는 방법을 **전수조사**(census)라 한다. 예를 들어, 5년 주기로 실시하는 인구 총조사는 전수조사이다. 전수조사에는 시공간적으로 많은 제약이 따르므로 이 방법으로 조사하는 것은 매우 번거롭거나 때로는 불가능하기도 하다. 그러므로 각각의 요소들이 선정될 가능성을 동등하게 부여하여 객관적이고 공정하게 표본을 선택한다. 즉, **임의추출**(random sampling)해서 조사하게 되는데, 이러한 조사를 **표본조사**(sample survey)라 하고, 표본조사에 의해 선정된 표본을 **확률표본**이라 한다.

확률표본(random sample)은 모집단을 구성하는 각각의 대상이 표본으로 선정될 가능성이 거의 동등하게 부여되는 방법에 의하여 선정된 표본이다.

예제 1

A 대학교에 재학 중인 45,336명의 대학생 중에서 300명에게 '일주일에 적어도 한 번, 우리 대학교 인터넷 홈페이지 게시판을 찾아보는가?'라고 설문 조사를 하였다. 이 중에서 264명이 '그렇다', 36명이 '아니다'라고 응답하였다. 이때 모집단과 표본 그리고 표본을 구성하는 자료 집단을 말하라.

❨풀이❩

모집단은 A 대학교에 재학 중인 45,336명의 대학생이고, 설문 조사에 응한 300명이 표본이다. 또한 300명에 대한 응답 결과인 자료 집단은 264개의 '그렇다'와 36개의 '아니다'로 구성된다.

I Can Do 1

2014년 6 · 4 지방선거에서 처음으로 전국을 1선거구로 하는 사전투표를 실시하였다. 이때 20대 유권자 7,313,343명 중에서 1,167,941명이 사전투표에 참여하였다. 사전투표에 참여한 20대를 대상으로 여당과 야당 그리고 무소속 중에서 어디를 지지했는지 출구조사를 실시하였다. 그 결과 여당과 야당의 지지율이 거의 동일하고 무소속의 지지율은 8 %인 결과를 얻었다고 하자. 이때 모집단과 표본 그리고 표본을 구성하는 자료 집단을 말하라.

앞의 예에서 살펴봤듯이 모집단은 매우 큰 집합을 형성하므로 모집단 자료를 얻는다는 것은 사실상 거의 불가능하다. 따라서 통계학에서 사용하는 대부분의 정보는 표본으로부터 얻은 정보이다. 한편 모집단과 표본에 대하여 **모수**와 **통계량**이라는 중요한 용어를 사용하며, 다음과 같이 정의한다.

모수(parameter)는 모집단의 특성을 설명하는 수치이고, 통계량(statistics)은 표본의 특성을 나타내는 수치이다.

앞에서 언급한 바와 같이 모집단 자료를 얻는다는 것이 불가능하므로 모수는 대부분 알려지지 않은 수치이고, 통계량은 표본으로부터 조사되어 알 수 있는 정보이다.

예제 2

다음 수치가 모수인지 통계량인지 결정하라.

(1) A 대학교의 금년도 졸업생 5,236명 중에서 3,550명이 취업하여 67.8 %의 취업률을 보였다.

(2) 금년도 전국 대졸자 중에서 3,000명을 조사한 결과, 대기업과 중소기업의 신입 평균 연봉은 약 1,120만 원의 차이를 보였다.

풀이

(1) A 대학교의 금년도 전체 졸업생 5,236명을 대상으로 조사한 결과, 취업률이 67.8 %이므로 수치 67.8 %는 모수이다.

(2) 전체 대졸자 중에서 3,000명을 표본으로 조사한 결과, 대기업과 중소기업의 신입 평균 연봉의 차이가 약 1,120만 원이므로 수치 1,120만 원은 통계량이다.

I Can Do 2

2014년 6·4 지방선거에서 중앙선거관리위원회는 "투표율 잠정 집계 결과 전국 유권자 41,296,228명 중 23,464,573명이 투표에 참여해 56.8%를 기록했다."라고 발표했다. 이때 수치 56.8%는 모수인지 통계량인지 결정하라.

1.3 기술통계학과 추측통계학

통계는 서로 다른 두 가지 과정을 통하여 결과를 얻는다. 하나는 [그림 1-1]과 [그림 1-2]와 같이 자료 집단의 특성을 수치와 그림을 이용하여 설명하는 것이고, 다른 하나는 표본에 기초한 자료 집단을 분석하여 어떤 결론을 유추하는 것이다. 예를 들어, MLB에서 활약하는 류현진 선수의 2014년 5월 말 성적을 보면, 내셔널리그 중부 지구 팀을 상대로 통산 5경기에 등판하여 5전 전승이라는 대기록을 세웠으며, 그 결과는 [표 1-2]와 같다. [표 1-2]를 보면 류현진 선수가 어느 팀을 상대로 어떤 성적을 냈는지 쉽게 알 수 있다. 이와 같이 자료 집단의 여러 가지 특성을 기술하는 통계학을 **기술통계학**이라 한다.

한편 2014년 6·4 지방선거 때 지상파 방송 3사가 공동으로 실시한 출구 조사에서 A 후보는 54.5%, B 후보는 44.7%의 지지율을 얻었다. 이로 인하여 A 후보 측은 승리를 예측하였으며, 실제 투표 결과는 A 후보 54.9%, B 후보 44.5%의 지지율을 획득하여 A 후보가 승리하였다. 이 경우, 출구조사 대상이 된 유권자들, 즉 표본의 지지율을 이용하여 전체 유권자의 지지율을 추론한 것이다. 이와 같이 표본으로부터 얻은 정보를 이용하여 알려지지 않은 모집단의 정보를 추론하는 **추측통계학**이 있다. 기술통계학과 추측통계학의 정의는 다음과 같다.

[표 1-2] 2014년 5월 31일 내셔널리그 중부 지구 류현진 선수의 성적

상대팀	게임 수	이닝	안타	실점	볼넷	삼진	승리
피츠버그	2	12 1/3	13	4	2	10	2
세인트루이스	1	7	5	1	0	7	1
밀워키	1	7 1/3	6	2	2	4	1
시카고	1	5 1/3	11	2	0	6	1

기술통계학(descriptive statistics)은 자료 집단이 갖는 특성을 명확한 형태로 표현하기 위하여 자료를 수집하고 정리하여, 표 또는 그래프, 그림 등으로 나타내거나 자료가 갖는 수치적인 특성을 분석하고 설명하는 방법을 다루는 통계학의 한 분야이다.

추측통계학(inferential statistics)은 표본을 대상으로 얻은 정보로부터 모집단에 대한 불확실한 특성(모수)을 과학적으로 추론(추정, 의사결정, 예측 등)하는 방법을 다루는 통계학의 한 분야이다.

두 통계학에서의 추론 과정을 요약하면 [그림 1-4]와 같다.

1.4 자료의 종류

모든 통계 자료는 수치적인 척도로 표현되는지 그렇지 않은지에 따라 일반적으로 양적자료와 질적자료로 분류된다. 여기서 수치적인 척도로 표현된다는 것은 자료가 숫자에 의하여 표현되며, 그 숫자 자체가 크거나 작다 또는 많거나 적다 등과 같은 의미를 가지는 경우를 말한다. 예를 들면 다음과 같다.

• 지난 한 달 동안 기록한 온도에 관한 측정값
 ⇨ 한 달 동안의 일일 기온을 비교하여 어제보다 오늘 기온이 올랐거나 떨어졌는지를 알 수 있다.

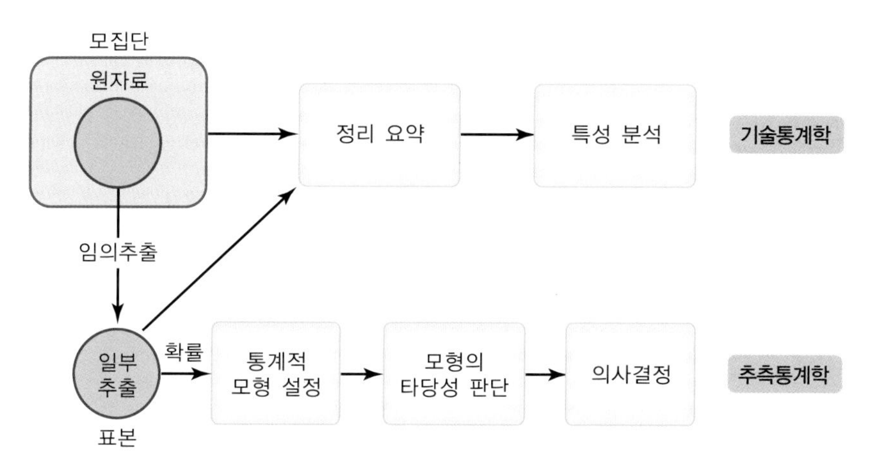

[그림 1-4] 기술통계학과 추측통계학에서의 추론 과정

• 150명으로 구성된 우리 학과 학생들의 키 측정값
  ⇨ 측정값을 비교함으로써 A가 B보다 더 크다거나 작다는 의미를 부여할 수 있다.

이와 같이 숫자에 의하여 표현되고, 그 숫자에 의미가 부여되는 자료를 **양적자료**라 한다.

양적자료(quantitative data)는 숫자로 표현되며, 그 숫자가 의미를 갖는 자료를 나타낸다.

특히 양적자료는 자료의 특성에 따라 이산자료와 연속자료로 구분된다. 즉, 지난 10년간 사망한 연간 사망자 수와 같이 관측값 사이에 공백을 가지고 산발적으로 나타나는 자료와 오늘 하루 동안의 온도의 변화와 같이 어떤 지정된 구간 안에서 관측값 사이에 공백 없이 측정되는 자료로 구분된다. 이때 공백을 가지고 산발적으로 측정되는 자료를 **이산자료**(discrete data)라 하고, 지정된 구간 안에서 관측값 사이에 공백 없이 측정되는 자료를 **연속자료**(continuous data)라 한다.

그러나 다음 예와 같이 숫자에 의하여 표현되지 않고 범주에 의하여 표현되는 자료가 있다.

• 150명으로 구성된 우리 학과 학생들 중 남학생은 99명이고 여학생은 51명이다.
  ⇨ 150명의 학생은 남학생과 여학생이라는 두 가지 범주로 구분된다.
• 오늘 하루 동안 헌혈한 175명의 혈액형은 A형이 35명, B형이 37명, AB형이 28명 그리고 O형이 75명이다.
  ⇨ 하루 동안 수집한 175개의 혈액은 네 가지 범주인 A형, B형, AB형 그리고 O형으로 구분된다.

이와 같이 숫자에 의해 표현되지 않는 자료를 **질적자료**라 한다.

질적자료(qualitative data) 또는 범주형 자료(categorical data)는 숫자에 의하여 표현되지 않고 여러 개의 범주로 구분되는 자료를 나타낸다.

[그림 1-5]는 자료의 구분과 그에 대한 예를 보여 준다.

한편 각 혈액형은, A형은 1, B형은 2, AB형은 3 그리고 O형은 4와 같이 숫자를 부여하여 나타낼 수 있다. 그러나 이 경우는 단순히 각 범주를 숫자로 대치하였을 뿐이고 숫자 그 자체로는 아무런 의미가 없다. 이와 같이 각 범주를 숫자로 대치한 자료를 **명목자료**(nominal data)라 한다.

특히 각 학교에 숫자를 부여하여 초등학교는 1, 중학교는 2, 고등학교는 3 그리고 대학 이상은 4와 같은 숫자로 표현한다면 이때 부여된 숫자는 순서의 개념을 갖는다. 또는 5개의 범주

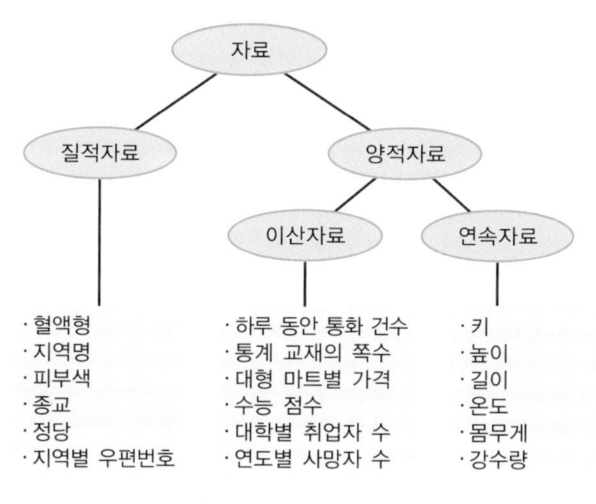

[그림 1-5] **자료의 구분**

S(Superior), G(Good), A(Average), P(Poor), I(Inferior)에 대하여 S는 G보다 좋고 G는 A보다 좋다는 방식을 사용한다면, 좋다는 개념의 순서를 생각할 수 있다. 그러나 이 경우, 각 범주 사이의 크기의 의미는 갖지 않는다. 이와 같이 순서의 개념을 갖는 질적자료를 **순서자료**(ordinal data)라 한다. 또한 양적자료인 시험 성적을 90점 이상은 A, 80~89점은 B, 70~79점은 C, 60~69점은 D 그리고 59점 이하는 F라는 범주로 묶어서 나타낼 수 있으며, 이와 같이 양적자료를 구간별로 구분한 자료를 **집단화 자료**(grouped data)라 한다.

기술통계학 기법 - 표와 그래프

Descriptive Techniques–Tables and Graphics

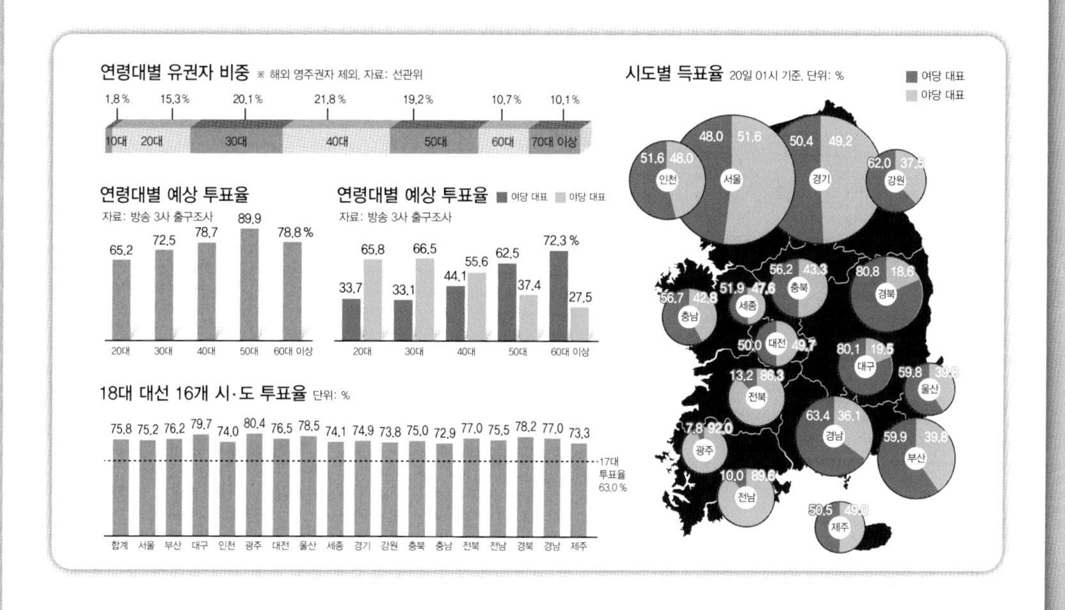

- 2.1 질적자료의 요약
- 2.2 양적자료의 요약
- 2.3 이변량 양적자료의 요약

학습목표

- 표 또는 그림으로 질적자료를 요약할 수 있다.
- 표 또는 그림으로 양적자료를 요약할 수 있다.
- 표 또는 그림으로 이변량 양적자료를 요약할 수 있다.

2.1 질적자료의 요약

수집한 자료를 원자료 그대로 나열한다면 자료가 무엇을 보여주는지 아무것도 알 수 없으며, 이 자료를 이용하여 아무런 의미를 부여할 수 없다. 따라서 수집한 자료가 어떤 의미를 제공하는지 알기 쉽게 정리하고 요약할 필요가 있다. 특히 표와 그래프를 이용하여 수집한 자료를 정리하고 요약한다면 시각적으로 자료의 특성을 쉽게 알 수 있다. 이 절에서는 표와 그래프를 이용하여 질적자료를 요약하는 방법에 대해 알아본다.

2.1.1 도수표

질적자료가 갖는 특성을 쉽게 알기 위하여 표를 이용하여 자료를 정리할 수 있다. 이때 표 안에는 각 범주와 범주의 **도수** 그리고 범주의 **상대도수**를 기입하며, 이와 같이 작성된 표를 **도수표**라 한다.

도수(frequency)는 각 범주 안에 들어가는 자료 집단에서 관찰된 자료의 수를 의미한다.

상대도수(relative frequency)는 각 범주의 도수를 전체 도수로 나눈 값이다. 즉, 각 범주의 상대도수는 다음과 같다.

$$(\text{상대도수}) = \frac{(\text{범주의 도수})}{(\text{전체 도수})}$$

범주 백분율(class percentage)은 각 범주의 상대도수에 100을 곱한 값으로서 백분율(%)로 나타낸다.

도수표(frequency table)는 여러 범주 안에 측정된 각 범주의 도수와 상대도수 또는 범주 백분율을 나타낸 표이다.

예를 들어, 어느 회사 직원 40명의 업무 능력을 5개의 그룹 S(Superior), G(Good), A (Average), P(Poor), I(Inferior)로 구분하여 조사한 결과, S가 5명, G가 8명, A가 15명, P가 9명, I가 3명이라 하자. 40명의 업무 능력에 대한 도수표를 작성하기 위하여 우선 각 그룹에 해당하는 상대도수를 구하면 다음과 같다.

$$\text{S: } \frac{5}{40} = 0.125, \quad \text{G: } \frac{8}{40} = 0.20, \quad \text{A: } \frac{15}{40} = 0.375, \quad \text{P: } \frac{9}{40} = 0.225, \quad \text{I: } \frac{3}{40} = 0.075$$

따라서 40명의 업무 능력에 대한 도수표를 작성하면 [표 2-1]과 같다.

[표 2-1] **업무 능력에 대한 도수표**

구분	도수(명)	상대도수	백분율(%)
S	5	0.125	12.5
G	8	0.200	20.0
A	15	0.375	37.5
P	9	0.225	22.5
I	3	0.075	7.5
합계	40	1.000	100

예제 1

어느 학교 학생 40명의 혈액형을 조사한 결과 A형이 11명, B형이 9명, AB형이 6명 그리고 O형이 14명이었다. 각 혈액형에 대한 도수표를 작성하라.

풀이

각 범주에 해당하는 상대도수를 구하면 각각 다음과 같다.

$$\text{A형: } \frac{11}{40} = 0.275, \quad \text{B형: } \frac{9}{40} = 0.225, \quad \text{AB형: } \frac{6}{40} = 0.15, \quad \text{O형: } \frac{14}{40} = 0.35$$

따라서 40명의 혈액형에 대한 도수표는 다음과 같다.

구분	도수(명)	상대도수	백분율(%)
A	11	0.275	27.5
B	9	0.225	22.5
AB	6	0.150	15.0
O	14	0.350	35.0
합계	40	1.000	100

I Can Do 1

2014년 6 · 4 지방선거에서 서울 지역의 유효 투표수 4,863,783표에 대하여 4명의 후보가 각각 다음과 같이 득표하였다.

A후보: 2,096,294표, B후보: 2,726,763표, C후보: 23,325표, D후보: 17,401표

이 자료에 대한 도수표를 작성하라.

2.1.2 막대그래프

질적자료의 각 범주를 수평축에 나타내고, 각 범주에 대응하는 도수 또는 상대도수, 백분율 등을 같은 폭의 수직 막대로 나타낸 그림을 **막대그래프**(bar chart)라 한다. 막대그래프를 활용하면 도수표에 비하여 각 범주의 도수 또는 상대도수를 시각적으로 쉽게 비교할 수 있다. 예를 들어, 앞에서 살펴본 40명의 업무 능력을 조사한 자료를 막대그래프로 나타내면 [그림 2-1]과 같다.

특히 [그림 2-2]와 같이 범주의 도수 또는 백분율이 점점 감소하도록 범주를 재배열한 그림을 **파레토 그래프**(Pareto chart)라 한다.

한편 [그림 2-3]과 같이 막대그래프에서 막대 대신 수직선으로 나타낼 수 있다.

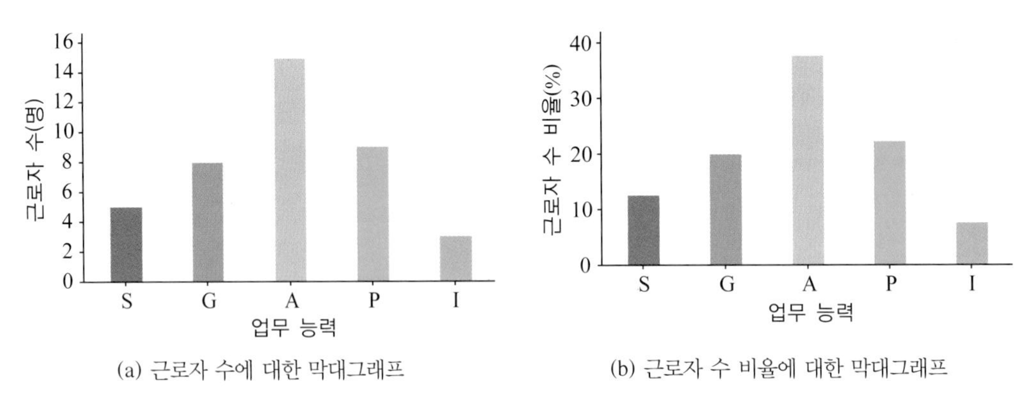

(a) 근로자 수에 대한 막대그래프

(b) 근로자 수 비율에 대한 막대그래프

[그림 2-1] **업무 능력별 근로자 수와 비율에 대한 막대그래프**

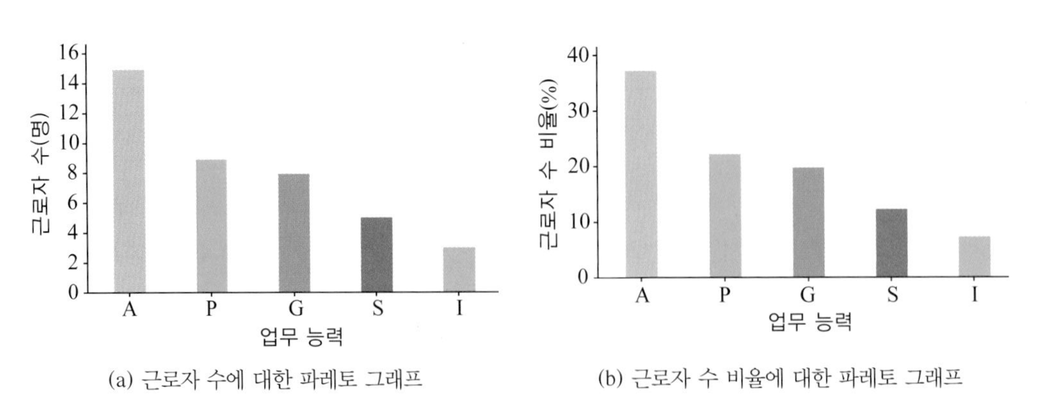

(a) 근로자 수에 대한 파레토 그래프

(b) 근로자 수 비율에 대한 파레토 그래프

[그림 2-2] **업무 능력별 근로자 수와 비율에 대한 파레토 그래프**

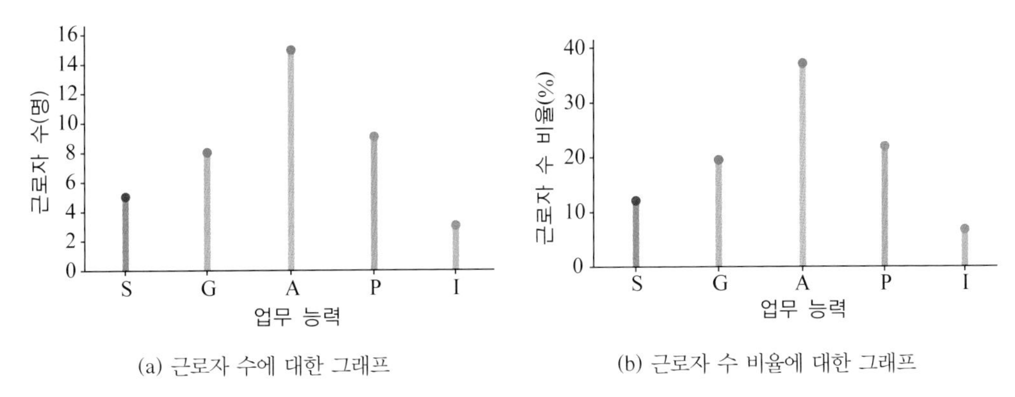

(a) 근로자 수에 대한 그래프 (b) 근로자 수 비율에 대한 그래프

[그림 2-3] **업무 능력별 근로자 수와 비율에 대한 막대그래프(수직선)**

예제 2

[예제 1] 자료의 도수와 백분율에 대한 막대그래프를 그리라.

풀이

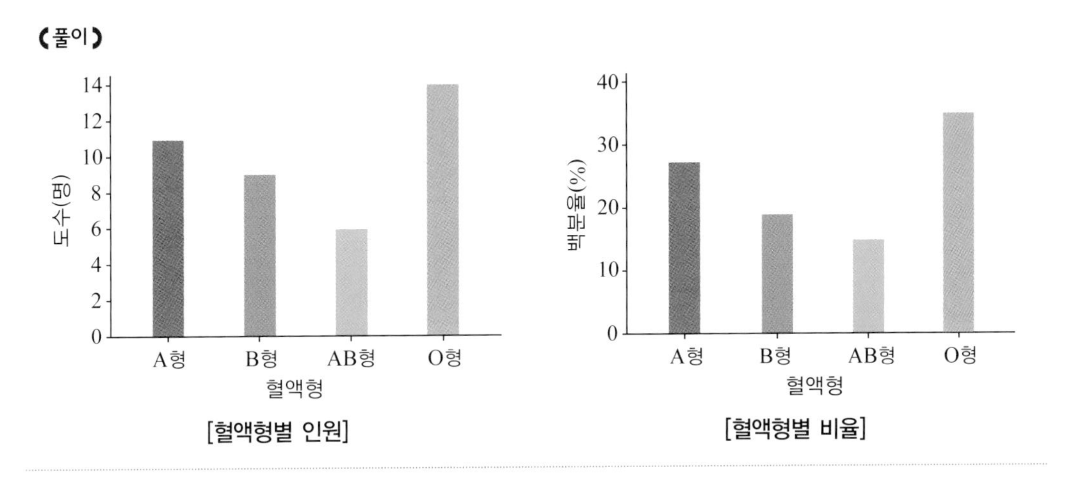

[혈액형별 인원] **[혈액형별 비율]**

I Can Do 2

[I Can Do 1] 자료의 각 후보별 득표수와 득표 비율에 대한 막대그래프를 그리라.

2.1.3 선그래프

각 범주에 대한 막대그래프에서 수직 막대의 상단 중심을 직선으로 연결한 그림을 **선그래프**(line graph)라 한다. 예를 들어 40명의 업무 능력을 조사한 자료를 선그래프로 나타내면 [그림 2-4]와 같다.

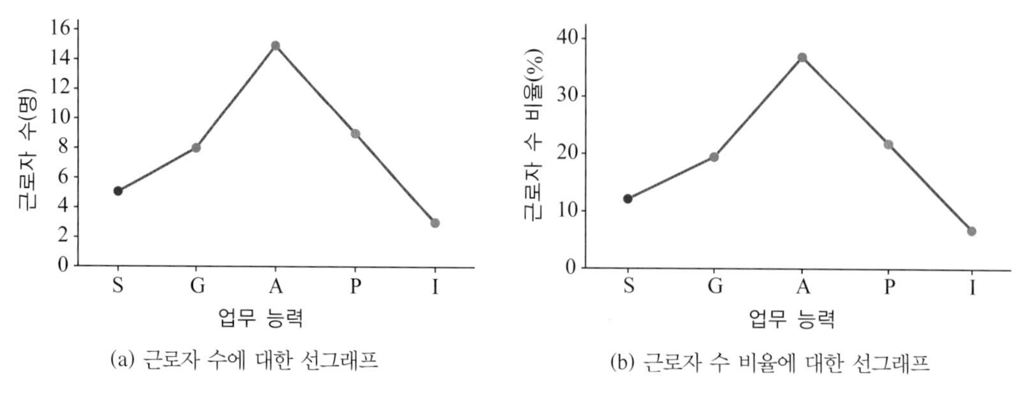

[그림 2-4] **업무 능력별 근로자 수와 비율에 대한 선그래프**

예제 3

[예제 1] 자료의 도수와 백분율에 대한 선그래프를 그리라.

풀이

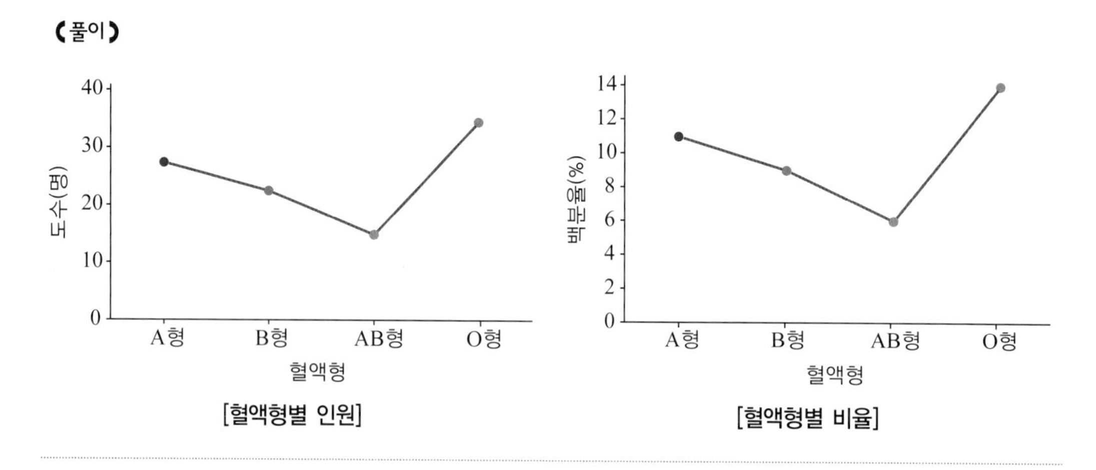

I Can Do 3

[I Can Do 1] 자료의 각 후보별 득표수와 득표 비율에 대한 선그래프를 그리라.

2.1.4 원그래프

원을 자료의 범주 개수만큼 파이 모양의 여러 조각으로 나누어 작성한 그림을 **원그래프**(pie chart)라 한다. 원그래프는 질적자료의 각 범주를 상대적으로 비교할 때 많이 사용하며, 각 조각의 중심각의 크기는 범주의 상대도수에 비례한다. 예를 들어, 40명의 업무 능력에 대한 자료에

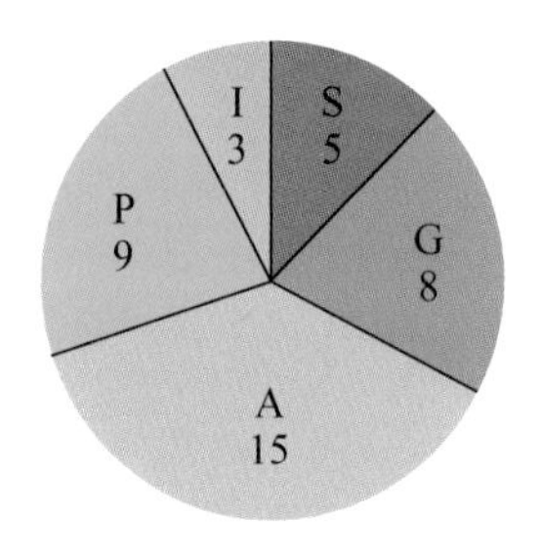

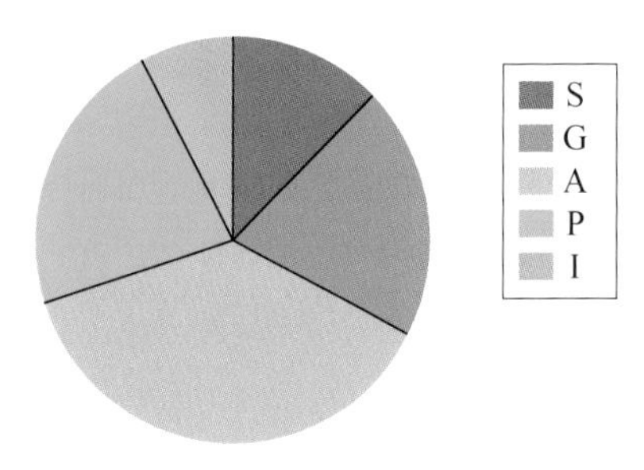

(a) 도수를 나타낸 원그래프　　　　(b) 범례를 나타낸 원그래프

[그림 2-5] **업무 능력별 근로자 수에 대한 원그래프**

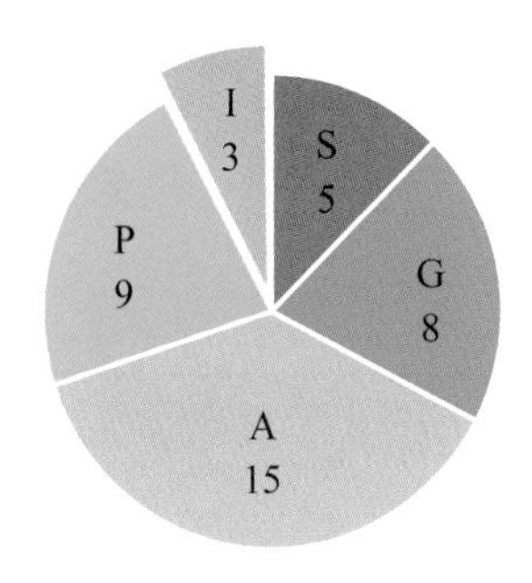

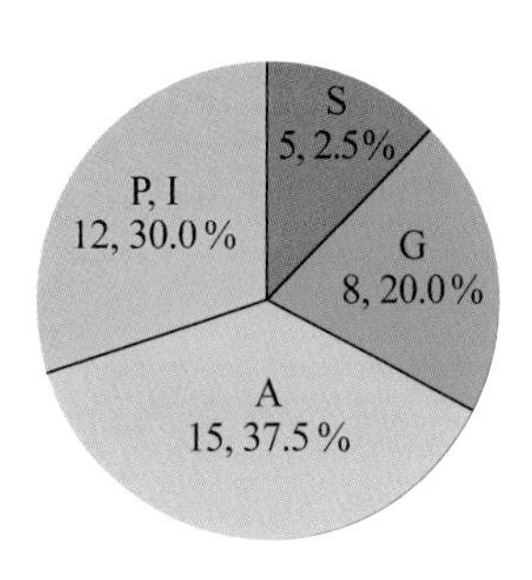

(a) 파이 조각을 분해한 경우　　　　(b) P와 I를 결합한 경우

[그림 2-6] **업무 능력별 근로자 수에 대한 원그래프(분해 또는 합성한 경우)**

서 각 그룹별 상대도수 또는 백분율에 대한 중심각을 구하면 다음과 같다.

$$\text{S: } 0.125 \times 360° = 45°, \quad \text{G: } 0.20 \times 360° = 72°, \quad \text{A: } 0.375 \times 360° = 135°,$$
$$\text{P: } 0.225 \times 360° = 81°, \quad \text{I: } 0.075 \times 360° = 27°$$

따라서 이를 원그래프로 나타내면 [그림 2-5]와 같다. 이때 [그림 2-6]과 같이 특정 파이 조각을 분해하거나 두 개 이상의 파이 조각을 결합하기도 한다. 그리고 각 파이 조각에 도수와 백분율을 기입할 수 있다.

예제 4

다음은 2009년도 4월의 광역시별 경제활동인구를 조사하여 표로 나타낸 것이다. 물음에 답하라.

지역	서울	인천	울산	부산	광주	대구	대전
경제활동인구(천 명)	5,087	1,350	544	1,639	664	1,180	726

출처: 통계청

(1) 경제활동인구에 대한 도수표를 작성하라.

(2) 경제활동인구의 상대도수에 대한 막대그래프를 그리라.

(3) 경제활동인구의 상대도수에 대한 선그래프를 그리라.

(4) 경제활동인구에 대한 원그래프를 그리라.

풀이

(1) 경제활동인구에 대한 도수표를 작성하기 위해 각 지역별 상대도수를 먼저 구한다.

$$서울: \frac{5087}{11190} \approx 0.455, \quad 부산: \frac{1639}{11190} \approx 0.146, \quad 대구: \frac{1180}{11190} \approx 0.105,$$

$$인천: \frac{1350}{11190} \approx 0.121, \quad 광주: \frac{664}{11190} \approx 0.059, \quad 대전: \frac{726}{11190} \approx 0.065,$$

$$울산: \frac{544}{11190} \approx 0.049$$

이제 각 지역별 경제활동인구와 상대도수를 기입한 도수표를 그린다.

지역	경제활동인구(명)	상대도수	백분율(%)
서울	5,087	0.455	45.5
부산	1,639	0.146	14.6
대구	1,180	0.105	10.5
인천	1,350	0.121	12.1
광주	664	0.059	5.9
대전	726	0.065	6.5
울산	544	0.049	4.9
합계	11,190	1.000	100

(2) (3) 도수표를 이용하여 상대도수에 대한 막대그래프와 선그래프를 그리면 다음과 같다.

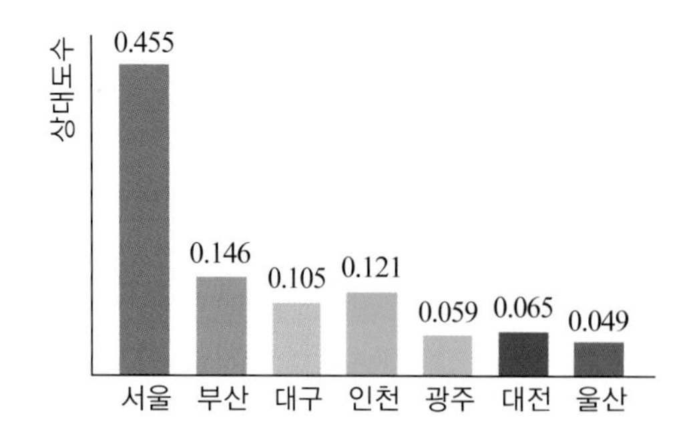

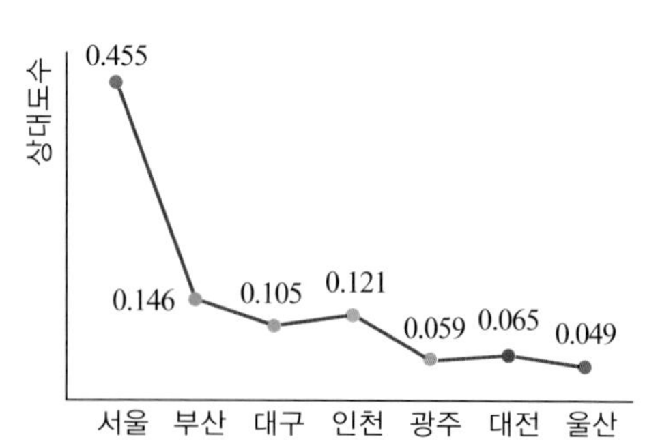

(4) 각 지역별 상대도수를 이용하여 파이 조각의 중심각을 구하면 다음과 같다.

서울: $0.455 \times 360° = 163.8°$, 부산: $0.146 \times 360° = 52.6°$,
대구: $0.105 \times 360° = 37.8°$, 인천: $0.121 \times 360° = 43.6°$,
광주: $0.059 \times 360° = 21.2°$, 대전: $0.065 \times 360° = 23.4°$,
울산: $0.049 \times 360° = 17.6°$

따라서 경제활동인구에 대한 원그래프를 그리면 다음과 같다.

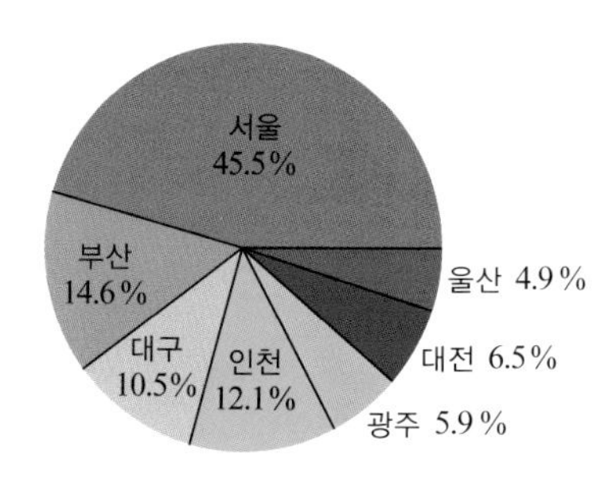

I Can Do 4

[I Can Do 1] 자료의 각 후보별 득표수에 대한 원그래프를 그리라(단, 득표 비율이 1% 미만인 후보들의 파이 조각은 결합한다).

2.2 양적자료의 요약

지금까지 질적자료를 정리하고 요약하는 방법에 대해 살펴보았다. 1.4절에서 언급한 바와 같이 양적자료는 집단화하여 질적자료로 변환할 수 있으며, 이 절에서는 양적자료를 표와 그래프를 이용하여 요약하는 방법과 집단화한 양적자료를 요약하는 방법에 대해 알아본다.

2.2.1 점도표

점도표는 원자료의 특성을 그림으로 나타내는 가장 간단한 방법으로서 양적자료뿐만 아니라 질적자료에도 사용할 수 있다.

점도표(dot plot)는 각 범주 또는 측정값을 수평축에 나타내고, 이 수평축 위에 각 범주 또는 측정값의 관찰 횟수를 점으로 나타낸 그림이다.

예를 들어, 어느 동아리 회원 25명의 혈액형을 조사하였더니 A형이 6명, B형이 8명, AB형이 3명 그리고 O형이 8명이었다고 하자. 그러면 [그림 2-7]과 같이 수평축에 범주인 혈액형을 작성하고 각 범주에 해당하는 인원수만큼 수직 방향으로 점을 찍어서 나타낸다.

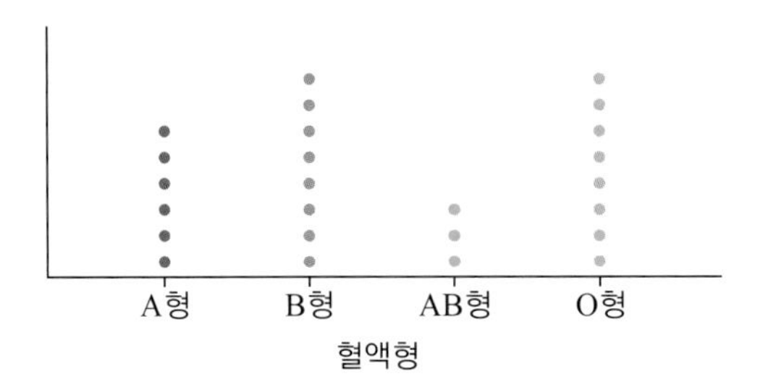

[그림 2-7] **혈액형에 대한 점도표**

또한 A 대학교 1학년 학생들 중에서 무작위로 선정한 30명의 학점이 다음과 같다고 하자. 그러면 30명의 학점에 대한 점도표는 [그림 2-8]과 같다.

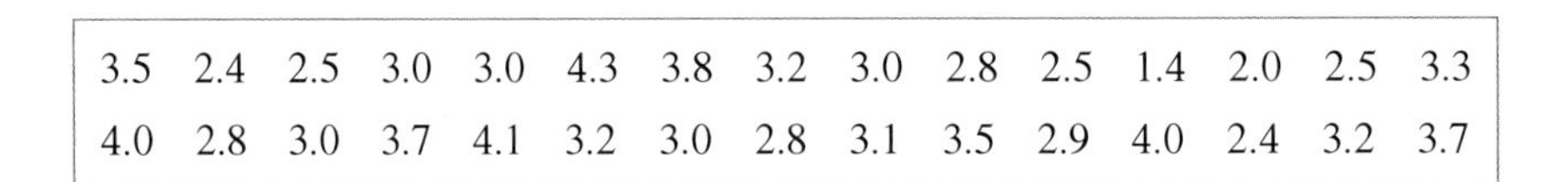

3.5	2.4	2.5	3.0	3.0	4.3	3.8	3.2	3.0	2.8	2.5	1.4	2.0	2.5	3.3
4.0	2.8	3.0	3.7	4.1	3.2	3.0	2.8	3.1	3.5	2.9	4.0	2.4	3.2	3.7

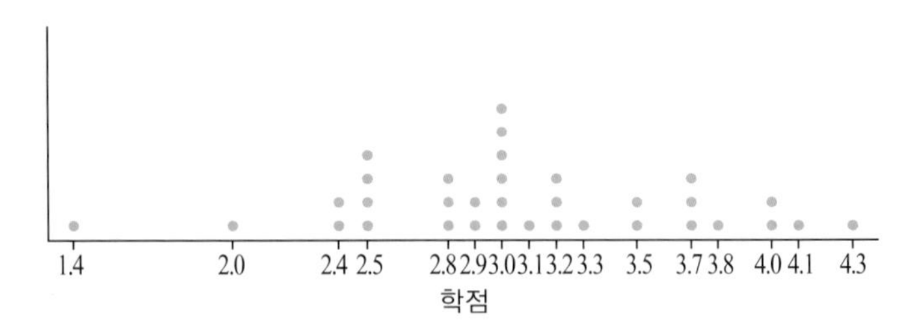

[그림 2-8] **학점에 대한 점도표**

점도표는 수평축 위에 범주 또는 측정값을 점으로 찍어서 나타내므로 자료의 정확한 위치를 알 수 있으며, 수집한 자료가 어떠한 모양으로 흩어져 있는지 쉽게 파악할 수 있다. 그러나 각 범주에 해당하는 점을 찍어서 나타내므로 범주나 측정값의 수가 매우 많은 경우에는 점도표를 사용하기에 부적절하다.

예제 5

시중에서 판매되는 등산화 20개의 가격을 조사한 결과, 다음과 같았다. 이 자료에 대한 점도표를 작성하라.

(단위: 천 원)

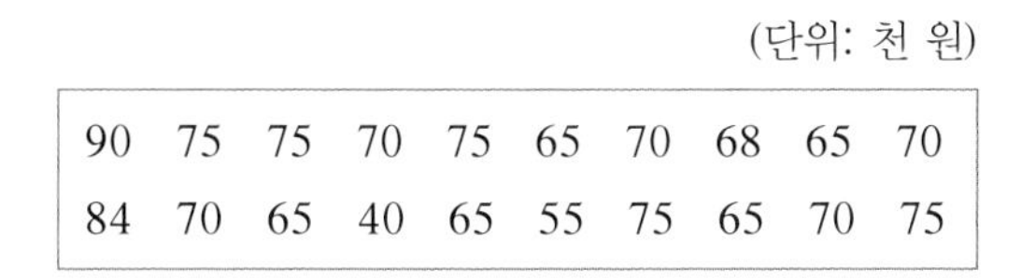

90	75	75	70	75	65	70	68	65	70
84	70	65	40	65	55	75	65	70	75

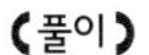

풀이

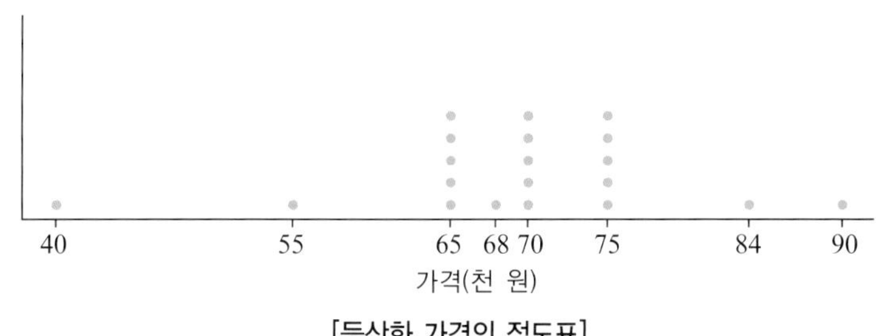

[등산화 가격의 점도표]

I Can Do 5

다음 자료에 대한 점도표를 작성하라.

19	11	20	19	16	14	20	13	18	16
14	17	16	20	12	20	12	10	19	13

2.2.2 도수분포표

1.4절에서 언급한 바와 같이 양적자료를 적당한 간격으로 집단화(범주화)하면 질적자료로 전환시킬 수 있다. 이렇게 질적자료로 변환시킨 자료에 대한 도수표를 만들면 극단적이거나 보편적이지 않은 자료 값을 나타낼 수 있으며 집중되는 자료의 경향을 비롯한 전체 자료가 갖는 특성을 좀 더 쉽게 이해할 수 있다. 이때 표 안에 양적자료를 집단화한 계급과 각 계급에 대한 도수, 상대도수, 누적도수, 누적 상대도수 및 각 계급을 대표하는 계급값 등을 기입하며, 이와 같이 작성된 표를 **도수분포표**라 한다.

도수분포표(frequency distribution table)는 각 계급 또는 구간 안에 들어가는 자료의 도수, 상대도수, 누적도수, 누적상대도수 그리고 계급값을 보여주는 표이다.

계급(class)은 양적자료를 적당한 간격으로 집단화하여 나타낸 범주를 의미한다.

계급 간격(class width)은 이웃하는 두 계급의 위쪽 경계에서 아래쪽 경계를 뺀 값이다.

계급 상대도수(class relative frequency)는 계급의 도수를 자료 집단 안의 전체 자료의 수로 나눈 값이다. 즉, 계급 상대도수는 다음과 같다.

$$(\text{계급 상대도수}) = \frac{(\text{계급의 도수})}{(\text{전체 도수})}$$

누적도수(cumulative frequency)는 이전 계급까지의 모든 도수를 합한 도수이다.

누적상대도수(cumulative relative frequency)는 이전 계급까지의 모든 상대도수를 합한 상대도수이다.

계급값(class mark)은 각 계급의 중앙값이다. 즉, 계급값은 다음과 같다.

$$(\text{계급값}) = \frac{(\text{위쪽 경계}) + (\text{아래쪽 경계})}{(\text{전체 도수})}$$

양적자료의 도수분포표는 다음 순서에 따라 작성한다.

❶ 계급의 수를 결정한다.

❷ 각 계급에 일정하게 주어지는 각 계급 간격을 결정한다.

❸ 각 계급이 중복되지 않도록 계급의 아래쪽 경계와 위쪽 경계를 결정한다.

❹ 도수분포표 안에 각 계급의 도수, 상대도수, 누적도수, 누적상대도수 그리고 계급값 등을 구하여 기입한다.

첫 번째, 계급의 수를 결정해야 한다. 계급의 수를 정하는 특별한 규칙은 없으나, 보편적으로 5개에서 20개 내외로 정한다. 특히 자료의 수(n)가 200개 이하이면 계급의 수(k)는 $k = \sqrt{n} \pm 3$에 가까운 정수를 선택하고, 자료의 수가 충분히 많으면 **Sturges 공식**이라 불리는 $k = 1 + 3.3\log_{10}n$에 가까운 정수를 택한다. [표 2-2]는 자료의 수에 따라 계급의 수를 어떻게 정해야 할지 보여준다.

[표 2-2] **계급의 수와 Sturges 공식**

자료의 수		30	50	120	250	500	1000
계급의 수	200개 이하 자료	2~8	4~10	8~14			
	Sturges 공식	6	7	8	9	10	11

두 번째, 이렇게 계급의 수가 결정되면 각 계급 간격을 적당히 구한다. 이때 최대 자료 값과 최소 자료 값의 차이를 **범위**라 한다.

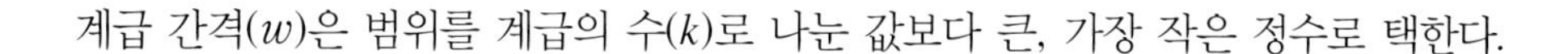
범위(range) R는 'R = (최대 자료 값) − (최소 자료 값)'이다.

계급 간격(w)은 범위를 계급의 수(k)로 나눈 값보다 큰, 가장 작은 정수로 택한다.

$$w \approx \frac{R}{k}$$

세 번째, 이웃하는 계급 사이의 중복을 피하기 위하여 제1계급의 하한을 결정해야 하는데, 제1계급의 하한, 즉 제1계급의 아래쪽 경계로 다음과 같이 택한다.

$$(\text{제1계급의 하한}) = (\text{최소 자료 값}) - \frac{(\text{기본단위})}{2}$$

마지막으로 각 계급의 도수, 상대도수, 누적도수, 누적상대도수 그리고 계급값을 구하여 기입하면 도수분포표가 완성된다.

예를 들어, 50명의 청소년들이 일주일 동안 인터넷을 사용한 시간을 조사하여 다음의 결과를 얻었다고 하자. 이 자료에 대한 도수분포표를 작성해 보자.

29	30	49	21	39	38	15	39	48	41
50	38	33	40	51	29	31	42	29	69
37	20	49	40	10	49	49	49	35	45
22	45	20	45	30	41	40	38	10	31
47	19	31	21	41	46	28	29	18	28

이때 계급의 수를 7로 정한다면, 최댓값이 69이고 최솟값이 10이므로 계급 간격을 다음과 같이 구한다.

$$\frac{69 - 10}{7} \approx 8.4 \approx 9$$

자료의 기본단위가 1이므로 제1계급의 하한을 $10 - 0.5 = 9.5$로 정하면, 다음과 같이 7개의 계급 간격을 얻는다.

9.5 ~ 18.5, 18.5 ~ 27.5, 27.5 ~ 36.5, 36.5 ~ 45.5, 45.5 ~ 54.5, 54.5 ~ 63.5, 63.5 ~ 72.5

[표 2-3] 청소년들의 인터넷 사용 시간에 대한 도수분포표

계급	계급 간격	도수	상대도수	누적도수	누적상대도수	계급값
제1계급	9.5~18.5	4	0.08	4	0.08	14
제2계급	18.5~27.5	6	0.12	10	0.20	23
제3계급	27.5~36.5	13	0.26	23	0.46	32
제4계급	36.5~45.5	16	0.32	39	0.78	41
제5계급	45.5~54.5	10	0.20	49	0.98	50
제6계급	54.5~63.5	0	0.00	49	0.98	59
제7계급	63.5~72.5	1	0.02	50	1.00	68
합계		50	1.00			

이제 이 계급들을 표에 작성하기 위하여 제1열에 계급 간격을 기입하고, 각 계급 안에 놓이는 관찰값의 도수를 제2열에 기입한다. 그리고 각 계급의 도수를 전체 자료의 수인 50으로 나눈 상대도수를 제3열에 기입한다. 누적도수와 누적상대도수를 제4열과 제5열에 기입하고 마지막 열에 계급값을 기입하면 [표 2-3]과 같은 도수분포표가 완성된다.

위에서 구한 도수분포표로부터 다음과 같은 사실을 유추할 수 있다.

- 전체 자료를 크기순으로 나열하여 가장 가운데 놓이는 자료 값, 즉 누적상대도수가 0.5(백분율: 50 %)인 위치가 대략적으로 제4계급의 앞부분에 있다.
- 대부분의 청소년이 일주일 동안 인터넷을 사용하는 시간은 제3계급에서 제5계급, 즉 28~54시간이다.
- 제1계급과 제2계급 방향으로 꼬리를 갖는다. 즉, 아래쪽으로 꼬리를 갖는다.
- 1명의 청소년이 인터넷을 과하게 사용한다.

따라서 일주일 동안 인터넷을 사용하는 시간에 대한 분포 모양을 대략적으로 파악할 수 있다. 특히 인터넷을 과하게 사용하는 1명의 청소년과 같이 분포 모양에서 멀리 떨어지는 자료의 측정값이 존재하는 것을 알 수 있으며, 이러한 자료를 **특이점**(outlier)이라 한다.

이와 같이 계급의 수와 계급 간격 그리고 제1계급의 하한이 결정되면 일정한 간격을 갖는 도수분포표를 작성할 수 있다. 도수분포표는 각 계급의 도수를 알 수 있으나 원자료의 정확한 측정값은 알 수 없다는 단점이 있다.

예제 6

다음 자료에 대하여 계급의 수가 6인 도수분포표를 작성하라.

41	32	30	23	24	32	11	39	24	46
50	18	41	14	33	50	38	25	32	16
43	19	35	22	46	43	10	22	17	47
66	48	25	43	28	31	12	25	12	48

(풀이)

계급의 수가 6이고 최댓값이 66, 최솟값이 10이므로 계급 간격을 다음과 같이 구한다.

$$\frac{66-10}{6} \approx 9.3 \approx 10$$

자료의 기본단위가 1이므로 제1계급의 하한을 $10-0.5=9.5$로 정하면, 다음과 같은 6개의 계급 간격을 얻는다.

$$9.5 \sim 19.5,\ 19.5 \sim 29.5,\ 29.5 \sim 39.5,\ 39.5 \sim 49.5,\ 49.5 \sim 59.5,\ 59.5 \sim 69.5$$

이제 이 계급들을 표에 작성하기 위하여 제1열에 계급 간격을 기입하고, 각 계급 안에 놓이는 관찰값의 도수를 제2열에 기입한다. 그리고 각 계급의 도수를 전체 자료의 수인 40으로 나눈 상대도수를 제3열에 기입한다. 누적도수와 누적상대도수를 제4열과 제5열에 기입하고 마지막 열에 계급값을 기입하면 다음과 같은 도수분포표가 완성된다.

계급	계급 간격	도수	상대도수	누적도수	누적상대도수	계급값
제1계급	9.5~19.5	9	0.225	9	0.225	14.5
제2계급	19.5~29.5	9	0.225	18	0.450	24.5
제3계급	29.5~39.5	9	0.225	27	0.675	34.5
제4계급	39.5~49.5	10	0.250	37	0.925	44.5
제5계급	49.5~59.5	2	0.050	39	0.975	54.5
제6계급	59.5~69.5	1	0.025	40	1.000	64.5
합계		40	1.00			

I Can Do 6

다음 자료에 대하여 계급의 수가 5인 도수분포표를 작성하라.

12.6	10.5	25.2	20.9	29.5	28.3	12.9	11.2	26.1	23.6
18.2	13.1	14.8	11.1	10.2	16.9	26.7	16.7	23.6	17.5

2.2.3 도수히스토그램

도수분포표를 그림으로 나타내면 자료 집단의 특성을 시각적으로 쉽게 알 수 있다. 이러한 방법 중의 하나가 **도수히스토그램**이다.

> 도수히스토그램(frequency histogram)은 수평축에 도수분포표의 계급을 나타내고 수직축에 각 계급에 대응하는 도수를 높이로 갖는 사각형으로 나타낸 그림이다.

히스토그램에서, 각 계급의 계급값은 사각형의 밑변의 중심으로 놓고, 그 길이는 계급 간격과 같다. 그리고 사각형의 높이는 각 계급의 도수 또는 상대도수이다. 따라서 도수히스토그램을 보면 자료 집단의 대략적인 중심의 위치와 흩어진 모양을 쉽게 알 수 있다.

앞에서 살펴본 50명의 청소년들이 일주일 동안 인터넷을 사용한 시간에 대한 도수히스토그램을 그려 보자. 수평축을 다음 계급 간격으로 구분하고 수직축에 각 계급에 해당하는 도수를 높이로 갖는 사각형을 그린다. 그러면 [그림 2-9]와 같은 도수히스토그램을 얻는다.

$$9.5 \sim 18.5,\ 18.5 \sim 27.5,\ 27.5 \sim 36.5,\ 36.5 \sim 45.5,$$
$$45.5 \sim 54.5,\ 54.5 \sim 63.5,\ 63.5 \sim 72.5$$

한편, [그림 2-10]과 같이 수직축에 누적도수, 상대도수 또는 누적상대도수를 나타내는 히스토그램을 작성할 수 있다. 또한 [그림 2-10(d)]와 같이 [그림 2-9]의 수직축과 수평축을 교환하여 히스토그램을 작성할 수도 있다.

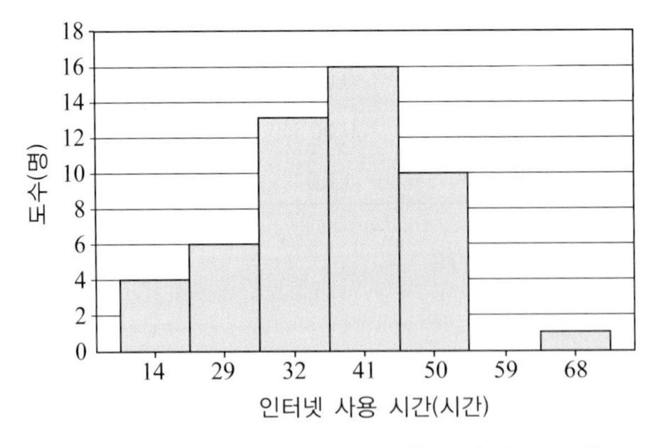

[그림 2-9] **인터넷 사용 시간에 대한 도수히스토그램**

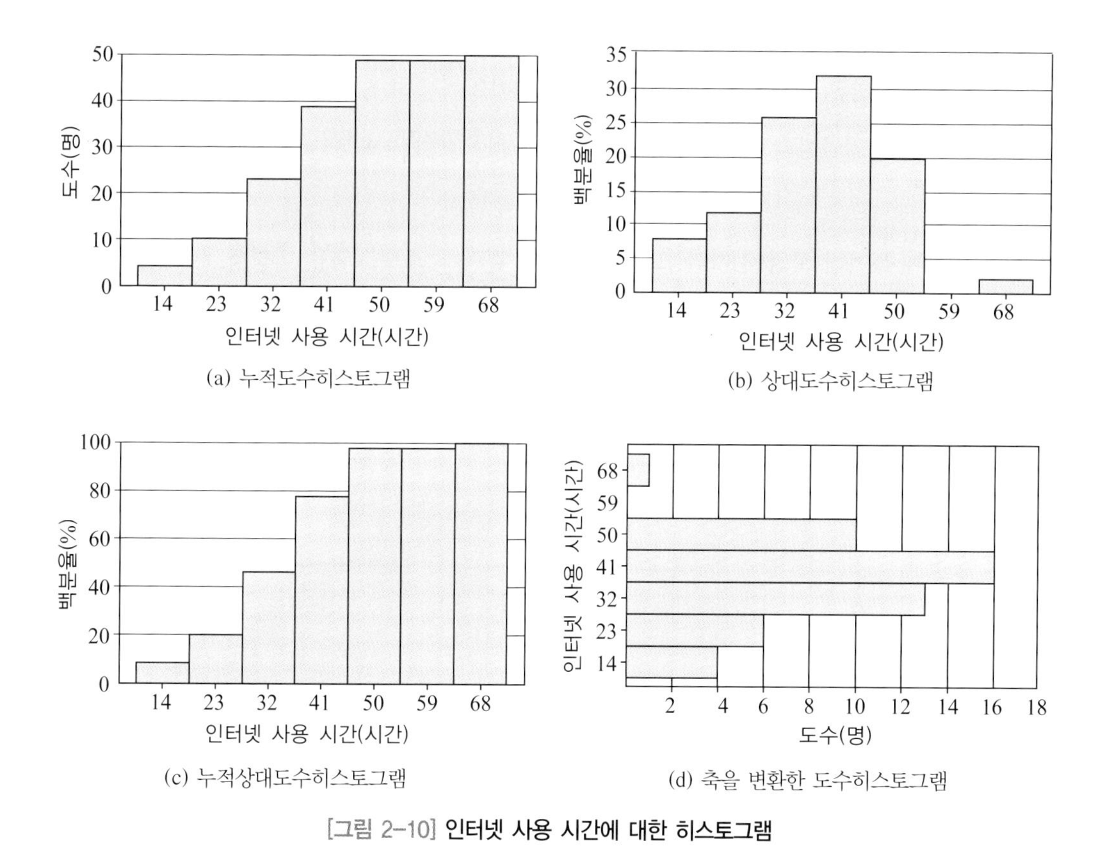

(a) 누적도수히스토그램

(b) 상대도수히스토그램

(c) 누적상대도수히스토그램

(d) 축을 변환한 도수히스토그램

[그림 2-10] **인터넷 사용 시간에 대한 히스토그램**

누적도수히스토그램(cumulative frequency histogram)은 [그림 2-10(a)]와 같이 수평축에 계급을, 수직축에 누적도수를 나타낸 히스토그램이다.

상대도수히스토그램(relative frequency histogram)은 [그림 2-10(b)]와 같이 수평축에 계급을, 수직축에 상대도수를 나타낸 히스토그램이다.

누적상대도수히스토그램(cumulative relative frequency histogram)은 [그림 2-10(c)]와 같이 수평축에 계급을, 수직축에 누적상대도수를 나타낸 히스토그램이다.

히스토그램은 도수분포표에 비하여 다음과 같은 사항을 시각적으로 쉽게 알 수 있다.

- 자료 집단이 대칭성을 갖는가?
- 자료들이 얼마나 넓게 흩어진 모양을 갖는가?
- 자료의 집중이 가장 큰 계급은 어디인가?
  ⇨ 4계급, 즉 일주일에 인터넷을 37~45시간 하는 청소년이 가장 많다.
- 어느 계급에서 틈새(gap)가 생기는가?

⇨ 6계급, 즉 일주일에 인터넷을 55~63시간 하는 청소년은 없다.

- 어느 계급이 다른 계급들로부터 멀리 떨어지는가?

  ⇨ 대부분의 청소년은 인터넷을 54시간 이하 사용하지만, 64시간 이상 인터넷을 과하게 사용하는 청소년이 한 명 존재한다.

이때 자료의 흩어진 모양에 따라 [그림 2-11]과 같이 히스토그램을 대칭형, 비대칭형, 퍼짐형과 집중형 등으로 구분한다. 그리고 [그림 2-9]와 같이 도수가 0인 계급을 가지는 히스토그램을 틈새형이라 한다.

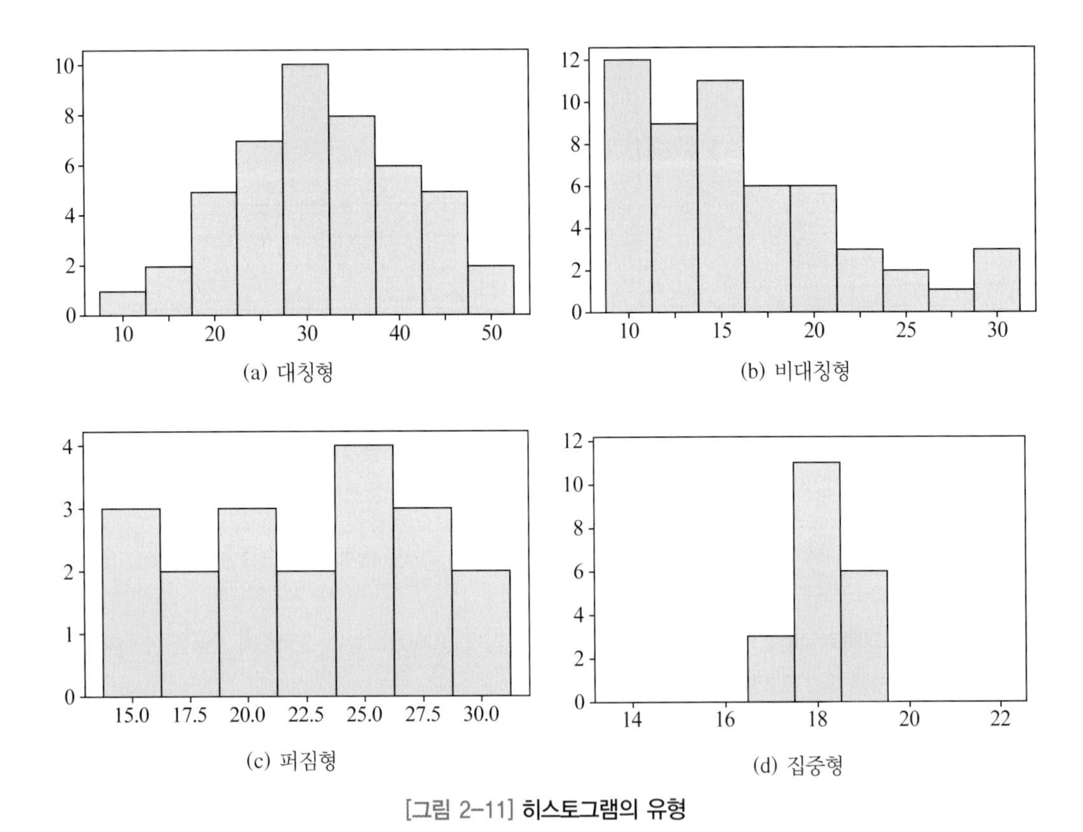

[그림 2-11] **히스토그램의 유형**

예제 7

[예제 6]의 도수분포표에 대한 도수히스토그램을 그리라.

풀이

각 계급의 계급값은 14.5, 24.5, 34.5, 44.5, 54.5, 64.5이며, 각 계급의 도수는 9, 9, 9, 10, 2, 1이므로 도수히스토그램을 그리면 다음과 같다.

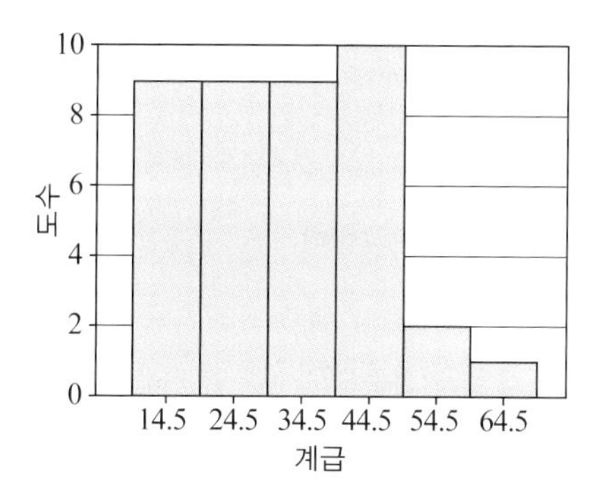

I Can Do 7

[I Can Do 6]의 도수분포표에 대한 도수히스토그램을 그리라.

2.2.4 도수다각형

질적자료의 선그래프와 같이 양적자료도 분포 모양을 직선으로 표현할 수 있다. 이러한 그림을 **도수다각형**이라 한다.

도수다각형(frequency polygon)은 히스토그램에서 각 사각형 상단의 중심을 선분으로 연결하여 다각형으로 나타낸 그림이다. 

이때 히스토그램의 경우와 동일하게 수직축에 상대도수, 누적도수 및 누적상대도수 등을 작성할 수 있으며, 도수다각형은 두 개 이상의 자료 집단을 비교하는 데 널리 사용한다. [그림 2–

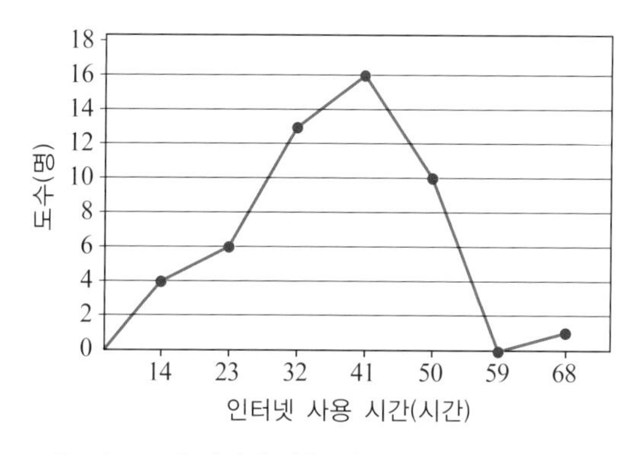

[그림 2-12] **인터넷 사용 시간에 대한 도수다각형**

12]는 50명의 청소년이 일주일 동안 인터넷을 사용한 시간에 대한 도수다각형을 나타낸다.

예제 8

[예제 7]의 히스토그램에 대한 도수다각형을 그리라.

풀이

히스토그램에서 각 사각형 상단의 중심을 선분으로 이으면 다음과 같은 도수다각형을 얻는다.

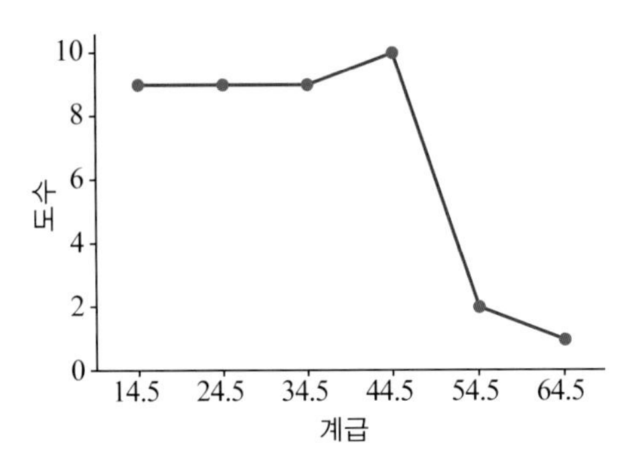

I Can Do 8

[I Can Do 7]의 히스토그램에 대한 도수다각형을 그리라.

2.2.5 줄기-잎 그림

50명의 청소년들이 일주일 동안 인터넷을 사용한 시간에 대한 점도표 [그림 2-13]에서 밑

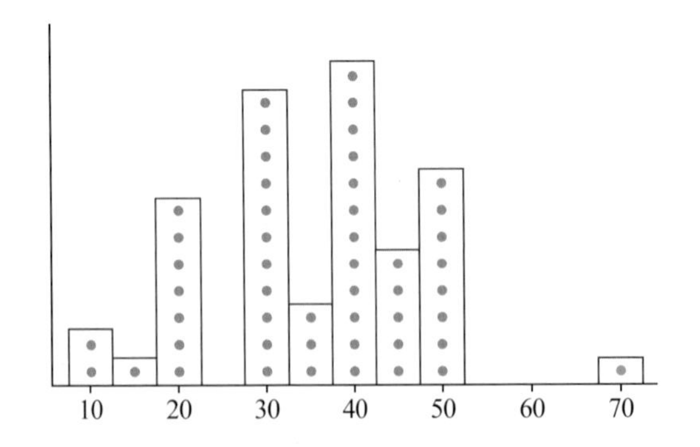

[그림 2-13] **인터넷 사용 시간에 대한 간격이 5인 점도표와 히스토그램**

변의 길이가 일정하고 점의 개수를 높이로 가지는 사각형을 그리면 계급 간격이 5인 히스토그램을 만들 수 있다. 또한 계급 간격이 1인 점도표를 그리면 각 자료 값에 대한 도수를 정확히 알 수 있다. 그러나 우리는 범주나 측정값의 수가 많으면 점도표를 사용하기에 부적절하다는 것을 학습하였다.

한편, 히스토그램은 수집한 자료에 대한 중심의 위치와 흩어진 모양을 대략적으로 알 수 있지만, 계급 간격 안의 각 자료 값을 하나의 계급값으로 표현하므로 각 계급의 자료 값들에 대한 정확한 정보는 알 수 없다는 단점이 있다. 이러한 단점을 보완하기 위하여 고안된 그림이 **줄기-잎 그림**이다.

줄기-잎 그림(stem-leaf display)은 실제 측정값을 이용하여 히스토그램과 비슷한 모양으로 나타낸 그림이다.

이 그림은 도수분포표나 히스토그램이 갖고 있는 성질을 그대로 보존하면서 각 계급 안에 들어 있는 개개의 측정값을 제공한다는 장점이 있다. 줄기-잎 그림은 다음 순서에 따라 작성한다.

❶ 줄기와 잎을 구분한다. 이때 변동이 작은 부분을 줄기, 변동이 많은 부분을 잎으로 지정한다.

❷ 수직 방향으로 줄기 부분을 작은 수부터 순차적으로 나열하고, 오른쪽에 수직선을 긋는다.

❸ 각 줄기 부분에 해당하는 잎 부분을 원자료의 관찰 순서대로 나열한다.

❹ 잎 부분의 자료 값을 크기순으로 재배열한다.

❺ 전체 자료를 크기순으로 나열하여 중앙에 놓이는 자료 값이 있는 행의 왼쪽에 괄호를 만들고, 괄호 안에 그 행에 해당하는 잎의 수(도수)를 기입한다.

❻ 괄호가 있는 행을 중심으로 괄호와 동일한 열에 누적도수를 위와 아래부터 각각 기입하고, 전체 도수와 기본단위를 기입한다.

앞에서 살펴보았던 자료인 인터넷을 사용한 시간에 대한 줄기-잎 그림을 그려 보자.

29	30	49	21	39	38	15	39	48	41
50	38	33	40	51	29	31	42	29	69
37	20	49	40	10	49	49	49	35	45
22	45	20	45	30	41	40	38	10	31
47	19	31	21	41	46	28	29	18	28

❶ 10의 자릿수를 줄기, 1의 자릿수를 잎으로 구분하여, 줄기와 잎 사이에 수직선을 긋는다.

❷ 수직 방향으로 줄기 부분을 작성하고 관찰된 순서대로 잎 부분을 기록한다.

줄기	잎
1	5 0 0 9 8
2	9 1 9 9 0 2 0 1 8 9 8
3	0 9 8 9 8 3 1 7 5 0 8 1 1
4	9 8 1 0 2 9 0 9 9 9 5 5 5 1 0 7 1 6
5	0 1
6	9

❸ 잎 부분의 자료 값을 크기순으로 재배열하고, 가장 가운데 놓이는 자료 값이 있는 행의 맨 왼쪽에 잎의 수를 괄호 안에 기입한다. 이때 전체 도수가 50이므로 중앙에 놓이는 관측값은 크기순으로 나열하여 25번째와 26번째 자료이다. 따라서 25번째와 26번째 자료가 속해 있는 줄기 '3'행의 맨 앞에 그 행의 잎의 수인 '13'을 괄호 안에 작성한다.

	줄기	잎
	1	0 0 5 8 9
	2	0 0 1 1 2 8 8 9 9 9 9
(13)	3	0 0 1 1 1 3 5 7 8 8 8 9 9
	4	0 0 0 1 1 1 2 5 5 5 6 7 8 9 9 9 9 9
	5	0 1
	6	9

❹ 괄호 안의 수를 중심으로 위쪽과 아래쪽으로부터 누적도수를 기입하고, 전체 도수와 기본단위를 기입한다. 이때 가장 가운데 놓이는 자료 값이 서로 다른 행으로 분리된다면, 그 두 행을 기준으로 누적도수를 기입한다.

	줄기	잎	
5	1	0 0 5 8 9	전체 도수 50
16	2	0 0 1 1 2 8 8 9 9 9 9	기본단위 1
(13)	3	0 0 1 1 1 3 5 7 8 8 8 9 9	
21	4	0 0 0 1 1 1 2 5 5 5 6 7 8 9 9 9 9 9	
3	5	0 1	
1	6	9	

그러면 50개의 자료 값에 대하여 줄기-잎 그림이 완성된다. 이 경우에 [그림 2-14]와 같이, 계급 간격이 10이고 잎의 수가 각 계급의 도수가 되어 히스토그램뿐만 아니라 각 계급 안의 정

5	1	0 0 5 8 9	전체 도수 50
16	2	0 0 1 1 2 8 8 9 9 9 9	기본단위 1
(13)	3	0 0 1 1 1 3 5 7 8 8 8 9 9	
21	4	0 0 0 1 1 1 2 5 5 5 6 7 8 9 9 9 9 9	
3	5	0 1	
1	6	9	

[그림 2-14] **인터넷 사용 시간에 대한 줄기-잎 그림과 히스토그램**

확한 자료 값을 볼 수 있다. 여기서 첫 번째 행 **1|00589**는 자료 값이 10, 10, 15, 18, 19이고, 계급 간격 10~19의 도수가 5임을 나타낸다.

한편 줄기-잎 그림은 계급 간격이 2 또는 5인 경우로 세분화할 수 있다. 계급 간격이 2인 경우에 잎 부분을 0~1, 2~3, 4~5, 6~7, 8~9로 구분하고 계급 간격이 5인 경우는 0~4, 5~9로 구분한다. 잎 부분이 0~4인 경우와 5~9인 경우의 줄기를 각각 'o', '*'로 구분하면 [그림 2-15]와 같이 계급 간격이 5인 줄기-잎 그림을 얻을 수 있다.

2	1o	0 0	전체 도수 50
5	1*	5 8 9	기본단위 1
10	2o	0 0 1 1 2	
16	2*	8 8 9 9 9 9	
22	3o	0 0 1 1 1 3	
(7)	3*	5 7 8 8 8 9 9	
21	4o	0 0 0 1 1 1 2	
14	4*	5 5 5 6 7 8 9 9 9 9 9	
3	5o	0 1	
1	5*		
1	6o	9	

[그림 2-15] **계급 간격이 5인 인터넷 사용 시간에 대한 줄기-잎 그림**

예제 9

[예제 6]의 자료 집단에 대한 줄기-잎 그림을 그리라.

41	32	30	23	24	32	11	39	24	46
50	18	41	14	33	50	38	25	32	16
43	19	35	22	46	43	10	22	17	47
66 ·	48	25	43	28	31	12	25	12	48

풀이

십의 자릿수를 줄기, 일의 자릿수를 잎으로 정하면 줄기-잎 그림은 다음과 같다.

9	1	1 8 4 6 9 0 7 2 2
18	2	3 4 4 5 2 2 5 8 5
(9)	3	2 0 2 9 3 8 3 5 1
13	4	1 6 1 3 6 3 7 8 3 8
3	5	0 0
1	6	6

➡

9	1	0 1 2 2 4 6 7 8 9	전체 도수 40
18	2	2 2 3 4 4 5 5 5 8	기본단위 1
(9)	3	0 1 2 2 2 3 5 8 9	
13	4	1 1 3 3 3 6 6 7 8 8	
3	5	0 0	
1	6	6	

I Can Do 9

다음 자료 집단에 대한 줄기-잎 그림을 그리라.

22.6	20.5	25.2	20.9	29.5	28.3	22.9	21.2	26.1	23.6
28.2	23.1	24.8	21.1	20.2	26.9	26.7	16.7	23.6	27.5

2.2.6 시계열 그림

지금까지 살펴본 그림과는 다르게 시간(분, 시, 일, 주, 월, 분기, 년)에 따른 양적자료(시계열 자료)의 변화 추이를 분석하기 위한 그림을 생각할 수 있다. 이때 수평축에 시간을 기입하고 수직축에 각 시각에 대응하는 자료 값을 선분으로 이어서 시간에 따른 자료의 변화 추이를 분석한 그림을 **시계열 그림**(time series plot)이라 하며, 시계열 그림을 이용하면 미래의 어느 시점에 대한 자료 값을 쉽게 예측할 수 있다. 예를 들어, 우리나라 인구수 대비 서울특별시 인구수의 변화를 나타낸 [표 2-4]의 자료에 대한 시계열 그림을 그리면 [그림 2-16]과 같다.

[그림 2-16]을 이용하여 우리나라 인구정책을 그대로 유지한다고 할 때, 시계열 그림으로부터 2025년의 우리나라 인구수와 서울특별시 인구수를 예측할 수 있다.

[표 2-4] **우리나라 인구수와 서울특별시 인구수**

(단위: 명)

구분 \ 연도	1985년	1990년	1995년	2000년	2005년	2010년
우리나라 인구수	40,448,486	43,410,899	44,608,726	46,136,101	47,278,951	48,580,293
서울특별시 인구수	9,639,110	10,612,577	10,231,217	9,895,217	9,820,171	9,794,304

출처: 통계청

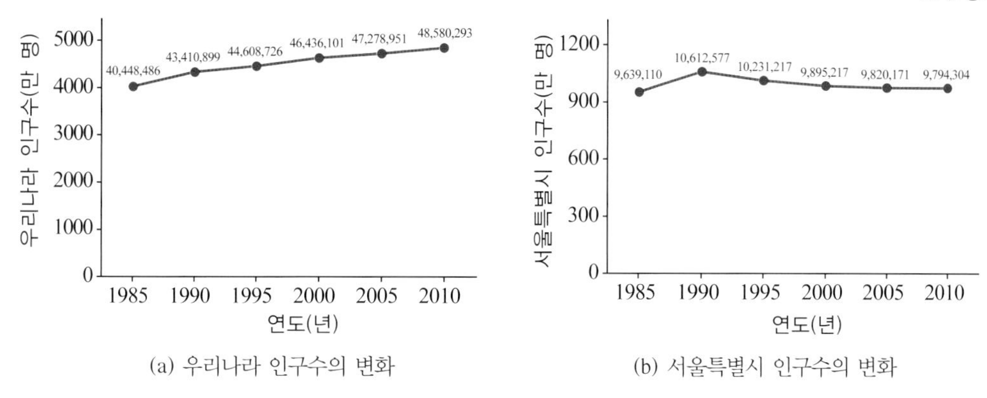

(a) 우리나라 인구수의 변화 (b) 서울특별시 인구수의 변화

[그림 2-16] **우리나라와 서울특별시 인구 변화에 대한 시계열 그림**

예제 10

다음은 연도별 등록된 도메인 수를 조사하여 표로 나타낸 것이다. 이 자료에 대한 시계열 그림을 그리라.

연도(년)	2003	2004	2005	2006	2007	2008	2009
도메인 수(개)	96,348	590,800	642,770	705,775	930,485	1,001,206	1,006,305

풀이

수평축에 연도를 기입하고 그에 대응하는 도메인 수를 직선으로 이으면 다음과 같은 시계열 그림을 얻는다.

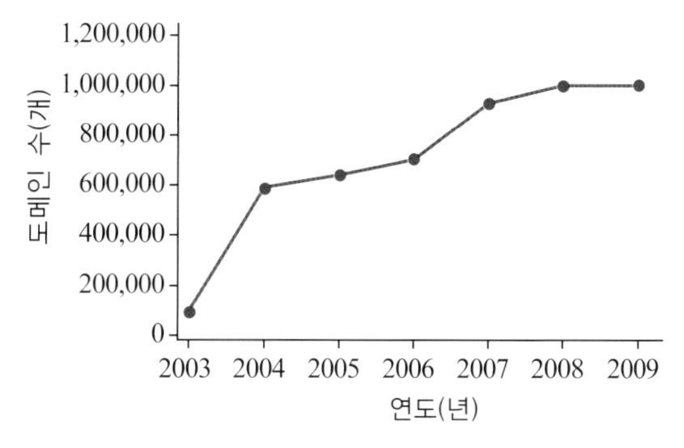

[연도에 따른 등록된 도메인 수]

I Can Do 10

다음은 어떤 주가의 가격 변화를 매시간 관찰하여 표로 나타낸 것이다. 이 자료에 대한 시계열 그림을 그리라.

시각(시)	9	10	11	12	13	14	15
가격(원)	18,900	18,400	17,600	18,100	18,100	18,600	18,500

2.3 이변량 양적자료의 요약

경쟁 관계에 있는 두 고등학교 학생들의 학업 능력, 여성 근로자와 남성 근로자의 생산량 등과 같이 서로 비교되는 두 자료 집단의 관찰값을 비교할 때, 점도표, 도수다각형 또는 줄기-잎 그림을 사용하면 편리하다. 또한 자료 집단으로 선정된 가구의 수입과 지출을 비교하는 경우와 같이 쌍으로 이루어진 자료를 비교할 때는 산점도를 이용하는 것이 편리하다.

2.3.1 점도표

경쟁 관계에 있는 두 고등학교 학생들의 학업 능력을 비교하기 위하여, 두 학교에서 각각 50명씩 표본을 선정하여 동일한 시험을 치른 결과 다음과 같다고 하자.

A 고등학교	40 57 44 74 45 77 47 57 51 80 57 90 54 85 53 82 60 94 55 67 42 63 44 76 56 78 48 60 52 81 60 93 55 86 53 49 60 54 55 87 61 67 64 69 63 69 62 68 66 69
B 고등학교	55 81 57 85 65 95 71 75 69 98 73 66 96 72 78 57 84 65 89 46 82 59 88 85 81 78 85 66 96 72 76 70 99 75 68 97 73 79 87 84 65 92 56 83 62 88 86 82 58 87

이때 [그림 2-17]과 같이 같은 길이의 수평축에 자료 값들의 척도를 기입하고 위아래로 각 자료 집단의 점도표를 작성한다. 그러면 A 고등학교의 자료는 왼쪽에 집중되고 오른쪽으로 긴 꼬리 모양을 이루며, B 고등학교의 자료는 오른쪽에 집중되고 왼쪽으로 긴 꼬리 모양을 이루는 것을 알 수 있다. 따라서 B 고등학교의 학업 능력이 A 고등학교보다 높음을 알 수 있다.

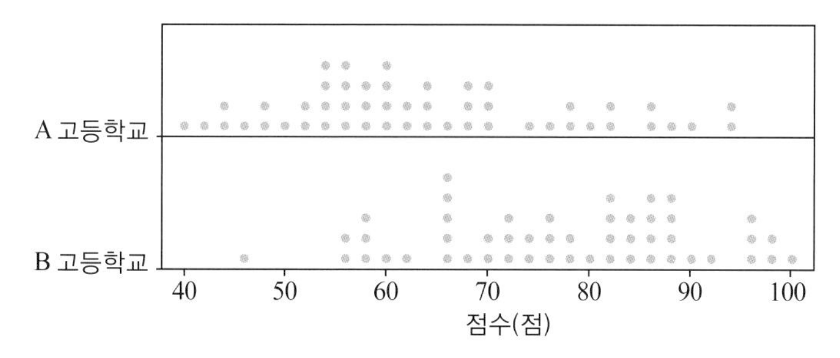

[그림 2-17] 점도표에 의한 두 고등학교의 학업 능력 비교

2.3.2 도수분포표와 히스토그램

이번에는 두 고등학교의 학업 능력을 도수분포표와 히스토그램을 사용하여 비교해 보자. [표 2-5]와 같이 동일한 계급 간격을 이용하여 두 자료 집단의 도수와 누적도수, 상대도수 그리고 누적상대도수, 계급값 등을 기입한다. 그러면 두 자료 집단의 특성을 대략적으로 비교할 수 있다.

두 집단의 도수분포표를 좀 더 시각적으로 알기 위하여 [그림 2-18(a)]와 같이 두 자료 집단의 히스토그램을 동일한 척도에 의하여 그리거나, [그림 2-18(b)]와 같이 도수다각형을 그려서 비교할 수도 있다.

[표 2-5] 도수분포표를 이용한 두 고등학교의 학업 능력 비교

계급	계급 간격	A 고등학교				B 고등학교				계급값
		도수	누적 도수	상대 도수	누적 상대도수	도수	누적 도수	상대 도수	누적 상대도수	
제1계급	39.5~49.5	8	8	0.16	0.16	1	1	0.02	0.02	44.5
제2계급	49.5~59.5	13	21	0.26	0.42	6	7	0.12	0.14	54.5
제3계급	59.5~69.5	16	37	0.32	0.74	8	15	0.16	0.30	64.5
제4계급	69.5~79.5	4	41	0.08	0.82	12	27	0.24	0.54	74.5
제5계급	79.5~89.5	6	47	0.12	0.94	16	43	0.32	0.86	84.5
제6계급	89.5~99.5	3	50	0.06	1.00	7	50	0.14	1.00	94.5
합계		50		1.00		50				

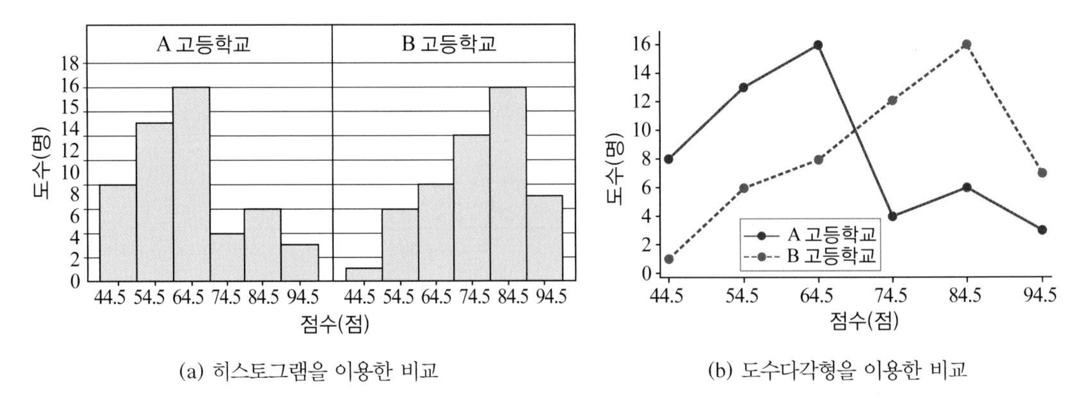

[그림 2-18] **히스토그램과 도수다각형을 이용한 두 고등학교의 학업 능력 비교**

2.3.3 줄기-잎 그림

줄기-잎 그림은 두 자료 집단을 비교할 때 매우 유용하게 사용된다. 이 그림의 경우에는 [그림 2-19]와 같이 중심부의 수직 방향에 줄기를 설정하고 양방향으로 누적도수와 잎을 기록한다.

[그림 2-19] **줄기-잎 그림을 이용한 두 고등학교의 학업 능력 비교**

예제 11

다음은 우리나라 30~40대 근로자와 50~60대 근로자의 혈압을 표본조사하여 표로 나타낸 것이다. 혈압에 따른 두 그룹의 근로자 수에 대한 상대도수다각형을 그리라.

혈압(mmHg)	30~40대 근로자 수	50~60대 근로자 수
89.5~109.5	16	3
109.5~129.5	418	82
129.5~149.5	1,235	274
149.5~169.5	432	226
169.5~189.5	57	97
189.5~209.5	4	18
209.5~229.5	0	7
229.5~249.5	0	3
합계	2,162	710

《풀이》

두 그룹의 혈압별 상대도수를 먼저 구한다.

혈압(mmHg)	30~40대 근로자		50~60대 근로자		계급값
	도수	상대도수	도수	상대도수	
89.5~109.5	16	0.007	3	0.004	99.5
109.5~129.5	418	0.193	82	0.116	119.5
129.5~149.5	1,235	0.571	274	0.386	139.5
149.5~169.5	432	0.200	226	0.318	159.5
169.5~189.5	57	0.027	97	0.137	179.5
189.5~209.5	4	0.002	18	0.025	199.5
209.5~229.5	0	0.000	7	0.010	219.5
229.5~249.5	0	0.000	3	0.004	239.5
합계	2,162	1.000	710	1.000	

이제 상대도수히스토그램을 먼저 그리고, 각 계급의 상단 중심부를 선으로 이으면 다음과 같은 상대도수다각형을 얻는다.

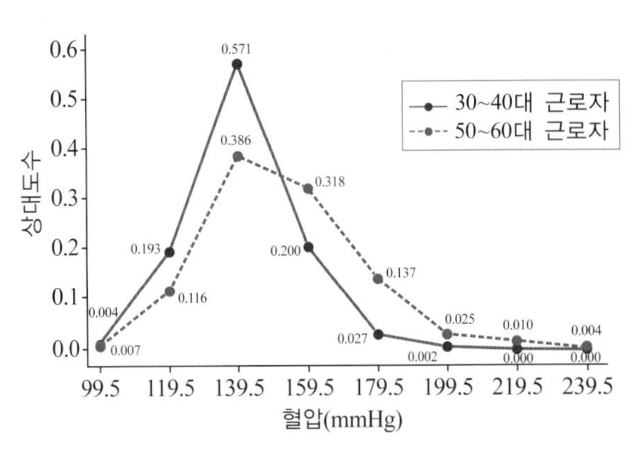

[두 그룹의 혈압 비교]

I Can Do 11

다음은 2000년과 2010년에 발생한 진도별 지진 발생 횟수이다. 2000년과 2010년의 진도별 지진 발생 비율을 비교하는 상대도수분포다각형을 그리라.

진 도	2000년의 지진 횟수	2010년의 지진 횟수
0.0~0.95	136	108
0.95~1.95	2,214	2,117
1.95~2.95	7,532	7,561
2.95~3.95	7,705	7,749
3.95~4.95	8,387	8,456
4.95~5.95	1,036	1,121
5.95~6.95	128	145
6.95~7.95	9	14
7.95~8.95	1	2
합계	27,148	27,273

2.3.4 산점도

두 종류의 자료가 독립변수와 응답변수의 관계를 가짐으로써 각각의 자료가 (x, y) 형태의 쌍으로 나타나는 경우가 있다. 이와 같이 쌍으로 주어진 자료를 나타낼 때에는 **산점도**를 사용하는 것이 가장 좋다.

산점도(scatter diagram)는 수평축에 독립변수 x를, 수직축에 응답변수 y를 기입하여 순서쌍 (x, y)를 점으로 나타낸 그림이다.

예를 들어, 가구 구성원의 수와 주당 외식비를 조사한 결과, [표 2-6]과 같았다고 하자. 그러면 가구 구성원의 수에 대한 주당 외식비의 산점도는 [그림 2-20(a)]와 같다. 이때 [그림 2-20(b)]와 같이 각 순서쌍의 관계를 가장 잘 설명할 수 있는 적합선을 그릴 수 있으며, 이러한 적합선으로부터 멀리 떨어진 점 (2, 28.4)는 특이값으로 분류한다.

[표 2-6] **가구 구성원의 수와 주당 외식비**

가구 구성원 수(명)	1	1	2	2	2	3	3	4	5
외식비(만 원)	6.5	4.8	12.2	9.7	28.4	12.8	15.2	22.3	29.1

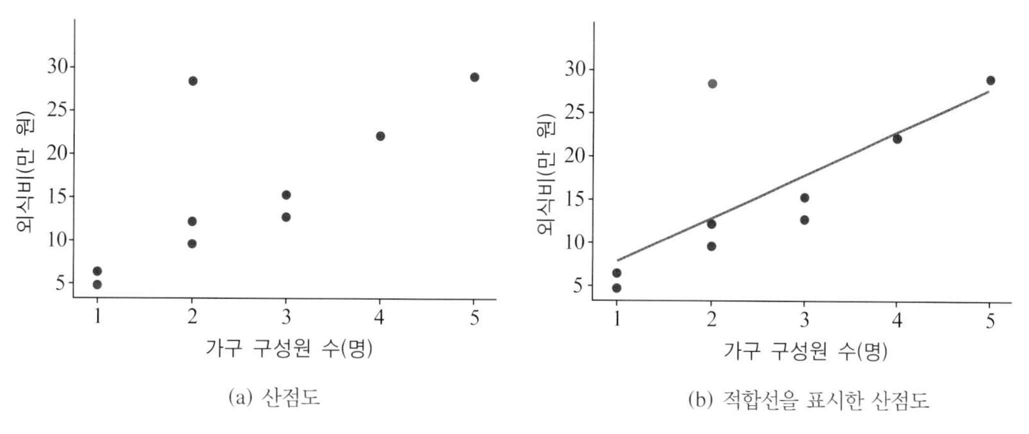

[그림 2-20] **산점도에 의한 자료의 표시**

예제 12

다음은 2002년 미국 MLB에 출전한 14팀이 승리한 경기 수와 평균 타율을 나타낸 표이다. 이 자료에 대한 산점도를 그리고 어떤 경향을 관찰할 수 있는지 말하라.

팀	승리한 경기 수	평균 타율
뉴욕	103	0.275
토론토	78	0.261
볼티모어	67	0.246
보스턴	93	0.277
탬파베이	55	0.253
클리브랜드	74	0.249
디트로이트	55	0.248
시카고	81	0.268
캔자스시티	62	0.256
미네소타	94	0.272
애너하임	99	0.282
텍사스	72	0.269
시애틀	93	0.275
오클랜드	103	0.261

풀이

승리 횟수를 수평축, 평균 타율을 수직축에 작성하면 산점도는 다음과 같다.

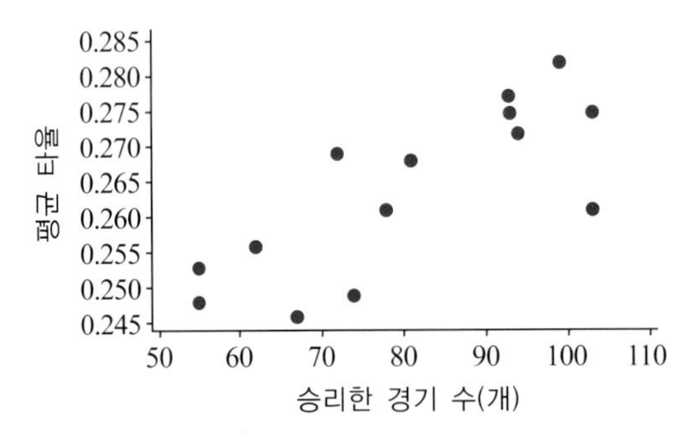

[승리 횟수에 대한 평균 타율]

산점도로부터, 승리한 경기 수가 많을수록 평균 타율이 높고, 반대로 승리한 경기 수가 적을수록 평균 타율이 낮다는 결론을 얻는다. 그러나 오클랜드 팀은 승리한 경기 수가 많지만 평균 타율은 그리 높지 않다.

I Can Do 12

다음은 2014년 2분기 서울의 특정 지역에서 거래된 아파트 시세를 표로 나타낸 것이다. 전용면적에 따른 실거래 가격을 나타내는 산점도를 그리라.

전용면적(m^2)	실거래 가격(만 원)	전용면적(m^2)	실거래 가격(만 원)
93.75	40,800	45.77	14,750
84.88	44,000	41.30	17,300
44.33	16,600	41.30	17,700
59.82	28,800	58.01	25,300
116.46	35,300	60.50	21,800
41.30	17,500	59.20	23,100
45.90	16,900	31.98	17,150
41.30	14,000	59.28	27,000
41.30	16,900	41.30	20,000
49.94	18,600	45.77	18,900
58.01	21,400	49.94	22,800
58.01	22,500	31.95	16,000
41.30	15,750	38.52	23,000
41.30	14,000	45.90	16,000

출처: 국토교통부

연습문제

1. 다음은 어느 대형 마트를 이용한 고객 50명을 대상으로 만족도를 조사하여 나타낸 것이다. 물음에 답하라.

G A S A A I P I I G A S S G P A S S I S
P I P P P G A S P I G I A G G S P A S G
P I A A G S S G G S

(1) 이 자료에 대한 도수표를 작성하라.
(2) 이 자료에 대한 도수막대그래프와 선그래프를 그리라.
(3) 이 자료에 대한 상대도수막대그래프와 선그래프를 그리라.
(4) 이 자료에 대한 원그래프를 그리라.

2. 다음은 어느 대학에서 교내 음주의 찬성 여부를 재학생 100명을 상대로 조사하여 나타낸 것이다. 물음에 답하라.

찬성	찬성	찬성	무응답	찬성	무응답	찬성	반대	무응답	찬성
찬성	반대	무응답	찬성	반대	찬성	반대	찬성	찬성	무응답
무응답	찬성	찬성	반대	찬성	찬성	찬성	찬성	무응답	반대
찬성	찬성	무응답	찬성	무응답	찬성	찬성	찬성	반대	반대
찬성	찬성	찬성	반대	반대	찬성	찬성	찬성	반대	반대
무응답	찬성	찬성	반대	찬성	반대	찬성	무응답	찬성	찬성
무응답	찬성	무응답	반대	찬성	찬성	반대	찬성	반대	찬성
반대	반대	찬성	찬성	반대	찬성	반대	찬성	찬성	반대
찬성	찬성	찬성	찬성	반대	반대	찬성	찬성	찬성	찬성
무응답	찬성	찬성	반대	찬성	찬성	찬성	반대	반대	찬성

(1) 이 자료에 대한 도수표를 작성하라.
(2) 이 자료에 대한 도수막대그래프와 선그래프를 그리라.
(3) 이 자료에 대한 상대도수막대그래프와 선그래프를 그리라.
(4) 이 자료에 대한 원그래프를 그리라.

3. 다음은 2014년 6 · 4 지방선거의 연령대별 사전투표자 수와 유권자 수에 대한 막대그래프이다. 물음에 답하라.

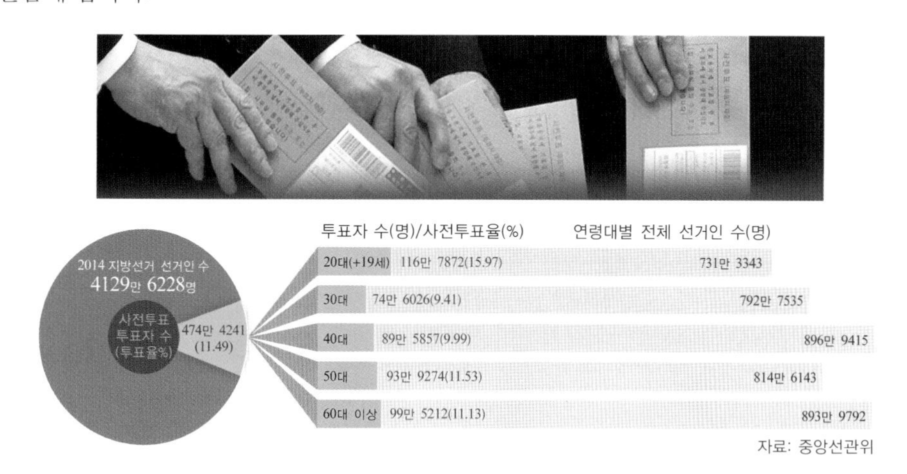

(1) 다음 표를 완성하라.

(단위: 명)

연령	20대(+19세)	30대	40대	50대	60대 이상
유권자 수					
사전투표자 수					

(2) 연령대별 유권자 수에 대한 원그래프를 그리라.

(3) 연령대별 사전투표자 수에 대한 원그래프를 그리라.

4. 다음은 우리나라 국민 10만 명당 존재하는 10대 암 종류별 발생자 수를 각각 조사하여 표로 나타낸 것이다. 물음에 답하라.

(단위: 명)

순위	암 종류	남자	암 종류	여자
1	위	21,344	갑상선	33,562
2	대장	17,157	유방	15,942
3	폐	15,167	대장	10,955
4	간	12,189	위	10,293
5	전립선	8,952	폐	6,586
6	갑상선	7,006	간	4,274
7	방광	2,847	자궁경부	3,728
8	췌장	2,807	담낭	2,514
9	신장	2,722	췌장	2,273
10	담낭	2,479	난소	2,010

출처: 국립암센터

(1) 남자와 여자에게 발생하는 암 종류에 대한 비율을 각각 구하라.

(2) 남자와 여자에게 발생하는 암 종류에 대한 원그래프를 각각 그리라.

5. 다음은 2010년 주요 선진국의 인구 1만 명당 교통사고 사망자 수를 표로 나타낸 것이다. OECD 국가 평균 사망자 수에 기준선을 작성한 막대그래프를 그리라.

(단위: 명)

국가	한국	영국	독일	미국	프랑스	호주	스웨덴	일본	OECD 평균
사망자	2.6	0.7	0.7	1.3	1.0	0.8	0.5	0.7	1.1

출처: 경찰청

6. 다음은 2013년도 전국 광역시 · 도별 재정자립도를 표로 나타낸 것이다. 물음에 답하라.

(단위: %)

지역	서울	부산	대구	인천	광주	대전	울산	세종	경기
자립도	88.8	56.6	51.8	67.3	45.4	57.5	70.7	38.8	71.6
지역	강원	충북	충남	전북	전남	경북	경남	제주	
자립도	26.6	34.2	36.0	25.7	21.7	28.0	41.7	30.6	

출처: 통계청

(1) 재정자립도의 막대그래프를 그리라.

(2) 재정자립도의 선그래프를 그리라.

(3) 8개 광역시의 재정자립도에 대한 원그래프를 그리라.

7. 다음은 5년 주기로 조사한 우리나라 인구수를 표로 나타낸 것이다. 물음에 답하라.

(단위: 명)

구분	2000년	2005년	2010년
전체	46,136,101	47,278,951	48,580,293
남자	23,158,582	23,623,954	24,167,098
여자	22,977,519	23,654,997	24,413,195

출처: 통계청

(1) 전체와 성별에 따른 연도별 인구수의 막대그래프를 각각 그리라.

(2) 연도에 따른 전체 인구수 그리고 남자와 여자 인구수의 막대그래프를 그리라.

(3) 연도별 전체 인구수를 나타내는 원그래프를 그리라.

8. 다음은 지난 10년간의 연도별 혼인 건수와 이혼 건수를 표로 나타낸 것이다. 물음에 답하라.

연도	2004년	2005년	2006년	2007년	2008년
혼인 건수	308,598	314,304	330,634	343,559	327,715
이혼 건수	138,932	128,035	124,524	124,072	116,535
연도	2009년	2010년	2011년	2012년	2013년
혼인 건수	309,759	326,104	329,087	327,073	322,807
이혼 건수	123,999	116,858	114,284	114,316	115,292

출처: 통계청

(1) 연도별 혼인 건수를 나타내는 막대그래프와 선그래프를 그리라.

(2) 연도별 이혼 건수를 나타내는 막대그래프와 선그래프를 그리라.

(3) 혼인 건수와 이혼 건수를 함께 나타내는 선그래프를 그리라.

9. 다음은 2004년부터 9년간 조사한 출생아 수와 여아 100명당 남아의 비율을 표로 나타낸 것이다. 물음에 답하라.

(단위: 명)

연도	2004년	2005년	2006년	2007년	2008년	2009년	2010년	2011년	2012년
출생아 수	472,761	435,031	448,153	493,189	465,892	444,849	470,171	471,265	484,550
출생 성비	108.2	107.8	107.5	106.2	106.4	106.4	106.9	105.7	105.7

출처: 통계청

(1) 연도별 출생아 수에 대한 막대그래프를 그리라.

(2) 연도별 출생 성비에 대한 선그래프를 그리라.

(3) 이 자료를 이용하여 남아 수와 여아 수에 대한 막대그래프를 그리라.

10. 다음은 주요 국가의 화폐에 대한 원화의 매매 기준율과 구입 가격, 판매 가격을 표로 나타낸 것이다. 물음에 답하라.

(단위: 원)

통화명	구입 가격	판매 가격	통화명	구입 가격	판매 가격
미국 USD	1,034.79	999.21	캐나다 CAD	951.25	914.13
유럽연합 EUR	1,406.08	1,351.22	호주 AUD	970.75	932.87
일본 JPY	1,011.03	976.27	브라질 BRL	492.70	419.72
중국 CNY	174.98	155.37	러시아 RUB	31.66	26.06
영국 GBP	1,743.18	1,675.16	요르단 JOD	1,493.68	1,321.35

출처: 외환은행

(1) 각 통화별 구입 가격과 판매 가격을 비교하는 막대그래프를 그리라.

(2) 각 통화별 구입 가격과 판매 가격을 비교하는 선그래프를 그리라.

(3) 각 통화별 구입 각격과 판매 가격의 차이에 대한 막대그래프를 그리라.

11. 다음은 2013년의 월별 평균 기온과 강수량을 표로 나타낸 것이다. 물음에 답하라.

월	01	02	03	04	05	06	07	08	09	10	11	12
평균 기온(℃)	−2.1	0.7	6.6	10.3	17.8	22.6	26.3	27.3	21.2	15.4	7.1	1.5
강수량(mm)	28.5	50.4	59.7	75.5	129.0	101.1	302.4	164.0	120.8	52.9	57.5	21.0

출처: 기상청

(1) 월별 평균 기온을 비교하는 막대그래프를 그리라.

(2) 월별 강수량을 비교하는 막대그래프를 그리라.

(3) 월별 강수량의 상대 비율에 대한 원그래프를 그리라.

(4) 월별 강수량에 대한 평균 기온을 나타내는 산점도를 그리라.

(5) 월별 평균 기온을 나타내는 시계열 그림을 그리라.

(6) 월별 강수량을 나타내는 시계열 그림을 그리라.

12. 다음은 상용 근로자 5인 이상 사업체의 상용 근로자 기준으로 조사한 교육 수준별 임금(상여금 제외)을 표로 나타낸 것이다. 물음에 답하라.

(단위: 천 원)

구분		2003년	2007년	2010년	2011년
중졸 이하	통합	1,226	1,584	1,674	1,692
	남자	1,437	1,818	1,920	1,973
	여자	910	1,170	1,263	1,291
고졸	통합	1,456	1,780	1,947	2,034
	남자	1,620	1,969	2,172	2,274
	여자	1,098	1,381	1,475	1,552
전문대졸	통합	1,489	1,843	2,070	2,204
	남자	1,690	2,097	2,345	2,468
	여자	1,188	1,491	1,696	1,852
대졸 이상	통합	2,208	2,807	3,006	3,132
	남자	2,351	3,038	3,296	3,420
	여자	1,688	2,100	2,261	2,397

출처: 노동부

(1) 2011년도의 학력에 따른 남자와 여자의 임금을 비교하는 막대그래프를 그리라.

(2) 학력에 따른 연도별 통합 임금을 비교하는 막대그래프를 그리라.

(3) 연도에 따른 학력별 통합 임금을 비교하는 막대그래프를 그리라.

(4) 연도별 남자와 여자의 임금을 하나의 쌍이라 할 때, 남자와 여자의 임금에 대한 산점도를 그리라.

(5) 대졸 이상인 근로자의 임금을 비교하는 시계열 그림을 그리라.

13. 다음은 특정 시간대에 어느 택배 회사에서 배달한 상자의 무게를 측정한 결과라고 하자. 상자 무게에 대한 점도표를 그리라.

2.3	1.3	1.5	2.4	1.5	1.9	1.1	1.7	1.2	1.6	1.1	2.5	2.2	1.4	1.3
1.5	1.8	2.6	2.3	1.8	2.4	2.3	1.2	1.6	1.9	2.8	2.3	2.6	1.3	1.8

14. 500개의 측정값을 조사한 결과에 대한 도수분포표를 만들었으나, 실수로 다음과 같은 표를 작성하였다. 물음에 답하라.

계급	계급 간격	도수	상대도수	누적도수	누적상대도수	계급값
제1계급	0.5~4.5		0.05			
제2계급	4.5~8.5		0.11			
제3계급	8.5~12.5		0.12			
제4계급	12.5~16.5				0.46	
제5계급	16.5~20.5	115				
제6계급	20.5~24.5		0.17			
제7계급	24.5~28.5		0.10			
제8계급	28.5~32.5		0.04			
합계		500	1.00			

(1) 도수분포표를 완성하라.

(2) 도수히스토그램과 누적상대도수히스토그램을 그리라.

(3) 누적상대도수다각형을 그리라.

15. 다음 자료 집단에 대하여 물음에 답하라.

25	28	22	34	26	21	38	21	22	26	30	28	40	28	22	39	35	22	29	38
40	23	39	23	29	35	31	34	33	23	33	36	23	35	27	38	32	32	32	38
38	31	33	39	35	25	31	33	32	22										

(1) 제1계급이 20.5부터 시작하고 계급 간격이 4인 도수분포표를 작성하라.

(2) 이 도수분포표에 대한 도수히스토그램을 그리라.

(3) 이 자료 집단의 범위를 구하라.

(4) 자료를 작은 값부터 크기순으로 나열할 때, 36이 놓이는 위치의 비율을 구하라.

16. 다음은 새로 개발한 신차의 연비를 알기 위하여, 임의로 선정한 50대의 연비를 측정한 결과이다. 물음에 답하라.

11.1	10.6	10.4	10.5	10.2	12.4	14.6	12.0	6.2	13.7
14.7	14.0	11.2	11.2	10.6	10.2	12.1	12.5	14.4	9.7
12.2	9.8	12.3	12.8	14.9	13.5	14.7	11.5	13.6	11.5
14.5	9.5	13.1	13.1	10.6	10.4	9.6	13.5	12.7	14.3
13.6	14.8	13.2	13.4	11.8	10.3	9.8	13.2	10.9	11.8

(1) 정수 부분을 줄기로 갖는 줄기-잎 그림을 그리라.

(2) 줄기 부분을 두 배로 늘린 줄기-잎 그림을 그리라.

(3) 특이점으로 추정되는 자료를 찾으라.

17. 다음 줄기-잎 그림에 대하여 물음에 답하라.

1	0 0 1 4 5 7
2	0 1 1 3 5 5 5 7 8 8
3	1 3 3 5 6 6 6 7 8 8 9 9 9
4	0 1 1 2 2 3 3 3 4 4 5 7 7 7 9
5	3 4 5 6 8 9

(1) 본래의 자료 집단을 구하라.

(2) 이 자료 집단에 대한 점도표를 그리라.

(3) 계급 간격이 10인 도수히스토그램을 그리라.

18. 다음은 신혼부부 30쌍을 상대로 나이를 조사한 결과를 표로 나타낸 것이다. 물음에 답하라.

(단위: 세)

남자	여자	남자	여자	남자	여자	남자	여자	남자	여자
32	27	30	29	28	25	29	27	29	24
35	32	33	29	27	25	27	27	34	31
30	25	31	27	32	29	34	30	34	31
30	29	35	31	29	30	37	35	38	33
30	25	25	25	35	30	32	27	32	30
40	36	32	29	31	32	35	31	34	31

(1) 남자와 여자의 나이를 비교하는 점도표를 그리라.

(2) 남자와 여자의 나이를 비교하는 계급 간격이 5인 줄기–잎 그림을 그리라.

(3) 남자와 여자의 나이를 비교하는 산점도를 그리라.

19. 다음은 청소년의 흡연율을 표로 나타낸 것이다. 물음에 답하라.

(단위: %)

연도	2005	2006	2007	2008	2009	2010	2011	2012	2013
흡연율	11.8	12.8	13.3	12.8	12.8	12.1	12.1	11.4	9.7

출처: 보건복지부

(1) 연도별 흡연율의 막대그래프를 그리라.

(2) 연도에 따른 흡연율의 추이에 대한 시계열 그림을 그리고, 흡연율의 변화를 간단히 분석하라.

20. 다음은 1개월간 분석한 USD 1달러당 원화 가치를 표로 나타낸 것이다. 일자에 따른 원화 가치를 나타내는 시계열 그림을 그리라.

(단위: 원)

일자	원화	일자	원화
2014.05.12.	1,024.40	2014.05.26.	1,023.50
2014.05.13.	1,022.00	2014.05.27.	1,023.20
2014.05.14.	1,025.50	2014.05.28.	1,021.00
2014.05.15.	1,026.00	2014.05.29.	1,017.50
2014.05.16.	1,025.00	2014.05.30.	1,020.30
2014.05.19.	1,021.80	2014.06.02.	1,024.00
2014.05.20.	1,025.00	2014.06.03.	1,024.00
2014.05.21.	1,025.50	2014.06.05.	1,022.00
2014.05.22.	1,024.00	2014.06.09.	1,015.20
2014.05.23.	1,025.50	2014.06.10.	1,017.00

출처: 외환은행

21. 다음은 교통사고 발생 건수에 따른 사망자 수와 부상자 수를 표로 나타낸 것이다. 물음에 답하라.

연도	2004년	2005년	2006년	2007년	2008년	2009년	2010년	2011년	2012년
발생(건)	220,755	214,171	213,745	211,662	215,822	231,990	226,878	221,711	223,656
사망(명)	6,563	6,376	6,327	6,166	5,870	5,838	5,505	5,229	5,392
부상(명)	346,987	342,233	340,229	335,906	338,962	361,875	352,458	341,391	344,565

출처: 경찰청

(1) 연도에 따른 사망자 수의 변화를 나타내는 시계열 그림을 그리라.

(2) 연도에 따른 사망자 수와 부상자 수의 변화를 나타내는 시계열 그림을 그리라.

22. 다음은 통계학 개론 과목을 수강 중인 학생 45명을 상대로 성별과 나이를 조사하여 표로 나타낸 것이다. 물음에 답하라.

나이	성별	나이	성별	나이	성별	나이	성별	나이	성별
24	M	24	F	19	M	21	F	23	M
25	F	24	F	21	M	19	F	21	F
20	F	23	M	26	M	19	M	19	F
22	F	20	F	20	M	20	F	19	F
19	M	19	F	25	F	23	M	23	M
19	M	19	M	20	M	20	M	19	M
19	M	25	M	19	M	22	F	21	M
20	M	24	F	22	F	20	F	19	M
22	M	22	M	26	M	20	F	21	F

(1) 다음 표 안의 빈칸에 해당하는 도수를 기입하라.

성별 \ 나이	19~20	21~22	23~24	25~26	합계
남자(M)					
여자(F)					
합계					

(2) 나이에 따른 성별 도수히스토그램을 그리라.

(3) 나이에 대한 원그래프를 그리라.

23. 다음은 연도별 우리나라 국민의 기대 수명과 현재 남녀의 평균 수명을 표로 나타낸 것이다. 물음에 답하라.

(단위: 세)

연도	2003	2004	2005	2006	2007	2008	2009	2010	2011	2012
기대 수명	77.4	78.0	78.6	79.2	79.6	80.1	80.6	80.8	81.2	81.4
남자	73.9	74.5	75.1	75.7	76.1	76.5	77.0	77.2	77.7	78.0
여자	80.8	81.4	81.9	82.4	82.7	83.3	83.8	84.1	84.5	84.6

출처: 통계청

(1) 기대 수명과 남녀의 평균 수명에 대한 시계열 그림을 그리라.

(2) 2003년도와 2012년도의 기대 수명을 직선으로 연결하는 일차방정식을 구하고, 2020년도의 기대 수명과 남녀의 평균 수명을 예측하라.

기술통계학 기법-수치적 척도

Descriptive Techniques–Numerical measures

- 3.1 중심위치의 척도
- 3.2 산포의 척도
- 3.3 z-점수와 분위수
- 3.4 두 자료 집단에 관한 척도

학습목표

- 중심위치의 척도와 그에 대한 여러 가지 척도를 알 수 있다.
- 산포도와 그에 대한 여러 가지 척도를 알 수 있다.
- 상대적인 위치척도를 알 수 있고, 상자그림을 그릴 수 있다.
- 두 자료 집단 사이의 상관관계를 설명할 수 있다.

3.1 중심위치의 척도

우리는 2장에서 원자료를 의미 있는 형태로 정리하기 위하여 도수분포표를 작성하고, 그 결과를 히스토그램 또는 도수다각형 등의 그림으로 나타내었다. 그 이유는 자료가 집중하는 경향을 비롯한 전체 자료의 특성을 좀 더 쉽게 이해할 수 있기 때문이다. 이 절에서는 자료가 집중하는 경향을 수치로 나타내는 척도에 대해 살펴본다.

현대인은 신문이나 TV, 인터넷, 잡지 등에서 평균이라는 용어를 매우 쉽게 접할 수 있다. 예를 들어, 다음과 같다.

- 전세난으로, 서울에서 전셋집을 마련하는 데 평균 5년 9개월 걸리는 반면에 집값 하락으로 내 집을 마련하는 데 평균 12년 걸린다.
- 산업통상자원부는 5월 수출이 전년 동월 대비 0.9% 감소한 479억 달러, 수입은 0.3% 증가한 425억 달러를 기록해 무역수지는 평균 53억 달러 흑자를 기록했다고 밝혔다.
- 서울시는 2012년도 임산부들이 첫째 아이를 출산한 평균 연령은 31.3세로, 10년 전인 2002년에 비하여 2.3세 높아졌다고 발표하였다.
- 보건복지부에 따르면 2014년 평균 최저생계비는 1인 603천 원, 2인 1,027천 원, 3인 1,329천 원, 4인 1,630천 원으로, 4인 가구의 경우 2013년보다 5.5% 인상되었다.

평균은 자료가 집중하는 경향, 즉 자료 집단에 대한 중심의 위치를 나타내는 척도로 사용된다. 예를 들어, 2012년을 기준으로 우리나라 광역시 · 도별 내 집을 마련하는 데 걸리는 기간을 나타내는 [표 3-1]을 살펴보자.

[표 3-1] **광역시 · 도별 내 집 마련 기간**

지역	기간	지역	기간
서울	12년	충남	3년 2개월
경기	6년 5개월	제주	3년
인천	5년	전북	3년
부산	4년 11개월	충북	3년
대전	4년 7개월	광주	2년 10개월
울산	4년 2개월	강원	2년 6개월
대구	4년	경북	2년 6개월
경남	3년 10개월	전남	2년 2개월

출처: 국토교통부

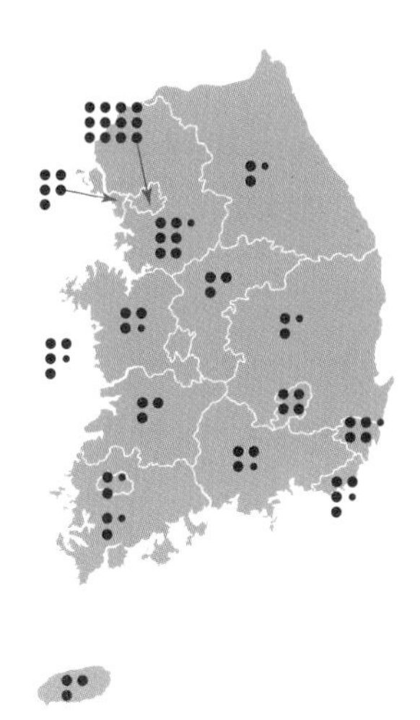

[그림 3-1] **광역시 · 도별 내 집 마련 기간**

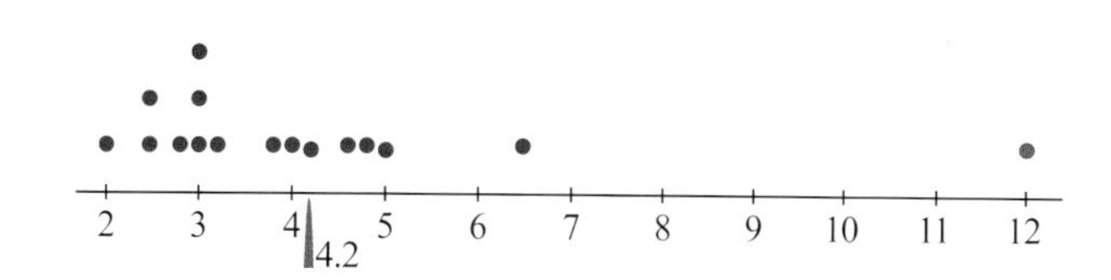

[그림 3-2] **광역시 · 도별 내 집 마련 기간에 대한 점도표**

이 자료에 대한 점도표는 [그림 3-2]와 같으며, 시소 모양의 점도표에서 4.2인 위치에 받침대를 놓을 때 이 점도표는 수평을 유지한다. 이 위치를 [표 3-1]에 주어진 자료의 **중심위치**라 하고 수 4.2를 **중심위치의 척도**(measure of centrality)라 한다. 여기서 중심위치가 왜 4.2일까? 지금부터 중심위치를 나타내는 척도들에 대해 살펴보자.

3.1.1 모평균

모집단을 이루는 자료 전체의 평균을 **모평균**이라 한다. 다음 예를 살펴보자.

- 경부선 나들목 사이의 평균 거리는 12.21 m이다.
- 2014년도 대학수학능력시험 수학 A형 표준점수의 평균은 44.16점이고 수학 B형 표준점수의 평균은 53.66점이다.
- 우리 학과 남학생의 평균 키는 172.8 cm이고 여학생의 평균 키는 161.2 cm이다. 또한 남학생의 평균 몸무게는 70.9 kg이고 여학생의 평균 몸무게는 55.1 kg이다.

모평균(population mean)은 N개로 구성된 모집단의 각 자료 값을 $x_1, x_2, \cdots, x_N$이라 할 때, 다음과 같이 정의한다.

$$\mu = \frac{1}{N}\sum_{i=1}^{N} x_i$$

예제 1

경부고속도로는 서울 요금소부터 부산 구서 나들목까지 총 34개의 나들목이 있다. 다음은 이들 나들목 사이 33곳 구간의 거리를 측정한 결과이다. 이때 나들목 사이의 평균 거리를 구하라.

(단위: km)

9.59	4.62	0.65	7.75	16.98	11.78	7.24	10.15	25.49	11.44	10.37
9.33	15.04	12.16	16.63	12.06	9.70	12.46	8.05	19.91	5.58	12.48
4.35	16.41	22.53	17.56	18.40	10.86	27.43	7.39	14.57	11.92	2.00

풀이

33곳 구간의 거리를 모두 합하면 $\sum_{i=1}^{33} x_i = 402.88$이므로 모평균은 다음과 같다.

$$\mu = \frac{1}{33}\sum_{i=1}^{33} x_i = \frac{402.88}{33} \approx 12.21(\text{km})$$

I Can Do 1

다음은 통계학과 2학년 학생 30명의 이번 학기 취득 학점이다. 이 자료 집단에 대한 평균을 구하고, 도수히스토그램을 그리라. 그리고 도수히스토그램에 중심위치를 표시하라.

3.45	3.12	2.83	3.05	3.43	4.22	3.58	3.84	3.75	2.43
2.73	3.33	3.92	3.48	2.45	2.28	4.03	1.89	3.63	1.76
2.75	3.05	2.52	3.48	3.16	4.01	3.43	2.86	2.45	3.67

그러나 대부분의 경우, 모집단을 구하는 것은 매우 어렵다. 따라서 특별한 언급이 없는 한 자료 집단은 표본을 의미하며, 평균이라 함은 표본에 대한 평균을 의미한다.

3.1.2 표본평균

표본평균은 표본에 대하여 중심위치를 나타내는 척도 중 가장 보편적으로 사용된다. 예를 들어, 음료수를 생산하는 회사에서 제조된 음료수의 용량을 180 mL로 표시한다고 할 때, 각 음료수 병마다 정확하게 180 mL씩 음료수가 들어 있는지 조사하기 위하여 음료수 병 20개를 임의로 추출한다고 하자. 이때 선정된 20개의 음료수 병에 들어 있는 음료수의 양은 표본이 되고, 이 음료수의 양에 대한 산술평균을 **표본평균**이라 한다.

표본평균(sample mean)은 n개로 구성된 표본의 각 자료 값을 $x_1, x_2, \cdots, x_n$이라 할 때, 다음과 같이 정의한다.

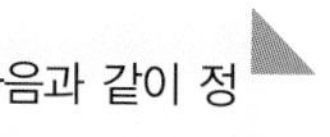

$$\bar{x} = \frac{1}{n}\sum_{i=1}^{n} x_i$$

이 척도는 모평균과 더불어 동일한 블록을 측정 자료의 빈도에 맞춰서 긴 막대 저울 위에 쌓았을 때, [그림 3-3]과 같이 막대 저울이 수평으로 놓이게 되는 중심점(균형점)을 나타내는 척도이다.

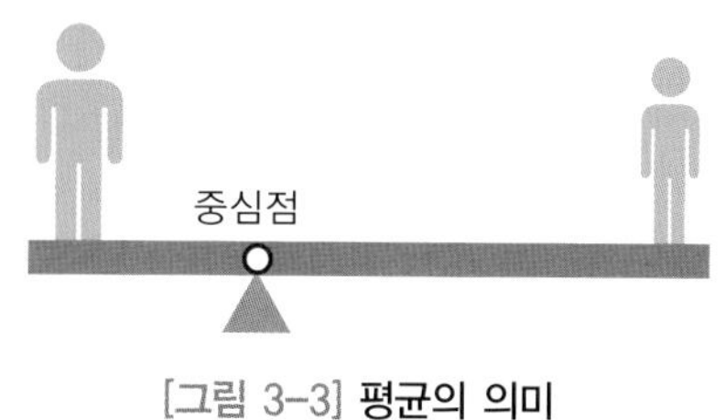

[그림 3-3] 평균의 의미

예제 2

두 자료 집단 A[1, 2, 3, 4, 5]와 B[1, 2, 3, 4, 50]에 대하여 물음에 답하라.

(1) 두 집단의 표본평균을 구하라.

(2) 평균의 위치를 나타내는 점도표를 그리라.

(3) 두 자료 집단에서 특이점으로 생각되는 자료를 구하라.

풀이

(1) 집단 A와 집단 B의 표본평균을 각각 $\bar{x}, \bar{y}$라 하면, 다음과 같다.

$$\bar{x} = \frac{1+2+3+4+5}{5} = 3, \qquad \bar{y} = \frac{1+2+3+4+50}{5} = 12$$

(2) 두 자료 집단의 점도표와 평균의 위치를 그리면 다음과 같다.

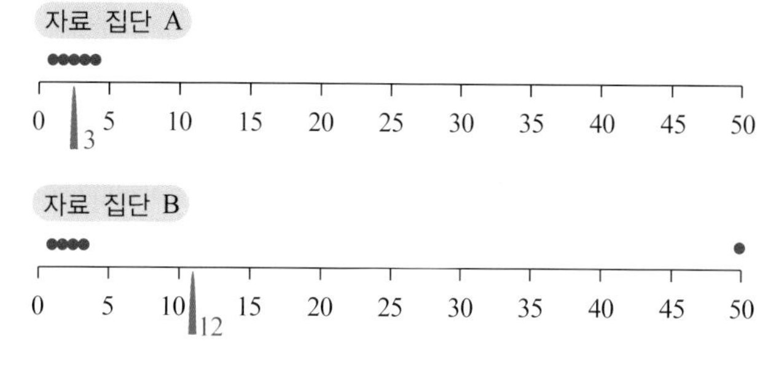

(3) 자료 집단 B의 자료 값 50이 특이점으로 추정된다.

I Can Do 2

모집단의 평균(모평균)을 추측하기 위하여 보편적으로 표본평균을 이용한다. 다음은 통계학과 2학년 학생 중에서 표본으로 선출한 5명의 이번 학기 취득 학점이다.

3.12	3.92	2.75	4.01	3.48

이 표본을 이용하여 2학년 학생 전체의 평균 학점을 추측하라.

모평균과 표본평균은 다음과 같은 특성이 있다.

- 평균은 유일하다.
- 평균은 계산하기 쉽다.
- 모든 측정값을 반영한다.
- 각 자료 값과 평균의 편차 $x_i - \overline{x}$의 합은 0이다. 즉, $\sum(x_i - \overline{x}) = 0$이다.
- 각 자료 값과 평균의 편차의 제곱을 모두 더한 **잔차제곱합**(residual sum of squares)이 다른 유형의 위치척도에 비하여 작다.
- 자료 값 안에 포함된 특이점의 유무에 따라 큰 차이를 보인다.

표본평균은 특이점의 유무에 따라 큰 차이를 보이지만, 앞에서 언급한 장점 때문에 추측통계학에서 자주 사용되는 척도이다.

3.1.3 가중평균

가중평균은 동일한 자료 값이 여러 개씩 관찰되는 경우에 많이 사용한다. 예를 들어, 어느 서점에서 가격이 10,000원, 13,000원 그리고 15,000원인 도서를 각각 4권, 3권 그리고 3권씩 팔았다고 하자. 이때 이 서점에서 판매한 도서의 평균 금액은 다음과 같다.

$$\begin{aligned}\overline{x} &= \frac{10+10+10+10+13+13+13+15+15+15}{10} \\ &= 10 \cdot \frac{4}{10} + 13 \cdot \frac{3}{10} + 15 \cdot \frac{3}{10} = 12.4(\text{천 원})\end{aligned}$$

즉, 판매한 도서의 평균 금액은 12,400원이다. 이 경우에 판매된 도서 3종의 상대도수(가중치)는 각각 $\frac{4}{10}, \frac{3}{10}, \frac{3}{10}$이고, 가중평균은 서로 다른 금액으로 판매된 서적의 금액과 판매된 상대도수의 곱을 모두 합한 것임을 알 수 있다.

가중평균(weighted mean)은 서로 다른 자료 값 $x_1, x_2, \cdots, x_k$가 각각 $f_1, f_2, \cdots, f_k$번씩 나타나고 전체 관측 도수가 n일 때, 다음과 같이 정의한다.

$$\bar{x} = x_1 \cdot \frac{f_1}{n} + x_2 \cdot \frac{f_2}{n} + \cdots + x_k \cdot \frac{f_k}{n}$$

가중평균은 도수분포표에서 주어진 자료에 대해 중심위치를 구하는 데 매우 효과적으로 사용된다. 도수분포표로 주어진 자료는 각 계급의 도수는 알 수 있으나, 정확한 개개의 자료 값은 알 수 없다. 따라서 각 계급의 자료 값을 그 계급을 대표하는 계급값으로 선정한다. 그러면 각 계급값 $x_1, x_2, \cdots, x_k$와 각 계급의 상대도수 $\frac{f_1}{n}, \frac{f_2}{n}, \cdots, \frac{f_k}{n}$의 곱을 모두 합한 가중평균으로 전체 자료의 평균을 추측할 수 있다.

예제 3

다음은 50명의 청소년들이 일주일 동안 인터넷을 사용한 시간을 조사한 결과이다. 물음에 답하라.

29	30	49	21	39	38	15	39	48	41
50	38	33	40	51	29	31	42	29	69
37	20	49	40	10	49	49	49	35	45
22	45	20	45	30	41	40	38	10	31
47	19	31	21	41	46	28	29	18	28

(1) 50명의 청소년들이 일주일 동안 인터넷을 사용한 평균 시간을 구하라.

(2) 50명의 청소년들이 일주일 동안 인터넷을 사용하는 다음 도수분포표를 작성하고, 계급값을 이용하여 가중평균을 구하라.

계급 간격	도수	상대도수	계급값
9.5~18.5			
18.5~27.5			
27.5~36.5			
36.5~45.5			
45.5~54.5			
54.5~63.5			
63.5~72.5			
합계	50	1.00	

풀이

(1) $x_1 = 29, x_2 = 30, \cdots, x_{50} = 28$이라 하면 평균은 다음과 같다.

$$\bar{x} = \frac{1}{50}\sum_{i=1}^{50} x_i = \frac{1774}{50} = 35.48$$

(2) 각 계급 간격에 해당하는 도수와 상대도수 그리고 계급값을 구하면 다음과 같다.

계급 간격	도수	상대도수	계급값
9.5~18.5	4	0.08	14
18.5~27.5	6	0.12	23
27.5~36.5	13	0.26	32
36.5~45.5	16	0.32	41
45.5~54.5	10	0.20	50
54.5~63.5	0	0.00	59
63.5~72.5	1	0.02	68
합계	50	1.00	

각 계급값을 $y_1 = 14, y_2 = 23, y_3 = 32, y_4 = 41, y_5 = 50, y_6 = 59, y_7 = 68$이라 하면 각 계급의 상대도수는 0.08, 0.12, 0.26, 0.32, 0.20, 0.00, 0.02이다. 따라서 도수분포표에 의한 가중평균은 다음과 같다.

$$\bar{y} = y_1(0.08) + y_2(0.12) + y_3(0.26) + y_4(0.32) + y_5(0.20) + y_6(0.00) + y_7(0.02)$$
$$= 36.68$$

I Can Do 3

다음 도수분포표로 주어진 양적자료의 가중평균을 구하라.

계급 간격	도수	상대도수	계급값
9.5~19.5	9	0.225	14.5
19.5~29.5	9	0.225	24.5
29.5~39.5	9	0.225	34.5
39.5~49.5	10	0.250	44.5
49.5~59.5	2	0.050	54.5
59.5~69.5	1	0.025	64.5
합계	40	1.00	

3.1.4 절사평균

[예제 2]에서 주어진 자료 집단 A[1, 2, 3, 4, 5]의 산술평균은 3이지만 특이점을 갖는 자료 집단 B[1, 2, 3, 4, 50]의 산술평균을 12임을 구하였다. 이와 같이 산술평균은 특이점의 유무에 따라서 많은 영향을 받는다. 그러므로 수집한 자료 집단 안에 특이점이 있을 때 이 특이점을 제거한다면, 특이점의 영향을 감소시킴으로써 좀 더 바람직한 평균을 산출할 수 있을 것이다. 예를 들어, 자료 집단 B에서 1과 50을 제거한 나머지의 평균을 구하면

$$\bar{y} = \frac{2+3+4}{3} = 3$$

이고, 이것은 자료 집단 A의 평균과 동일하다. 이와 같이 자료 집단에 특이점이 있을 때 이 특이점을 제거한 평균을 사용하며, 이러한 평균을 **절사평균**이라 한다.

절사평균(trimmed mean)은 자료 값이 큰 쪽과 작은 쪽에서 각각 k개씩 제거한 나머지 자료 집단의 평균이다.

절사평균은 보편적으로 5% 또는 10% 절사한 평균을 많이 사용한다. 예를 들어, 100개의 자료로 구성된 자료 집단에 대한 5%−절사평균이라 함은 100개의 자료에 대한 5%인 5개의 자료 값을 큰 쪽과 작은 쪽에서 각각 제거한 나머지 90개의 자료에 대한 산술평균을 의미한다. 100α%−절사평균은 다음과 같은 순서로 구한다.

❶ 수집한 자료를 작은 값부터 크기순으로 나열한다.

❷ 자료의 개수가 n인 표본에 대하여 $\alpha n = k$(정수)이면 k에 해당하는 자료의 수만큼 양 끝에서 제거한다. 그리고 αn이 정수가 아니면 αn보다 작은, 가장 큰 정수에 해당하는 자료의 수를 양 끝에서 제거한다.

❸ 제거하고 남은 자료에 대하여 산술평균을 구한다.

예제 4

자료 집단 [240, 24, 27, 30, 28, 31, 22, 27, 30, 25, 25, 23]에 대한 평균과 10%−절사평균을 구하라.

풀이

12개의 자료 값을 모두 더하면 532이고, 따라서 평균은 $\frac{532}{12} \approx 44.33$이다. 또한 $n=12$, $\alpha = 0.1$이므로 제거되는 자료의 수는 $\alpha n = 1.2$보다 작은, 가장 큰 정수인 1이다. 따라서 가장 작은 자료 값 22와

가장 큰 자료 값 240을 제거한 나머지 10개의 자료에 대한 평균을 구하면 다음과 같다.

$$TM_{10\%} = \frac{1}{10}\sum_{i=1}^{10} x_i = \frac{270}{10} = 27.0$$

I Can Do 4

자료 집단 [1, 2, 3, 4, 5, 6, 7, 8, 9, 100]에 대한 평균과 10%−절사평균을 구하라.

3.1.5 중위수

[예제 4]에서 주어진 자료 집단 [240, 24, 27, 30, 28, 31, 22, 27, 30, 25, 25, 23]의 평균은 44.3이지만 절사평균은 27.0이다. 이와 같이 특이점 240으로 인하여 평균에 큰 차이를 보인다. 이때 특이점의 영향을 감소시키기 위해 절사평균을 사용한다면 제거된 자료만큼 정보를 상실한 중심위치를 얻게 된다. 이러한 절사평균의 단점을 극복하면서도 특이점의 영향을 전혀 받지 않는 중심위치를 선택하는 방법 중 하나로 **중위수**가 있다.

중위수(median; M_e)는 자료를 작은 수부터 크기순으로 나열하여 한가운데에 놓이는 수이다.

이때 중위수는 자료 집단의 크기, 즉 자료의 수가 홀수이면 자료를 작은 수부터 크기순으로 나열하여 한가운데에 놓이는 값이다. 한편 자료의 수가 짝수이면 자료를 작은 수부터 크기순으로 나열하여 한가운데에 놓이는 두 자료 값의 평균으로 정의한다. 즉, 크기순서로 나열하여 k번째 위치에 놓이는 자료 값을 $x_{(k)}$로 나타낼 때, 자료 집단의 중위수는 다음과 같이 정의한다.

$$M_e = \begin{cases} x_{\left(\frac{n+1}{2}\right)}, & n\text{이 홀수인 경우} \\ \dfrac{x_{\left(\frac{n}{2}\right)} + x_{\left(\frac{n}{2}+1\right)}}{2}, & n\text{이 짝수인 경우} \end{cases}$$

그러면 중위수의 위치는 [그림 3−4]와 같이 자료 집단의 상대도수다각형의 왼쪽 넓이와 오른쪽 넓이가 동일하게 0.5가 되는 경곗값이다.

이러한 중위수는 다음과 같은 특징이 있다.

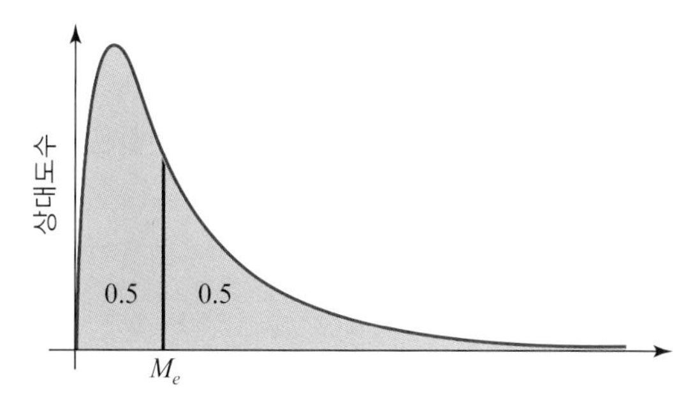

[그림 3-4] 중위수의 위치

- 특이점에 대해 전혀 영향을 받지 않는다.
- 자료 집단이 [그림 3-4]와 같이 어느 한 방향으로 치우치고 다른 방향으로 긴 꼬리 모양을 갖는 분포를 갖는 경우에 평균보다 좋은 중심위치를 나타낸다.
- 전체 자료를 크기순으로 나열하여 중앙에 놓이는 자료를 찾아야 한다는 점에서 자료의 수가 많은 경우에 부적절하다.
- 개개의 측정값을 반영하지 못하고 중앙에 놓이는 자료만 대푯값으로 선택하므로 수리적으로 다루기 곤란하다.

예제 5

자료 집단 [240, 24, 27, 30, 28, 31, 22, 27, 30, 25, 25, 23]에 대한 중위수를 구하라.

풀이

12개의 자료 값을 크기순으로 나열하면 다음과 같다.

22, 23, 24, 25, 25, 27, 27, 28, 30, 30, 31, 240

$n=12$이므로 6번째와 7번째 자료 값 27, 27의 평균을 구하면 중위수는 27이다.

I Can Do 5

자료 집단 A[5, 8, 7, 6, 5, 4, 50]과 자료 집단 B[1, 2, 3, 4, 5, 6, 7, 8, 9, 100]에 대한 중위수를 구하라.

3.1.6 최빈값

중심위치를 나타내는 또 다른 척도로서 최빈값이 있다. **최빈값**은 가장 많은 빈도수를 가지는 측정값을 나타낸다.

최빈값(sample mode; M_o)은 두 번 이상 발생하는 자료 값 중에서 가장 많은 도수를 가지는 자료 값을 의미한다.

이와 같은 최빈값은 질적자료와 양적자료에 사용 가능하며, 질적자료에 사용되는 경우에는 가장 많은 빈도수를 가지는 범주를 의미하고 양적자료에 사용할 때는 중심위치를 나타내는 척도로 사용된다. 특히 최빈값은 [그림 3-5]와 같이 명목자료를 요약하는 경우에 매우 유용하며, 이때 가장 높은 막대를 나타내는 범주가 최빈값이다.

최빈값은 다음과 같은 특성이 있다.

- 특이점에 대하여 전혀 영향을 받지 않는다.
- 존재하지 않거나 여러 개 존재할 수 있다.
- 자료의 수가 많은 경우에 부적절하다.
- 개개의 측정값을 반영하지 못하고 빈도수가 가장 많은 자료만 대푯값으로 선택하므로 수리적으로 다루기 곤란하다.

특히 모든 자료의 측정값이 동일한 개수로 나타나는 자료 집단은 최빈값을 갖지 않는다. 그리고 대칭형이거나 어느 한쪽으로 치우치는 히스토그램을 갖는 자료 집단, 즉 **단봉분포**(unimodal distribution)를 갖는 자료 집단은 최빈값이 1개 존재한다. 그러나 쌍봉형 또는 여러 개의 봉우

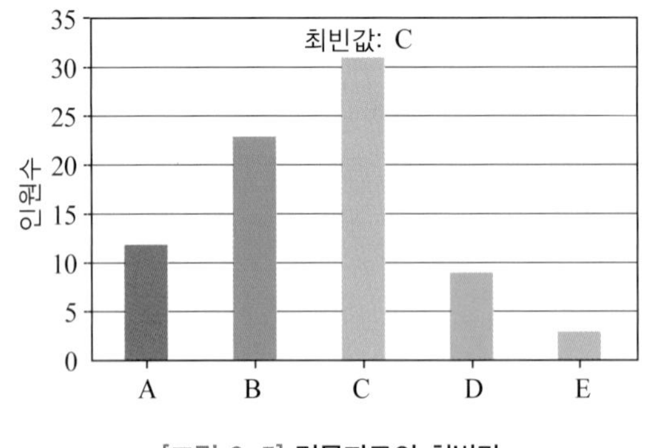

[그림 3-5] 명목자료의 최빈값

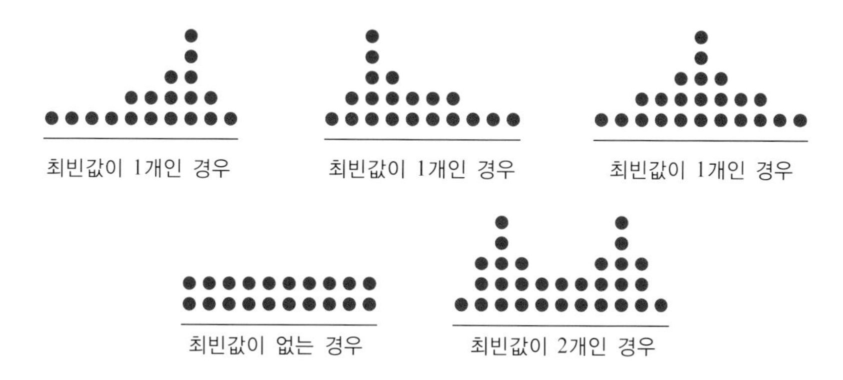

[그림 3-6] **분포 모양에 따른 최빈값의 개수**

리 형태로 나타나는 히스토그램을 갖는 자료 집단, 즉 **쌍봉분포**(bimodal distribution) 또는 **다봉분포**(multimodal distribution)를 갖는 자료 집단은 2개 또는 그 이상의 최빈값이 존재한다. [그림 3-6]은 최빈값을 갖는 여러 가지 경우를 보여준다.

예제 6

자료 집단 [240, 24, 27, 30, 28, 31, 22, 27, 30, 25, 25, 23]에 대한 최빈값을 구하라.

〔풀이〕

자료 값 25와 30은 각각 2개씩 나오고, 나머지 자료 값은 하나씩 나타나므로 최빈값은 25와 30이다.

I Can Do 6

자료 집단 A[5, 8, 7, 6, 5, 4, 5]와 자료 집단 B[1, 2, 3, 4, 5, 6, 7, 8, 9, 10]에 대한 최빈값을 구하라.

3.1.7 평균, 중위수 그리고 최빈값의 관계

지금까지 중심위치를 나타내는 대표적인 척도로 평균, 중위수 그리고 최빈값을 살펴보았다. 중심위치를 나타내는 척도로 평균과 중위수, 최빈값 사이에 어느 척도를 사용하는 것이 가장 바람직한지에 대한 의문을 가질 수 있으나, 결론은 상황에 따라서 다르다는 것이다.

상대도수다각형이 [그림 3-7]과 같이 대칭이고, 대칭인 점을 $x = m$이라 하자. 이때 평균은 이 분포의 균형점을 나타내며 분포가 $x = m$을 중심으로 대칭이므로 평균은 $\bar{x} = m$이다. 그리고

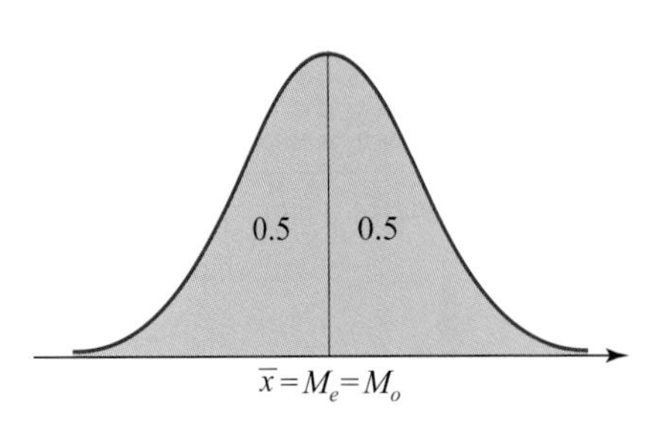

[그림 3-7] **대칭형인 경우**

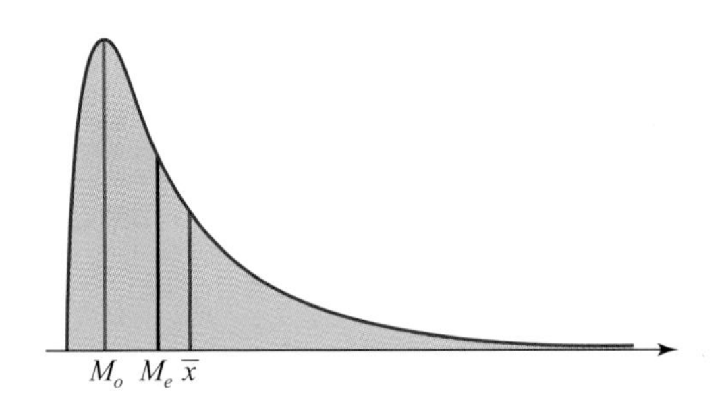

[그림 3-8] **양의 비대칭형인 경우**

이 분포의 중심점이 $x = m$이므로 이 점을 중심으로 오른쪽으로부터 그리고 왼쪽으로부터 누적 상대도수는 동일하게 0.5(백분율 50%)이다. 따라서 이 분포의 중위수는 $M_e = m$이다. 더욱이 곡선의 최댓값에 대응하는 x가 최빈값이므로 $M_o = m$이다. 따라서 대칭형인 경우 중심위치의 척도들 사이에 다음 관계가 성립한다.

$$\overline{x} = M_e = M_o$$

그러나 분포 모양이 비대칭이면 세 척도의 위치는 변한다. [그림 3-8]과 같이 왼쪽으로 치우치고 오른쪽으로 긴 꼬리 모양을 갖는 분포를 **양의 비대칭분포**(positive skewed distribution)라 한다. 이 경우에 평균은 극단적으로 큰 특이점에 영향을 받으므로 세 척도 중에서 가장 크게 나타난다. 그리고 양의 비대칭분포에서 일반적으로 중위수는 그다음으로 크게 나타나고 최빈값이 가장 작다. 따라서 양의 비대칭분포를 갖는 경우 일반적으로 세 척도 사이에 다음 관계가 성립한다.

$$M_o < M_e < \overline{x}$$

또한 [그림 3-9]와 같이 오른쪽으로 치우치고 왼쪽으로 긴 꼬리 모양을 갖는 분포를 **음의 비대칭분포**(negative skewed distribution)라 한다. 이 경우에 평균은 극단적으로 작은 특이점에 영향을 받으므로 세 척도 중에서 가장 작게 나타난다. 그리고 음의 비대칭분포에서는 일반적으로 최빈값이 가장 크고 중위수는 평균과 최빈값 사이에서 나타난다. 따라서 음의 비대칭분포를 갖는 경우 일반적으로 세 척도 사이에 다음 관계가 성립한다.

$$\overline{x} < M_e < M_o$$

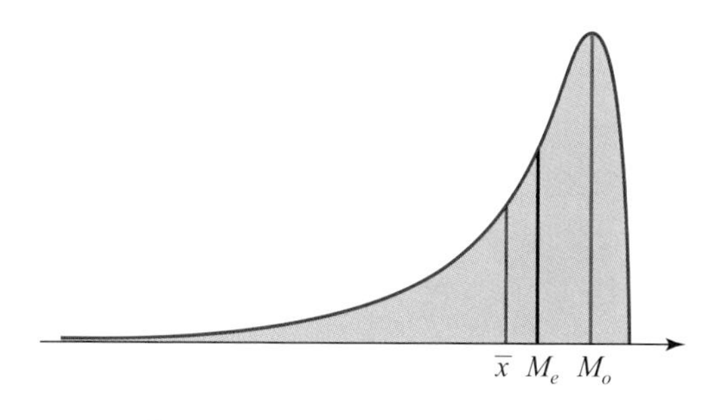

[그림 3-9] 음의 비대칭형인 경우

따라서 어느 한쪽으로 치우치고 긴 꼬리를 갖는 비대칭형인 자료 집단인 경우에 중심위치로 중위수를 선호한다.

3.2 산포의 척도

수집한 자료의 특성을 나타내는 데 중심위치를 나타내는 척도 이외에 다른 척도는 필요 없을까? 예를 들어, 평균 깊이가 1.2 m인 강을 키가 1.7 m인 사람이 걸어서 무사히 건널 수 있는지에 대해 생각해 보자. 강의 평균 깊이가 1.2 m라 함은 강의 깊이가 1.2 m보다 작은 부분도 있지만 반대로 1.2 m보다 깊은 곳도 있음을 의미한다. 만일 [그림 3-10]과 같이 가장 깊은 곳의 깊이가 1.8 m라 하면, 키가 1.7 m인 사람은 결코 강을 걸어서는 건널 수 없을 것이다. 따라서 강의 평균 깊이만 가지고는 이 강의 특성을 제대로 알 수 없다.

이러한 사실을 명확히 알기 위해 다음 두 자료 집단의 자료 값이 평균을 중심으로 어떻게 분포되는지 비교해 보자.

자료 집단 A	1	2	3	4	5	6	7	7	7	8	9	10	11	12	13
자료 집단 B	5	6	6	6	7	7	7	7	7	7	7	8	8	8	9

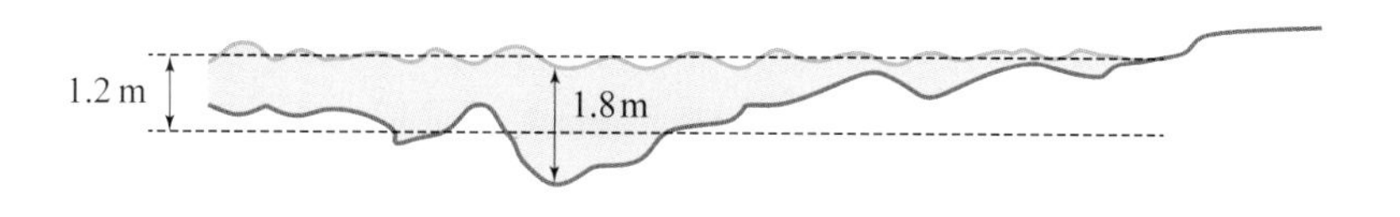

[그림 3-10] 평균 깊이가 1.2 m인 강

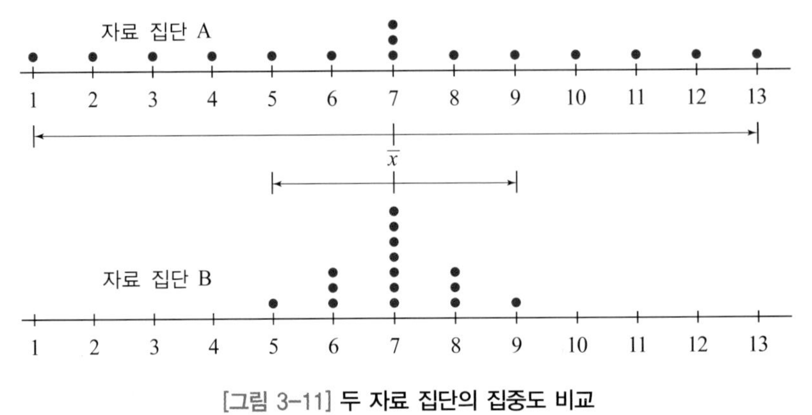

[그림 3-11] **두 자료 집단의 집중도 비교**

두 자료 집단의 평균은 동일하게 $\bar{x} = 7$이지만 [그림 3-11]과 같이 점도표를 그리면, 그 모양이 명확하게 다르다는 사실을 알 수 있다. 이 점도표로부터, 자료 집단 A는 평균을 중심으로 자료가 폭넓게 퍼져 있으나 자료 집단 B는 평균을 중심으로 자료가 밀집되어 있으며, 따라서 동일한 평균을 가지는 두 자료 집단의 집중도가 서로 다르다는 것을 알 수 있다.

그러므로 자료 집단의 특성을 알기 위하여 중심위치의 척도 외에도 자료 값의 흩어진 정도를 나타내는 척도가 필요하다. 이 척도를 **산포도**라 한다.

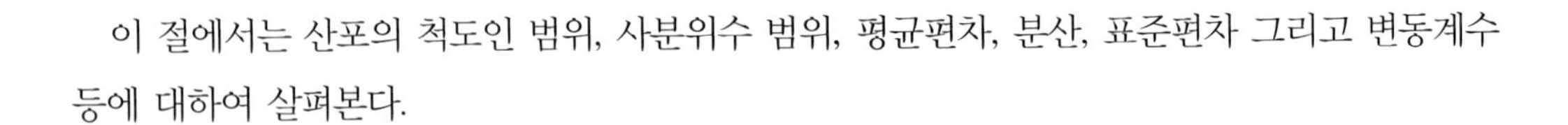
산포도(measure of dispersion)는 자료의 흩어진 정도 또는 밀집 정도를 나타내는 척도이다.

이 절에서는 산포의 척도인 범위, 사분위수 범위, 평균편차, 분산, 표준편차 그리고 변동계수 등에 대하여 살펴본다.

3.2.1 범위

크기순으로 나열된 자료 $x_{(1)}, x_{(2)}, \cdots, x_{(n)}$에 대하여 2.2.2절에서 언급한 바와 같이 범위는 최대 자료 값 $x_{(n)}$과 최소 자료 값 $x_{(1)}$의 차이이다. 이러한 범위는 자료 값의 흩어진 모양이 평균을 중심으로 어느 정도 대칭성이 있는 경우에 사용하며, 가장 간단한 형태의 산포도이다.

$$R = x_{(n)} - x_{(1)}$$

예를 들어, 앞에서 살펴본 두 자료 집단에 대하여 집단 A의 범위는 $R = 13 - 1 = 12$이고, 집단 B의 범위는 $R = 9 - 5 = 4$이다. 따라서 자료 집단 A가 자료 집단 B보다 더 폭넓게 분포하고 있음을 알 수 있다. 범위는 다음과 같은 특성이 있다.

- 계산하기 쉽다.
- 특이점에 크게 영향을 받는다.
- 양 극단의 두 자료 값에 의하여 결정되므로 개개의 자료 값은 반영되지 않는다.
- 자료의 수가 많은 경우에 사용하기 부적절하다.

특히 범위는 개개의 자료 값을 반영하지 못하고 최댓값과 최솟값만 이용한 척도이므로 [그림 3-12]와 같이 동일한 범위를 갖더라도 자료의 분포 모양은 다양하게 나타날 수 있다.

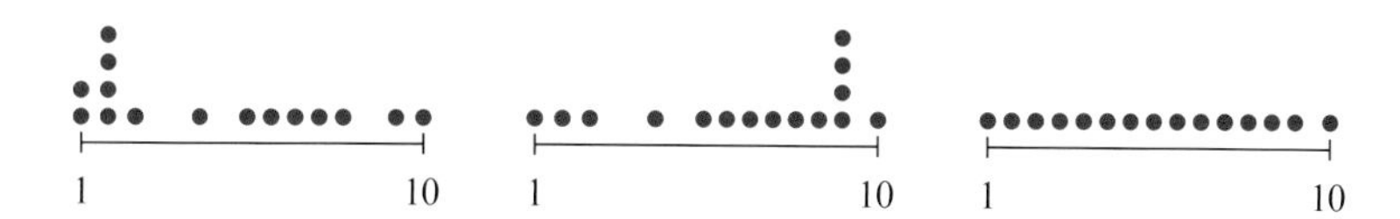

[그림 3-12] **동일한 범위를 갖지만 분포 모양이 다른 경우**

예제 7

다음 두 자료 집단의 범위를 구하고 비교하라.

자료 집단 A	240	24	27	30	28	31	22	27	30	25	25	23
자료 집단 B	24	24	27	30	28	31	22	27	30	25	25	23

(풀이)

자료 집단 A의 최대 자료 값은 240이고 최소 자료 값은 22이므로 범위는 218이다. 자료 집단 B의 최대 자료 값은 31이고 최소 자료 값은 22이므로 범위는 9이다. 따라서 범위는 특이점에 대해 매우 큰 영향을 받는 척도임을 알 수 있다.

I Can Do 7

자료 집단 A[5, 8, 7, 6, 5, 4, 5]와 자료 집단 B[5, 8, 7, 6, 5, 4, 50]에 대한 범위를 구하라.

3.2.2 평균편차

범위는 양 극단의 두 자료 값에 의하여 결정되지만 모든 자료 값의 정보를 고려하지 않는다는 단점이 있다. 이러한 단점을 극복하기 위한 산포의 척도로 평균편차가 있다. 개개의 자료 값(x_i)과 평균($\overline{x}$)의 편차는 음과 양의 부호를 가지며 편차들의 합은 항상 0이다. 즉, $\sum(x_i - \overline{x}) = 0$이다. 이때 모든 편차들의 부호를 무시한 절댓값들의 평균을 사용한 산포의 척도를 **평균편차**라 하며, 평균과의 편차에 대한 절댓값은 [그림 3-13]과 같이 평균으로부터 자료 값까지의 거리를 의미한다. 따라서 평균편차는 각 자료 값이 평균으로부터 떨어진 거리의 평균을 의미하며, 평균편차는 시계열 자료를 분석하거나 데이터 분석을 탐색하는 경우에 많이 사용한다.

평균편차(mean deviation)는 각 자료 값과 평균의 편차에 대한 절댓값들의 평균이다. 즉, 평균편차는 다음과 같이 정의한다.

$$M.D = \frac{1}{n}\sum_{i=1}^{n}|x_i - \overline{x}|$$

한편 앞에서 살펴본 다음 두 자료 집단은 동일한 평균 $\overline{x} = 7$을 갖는다.

자료 집단 A	1	2	3	4	5	6	7	7	7	8	9	10	11	12	13
자료 집단 B	5	6	6	6	7	7	7	7	7	7	7	8	8	8	9

이때 집단 A의 평균편차는 2.8이고 집단 B의 평균편차는 0.67이다. 따라서 평균편차가 더 큰 자료 집단 A가 자료 집단 B보다 자료가 더 폭넓게 분포하고 있음을 알 수 있다. 특히 평균편차는 다음과 같은 특징이 있다.

- 개개의 자료 값의 정보를 반영한다.
- 범위보다 특이점에 대한 영향을 덜 받는다.
- 절댓값을 사용하여 수리적으로 처리하기 곤란하다.

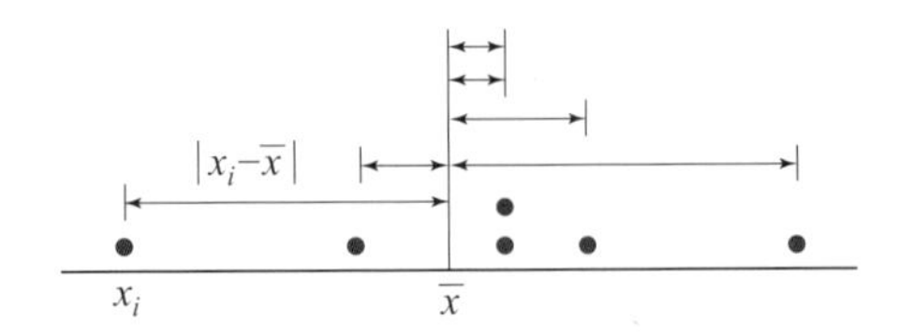

[그림 3-13] 평균과의 편차의 절댓값

• 평균편차가 클수록 폭넓게 분포한다.

예제 8

자료 집단 [2, 4, 7, 3, 8, 1, 2, 7, 5, 5]의 **평균편차**를 구하라.

【풀이】

평균을 구하면 4.4이므로 각 자료 값과 편차의 절댓값은 2.4, 0.4, 2.6, 1.4, 3.6, 3.4, 2.4, 2.6, 0.6, 0.6 이다. 따라서 평균편차는 다음과 같다.

$$M.D = \frac{1}{10}(2.4 + 0.4 + 2.6 + 1.4 + 3.6 + 3.4 + 2.4 + 2.6 + 0.6 + 0.6) = 2$$

I Can Do 8

자료 집단 [5, 8, 7, 6, 5, 4, 5, 0]의 평균편차를 구하라.

3.2.3 분산

개개의 자료 값과 평균의 편차에 대한 부호를 고려하지 않아도 되는 평균편차를 사용했지만, 평균편차는 절댓값들의 평균을 사용해야 하는 불편이 있다. 따라서 이러한 불편을 극복하기 위하여 평균과의 편차에 대한 제곱들의 평균을 사용하며, 이러한 산포의 척도를 **분산**이라 한다. 분산은 자료 집단의 자료 값들이 평균을 중심으로 얼마나 가깝게 밀집되어 있는지를 나타내며, 모집단의 분산과 표본의 분산으로 구분한다. 이때 모집단의 분산을 **모분산**이라 하고 σ^2 으로 나타낸다.

모분산(population variance)은 모집단을 구성하는 모든 자료 값 $x_1, x_2, \cdots, x_N$과 모평균(μ)의 편차의 제곱에 대한 평균이다. 즉, 모분산은 다음과 같이 정의한다.

$$\sigma^2 = \frac{1}{N}\sum_{i=1}^{N}(x_i - \mu)^2$$

예제 9

[예제 1]에서 살펴본 경부고속도로의 나들목 사이 33곳 구간의 거리에 대한 다음 자료의 모분산을 구하라.

(단위: km)

9.59	4.62	0.65	7.75	16.98	11.78	7.24	10.15	25.49	11.44	10.37
9.33	15.04	12.16	16.63	12.06	9.70	12.46	8.05	19.91	5.58	12.48
4.35	16.41	22.53	17.56	18.40	10.86	27.43	7.39	14.57	11.92	2.00

풀이

경부고속도로의 나들목 사이 구간이 모두 33곳이므로 자료 집단은 모집단이다. 모평균을 먼저 구하면 $\mu = 12.2085$이고, 따라서 다음을 얻는다.

x_i	$x_i - \mu$	$(x_i - \mu)^2$	x_i	$x_i - \mu$	$(x_i - \mu)^2$
9.59	−2.6185	6.8565	12.46	0.2515	0.0633
4.62	−7.5885	57.5853	8.05	−4.1585	17.2931
0.65	−11.5585	133.5989	19.91	7.7015	59.3131
7.75	−4.4585	19.8782	5.58	−6.6285	43.9370
16.98	4.7715	22.7672	12.48	0.2715	0.0737
11.78	−0.4285	0.1836	4.35	−7.8585	61.7560
7.24	−4.9685	24.6860	16.41	4.2015	17.6526
10.15	−2.0585	4.2374	22.53	10.3215	106.5334
25.49	13.2815	176.3982	17.56	5.3515	28.6386
11.44	−0.7685	0.5906	18.40	6.1915	38.3347
10.37	−1.8385	3.3801	10.86	−1.3485	1.8185
9.33	−2.8785	8.2858	27.43	15.2215	231.6941
15.04	2.8315	8.0174	7.39	−4.8185	23.2179
12.16	−0.0485	0.0024	14.57	2.3615	5.5767
16.63	4.4215	19.5497	11.92	−0.2885	0.0832
12.06	−0.1485	0.0221	2.00	−10.2085	104.2135
9.70	−2.5085	6.2926	합계	0	1232.53

그러므로 구하고자 하는 모분산은 $\sigma^2 = \dfrac{1232.53}{33} = 37.3494$이다.

I Can Do 9

2013년도에 측정된 월별 평균 강수량에 대한 다음 자료 집단의 모분산을 구하라.

(단위: mm)

28.5	50.4	59.7	75.5	129.0	101.1	302.4	164.0	120.8	52.9	57.5	21.0

한편 모집단을 구성하는 모든 자료를 모은다는 것은 사실상 불가능하므로 통계적으로 다루는 대부분의 자료 집단은 표본이다. 이러한 표본의 분산을 **표본분산**이라 하며, s^2으로 나타낸다.

표본분산(sample variance)은 표본을 구성하는 모든 자료 값 $x_1, x_2, \cdots, x_n$과 표본평균($\overline{x}$)의 편차의 제곱합을 $n-1$로 나눈 값이다.

$$s^2 = \frac{1}{n-1}\sum_{i=1}^{n}(x_i - \overline{x})^2$$

모분산은 모집단을 구성하는 모든 자료의 개수인 N으로 편차제곱합을 나누었으나, 표본분산은 편차제곱합을 자료의 개수인 n으로 나누지 않고 $n-1$로 나누는 것을 유의해야 한다. 모분산의 경우와 동일하게 표본분산도 편차제곱합을 자료의 개수인 n으로 나누어야 편차제곱의 평균이 되어 이것이 논리적으로 합당할 것으로 보인다. 그러나 통계적 추론에서 표본분산 s^2을 이용하여 알려지지 않은 모분산 σ^2을 추론하며, 이때 편차제곱합을 자료의 개수인 n으로 나누는 것보다 $n-1$로 나누는 것이 더 바람직한 것임을 통계적 추론에서 살펴본다.

한편 모분산이나 표본분산은 범위와 평균편차와 더불어 두 개 이상의 자료 집단에 대하여 자료의 밀집 정도를 비교할 때 사용한다. 이때 [그림 3-14]와 같이 표본분산이 각각 13, 1인 자료 집단 A, B에 대하여 자료 집단의 분산이 작을수록 자료 값이 평균 주위로 집중되고, 분산이 클수록 자료 값은 폭넓게 흩어짐을 알 수 있다.

특히 분산은 다음과 같은 특징이 있다.

- 개개의 자료 값의 정보를 반영한다.
- 수리적으로 다루기 쉽다.
- 특이점에 대한 영향이 매우 크다.
- 미지의 모분산을 추론하기 위하여 표본분산을 이용한다.

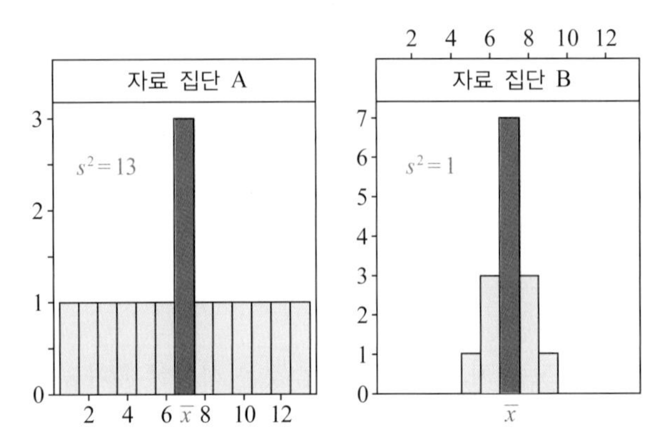

[그림 3-14] **자료 집단 A와 B의 분산과 자료의 밀집 정도**

예제 10

표본 [6, 3, 4, 2, 4]에 대한 분산을 구하라.

풀이

표본평균을 먼저 구하면 $\overline{x} = 3.8$이고, 따라서 다음을 얻는다.

x_i	$x_i - \overline{x}$	$(x_i - \overline{x})^2$	x_i	$x_i - \overline{x}$	$(x_i - \overline{x})^2$
6	2.2	4.84	2	−1.8	3.24
3	−0.8	0.64	4	0.2	0.04
4	0.2	0.04	합계	0	8.8

그러므로 구하고자 하는 표본분산은 $s^2 = \dfrac{8.8}{4} = 2.2$이다.

I Can Do 10

표본 [2, 1, 0, 1, 3]에 대한 표본분산을 구하라.

3.2.4 표준편차

범위는 최대 자료 값과 최소 자료 값의 차이이고 평균편차는 각 자료 값과 평균의 편차에 대한 절댓값들의 평균이라고 정의하였다. 따라서 자료 값의 단위와 범위 또는 평균편차의 단위는 동일하다. 그러나 분산은 개개의 자료 값과 평균의 편차의 제곱을 이용하여 표현되므로 자료 값의 단위를 제곱한 단위를 사용하게 된다. 예를 들어, 각 자료 값의 단위가 kg이면 범위나 평균편차의 단위도 kg이지만 분산의 단위는 kg^2이 된다. 그러므로 분산으로 얻은 수치는 해석하기가 곤란하다는 단점이 있다. 따라서 자료 값의 단위와 동일한 단위가 되도록 분산을 수정할 필요가 있으며, 그 방법으로 분산의 제곱근을 택한다. 이와 같이 분산의 양의 제곱근을 택하여 얻은 수치의 단위는 kg이 되며, 이 수치를 **표준편차**라 한다. 이때 모집단의 표준편차를 **모표준편차** 그리고 표본의 표준편차를 **표본표준편차**라 한다.

모표준편차(population standard deviation)는 모분산의 양의 제곱근이다.

$$\sigma = \sqrt{\frac{1}{N}\sum_{i=1}^{N}(x_i - \mu)^2}$$

표본표준편차(sample standard deviation)는 표본분산의 양의 제곱근이다.

$$s = \sqrt{\frac{1}{n-1}\sum_{i=1}^{n}(x_i - \overline{x})^2}$$

표준편차는 분산의 양의 제곱근이므로 표준편차가 작을수록 자료 값들은 평균 주위로 집중하고, 표준편차가 클수록 폭넓게 흩어진다. 그리고 표준편차 역시 두 개 이상의 자료 집단의 밀집 정도를 비교할 때 사용한다. 특히 표준편차는 분산과 동일하게 다음과 같은 특성이 있다.

- 개개의 자료 값의 정보를 반영한다.
- 수리적으로 다루기 쉽다.
- 특이점에 대한 영향이 매우 크다.
- 미지의 모표준편차를 추론하기 위하여 표본표준편차를 이용한다.

예제 11

[예제 9]의 모집단에 대한 모표준편차와 [예제 10]의 표본에 대한 표본표준편차를 구하라.

풀이

모분산이 $\sigma^2 = 37.3494$이므로 모표준편차는 $\sigma = \sqrt{37.3494} \approx 6.1114$이다.

표본분산이 $s^2 = 2.2$이므로 표본표준편차는 $s = \sqrt{2.2} \approx 1.4832$이다.

I Can Do 11

[I Can Do 9]의 모집단에 대한 모표준편차와 [I Can Do 10]의 표본에 대한 표본표준편차를 구하라.

한편 표준편차가 단일 자료 집단의 산포도에 어떻게 적용되는지를 알기 위하여 크기가 100인 다음 표본을 생각해 보자.

30.74	28.44	30.20	32.67	33.29	31.06	30.08	30.62	27.31	27.88
26.03	29.93	31.63	28.13	30.62	27.80	28.69	28.14	31.62	30.61
27.95	31.62	29.37	30.61	31.80	29.32	29.92	31.97	30.39	29.14
30.14	31.54	31.03	28.52	28.00	28.46	30.38	30.64	29.51	31.04
27.00	30.15	29.13	27.63	30.87	28.67	27.39	33.20	29.52	30.86
34.01	29.41	31.18	34.59	33.35	33.73	28.39	26.82	29.53	32.55
30.34	32.44	27.09	29.51	31.36	31.61	31.24	28.83	31.88	32.24
31.72	28.34	29.89	30.27	31.42	29.11	29.36	32.24	29.56	31.72
30.67	28.85	30.87	27.17	30.85	28.75	25.84	28.79	31.74	34.59
32.69	26.23	28.20	31.62	33.48	28.00	33.86	29.22	26.50	30.89

그러면 이 자료 집단의 평균은 $\bar{x} = 30.138$이고 표준편차는 $s = 1.991$이므로 다음과 같은 6개의 지표를 얻는다.

$$\bar{x} - 3s = 24.165, \quad \bar{x} - 2s = 26.156, \quad \bar{x} - s = 28.147$$

$$\bar{x} + s = 32.129, \quad \bar{x} + 2s = 34.120, \quad \bar{x} + 3s = 36.111$$

이 자료에 대한 히스토그램에 6개의 지표를 표시하면 [그림 3-15]와 같다.

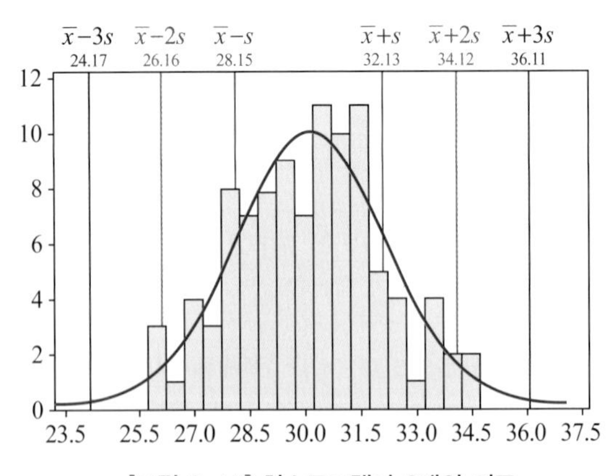

[그림 3-15] **히스토그램과 6개의 지표**

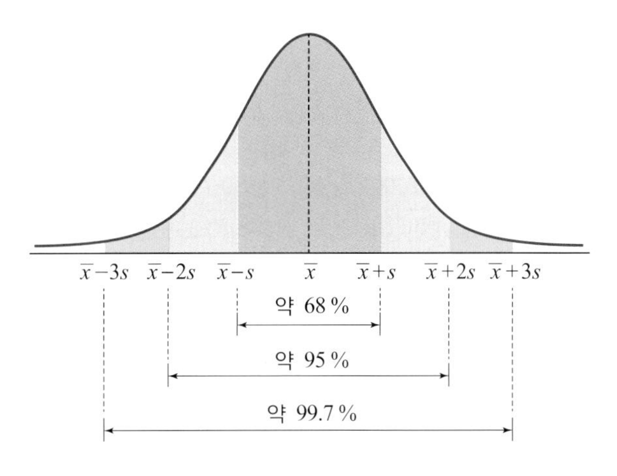

[그림 3-16] **표준편차의 위치와 자료의 밀집 정도**

이때 100개의 자료 중에서 구간 $(\bar{x}-s, \bar{x}+s)$안에 67개의 자료가 들어 있으며, 구간 $(\bar{x}-2s, \bar{x}+2s)$안에 96개 그리고 구간 $(\bar{x}-3s, \bar{x}+3s)$ 안에 100개의 자료가 들어 있는 것을 쉽게 확인할 수 있다. 즉, 세 구간 $(\bar{x}-s, \bar{x}+s)$, $(\bar{x}-2s, \bar{x}+2s)$, $(\bar{x}-3s, \bar{x}+3s)$ 안에 들어 있는 자료의 비율이 각각 67 %, 96 % 그리고 100 %이다. 실제 일상에서 얻을 수 있는 대부분의 자료는 [그림 3-15]의 히스토그램에 적합시킨 곡선과 같이 평균을 중심으로 대칭이고 종 모양에 근접하게 나타난다. 특히 이와 같은 분포를 이루는 자료 집단은 평균과 표준편차 사이에 [그림 3-16]과 같이 **경험적 규칙**(empirical rule)이라 불리는 다음 특성을 가지며, 이러한 특성은 표본뿐만 아니라 모집단에 대해서도 성립한다.

- 자료의 약 68 %가 구간 $(\bar{x}-s, \bar{x}+s)$ 안에 놓인다.
- 자료의 약 95 %가 구간 $(\bar{x}-2s, \bar{x}+2s)$ 안에 놓인다.
- 자료의 약 99.7 %가 구간 $(\bar{x}-3s, \bar{x}+3s)$ 안에 놓인다.

이 특성은 러시아 수학자 체비쇼프(P. L. Chebyshev; 1821~1894)에 의하여 다음과 같이 수학적으로 증명되었으며, 이것을 **체비쇼프 정리**(Chebyshev's Theorem)라 한다.

- 전체 자료 중에서 적어도 $\frac{3}{4}$, 즉 75 %가 구간 $(\bar{x}-2s, \bar{x}+2s)$ 또는 $(\mu-2\sigma, \mu+2\sigma)$ 안에 놓인다.
- 전체 자료 중에서 적어도 $\frac{8}{9}$, 즉 88.9 %가 구간 $(\bar{x}-3s, \bar{x}+3s)$ 또는 $(\mu-3\sigma, \mu+3\sigma)$ 안에 놓인다.
- 일반적으로 $k>1$에 대하여, 전체 자료 중에서 적어도 $100\left(1-\frac{1}{k^2}\right)$%의 비율이 구간

$(\bar{x} - ks, \bar{x} + ks)$ 또는 $(\mu - k\sigma, \mu + k\sigma)$ 안에 놓인다.

예제 12

자료의 수가 100인 앞의 자료 집단에 대하여 평균은 $\bar{x} = 30.138$이고 표준편차는 $s = 1.991$이다. 구간 $(\bar{x} - 2.5s, \bar{x} + 2.5s)$ 안에 최소한 몇 개의 자료 값이 놓이는지 체비쇼프 정리를 이용하여 구하고, 실제 자료 집단을 이용하여 그 개수를 구하라.

풀이

$k = 2.5$이므로 적어도 $100\left(1 - \frac{1}{2.5^2}\right) = 84(\%)$, 즉 적어도 84개의 자료 값이 이 구간 안에 놓인다. 이때 $\bar{x} = 30.138$, $s = 1.991$이므로 $\bar{x} - 2.5s = 25.1605$, $\bar{x} + 2.5s = 35.1155$이다. 따라서 전체 자료를 크기순으로 나열하면 $(\bar{x} - 2.5s, \bar{x} + 2.5s) = (25.1605, 35.1155)$ 안에 100개의 자료가 있음을 알 수 있다.

I Can Do 12

[예제12]에서 구간 $(\bar{x} - 1.5s, \bar{x} + 1.5s)$ 안에 놓이는 자료 값의 개수와 그 비율을 구하라.

3.2.5 그룹화 자료의 분산과 표준편차

3.1.3절에서 가중평균을 이용하여 그룹화 자료, 즉 도수분포표로 주어진 자료의 평균을 구하는 방법을 살펴보았다. 이와 같은 방법으로 그룹화 자료에 대한 분산과 표준편차를 구하기 위하여 [표 3-2]를 생각하자.

[표 3-2] 도수분포표

계급 간격	도수(f_i)	계급값(x_i)	$f_i x_i$
9.5~19.5	9	14.5	130.5
19.5~29.5	9	24.5	220.5
29.5~39.5	9	34.5	310.5
39.5~49.5	10	44.5	445.0
49.5~59.5	2	54.5	109.0
59.5~69.5	1	64.5	64.5
합계	40		1280.0

[표 3-3] $x_i - \overline{x}$, $(x_i - \overline{x})^2$, $(x_i - \overline{x})^2 f_i$ 가 있는 도수분포표

계급 간격	도수(f_i)	계급값(x_i)	$x_i - \overline{x}$	$(x_i - \overline{x})^2$	$(x_i - \overline{x})^2 f_i$
9.5~19.5	9	14.5	−17.5	306.25	2756.25
19.5~29.5	9	24.5	−7.5	56.25	506.25
29.5~39.5	9	34.5	2.5	6.25	56.25
39.5~49.5	10	44.5	12.5	156.25	1562.50
49.5~59.5	2	54.5	22.5	506.25	1012.50
59.5~69.5	1	64.5	32.5	1056.25	1056.25
합계	40				6950.00

그러면 평균은 다음과 같다.

$$\begin{aligned}\overline{x} &= \frac{1}{40}(14.5 \cdot 9 + 24.5 \cdot 9 + 34.5 \cdot 9 + 44.5 \cdot 10 + 54.5 \cdot 2 + 64.5 \cdot 1) \\ &= 32\end{aligned}$$

이제 그룹화 자료의 분산은 그룹화 자료의 평균과 각 계급값의 편차의 제곱에 각 계급의 도수를 곱한 것들을 모두 더한 값을 $n-1$로 나누어 얻는다. 즉, [표 3-3]과 같이 각 계급별로 $x_i - \overline{x}$, $(x_i - \overline{x})^2$, $(x_i - \overline{x})^2 f_i$를 차례로 구하여 $(x_i - \overline{x})^2 f_i$의 합을 구한다.

끝으로 이 합을 $n-1$, 즉 39로 나누면, 그룹화 자료의 분산을 다음과 같이 구할 수 있다.

$$\begin{aligned}s^2 &= \frac{1}{39}\sum_{i=1}^{6}(x_i - \overline{x})^2 f_i = \frac{6950}{39} \\ &\approx 178.2051\end{aligned}$$

따라서 이 그룹화 자료의 표준편차는 $s = \sqrt{178.2051} \approx 13.35$이다. 이와 같이 자료의 수가 n인 그룹화 자료의 계급값이 각각 $x_1, x_2, \cdots, x_k$이고 계급의 도수가 각각 $f_1, f_2, \cdots, f_k$일 때, 이 그룹화 자료의 분산과 표준편차는 각각 다음과 같다.

$$s^2 = \frac{1}{n-1}\sum_{i=1}^{k}(x_i - \overline{x})^2 f_i, \quad s = \sqrt{\frac{1}{n-1}\sum_{i=1}^{k}(x_i - \overline{x})^2 f_i}$$

예제 13

다음 도수분포표를 완성하고, 평균과 분산 그리고 표준편차를 구하라.

계급 간격	도수(f_i)	계급값(x_i)	$f_i x_i$	$(x_i - \overline{x})^2$	$(x_i - \overline{x})^2 f_i$
0.5~4.5	25	2.5			
4.5~8.5	55	6.5			
8.5~12.5	60	10.5			
12.5~16.5	90	14.5			
16.5~20.5	115	18.5			
20.5~24.5	85	22.5			
24.5~28.5	50	26.5			
28.5~32.5	20	30.5			
합계	500				

풀이

도수분포표를 완성하면 다음과 같다.

계급 간격	도수(f_i)	계급값(x_i)	$f_i x_i$	$(x_i - \overline{x})^2$	$(x_i - \overline{x})^2 f_i$
0.5~4.5	25	2.5	62.5	200.5056	5012.640
4.5~8.5	55	6.5	357.5	103.2256	5677.408
8.5~12.5	60	10.5	630.0	37.9456	2276.736
12.5~16.5	90	14.5	1305.0	4.6656	419.904
16.5~20.5	115	18.5	2127.5	3.3856	389.344
20.5~24.5	85	22.5	1912.5	34.1056	2898.976
24.5~28.5	50	26.5	1325.0	96.8256	4841.280
28.5~32.5	20	30.5	610.0	191.5456	3830.912
합계	500		8330	672.2048	25347.200

평균과 분산 s^2 그리고 표준편차 s는 각각 다음과 같다.

$$\overline{x} = \frac{1}{500}\sum f_i x_i = \frac{8330}{500} = 16.66$$

$$s^2 = \frac{1}{499}\sum (x_i - \overline{x})^2 f_i = \frac{25347.2}{499} \approx 50.7960$$

$$s = \sqrt{50.7960} \approx 7.1271$$

I Can Do 13

다음 도수분포표를 완성하고, 평균과 분산 그리고 표준편차를 구하라.

계급 간격	도수(f_i)	계급값(x_i)	$f_i x_i$	$(x_i - \bar{x})^2$	$(x_i - \bar{x})^2 f_i$
1.05~1.41	8	1.23			
1.41~1.77	6	1.59			
1.77~2.13	5	1.95			
2.13~2.49	7	2.31			
2.49~2.85	4	2.67			
합계	30				

3.2.6 변동계수

표준편차는 평균을 중심으로 자료 집단 안의 자료 값들의 놓인 위치에 대한 산포의 척도이다. 그러나 절대적인 수치로 표시되는 표준편차를 이용하여 두 자료 집단의 산포를 평가하기 곤란한 경우가 있다. 예를 들어, 어느 특정 연도에 태어난 신생아 집단의 몸무게에 대한 산포와 부모들의 몸무게의 산포를 비교한다든지 또는 자동차를 운전한 사람의 나이와 운행 거리의 산포도를 비교하는 경우 등을 생각할 수 있다. 이와 같이 측정 단위가 동일하지만 평균이 큰 차이를 보이는 두 자료 집단 또는 측정 단위가 서로 다른 두 자료 집단에 대한 산포의 척도로 절대적 수치인 표준편차를 사용하기에는 부적절하다. 따라서 단위에 관계없이 양수인 값을 가지며 평균으로부터 상대적으로 흩어진 정도를 나타내는 척도가 필요하다. 이러한 척도를 **변동계수**라 한다.

변동계수(coefficient of variation)는 평균을 중심으로 상대적인 산포의 척도이며, 모집단과 표본의 변동계수는 각각 다음과 같다.

$$\text{모집단의 변동계수: } C.V_p = \frac{\sigma}{\mu} \times 100\ (\%)$$

$$\text{표본의 변동계수: } C.V_s = \frac{s}{\bar{x}} \times 100\ (\%)$$

이때 변동계수가 클수록 자료의 분포 상태는 상대적으로 폭이 넓게 나타난다.

예제 14

한 가구를 이루는 구성원의 수와 각 가구에서 일주일 동안 지출한 외식비의 산포를 비교하기 위하여 100가구를 표본으로 조사한 결과, 다음과 같은 결과를 얻었다. 가구원 수와 외식비에 대한 변동계수를 구하고 상대적으로 비교하라.

	가구원 수(명)	외식비(원)
$\bar{x}$	4.06	175,420
s	1.02	33,250

풀이

가구원 수와 외식비의 단위가 서로 다르므로 산포의 척도로 변동계수를 사용한다.

$$\text{가구원 수의 변동계수: } \frac{s}{\bar{x}} = \frac{1.02}{4.06} \times 100 \approx 25.123(\%)$$

$$\text{외식비의 변동계수: } \frac{s}{\bar{x}} = \frac{33250}{175420} \times 100 \approx 18.955(\%)$$

따라서 표준편차에 의한 산포는 외식비가 가구원 수보다 크지만, 가구원 수의 흩어진 정도가 외식비의 흩어진 정도에 비하여 상대적으로 약 $1.3\left(= \frac{25.123\,\%}{18.955\,\%}\right)$배 정도 크다는 것을 알 수 있다.

I Can Do 14

다음은 근속 연수 대비 연봉이 높은 10대 회사에 대한 평균 연봉과 근속 연수를 표로 나타낸 것이다. 평균 연봉과 근속 연수에 대한 변동계수를 구하고 상대적으로 비교하라.

회사명	평균 연봉(만 원)	근속 연수(년)	회사명	평균 연봉(만 원)	근속 연수(년)
삼성전자	10,200	9.3	현대자동차	9,400	16.8
SK텔레콤	10,500	12.4	현대케미칼	6,779	12.2
LG전자	6,900	8.5	대한항공	6,400	13.8
GS칼텍스	9,107	14.6	포스코	7,900	18.5
롯데쇼핑	3,353	5.7	현대중공업	7,232	18.0

3.3 z−점수와 분위수

지금까지 자료 집단의 중심위치를 나타내는 척도와 밀집 정도 또는 흩어진 정도를 나타내는 산포도에 대해 살펴보았다. 그러나 때로는 자료들 사이의 상대적인 위치 관계를 이용하여 표현하는 것을 사용하기도 한다. 예를 들어, 대입수학능력시험을 치르게 되면 그 결과로 [표 3−4]와 같은 원점수, 표준점수 그리고 백분위 점수 등과 같은 세 종류의 점수가 부여된다. 이때 원점수는 본인의 실제 점수이고 표준점수와 백분위 점수는 과목 간의 난이도에 따른 점수의 차이를 보정하기 위하여 상대적인 의미의 점수로 변환한 것이다. 이 절에서는 이와 같이 원자료를 상대적인 자료로 변환한 척도에 대하여 살펴본다.

3.3.1 z−점수

자료 집단을 구성하는 자료 값들의 상대적인 위치를 나타내는 척도는 개개의 자료 값이 평균으로부터 얼마나 멀리 떨어져 있는가를 파악하는 데 도움이 된다. 이와 같이 자료 값들의 상대적인 위치를 나타내는 방법으로 평균과 표준편차를 모두 이용한 척도인 **z−점수**를 사용한다.

n개의 자료로 구성된 개개의 자료 값을 $x_1, x_2, \cdots, x_n$이라 하고 표본평균을 $\overline{x}$ 그리고 표준편차를 s라 하자. 그러면 x_i에 대한 z−점수를 다음과 같이 정의한다. 물론 자료 집단이 모집단인 경우에는 모평균 μ와 모표준편차 σ를 이용한다.

[표 3−4] **원점수, 표준점수, 백분위 점수**

수리 가형				
2011년 11월	등급	2012년 11월		
원점수		원점수	표준점수	백분위
89	1	91	132	97
82	2	84	125	90
74	3	74	117	77
65	4	64	108	61
52	5	52	96	40
36	6	37	83	23
21	7	24	71	11
13	8	14	62	3

z–점수(z-score)는 다음과 같이 정의한다.

$$\text{모집단의 } z\text{–점수: } z_i = \frac{x_i - \mu}{\sigma}$$

$$\text{표본의 } z\text{–점수: } z_i = \frac{x_i - \overline{x}}{s}$$

z–점수는 평균을 0으로 대치하고 0을 중심으로 각 자료 값의 절대 위치를 상대적인 위치로 변환한 값을 나타낸다. 예를 들어, $z_1 = 1.5$이면 원자료의 측정값은 다음과 같다.

$$z_1 = \frac{x_1 - \overline{x}}{s} = 1.5 \quad \Rightarrow \quad x_1 = \overline{x} + 1.5s$$

따라서 z–점수가 1.5인 실제 자료 값은 평균보다 표준편차의 1.5배만큼 큰 위치의 자료 값을 나타낸다. 또한 $z_2 = -0.5$이면 $x_2 = \overline{x} - 0.5s$이고, 실제 자료 값의 위치는 평균보다 표준편차의 0.5배만큼 작은 위치에 있음을 나타낸다. 즉, z–점수가 양수이면 실제 자료 값은 평균보다 크고, 음수이면 실제 자료 값이 평균보다 작음을 나타낸다. 이와 같이 z–점수는 자료 집단 안의 각 자료 값에 대한 상대적인 위치를 나타내는 척도이며, z–점수를 때때로 **표준점수**(standardized score)라 한다. 따라서 z–점수가 동일한 서로 다른 두 자료 집단 안의 자료 값은 각 자료 집단의 평균으로부터 동일한 위치에 있음을 나타낸다. 예를 들어, 다음에 제시된 두 자료 집단에 대하여 자료 집단 A의 평균과 표준편차는 각각 $\overline{x} = 33.2$, $s_1 \approx 5.8$이고, 자료 집단 B의 평균과 표준편차는 각각 $\overline{y} = 77.6$, $s_2 \approx 2.414$이다.

자료 집단 A	30	35	43	28	37	35	29	28	32	25	39	29	28	36	44
자료 집단 B	77	80	76	77	75	76	75	76	81	81	75	82	78	79	76

점도표를 이용하여 절대 수치에 의한 두 자료 집단을 비교하면 [그림 3–17]과 같다.

이와 같이 두 자료 집단의 평균의 차이가 큰 경우에 각 자료 집단의 자료 값을 표준점수로 변

[그림 3–17] **두 자료 집단의 점도표에 의한 비교**

[표 3-5] **두 자료 집단의 자료 값에 대한 표준점수**

자료 집단 A	자료 값	30	35	43	28	37	35	29	28
	표준점수	−0.5517	0.3103	1.6897	−0.8966	0.6552	0.3103	−0.7241	−0.8966
	자료 값	32	25	39	29	28	36	44	
	표준점수	−0.2069	−1.4138	1.0000	−0.7241	−0.8966	0.4828	1.8621	
자료 집단 B	자료 값	77	80	76	77	75	76	75	76
	표준점수	−0.2486	0.9942	−0.6628	−0.2486	−1.0771	−0.6628	−1.0771	−0.6628
	자료 값	81	81	75	82	78	79	76	
	표준점수	1.4085	1.4085	−1.0771	1.8227	0.1657	0.5800	−0.6628	

환하여 상대적인 위치로 나타내어 동일한 잣대로 비교할 수 있다. 이때 $z_i = \dfrac{x_i - \overline{x}}{s}$에 의해 두 자료 집단의 각 자료 값에 대한 표준점수를 구하면 [표 3−5]와 같다.

z−점수에 의하여 두 자료 집단 안의 자료 값을 상대적으로 비교하면 [그림 3−18]과 같다. 이때 자료 집단 안의 특이점은 일반적으로 $z < -3$ 또는 $z > 3$인 위치에 놓인다.

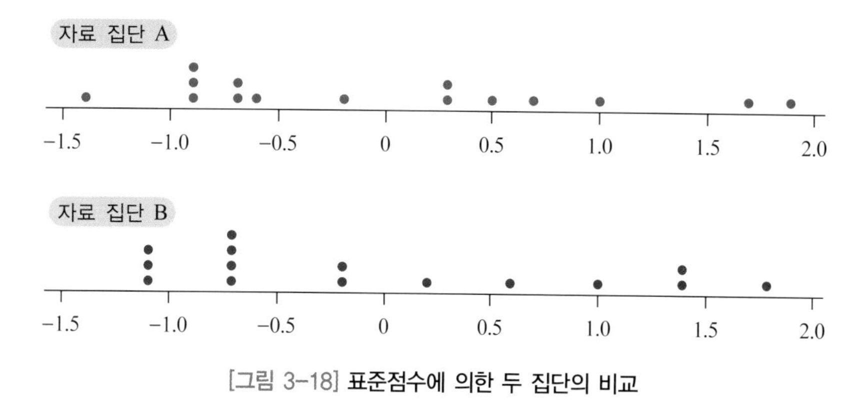

[그림 3−18] **표준점수에 의한 두 집단의 비교**

예제 15

자료 집단 [90, 85, 75, 77, 83]에 대한 각각의 z−점수를 구하라.

풀이

주어진 자료의 평균과 표준편차를 구하면 각각 $\overline{x} = 82$, $s \approx 6.0828$이므로 z−점수는 다음과 같다.

x_i	$x_i - \overline{x}$	$z_i = \dfrac{x_i - \overline{x}}{s}$
90	8	1.3152
85	3	0.4932
75	−7	−1.1508
77	−5	−0.8220
83	1	0.1644

I Can Do 15

A 대학교에 다니는 학생을 상대로 SAT 시험을 치른 결과, 2,562명이 응시하여 평균이 555점, 표준편차가 68점이었다. 이때 SAT 시험에 응시한 영희의 점수는 562점, 철수의 점수는 549점이라 할 때, 이 두 학생의 z−점수를 구하라.

3.3.2 사분위수와 백분위수

3.1.5절에서 자료를 작은 수에서 크기순으로 나열하여 한가운데에 놓이는 수를 중위수라 하였다. 따라서 중위수는 크기순으로 나열된 자료 집단을 두 개의 동등한 크기를 갖는 부분집단으로 이등분하는 척도임을 알 수 있다. 이와 같이 n개의 자료로 구성된 자료 집단을 크기순으로 나열하여, k개의 부분집단으로 등분하는 척도를 **분위수**(fractiles)라 한다. 이러한 분위수로 널리 사용하는 척도로 **사분위수**와 **백분위수**가 있다.

> 사분위수(quartiles)는 크기순으로 나열된 자료 집단을 4등분하는 척도이다.
> 백분위수(percentile)는 자료 집단을 100등분하는 척도이다.

이때 k−백분위수 P_k는 [그림 3−19(a)]와 같이 측정값을 크기순서로 나열하여 k% 위치를 나타내는 척도를 의미하며, k−백분위수는 k%의 측정값들이 P_k보다 작거나 같고, 나머지 $(100-k)$%의 측정값들이 P_k보다 크게 주어지는 값으로 정의된다. 예를 들어 자료 값 27이 30−백분위수, 즉 $P_{30} = 27$이라 함은 자료 집단의 거의 30%가 27보다 작거나 같고 나머지 70%가 27보다 큰 것을 의미한다. 그리고 [그림 3−19(b)]와 같이 크기순으로 나열된 자료 집단을 가장 작은 자료 값으로부터 가장 큰 자료 값까지 4등분으로 분할하는 분위수를 차례로 제1사분위수

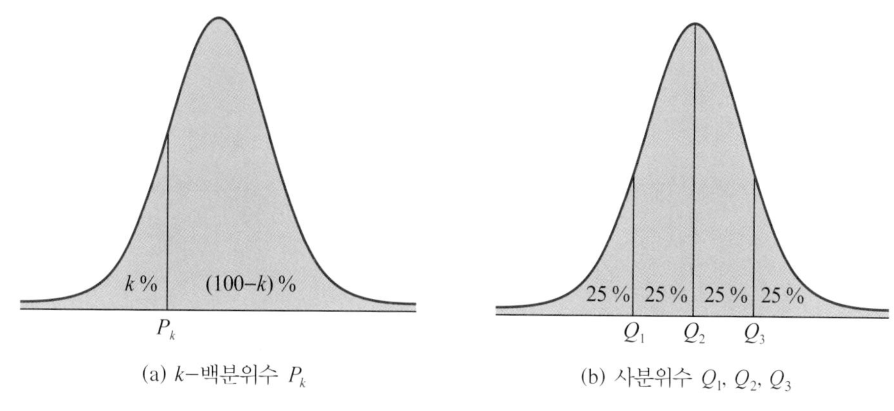

[그림 3-19] **백분위수와 사분위수**

(Q_1), 제2사분위수(Q_2) 그리고 제3사분위수(Q_3)라 한다. 따라서 제1사분위수는 25−백분위수이고 제3사분위수는 75−백분위수와 일치한다. 특히 중위수는 크기순으로 나열한 자료 집단을 이등분하는 척도이므로 제2사분위수이고, 이것은 50−백분위수와 일치한다.

그러면 n개의 자료로 구성된 자료 집단의 k−백분위수 P_k는 다음과 같은 순서로 구한다.

❶ 자료 값을 가장 작은 수부터 크기순으로 나열한다.

❷ $m = \frac{kn}{100}$을 계산한다.

❸ m이 정수인 경우, P_k는 m번째와 $(m+1)$번째 위치하는 자료 값의 평균 $\frac{x_{(m)} + x_{(m+1)}}{2}$이다. 그리고 m이 정수가 아닌 경우, P_k는 m보다 큰 가장 작은 정수를 p라 할 때, p번째에 위치하는 자료 값이다.

예제 16

다음 자료 집단에 대한 30−백분위수와 사분위수를 구하라.

67	84	79	62	78	36	38	57	48	87
83	90	60	25	50	94	60	62	97	43

〈풀이〉

먼저 자료 값을 다음과 같이 크기순으로 나열한다.

25	36	38	43	48	50	57	60	60	62
62	67	78	79	83	84	87	90	94	97

$n = 20,\ k = 30$이므로 $m = \frac{20 \cdot 30}{100} = 6$이고 따라서 30-백분위수는 다음과 같다.

$$P_{30} = \frac{x_{(6)} + x_{(7)}}{2} = \frac{50 + 57}{2} = 53.5$$

제1사분위수는 25-백분위수이고 $m = \frac{20 \cdot 25}{100} = 5$이므로 제1사분위수는 다음과 같다.

$$Q_1 = P_{25} = \frac{x_{(5)} + x_{(6)}}{2} = \frac{48 + 50}{2} = 49$$

제2사분위수는 50-백분위수이고 $m = \frac{20 \cdot 50}{100} = 10$이므로 제2사분위수는 다음과 같다.

$$Q_2 = P_{50} = \frac{x_{(10)} + x_{(11)}}{2} = \frac{62 + 62}{2} = 62$$

제3사분위수는 75-백분위수이고 $m = \frac{20 \cdot 75}{100} = 15$이므로 제3사분위수는 다음과 같다.

$$Q_3 = P_{75} = \frac{x_{(15)} + x_{(16)}}{2} = \frac{83 + 84}{2} = 83.5$$

I Can Do 16

다음 자료 집단에 대한 70-백분위수와 사분위수를 구하라.

161	144	129	162	186	163	138	172	148	157	183	129	160
152	150	194	136	122	197	143	145	176	181	157	189	

3.3.3 상자그림

지금까지 살펴본 산포의 척도는 수집된 자료들 중에서 비정상적으로 크거나 작은 특이점에 큰 영향을 받는다는 사실을 언급하였다. 따라서 특이값에 대한 영향을 전혀 받지 않는 산포도를 살펴볼 필요가 있다. 사분위수는 자료 분포를 4등분하는 척도이고, Q_1과 Q_3은 자료 분포의 가운데 50% 부분의 자료에 대한 하한과 상한을 나타낸다. 이때 자료 분포 가운데 50%에 해당하는 자료만 취한다면 특이값을 완전히 무시할 수 있으며, 이들 자료에 대한 범위를 **사분위수 범위**라 한다. 특히 사분위수 범위는 중앙값을 중심위치로 사용하는 경우에 많이 이용한다.

사분위수 범위(interquartile range)는 제1사분위수에서 제3사분위수까지의 범위이고, 다음과 같이 정의한다.

$$I.Q.R = Q_3 - Q_1$$

예제 17

[예제 16]의 자료 집단에 대한 사분위수 범위를 구하라.

풀이

[예제 16]에 의하여 $Q_1 = 49$, $Q_3 = 83.5$이므로 $I.Q.R = 83.5 - 49 = 34.5$이다.

I Can Do 17

[I Can Do 16]의 자료 집단에 대한 사분위수 범위를 구하라.

수집한 자료 집단의 특이점은 기록상의 오류나 관찰 부주의 등 여러 가지 요인에 의하여 발생하며, 줄기-잎 그림을 그리면 이러한 특이값에 대한 정보를 얻을 수 있었다. 그러나 줄기-잎 그림은 이 측정값이 희귀하기는 하지만 관측 가능한 값인지 알려주지는 않는다. 이때 각 자료 값에 대한 z-점수를 구하여 $z < -3$ 또는 $z > 3$이면, 그 자료 값은 특이점이라고 하였다. 이러한 특이점을 구하는 또 다른 방법으로 **상자그림**(box plot)이 있으며, 그 특징은 다음과 같다.

- 특이점에 대한 정보를 제공한다.
- 자료의 흩어진 모양을 쉽게 파악할 수 있다.
- 두 개 이상의 자료 집단을 비교할 때 매우 유용하다.

이제 상자그림을 그리기 위하여 사용되는 용어를 먼저 살펴보자.

안울타리(inner fence)는 사분위수 Q_1과 Q_3에서 각각 (1.5) I.Q.R만큼 떨어져 있는 값으로, 아래쪽 안울타리와 위쪽 안울타리를 다음과 같이 정의한다.

- 아래쪽 안울타리(lower inner fence): $f_\ell = Q_1 - (1.5)\ I.Q.R$
- 위쪽 안울타리(upper inner fence): $f_u = Q_3 + (1.5)\ I.Q.R$

바깥울타리(outer fence)는 사분위수 Q_1과 Q_3에서 각각 3 I.Q.R만큼 떨어져 있는 값으로, 아래쪽 바깥울타리와 위쪽 바깥울타리를 다음과 같이 정의한다.

- 아래쪽 바깥울타리(lower outer fence): $f_L = Q_1 - 3$ I.Q.R
- 위쪽 바깥울타리(upper outer fence): $f_U = Q_3 + 3$ I.Q.R

인접값(adjacent value)은 안울타리 안에 놓이는 가장 극단적인 자료 값, 즉 아래쪽 안울타리보다 큰 가장 작은 자료 값과 위쪽 안울타리보다 작은 가장 큰 자료 값을 의미한다.

보통 특이값(mild outlier)은 안울타리와 바깥울타리 사이에 놓이는 자료 값이다.

극단 특이값(extreme outlier): 바깥울타리 외부에 놓이는 자료 값이다.

이때 종 모양의 자료 분포를 갖는 자료 집단에서 보통 특이값은 약 1% 그리고 극단 특이값은 0.01% 정도로 관찰된다. 그러면 다음 순서에 따라서 상자그림을 그린다.

❶ 자료를 크기순으로 나열하여 사분위수 Q_1, Q_2 그리고 Q_3을 구한다.

❷ 사분위수 범위 I.Q.R $= Q_3 - Q_1$을 구한다.

❸ Q_1에서 Q_3까지 직사각형 모양의 상자로 연결하여 그리고, 중위수 Q_2의 위치에 '+'를 표시한다.

❹ 안울타리를 구하고 인접값에 기호 'l'로 표시한 후, Q_1과 Q_3으로부터 인접값까지 선분으로 연결하여 상자그림의 날개 부분을 작성한다.

❺ 바깥울타리를 구하여 관측 가능한 보통 특이값의 위치에 'o'로 표시하고 극단 특이값의 위치에 '×'로 표시한다.

[그림 3-20]은 완성된 상자그림으로, 중위수를 이용하여 중심의 위치를 사용하였으며, 희귀하지만 관측이 가능한 보통 특이점이 4개, 거의 측정 가능하지 않은 극단 특이점이 2개 있음을 보인다. 또한 이러한 특이점을 제외한 나머지 자료는, 중위수를 중심으로 아래쪽 25% 자료는 위쪽 25% 자료에 비하여 밀집되었으나 아래쪽 날개가 위쪽 날개보다 길게 분포되는 것을 확인할 수 있다.

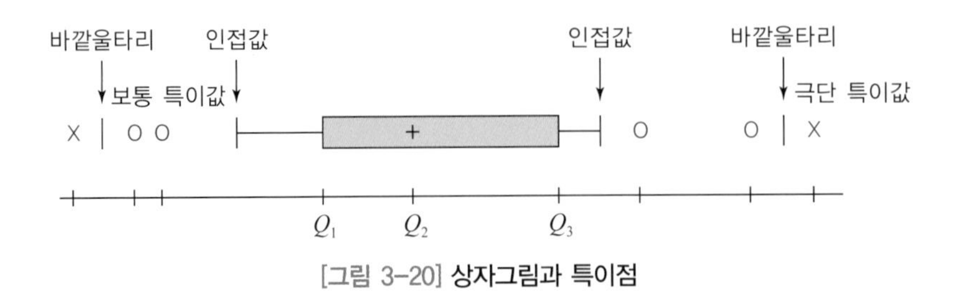

[그림 3-20] **상자그림과 특이점**

예제 18

다음 자료 집단에 대한 상자그림을 그리라.

49.6	50.5	49.9	51.6	49.6	48.7	49.7	49.1	48.7	51.0
50.1	48.7	50.4	50.6	51.5	49.4	51.1	49.8	49.8	49.0
46.2	50.4	49.1	50.5	50.9	49.8	49.6	49.3	50.5	50.2
52.0	50.7	50.4	48.6	50.9	51.2	50.7	48.5	50.0	51.3
47.6	49.1	51.0	51.9	49.5	49.7	48.6	49.7	48.5	48.3

풀이

이 자료 집단을 크기순서로 나열하여 사분위수를 구한다.

$$Q_1 = x_{(13)} = 49.1, \quad Q_2 = \frac{x_{(25)} + x_{(26)}}{2} = 49.8, \quad Q_3 = x_{(38)} = 50.7$$

따라서 사분위수 범위는 I.Q.R = 50.7 − 49.1 = 1.6이다.
안울타리와 인접값을 구한다.

$$f_\ell = Q_1 - (1.5)\ \text{I.Q.R.} = 49.1 - 2.4 = 46.7$$
$$f_u = Q_3 + (1.5)\ \text{I.Q.R.} = 50.7 + 2.4 = 53.1$$

따라서 인접값은 각각 47.6과 52.0이다.
바깥울타리를 구한다.

$$f_L = Q_1 - 3\ \text{I.Q.R.} = 49.1 - 4.8 = 44.3$$
$$f_U = Q_3 + 3\ \text{I.Q.R.} = 50.7 + 4.8 = 55.5$$

자료 값 46.2는 아래쪽 바깥울타리와 인접값 사이에 있으므로 보통 특이값이다. 그러나 최대 자료 값이 위쪽 인접값이므로 중위수보다 큰 특이값은 없다.

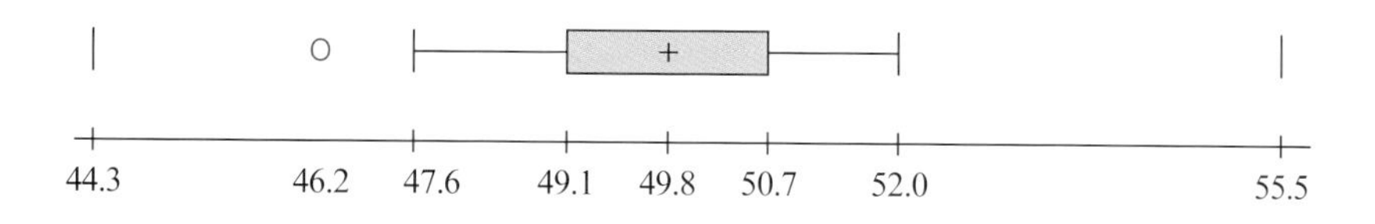

I Can Do 18

다음 자료 집단에 대한 상자그림을 그리라.

55	48	50	49	54	58	95	20	50	57
47	49	58	48	49	47	49	59	47	53
50	49	49	46	55	53	48	47	52	48
49	47	58	57	47	53	56	51	46	52
47	53	46	49	56	48	49	47	58	55

3.4 두 자료 집단에 관한 척도

지금까지 단일 자료 집단을 수치적으로 요약하는 방법을 살펴보았다. 그리고 2.3.4절에서, 독립변수와 응답변수의 관계를 가짐으로써 각각의 자료가 (x, y) 형태의 쌍으로 나타나는 경우에 독립변수와 응답변수의 관계를 알기 위하여 산점도를 사용하였다. 산점도를 이용하면 두 변수 사이의 관계에 대한 형태, 방향 그리고 밀접 관계의 강도 등을 알 수 있다. 이 절에서는 독립변수와 응답변수의 자료들의 관계를 기술하는 척도인 공분산과 상관계수에 대하여 살펴본다.

3.4.1 공분산

단일 자료 집단에서 분산 또는 표준편차는 평균을 중심으로 흩어지거나 밀집되는 정도를 나타내는 척도임을 살펴보았다. 한편 대부분의 독립변수와 응답변수의 관계는 직선에 의하여 설명될 수 있으며, 모든 자료점 (x, y)가 이 직선에 가까우면 선형적 관계가 강하고 (x, y)들이 직선을 중심으로 폭넓게 나타나면 선형적 관계가 약하다고 한다. 이때 이 직선을 중심으로 자료 값 (x, y)가 흩어지거나 밀집되는 정도를 나타내는 척도로 **공분산**이 있다.

모공분산(population covariance)은 독립변수의 평균편차와 응답변수의 평균편차의 곱에 대한 평균이고, 다음과 같이 정의한다. 여기서 μ_x와 μ_y는 각각 독립변수와 응답변수의 모평균이다.

$$\sigma_{xy} = \frac{1}{N}\sum_{i=1}^{N}(x_i - \mu_x)(y_i - \mu_y)$$

표본공분산(sample covariance)은 독립변수의 평균편차와 응답변수의 평균편차의 곱을 모두 더하여 $n-1$로 나눈 값이고, 다음과 같이 정의한다. 여기서 $\overline{x}$와 $\overline{y}$는 각각 독립변수와 응답변수의 표본평균이다.

$$s_{xy} = \frac{1}{n-1}\sum_{i=1}^{n}(x_i - \overline{x})(y_i - \overline{y})$$

예제 19

다음은 기상청에서 예고한 어느 지역의 일주일간 최저 · 최고 온도를 나타낸 것이다. 물음에 답하라.

(단위: ℃)

	월	화	수	목	금	토	일
최저	21	22	22	23	23	24	24
최고	27	28	29	30	31	32	31

(1) 일주일간 최저 온도의 평균과 분산을 구하라.
(2) 일주일간 최고 온도의 평균과 분산을 구하라.
(3) 최저 온도와 최고 온도 사이의 공분산을 구하라.

풀이

(1) $\overline{x} = \frac{1}{7}\sum x_i \approx 22.714,\ \ s_x^2 = \frac{1}{6}\sum(x_i - \overline{x})^2 \approx \frac{7.42857}{6} \approx 1.238$

(2) $\overline{y} = \frac{1}{7}\sum y_i \approx 29.714,\ \ s_y^2 = \frac{1}{6}\sum(y_i - \overline{y})^2 \approx \frac{19.4286}{6} \approx 3.238$

(3) 다음 표로부터 $\sum(x_i - \overline{x})(y_i - \overline{y}) = 11.4286$을 얻는다. 따라서 최저 온도와 최고 온도 사이의 공분산은 $s_{xy} = \frac{11.4286}{6} \approx 1.9048$이다.

x_i	y_i	$x_i - \overline{x}$	$y_i - \overline{y}$	$(x_i - \overline{x})(y_i - \overline{y})$
21	27	−1.714	−2.714	4.6518
22	28	−0.714	−1.714	1.2238
22	29	−0.714	−0.714	0.5098
23	30	0.286	0.286	0.0818
23	31	0.286	1.286	0.3678
24	32	1.286	2.286	2.9398
24	31	1.286	1.286	1.6538

I Can Do 19

다음 (x_i, y_i)쌍으로 주어진 자료 집단에 대한 공분산을 구하라.

x_i	6	8	11	12	15
y_i	5	7	9	9	13

이때 표본공분산은 다음과 같이 간단히 구할 수도 있다.

$$s_{xy} = \frac{1}{n-1}\left(\sum x_i y_i - n\overline{x}\,\overline{y}\right)$$

한편 [예제 19]의 자료에 대하여 $\overline{x} = 22.714$, $\overline{y} = 29.714$를 표시한 산점도를 그리면 [그림 3-21(a)]와 같으며, 이때 공분산은 $s_{xy} = 1.9048(>0)$이다. 그러면 산점도를 $\overline{x}$와 $\overline{y}$에 의하여 사분면으로 분할할 때, 제I사분면에 있는 점은 x_i가 $\overline{x} = 22.714$보다 크고 또한 y_i도 역시

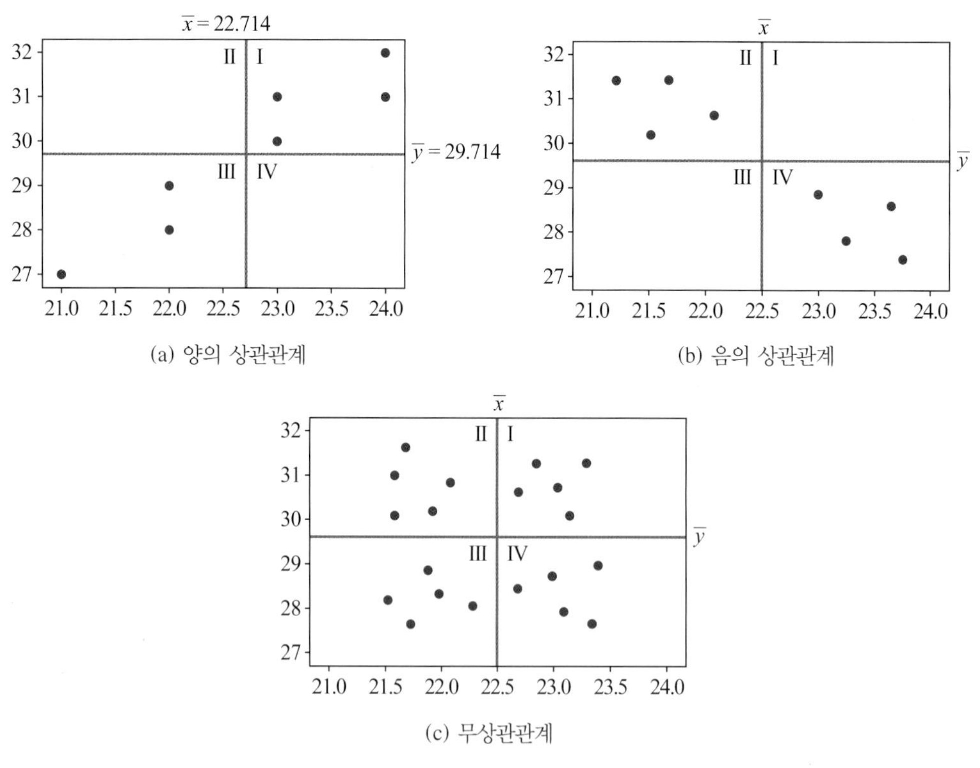

[그림 3-21] **산포도와 상관관계**

$\overline{y}=29.714$보다 큰 점들로 구성되는 것을 알 수 있다. 그리고 제II사분면은 x_i가 $\overline{x}=22.714$보다 작고 y_i는 $\overline{y}=29.714$보다 큰 점들로 구성되며, 제III사분면은 x_i가 $\overline{x}=22.714$보다 작고 y_i도 $\overline{y}=29.714$보다 작은 점들로 구성되고, 제IV사분면은 x_i가 $\overline{x}=22.714$보다 크고 y_i는 $\overline{y}=29.714$보다 작은 점들로 구성된다. 그러므로 제I사분면에 있는 자료점 (x_i, y_i)에 대해 $x_i-\overline{x}>0,\ y_i-\overline{y}>0$이므로 $s_{xy}>0$이고, 제II사분면의 (x_i, y_i)에 대해 $x_i-\overline{x}<0,\ y_i-\overline{y}>0$이므로 $s_{xy}<0$이다. 같은 방법으로 제III사분면에서 $s_{xy}>0$이고 제IV사분면에서 $s_{xy}<0$이다. 따라서 공분산의 부호에 따라 다음과 같은 결과를 얻는다.

- $s_{xy}>0$이면 대부분의 자료점은 [그림 3-21(a)]와 같이 제I, III사분면에 놓이게 되고, 따라서 x와 y 사이에 양의 선형적 관계, 즉 x가 증가하면 y도 증가하는 특성을 갖는다. 이때 x와 y는 **양의 상관관계**(positive correlation)가 있다고 한다.
- $s_{xy}<0$이면 대부분의 자료점은 [그림 3-21(b)]와 같이 제II, IV사분면에 놓이게 되고, 따라서 x와 y 사이에 음의 선형적 관계, 즉 x가 증가하면 y는 감소하는 특성을 갖는다. 이때 x와 y는 **음의 상관관계**(negative correlation)가 있다고 한다.
- 자료점이 [그림 3-21(c)]와 같이 4개의 사분면에 고르게 놓이면 $s_{xy}=0$이 되며, 이 경우에는 x와 y 사이에 선형적 관계가 성립하지 않는다. 이때 x와 y는 **무상관관계**(none correlation)라 한다.

공분산이 양수이고 그 값이 클수록 자료 x와 y는 강한 양의 상관관계를 갖고, 따라서 자료점 (x, y)는 [그림 3-22(a)]와 같이 어떤 양의 기울기를 갖는 직선에 밀집되는 형태로 분포된다. 공분산이 음수이고 절댓값이 클수록 자료 x와 y는 강한 음의 상관관계를 가지며, 자료점 (x, y)는 [그림 3-22(b)]와 같이 어떤 음의 기울기를 갖는 직선에 밀집되는 형태로 분포된다.

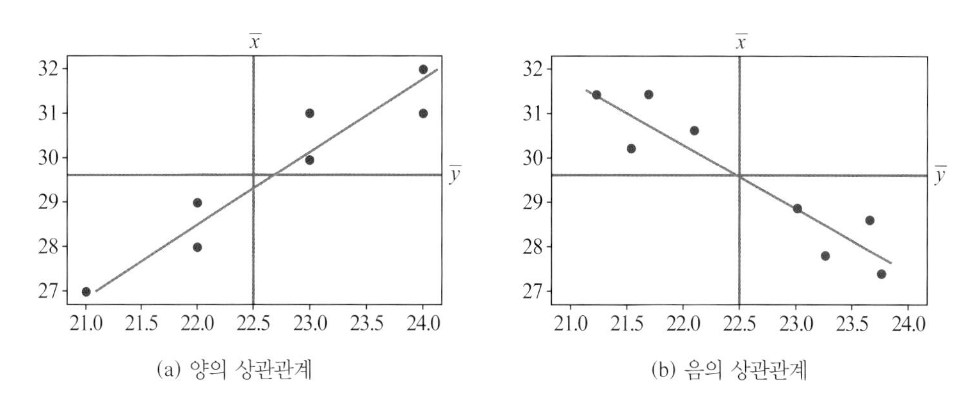

[그림 3-22] 상관관계와 선형적 적합선

3.4.2 상관계수

두 자료 집단 사이의 선형적 상관관계를 측정하는 도구로 공분산이 사용되는 것을 살펴보았다. 그러나 공분산을 나타내는 수치는 x와 y의 측정 단위에 의존한다는 문제점이 있다. 예를 들어, 초등학교에 입학하는 어린이들의 키와 몸무게 사이의 관계를 알아보고자 한다면 키의 단위로 센티미터(cm), 인치(in) 또는 피트(ft) 등과 같은 여러 가지 단위로 나타낼 수 있다. 이때 $x_i - \overline{x}$의 값은 cm, in 그리고 ft 단위를 씀에 따라 차이가 생기고, 따라서 공분산 역시 다른 값으로 나타난다. 따라서 이러한 경우, 단위에 무관한 상관관계를 나타내는 척도인 **상관계수**를 사용한다.

모상관계수(population correlation coefficient)는 두 모집단 x와 y에 대한 모표준편차를 각각 σ_x, σ_y라 하고 모공분산을 σ_{xy}라 할 때, 다음과 같이 정의한다.

$$\rho_{xy} = \frac{\sigma_{xy}}{\sigma_x \sigma_y}$$

표본상관계수(sample correlation coefficient)는 두 표본 x와 y에 대한 표본표준편차를 각각 s_x, s_y라 하고 표본공분산을 s_{xy}라 할 때, 다음과 같이 정의한다.

$$r_{xy} = \frac{s_{xy}}{s_x s_y}$$

상관계수 r_{xy}(또는 ρ_{xy})는 다음과 같은 특성이 있다.

- $-1 \le r_{xy} \le 1$
- $r_{xy} > 0$이면 x와 y는 양의 상관관계를 갖고, 양의 기울기를 갖는 적합선이 존재한다.
- $r_{xy} < 0$이면 x와 y는 음의 상관관계를 갖고, 음의 기울기를 갖는 적합선이 존재한다.
- $r_{xy} = 0$이면 x와 y는 무상관관계를 갖는다.
- $r_{xy} = 1$이면 x와 y는 **완전 양의 상관관계**(perfect positive correlation coefficient)를 갖는다고 한다.
- $r_{xy} = -1$이면 x와 y는 **완전 음의 상관관계**(perfect negative correlation coefficient)를 갖는다고 한다.

따라서 자료점 (x, y)에 대한 적합선을 $y = a + bx$라 할 때, 적합선의 계수 b의 부호는 $r_{xy} > 0$이면 $b > 0$이고 $r_{xy} < 0$이면 $b < 0$이다.

예제 20

[예제 19]에 대한 자료의 상관계수를 구하라.

(풀이)

$s_x^2 = 1.238$, $s_y^2 = 3.238$이므로 $s_x \approx 1.113$, $s_y \approx 1.799$이다. 그리고 $s_{xy} = 1.9048$이므로 구하고자 하는 상관계수는 다음과 같다.

$$r_{xy} = \frac{s_{xy}}{s_x s_y} = \frac{1.9048}{1.113 \times 1.799} \approx 0.9513$$

I Can Do 20

[I Can Do 19]에 대한 자료의 상관계수를 구하라.

연습문제

1. 자료 집단 [3, 7, 4, 2, 3, 5, 2, 6]에 대한 평균 $\bar{x}$, 중위수 M_e 그리고 최빈값 M_o를 구하라.

2. 자료 집단 [2, 1, 5, 3, 3, 4, 2, 5, 3, 16]에 대한 평균 $\bar{x}$, 중위수 M_e 그리고 최빈값 M_o, 10%-절사평균 T를 구하라.

3. 미국의 전국대학고용주협회(NACE)에서 마케팅 전공과 회계학 전공 대졸자의 연봉을 표본 조사한 결과, 다음을 얻었다. 물음에 답하라(단, 단위는 1,000 $이다).

마케팅 전공	34.2	45.0	39.5	28.4	37.7	35.8	30.6	35.2	34.2	42.4
회계학 전공	33.5	57.1	49.7	40.2	44.2	45.2	47.8	38.0	53.9	41.1
	41.7	40.8	55.5	43.5	49.1	49.9				

(1) 두 전공의 평균, 중위수를 구하라.
(2) 두 전공의 제1사분위수와 제3사분위를 구하라.
(3) 이 표본으로부터 두 전공 졸업자들의 연봉에 대해 어떤 사실을 알 수 있는가?

4. OECD는 2010년에 인구 1만 명당 평균 1.1명이 교통사고로 사망한다고 발표하였다. 다음은 이를 확인하기 위해 주요 국가의 인구 1만 명당 교통사고 사망자 수를 표본조사한 결과를 표로 나타낸 것이다. 사망자 수에 대한 평균, 중위수 그리고 최빈값을 구하라.

(단위: 명)

국가	한국	영국	독일	미국	프랑스	호주	스웨덴	일본
사망자	2.6	0.7	0.7	1.3	1.0	0.8	0.5	0.7

출처: 경찰청

5. 2013년도 전국 광역시 도별 재정자립도를 나타내는 다음 표에 대하여 평균, 중위수를 구하라.

(단위: %)

지역	서울	부산	대구	인천	광주	대전	울산	세종	경기
자립도	88.8	56.6	51.8	67.3	45.4	57.5	70.7	38.8	71.6
지역	강원	충북	충남	전북	전남	경북	경남	제주	
자립도	26.6	34.2	36.0	25.7	21.7	28.0	41.7	30.6	

출처: 통계청

6. 다음은 지난 10년간 연도별 혼인 건수와 이혼 건수를 조사하여 나타낸 표이다. 물음에 답하라.

연도	2004년	2005년	2006년	2007년	2008년
혼인 건수	308,598	314,304	330,634	343,559	327,715
이혼 건수	138,932	128,035	124,524	124,072	116,535
연도	2009년	2010년	2011년	2012년	2013년
혼인 건수	309,759	326,104	329,087	327,073	322,807
이혼 건수	123,999	116,858	114,284	114,316	115,292

출처: 통계청

(1) 지난 10년간 평균 혼인 건수를 구하라.

(2) 지난 10년간 평균 이혼 건수를 구하라.

(3) 혼인 건수와 이혼 건수의 차에 대한 평균을 구하라.

7. 다음은 2013년의 월별 평균 기온과 강수량을 나타낸 것이다. 물음에 답하라.

구분	01	02	03	04	05	06	07	08	09	10	11	12
평균 기온(℃)	−2.1	0.7	6.6	10.3	17.8	22.6	26.3	27.3	21.2	15.4	7.1	1.5
강수량(mm)	28.5	50.4	59.7	75.5	129.0	101.1	302.4	164.0	120.8	52.9	57.5	21.0

출처: 기상청

(1) 연간 평균 기온과 평균 강수량을 구하라.

(2) 월별 평균 기온과 강수량의 10 %−절사평균을 구하라.

(3) 월별 평균 기온과 강수량의 중위수를 구하라.

8. 특정 시간대에 어느 택배 회사에서 수거한 상자의 무게를 측정한 결과, 다음과 같은 결과를 얻었다. 물음에 답하라.

(단위: kg)

2.3	1.3	1.5	2.4	1.5	1.9	1.1	1.7	1.2	1.6	1.1	2.5	2.2	1.4	1.3
1.5	1.8	2.6	2.3	1.8	2.4	2.3	1.2	1.6	1.9	2.8	2.3	2.6	1.3	1.8

(1) 상자의 무게에 대한 평균, 중위수 그리고 최빈값을 구하라.

(2) 상자의 무게에 대한 사분위수 Q_1과 Q_3을 구하라.

(3) 상자의 무게에 대한 40−백분위수 P_{40}을 구하라.

9. 다음 자료 집단에 대하여 물음에 답하라.

25	28	22	34	26	21	38	21	22	26	30	28	40	28	22	39	35	22	29	38
40	23	39	23	29	35	31	34	33	23	33	36	23	35	27	38	32	32	32	38
38	31	33	39	35	25	31	33	32	22										

(1) 자료 집단에 대한 평균, 중위수 그리고 최빈값을 구하라.

(2) 자료 집단에 대한 사분위수 Q_1과 Q_3을 구하라.

(3) 자료 집단에 대한 30−백분위수 P_{30}을 구하라.

10. 다음은 새로 개발한 신차의 연비를 알기 위하여, 임의로 선정한 50대의 연비를 측정한 결과이다. 물음에 답하라(단, 단위는 km/L이다).

11.1	10.6	10.4	10.5	10.2	12.4	14.6	12.0	6.2	13.7
14.7	14.0	11.2	11.2	10.6	10.2	12.1	12.5	14.4	9.7
12.2	9.8	12.3	12.8	14.9	13.5	14.7	11.5	13.6	11.5
14.5	9.5	13.1	13.1	10.6	10.4	9.6	13.5	12.7	14.3
13.6	14.8	13.2	13.4	11.8	10.3	9.8	13.2	10.9	11.8

(1) 연비에 대한 평균, 중위수 그리고 최빈값을 구하라.

(2) 연비에 대한 5%−절사평균을 구하라.

(3) 연비에 대한 사분위수 Q_1과 Q_3을 구하라.

(4) 연비에 대한 30−백분위수 P_{30}을 구하라.

11. 다음과 같이 줄기−잎 그림으로 주어진 자료에 대하여 물음에 답하라.

줄기	잎
1	0 0 1 4 5 7
2	0 1 1 3 5 5 5 7 8 8
3	1 3 3 5 6 6 6 7 8 8 9 9 9
4	0 1 1 2 2 3 3 3 4 4 5 7 7 7 9
5	3 4 5 6 8 9

(1) 이 자료의 평균, 중위수 그리고 최빈값을 구하라.

(2) 이 자료의 사분위수 Q_1과 Q_3을 구하라.

12. 대학에 입학한 남녀 신입생을 대상으로 주중에 얼마나 공부를 하는지 표본조사한 결과 다음과 같았다. 물음에 답하라.

(단위: 분)

여학생						남학생					
120	120	150	100	210	110	100	120	180	150	120	160
150	180	135	180	100	190	180	150	140	110	100	0
180	150	160	120	160	170	120	140	120	155	180	120
155	120	150	180	120	100	60	100	115	140	120	130
110	180	150	120	170	100	100	180	180	200	100	75

(1) 남녀 신입생의 평균 공부 시간을 구하라.

(2) 남녀 신입생의 공부 시간의 표준편차를 구하라.

(3) 120분에 대한 남녀 신입생의 공부 시간의 z-점수를 구하라.

13. 다음은 30쌍의 신혼부부를 상대로 나이를 조사하여 표로 나타낸 것이다. 물음에 답하라.

(단위: 세)

남자	여자	남자	여자	남자	여자	남자	여자	남자	여자
32	27	30	29	28	25	29	27	29	24
35	32	33	29	27	25	27	27	34	31
30	25	31	27	32	29	34	30	34	31
30	29	35	31	29	30	37	35	38	33
30	25	25	25	35	30	32	27	32	30
40	36	32	29	31	32	35	31	34	31

(1) 남자와 여자의 나이에 대한 평균, 중위수 그리고 최빈값을 구하라.

(2) 남자와 여자 나이의 차에 대한 평균, 중위수 그리고 최빈값을 구하라.

(3) 남자와 여자의 나이에 대한 범위, 평균편차를 구하라.

(4) 남자와 여자의 나이에 대한 표준편차를 구하라.

(5) 남자와 여자의 나이에 대한 z-점수와 z-점수의 점도표를 그려서 비교하라.

(6) 공분산과 상관계수를 구하고, 양의 상관관계인지 음의 상관관계인지 결정하라.

14. 액세서리 판매점을 찾는 손님들이 이 상점에서 풍기는 향기에 반응이 있는지 알아보기 위하여, 처음 일주일은 향기가 없이 상점을 운영하였다. 그리고 다음 일주일은 레몬향이 풍기도록 하였고, 그다음 일주일은 라벤더향이 풍기도록 하였다. 이 상점의 매출을 살펴보니 다음과 같았다.

물음에 답하라.

(단위: 만 원)

무향(x)	13.2	15.5	15.9	17.2	18.5	23.2	14.5	12.6	19.2	13.9
	16.9	15.5	15.5	17.5	21.5	11.5	12.5	13.5	14.8	17.2
	17.5	18.5	13.4	12.0	17.2	15.5	16.3	12.9	21.5	10.5
레몬향(y)	16.9	15.5	17.8	16.5	17.5	23.9	12.7	14.5	16.9	18.7
	15.9	18.5	16.5	16.5	21.5	17.5	15.5	15.6	17.4	18.5
	16.5	18.4	18.5	16.0	15.4	13.7	17.5	15.7	23.5	18.5
라벤더향(z)	16.5	18.6	15.5	19.5	18.5	11.6	25.9	25.9	16.7	15.8
	16.9	19.8	17.8	19.5	21.5	22.5	15.8	19.9	15.6	17.7
	18.5	17.9	22.6	22.0	18.3	16.9	18.8	16.8	28.5	19.5

(1) 각 경우에 대한 평균과 분산을 구하라.

(2) 각 경우의 사분위수를 구하라.

(3) 각 경우에 대한 상자그림을 그리고 판매 금액을 비교하라.

15. 다음은 우리나라 4년제 대학교의 이수단위당 학비를 상자그림으로 나타낸 것이다. 물음에 답하라(단, 단위는 만 원이다).

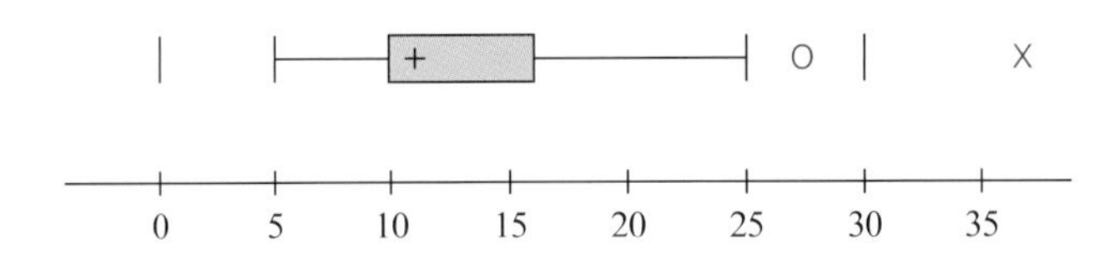

(1) 중위수를 추정하라.

(2) 제1사분위수와 제3사분위수를 추정하라.

(3) 사분위수범위를 구하라.

(4) 과도한 특이점으로 생각되는 학비를 추정하라.

(5) 다른 대학교에 비하여 비싸게 보이는 학비를 추정하라.

(6) 이수단위당 학비의 분포는 양의 비대칭인지 음의 비대칭인지 결정하라.

16. 산모들은 자기 몸의 칼슘이 모유 속에 녹아 신생아에게 전해짐으로 인하여 자신의 골밀도가 약해지는 것을 우려한다. 이것을 알아보기 위하여 6개월 동안 모유를 수유한 44명의 산모와 전혀 모유를 주지 않거나 임신하지 않은 비슷한 연령의 여성 24명을 대상으로 여성의 뼈 속에 있는 무기질 함량의 변화율을 조사하여 다음 결과를 얻었다. 물음에 답하라.

모유 수유한 여성	−4.7	−2.5	−4.9	−2.7	−0.8	−5.3	−8.3	−2.1	−6.8	−4.3	2.2	
	−7.8	−3.1	−1.0	−6.5	−1.8	−5.2	−5.7	−7.0	−2.2	−6.5	−1.0	
	−3.0	−3.6	−5.2	−2.0	−2.1	−5.6	−4.4	−3.3	−4.0	−4.9	−4.7	
	−3.8	−5.9	−2.5	−0.3	−6.2	−6.8	1.7	0.3	−2.4	0.4	−5.1	
그렇지 않은 여성	2.9	1.5	0.8	−0.5	−0.5	2.3	1.7	1.5	−0.6	1.7	1.1	0.5
	1.9	1.5	−1.6	1.5	−1.2	1.7	−0.5	1.6	1.4	1.8	−2.2	0.4

(1) 평균을 구하여 모유를 수유한 여성들의 골밀도 손실이 뚜렷하게 큰 것을 보이라.

(2) 사분위수를 구하고, 상자그림을 그려서 비교하라.

17. 다음은 청소년들이 일주일 동안 인터넷을 사용하는 시간에 대한 도수분포표이다. 이 표를 이용하여 인터넷 사용 시간에 대한 평균과 표준편차를 구하라.

이용 시간(시간)	9.5~18.5	18.5~27.5	27.5~36.5	36.5~45.5	45.5~54.5	54.5~63.5	63.5~72.5
인원수(명)	4	6	13	16	10	0	1

18. 다음 도수분포표를 이용하여 평균과 표준편차를 구하라.

계급	9.5~19.5	19.5~29.5	29.5~39.5	39.5~49.5	49.5~59.5	59.5~69.5
도수	9	6	9	10	2	1

19. 평균 $\bar{x}$와 표준편차 s는 각각 중심위치와 산포를 나타내는 척도이지만, 이것만으로는 자료 집단의 분포 모양을 완전하게 설명하지 못한다. 동일한 평균과 표준편차를 갖는다 하더라도 자료 집단의 분포 모양이 다르게 나타날 수 있다. 이러한 사실을 확인하기 위하여 다음 자료를 살펴보고, 물음에 답하라.

자료 집단 A	9.14	8.14	8.74	8.77	9.26	8.10	6.13	3.10	9.13	7.27	4.74
자료 집단 B	6.58	5.76	7.71	8.84	8.47	7.04	5.25	5.56	7.91	6.89	12.51

(1) 두 자료 집단의 평균과 표준편차를 구하라.

(2) 점도표를 그려서 두 자료집단의 분포 모양을 비교하라.

20. 경영학 과목의 중간시험에 응시한 100명의 점수는 평균 70, 표준편차 5인 것으로 알려졌다. 물음에 답하라.

(1) 얼마나 많은 학생이 60점과 80점 사이에 있는가?

(2) 얼마나 많은 학생이 57점과 83점 사이에 있는가?

21. 다음은 농구선수의 키와 몸무게를 측정한 결과이다. 변동계수를 구하고 비교하라.

키(in)	70	78	67	77	72	78	69	74	68	67	77	73	71	76	79
몸무게 (lb)	185	182	188	179	191	196	189	183	190	201	185	184	179	173	184

22. 다음은 연도별 우리나라 남자와 여자의 평균 수명을 표로 나타낸 것이다. 평균 수명에 대한 공분산과 상관계수를 구하라.

(단위: 세)

연도	2003	2004	2005	2006	2007	2008	2009	2010	2011	2012
남자	73.9	74.5	75.1	75.7	76.1	76.5	77.0	77.2	77.7	78.0
여자	80.8	81.4	81.9	82.4	82.7	83.3	83.8	84.1	84.5	84.6

출처: 통계청

확률

Probability

$\frac{1}{1000000}$의 확률로 나타나는 사과

ⓒ 국립생물자원관 이정현

$\frac{1}{50000}$의 확률로 나타나는 색소 결핍증 청개구리

학습목표

- 경우의 수에서 순열과 조합을 알 수 있다.
- 사건의 의미를 알고, 그에 대한 연산을 할 수 있다.
- 확률의 정의를 알고, 확률을 계산할 수 있다.
- 조건부확률과 베이즈 정리를 이용하여 문제를 해결할 수 있다.

4.1 경우의 수

확률을 계산하는 가장 기본적인 방법은 어떤 사건이 나타날 수 있는 모든 경우의 수를 계산하는 것이다. 예를 들어, 주사위를 던질 때 나올 수 있는 주사위 눈의 수는 1, 2, 3, 4, 5, 6의 6가지 경우가 있다. 특히 서로 다른 n개의 물건에서 $r\,(1 \le r \le n)$개를 택하여 순서대로 나열하는 경우와 순서를 무시하고 나열하는 경우에, 그 경우의 수를 알아볼 필요가 있다. 이 절에서는 이와 같이 서로 다른 n개의 물건에서 r개를 택하여 나열하는 경우의 수에 대해 살펴본다.

4.1.1 순열

A, B, C, D가 적힌 카드 4장 중에서 2장의 카드를 택하여 순서대로 책상 위에 나열할 수 있는 방법을 생각하자. 그러면 [그림 4-1]과 같이 모두 12가지 방법으로 나열할 수 있다.

그리고 4장 중에서 3장의 카드를 택하여 순서대로 책상 위에 나열할 수 있는 방법은 [그림 4-2]와 같이 모두 24가지가 있다.

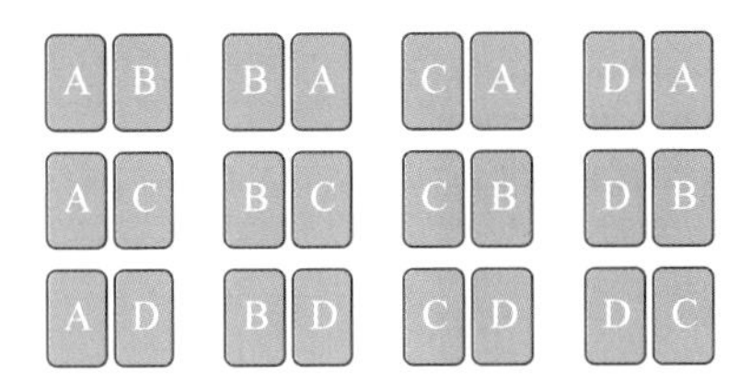

[그림 4-1] 2장의 카드를 순서대로 나열하는 모든 경우

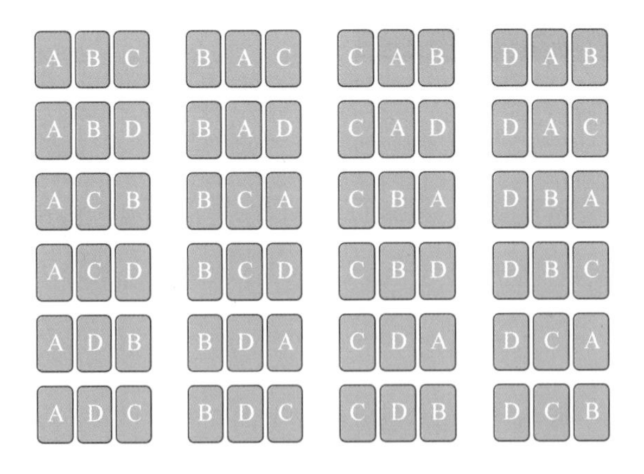

[그림 4-2] 3장의 카드를 순서대로 나열하는 모든 경우

우선 4장의 카드 중에서 2장을 택하여 순서대로 나열하는 방법을 생각하면, [그림 4-3(a)]와 같이 첫 번째 택할 수 있는 카드의 종류는 A, B, C, D로 모두 4가지가 있다. 이들 중에서 카드 A를 책상 위에 놓았다면 손에 들고 있는 카드는 B, C, D뿐이다. 그러므로 두 번째 카드를 택할 수 있는 카드는 B, C, D로 3장뿐이고, 따라서 두 번째 카드를 택하는 방법의 수는 3가지이다. 즉, 4장의 카드 중에서 2장을 택하여 순서대로 나열할 수 있는 방법의 수는 다음과 같다.

❶ 처음에 카드를 선택할 수 있는 방법의 수는 4가지이다.

❷ 두 번째 카드는 처음에 선택한 카드를 제외한 나머지 3장의 카드 중에서 하나를 선택해야 하므로 두 번째 카드를 선택할 수 있는 방법의 수는 $4 - 1 = 3$(가지)이다.

그러므로 4장의 카드 중에서 2장을 택하여 순서대로 나열하는 방법의 수는 모두 $4 \times 3 = 12$(가지)이다.

또한 카드 3장을 택하여 순서대로 나열하는 방법을 생각하면, [그림 4-3(b)]와 같이 첫 번째 택할 수 있는 카드의 종류는 A, B, C, D 등 모두 4가지가 있다. 이들 중에서 카드 A를 책상 위에 놓았다면 손에 들고 있는 카드는 B, C, D뿐이다. 그러므로 두 번째 카드를 택할 수 있는 방법의 수는 3가지이다. 만약 두 번째 카드를 B로 골랐다면, 남은 카드는 C와 D뿐이므로 세 번째 카드를 택할 수 있는 방법은 2가지이다. 그러므로 4장의 카드 중에서 3장을 택하여 순서대로 나열할 수 있는 방법의 수는 다음과 같다.

❶ 처음에 카드를 선택할 수 있는 방법의 수는 4가지이다.

❷ 두 번째 카드는 처음에 선택한 카드를 제외한 나머지 3장의 카드 중에서 하나를 선택해야 하므로 두 번째 카드를 선택할 수 있는 방법의 수는 $4 - 1 = 3$(가지)이다.

❸ ❶, ❷에서 선택한 두 장의 카드를 제외한 나머지 2장의 카드 중에서 1장을 선택한다.

그러므로 4장의 카드 중에서 3장을 택하여 순서대로 나열하는 방법의 수는 모두 $4 \times 3 \times 2 = 24$(가지)이다.

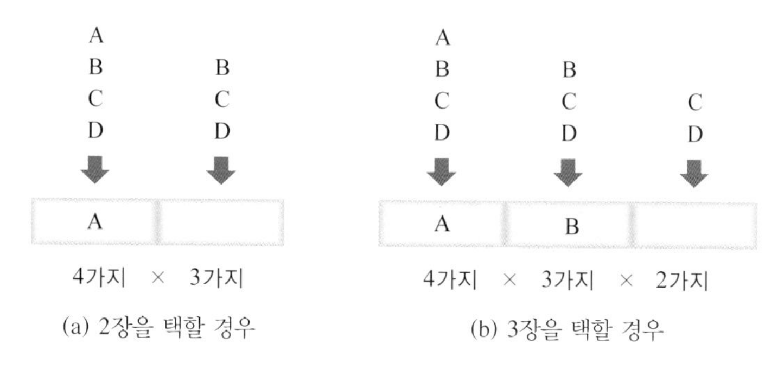

[그림 4-3] 카드를 순서대로 나열하는 경우의 수

1	2	3	$\cdots$	$r-1$	r

$n \times (n-1) \times (n-2) \times \cdots \times (n-r+2) \times (n-r+1)$

[그림 4-4] 서로 다른 n개 중에서 r개를 택하는 순열의 수

동일한 방법으로 서로 다른 n개의 물건에서 $r(1 \le r \le n)$개를 택하여 순서대로 나열하는 경우, 첫 번째 선택할 수 있는 경우의 수는 n가지이고, 두 번째 선택할 수 있는 경우의 수는 첫 번째 선택한 것을 제외한 $(n-1)$가지, 세 번째 선택할 수 있는 경우의 수는 두 번째까지 선택한 것을 제외한 $(n-2)$가지이다. 이와 같은 방법을 반복하면 r번째 선택할 수 있는 경우의 수는 $(r-1)$번 반복하여 선택한 것을 제외한 $(n-r+1)$가지이다. 따라서 서로 다른 n개 중에서 $r(1 \le r \le n)$개를 택하여 순서대로 나열하는 경우의 수는 [그림 4-4]와 같이 $n \times (n-1) \times (n-2) \times \cdots \times (n-r+1)$이고, 이것을 **순열의 수**라 한다.

순열(permutation)은 서로 다른 n개 중에서 r개를 택하여 순서대로 나열하는 것을 의미하며, 순열의 수는 다음과 같다.

$$_nP_r = n \times (n-1) \times (n-2) \times \cdots \times (n-r+1), \quad 1 \le r \le n$$

특히 서로 다른 n개 중에서 n개를 모두 택하여 순서대로 나열하는 경우의 수는 다음과 같다.

$$_nP_n = n \times (n-1) \times (n-2) \times \cdots \times 3 \times 2 \times 1$$

이와 같이 1에서부터 자연수 n까지 모든 자연수를 곱한 것을 n의 **계승**(factorial)이라 하고 $n!$로 나타낸다.

$$_nP_n = n! = n \times (n-1) \times (n-2) \times \cdots \times 3 \times 2 \times 1$$

순열의 수 $_nP_r$은 계승을 이용하여 다음과 같이 표현할 수 있다.

$$\begin{aligned} _nP_r &= n \times (n-1) \times (n-2) \times \cdots \times (n-r+1) \\ &= \frac{n \times (n-1) \times (n-2) \times \cdots \times (n-r+1) \times (n-r) \times 2 \times 1}{(n-r) \times \cdots \times 2 \times 1} \\ &= \frac{n!}{(n-r)!} \end{aligned}$$

이때 $0! = 1$이라 하면 $_nP_0 = \frac{n!}{n!} = 1$이므로 순열의 수를 다음과 같이 정리할 수 있다.

$$ {}_nP_r = \frac{n!}{(n-r)!}, \quad 0 \le r \le n $$

$$ 0! = 1, \quad {}_nP_0 = 1, \quad {}_nP_n = n! $$

예제 1

다음 수를 구하라.

(1) $4!$　　(2) ${}_5P_5$　　(3) ${}_{10}P_3$

풀이

(1) $4! = 4 \times 3 \times 2 \times 1 = 24$　　(2) ${}_5P_5 = 5! = 5 \times 4 \times 3 \times 2 \times 1 = 120$

(3) ${}_{10}P_3 = \frac{10!}{7!} = 10 \times 9 \times 8 = 720$

I Can Do 1

다음 수를 구하라.

(1) $3!$　　(2) ${}_6P_5$　　(3) ${}_5P_3$

4.1.2 조합

이번에는 A, B, C, D가 적힌 카드 4장 중에서 2장의 카드를 택하여 순서를 무시하고 책상 위에 나열할 수 있는 방법을 생각하자. 그러면 순서를 생각하지 않으므로 AB와 BA, BC와 CB 등은 동일한 것으로 생각하므로 순서대로 나열한 [그림 4-1]의 배열에는 동일한 것이 $2! = 2$개씩 있다. 그러므로 서로 다른 카드 4장 중에서 2장의 카드를 택하여 순서를 무시하고 책상 위에 나열할 수 있는 경우의 수는 $\frac{{}_4P_2}{2!} = 6$이다. 그리고 4장 중에서 3장의 카드를 택하여 순서를 무시하고 책상 위에 나열한다면, 다음과 같이 동일한 것이 $3! = 6$개씩 있다.

ABC,　ACB,　BAC,　BCA,　CAB,　CBA

그러므로 서로 다른 카드 4장 중에서 3장의 카드를 택하여 순서를 무시하고 책상 위에 나열할 수 있는 경우의 수는 $\frac{{}_4P_3}{3!} = 4$이다. 같은 방법으로 서로 다른 n개 중에서 $r(1 \le r \le n)$개를 택하여 순서를 무시하고 나열할 수 있는 경우의 수는 $\frac{{}_nP_r}{r!}$이고, 이것을 **조합의 수**라 한다. 이때

$0! = 1$이므로 $\frac{{}_nP_0}{0!} = 1$이다.

조합(combination)은 서로 다른 n개 중에서 r개를 택하여 순서를 무시하고 나열하는 것을 의미하며, 조합의 수는 다음과 같다.

$$_nC_r = \frac{{}_nP_r}{r!} = \frac{n!}{r!(n-r)!},\quad 0 \le r \le n$$

예제 2

다음 수를 구하라.

(1) $_5C_0$　(2) $_5C_5$　(3) $_5C_2$　(4) $_5C_3$

풀이

(1) $_5C_0 = \frac{{}_5P_0}{0!} = \frac{5!}{0!5!} = 1$　(2) $_5C_5 = \frac{{}_5P_5}{5!} = \frac{5!}{5!0!} = 1$

(3) $_5C_2 = \frac{{}_5P_2}{2!} = \frac{5!}{2!3!} = 10$　(4) $_5C_3 = \frac{{}_5P_3}{3!} = \frac{5!}{3!2!} = 10$

I Can Do 2

다음 수를 구하라.

(1) $_4C_1$　(2) $_4C_3$　(3) $_6C_2$　(4) $_6C_3$

예제 3

빨간 공 4개와 파란 공 5개가 들어 있는 주머니에서 공 4개를 꺼낸다고 할 때, 다음을 구하라.

(1) 공의 색상을 무시하고 공 4개를 꺼내는 방법의 수

(2) 빨간 공 2개와 파란 공 2개를 꺼내는 방법의 수

풀이

(1) 전체 9개의 공 중에서 4개의 공을 순서를 무시하고 꺼내는 방법의 수이므로 구하고자 하는 수는 다음과 같다.

$$_9C_4 = \frac{{}_9P_4}{4!} = \frac{9!}{4!5!} = \frac{9\cdot 8\cdot 7\cdot 6}{1\cdot 2\cdot 3\cdot 4} = 126$$

(2) 우선 빨간 공 4개 중에서 2개를 꺼내는 경우의 수는 $_4C_2 = \frac{4!}{2!2!} = 6$이고, 그 각각의 경우에 대하

여 파란 공 5개 중에서 2개를 꺼내는 경우의 수는 ${}_5C_2 = \frac{5!}{2!3!} = 10$이므로 구하고자 하는 방법의 수는 ${}_4C_2 \cdot {}_5C_2 = 6 \cdot 10 = 60$이다.

I Can Do 3

불량품이 2대 포함된 10대의 TV 중에서 3대를 선택한다고 할 때, 다음을 구하라.
(1) 10대의 TV 중에서 3대를 선택하는 방법의 수
(2) 양호한 TV 3대만 모두 선택하는 방법의 수
(3) 양호한 TV 2대와 불량품 1대를 선택하는 방법의 수

특히 조합의 수는 다음과 같은 성질을 갖는다.

- ${}_nC_r = {}_nC_{n-r}, \ 0 \le r \le n$
- ${}_nC_r = {}_{n-1}C_r + {}_{n-1}C_{r-1}, \ 1 \le r \le n-1$
- $r \cdot {}_nC_r = n \cdot {}_{n-1}C_{r-1}, \ 1 \le r \le n$

한편 다항식 $(a+b)^3 = (a+b)(a+b)(a+b)$를 전개한 식 중 a^2b항은 우변에 있는 3개의 인수 $(a+b), (a+b), (a+b)$의 각각에서 a 또는 b 중 어느 하나를 택하되 1개는 b를, 나머지 $(3-1)$개는 a를 택하여 곱한 것이다. 마찬가지로 다항식 $(a+b)^n = \underbrace{(a+b)(a+b)\cdots(a+b)}_{n}$에서 $a^r b^{n-r}$항은 우변에 있는 n개의 인수 중에서 r개의 인수를 택하여 a를 선정하고 나머지 $(n-r)$개의 인수에서 각각 b를 선택하여 곱한 것이다. 그리고 이 경우의 수는 서로 다른 n개 중에서 r개를 선택하는 조합의 수와 같으므로 $a^r b^{n-r}$의 계수는 ${}_nC_r$이다. 따라서 이항정리로 알려진 다음과 같은 $(a+b)^n$에 대한 전개식을 얻는다.

이항정리(binomial theorem)는 두 항의 대수합의 거듭제곱을 전개하는 공식으로서 다음과 같다.

$$(a+b)^n = {}_nC_0 b^n + {}_nC_1 ab^{n-1} + {}_nC_2 a^2 b^{n-2} + \cdots + {}_nC_{n-1} a^{n-1} b + {}_nC_n a^n$$

이때 $0 \le r \le n$에 대해 ${}_nC_r = {}_nC_{n-r}$이므로 $a^r b^{n-r}$와 $a^{n-r} b^r$의 계수는 ${}_nC_r$로서 동일하다. 그리고 $(a+b)^n$에 대한 전개식에서 각 항의 계수 ${}_nC_0, {}_nC_1, \cdots, {}_nC_{n-1}, {}_nC_n$을 **이항계수**(binomial coefficient)라 하고 ${}_nC_r = \binom{n}{r}$로 나타낸다. 즉, $\binom{n}{r} = \frac{n!}{r!(n-r)!}$이다. 이항계수는 확률론을 창

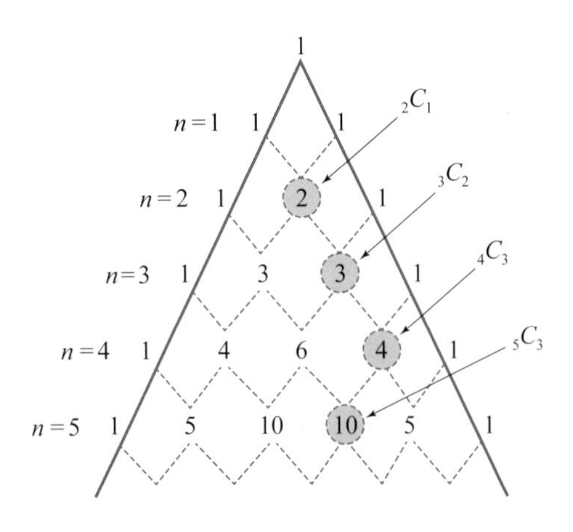

[그림 4-5] **조합의 수와 파스칼의 삼각형**

안한 프랑스의 수학자 파스칼(B. Pascal; 1623~1662)이 만든, [그림 4-5]와 같은 파스칼의 삼각형을 이용하여 쉽게 얻을 수 있다.

특히 $p+q=1$을 만족하는 양수 p와 q에 이항정리를 적용하면 다음 관계식을 얻는다.

$$1=(p+q)^n=\binom{n}{0}q^n+\binom{n}{1}pq^{n-1}+\binom{n}{2}p^2q^{n-2}+\cdots+\binom{n}{n-1}p^{n-1}q+\binom{n}{n}p^n$$
$$=\binom{n}{0}p^n+\binom{n}{1}p^{n-1}q+\binom{n}{2}p^{n-2}q^2+\cdots+\binom{n}{n-1}pq^{n-1}+\binom{n}{n}q^n$$

$$\sum_{r=0}^{n}\binom{n}{r}p^r q^{n-r}=\sum_{r=0}^{n}\binom{n}{r}p^{n-r}q^r=1,\quad p+q=1$$

4.2 사건

대부분의 자료 값은 실험실이나 사회현상에서 측정되거나 자연에서 발생하는 사건을 관찰하여 얻는다. 이때 어떤 통계적 목적 아래서 관찰이나 측정을 얻어내는 일련의 과정을 **통계적 실험**(statistical experiment)이라 한다. 예를 들어, 날마다 온도 기록하기, 동전을 10번 던질 때 나타난 윗면 기록하기 등이 바로 통계적 실험이다. 그리고 이러한 실험을 반복하는 것을 **시행**(trial)이라 한다. 이때 확률을 계산하기 위하여 측정된 온도 또는 기록된 윗면의 모양(그림 또는 숫자)이 나온 횟수와 같은 실험 결과를 이용하여 어떤 사건이 발생할 가능성을 다루게 된다.

이 절에서는 사건의 의미와 여러 가지 종류의 사건에 대해 살펴본다.

4.2.1 표본공간과 사건

동전을 던질 때 나타날 수 있는 모든 경우는 그림과 숫자뿐이고, 주사위를 한 번 던질 때 나오는 모든 눈의 수는 1, 2, 3, 4, 5, 6뿐이다. 이와 같이 어떤 게임을 하거나 실험을 할 때 나타날 수 있는 모든 결과들의 집합을 **표본공간**이라 한다.

표본공간(sample space)은 어떤 통계적 목적을 가지고 실험을 실시할 때, 기록되거나 관찰될 수 있는 모든 결과들의 집합을 의미하며 S로 나타낸다.

동전을 한 번 던지는 실험에 대한 표본공간은 $S=\{$그림, 숫자$\}$이고, 주사위를 한 번 던지는 실험에 대한 표본공간은 $S=\{1, 2, 3, 4, 5, 6\}$이다. 이때 그림, 숫자와 같이 표본공간을 이루는 개개의 실험 결과를 **표본점**이라 한다.

표본점(sample point)은 통계적 실험을 실시할 때 나타날 수 있는 개개의 실험 결과를 의미한다.

예제 4

동전을 두 번 던지는 실험에 대한 표본공간을 구하라.

풀이

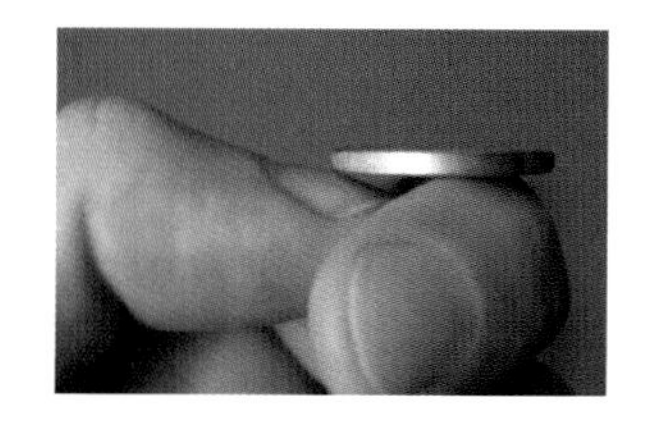

첫 번째 동전을 던진 결과는 그림 또는 숫자이고, 그 각각의 결과에 두 번째 동전을 던진 결과 역시 그림이거나 숫자가 나온다. 따라서 동전을 두 번 던질 때, 나타날 수 있는 표본점은 (그림, 그림), (그림, 숫자), (숫자, 그림) 그리고 (숫자, 숫자)뿐이다. 그러므로 동전을 두 번 던지는 실험에 대한 표본공간은 다음과 같이 두 번 모두 그림이거나 두 번 모두 숫자 또는 그림과 숫자가 각각 한 번씩 나오는 4가지 경우이고 다음과 같다.

$$S=\{(\text{그림, 그림}),\ (\text{그림, 숫자}),\ (\text{숫자, 그림}),\ (\text{숫자, 숫자})\}$$

I Can Do 4

서로 다른 주사위 2개를 던지는 실험에 대한 표본공간을 구하라.

만약 동전을 두 번 던지는 게임에서 그림이 꼭 한 번만 나오는 것에 관심을 둔다면, 관심의 대상이 되는 모든 표본점은 (그림, 숫자) 또는 (숫자, 그림)인 경우이다. 따라서 관심의 대상이 되는 표본점들만의 집합을 생각할 수 있으며, 이 집합을 **사건**이라 한다. 즉, 동전을 두 번 던지는 게임에서 그림이 꼭 한 번만 나오는 사건은 {(그림, 숫자), (숫자, 그림)}이다.

사건(event)은 표본공간의 부분집합으로 어떤 조건을 만족하는 특정한 표본점들의 집합을 의미하며, 보편적으로 대문자 A, B, C 등으로 나타낸다.

특히 사건을 이루고 있는 표본점의 개수에 따라 세 가지 유형으로 구분하여 다음과 같이 **근원사건**, **복합사건** 그리고 **공사건**이라 부른다.

근원사건(elementary event) 또는 단순사건(simple event)은 단 하나의 표본점으로 구성된 사건이다.
복합사건(compound event)은 두 개 이상의 표본점으로 구성된 사건을 의미한다.
공사건(empty event)은 표본점이 하나도 들어 있지 않은 사건이며 $\varnothing$로 나타낸다.

예제 5

[예제 4]의 실험에서 적어도 한 번 그림이 나오는 사건을 구하라.

풀이

꼭 한 번만 그림이 나오는 경우와 두 번 모두 그림이 나오는 표본점으로 구성되므로 구하고자 하는 사건은 {(그림, 그림), (그림, 숫자), (숫자, 그림)}이다.

I Can Do 5

[I Can Do 4]의 실험에서 첫 번째 나온 눈의 수가 짝수인 사건을 구하라.

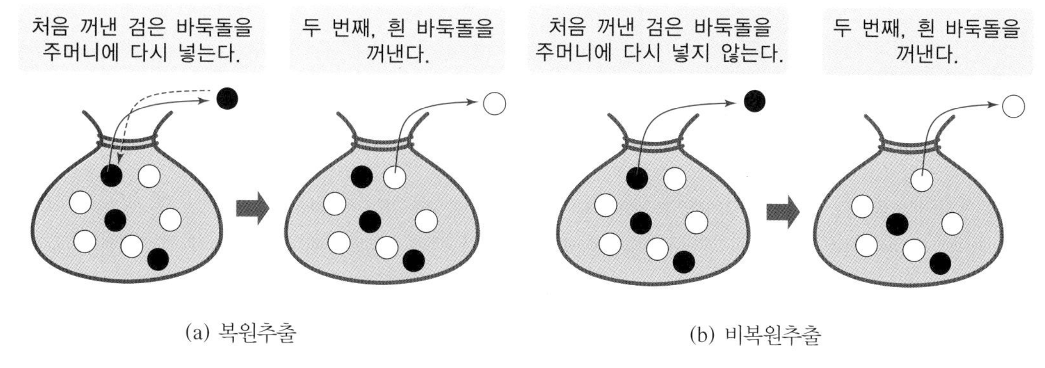

[그림 4-6] **표본점을 추출하는 방법**

한편 표본점을 선택할 때 동일한 표본점이 한 번 이상 반복하여 선택되도록 허용하는 경우와 그렇지 않은 경우를 생각할 수 있다. 예를 들어, 흰 바둑돌 5개와 검은 바둑돌 3개가 들어 있는 주머니에서 처음에 꺼낸 바둑돌이 검은색이라 하자. 이때 이 바둑돌을 다시 주머니에 넣는가 아니면 넣지 않는가에 따라 [그림 4-6]과 같이 두 번째 바둑돌을 꺼내기 위한 표본공간이 달라진다. 처음에 꺼낸 검은 바둑돌을 주머니 안에 다시 넣는다면 두 번째 바둑돌을 꺼낼 때, 처음에 꺼냈던 바둑돌이 다시 선택되는 것이 허용된다. 이와 같은 방법에 의해 표본점을 선택하는 추출 방법을 **복원추출**이라 하고, 그렇지 않은 추출 방법을 **비복원추출**이라 한다.

복원추출(replacement)은 표본공간에서 표본점을 선택할 때, 동일한 표본점이 한 번 이상 반복하여 선택되도록 허용하는 추출 방법이고, 그렇지 않은 추출 방법은 비복원 추출(without replacement)이라 한다.

예제 6

1에서 5까지의 숫자가 적힌 공이 들어 있는 주머니에서 차례대로 2개의 공을 꺼낸다고 할 때, 물음에 답하라.

(1) 비복원추출에 의해 공을 꺼내는 경우의 표본공간을 구하라.

(2) 복원추출에 의해 공을 꺼내는 경우의 표본공간을 구하라.

〔풀이〕

(1) 처음에 꺼낸 공을 다시 주머니에 넣지 않고 두 번째 공을 꺼내므로, 처음에 숫자 1이 적힌 공이 나왔다면 두 번째 공은 1이 적힌 공을 제외한 다른 숫자의 공이 나올 수밖에 없다. 같은 방법으로 처음에 나온 공의 번호가 2, 3, 4, 5인 경우에도 두 번째 공은 동일한 숫자가 나올 수 없으므로 표본공간은 다음과 같다.

$$S = \begin{Bmatrix} (1, 2), & (1, 3), & (1, 4), & (1, 5) \\ (2, 1), & (2, 3), & (2, 4), & (2, 5) \\ (3, 1), & (3, 2), & (3, 4), & (3, 5) \\ (4, 1), & (4, 2), & (4, 3), & (4, 5) \\ (5, 1), & (5, 2), & (5, 3), & (5, 4) \end{Bmatrix}$$

(2) 처음에 꺼낸 공을 다시 주머니에 넣고 두 번째 공을 꺼낸다면, 처음에 숫자 1이 적힌 공이 나왔더라도 두 번째 역시 동일한 공이 나올 수 있다. 따라서 이와 같은 방법에 의하여 공 두 개를 꺼내는 경우에 중복을 허용하므로 구하고자 하는 표본공간은 다음과 같다.

$$S = \begin{Bmatrix} (1, 1), & (1, 2), & (1, 3), & (1, 4), & (1, 5) \\ (2, 1), & (2, 2), & (2, 3), & (2, 4), & (2, 5) \\ (3, 1), & (3, 2), & (3, 3), & (3, 4), & (3, 5) \\ (4, 1), & (4, 2), & (4, 3), & (4, 4), & (4, 5) \\ (5, 1), & (5, 2), & (5, 3), & (5, 4), & (5, 5) \end{Bmatrix}$$

I Can Do 6

주머니 안에 빨간 공이 두 개, 파란 공이 두 개 들어 있으며, 동일한 색의 공에는 각각 숫자 1과 2가 적혀 있다. 이 주머니에서 차례대로 공을 2개 꺼낼 때, 물음에 답하라.

(1) 비복원추출에 의해 공을 꺼내는 경우의 표본공간을 구하라.

(2) 복원추출에 의해 공을 꺼내는 경우의 표본공간을 구하라.

4.2.2 사건의 연산

앞에서 표본공간은 통계적 실험을 통하여 얻을 수 있는 모든 실험 결과들의 집합으로 정의하였다. 즉, 표본공간이 전체집합을 이루며 또한 사건은 관심의 대상이 되는 표본점들로 구성되므로 표본공간의 부분집합이고, 이러한 사건은 때때로 여러 사건들에 의하여 얻어지는 경우가 있다. 특히 표본공간 S의 부분집합인 두 사건 A와 B에 대하여, A 또는 B가 나타나는 사건, A와 B가 동시에 나타나는 사건 그리고 사건 A가 전혀 나타나지 않는 사건 등을 다음과 같이 정의한다.

A와 B의 합사건(union of events)은 A 또는 B가 나타나는 사건, 즉 A 또는 B 안에 있는 표본점으로 구성된 사건으로 다음과 같이 정의하고 $A \cup B$로 나타낸다.

$$A \cup B = \{\omega \mid \omega \in A \text{ 또는 } \omega \in B\}$$

A와 B의 곱사건(intersection of events)은 A와 B가 모두 나타나는 사건, 즉 A 안에 있으면서 동시에 B 안에 있는 표본점으로 구성된 사건으로 다음과 같이 정의하고 $A \cap B$로 나타낸다.

$$A \cap B = \{\omega \mid \omega \in A \text{ 그리고 } \omega \in B\}$$

A의 여사건(complementary event)은 A가 나타나지 않는 사건, 즉 A 안에 있지 않은 표본공간 안의 표본점으로 구성된 사건으로 다음과 같이 정의하고 A^c로 나타낸다.

$$A^c = \{\omega \mid \omega \in S \text{ 그리고 } \omega \notin A\}$$

이와 같은 사건을 벤다이어그램으로 그리면 [그림 4-7]과 같다.

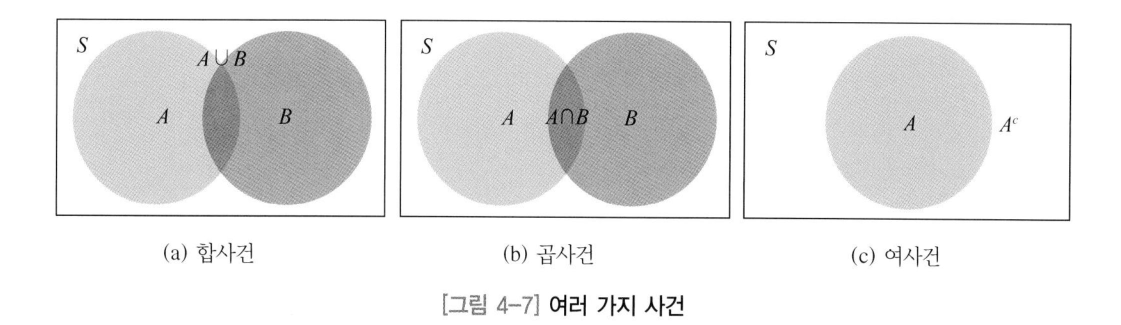

(a) 합사건 (b) 곱사건 (c) 여사건

[그림 4-7] 여러 가지 사건

또한 임의의 세 사건 A, B, C에 대해 다음 성질이 성립한다.

- $A \cup A = A,\ A \cap A = A$
- $A \cup B = B \cup A,\ A \cap B = B \cap A$ (교환법칙)
- $A \cup \varnothing = A,\ A \cap \varnothing = \varnothing$
- $A \cup A^c = S,\ A \cap A^c = \varnothing$
- $A \cup S = S,\ A \cap S = A$
- $A \subset B$이면, $A \cup B = B,\ A \cap B = A$
- $(A \cup B)^c = A^c \cap B^c,\ (A \cap B)^c = A^c \cup B^c$ (드모르간의 법칙)
- $(A \cup B) \cup C = A \cup (B \cup C),\ (A \cap B) \cap C = A \cap (B \cap C)$ (결합법칙)
- $(A \cup B) \cap C = (A \cap C) \cup (B \cap C),\ (A \cap B) \cup C = (A \cup C) \cap (B \cup C)$ (분배법칙)

예제 7

정선 카지노에 있는 룰렛은 매우 대중적인 게임이다. 룰렛 회전판에는 0, 00과 1~36의 숫자가 적혀 있다. 0과 00을 제외한 나머지 숫자에 대하여 2의 배수로 구성된 사건을 A, 3의 배수로 구성된 사건을 B 그리고 일의 자릿수가 4인 사건을 C라 하자. 이때 다음 사건을 구하라(단, 0과 00은 표본점이다).

(1) A^c　　(2) $B \cap C$

(3) $(A \cup B)^c$　　(4) $(A \cup B) \cap C$

풀이

우선 세 사건을 먼저 구하면, 0과 00을 제외하므로 다음과 같다.

$$A = \{2, 4, 6, 8, 10, 12, 14, 16, 18, 20, 22, 24, 26, 28, 30, 32, 34, 36\}$$
$$B = \{3, 6, 9, 12, 15, 18, 21, 24, 27, 30, 33, 36\}$$
$$C = \{4, 14, 24, 34\}$$

(1) A^c은 룰렛 회전판에는 있으나 사건 A 안에 없는 숫자로 이루어진 사건이므로 A^c은 0, 00 그리고 회전판 안의 홀수들로 구성된다. 따라서 다음과 같다.

$$A^c = \{0, 00, 1, 3, 5, 7, 9, 11, 13, 15, 17, 19, 21, 23, 25, 27, 29, 31, 33, 35\}$$

(2) $B \cap C$는 B와 C에 모두 포함되는 숫자이므로 $B \cap C = \{24\}$이다.

(3) $(A \cup B)^c = A^c \cap B^c$이므로 0, 00과 홀수들 중에서 3의 배수가 아닌 숫자들로 구성된 사건이므로 다음과 같다.

$$(A \cup B)^c = \{0, 00, 1, 5, 7, 11, 13, 17, 19, 23, 25, 29, 31, 35\}$$

(4) $A \cap C = C$, $B \cap C = \{24\}$이고 $(A \cup B) \cap C = (A \cap C) \cup (B \cap C)$이므로 구하고자 하는 사건은 다음과 같다.

$$(A \cup B) \cap C = C = \{4, 14, 24, 34\}$$

I Can Do 7

주사위를 두 번 던지는 게임에서 첫 번째 나온 눈의 수가 3인 사건을 A, 두 번째 나온 눈의 수가 3의 배수인 사건을 B 그리고 두 눈의 수의 합이 7인 사건을 C라 할 때, 다음을 구하라.

(1) $A \cup C$　　(2) $B \cap C$

(3) $(A \cup B)^c$　　(4) $(A \cup B) \cap C$

한편 두 사건 A와 B가 공통의 표본점을 갖지 않는 특별한 경우에 두 사건을 서로 **배반**이라 하고, n개의 사건 중에서 어느 두 사건을 택해도 서로 배반이면 **쌍마다 배반사건**이라 한다.

두 사건 A와 B가 공통의 표본점을 갖지 않을 때, 즉 $A \cap B = \varnothing$일 때, 두 사건 A와 B를 배반사건 (mutually exclusive events)이라 한다.
n개의 사건 $A_1, A_2, \cdots, A_n$ 중에서 어느 두 사건을 택해도 서로 배반인 경우, 즉

$$A_i \cap A_j = \varnothing,\ \ i \neq j,\ \ i, j = 1, 2, 3, \cdots, n$$

일 때, $A_1, A_2, \cdots, A_n$을 쌍마다 배반사건(pairwisely mutually exclusive events)이라 한다.

배반사건과 쌍마다 배반사건을 벤다이어그램으로 나타내면 [그림 4-8]과 같다.

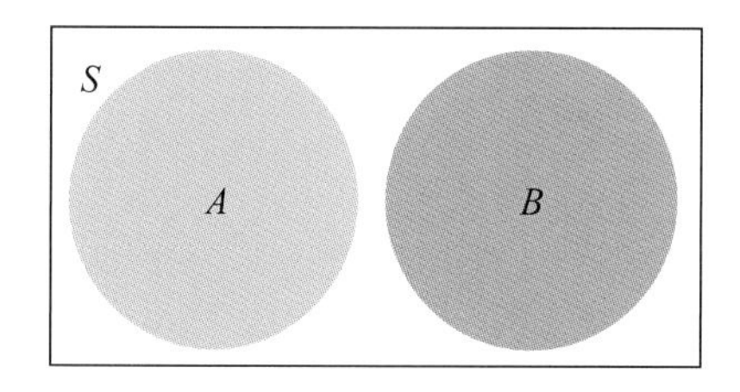

(a) 서로 배반사건

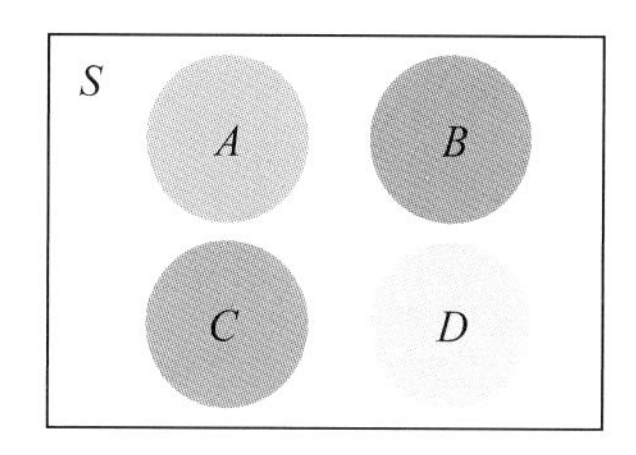

(b) 쌍마다 배반사건

[그림 4-8] **배반사건**

예제 8

동전을 세 번 던지는 게임에서 앞면이 세 번 나오는 사건을 A, 앞면이 두 번 나오는 사건을 B 그리고 앞면이 꼭 한 번 나오는 사건을 C, 앞면이 나오지 않는 사건을 D라 하자. 그러면 이들 네 사건은 쌍마다 배반임을 보이라(이때 그림이 위로 나오면 앞면(head), 숫자가 위로 나오면 뒷면(tail)이라 한다).

풀이

동전을 세 번 던지는 게임에 대한 표본공간은 다음과 같다.

$$S = \{HHH, HHT, HTH, THH, HTT, THT, TTH, TTT\}$$

따라서 네 사건은 각각 다음과 같다.

$$A = \{HHH\}, \quad B = \{HHT, HTH, THH\}, \quad C = \{HTT, THT, TTH\}, \quad D = \{TTT\}$$

어느 두 사건도 공통인 표본점을 갖지 않고 따라서 A, B, C 그리고 D는 쌍마다 배반인 사건이다.

I Can Do 8

한 신혼부부가 세 명의 자녀를 갖고자 한다. 세 명을 낳았을 때 그 자녀가 딸만 셋인 사건을 A, 딸이 둘인 사건을 B 그리고 딸이 하나인 사건을 C, 딸이 없는 사건을 D라 하자. 그러면 이들 네 사건은 쌍마다 배반임을 보이라(단, 첫째 아이, 둘째 아이와 셋째 아이를 구분한다).

4.3 확률

기술통계학은 이미 발생한 사건들에 관한 자료를 수집하고 요약하는 데 중점을 두는 반면에, 통계학의 또 다른 부류인 추측통계학은 미래에 어떤 사건이 발생할 가능성을 계산하는 데 중점을 둔다. 이러한 추측통계학은 모집단으로부터 추출된 표본에서 얻은 정보를 이용하여 모집단의 알려지지 않은 정보를 추론한다. 그러나 이러한 추론에는 불확실성이 항상 존재하므로 추론을 어느 정도로 신뢰할 수 있는지 과학적인 방법으로 산출하는 것은 매우 중요하다. 이때 사용되는 과학적인 도구가 소위 불확실성의 과학이라 불리는 확률론이다. 더욱이 의사결정권자가 어떤 의사결정을 할 때, 확률을 이용한 여러 가지 추론들 중에서 어떤 의사결정이 위험하고 어떤 것이 이익이 되는지 평가한다. 이와 같이 확률은 추측통계학의 기본이 되므로 확률의 개념을 명확하게 이해할 필요가 있다.

4.3.1 확률의 정의

확률은 보통 과학적 근거에 의한 객관적 확률과 개인의 주관에 의한 주관적 확률 그리고 공리적 확률로 구분할 수 있다. 그리고 객관적 확률은 고전적인 확률과 경험적 확률로 구분되며, 사건 A가 일어날 확률을 $P(A)$로 표현한다.

고전적 확률은 표본공간 안에 있는 개개의 표본점들이 나타날 가능성이 거의 동등한 경우에 사용하며, 어떤 사건 A가 일어날 확률을 표본공간 S 안의 표본점의 개수에 대한 사건 A 안의 표본점의 개수의 상대적인 비율로 정의한다.

고전적 확률(classical probability)로서 사건 A가 일어날 확률 $P(A)$는 다음과 같이 정의한다.

$$P(A) = \frac{(\text{사건 } A \text{ 안의 표본점의 개수})}{(\text{표본공간 } S \text{ 안의 표본점의 개수})}$$

예제 9

[예제 7]의 룰렛 게임에 대하여 다음 확률을 구하라.

(1) 한 자리 수를 선택할 확률

(2) 0, 00을 제외한 3의 배수를 선택할 확률

풀이

표본공간은 0, 00 그리고 1~36의 숫자인 38개의 숫자로 구성된다. 한 자리 수로 구성된 사건을 A, 0과 00을 제외한 3의 배수로 구성된 사건을 B라 하면, 두 사건은 각각 다음과 같다.

$$A = \{0, 1, 2, 3, 4, 5, 6, 7, 8, 9\}$$
$$B = \{3, 6, 9, 12, 15, 18, 21, 24, 27, 30, 33, 36\}$$

따라서 사건 A의 표본점의 개수는 10개, 사건 B의 표본점의 개수는 12개이다.

(1) $P(A) = \frac{10}{38} = \frac{5}{19} \approx 0.263$

(2) $P(B) = \frac{12}{38} = \frac{6}{19} \approx 0.316$

I Can Do 9

동전을 세 번 던지는 게임에서 앞면이 두 번 나올 확률을 구하라.

객관적 확률의 두 번째 유형은 경험적 확률 또는 상대도수에 의한 확률이다. 예를 들어, 일기예보에서 내일 비 올 확률이 80%이므로 가급적이면 세차하지 말라고 말하는 경우를 생각할 수 있다. 이때 기상청에서 구름의 흐름 방향에 대한 경험에 의하여 내일 비가 올 것인지, 온다면 그 가능성은 얼마나 되는지를 예보한다. 또는 세 후보가 출마한 선거에서 출구조사를 바탕으로 후보 A의 당선이 유력하다고 방송에서 말한다. 이것은 투표를 마친 유권자를 대상으로 표본조사한 결과, 후보 A에 대한 지지율이 다른 후보들에 비하여 상대적으로 높은 것을 기반으로 당선 가능성을 발표한 것이다. 그리고 가끔 신문 기사에서 사람이 번개에 맞아 죽을 확률은 $\frac{1}{2000000}$, 비행기 사고로 사망할 확률은 $\frac{1}{11000000}$이라든가, 빨간색과 연두색이 반반씩 나온 사과가 생산될 확률이 $\frac{1}{1000000}$이라는 사실을 접하기도 한다. 이와 같은 확률은 모두 경험에 의한 것으로 다음 신문 기사와 같이 탁구공 같은 계란이 나올 확률 역시 경험에 의한 확률이다. 이러한 **경험적 확률**은 관찰될 수 있는 총 도수에 대한 특별한 사건이 관찰되는 도수의 상대적인 비율로 정의된다.

경험적 확률(empirical probability)로서 사건 A가 일어날 확률 $P(A)$는 다음과 같이 정의한다.

$$P(A) = \frac{(\text{사건 } A\text{의 도수})}{(\text{총 관찰 도수})}$$

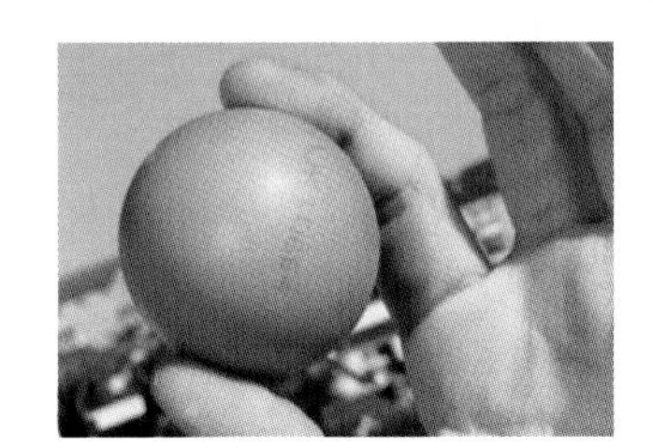

갸름하고 타원형인 얼굴을 가리키는 '계란(달걀)형' 얼굴이라는 묘사가 무색하게 희귀한 '동그란 달걀'이 최근 영국에서 또 발견됐다.
지난 4일 영국 일간지 인디펜던트는 윈치모르 힐(Winchmore Hill)에 거주하는 두 아이의 엄마인 캐시 그린힐(32)이 지난주 자기 아들을 위해 오믈렛 요리를 준비하다가 며칠 전 구입했던 한 판의 달걀 가운데서 이 특이한 달걀을 발견했다고 전했다. 이처럼 둥그런 달걀이 나타날 확률은 10억분의 1로 알려졌다.

(중략)

최근 사례는 지난 2010년 영국 콘월 지역의 한 호텔에서 근무하는 요리사가 발견한 동그란 달걀이다. 당시 이 요리사는 자신이 지난 7~8년 동안 약 10만 개의 달걀을 만졌지만 이 같은 달걀은 처음이라고 밝힌 바 있다. 한편 인디펜던트는 이런 특이한 달걀이 영국에 연이어 두 번 발견된 것은 영국인들이 달걀을 즐겨 먹기 때문이라고 주장했고, 영국 국민은 매년 약 110억 개의 달걀을 먹는 것으로 집계됐다.[1)]

예제 10

다음은 50명의 청소년들이 인터넷을 사용하는 시간에 대한 도수분포표이다. 이 청소년들 중에서 1명을 임의로 선정했을 때, 다음을 구하라.

계급 간격	도수	계급 간격	도수
9.5~18.5	4	45.5~54.5	10
18.5~27.5	6	54.5~63.5	0
27.5~36.5	13	63.5~72.5	1
36.5~45.5	16	합계	50

(1) 이 청소년이 37시간 이상, 45시간 이하로 인터넷을 사용할 확률
(2) 이 청소년이 45시간 이하로 인터넷을 사용할 확률

1) sophis731 (2012. 9. 9.). 英 여성, 10억분의 1 확률 '동그란 달걀' 발견. 뉴시스

《풀이》

상대도수와 누적상대도수를 추가하여 도수분포표를 작성하면 다음과 같다.

계급 간격	도수	상대도수	누적상대도수
9.5~18.5	4	0.08	0.08
18.5~27.5	6	0.12	0.20
27.5~36.5	13	0.26	0.46
36.5~45.5	16	0.32	0.78
45.5~54.5	10	0.20	0.98
54.5~63.5	0	0.00	0.98
63.5~72.5	1	0.02	1.00
합계	50	1.00	

(1) 37시간 이상, 45시간 이하로 인터넷을 사용할 확률은 0.32이다.

(2) 45시간 이하로 인터넷을 사용할 확률은 0.78이다.

I Can Do 10

통계학을 수강하는 학생 40명의 혈액형을 조사한 결과, A형이 11명, B형이 9명, AB형이 6명 그리고 O형이 14명인 것으로 조사되었다. 이때 임의로 1명을 선정할 때, 선정된 학생의 혈액형이 O형일 확률을 구하라.

이와 같은 두 종류의 확률의 개념을 살펴보기 위하여, 동일한 동전을 반복하여 던지는 실험에서 앞면이 나올 확률을 구해 보자. 그러면 고전적 확률의 개념에 의해 앞면이 나오는 사건을 A라 하면, 표본공간은 $S=\{H, T\}$이고 $A=\{H\}$이므로 $P(A)=\frac{1}{2}=0.5$이다. 이것을 확인하기 위하여 실제로 동전을 10번 던진다면, 앞면이 꼭 5번만 나오는 것이 아니라 5번보다 더 적게 나오거나 더 많이 나올 수 있다. 따라서 고전적 확률과 경험적 확률의 개념이 서로 다르게 느껴지고, 어떤 개념을 사용해야 하는지 오히려 혼동이 생길 수 있다. 이제 컴퓨터 시뮬레이션으로 동전 던지기를 반복하여 [표 4-1]을 얻었다고 하자.

[표 4-1]과 [그림 4-9]에서 보듯이 동전을 반복하여 던질수록 앞면이 나올 가능성이 거의 0.5에 가까워지는 것을 알 수 있다. 다시 말해서, 동일한 동전을 무수히 많이 반복하여 던진다면 앞면이 나올 가능성과 뒷면이 나올 가능성이 거의 비슷하게 0.5가 된다.

[표 4-1] 동전 던지기 시뮬레이션 결과

던진 횟수	앞면의 수	던진 횟수에 대한 앞면 수의 비율
10	4	0.4000
50	28	0.5600
100	53	0.5300
500	249	0.4980
1,000	514	0.5140
5,000	2,496	0.4992
10,000	5,017	0.5017
50,000	25,103	0.5021

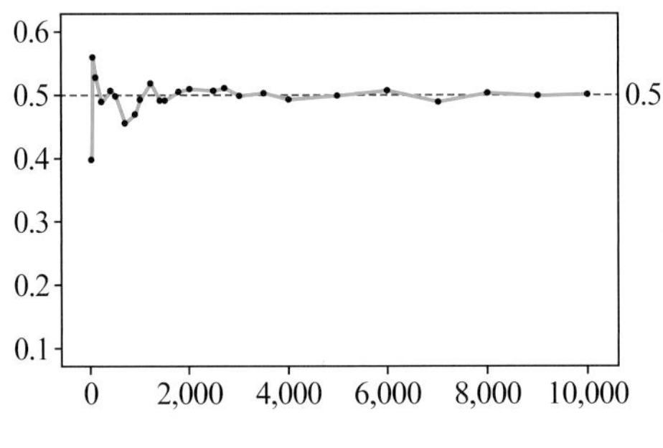

[그림 4-9] 시뮬레이션의 시계열도

이와 같은 현상은 동전 던지기를 무수히 많이 반복할 때, 앞면이 나올 확률은 다음과 같이 표본공간 $S=\{H, T\}$에 대하여 사건 $A=\{H\}$의 표본점의 비율로 볼 수 있음을 설명한다.

$$P(A) = \frac{(\text{사건 } A \text{ 안의 표본점의 개수})}{(\text{표본공간 } S \text{ 안의 표본점의 개수})} = \frac{1}{2}$$

즉, 어떤 사건이 나타날 경험적 확률은 실험을 반복할수록 고전적 확률에 가까워지는 것을 알 수 있으며, 이것을 **대수법칙**이라 한다.

대수법칙(law of large numbers)이란 실험을 반복하면 할수록 어떤 사건이 발생할 경험적 확률은 그 사건에 대한 고전적 확률에 가까워진다는 법칙이다.

그러나 이러한 확률의 개념은 표본공간 안에 있는 표본점의 개수가 유한한 경우에만 적용할 수 있다는 제약이 따른다. 예를 들어, [그림 4-10]과 같은 원판에 다트를 던지는 다트 게임에서 중앙의 작은 원 안에 맞힐 확률을 생각하자. 이때 표본공간은 다트가 꽂힐 수 있는 원판 안의 모든 점이고, 이 점은 셀 수 없이 무수히 많을 뿐만 아니라 중앙의 작은 원에도 무수히 많은 점이 존재한다. 따라서 원판 안의 점의 개수에 대한 작은 원 안의 점의 개수의 비율은 앞에서의 확률 공식으로는 구할 수 없다.

[그림 4-10] **다트 원판**

이러한 의미에서 공리론적인 확률의 개념이 필요하지만, 이러한 확률을 정의하기 위한 조건은 이 책의 범위를 넘어선다. 그러나 **공리론적 확률**의 대부분은 표본공간의 크기에 대한 사건의 크기에 대한 상대적인 비율로 나타난다. 즉, 다트 게임과 같은 경우에 중앙의 작은 원에 다트를 꽂을 확률은 원판 전체의 넓이에 대한 중앙에 있는 원의 넓이의 비율로 정의할 수 있다. 따라서 공리론적 확률은 기하학적인 개념으로 간단히 정의할 수 있다.

공리론적 확률(axiomatic probability)은 사건 A가 일어날 확률 $P(A)$를 다음과 같이 정의한다.

$$P(A) = \frac{(\text{사건 } A\text{에 대한 영역의 크기})}{(\text{표본공간 } S\text{에 대한 영역의 크기})}$$

이때 영역의 크기라 함은 표본공간이 직선인 경우는 길이이고, 평면 또는 공간인 경우에는 각각 넓이와 부피를 의미한다.

예제 11

반지름의 길이가 20 cm인 다트 원판의 중앙에 반지름의 길이가 4 cm인 원이 그려져 있다. 다트를 던져서 중앙에 있는 원 안에 맞힐 확률을 구하라.

풀이

반지름이 r인 원의 넓이는 πr^2이므로 다트 원판의 넓이는 $20^2\pi = 400\pi$이고 중앙에 있는 원의 넓이는 $4^2\pi = 16\pi$이므로 중앙에 있는 원 안에 맞힐 확률은 $\frac{16\pi}{400\pi} = \frac{1}{25} = 0.04$이다.

I Can Do 11

두 남녀가 영화를 보기 위해 정오부터 1시 사이에 영화관 앞에서 만나기로 했고, 누가 먼저 도착하든지 20분 이상 기다리지 않기로 약속했다. 이 남녀가 함께 영화를 볼 확률을 구하라.

한편 확률에 기초한 경험이나 정보가 거의 없다면, 어떤 사건이 나타날 가능성은 사람의 개인적인 직관이나 추측에 의하여 정할 수밖에 없다. 예를 들어, 어떤 환자의 건강에 대하여 의사가 환자에게 일주일 안으로 완전히 회복할 확률이 100%라고 말한다거나 경제 신문 기자가 어느 회사의 노동자들이 계속하여 파업할 확률이 70%라고 말한다면, 의사와 기자는 확률을 객관적이고 과학적인 방법에 의하여 분석하기보다는 개인적인 경험에서 우러난 강한 추측으로 결정한 것이다. 이와 같은 경우의 확률을 **주관적 확률**이라 한다.

주관적 확률(subjective probability)은 어떤 사건이 나타날 가능성을 결정짓는 사람의 개인적인 직관이나 경험에서 우러난 추측이나 추정에 의하여 정해진 확률을 의미한다.

4.3.2 확률의 성질

이제 두 개 이상의 사건이 결합된 사건의 확률을 구하기 위해, 확률에 대한 기본적인 성질을 살펴보자. 우선 공사건의 경우에 표본점이 하나도 없으므로 고전적 확률의 정의에 의하여 0이고 표본공간 전체에 대한 확률은 1이다. $A \subset S$인 임의의 사건 A에 대한 확률은 다음과 같다.

$$P(\varnothing) = 0, \ \ P(S) = 1, \ \ 0 \le P(A) \le 1$$

덧셈 법칙

임의의 두 사건 A와 B가 배반이면 [그림 4-11(a)]와 같이 두 사건은 중복되는 표본점을 갖지 않으므로 $A \cup B$ 안의 표본점의 개수는 각각의 표본점의 개수의 합과 동일하다. 그러나 두 사건 A, B가 배반이 아니라면 적어도 하나의 공통인 표본점을 갖는다. 따라서 $A \cup B$ 안의 표본점의 개수는 각각의 표본점의 개수의 합에서 중복되는 표본점의 개수, 즉 $A \cap B$ 안의 표본점의 개수를 빼야 한다.

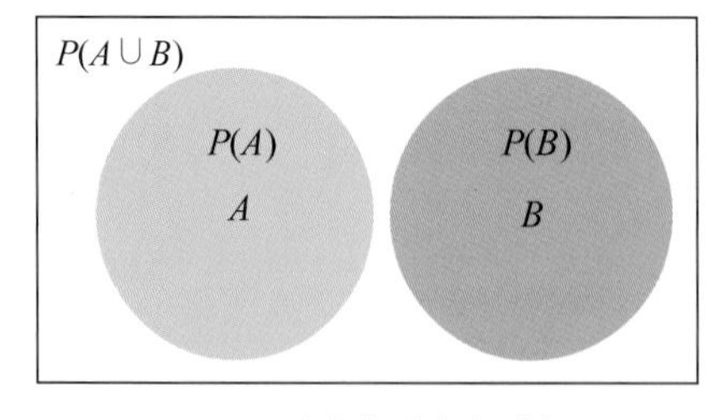

(a) 두 사건이 배반인 경우

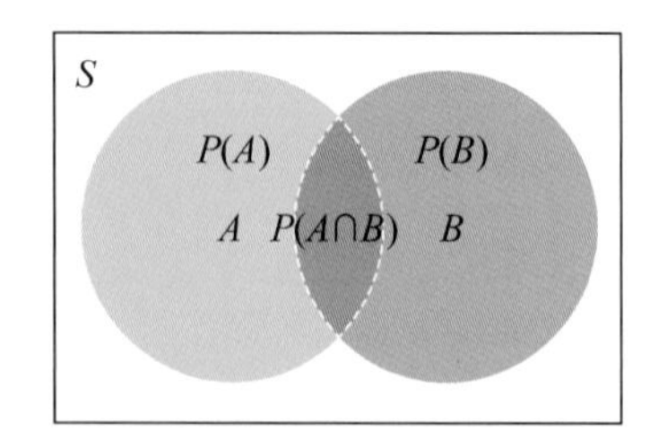

(b) 두 사건이 배반이 아닌 경우

[그림 4-11] **합사건의 확률**

그러므로 두 사건 A와 B가 배반인 경우와 그렇지 않은 경우에 대하여 다음과 같이 합사건의 확률에 대한 **덧셈 법칙**(addition rule)을 얻는다.

- A와 B가 배반인 경우: $P(A \cup B) = P(A) + P(B)$
- A와 B가 배반이 아닌 경우: $P(A \cup B) = P(A) + P(B) - P(A \cap B)$

그리고 덧셈 법칙을 이용하면 임의의 세 사건 A, B 그리고 C의 합사건에 대한 다음 성질을 쉽게 얻을 수 있다.

$$P(A \cup B \cup C) = P(A) + P(B) + P(C) - P(A \cap B) - P(A \cap C) - P(B \cap C) + P(A \cap B \cap C)$$

예제 12

주사위를 두 번 던지는 게임에서 두 번째 나온 눈의 수가 2인 사건을 A, 두 번째 나온 눈의 수가 4인 사건을 B 그리고 두 눈의 합이 8인 사건을 C라 하자. 다음 확률을 구하라.

(1) $P(A \cup B)$　　　(2) $P(A \cup B \cup C)$

풀이

세 사건은 각각 다음과 같다.

$$A = \{(1,\ 2), (2,\ 2), (3,\ 2), (4,\ 2), (5,\ 2), (6,\ 2)\}$$
$$B = \{(1,\ 4), (2,\ 4), (3,\ 4), (4,\ 4), (5,\ 4), (6,\ 4)\}$$
$$C = \{(2,\ 6), (3,\ 5), (4,\ 4), (5,\ 3), (6,\ 2)\}$$

따라서 $P(A) = \frac{1}{6}$, $P(B) = \frac{1}{6}$, $P(C) = \frac{5}{36}$이다.

(1) A와 B는 서로 배반이므로 $P(A \cup B) = P(A) + P(B) = \frac{1}{6} + \frac{1}{6} = \frac{1}{3}$이다.

(2) $A \cap C = \{(6,\ 2)\}$, $B \cap C = \{(4,\ 4)\}$이고 $A \cap B = \varnothing$, $A \cap B \cap C = \varnothing$이므로 다음 확률을 얻는다.

$$P(A \cap C) = \frac{1}{36}, \quad P(B \cap C) = \frac{1}{36}, \quad P(A \cap B) = 0, \quad P(A \cap B \cap C) = 0$$

따라서 구하고자 하는 확률은 다음과 같다.

$$\begin{aligned} P(A \cup B \cup C) &= P(A) + P(B) + P(C) - P(A \cap B) - P(A \cap C) - P(B \cap C) + P(A \cap B \cap C) \\ &= \frac{1}{6} + \frac{1}{6} + \frac{5}{36} - 0 - \frac{1}{36} - \frac{1}{36} + 0 \\ &= \frac{15}{36} = \frac{5}{12} \end{aligned}$$

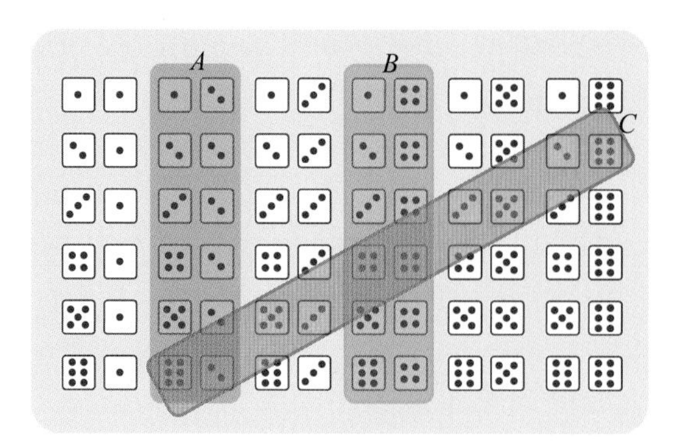

I Can Do 12

52장의 카드에서 임의로 카드 한 장을 꺼낼 때, 이 카드가 그림인 사건을 A, 하트 또는 클로버인 사건을 B 그리고 검은색인 사건을 C라 하자. 다음 확률을 구하라.

(1) $P(A \cup B)$

(2) $P(A \cup B \cup C)$

여사건 법칙

임의의 사건 A는 여사건 A^c와 공통의 표본점을 갖지 않으므로 덧셈 법칙에 의하여 $P(A \cup A^c) = P(A) + P(A^c)$와 같다. 더욱이 [그림 4-12(a)]와 같이 $A \cup A^c = S$이므로 $P(A \cup A^c) = P(S) = 1$이다. 따라서 임의의 사건 A에 대하여 여사건 A^c의 확률은 $P(A^c) = 1 - P(A)$이다. 동일한 방법으로 $A \subset B$이면 [그림 4-12(b)]와 같이 사건 B는 서로 배반인 두 사건 A와 $B - A$로 분할되고, 따라서 $P(B - A) = P(B) - P(A)$이다.

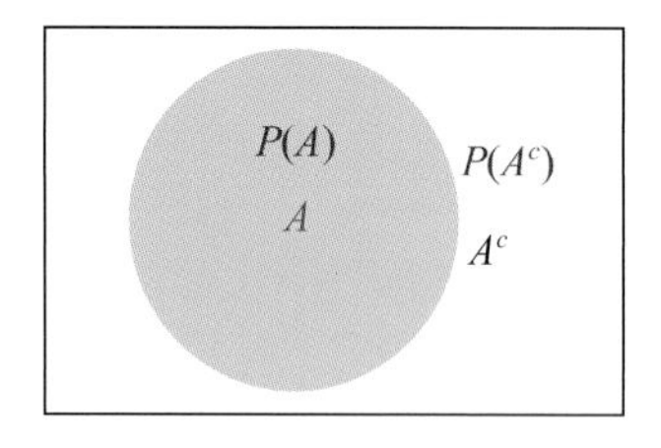

(a) 여사건인 경우

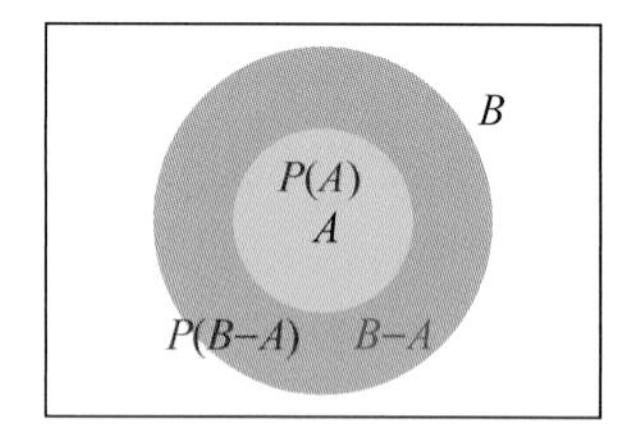

(b) 포함되는 경우

[그림 4-12] 여사건의 확률

- $P(A^c) = 1 - P(A)$
- $A \subset B$이면 $P(B - A) = P(B) - P(A)$

예제 13

어느 학생이 경영학 원론에서 A학점을 받을 가능성이 60 %, 재무관리에서 A학점을 받을 가능성이 75 % 그리고 경영학 원론이나 재무관리에서 A학점을 받을 가능성이 90 %라고 할 때, 물음에 답하라.

(1) 두 과목에서 모두 A학점을 받을 확률을 구하라.

(2) 재무관리에서만 A학점을 받을 확률을 구하라.

풀이

경영학 원론에서 A학점을 받을 사건을 A, 재무관리에서 A학점을 받을 사건을 B라 하자. 그러면 $P(A) = 0.6$, $P(B) = 0.75$이고 $P(A \cup B) = 0.9$이다.

(1) 두 과목에서 모두 A학점을 받는 사건은 $A \cap B$이고, 따라서 구하고자 하는 확률은 다음과 같다.

$$\begin{aligned} P(A \cap B) &= P(A) + P(B) - P(A \cup B) \\ &= 0.6 + 0.75 - 0.9 = 0.45 \end{aligned}$$

(2) 경영학 원론에서 A학점을 받지 못하지만 재무관리에서 A학점을 받을 사건은 $A^c \cap B$이고, 또한 $A^c \cap B = B - (A \cap B)$이므로 구하고자 하는 확률은 다음과 같다.

$$\begin{aligned} P(A^c \cap B) &= P(B) - P(A \cap B) \\ &= 0.75 - 0.45 = 0.3 \end{aligned}$$

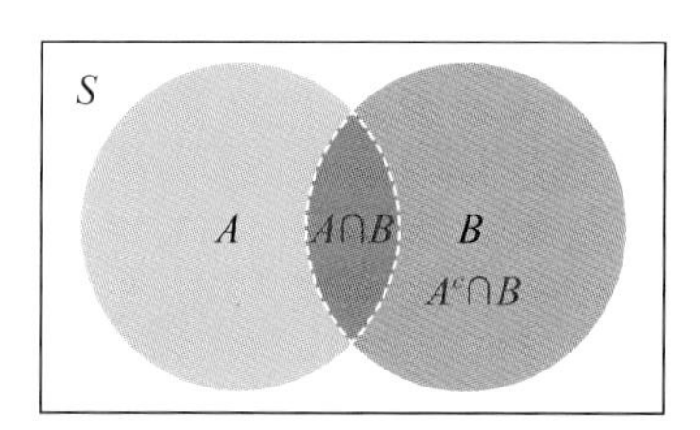

I Can Do 13

주사위를 세 번 던지는 게임에서 세 번 모두 동일한 눈의 수가 나오지 않을 확률을 구하라.

4.4 조건부확률

4.2절에서 설명한 복원추출과 비복원추출을 다시 생각하자. 흰 바둑돌 5개와 검은 바둑돌 3개가 들어 있는 주머니에서 차례대로 두 개를 추출할 때, 주머니 안의 전체 바둑돌은 모두 8개이고 검은 바둑돌이 3개이므로 처음에 꺼낸 바둑돌이 검은색일 확률은 $\frac{3}{8}$이고 흰색일 확률은 $\frac{5}{8}$이다. 이때 복원추출을 한다면 [그림 4-6(a)]와 같이 처음에 꺼냈던 바둑돌을 다시 주머니 안에 넣으므로 두 번째 바둑돌을 꺼낼 주머니 안에는 처음과 동일한 개수의 흰 바둑돌과 검은 바둑돌이 들어 있다. 따라서 복원추출에 의하여 두 번째 바둑돌을 꺼낼 때, 그 바둑돌이 검은색일 확률은 처음과 동일하게 $\frac{3}{8}$이고 흰색일 확률은 $\frac{5}{8}$이다. 그러나 비복원추출을 한다면 [그림 4-6(b)]와 같이 처음에 꺼낸 바둑돌을 주머니 안에 다시 넣지 않는다. 따라서 비복원추출로 처음에 검은 바둑돌이 나왔다면, 두 번째 바둑돌을 꺼낼 주머니 안에는 검은 바둑돌이 2개이고 흰 바둑돌이 5개이다. 그러므로 두 번째 꺼낸 바둑돌이 검은색일 확률은 $\frac{2}{7}$이고 흰색일 확률은 $\frac{5}{7}$가 된다. 그러나 처음에 꺼낸 바둑돌이 흰색이면 두 번째 바둑돌을 꺼내기 위한 주머니 안에는 흰색이 4개이고 검은색이 3개이다. 따라서 두 번째 꺼낸 바둑돌이 검은색일 확률은 $\frac{3}{7}$이고 흰색일 확률은 $\frac{4}{7}$가 된다. 즉, 비복원추출인 경우에 처음에 어떤 바둑돌을 꺼냈느냐에 따라 두 번째 바둑돌이 나올 확률이 달라진다.

이와 같이 0보다 큰 확률을 가지고 어떤 사건 A가 이미 발생했다는 조건 아래서 또 다른 사건 B가 발생하는 경우를 종종 접하게 되며, 먼저 발생한 사건이 나중에 발생할 사건의 확률에 영향을 미치는 경우와 그렇지 않은 경우가 있다. 이 절에서는 이러한 경우의 확률을 정의하고 여러 가지 성질을 살펴본다.

4.4.1 조건부확률의 정의

흔히 사건 B가 일어날 확률이 $P(B)$라 함은 표본공간 전체에 대한 사건 B의 비율을 의미한다. 그러나 때로는 표본공간의 부분집합인 사건 A로 제한하여 사건 A에 대한 사건 B의 비율을 다룰 때가 있다. 즉, 사건 A 안에 있는 사건 B의 부분인 $A \cap B$의 비율을 생각한다. 예를 들어, 어느 캠프에 참가한 참가자 1,000명을 출신 지역별로 조사한 결과, [표 4-2]와 같았다고 하자.

이들 중 한 명을 임의로 선출하여 입소식에서 대표로 선서를 시키고자 한다. 이때 중소도시 출신이 대표로 선출될 확률은 전체 1,000명 중에서 중소도시 출신자가 336명이므로 $\frac{336}{1000} = 0.336$이다. 이 경우에 중소도시 출신자가 선정되는 사건을 B라 하면, 확률 $P(B) = 0.336$은 표본공간

[표 4-2] 출신 지역별로 나눈 캠프 참가자

(단위: 명)

성별 \ 출신지	대도시	중소도시	농어촌	외국	합계
남자	315	207	99	11	632
여자	182	129	53	4	368
합계	497	336	152	15	1,000

을 이루는 전체 참가자 수에 대한 중소도시 출신자의 비율을 의미한다. 그러나 선서할 사람을 남자로 제한한다는 조건이 주어졌다면, 1,000명으로 구성된 표본공간의 부분집합인 632명으로 구성된 남자 집단만을 생각하게 된다. 따라서 남자가 선정되었다는 조건 아래서 중소도시 출신자가 선정되는 사건은 여러 지역 출신의 남자 중에서 중소도시 출신자가 선정되는 것을 의미한다. 즉, 남자가 선정되는 사건을 A라 할 때, 남자가 선정되었다는 조건 아래서 중소도시 출신자가 선정되는 사건은 $A \cap B$를 의미하고, 이 경우의 확률은 [그림 4-13]과 같이 부분표본공간을 이루는 남자의 참가자 수에 대한 중소도시 출신자의 비율인 $\frac{207}{632} = 0.3275$이다. 이와 같이 어떤 사건 A가 발생했다는 조건 아래서 사건 B가 일어날 확률을 **조건부확률**이라 한다.

조건부확률(conditional probability)은 0보다 큰 확률을 가지는 어떤 사건 A가 이미 발생했다는 조건 아래서, 사건 B가 일어날 확률을 의미하고 $P(B \mid A)$로 나타낸다.

이때 남자가 선정될 확률은 $P(A) = \frac{632}{1000}$이고 남자이면서 중소도시 출신자일 사건 $A \cap B$의 확률은 $P(A \cap B) = \frac{207}{1000}$이므로 남자가 선정되었다는 조건 아래서 중소도시 출신자가 선정될 확률은 다음과 같이 표현되는 것을 알 수 있다.

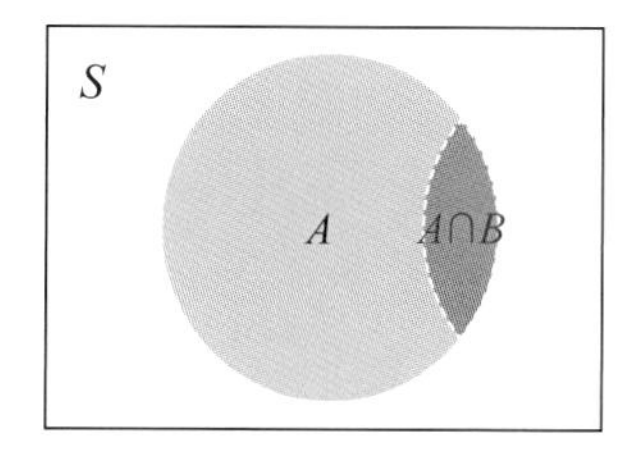

[그림 4-13] 조건부확률의 의미

$$P(B \mid A) = \frac{207}{632} = \frac{\frac{207}{1000}}{\frac{632}{1000}} = \frac{P(A \cap B)}{P(A)}$$

즉, 사건 A가 주어졌다는 조건 아래서, 사건 B가 나타날 확률을 다음과 같이 정의한다.

$$P(B \mid A) = \frac{P(A \cap B)}{P(A)}, \quad P(A) > 0$$

예제 14

다음은 어느 제약 회사의 외판원 450명에 대하여 판매 능력과 승진에 대한 잠재 능력을 세 단계로 분석한 표이다. 물음에 답하라.

판매 능력	승진에 대한 잠재력			합계
	나쁨(F)	좋음(G)	뛰어남(E)	
평균 아래(B)	24	65	14	103
평균(A)	57	147	48	252
평균 위(U)	35	38	22	95
합계	116	250	84	450

(1) $P(E)$를 구하라.

(2) $P(E \cap B)$, $P(E \cap A)$, $P(E \cap U)$를 구하라.

(3) $P(E \mid B)$, $P(E \mid A)$, $P(E \mid U)$를 구하라.

(4) $P(A \cap G)$를 구하라.

(5) $P(A)P(G \mid A)$와 $P(G)P(A \mid G)$를 구하라.

풀이

(1) $P(E) = \frac{84}{450} \approx 0.1867$

(2) $P(E \cap B) = \frac{14}{450} \approx 0.0311$, $P(E \cap A) = \frac{48}{450} \approx 0.1067$, $P(E \cap U) \approx \frac{22}{450} = 0.0489$

(3) $P(E \mid B) = \frac{14}{103} \approx 0.1359$, $P(E \mid A) = \frac{48}{252} \approx 0.1905$, $P(E \mid U) = \frac{22}{95} \approx 0.2316$

(4) $P(A \cap G) = \frac{147}{450} \approx 0.3267$

(5) $P(A) = \frac{252}{450}$, $P(G \mid A) = \frac{147}{252}$이므로 $P(A)P(G \mid A) = \frac{252}{450} \cdot \frac{147}{252} \approx 0.3267$이다.

$P(G) = \frac{250}{450}$, $P(A \mid G) = \frac{147}{250}$이므로 $P(G)P(A \mid G) = \frac{250}{450} \cdot \frac{147}{250} \approx 0.3267$이다.

I Can Do 14

청소년을 대상으로 염색에 대한 성향을 조사하여 다음 표를 얻었다. 물음에 답하라.

성별 \ 성향	하고 싶다.	안 한다.	합계
남자	0.08	0.40	0.48
여자	0.15	0.37	0.52
합계	0.23	0.77	1.00

(1) 청소년 중에서 한 명을 임의로 선정할 때, 이 사람이 염색을 원할 확률을 구하라.

(2) 남자가 선정되었다고 할 때, 이 사람이 염색을 원할 확률을 구하라.

(3) 여자가 선정되었다고 할 때, 이 사람이 염색을 원할 확률을 구하라.

[예제 14]에서 다음 두 가지 사실을 확인할 수 있다.

- $P(E) = P(E \cap B) + P(E \cap A) + P(E \cap U) = 0.1867$
- $P(A \cap G) = P(A)P(G \mid A) = P(G)P(A \mid G) = 0.3267$

첫 번째 사실은 사건 E를 쌍마다 배반인 세 사건 $E \cap B$, $E \cap A$, $E \cap U$로 분할할 수 있으며, 이때 사건 E의 확률은 분할된 세 사건의 확률을 모두 더한 것과 같음을 보여준다. 이는 이후에 학습할 전확률 공식과 관련된다. 또한 두 번째 사실은 사건 A의 확률과 조건부확률 $P(G \mid A)$를 곱하여 $A \cap G$의 확률을 얻거나 G의 확률 $P(G)$과 조건부확률 $P(A \mid G)$를 곱하여 $A \cap G$의 확률을 얻을 수 있음을 보여준다. 이러한 사실은 확률 계산에서 곱의 법칙과 관련된다.

곱의 법칙

조건부확률 $P(B \mid A)$의 정의로부터 두 사건 A와 B의 곱사건 $A \cap B$의 확률은 다음과 같음을 알 수 있으며, 이것을 **곱의 법칙**(multiplication law)이라 한다.

$$P(A \cap B) = P(A)P(B \mid A), \quad P(A) > 0$$

마찬가지로 $P(B)$와 $P(A \mid B)$를 이용하여 $A \cap B$의 확률은 다음과 같이 표현된다.

$$P(A \cap B) = P(B)P(A \mid B), \quad P(B) > 0$$

[예제 14]에서, $P(A \cap G) = P(A)P(G \mid A) = P(G)P(A \mid G)$가 성립하는 것은 곱의 법칙에 의한 것임을 알 수 있다. 이러한 곱의 법칙은 세 개 이상의 사건에도 그대로 적용할 수 있다. 예를 들어, 세 사건 A, B, C에 대해 $P(A \cap B) > 0$이라 하자. 그러면 $A \cap B$가 주어졌다는 조건 아래서 조건부확률 $P(C \mid A \cap B)$는 다음과 같이 정의된다.

$$P(C \mid A \cap B) = \frac{P(A \cap B \cap C)}{P(A \cap B)}$$

따라서 세 사건의 공통 부분 $A \cap B \cap C$의 확률은 다음과 같다.

$$P(A \cap B \cap C) = P(A \cap B)P(C \mid A \cap B)$$

이때 $P(A \cap B) = P(A)P(B \mid A)$를 적용하면 다음과 같은 세 사건에 대한 곱의 법칙을 얻는다.

$$P(A \cap B \cap C) = P(A)P(B \mid A)P(C \mid A \cap B), \quad P(A \cap B) > 0$$

예제 15

52장의 카드에서 다음과 같은 방법으로 차례로 카드 4장을 꺼낸다고 하자. 이때 4장의 카드가 모두 킹일 확률을 구하라.

(1) 비복원추출에 의해 카드를 뽑는 경우

(2) 복원추출에 의해 카드를 뽑는 경우

풀이

(1) 차례대로 꺼낸 카드가 킹인 사건을 각각 A, B, C, D라 하자. 그러면 $P(A) = \frac{4}{52}$이다. 비복원추출이므로 처음에 킹 카드가 나왔다면, 그 조건 아래서 전체 카드의 수는 51장이고 킹 카드는 3장뿐이다. 따라서 처음에 킹 카드가 나왔다는 조건 아래서 두 번째 킹 카드가 나올 확률은 $P(B \mid A) = \frac{3}{51}$이다. 처음 두 번 연속하여 킹 카드가 나왔을 때, 즉 $A \cap B$이면, 전체 카드는 50장, 킹 카드는 2장이

다. 따라서 세 번째 뽑은 카드가 킹일 확률은 $P(C \mid A \cap B) = \frac{2}{50}$이다. 마지막으로 킹 카드가 연속으로 세 번 나왔을 때, 즉 $A \cap B \cap C$ 아래 네 번째 킹 카드가 나올 확률은 $P(D \mid A \cap B \cap C) = \frac{1}{49}$이다. 따라서 네 번 연속해서 킹 카드가 나올 확률은 다음과 같다.

$$\begin{aligned} P(A \cap B \cap C \cap D) &= P(A)P(B \mid A)P(C \mid A \cap B)P(D \mid A \cap B \cap C) \\ &= \frac{4}{52} \cdot \frac{3}{51} \cdot \frac{2}{50} \cdot \frac{1}{49} = \frac{1}{270725} \\ &\approx 3.694 \times 10^{-6} \end{aligned}$$

(2) 복원추출하는 경우에는 뽑은 카드를 다시 넣으므로 두 번째 카드를 뽑을 때도 주머니 안에는 4장의 킹 카드가 들어 있다. 따라서 처음에 꺼낸 카드가 킹이라 할 때, 두 번째 꺼낸 카드가 킹일 확률은 $P(B \mid A) = \frac{4}{52}$이다. 역시 세 번째와 네 번째 꺼낸 카드가 킹일 확률도 동일하게 $P(C \mid A \cap B) = \frac{4}{52}$, $P(D \mid A \cap B \cap C) = \frac{4}{52}$이다. 그러므로 네 번 연속해서 킹 카드가 나올 확률은 다음과 같다.

$$\begin{aligned} P(A \cap B \cap C \cap D) &= P(A)P(B \mid A)P(C \mid A \cap B)P(D \mid A \cap B \cap C) \\ &= \frac{4}{52} \cdot \frac{4}{52} \cdot \frac{4}{52} \cdot \frac{4}{52} = \frac{1}{28561} \\ &\approx 0.000035 \end{aligned}$$

I Can Do 15

흰 바둑돌 5개와 검은 바둑돌 3개가 들어 있는 주머니에서 다음과 같이 두 개를 추출할 때, 검은 바둑돌과 흰 바둑돌이 차례대로 나올 확률을 구하라.

(1) 비복원추출에 의해 카드를 뽑는 경우

(2) 복원추출에 의해 카드를 뽑는 경우

한편 이와 같은 곱의 법칙에 대한 확률을 구하기 위하여 수형도를 그리면 쉽게 계산할 수 있다. 처음에 킹 카드가 나오는 사건을 A, 두 번째 킹 카드가 나오는 사건을 B 그리고 세 번째와 네 번째 킹 카드가 나오는 사건을 각각 C와 D라 하면, 연속적으로 킹 카드가 나올 확률 $P(A \cap B \cap C \cap D)$는 [그림 4-14]와 같은 수형도를 그려서 쉽게 얻을 수 있다.

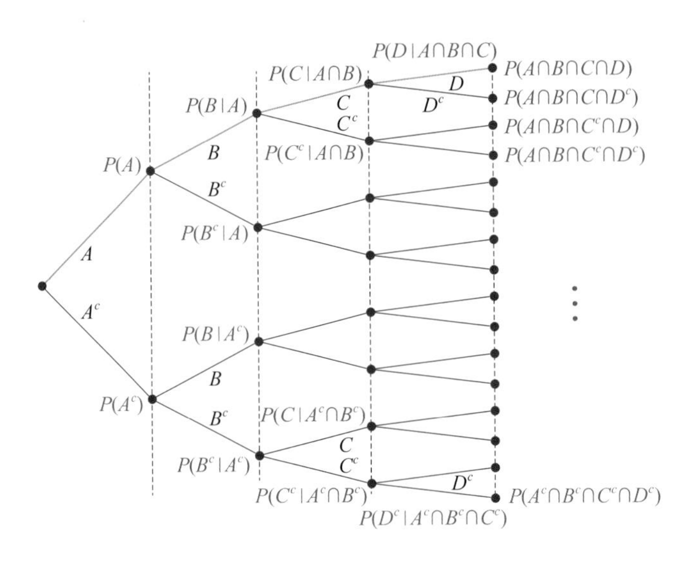

[그림 4-14] **곱의 법칙과 수형도**

4.4.2 독립사건과 종속사건

[예제 15]의 시행을 다시 생각해 보자. 우선 비복원추출에 의해 카드를 뽑을 때, 처음에 킹 카드가 나왔다는 조건 아래서 두 번째에 킹 카드가 나올 확률은 $P(B\,|\,A)=\dfrac{3}{51}$이고 처음에 킹이 아닌 다른 카드가 나왔다는 조건 아래서 두 번째에 킹 카드가 나올 확률은 $P(B\,|\,A^c)=\dfrac{4}{51}$이다. 따라서 처음에 킹 카드가 나왔는지 아니면 다른 카드가 나왔는지에 따라 두 번째에 킹 카드가 나올 확률이 달라진다. 다시 말해서, 처음에 사건 A가 일어났는지에 따라 다음 사건 B가 일어날 조건부확률이 달라진다. 그러나 복원추출을 하는 경우에는 처음에 꺼낸 카드를 다시 주머니 안에 넣음으로 인하여 처음에 킹 카드가 나왔든지 다른 카드가 나왔든지 두 번째에 킹 카드가 나올 확률은 동일하다. 이와 같이 먼저 발생한 사건 A에 관계없이 두 번째에 사건 B가 나타날 확률이 동일하다면, 사건 A의 발생 여부가 사건 B의 발생 가능성에 영향을 미치지 못한다. 이러한 두 사건 A와 B를 **독립**이라 하고, 비복원추출과 같이 사건 A의 발생 여부가 B의 발생 가능성에 영향을 미치는 경우에 두 사건을 **종속**이라 한다.

어떤 사건 A의 발생 여부가 다른 사건 B가 나타날 확률에 아무런 영향을 미치지 않을 때 두 사건 A와 B는 독립(independent)이라 하고, 독립이 아닌 두 사건을 종속(dependent)이라 한다.

두 사건 A와 B가 독립이면 사건 A가 일어났다는 조건이 사건 B가 일어날 확률에 아무런 영향을 미치지 못하므로 $P(B) = P(B \mid A)$이고, 따라서 다음과 같이 두 사건 A와 B가 독립일 필요충분조건을 얻는다.

$$\text{사건 } A\text{와 사건 } B\text{가 독립이다.} \Leftrightarrow P(B \mid A) = P(B),\ \ P(A) > 0$$

물론 두 사건 A와 B가 종속이면 다음이 성립한다.

$$\text{사건 } A\text{와 사건 } B\text{가 종속이다.} \Leftrightarrow P(B \mid A) \neq P(B),\ \ P(A) > 0$$

한편 곱의 법칙에 의하여 $P(A \cap B) = P(A)\,P(B \mid A)$이고 두 사건 A와 B가 독립일 필요충분조건이 $P(B \mid A) = P(B)$이므로 독립인 두 사건에 대한 다음 곱의 법칙을 얻는다.

$$\text{사건 } A\text{와 사건 } B\text{가 독립이다.} \Leftrightarrow P(A \cap B) = P(A)\,P(B)$$

예제 16

주사위를 두 번 반복하여 던지는 실험에서 첫 번째 나온 눈의 수가 2인 사건을 A 그리고 두 번째 나온 눈의 수가 2인 사건을 B라 할 때, A와 B가 독립인지 종속인지 결정하라.

풀이

주사위를 두 번 던질 때, 처음에 2의 눈이 나온 사건 A와 두 번째에 2의 눈이 나온 사건 B는 각각 다음과 같다.

$$A = \{(2,\ 1),\ (2,\ 2),\ (2,\ 3),\ (2,\ 4),\ (2,\ 5),\ (2,\ 6)\}$$
$$B = \{(1,\ 2),\ (2,\ 2),\ (3,\ 2),\ (4,\ 2),\ (5,\ 2),\ (6,\ 2)\}$$

그리고 $A \cap B = \{(2,\ 2)\}$이므로 $P(A) = \frac{1}{6}$, $P(B) = \frac{1}{6}$, $P(A \cap B) = \frac{1}{36}$이고 따라서 다음이 성립한다.

$$P(A \cap B) = P(A)P(B) = \frac{1}{36}$$

즉, 두 사건 A와 B는 독립이다.

I Can Do 16

주사위를 두 번 반복하여 던지는 실험에서 두 눈의 합이 7인 사건을 A 그리고 두 눈의 차가 1인 사건을 B라 할 때, A와 B가 독립인지 종속인지 결정하라.

특히 사건 A와 사건 B가 독립이면 A^c와 B, A와 B^c 그리고 A^c와 B^c도 역시 독립이고 역도 성립한다. 그러므로 사건 A와 사건 B가 독립이면 다음이 성립한다.

$$\text{사건 } A\text{와 사건 } B\text{가 독립이다.} \Leftrightarrow P(A^c \cap B) = P(A^c)P(B)$$
$$\Leftrightarrow P(A \cap B^c) = P(A)P(B^c)$$
$$\Leftrightarrow P(A^c \cap B^c) = P(A^c)P(B^c)$$

예제 17

신혼부부가 결혼한 이후 30년까지 생존할 확률은 남편이 0.25이고 아내는 0.3이라 한다. 물음에 답하라(단, 남편과 아내의 생존 여부는 독립이다).

(1) 두 사람 모두 30년까지 생존할 확률을 구하라.

(2) 두 사람 중 어느 한 사람만 30년까지 생존할 확률을 구하라.

풀이

남편과 아내의 생존 여부는 독립이고 남편이 30년까지 생존하는 사건을 A, 아내가 30년까지 생존하는 사건을 B라 하면, $P(A) = 0.25$, $P(A^c) = 0.75$, $P(B) = 0.3$, $P(B^c) = 0.7$이다.

(1) 두 사람 모두 30년까지 생존하는 사건은 $A \cap B$이고, 사건 A와 사건 B는 독립이므로 따라서 구하고자 하는 확률은 다음과 같다.

$$P(A \cap B) = P(A)P(B) = 0.25 \times 0.3 = 0.075$$

(2) 두 사람 중 어느 한 사람만 생존하는 경우는 남편이 사망하고 아내가 생존하는 경우와 남편이 생존하고 아내가 사망하는 경우이고, 이 두 사건은 서로 배반이다. 또한 A^c와 B, A와 B^c는 서로 독립이므로 구하고자 하는 확률은 다음과 같다.

$$\begin{aligned} P[(A^c \cap B) \cup (A \cap B^c)] &= P(A^c \cap B) + P(A \cap B^c) \\ &= P(A^c)P(B) + P(A)P(B^c) \\ &= 0.75 \times 0.3 + 0.25 \times 0.7 \\ &= 0.4 \end{aligned}$$

I Can Do 17

어떤 프로그래머는 컴퓨터로 작업한 파일을 습관적으로 데스크톱과 USB에 저장하는데, 이때 데스크톱에 저장한 파일이 훼손될 확률은 1.5 %, USB에 저장한 파일이 훼손될 확률은 2.7 %라고 한다. 두 방법으로 저장하는 사건은 서로 독립이라 할 때, 물음에 답하라.

(1) 두 저장 장치에 저장한 파일이 모두 훼손될 확률을 구하라.

(2) USB에 저장한 파일만 훼손될 확률을 구하라.

(3) 적어도 어느 한 파일이 훼손될 확률을 구하라.

더욱이 세 개 이상의 사건 A, B 그리고 C에 대하여 다음이 성립하면, 이들 세 사건은 독립이라 한다.

$$P(A \cap B \cap C) = P(A)\,P(B)\,P(C)$$

예제 18

대학수학능력시험을 치른 학생 A, B, C가 원하는 대학에 합격할 확률은 각각 0.9, 0.85, 0.80이라 한다. 물음에 답하라.

(1) 세 사람 모두 합격할 확률을 구하라.

(2) 세 사람 중 적어도 한 사람이 합격할 확률을 구하라.

풀이

(1) 세 사람의 합격 여부는 독립이고 $P(A) = 0.9$, $P(B) = 0.85$, $P(C) = 0.8$이다. 따라서 세 사람 모두 합격할 확률은 다음과 같다.

$$P(A \cap B \cap C) = P(A)P(B)P(C) = 0.9 \times 0.85 \times 0.8 = 0.612$$

(2)

$$\begin{aligned} P(A \cap B) &= P(A)P(B) = 0.9 \times 0.85 = 0.765 \\ P(B \cap C) &= P(B)P(C) = 0.85 \times 0.8 = 0.68 \\ P(C \cap A) &= P(C)P(A) = 0.8 \times 0.9 = 0.72 \end{aligned}$$

이고 $P(A \cap B \cap C) = 0.612$이므로 구하고자 하는 확률은 다음과 같다.

$$\begin{aligned} P(A \cup B \cup C) &= P(A) + P(B) + P(C) - P(A \cap B) - P(A \cap C) - P(B \cap C) + P(A \cap B \cap C) \\ &= 0.9 + 0.85 + 0.8 - 0.765 - 0.68 - 0.72 + 0.612 \\ &= 0.997 \end{aligned}$$

I Can Do 18

사격 동호회의 회원 A, B, C가 날아가는 클레이 표적을 맞힐 확률은 각각 0.6, 0.9, 0.7이라고 한다. 물음에 답하라.

(1) 세 사람 모두 표적을 맞힐 확률을 구하라.

(2) 세 사람 중 적어도 한 사람이 표적을 맞힐 확률을 구하라.

(3) 세 사람 모두 표적을 맞히지 못할 확률을 구하라.

4.4.3 전확률 공식과 베이즈 정리

전확률 공식

[예제 14]에서, 사건 E를 쌍마다 배반이 세 사건 $E \cap B$, $E \cap A$, $E \cap U$로 분할할 수 있으며, 이때 사건 E의 확률은 분할된 세 사건의 확률을 모두 더한 것과 같음을 살펴보았다. 이러한 사실을 살펴보기 위하여 $P(A_i) > 0$, $i = 1, 2, 3$인 세 사건 A_1, A_2, A_3이 쌍마다 배반이고 합사건이 표본공간 S와 같다고 하자. 이때 임의의 사건을 B라 하면, [그림 4-15]와 같이 사건 B를 쌍마다 배반인 세 사건 $B \cap A_1$, $B \cap A_2$, $B \cap A_3$으로 분할할 수 있다. 따라서 사건 B의 확률은 다음과 같이 분할된 세 사건의 확률을 합한 것과 같다.

$$P(B) = P(B \cap A_1) + P(B \cap A_2) + P(B \cap A_3)$$

이때 곱의 법칙을 분할된 사건들에 적용하면 각각 다음과 같다.

$$P(B \cap A_i) = P(A_i)P(B \mid A_i), \quad i = 1, 2, 3$$

그러면 사건 B의 확률을 다음과 같이 나타낼 수 있다.

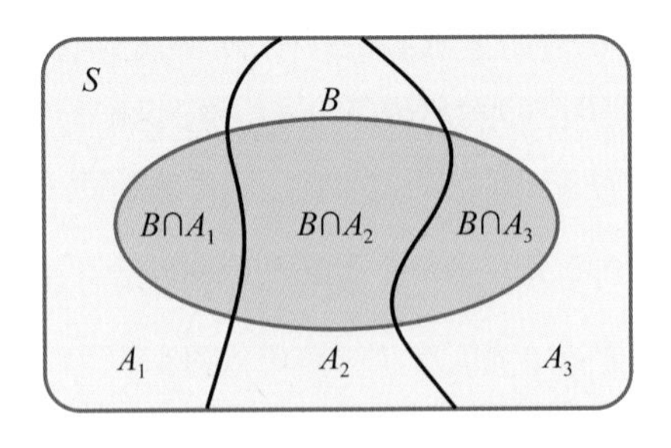

[그림 4-15] 사건 B의 분할

$$P(B) = P(A_1)P(B|A_1) + P(A_2)P(B|A_2) + P(A_3)P(B|A_3)$$

일반적으로 $A_1, A_2, \cdots, A_n$을 $P(A_i) > 0$ $(i = 1, 2, \cdots, n)$인 표본공간의 분할이라 하면, 임의의 사건 B의 확률은 다음과 같으며, 이것을 **전확률 공식**(formula of total probability)이라 한다.

$$P(B) = \sum_{i=1}^{n} P(A_i)P(B|A_i)$$

예제 19

생명보험증권 구매자에게 요구되는 질문 중 하나는 '구매자가 흡연을 하는가?'라는 것이다. 그리고 보험회사는 전체 인구의 30 %가 흡연을 한다는 것을 알고 있으며, 이 비율을 보험 구매자에게 적용한다. 또한 보험회사는 보험 구매자의 정직성에서 흡연가의 40 %가 지원서에 비흡연가로 작성하며, 비흡연가인 구매자는 그 누구도 지원서에 거짓으로 작성하지 않는다는 것을 알고 있다. 구매자가 지원서에 비흡연가로 작성할 확률을 구하라.

풀이

지원서에 비흡연가로 작성하는 사건을 A 그리고 실제로 흡연가인 사건을 B라 하면, $P(B) = 0.3$, $P(B^c) = 0.7$이다. 또한 비흡연가는 실제로 지원서에 비흡연가로 작성하므로 $P(A|B^c) = 1.0$이고, 흡연가인 지원자가 비흡연가로 작성할 확률은 $P(A|B) = 0.4$이므로 구하고자 하는 확률은 다음과 같다.

$$\begin{aligned} P(A) &= P(B)P(A|B) + P(B^c)P(A|B^c) \\ &= 0.3 \times 0.4 + 0.7 \times 1.0 = 0.82 \end{aligned}$$

I Can Do 19

어떤 보험회사의 생명보험 가입자 가운데 10 %는 흡연가이고, 나머지는 비흡연가이다. 그리고 비흡연가가 올해 안에 사망할 확률은 1 %이고, 흡연가가 올해 안에 사망할 확률은 5 %라고 할 때, 보험 가입자가 올해 안에 사망할 확률을 구하라.

베이즈 정리

$P(A_i) > 0$ $(i = 1, 2, \cdots, n)$인 표본공간의 분할 사건 $A_1, A_2, \cdots, A_n$이 사전에 주어졌다고 하자. 그리고 $P(B) > 0$인 사건 B를 얻었다고 하자. 그러면 사건 B가 발생했을 때, 이 사건이 사

전에 주어진 사건 A_i에서 나왔을 확률, 즉 $P(A_i \mid B)$를 구하고자 한다. 우선 조건부확률의 정의에 의하여 다음이 성립한다.

$$P(A_i \mid B) = \frac{P(A_i \cap B)}{P(B)}$$

이제 분모의 확률 $P(B)$에 이미 주어진 분할 사건의 확률을 이용하여 다음과 같이 표현할 수 있다.

$$P(B) = \sum_{i=1}^{n} P(A_i) P(B \mid A_i)$$

따라서 사건 B가 주어졌다고 할 때, 이 사건이 사전에 주어진 사건 A_i에서 나왔을 확률 $P(A_i \mid B)$는 다음과 같이 **베이즈 정리**(Bayes' theorem)를 이용하여 구할 수 있다.

$$P(A_i \mid B) = \frac{P(A_i) P(B \mid A_i)}{\sum_{j=1}^{n} P(A_j) P(B \mid A_j)}$$

이때 각 사건의 확률 $P(A_i)$를 **사전확률**(prior probability) 그리고 $P(A_i \mid B)$는 **사후확률**(posterior probability)이라 한다. 그러면 베이즈 정리는 사전확률들 $P(A_i)$가 미미한 정보에 기초하여 추측되는 경우에 가용할 수 있는 더 많은 정보를 수집하는 수단으로 사용될 수 있다는 점에서 확률론에서 중요한 역할을 한다.

예제 20

[예제 19]에서 비흡연가로 작성한 지원자가 실제로 비흡연가일 확률을 구하라.

풀이

[예제 19]로부터 지원서에 비흡연가로 작성할 확률은 $P(A) = 0.82$이다. 따라서 비흡연가로 작성한 지원자가 실제로 비흡연가일 확률은 다음과 같다.

$$P(B^c \mid A) = \frac{P(A \cap B^c)}{P(A)} = \frac{P(B^c) P(A \mid B^c)}{P(A)} = \frac{0.7 \times 1.0}{0.82} \approx 0.854$$

I Can Do 20

[I Can Do 19]에서 보험 가입자가 사망했다고 할 때, 이 가입자가 흡연가일 확률을 구하라.

연습문제

1. 다음 수를 구하라.

(1) ${}_{10}P_2$ (2) ${}_5P_3$

(3) ${}_5C_3$ (4) $\binom{10}{2}$

2. 다음 경우의 수를 구하라.

(1) 주사위를 5번 던지는 경우, 표본점의 수

(2) 동전을 10번 던지는 경우, 표본점의 수

(3) 52장의 카드에서 3장의 카드를 차례대로 뽑는 경우의 수

(4) 빨간 공 5개와 파란 공 5개가 들어 있는 주머니에서 순서를 고려하지 않고 빨간 공 2개와 파란 공 3개를 꺼내는 경우의 수

3. 다음 경우의 수를 구하라.

(1) 문자 a, b, c, d를 순서를 고려하여 배열할 수 있는 경우의 수

(2) 문자 a, e, i, o, u에서 3개를 택하여 순서를 고려하여 나열할 수 있는 경우의 수

(3) 문자 a, e, i, o, u에서 중복을 허락하여 3개를 택해 순서를 고려하여 배열할 수 있는 경우의 수

(4) 문자 a, e, i, o, u에서 순서를 고려하지 않고 3개를 택하는 경우의 수

4. 동전을 네 번 던질 때, 다음 사건을 구하라.

(1) 표본공간

(2) 앞면이 꼭 2번 나오는 사건

(3) 처음 두 번의 결과에서 뒷면이 나오는 사건

(4) 처음 세 번 연속하여 동일한 면이 나오는 사건

(5) 앞면과 뒷면 또는 뒷면과 앞면이 번갈아 나오는 사건

5. 다음 경우에 맞는 표본공간을 구하라.

(1) '1'의 눈이 나올 때까지 공정한 주사위를 반복하여 던진 횟수

(2) 최저 온도 21℃에서 최고 온도 32.3℃까지 24시간 동안 연속적으로 기록된 온도계 눈금의 위치

(3) 형광등을 교체한 이후 형광등이 끊어질 때까지 걸리는 시간

6. 여학생 연주, 하나, 채은이와 남학생 상국이, 영훈이 중에서 두 명을 선정하여 과대표와 총무를 시키려 한다. 다음 사건을 구하라(이때 먼저 선정된 학생이 과대표이다).

(1) 표본공간

(2) 영훈이가 과대표가 되는 사건

(3) 채은이가 총무가 되는 사건

(4) 여학생이 과대표와 총무가 되는 사건

7. 다음 확률을 구하라.

(1) $P(A) = \frac{1}{4}$, $P(B) = \frac{1}{3}$, $P(A \cup B) = \frac{1}{2}$일 때, $P(A \cap B)$

(2) $P(A) = \frac{1}{3}$, $P(A \cap B) = \frac{1}{12}$, $P(A \cup B) = \frac{1}{2}$일 때, $P(B)$.

(3) $S = A \cup B$이고 $P(A) = 0.75$, $P(B) = 0.63$일 때, $P(A \cap B)$

(4) $P(A) = 0.3$, $P(B) = 0.5$ 그리고 $P(A \cap B^c) = 0.2$일 때, $P(A^c \cap B^c)$

(5) $P(A) = 0.3$, $P(A \cap B) = 0.1$일 때, $P(A \mid B)$

8. 앞면이 나올 가능성이 $\frac{2}{3}$인 찌그러진 동전을 두 번 던질 때, 다음 확률을 구하라.

(1) 앞면이 한 번도 나오지 않을 확률

(2) 앞면이 한 번 나올 확률

(3) 앞면이 두 번 나올 확률

9. 다음은 초등학교에 다니는 자녀를 둔 500가구를 상대로 일주일 동안 가족 전체가 집에서 함께 식사한 횟수를 조사하여 나타낸 표이다. 500가구 중에서 임의로 한 가구를 선정했을 때, 다음 확률을 구하라.

식사 횟수	0	1	2	3	4	5	6	7번 이상
가구 수	9	11	28	35	48	215	132	22

(1) 집에서 가족 전체가 식사를 한 번도 하지 못할 확률

(2) 가족 전체가 적어도 세 번 식사할 확률

(3) 가족 전체가 많아야 세 번 식사할 확률

10. 청소년들의 일주일간 인터넷 사용 시간을 알아보기 위하여 50명을 표본조사하여 다음 결과를 얻었다. 청소년 중 임의로 한 명을 선택했을 때, 이 학생에 대해 다음 확률을 구하라.

사용 시간	9.5~18.5	18.5~27.5	27.5~36.5	36.5~45.5	45.5~54.5	54.5~63.5	63.5~72.5
인원수	4	6	13	16	10	0	1

(1) 인터넷을 27.5시간 이하로 사용할 확률

(2) 인터넷을 18.5시간 이상, 45.5시간 이하로 사용할 확률

(3) 인터넷을 45.5시간 이상 사용할 확률

11. 룰렛게임은 38개의 숫자 00, 0, 1, ⋯, 36으로 구성되어 있으며, 각 숫자에 다음과 같은 색이 칠해져 있다.

빨간색	1	3	5	7	9	12	14	16	18	19	21	23	25	27	30	32	34	36
검은색	2	4	6	8	10	11	13	15	17	20	22	24	26	28	29	31	33	35
녹색	00	0																

플레이어가 작은 공을 던져서, 이 공이 멈춘 숫자가 이 플레이어가 얻은 숫자이다. 그리고 이 플레이어는 홀수, 짝수, 빨간색, 검은색, 녹색 또는 높은 수, 낮은 수 등등 다양한 방법으로 베팅을 한다. 이때 00과 0은 짝수도 홀수도 아닌 수로 생각한다.

홀수가 나오는 사건을 A, 검은색 숫자가 나오는 사건을 B 그리고 낮은 수인 1~18 사이의 숫자가 나오는 사건을 C라 할 때, 물음에 답하라.

(1) $P(A)$, $P(B)$, $P(C)$를 구하라.

(2) $P(A \cap B)$, $P(A \cup B)$, $P(A \cap B \cap C)$를 구하라.

(3) $P(A \cup B \cup C)$를 구하라.

(4) $P(A^c \cap B)$, $P(A \cap B^c)$를 구하라.

12. 100명의 회원이 있는 친목단체를 대상으로 신용카드 소지와 할부 자동차 소유 여부를 조사한 결과, 78명이 신용카드를 소지하였고 50명은 할부 자동차를 소유하고 있었다. 그리고 41명은 신용카드와 할부 자동차를 모두 소유하고 있었다. 회원 중에서 임의로 한 명을 선정했을 때, 다음 확률을 구하라.

(1) 신용카드는 갖고 있으나 할부 자동차를 갖고 있지 않을 확률

(2) 할부 자동차는 갖고 있으나 신용카드를 갖고 있지 않을 확률

(3) 신용카드 또는 할부 자동차를 소유하고 있을 확률

13. 주사위를 네 번 던질 때, 처음 나온 눈의 수가 1이 아닐 확률을 구하라.

14. 4명으로 구성된 그룹에서 적어도 2명의 생일이 같은 요일일 확률을 구하라.

15. 5명이 방 안에 있다. 이들 중에서 생일이 같은 사람이 둘 이상일 확률을 구하라.

16. 마케팅 표본조사 결과, 조사 대상자의 54 %가 A 회사 제품을 선호하였고 40 %는 B 회사 제품을 선호하였다. 그리고 조사에 응한 사람의 23 %가 두 회사 제품을 모두 선호한 것으로 조사되었다. 임의로 선정한 사람이 A 회사나 B 회사 제품만을 선호할 확률을 구하라.

17. 혈압과 심장박동 사이의 관계를 연구하고 있는 의사가 자신의 환자를 대상으로 혈압 상태(정상, 고혈압, 저혈압)와 심박 상태(정상, 비정상)를 조사하여 다음의 결과를 얻었다.

- 14 %는 고혈압이고, 22 %는 저혈압이다.
- 15 %는 심박이 비정상이다.
- 심박이 비정상인 환자 중에서 $\frac{1}{3}$이 고혈압이다.
- 정상 혈압인 환자 중에서 $\frac{1}{8}$이 비정상적인 심박이다.

임의로 한 환자를 선정할 때 심장 박동이 정상이고 저혈압인 환자가 선정될 확률을 구하라.

18. 적십자사에서 발간한 '2012 혈액사업 통계연보'에 따르면, 헌혈한 우리나라 사람들 중에서 Rh(+) O형은 27.3 %라 한다. 서로 관계없는 4명을 임의로 선택했을 때, 다음 확률을 구하라.

(1) 4명이 모두 Rh(+) O형이다.

(2) 4명 중 그 누구도 Rh(+) O형이 아니다.

(3) 적어도 1명이 Rh(+) O형이다.

19. 정답이 하나뿐인 5지선다형 문제 3문제가 있다. 무작위로 다섯 항목 중에서 하나를 선택할 때, 다음 확률을 구하라.

(1) 3문제 중에서 어느 하나를 맞을 확률

(2) 처음 두 문제를 맞을 확률

(3) 모두 다 틀릴 확률

(4) 적어도 하나를 맞을 확률

(5) 정확히 한 문제를 맞았다고 할 때, 맞은 문제가 두 번째 문제일 확률

20. 8명의 남학생과 7명의 여학생이 있는 교실에서 교사가 비복원추출에 의하여 3명의 학생을 무작위로 선정할 때, 남학생의 수가 여학생의 수보다 많을 확률을 구하라.

21. 다음은 의료 산업에 종사하는 전문직 근로자 자료를 표로 나타낸 것이다. 의료 산업에 종사하는 근로자 중에서 임의로 한 사람을 선정했을 때, 이 사람에 대하여 다음 확률을 구하라.

직 종	종사자 수		성별 비율		전체 비율	
	여성	남성	여성	남성	여성	남성
의사	15,744	66,254	27.86	57.25	9.14	38.47
치과의사	4,738	16,606	8.38	14.35	2.75	9.64
한의사	1,910	13,496	3.38	11.66	1.11	7.84
약사	34,128	19,364	60.38	16.74	19.81	11.24
합계	56,520	115,720	100.0	100.0	32.81	67.19
	172,240				100.0	

출처: 통계청

(1) 이 사람이 여성일 확률

(2) 이 사람이 남성인 치과의사일 확률

(3) 약사일 확률

(4) 여성일 때, 이 여성이 약사일 확률

22. 근로자가 사용 설명서에 따라 어떤 기계를 사용할 때 결함이 생길 확률은 1 %이고 그렇지 않을 때 결함이 생길 확률은 4 %이다. 시간이 부족한 관계로 근로자가 설명서를 80 %밖에 숙지하지 못한 상태로 기계를 사용했을 때, 이 기계에 결함이 생길 확률을 구하라.

23. 스톡옵션의 변동에 대한 가장 간단한 모델은 스톡 가격이 매일 1단위 오를 확률이 $\frac{2}{3}$이고 떨어질 확률은 $\frac{1}{3}$, 그날그날의 변동은 독립이라고 가정할 때, 물음에 답하라.

(1) 이틀 후, 스톡 가격이 처음과 동일할 확률을 구하라.

(2) 3일 후, 스톡 가격이 1단위만큼 오를 확률을 구하라.

(3) 3일 후에 스톡 가격이 1단위만큼 올랐다면, 첫날 올랐을 확률을 구하라.

24. 주머니 A에는 흰 바둑돌 5개와 검은 바둑돌 3개, 주머니 B에는 흰 바둑돌 4개와 검은 바둑돌 4개, 주머니 C에는 흰 바둑돌 3개와 검은 바둑돌 5개 그리고 주머니 B에는 흰 바둑돌 2개와 검은 바둑돌 6개가 들어 있다. 동전을 세 번 던져서 앞면이 세 번이면 주머니 A를 선택하고, 두 번이면 주머니 B, 한 번이면 주머니 C 그리고 뒷면이 세 번이면 주머니 D를 선택할 때, 물음에 답하라.

(1) 임의로 한 주머니를 택하여 흰 바둑돌을 꺼낼 확률을 구하라.

(2) 흰 바둑돌이 나왔을 때, 이 바둑돌이 A, B, C, D에서 나왔을 확률을 각각 구하라.

25. 초보 운전자의 60 %가 운전 교육을 받았고, 처음 1년간 운전 교육을 받지 않은 초보 운전자가 사고를 낼 확률은 0.08이지만 운전 교육을 받은 초보 운전자가 사고를 낼 확률은 0.05라고 한다. 물음에 답하라.

(1) 처음 1년간 초보 운전자가 사고를 내지 않았을 확률을 구하라.

(2) (1)의 조건 아래 이 운전자가 운전 교육을 받았을 확률을 구하라.

26. AIDS 검사로 널리 사용되는 방법으로 ELISA 검사가 있다. 이 방법으로 100,000명이 검사를 받았으며, 검사 결과 다음 표를 얻었다고 한다. 검사를 받은 사람들 중에서 임의로 한 명을 선정하였을 때, 다음 확률을 구하라.

(단위: 명)

구분	AIDS 보균자	AIDS 미보균자
양성 반응	4,535	5,255
음성 반응	125	90,085

(1) 선정한 사람이 미보균자일 때, 이 사람이 양성반응을 보일 확률

(2) 선정한 사람이 보균자일 때, 이 사람이 음성반응을 보일 확률

이산확률분포

Discrete Probability Distribution

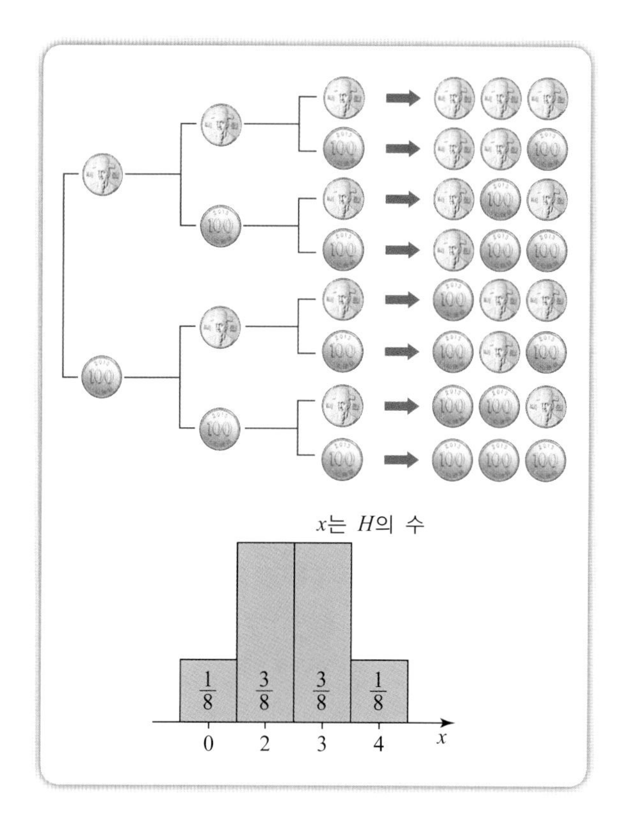

학습목표

- 확률변수와 이산확률변수의 의미를 알 수 있다.
- 확률함수를 이해하고 확률을 계산할 수 있다.
- 이항분포를 이해하고 응용할 수 있다.
- 푸아송분포를 이해하고 응용할 수 있다.
- 이산균등분포, 기하분포, 초기하분포를 이해하고 응용할 수 있다.

5.1 확률변수

3장에서 평균이나 중앙값 그리고 최빈값 등의 위치척도를 이용하여 분포의 중심을 구했으며, 분산 또는 표준편차와 같은 산포도를 이용하여 자료가 평균을 중심으로 밀집되는지 아니면 넓게 흩어지는지 살펴보았다. 그리고 4장에서 어떤 사건이 발생할 확률과 여러 가지 성질을 살펴보았다. 이때 어떤 사건의 확률을 구하기 위하여 표본공간 안의 표본점의 개수와 확률 계산을 위한 사건 안의 표본점의 개수가 몇 개인지 살펴보아야만 했다. 그러나 실제 사회현상에서 얻는 표본공간 또는 사건은 표본점의 개수를 간단히 구하기 힘들거나 불가능한 경우가 있다. 따라서 확률을 구하기 위한 어떤 실험이 시행되었을 때, 모든 실험 결과의 구성보다는 실험 결과에 의하여 결정되는 수치적인 양을 나타내는 값에 관심을 갖게 된다. 예를 들어, 1의 눈이 나올 때까지 주사위를 반복하여 던진 횟수를 알고자 한다면 이 시행의 표본공간에는 전혀 관심을 두지 않을 것이다. 단지 몇 번째 주사위를 던졌을 때 처음으로 1의 눈이 나왔는지에만 관심이 있다. 그러면 1의 눈이 처음 나올 때까지 주사위를 반복해서 던진 횟수를 숫자 1, 2, 3, …으로 나타낼 수 있으며, 이와 같이 실험 결과인 개개의 표본점을 숫자로 나타내는 것을 확률변수라 한다. 이때 확률변수는 통계적 실험 결과에 의하여 결정되므로 확률변수가 가질 수 있는 개개의 수치에 확률을 대응시킬 수 있다. 확률변수에는 이산확률변수와 연속확률변수가 있으며, 이 단원에서는 이산확률변수에 대해 알아본다.

5.1.1 이산확률변수

동전을 한 번 던지면 나타날 수 있는 모든 경우는 앞면과 뒷면뿐이며, 이 둘 중의 어느 하나가 무작위로 나타난다. 또한 주사위를 한 번 던지면 6개의 눈 중에서 어느 하나가 나타난다. 이러한 경우, 동전 앞면이 나오면 숫자 1, 뒷면이 나오면 0으로 표현하거나 주사위를 한 번 던져서 나온 눈의 수를 1, 2, 3, 4, 5, 6으로 나타낼 수 있다. 이와 같이 확률 실험에서 나타날 수 있는 개개의 결과를 수로 나타낸 것을 **확률변수**라 한다.

확률변수(random variable)는 확률 실험에서 나타날 수 있는 개개의 결과에 관련된 수를 나타내며, 보통 X와 같은 대문자로 나타낸다.

예를 들어, 동전을 세 번 던지는 실험에서 앞면이 나온 횟수에 대해 생각해 보자. 이 경우에 표본공간은 8개의 표본점으로 구성되며, [그림 5-1]과 같이 HHH는 앞면이 나온 횟수

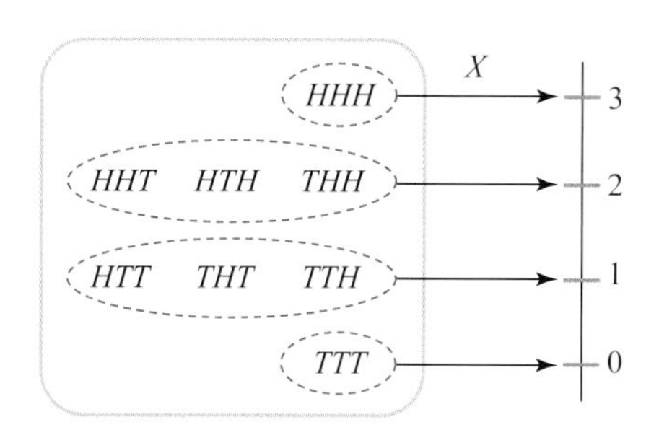

[그림 5-1] 확률변수 X의 의미

가 3번이므로 숫자 3으로 나타내고 HHT, HTH, THH 등은 각각 앞면이 나온 횟수가 2번이므로 숫자 2로 나타낼 수 있다. 그리고 HTT, THT, TTH는 각각 앞면이 나온 횟수가 1번이므로 숫자 1로 나타내고, TTT는 앞면이 한 번도 안 나왔으므로 숫자 0으로 나타낼 수 있다.

이와 같이 앞면이 나온 횟수를 X로 나타내면, 앞면이 나온 횟수에 대한 사건을 다음과 같이 확률변수를 이용하여 간단히 표현할 수 있다.

$$\{HHH\} = [X = 3]$$
$$\{HHT, HTH, THH\} = [X = 2]$$
$$\{HTT, THT, TTH\} = [X = 1]$$
$$\{TTT\} = [X = 0]$$

이때 확률변수 X가 취할 수 있는 모든 수는 0, 1, 2, 3뿐이고, 집합 $\{0, 1, 2, 3\}$은 동전을 두 번 던져서 앞면이 나온 횟수를 나타내는 X의 **상태공간**이라 하고, S_X로 나타낸다.

상태공간(state space)은 확률변수 X가 취할 수 있는 모든 수들의 집합이다.

특히 동전을 세 번 던져서 앞면이 나온 횟수인 X의 상태공간의 원소는 4개이다. 그리고 처음으로 1의 눈이 나올 때까지 주사위를 반복해서 던진 횟수를 확률변수 X라 하면, X가 취할 수 있는 숫자는 1, 2, 3, …과 같이 무수히 많지만 각 숫자를 셈할 수 있다. 이와 같이 확률변수 X가 취할 수 있는 값을 셈할 수 있는 경우에, 이 확률변수를 **이산확률변수**라 한다.

이산확률변수(discrete random variable)는 상태공간이 유한개의 수로 구성되거나 무수히 많더라도 셈을 할 수 있는 개수의 확률변수를 의미한다.

예를 들어, 어느 날 주식시장에서 가격이 오른 종목의 수, 한 달 동안 추신수 선수가 MLB 경기에서 안타를 친 횟수, 룰렛게임에서 숫자 36이 나올 때까지 게임을 반복하여 시행한 횟수 등을 나타내는 확률변수는 이산확률변수이다.

예제 1

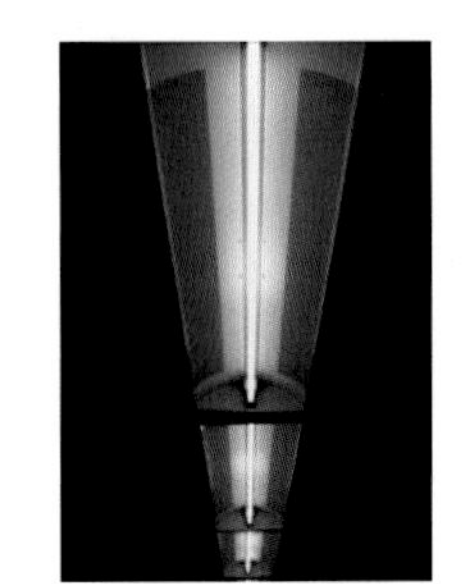

다음 확률변수가 이산확률변수인지 결정하라.

(1) X는 주사위를 두 번 던져서 나온 두 눈의 합이다.

(2) X는 10번의 룰렛게임에서 숫자 36이 나온 횟수이다.

(3) X는 교체된 형광등이 수명을 다할 때까지 걸리는 시간이다.

(4) X는 아이가 셋인 가정에서의 남자아이의 수이다.

풀이

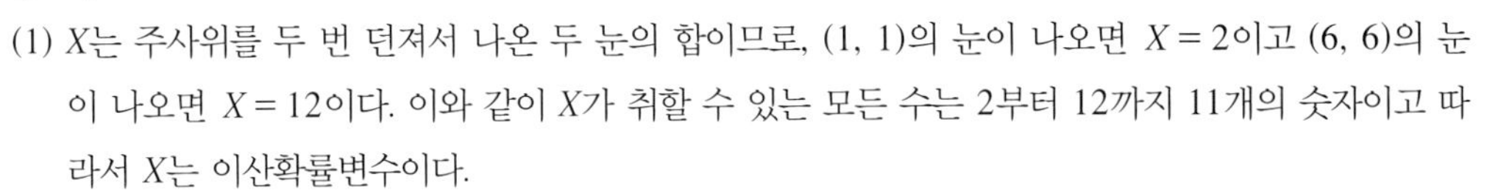

(1) X는 주사위를 두 번 던져서 나온 두 눈의 합이므로, (1, 1)의 눈이 나오면 $X = 2$이고 (6, 6)의 눈이 나오면 $X = 12$이다. 이와 같이 X가 취할 수 있는 모든 수는 2부터 12까지 11개의 숫자이고 따라서 X는 이산확률변수이다.

(2) X는 10번의 룰렛게임에서 숫자 36이 나온 횟수이므로 10번 모두 36이 나오지 않는 경우에 $X = 0$이고 10번 모두 36이 나오면 $X = 10$이다. 이와 같이 X가 취할 수 있는 모든 수는 0부터 10까지 11개의 숫자이고 따라서 X는 이산확률변수이다.

(3) 형광등이 교체된 이후로 이 형광등이 언제 수명을 다할지 모르므로 교체된 형광등이 수명을 다할 때까지 걸리는 시간은 구간 $[0, \infty)$ 안의 수이고, 따라서 X는 이산확률변수가 아니다.

(4) 아이가 셋인 가정에서의 남자아이의 수는 0, 1, 2, 3 중 하나이므로 X는 이산확률변수이다.

I Can Do 1

다음 확률변수가 이산확률변수인지 결정하라.

(1) X는 500원짜리 동전 5개와 100원짜리 동전 3개가 들어 있는 주머니에서 임의로 꺼낸 동전 3개에 포함된 100원짜리 동전의 개수이다.

(2) X는 52장의 카드에서 비복원추출에 의해 5장을 뽑을 때, 뽑은 카드 안에 있는 그림 카드의 수이다.

(3) X는 52장의 카드에서 복원추출에 의해 5장을 뽑을 때, 뽑은 카드 안에 있는 그림 카드의 수이다.

(4) X는 게임 프로그램을 완성할 때까지 걸린 시간이다.

5.1.2 확률질량함수

확률변수가 정의되면 그 확률변수에 대한 확률을 구할 수 있다. 예를 들어, 동전을 세 번 던지는 실험에서 $A=\{HHH\}$라 하면 $P(A)=\frac{1}{8}$이고, 앞면이 나온 횟수를 X라 하면 $X=3$은 사건 A를 나타낸다. 따라서 $X=3$에 확률 $\frac{1}{8}$을 대응시킬 수 있다. 같은 방법으로 확률변수 X가 취할 수 있는 개개의 값 0, 1, 2에 확률을 대응시키면 다음과 같다.

$$P(X=0)=\frac{1}{8},\quad P(X=1)=\frac{3}{8},$$
$$P(X=2)=\frac{3}{8},\quad P(X=3)=\frac{1}{8}$$

이와 같이 이산확률변수 X가 취하는 개개의 값 x_i에 대응하는 확률을 P_i라 하면 다음과 같이 표현할 수 있다.

$$p_i=P(X=x_i),\qquad x_i\in S_X$$

확률변수 X가 취하는 개개의 값에 대응하는 확률을 나타내는 것을 X의 **확률분포**라 한다.

이산확률변수 X의 확률분포(probability distribution)는 X가 취하는 개개의 값에 대응하는 확률을 나타내는 표나 함수 또는 그래프를 의미한다.

예를 들어, 동전을 세 번 던져서 앞면이 나온 횟수인 X의 확률분포는 다음과 같이 나타낼 수 있다.

❶ 확률표를 이용한다.

X	0	1	2	3
$P(X=x)$	$\frac{1}{8}$	$\frac{3}{8}$	$\frac{3}{8}$	$\frac{1}{8}$

❷ 함수식을 이용한다. 이때 함수 $p(x)$를 확률변수 X의 **확률함수**(probability function)라 한다.

$$p(x)=\begin{cases}\frac{1}{8}, & x=0,\ 3\\ \frac{3}{8}, & x=1,\ 2\end{cases}$$

❸ 그래프를 이용한다.

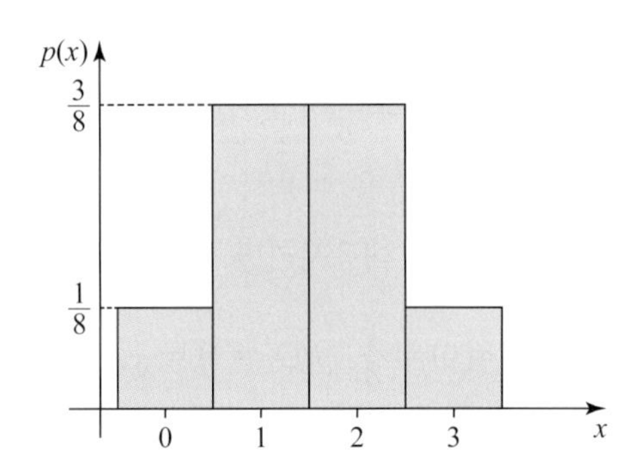

그래프를 이용하여 나타낼 때 그림과 같이 확률변수가 취하는 값을 x축, 그에 대응하는 확률값을 y축에 작성한다. 이때 확률변수 X가 취하는 값 x를 중심으로 밑면의 길이가 1이고 그에 대응하는 확률값 $p(x) = P(X = x)$를 높이로 갖는 사각형으로 작성하며, 이러한 히스토그램을 이산확률변수 X의 **확률 히스토그램**(probability histogram)이라 한다.

예제 2

주사위를 두 번 던져서 나온 두 눈의 합을 확률변수 X라 할 때, X의 확률분포를 확률표와 확률함수로 나타내라.

풀이

확률변수 X가 가질 수 있는 값은 2에서 12까지 11개의 숫자이다. 이때 $X = 2$인 사건은 두 번 모두 1의 눈이 나온 사건 $\{(1, 1)\}$이므로 $P(X = 2) = \frac{1}{36}$이고, $X = 3$인 사건은 $\{(1, 2), (2, 1)\}$이므로 $P(X = 3) = \frac{2}{36}$이다. 같은 방법으로 $X = 4, 5, 6, 7, 8, 9, 10, 11, 12$인 경우의 확률값을 구하면 다음 표와 같다.

X	2	3	4	5	6	7	8	9	10	11	12
$P(X = x)$	$\frac{1}{36}$	$\frac{2}{36}$	$\frac{3}{36}$	$\frac{4}{36}$	$\frac{5}{36}$	$\frac{6}{36}$	$\frac{5}{36}$	$\frac{4}{36}$	$\frac{3}{36}$	$\frac{2}{36}$	$\frac{1}{36}$

그리고 이것을 확률함수로 나타내면 다음과 같다.

$$p(x)=\begin{cases}\frac{1}{36}, & x=2,\ 12\\ \frac{2}{36}, & x=3,\ 11\\ \frac{3}{36}, & x=4,\ 10\\ \frac{4}{36}, & x=5,\ 9\\ \frac{5}{36}, & x=6,\ 8\\ \frac{6}{36}, & x=7\end{cases}$$

I Can Do 2

500원짜리 동전 5개와 100원짜리 동전 3개가 들어 있는 주머니에서 임의로 꺼낸 동전 3개에 포함된 100원짜리 동전의 개수를 확률변수 X라 한다. X의 확률분포를 확률표와 확률함수로 나타내라.

동전을 세 번 던지는 실험에서 앞면이 나오는 횟수 X의 확률함수 $p(x)$를 살펴보면, 다음 두 가지 성질을 가짐을 알 수 있다.

- X의 상태공간 안에 있는 임의의 x에 대하여 $0 \le p(x) \le 1$이다.
- X의 상태공간 안에 있는 모든 x에 대하여 $\sum_{x\in S_X} p(x)=1$이다.

특히 X의 상태공간 S_X 안에 있는 각각의 x에 대하여 $f(x)=p(x)$이고 S_X 안에 있지 않은 모든 실수 x에 대하여 $f(x)=0$으로 정의한 함수 $f(x)$, 즉 다음과 같이 정의되는 함수 $f(x)$를 이산확률변수 X의 **확률질량함수**라 한다.

확률질량함수(probability mass function)는 이산확률변수 X에 대하여 다음을 만족하는 함수이다.

$$f(x)=\begin{cases}p(x), & x\in S_X\\ 0\ , & x\notin S_X\end{cases}$$

따라서 공정한 동전을 세 번 던져서 앞면이 나온 횟수 X에 대한 확률질량함수의 그래프는 [그림 5-2]와 같다.

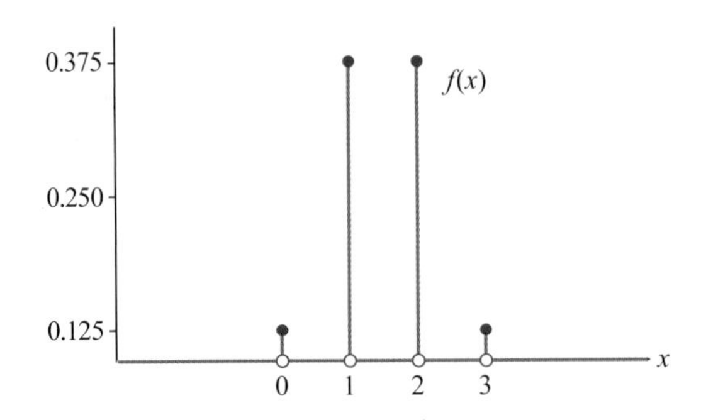

[그림 5-2] **확률질량함수의 그래프**

[그림 5-2]로부터 확률질량함수 $f(x)$는 다음 성질을 갖는 것을 쉽게 확인할 수 있다.

- 임의의 실수 x에 대해 $0 \le f(x) \le 1$이다.
- 모든 실수에 대한 $f(x)$의 합은 1이다. 즉, $\sum_{\text{모든 } x} f(x) = 1$이다.

이때 X가 임의의 실수로 구성된 집합 A 안에 들어갈 확률 $P(X \in A)$는 다음과 같다.

$$P(X \in A) = \sum_{x \in A} f(x)$$

예제 3

어떤 신혼부부가 세 명의 아이를 갖고자 한다고 하자. 세 명의 자녀를 낳았을 때 그중 여자아이의 수를 확률변수 X라 할 때, 다음을 구하라(단, 첫째 아이, 둘째 아이, 셋째 아이를 구분한다).

(1) X의 상태공간 S_X를 구하라.

(2) X의 확률함수 $p(x)$를 구하라.

(3) X의 확률질량함수 $f(x)$를 구하라.

(4) 적어도 두 명 이상의 여자아이를 낳을 확률을 구하라.

풀이

(1) 여자아이를 g, 남자아이를 b라 하면, 표본공간은 다음과 같다.

$$S = \{ggg, ggb, gbg, bgg, gbb, bgb, bbg, bbb\}$$

따라서 3명 모두 여자아이인 경우에 $X = 3$, 2명이 여자아이인 경우는 $X = 2$, 1명이 여자아이인 경우는 $X = 1$ 그리고 모두 남자아이인 경우는 $X = 0$이므로 상태공간은 $S_X = \{0, 1, 2, 3\}$이다.

(2) 확률변수 X가 취하는 각각의 경우에 대한 확률값을 구하면 다음과 같다.

$$p(0) = P(X=0) = P[\{bbb\}] = \frac{1}{8}, \qquad p(1) = P(X=1) = P[\{gbb, bgb, bbg\}] = \frac{3}{8}$$

$$p(2) = P(X=2) = P[\{ggb, gbg, bgg\}] = \frac{3}{8}, \quad p(3) = P(X=3) = P[\{ggg\}] = \frac{1}{8}$$

따라서 확률변수 X의 확률함수는 다음과 같다.

$$p(x) = \begin{cases} \frac{1}{8}, & x = 0, 3 \\ \frac{3}{8}, & x = 1, 2 \end{cases}$$

(3) (2)에 의하여 X의 확률질량함수는 다음과 같다.

$$f(x) = \begin{cases} \frac{1}{8}, & x = 0, 3 \\ \frac{3}{8}, & x = 1, 2 \\ 0, & \text{다른 곳에서} \end{cases}$$

(4) 적어도 2명 이상의 여자아이를 갖는 사건은 $X \geq 2$인 경우이므로 구하고자 하는 확률은 다음과 같다.

$$P(X \geq 2) = \sum_{x \geq 2} f(x) = f(2) + f(3) = \frac{3}{8} + \frac{1}{8} = \frac{1}{2}$$

I Can Do 3

이산확률변수 X가 가질 수 있는 값은 0, 1, 2, 3뿐이고 $P(X=0) = 0.15$, $P(X=1) = 0.24$이다. 이때 확률 $P(X \geq 2)$를 구하라.

5.1.3 평균과 분산

이산확률변수의 확률 히스토그램은 2장에서 살펴본 상대도수히스토그램과 유사한 것을 알 수 있다. 단지 차이점은, 상대도수히스토그램은 n개의 자료 값에 대한 표본을 설명하는 것이고, 확률 히스토그램은 실험에서 발생할 수 있는 모든 경우에 대하여 설명한다는 것이다. 이때 상대도수히스토그램의 중심위치를 나타내는 척도로 표본평균 $\bar{x}$를 사용하고, 표본평균을 중심으로 밀집되거나 퍼지는 정도를 나타내는 척도인 표준편차 s를 사용하였다. 이와 마찬가지로 이산확률변수 X의 확률 히스토그램의 중심위치를 나타내는 평균과 밀집 정도를 나타내는 표준편차를 정의할 수 있으며, 확률 히스토그램은 발생할 수 있는 모든 경우를 나타내므로 평균은 μ이고 표준편차는 σ이다. 예를 들어, 모든 자료 값이 1, 2, 3, 4, 5, 6인 경우에 평균은 다음과 같이 구한다.

$$\mu_1 = \frac{1}{6}(1 + 2 + 3 + 4 + 5 + 6) = 3.5$$

그리고 모든 자료 값이 1, 2, 3, 3, 6, 6인 경우에 평균은 다음과 같다.

$$\mu_2 = \frac{1}{6}(1 + 2 + 3 + 3 + 6 + 6) = 3.5$$

그러면 μ_1과 μ_2는 다음과 같이 생각할 수 있다.

$$\mu_1 = \frac{1}{6}(1 + 2 + 3 + 4 + 5 + 6) = 1 \cdot \frac{1}{6} + 2 \cdot \frac{1}{6} + 3 \cdot \frac{1}{6} + 4 \cdot \frac{1}{6} + 5 \cdot \frac{1}{6} + 6 \cdot \frac{1}{6}$$
$$\mu_2 = \frac{1}{6}(1 + 2 + 3 + 3 + 6 + 6) = 1 \cdot \frac{1}{6} + 2 \cdot \frac{1}{6} + 3 \cdot \frac{2}{6} + 6 \cdot \frac{2}{6}$$

이때 공정한 주사위를 한 번 던져서 나온 눈의 수를 확률변수 X라 하면, X가 취할 수 있는 모든 값은 1, 2, 3, 4, 5, 6뿐이고 각 경우의 확률은 $\frac{1}{6}$이므로 다음을 얻는다.

X	1	2	3	4	5	6
$P(X = x)$	$\frac{1}{6}$	$\frac{1}{6}$	$\frac{1}{6}$	$\frac{1}{6}$	$\frac{1}{6}$	$\frac{1}{6}$

따라서 1, 2, 3, 4, 5, 6의 평균 μ_1은 이산확률변수 X가 취하는 값 x와 그 경우의 확률 $p(x)$의 곱을 모두 더한 것과 같다. 또한 4와 5의 눈이 각각 3과 6의 눈으로 잘못 만들어진 주사위를 던져서 나온 눈의 수를 확률변수 X라 하면, X가 취할 수 있는 모든 값은 1, 2, 3, 6뿐이고 $X = 1$ 또는 $X = 2$의 경우에 확률은 각각 $\frac{1}{6}$이지만 $X = 3$ 또는 $X = 6$의 경우에 확률은 각각 $\frac{2}{6}$이므로 다음을 얻는다.

X	1	2	3	6
$P(X = x)$	$\frac{1}{6}$	$\frac{1}{6}$	$\frac{2}{6}$	$\frac{2}{6}$

그러므로 1, 2, 3, 3, 6, 6의 평균 μ_2도 역시 이산확률변수 X가 취하는 값 x와 그 경우의 확률 $p(x)$의 곱을 모두 더한 것과 같다. 이때 이산확률변수 X가 취하는 값 x와 그 경우의 확률 $p(x)$의 곱을 모두 더한 것을 X의 **기댓값**이라 하고, $\mu = E(X)$로 나타낸다. 그리고 이 기댓값은

이산확률변수 X의 확률분포에 대한 평균을 의미한다.

이산확률변수 X의 기댓값(expected value)은 확률변수 X가 취하는 값 x와 그 경우의 확률 $p(x)$를 곱하여 모두 더한 것이고, 다음과 같이 정의한다.

$$\mu = E(X) = \sum_{x \in S_X} xp(x) = \sum_{x \in S_X} xP(X = x)$$

특히 이산확률변수 X의 확률질량함수를 $f(x)$라 하면, $x \in S_X$이면 $f(x) = p(x)$이고, $x \notin S_X$이면 $f(x) = 0$이므로 X의 기댓값을 다음과 같이 정의할 수 있다.

$$\mu = E(X) = \sum_{\text{모든 } x} xf(x)$$

예제 4

이산확률변수 X가 취할 수 있는 값이 0과 1뿐이고 $p(0) = 0.3$, $p(1) = 0.7$이라 할 때, X의 기댓값을 구하라.

풀이

$$E(X) = \sum_{x \in S_X} x\,p(x) = 0 \cdot p(0) + 1 \cdot p(1) = 0.7$$

I Can Do 4

동전을 두 번 던져서 앞면이 나온 횟수를 확률변수 X라 할 때, X의 기댓값을 구하라.

한편 임의의 상수 a, $b(a \neq 0)$와 이산확률변수 X에 대한 함수 $u(X)$와 $v(X)$에 대하여, X의 기댓값 $E(X)$는 다음과 같은 성질이 있다.

- $E(a) = a$
- $E(aX) = aE(X)$
- $E(aX + b) = aE(X) + b$
- $E[u(X) + v(X)] = E[u(X)] + E[v(X)]$

예제 5

[예제 4]의 확률변수 X에 대하여 $Y = 2X + 1$이라 할 때, Y의 평균을 구하라.

풀이

[예제 4]로부터 $E(X) = 0.7$이므로 Y의 평균은 다음과 같다.

$$E(Y) = E(2X + 1) = 2E(X) + 1 = 2(0.7) + 1 = 2.4$$

I Can Do 5

10명의 남자와 15명의 여자 중에서 임의로 두 명을 선정한다고 하자. X를 선정된 남자의 수, Y를 선정된 여자의 수라 할 때, $E(X + Y)$를 구하라.

3.2.5절에서 다음 도수분포표로 그룹화 자료의 분산과 표준편차를 구하는 방법을 살펴보았다.

계급 간격	도수(f_i)	계급값(x_i)	$f_i x_i$
9.5 ~ 19.5	9	14.5	130.5
19.5 ~ 29.5	9	24.5	220.5
29.5 ~ 39.5	9	34.5	310.5
39.5 ~ 49.5	10	44.5	445.0
49.5 ~ 59.5	2	54.5	109.0
59.5 ~ 69.5	1	64.5	64.5
합계	40		1280.0

이때 표본평균 $\overline{x}$에 대하여 표본분산은 다음과 같다.

$$s^2 = \frac{1}{39}\sum_{i=1}^{6}(x_i - \overline{x})^2 f_i = \frac{6950}{39} \approx 178.2051$$

그러나 이 도수분포표가 표본이 아니라 모집단이라 하면 모분산은 다음과 같다.

$$\sigma^2 = \frac{1}{40}\sum_{i=1}^{6}(x_i - \mu)^2 f_i = \sum_{i=1}^{6}(x_i - \mu)^2 \frac{f_i}{40} = \frac{6950}{40} = 173.75$$

여기서 자료 값 x_i에 대한 상대도수는 $\frac{f_i}{40}$이고, 이것은 확률변수 X의 관찰값 x_i에 대한 경험적 확률이 $\frac{f_i}{40}$임을 나타낸다. 즉, 다음과 같은 확률분포를 생각할 수 있다.

X	14.5	24.5	34.5	44.5	54.5	64.5
$P(X=x)$	$\frac{9}{40}$	$\frac{9}{40}$	$\frac{9}{40}$	$\frac{10}{40}$	$\frac{2}{40}$	$\frac{1}{40}$

따라서 도수분포표에 의한 분산은 다음과 같이 표현할 수 있다.

$$\sigma^2 = \sum_{x \in S_X} (x-\mu)^2 p(x) = \sum_{\text{모든 } x} (x-\mu)^2 f(x)$$

다시 말해서, 이산확률변수 X에 대한 분산은 평균편차의 제곱에 대한 기댓값으로 정의한다.

이산확률변수 X의 분산(variance)은 다음과 같으며, X의 표준편차(standard deviation)는 X의 분산의 양의 제곱근이다.

$$\sigma^2 = E[(X-\mu)^2] = \sum_{x \in S_X} (x-\mu)^2 p(x) = \sum_{\text{모든 } x} (x-\mu)^2 f(x)$$

특히 기댓값의 성질과 확률질량함수 $f(x)$를 이용하여 분산 σ^2은 다음과 같이 얻을 수 있다.

$$\sigma^2 = E(X^2) - \mu^2 = \sum_{\text{모든 } x} x^2 f(x) - \mu^2$$

예제 6

[예제 4]의 이산확률변수 X에 대한 분산과 표준편차를 구하라.

(풀이)

[예제 4]에서 평균은 $\mu = 0.7$이다. 그리고 X^2의 기댓값은 다음과 같다.

$$E(X^2) = \sum_{\text{모든 } x} x^2 f(x) = 0^2 \cdot f(0) + 1^2 \cdot f(1) = 0.7$$

그러므로 분산과 표준편차는 각각 다음과 같다.

$$\sigma^2 = E(X^2) - \mu^2 = 0.7 - (0.7)^2 = 0.21, \quad \sigma = \sqrt{0.21} \approx 0.4583$$

I Can Do 6

[I Can Do 4]의 이산확률변수 X에 대한 분산과 표준편차를 구하라.

[표 5-1] **이산확률분포에 대한 체비쇼프 정리와 경험적 규칙**

확률	체비쇼프 정리	경험적 규칙
$P(\mu-\sigma<X<\mu+\sigma)$	0 % 이상	약 0.68
$P(\mu-2\sigma<X<\mu+2\sigma)$	75 % 이상	약 0.95
$P(\mu-3\sigma<X<\mu+3\sigma)$	88.9 % 이상	약 0.997
$P(\mu-k\sigma<X<\mu+k\sigma)$	$100\left(1-\frac{1}{k^2}\right)$ % 이상	

체비쇼프 정리와 경험적 규칙을 이산확률분포에 적용하면 [표 5-1]과 같다.

이것은 [그림 5-3]과 같이 확률변수 X의 확률히스토그램에서 X의 범위에 대한 최소 넓이(체비쇼프 정리) 또는 근사 넓이(경험적 규칙)를 나타낸다.

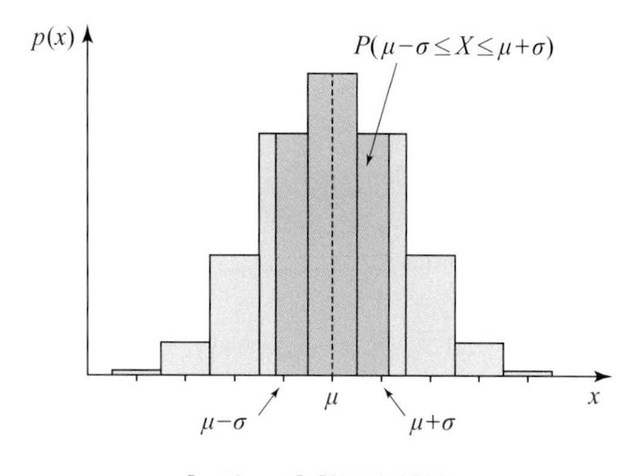

[그림 5-3] **확률질량함수**

5.2 이항분포

이산확률분포는 경영학이나 경제학을 비롯한 많은 학문에서 매우 유용하게 사용된다. 특히 가장 많이 사용하는 확률 모형이 이항분포, 푸아송분포 그리고 초기하분포이다. 이 절에서는 이항분포에 대하여 살펴본다.

5.2.1 이항실험

이산확률분포 중에서 가장 기본적이면서도 사회과학을 비롯한 거의 대부분의 학문에서 응용되는 것이 이항분포이다. 예를 들어, 다음과 같은 상황을 과학적으로 설명하기 위하여 이항분포를 사용한다.

- 사회과학자 또는 교육학자들은 우리나라 초등학교의 남자 교사의 비율에 관심을 갖는다.
- 유전학자들은 알츠하이머와 같은 특수한 질병에 관한 유전자를 보유한 집단의 비율에 관심을 갖는다.
- 무역업자는 수입 또는 수출품 속에 들어 있는 불량품의 비율에 관심을 갖는다.
- 야구팬들은 류현진 선수의 승률과 추신수 선수의 안타율에 관심을 갖는다.

이는 실험 결과가 앞면과 뒷면으로 구성된 동전을 n번 독립적으로 반복하여 던질 때 앞면이 나온 횟수를 설명하는 확률분포이다. 이 확률분포를 살펴보기 위하여 우선 이항실험이 무엇인지에 대해 알아본다.

설문 조사의 응답지에서 '예'와 '아니오' 중에서 어느 하나를 택한다거나 스위치의 'ON'과 'OFF' 또는 양품과 불량품 등과 같이 서로 상반되는 두 가지 결과로 구성된 확률 실험을 **베르누이 실험**(Bernoulli experiment)이라 한다. 이 실험에서 특정한 어떤 결과가 발생할 가능성이 p라 하면 다른 결과가 나타날 가능성은 $1-p$이다. 이때 특정한 어떤 결과가 발생할 가능성 p를 **성공률**(rate of success)이라 하고, 특정한 결과가 발생하면 $X=1$, 그렇지 않으면 $X=0$으로 정의되는 확률변수 X는 모수 p인 **베르누이 분포**(Bernoulli distribution)를 이룬다 하고 $X \sim B(1, p)$로 나타낸다. [예제 4]의 확률변수 X는 모수 0.7인 베르누이 분포를 이루는 것을 알 수 있다. 이와 같은 베르누이 실험을 독립적으로 n번 반복 시행하는 것을 **이항실험**이라 한다.

이항실험(binomial experiment)은 다음과 같은 특성을 갖는 확률 실험이다.

- 실험은 n번의 시행으로 구성된다.
- 각 시행의 결과는 두 가지 중 어느 하나이다. 이때 원하는 결과를 성공(S)이라 하고 그렇지 않은 결과를 실패(F)라 한다.
- 매 시행에서 성공의 확률은 p이고 실패의 확률은 $q=1-p$이다.
- 매 시행은 독립적이다. 즉, 이전 결과가 다음 시행에 영향을 미치지 않는다.
- 관찰자는 n번 중에서 성공한 횟수 x에 관심을 갖는다.

예제 7

2,000개의 핸드폰을 수입한 무역업자가 화물을 받기 전에 불량품이 있는지 조사하기 위하여 50개의 표본을 요구한다고 하자. 표본 중에서 3개의 휴대폰을 선정하여 결함의 유무를 조사한다. 이때 50개의 휴대폰 중에 2개가 결함이 있다는 사실을 무역업자는 모른다고 한다. 이러한 결함 유무를 조사하는 것은 이항실험인지 아닌지 결정하라.

【풀이】

- 여기서 시행은 50개의 휴대폰 중에서 3번에 걸쳐 휴대폰을 선정하는 것이다. 즉, $n=3$인 시행이다.
- 각 시행의 결과는 결함이 있는 경우(성공)와 그렇지 않은 경우(실패)로 구성된다.
- 50개의 표본 중에서 첫 번째로 무작위하게 하나를 선정한다면, 선정된 핸드폰이 불량일 확률은 $\frac{2}{50}=\frac{1}{25}$이다. 그러나 첫 번째 꺼낸 핸드폰이 불량품인지 아닌지에 따라 두 번째 꺼낸 핸드폰이 불량품일 확률은 달라지기 때문에 이 시행은 독립이 아니다. 예를 들어, 처음에 꺼낸 것이 불량품이라면 남아 있는 49개의 표본 안에 불량품이 1개뿐이므로 두 번째 꺼낸 것이 불량품일 확률은 조건부 확률에 의하여

$$P((\text{두 번째 시행에서 불량품})\,|\,(\text{첫 번째 시행에서 불량품}))=\frac{1}{49}$$

이고, 처음 꺼낸 것이 양품이라 하면 나머지 49개의 표본 안에 불량품이 2개이므로 두 번째 꺼낸 것이 불량품일 확률은 다음과 같다.

$$P((\text{두 번째 시행에서 불량품})\,|\,(\text{첫 번째 시행에서 불량품}))=\frac{2}{49}$$

따라서 첫 번째 선정한 핸드폰이 양품인지 불량품인지에 따라 두 번째 선정한 핸드폰의 불량률이 다르므로 이 시행은 서로 종속이다.

따라서 이 실험은 이항실험이 아니다.

I Can Do 7

공정한 주사위를 세 번 던지는 실험에서 1의 눈이 나온 횟수에 관심을 가질 때, 이러한 주사위 던지기는 이항실험인지 아닌지 결정하라.

5.2.2 이항분포

이제 [I Can Do 7]에서의 실험과 같은 $n=3$인 이항실험을 생각해 보자. 이때 1의 눈이 나오면 성공(S)이고 그렇지 않으면 실패(F)라 하고, 첫 번째 주사위를 던져서 성공이면 확률변수를

$X_1 = 1$, 그렇지 않으면 $X_1 = 0$이라 하면 X_1의 확률분포는 다음과 같다.

$$P(X_1 = 1) = \frac{1}{6}, \quad P(X_1 = 0) = \frac{5}{6}$$

그러면 매 시행이 독립이므로 두 번째와 세 번째의 결과를 각각 X_2, X_3이라 하면, 두 확률변수의 확률분포도 X_1과 동일하게 다음과 같다.

$$P(X_i = 1) = \frac{1}{6}, \quad P(X_i = 0) = \frac{5}{6}, \quad i = 2, 3$$

특히 주사위를 독립적으로 반복하여 세 번 던질 때 나올 수 있는 모든 경우는 다음과 같이 8가지뿐이다.

$$(x_1, x_2, x_3): (0, 0, 0), (0, 1, 0), (0, 0, 1), (1, 0, 0), (0, 1, 1), (1, 1, 0), (1, 0, 1), (1, 1, 1)$$

이때 $X = X_1 + X_2 + X_3$이라 하면 $X_i = 0, 1\ (i = 1, 2, 3)$이므로 확률변수 X가 취할 수 있는 값은 0, 1, 2, 3이다. 이제 X의 확률분포를 구하기 위하여, X가 취할 수 있는 각각의 경우에 대한 확률을 구해 보자.

❶ $X = 0$인 경우

X_i들이 취할 수 있는 값이 오로지 0과 1뿐이므로 $X = X_1 + X_2 + X_3 = 0$이 되는 경우는 모든 $i = 1, 2, 3$에 대해 $X_i = 0$인 경우뿐이다. 더욱이 X_1, X_2, X_3이 독립이므로 $X = 0$일 확률은 다음과 같다.

$$\begin{aligned} P(X = 0) &= P(X_1 = 0, X_2 = 0, X_3 = 0) \\ &= P(X_1 = 0)\, P(X_2 = 0)\, P(X_3 = 0) = \left(\frac{5}{6}\right)^3 \end{aligned}$$

❷ $X = 1$인 경우

X_1, X_2, X_3 중에서 어느 하나가 1이고 다른 두 개는 0이 되는 경우이다. 이때 $X = 1$인 사건은 쌍마다 배반인 다음 세 사건으로 표현된다. 즉, 처음에 1의 눈이 나오고 두 번 연속하여 다른 눈이 나오는 경우, 두 번째에 1의 눈이 나오고 처음과 마지막에 다른 눈이 나오는 경우 그리고 처음 두 번 연속하여 다른 눈이 나오고 마지막으로 1의 눈이 나오는 경우뿐이다.

$$\{X_1 = 1, X_2 = 0, X_3 = 0\}, \ \{X_1 = 0, X_2 = 1, X_3 = 0\}, \ \{X_1 = 0, X_2 = 0, X_3 = 1\}$$

그리고 각 경우의 확률은 다음과 같다.

$$P(X_1 = 1, X_2 = 0, X_3 = 0) = P(X_1 = 1)\, P(X_2 = 0)\, P(X_3 = 0) = \frac{1}{6}\left(\frac{5}{6}\right)^2$$

$$P(X_1 = 0, X_2 = 1, X_3 = 0) = P(X_1 = 0)\, P(X_2 = 1)\, P(X_3 = 0) = \frac{1}{6}\left(\frac{5}{6}\right)^2$$

$$P(X_1=0, X_2=0, X_3=1) = P(X_1=0)\,P(X_2=0)\,P(X_3=1) = \frac{1}{6}\left(\frac{5}{6}\right)^2$$

따라서 $X=1$일 확률은 쌍마다 배반인 세 사건의 합이므로 다음과 같다.

$$P(X=1) = 3\left(\frac{1}{6}\right)\left(\frac{5}{6}\right)^2$$

❸ $X=2$인 경우

$X=1$인 경우와 동일한 방법으로 사건은 쌍마다 배반인 다음 세 사건으로 표현된다.

$$\{X_1=1, X_2=1, X_3=0\},\ \{X_1=1, X_2=0, X_3=1\},\ \{X_1=0, X_2=1, X_3=1\}$$

그리고 각 경우의 확률은 다음과 같다.

$$P(X_1=1, X_2=1, X_3=0) = P(X_1=1)\,P(X_2=1)\,P(X_3=0) = \left(\frac{1}{6}\right)^2\left(\frac{5}{6}\right)$$

$$P(X_1=1, X_2=0, X_3=1) = P(X_1=1)\,P(X_2=0)\,P(X_3=1) = \left(\frac{1}{6}\right)^2\left(\frac{5}{6}\right)$$

$$P(X_1=0, X_2=1, X_3=1) = P(X_1=0)\,P(X_2=1)\,P(X_3=1) = \left(\frac{1}{6}\right)^2\left(\frac{5}{6}\right)$$

따라서 $X=2$일 확률은 쌍마다 배반인 세 사건의 합이므로 다음과 같다.

$$P(X=2) = 3\left(\frac{1}{6}\right)^2\left(\frac{5}{6}\right)$$

❹ $X=3$인 경우

세 번 모두 1의 눈이 나오는 경우이고 이것은 모든 $i=1, 2, 3$에 대해 $X_i=1$인 경우뿐이므로 $X=3$일 확률은 다음과 같다.

$$P(X=3) = P(X_1=1, X_2=1, X_3=1) = P(X_1=1)\,P(X_2=1)\,P(X_3=1) = \left(\frac{1}{6}\right)^3$$

이와 같은 사실을 요약하면 [표 5-2]와 같다.

각 시행이 독립이므로 확률변수 X는 카드 S와 카드 F가 각각 1장과 5장이 들어 있는 주머니에서 복원추출에 의해 한 장씩 3번 뽑을 때, 3번 중에 카드 S가 포함된 횟수와 동일하게 생각할 수 있다. 따라서 X가 값을 가지는 각 경우의 수를 조합을 이용하여 구하면 다음과 같다.

[표 5-2] 표본점에 따른 확률분포표

표본점	FFF	SFF, FSF, FFS	SSF, SFS, FSS	SSS
x	0	1	2	3
$p(x)$	$\left(\frac{5}{6}\right)^3$	$3\left(\frac{1}{6}\right)\left(\frac{5}{6}\right)^2$	$3\left(\frac{1}{6}\right)^2\left(\frac{5}{6}\right)$	$\left(\frac{1}{6}\right)^3$

[표 5-3] **표본점, 경우의 수에 따른 확률분포표**

표본점	FFF	SFF, FSF, FFS	SSF, SFS, FSS	SSS
x	0	1	2	3
경우의 수	$1=\binom{3}{0}$	$3=\binom{3}{1}$	$3=\binom{3}{2}$	$1=\binom{3}{3}$
각 시행의 확률	$\left(\frac{1}{6}\right)^0\left(\frac{5}{6}\right)^3$	$\left(\frac{1}{6}\right)^1\left(\frac{5}{6}\right)^2$	$\left(\frac{1}{6}\right)^2\left(\frac{5}{6}\right)^1$	$\left(\frac{1}{6}\right)^3\left(\frac{5}{6}\right)^0$
$p(x)$	$\binom{3}{0}\left(\frac{1}{6}\right)^0\left(\frac{5}{6}\right)^3$	$\binom{3}{1}\left(\frac{1}{6}\right)^1\left(\frac{5}{6}\right)^2$	$\binom{3}{2}\left(\frac{1}{6}\right)^2\left(\frac{5}{6}\right)^1$	$\binom{3}{3}\left(\frac{1}{6}\right)^3\left(\frac{5}{6}\right)^0$

❶ $X=0$은 3번 중에 S가 하나도 포함되지 않는 경우이고 이 경우의 수는 $\binom{3}{0}=1$이다.

❷ $X=1$은 3번 중에 S가 한 번 포함되는 경우이고 이 경우의 수는 $\binom{3}{1}=3$이다.

❸ $X=2$는 3번 중에 S가 두 번 포함되는 경우이고 이 경우의 수는 $\binom{3}{2}=3$이다.

❹ $X=3$은 3번 중에 S가 세 번 모두 포함되는 경우이고 이 경우의 수는 $\binom{3}{3}=1$이다.

그러므로 카드 S가 3번 중에 $x(x=0, 1, 2, 3)$번 나오는 경우의 수는 $\binom{3}{x}$이다. 그리고 $P(S)=\frac{1}{6}$, $P(F)=1-\frac{1}{6}=\frac{5}{6}$이고 각 시행은 독립이므로 카드 S가 나온 횟수에 대한 경우의 수와 각 시행의 확률을 이용하여 확률함수 $p(x)$를 [표 5-3]과 같이 나타낼 수 있다.

확률함수 $p(x)$에서 성공 횟수를 이용하여 다음과 같은 규칙성을 찾을 수 있다. 즉, 매회 성공률이 $\frac{1}{6}$이고, 세 번 반복하여 시행하는 이항실험에서 2번 성공할 확률의 구조를 살펴보면 [그림 5-4]와 같다.

이항분포(binomial distribution)는 매회 성공률이 p인 베르누이 시행을 독립적으로 n번 반복하여 시행하는 이항실험에서 성공한 횟수 X에 대한 확률분포이고, $X \sim B(n, p)$로 나타낸다.

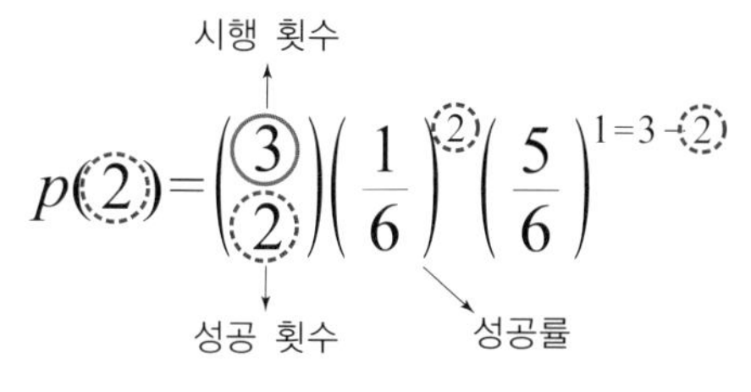

[그림 5-4] **확률함수의 구조**

이때 반복하여 시행한 횟수 n과 매회 성공률 p를 이항분포의 모수라 한다. 그러면 [그림 5-4]로부터 모수가 n과 p인 이항 확률변수 X의 확률함수는 다음과 같음을 알 수 있다.

$$p(x) = \binom{n}{x} p^x q^{n-x}, \quad x = 0, 1, 2, \cdots, n, \quad q = 1 - p$$

즉, $X \sim B(n, p)$인 이항 확률변수 X의 확률함수는 $q = 1 - p$에 대하여 다음과 같이 정의한다.

$$p(x) = \binom{n}{x} p^x q^{n-x}, \quad x = 0, 1, \cdots, n$$

특히 $n = 1$이면, 베르누이 시행을 한 번 실시한 경우이고 모수 p인 베르누이 분포와 일치한다. a와 b가 $0, 1, \cdots, n$ 중의 하나이고 $a < b$라 할 때, 모수가 n과 p인 이항 확률변수 X에 대하여 다음 관계가 성립한다.

- $P(X = a) = P(X \le a) - P(X \le a - 1)$
- $P(a < X \le b) = P(X \le b) - P(X \le a)$
- $P(X > a) = 1 - P(X \le a)$

예제 8

오지선다로 주어진 10문제에서 임의로 답안을 선택할 때, 다음을 구하라.

(1) 정답을 선택한 문제 수에 대한 확률함수

(2) 꼭 2문제를 맞힐 확률

(3) 1문제 이상 맞힐 확률

풀이

(1) 각 문제에서 지문이 5개씩이므로 각 문제당 정답을 선택할 확률은 0.2이다. 따라서 10문제 중에서 정답을 선택한 문제 수를 확률변수 X라 하면 $X \sim B(10, 0.2)$인 이항분포를 이루고, X의 확률함수는 $p(x) = \binom{10}{x}(0.2)^x (0.8)^{10-x}$, $x = 0, 1, \cdots, 10$이다.

(2) 꼭 2문제를 맞힐 확률은 다음과 같다.

$$P(X = 2) = p(2) = \binom{10}{2}(0.2)^2 (0.8)^8 \approx 0.302$$

(3) 1문제 이상 맞는 사건은 모든 문제를 틀린 사건의 여사건이므로 우선 모든 문제를 틀릴 확률을 구하면 다음과 같다.

$$P(X=0)=p(0)=\binom{10}{0}(0.2)^0(0.8)^{10}\approx 0.1074$$

따라서 구하고자 하는 확률은 $P(X\geq 1)=1-p(0)=1-0.1074=0.8926$이다.

I Can Do 8

매회 성공률이 0.3인 베르누이 시행을 독립적으로 4번 반복할 때, 다음을 구하라.

(1) 성공한 횟수에 대한 확률함수

(2) 꼭 2번 성공할 확률

[예제 8]과 같이 매 시행에서 성공률이 $p<0.5$이면 [그림 5-5(a)]와 같이 왼쪽으로 집중되고 오른쪽 긴 꼬리를 갖는 양의 비대칭인 분포를 이룬다. 그리고 공정한 동전을 던져서 앞면이 나오는 경우와 같이 $p=0.5$인 이항분포는 [그림 5-5(b)]와 같이 시행 횟수 n에 관계없이 평균 μ를 중심으로 좌우대칭인 분포를 이루며, 이러한 이항분포를 **대칭이항분포**(symmetric binomial distribution)라 한다. 또한 $p>0.5$이면 [그림 5-5(c)]와 같이 오른쪽으로 치우치고 왼쪽으로 긴 꼬리를 갖는 음의 비대칭인 분포를 이룬다.

그리고 $X\sim B(n,p)$일 때, 임의의 실수 x에 대해 이항 확률변수 X가 x보다 작거나 같을 확률 $P(X\leq x)$를 **누적이항확률**(cumulative binomial probability)이라 한다. 앞에서 언급한 이항확률의 성질과 [부록 A.1]의 누적이항확률표를 이용하여 이항분포에 대한 여러 확률을 [표 5-4]와 같이 쉽게 구할 수 있다. 이 표에서 n과 x는 각각 시행 횟수와 성공 횟수를 나타내며, p는 성공률을 나타낸다. 소수점 이하 네 자리 숫자들은 모수가 n과 p인 이항분포에 대하여 x번 성공할 때까지 누적한 확률, 즉 $P(X\leq x)$를 나타낸다. 예를 들어, [표 5-4]와 같이 $n=8$, $p=0.45$에 대

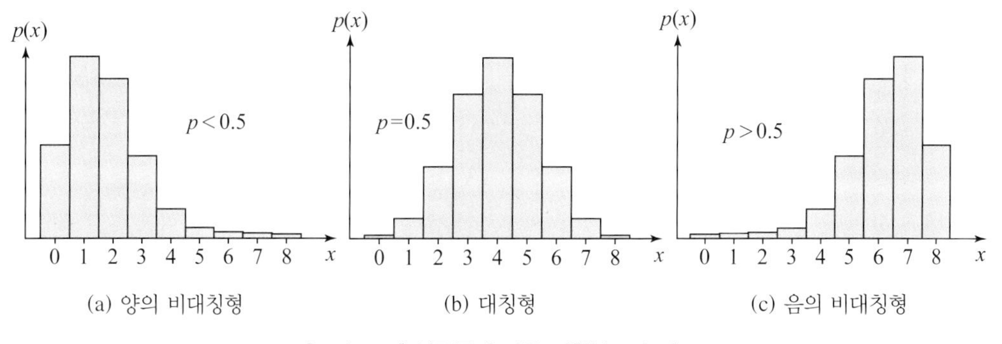

[그림 5-5] **성공률에 따른 이항분포의 비교**

[표 5-9] 누적이항확률표

시행 횟수 → n, 성공 횟수 → x, 성공률 → p, $P(X \le 4)$ → 0.7396

		p									
n	x	0.05	0.10	0.15	0.20	0.25	0.30	0.35	0.40	0.45	0.50
8	0	0.6634	0.4305	0.2725	0.1678	0.1001	0.0576	0.0319	0.0168	0.0084	0.0039
	1	0.9428	0.8131	0.6572	0.5033	0.3671	0.2553	0.1691	0.1064	0.0632	0.0352
	2	0.9942	0.9619	0.8948	0.7969	0.6785	0.5518	0.4278	0.3154	0.2201	0.1445
	3	0.9996	0.9950	0.9786	0.9437	0.8862	0.8059	0.7064	0.5941	0.4770	0.3633
	4	1.0000	0.9996	0.9971	0.9896	0.9727	0.9420	0.8939	0.8263	0.7396	0.6367
	5	1.0000	0.9999	0.9998	0.9988	0.9958	0.9887	0.9747	0.9502	0.9115	0.8555

하여 $x = 4$인 행과 $p = 0.45$인 열이 만난 위치의 수 0.7396은 $P(X \le 4) = 0.7396$임을 나타낸다. 따라서 $X \sim B(8,\ 0.45)$에 대하여 $P(X = 2)$와 $P(X \ge 5)$를 구하면 각각 다음과 같다.

- $P(X = 2) = P(X \le 2) - P(X \le 1) = 0.2201 - 0.0632 = 0.1569$
- $P(X \ge 5) = 1 - P(X \le 4) = 1 - 0.7396 = 0.2064$

예제 9

수도권 지역에서 RH^+ B 혈액형을 가진 사람의 비율이 10 %라고 한다. 이때 수도권 지역에 있는 헌혈센터에서 20명이 헌혈을 했을 때, [부록 A.1]을 이용하여 다음 확률을 구하라.

(1) RH^+ B형인 헌혈자가 5명 이하일 확률

(2) RH^+ B형인 헌혈자가 정확히 3명일 확률

(3) RH^+ B형인 헌혈자가 적어도 4명 이상일 확률

풀이

RH^+ B형인 헌혈자의 수를 X라 하면, $X \sim B(20,\ 0.1)$이므로 구하고자 하는 확률은 다음과 같다.

(1) $P(X \le 5) = 0.9887$

(2) $P(X = 3) = P(X \le 3) - P(X \le 2)$
$= 0.8670 - 0.6769 = 0.1901$

(3) $P(X \ge 4) = 1 - P(X \le 3)$
$= 1 - 0.8670 = 0.1330$

			p	
n	x	…	0.10	…
20	0	…	0.1216	…
	1	…	0.3917	…
	2	…	0.6769	…
	3	…	0.8670	…
	4	…	0.9568	…
	5	…	0.9887	…

I Can Do 9

관광공사의 통계자료에 의하면 2013년 출국자 수가 1,485만 명이었다. 즉, 우리나라 인구의 약 30%가 출국하였다. 무작위로 10명을 선정했을 때, [부록 A.1]을 이용하여 다음 확률을 구하라.

(1) 2013년에 출국 경험이 있는 사람이 4명 이하일 확률

(2) 2013년에 출국 경험이 있는 사람이 정확히 3명일 확률

(3) 2013년에 출국 경험이 있는 사람이 적어도 5명 이상일 확률

X와 Y가 독립인 확률변수이고 각각 $X \sim B(m, p)$, $Y \sim B(n, p)$인 이항분포를 이룬다고 하자. 그러면 $X+Y$의 확률분포는 $X+Y \sim B(m+n, p)$이다.

예제 10

텔레마케터 A는 시간당 6번 고객에게 전화를 걸어서 상품을 판매할 확률이 30%이고, 텔레마케터 B는 시간당 9번 고객에게 전화를 걸어서 상품을 판매할 확률이 30%라고 한다. 다음 확률을 구하라.

(1) 시간당 A와 B가 함께 판매한 상품이 모두 5개일 확률

(2) A가 판매한 상품 수가 $x(x=0, 1, \cdots, 5)$개이고 B가 판매한 상품 수가 $5-x$개일 확률

(3) A와 B가 함께 판매한 상품이 모두 5개라 했을 때, A가 판매한 상품이 3개일 확률

풀이

(1) A가 판매한 상품 수를 X, B가 판매한 상품 수를 Y라 하면, X와 Y는 각각 이항분포 $X \sim B(6, 0.3)$, $Y \sim B(9, 0.3)$을 이룬다. 그리고 두 마케터는 서로 독립이므로 두 사람이 판매한 상품 수 $S=X+Y$는 이항분포 $S \sim B(15, 0.3)$을 이룬다. 따라서 두 사람이 판매한 상품 수가 5개일 확률은 다음과 같다.

$$P(S=5)=P(S \le 5)-P(S \le 4)=0.7216-0.5155=0.2061$$

(2) X와 Y가 독립이므로 $P(X=x, Y=5-x)=P(X=x)P(Y=5-x)$이고 $X \sim B(6, 0.3)$, $Y \sim B(9, 0.3)$이다. 따라서 $x=0$이면 $P(X=0)=0.1176$이고

$$P(Y=5)=P(Y \le 5)-P(Y \le 4)=0.9747-0.9012=0.0735$$

이므로 다음을 얻는다.

$$P(X=0, Y=5)=P(X=0)P(Y=5)=0.1176 \times 0.0735 \approx 0.0086$$

같은 방법으로 다음 확률을 얻는다.

$$P(X=1,\ Y=4)=P(X=1)P(Y=4)=0.3026\times0.1715\approx0.0519$$

$$P(X=2,\ Y=3)=P(X=2)P(Y=3)=0.3241\times0.2669\approx0.0865$$

$$P(X=3,\ Y=2)=P(X=3)P(Y=2)=0.1852\times0.2668\approx0.0494$$

$$P(X=4,\ Y=1)=P(X=4)P(Y=1)=0.0596\times0.1556\approx0.0093$$

$$P(X=5,\ Y=0)=P(X=5)P(Y=0)=0.0102\times0.0404\approx0.0004$$

(3) (2)에 의하여 $P(X+Y=5)=\sum_{x=0}^{5}P(X=x,\ Y=5-x)=0.2061$이므로 구하고자 하는 확률은 다음과 같다.

$$P(X=3\,|\,X+Y=5)=\frac{P(X=3,\ X+Y=5)}{P(X+Y=5)}=\frac{P(X=3,\ Y=2)}{P(S=5)}=\frac{0.0494}{0.2061}\approx0.2397$$

I Can Do 10

어느 가전제품 회사는 A와 B 두 공장에서 TV를 생산하고 있으며, 불량률은 동일하게 5%라고 한다. A와 B 두 공장에서 각각 5대씩 생산된 제품을 대리점에 내놓았을 때, 불량품이 꼭 하나 있을 확률과 적어도 하나 있을 확률을 구하라(이때 두 공장에서 생산된 TV의 불량률은 서로 독립이라고 한다).

5.2.3 이항분포의 평균과 분산

야구 선수의 타율이 3할이라 함은 10번 타석에 들어서면 평균적으로 안타를 3번 친다는 것이다. 이때 이 선수가 안타를 친 횟수를 확률변수 X라 하면, X는 타석에 들어간 횟수인 모수 $n=10$과 매 타석에서의 타율 $p=0.3$인 이항분포를 이루고, 따라서 이 경우에 평균 안타 수는 10번 중에서 30%인 3번이고 $np=10\times0.3=3$이 되는 것을 확인할 수 있다. 즉, 모수 n과 p를 갖는 이항 확률변수의 평균은 두 모수를 곱한 것과 같다. 다시 말해서, X의 평균은 $\mu=np$이다. 또한 X의 분산은 시행 횟수 n과 성공률 p 그리고 실패율 $q=1-p$를 곱한 $\sigma^2=npq$이다. 따라서 $X\sim B(n,p)$에 대하여 X의 평균과 분산은 다음과 같다.

- 평균: $\mu=np$
- 분산: $\sigma^2=npq$

예제 11

[예제 9]에서 RH^+ B형 헌혈자의 평균과 표준편차를 구하라.

풀이

RH^+ B형인 헌혈자의 수를 X라 하면, $X \sim B(20,\ 0.1)$이므로 평균과 분산 그리고 표준편차는 각각 다음과 같다.

$$\mu = 20 \times 0.1 = 2, \quad \sigma^2 = 20 \times 0.1 \times 0.9 = 1.8, \quad \sigma = \sqrt{1.8} \approx 1.3416$$

I Can Do 11

[I Can Do 10]에서 대리점에 내놓은 10대의 TV에 포함된 불량품 수의 평균과 표준편차를 구하라.

5.3 푸아송분포

이항분포에 대한 확률을 계산하기 위하여 누적이항확률표를 사용하면 매우 편한 것을 살펴보았다. 그러나 일반적으로 누적이항확률표에서 시행 횟수 n이 30보다 큰 경우의 확률표를 찾아보기 쉽지 않다는 점과 확률함수를 이용하여 확률을 구한다는 것도 매우 번거롭다는 문제가 있다. 이러한 경우에 푸아송분포나 6장에서 소개할 정규분포를 이용하면 n이 30보다 큰 경우의 확률을 근사적으로 구할 수 있다. 이 절에서는 푸아송분포의 특성과 시행 횟수가 충분히 큰 경우의 이항확률을 푸아송분포를 이용하여 구하는 방법에 대하여 살펴본다.

5.3.1 푸아송 확률변수

사회과학에서 통계 처리를 할 때 빈번히 발생하는 이산확률변수 중에서 푸아송 확률변수가 있다. 이 확률변수는 다음의 예와 같이 단위 구간 안에서 특정한 사건이 발생하는 확률 모형에 매우 효과적이다. 이때 단위 구간은 1분, 1시간, 하루, 1년 등과 같이 어느 특정한 시간대가 될 수 있으며, 파이프의 길이, 소설책의 한 면 또는 한 개의 컨테이너 상자 등과 같이 길이, 넓이 또는 부피를 의미한다.

- 어느 특정한 시간대에 걸려온 전화 횟수

- 어느 특정한 시간대에 교차로에서 발생한 교통사고 건수
- 어느 특정한 1분 동안 계산대에 도착한 손님의 수
- 송유관 100 m당 균열의 수
- 통계학 교재의 한 면에 들어 있는 오자의 수
- 스마트폰이 가득 실려 있는 컨테이너 상자 안 불량품의 수

이러한 푸아송분포는 프랑스 수학자 푸아송(Simeon Denis Poisson; 1781~1840)을 기리기 위하여 붙인 이름이며, **푸아송분포**는 다음과 같이 정의되는 이산확률분포이다.

푸아송분포(Poisson distribution)는 다음 조건을 만족하는 이산확률변수 X의 확률분포이다.

- 확률 실험은 주어진 구간에서 사건이 발생한 횟수 X로 구성되며, X가 취할 수 있는 값은 0, 1, 2, ⋯이다. 즉, 상태공간이 $\{0, 1, 2, 3, \cdots\}$이다.
- 동일한 크기의 구간에서 사건이 발생할 확률은 동일하다.
- 겹치지 않는 구간에서 사건이 발생한 횟수는 서로 독립이다.

그러면 단위 구간에서 어떤 특정한 사건이 평균적으로 발생한 횟수를 μ라 할 때, 푸아송 확률변수 X는 모수 μ인 푸아송분포를 이룬다 하고 $X \sim P(\mu)$로 나타낸다. 따라서 이 경우에 평균과 분산은 다음과 같다.

- 평균: 모수 μ
- 분산: $\sigma^2 = \mu$

이때 모수 μ인 푸아송분포에 대한 확률을 구하기 위하여 [부록 A.2]에 주어진 누적푸아송확률표를 사용한다. 예를 들어, 평균이 $\mu = 1.4$인 푸아송분포에서 확률 $P(X \le 4)$를 구하기 위하여 [표 5-5]와 같이 $x = 4$인 행과 $\mu = 1.4$인 열이 만나는 위치의 수 0.986를 택한다. 그러면 이 수치는 평균 1.4인 푸아송분포에서 X가 4 이하일 확률, 즉 $P(X \le 4) = 0.986$이다. 또한 이항확률을 구하는 경우와 동일하게 $P(X = 4)$는 다음과 같이 구한다.

$$
\begin{aligned}
P(X = 4) &= P(X \le 4) - P(X \le 3) \\
&= 0.986 - 0.946 \\
&= 0.04
\end{aligned}
$$

[표 5-5] **누적푸아송확률표**

발생 횟수　　　$P(X \le 4)$　　평균

	μ								
x	1.1	1.2	1.3	1.4	1.5	1.6	1.7	1.8	1.9
0	0.333	0.301	0.273	0.247	0.223	0.202	0.183	0.165	0.150
1	0.699	0.663	0.627	0.592	0.558	0.525	0.493	0.463	0.434
2	0.900	0.879	0.857	0.833	0.809	0.783	0.757	0.731	0.704
3	0.974	0.966	0.957	0.946	0.934	0.921	0.907	0.891	0.875
4	0.995	0.992	0.989	0.986	0.981	0.976	0.970	0.964	0.954
5	0.999	0.998	0.998	0.997	0.996	0.994	0.992	0.990	0.987
6	1.000	1.000	1.000	0.999	0.999	0.999	0.998	0.997	0.997

예제 12

어떤 교차로에서 월평균 3회인 푸아송분포에 따라 교통사고가 일어난다고 할 때, [부록 A.2]를 이용하여 다음 확률을 구하라.

(1) 한 달 동안 4건의 사고가 발생할 확률

(2) 두 달 동안 4건의 사고가 발생할 확률

풀이

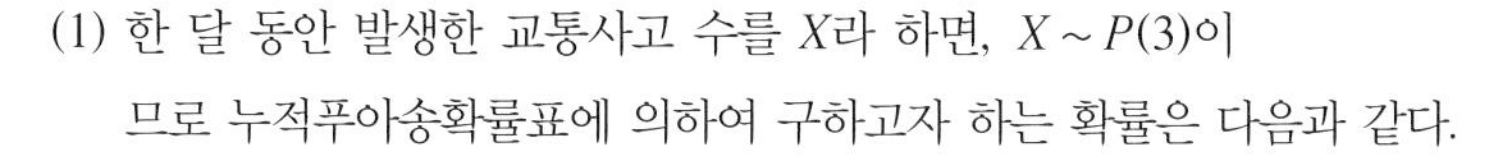

(1) 한 달 동안 발생한 교통사고 수를 X라 하면, $X \sim P(3)$이므로 누적푸아송확률표에 의하여 구하고자 하는 확률은 다음과 같다.

$$P(X=4) = P(X \le 4) - P(X \le 3)$$
$$= 0.815 - 0.647$$
$$= 0.168$$

(2) 한 달에 평균 3회의 교통사고가 발생하므로 두 달 사이에 평균 6회의 교통사고가 발생한다. 따라서 두 달 동안 발생한 교통사고 수를 Y라 하면, $Y \sim P(6)$이므로 구하고자 하는 확률은 다음과 같다.

$$P(Y=4) = P(Y \le 4) - P(Y \le 3)$$
$$= 0.285 - 0.151$$
$$= 0.134$$

I Can Do 12

어느 상점에 시간당 평균 4명의 손님이 찾아온다. 이때 9시부터 9시 30분 사이에 꼭 1명의 손님이 찾아올 확률과 10시부터 12시까지 손님이 5명 이상 찾아올 확률을 구하라(단, 상점을 찾아오는 손님의 수는 푸아송분포를 따른다).

5.3.2 이항확률의 근사 확률

앞에서 언급한 바와 같이 시행 횟수 n이 30보다 큰 경우의 이항확률을 구하기 위하여 푸아송분포를 이용하여 근사 확률을 구할 수 있다. 이때 이항분포의 평균 $\mu = np$가 일정할 때 n이 커질수록 p가 작아지면, 이항 확률변수는 평균 μ인 푸아송 확률변수와 거의 일치하는 것을 [그림 5-6]에서 확인할 수 있다.

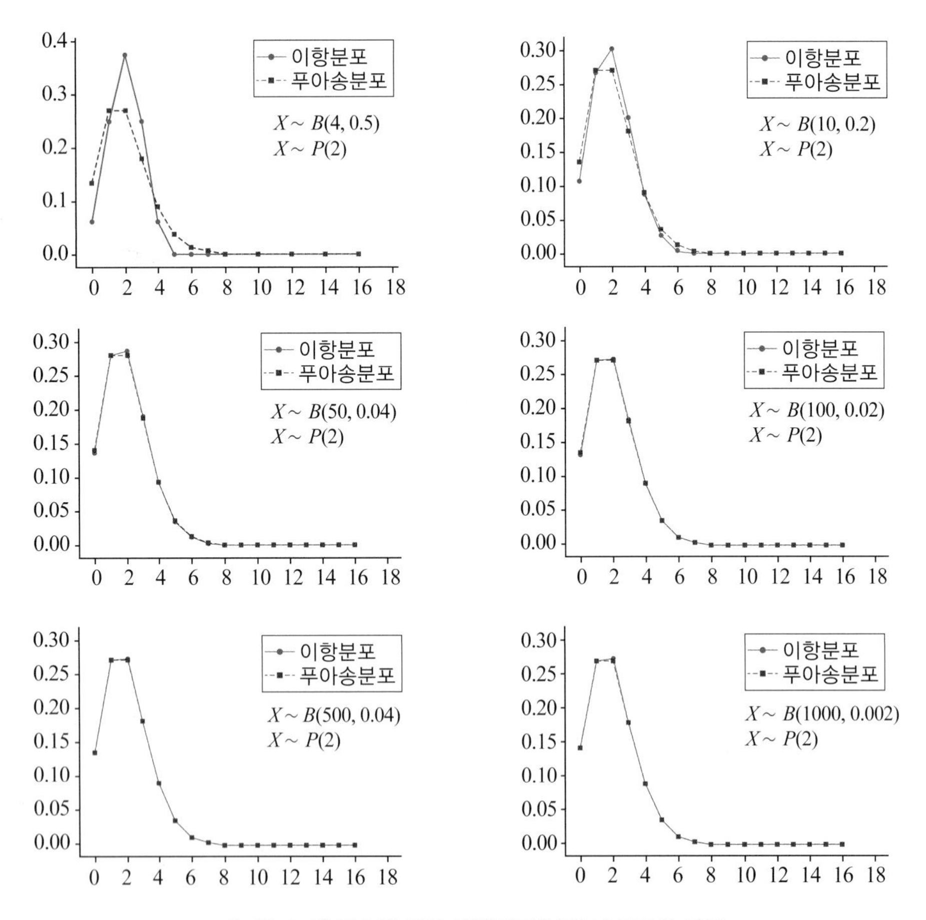

[그림 5-6] 모수에 따른 이항분포와 푸아송분포의 비교

즉, 충분히 큰 n에 대하여 $np = \mu$(p가 충분히 작은 경우)가 일정하면, $B(n, p) \approx P(\mu)$이므로 푸아송분포를 이용하여 이항분포의 확률을 근사적으로 구할 수 있다. 그러나 p가 충분히 작지 않은 경우에는 푸아송 근사를 적용하지 않고, 6장에서 다루게 될 정규분포에 의하여 근사 확률을 구할 수 있다. 보편적으로 $np \le 5$이고 n이 충분히 큰 경우에 푸아송분포를 이용하여 이항확률의 근사 확률을 구한다.

예제 13

수도권 지역에 있는 헌혈 센터에서 50명이 헌혈을 했을 때, 푸아송분포에 의해 다음 근사 확률을 구하라(단, 수도권 지역 RH^+ B 혈액형 헌혈자의 비율은 10 %이다).

(1) RH^+ B형인 헌혈자가 5명 이하일 확률

(2) RH^+ B형인 헌혈자가 정확히 3명일 확률

(3) RH^+ B형인 헌혈자가 적어도 4명 이상일 확률

풀이

RH^+ B형인 헌혈자의 수를 X라 하면, $X \sim B(50, 0.1)$이므로 $X \approx P(5)$이다. 따라서 구하고자 하는 근사 확률은 다음과 같다.

(1) $P(X \le 5) = 0.616$

(2) $P(X = 3) = P(X \le 3) - P(X \le 2) = 0.265 - 0.125 = 0.140$

(3) $P(X \ge 4) = 1 - P(X \le 3) = 1 - 0.265 = 0.735$

I Can Do 13

[I Can Do 9]에서 무작위로 30명을 선정했을 때, 푸아송분포에 의해 다음 근사 확률을 구하라.

(1) 2013년에 출국 경험이 있는 사람이 4명 이하일 확률

(2) 2013년에 출국 경험이 있는 사람이 3명일 확률

(3) 2013년에 출국 경험이 있는 사람이 적어도 5명 이상일 확률

한편 [그림 5-7]과 같이 푸아송분포는 평균 μ가 커질수록 μ를 중심으로 종 모양에 가까워진다.

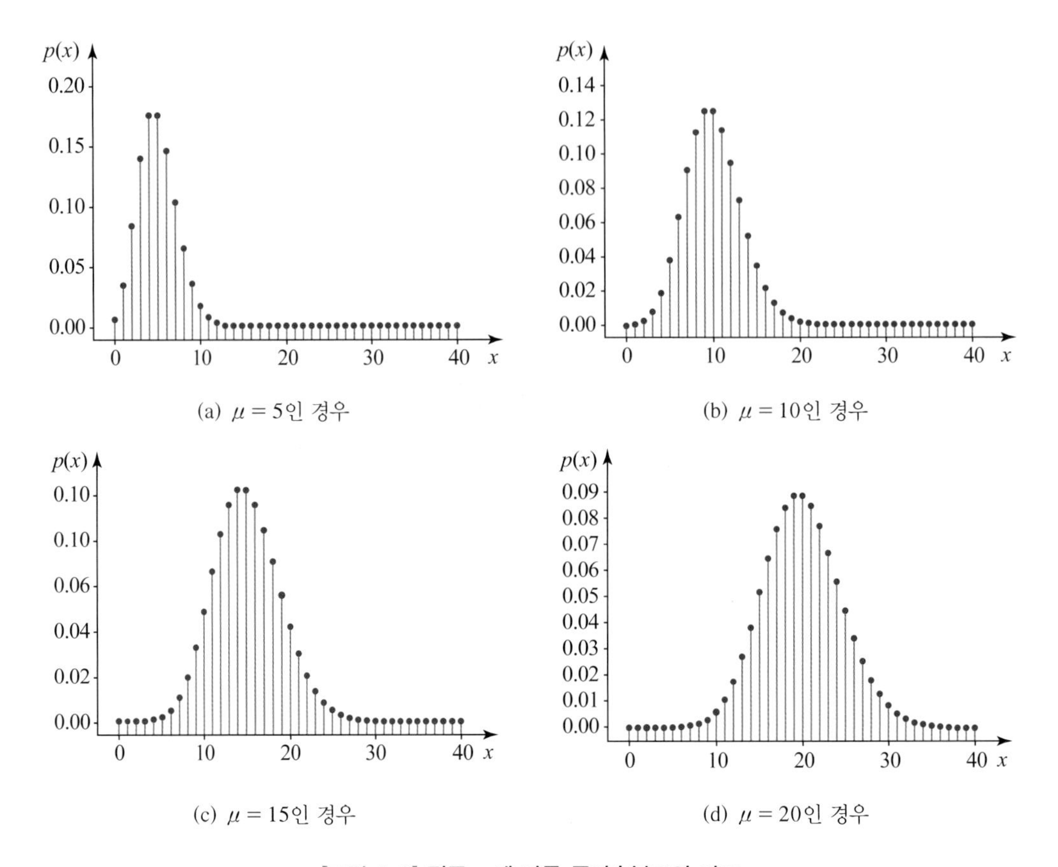

(a) $\mu = 5$인 경우 (b) $\mu = 10$인 경우

(c) $\mu = 15$인 경우 (d) $\mu = 20$인 경우

[그림 5-7] **평균 μ에 따른 푸아송분포의 비교**

5.4 그 외의 이산확률분포

이항분포와 푸아송분포는 대표적인 이산확률분포이지만 이러한 분포들 외에 자주 사용되는 이산확률분포가 있다. 이 절에서는 이들 확률분포들 이외에 자주 사용되는 이산확률분포인 이산균등분포, 기하분포, 초기하분포에 대해 살펴본다.

5.4.1 이산균등분포

동전을 한 번 던져서 앞면이 나온 횟수를 확률변수 X라 하면, 확률함수는 다음과 같다.

$$p(x) = \frac{1}{2}, \quad x = 0,\ 1$$

특히 주사위를 한 번 던질 때 나온 눈의 수를 확률변수 X라 하면, 확률함수는 다음과 같음을 살펴보았다.

$$p(x) = \frac{1}{6},\ \ x = 1, 2, 3, 4, 5, 6$$

이와 같이 확률변수 X가 취할 수 있는 값이 1, 2, 3, ⋯, n이고 각 경우에 확률함수 값이 $\frac{1}{n}$로 동등한 이산확률분포를 모수 n인 **이산균등분포**(discrete uniform distribution)라 하며 $X \sim DU(n)$으로 나타낸다. 그러므로 모수 n인 이산균등분포에 대한 확률함수는 다음과 같다.

$$p(x) = \frac{1}{n},\ \ x = 1, 2, \cdots, n$$

이때 X의 평균과 분산은 다음과 같다.

- 평균: $\mu = E(X) = \dfrac{n+1}{2}$
- 분산: $\sigma^2 = \dfrac{n^2-1}{12}$

예제 14

로또 당첨 번호는 1에서 45의 숫자가 적힌 공이 있는 주머니 안에서 임의로 공을 꺼내 공에 적힌 숫자로 결정된다. 주머니 안에서 공 하나를 꺼내어 나온 공의 번호를 X라 할 때 다음을 구하라.

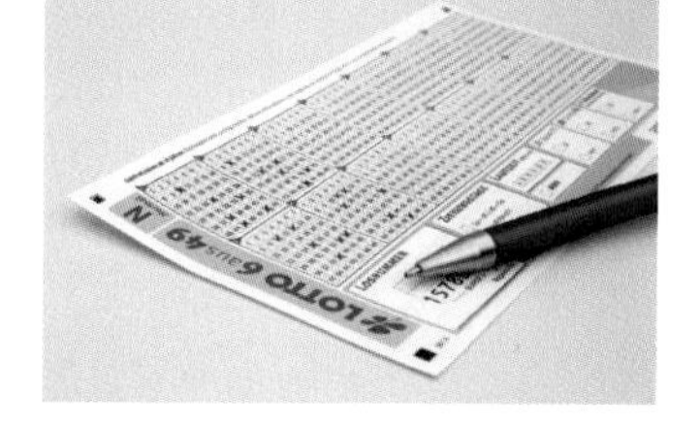

(1) X의 확률함수

(2) X의 평균과 분산

(3) 한 자리 숫자가 나올 확률

풀이

주머니에서 꺼낸 공의 숫자를 X라 하면, $X \sim DU(45)$이므로 다음을 얻는다.

(1) $p(x) = \frac{1}{45},\ \ x = 1, 2, 3, \cdots,\ 45$

(2) $\mu = \frac{45+1}{2} = 23,\ \ \sigma^2 = \frac{45^2-1}{12} \approx 168.67$

(3) 한 자리 숫자가 나오는 사건은 $\{1, 2, \cdots, 9\}$이므로 구하고자 하는 확률은 다음과 같다.

$$P(1 \le X \le 9) = p(1) + p(2) + \cdots + p(9) = \frac{9}{45} = \frac{1}{5} = 0.2$$

I Can Do 14

룰렛 게임에서, 던진 공이 들어간 홈의 숫자를 X라 할 때 다음을 구하라(단, 0과 00은 제외한다).

(1) X의 확률함수

(2) X의 평균과 분산, 표준편차

(3) 30 이상의 숫자가 선택될 확률

5.4.2 기하분포

처음으로 1의 눈이 나올 때까지 주사위를 독립적으로 반복해서 던진 횟수를 확률변수 X라 하면, X가 취할 수 있는 숫자는 1, 2, 3, …과 같다. 그리고 주사위를 독립적으로 던지므로 매회 주사위를 던져서 1의 눈이 나올 가능성은 $\frac{1}{6}$이다. 그러면 확률변수 X는 매회 성공률이 $\frac{1}{6}$인 베르누이 실험을 처음으로 성공할 때까지 독립적으로 반복 시행한 횟수를 의미한다. 이와 같이 매회 성공률이 p인 베르누이 실험을 처음으로 성공할 때까지 반복 시행한 횟수에 관한 확률분포를 모수 p인 **기하분포**(geometric distribution)라 하고 $X \sim G(p)$로 나타낸다. 이때 베르누이 시행에서 성공을 ●, 실패를 ○으로 나타내면, [그림 5-8]과 같이 각 실행 결과에 따른 확률변수 X의 값과 그 경우의 확률을 얻는다.

그러므로 모수 p인 기하분포에 대한 확률함수는 다음과 같다.

$$p(x) = pq^{x-1}, \quad x = 0, 1, 2, \cdots, \quad q = 1 - p$$

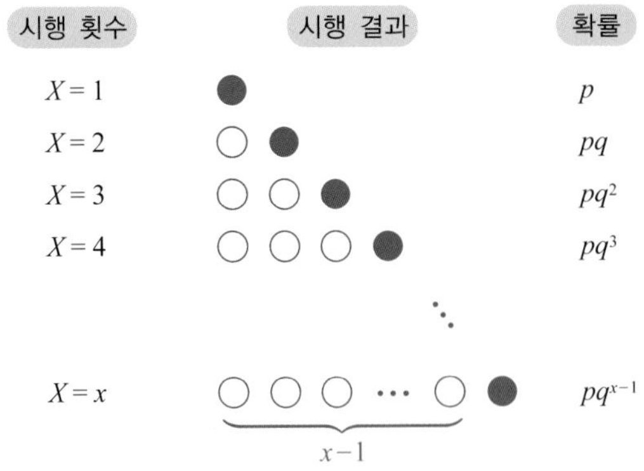

시행 횟수	시행 결과	확률
$X=1$	●	p
$X=2$	○ ●	pq
$X=3$	○ ○ ●	pq^2
$X=4$	○ ○ ○ ●	pq^3
⋱		
$X=x$	$\underbrace{○ ○ ○ \cdots ○}_{x-1}$ ●	pq^{x-1}

[그림 5-8] 시행 결과에 따른 확률변수와 확률

[표 5-6] $X \sim G(p)$의 확률분포표

X	1	2	3	4	5	6	7	⋯
$P(X=x)$	$\frac{1}{2}$	$\frac{1}{4}$	$\frac{1}{8}$	$\frac{1}{16}$	$\frac{1}{32}$	$\frac{1}{64}$	$\frac{1}{128}$	⋯

예를 들어, 앞면이 나올 때까지 동전을 던지는 실험에서 던진 횟수 X는 모수 $p=0.5$인 기하분포를 이루고, 확률변수 X에 대한 확률분포표는 [표 5-6]과 같다.

따라서 $X \sim G(p)$인 기하분포의 확률함수에 대한 확률 히스토그램은 [그림 5-9]와 같이 기하급수적으로 감소하는 모양을 이룬다.

이때 평균과 분산은 다음과 같다.

- 평균: $\mu = \dfrac{1}{p}$
- 분산: $\sigma^2 = \dfrac{q}{p^2}$

예를 들어, 앞면이 나올 때까지 동전을 던진 횟수를 나타내는 기하분포 $X \sim G(0.5)$에 대하여 X의 평균은 $\mu = \dfrac{1}{0.5} = 2$이고, 따라서 평균적으로 동전을 두 번 던지면 처음으로 앞면이 나온다.

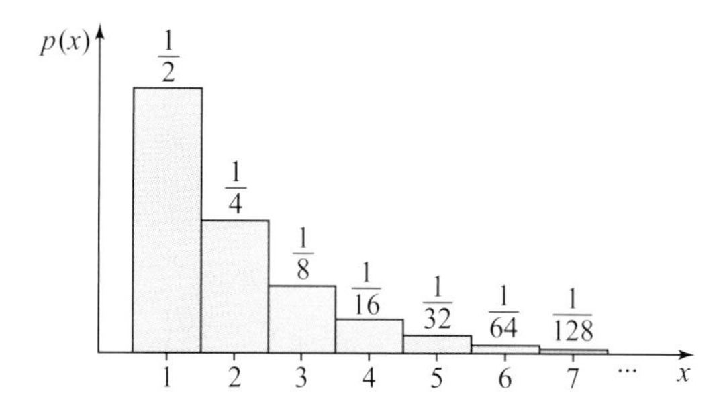

[그림 5-9] $X \sim G(p)$의 확률 히스토그램

예제 15

신용카드 한 장을 판매할 확률이 0.1인 외판원이 처음으로 카드를 팔 때까지 고객을 만난 횟수를 X라 할 때, 다음을 구하라.

(1) X의 확률함수

(2) X의 평균과 분산

(3) 5번째 만난 고객과 7번째 만난 고객 사이에 처음으로 카드를 팔 확률

〔풀이〕

외판원이 만난 고객 수를 X라 하면, $X \sim G(0.1)$이므로 다음을 얻는다.

(1) $p(x) = (0.1)(0.9)^{x-1},\ x = 1, 2, 3, \cdots$

(2) $\mu = \dfrac{1}{0.1} = 10,\ \sigma^2 = \dfrac{0.9}{0.1^2} = 90$

(3) 5번째 만난 고객과 7번째 만난 고객 사이에 카드를 팔 확률은 다음과 같다.

$$P(5 \le X \le 7) = p(5) + p(6) + p(7) = (0.1)(0.9)^4 + (0.1)(0.9)^5 + (0.1)(0.9)^6 \approx 0.1778$$

I Can Do 15

2009년 질병관리본부의 조사에 따르면, 노숙인들이 폐결핵에 걸릴 확률은 5.8 %이다. 이 자료에 기초하여 노숙인들을 대상으로 건강검진을 무료로 실시할 때, 폐결핵 양성반응을 보인 사람이 처음으로 발견될 때까지 검사를 받은 노숙인 수를 X라 하자. 물음에 답하라.

(1) X의 확률함수를 구하라.

(2) 평균적으로 몇 번째 노숙인에게서 처음으로 양성반응이 나타나는지 구하라.

5.4.3 초기하분포

4.1.2절의 [예제 3]에서 빨간 공 4개와 파란 공 5개가 들어 있는 주머니에서 공 4개를 꺼내는 경우의 수와 빨간 공 2개와 파란 공 2개를 꺼내는 경우의 수를 살펴보았다. 이 주머니에서 공 4개를 꺼낼 때, 빨간 공 2개와 파란 공 2개가 나올 확률을 생각해 보자. 그러면 공 4개를 꺼내는 모든 경우로 구성된 표본공간 안의 표본점의 개수는 $\binom{9}{4} = 126$이고, 이 중에서 빨간 공 2개와 파란 공 2개로 구성된 사건의 표본점의 개수는 $\binom{4}{2}\binom{5}{2} = 60$이다. 이때 이 주머니에서 빨간 공 2개와 파란 공 2개가 나올 확률은 다음과 같다.

$$P(\text{빨간 공 2개와 파란 공 2개}) = \frac{\binom{4}{2}\binom{5}{2}}{\binom{9}{4}} = \frac{60}{126} = \frac{10}{21}$$

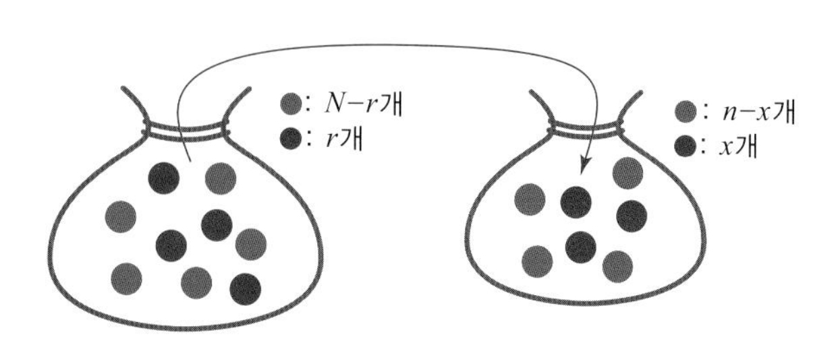

[그림 5-10] 주머니에서 공 n개 꺼내기

일반적으로 [그림 5-10]과 같이 빨간 공 r개와 파란 공 $N-r$개가 들어 있는 주머니에서 공 n개를 임의로 꺼낼 때, 꺼낸 공 n개 안에 포함된 빨간 공의 개수 X에 대한 확률분포를 모수 N, r, n인 **초기하분포**(hypergeometric distribution)라 하고 $X \sim H(N, r, n)$으로 나타낸다.

그러면 전체 공의 개수가 N개이고, 빨간 공 r개와 파란 공 $N-r$개가 들어 있는 주머니에서 무작위로 n개의 공을 꺼내는 경우의 수는 $\binom{N}{n}$이고 빨간 공 x개와 파란 공 $n-x$개를 꺼내는 경우의 수는 $\binom{r}{x}\binom{N-r}{n-x}$이다. 그러므로 이 주머니에서 n개의 공을 꺼낼 때, 꺼낸 공 n개 중에 빨간 공 x개와 파란 공 $n-x$개가 포함될 확률은 다음과 같다. 여기서 주머니 안에 있는 빨간 공의 수 r은 n보다 크다고 가정한다.

$$P(X=x) = \frac{\binom{r}{x}\binom{N-r}{n-x}}{\binom{N}{n}}, \quad x = 0, 1, 2, \cdots, n$$

즉, $X \sim H(N, r, n)$인 이산확률변수 X의 확률함수는 다음과 같이 정의한다.

$$p(x) = \frac{\binom{r}{x}\binom{N-r}{n-x}}{\binom{N}{n}}, \quad x = 0, 1, 2, \cdots, n$$

그러면 $X \sim H(N, r, n)$에 대하여 X의 평균과 분산은 다음과 같다.

- 평균: $\mu = n\frac{r}{N}$
- 분산: $\sigma^2 = n\frac{r}{N}\left(1-\frac{r}{N}\right)\left(\frac{N-n}{N-1}\right)$

예제 16

여자 4명과 남자 6명이 섞여 있는 그룹에서 무작위로 2명을 선출할 때, 다음을 구하라.

(1) 선출된 두 명 중에 포함되어 있는 남자 수에 대한 확률함수

(2) 선출된 남자 수에 대한 평균과 분산

(3) 선출된 두 명 모두 남자일 확률

(4) 여자 1명과 남자 1명이 선출될 확률

풀이

(1) 선출된 남자의 수를 X라 하면, $X \sim H(10, 6, 2)$이므로 확률함수는 다음과 같다.

$$p(x) = \frac{\binom{6}{x}\binom{4}{2-x}}{\binom{10}{2}}, \quad x = 0, 1, 2$$

(2) $\mu = 2 \cdot \frac{6}{10} = 1.2, \quad \sigma^2 = 2 \cdot \frac{6}{10}\left(1 - \frac{6}{10}\right)\left(\frac{10-2}{10-1}\right) = \frac{32}{75} \approx 0.4267$

(3) $P(X=2) = p(2) = \frac{\binom{6}{2}\binom{4}{0}}{\binom{10}{2}} = \frac{1}{3}$

(4) $P(X=1) = p(1) = \frac{\binom{6}{1}\binom{4}{1}}{\binom{10}{2}} = \frac{8}{15}$

I Can Do 16

빨간 공 4개와 파란 공 5개가 들어 있는 주머니에서 공 4개를 꺼낼 때, 꺼낸 공 4개 중에 포함된 빨간 공의 수를 X라 하자. 다음을 구하라.

(1) X의 확률함수를 구하라.

(2) 평균과 분산을 구하라.

(3) 빨간 공 3개와 파란 공 1개가 나올 확률을 구하라.

특히 주머니 안에 들어 있는 빨간 공의 비율 $\frac{r}{N} = p$가 일정하고 N이 충분히 크다고 하자. 그러면 $\frac{N-n}{N-1} \approx 1$이고, 따라서 이 경우에 평균은 $\mu = np$이고 분산은 $\sigma^2 \approx npq$임을 알 수 있다. 한편 평균이 $\mu = np$이고 분산이 $\sigma^2 = npq$인 이산확률분포는 모수 n과 p를 갖는 이항분포

이므로 $\frac{r}{N} = p$가 일정하고 N이 충분히 큰 초기하분포는 모수 n과 p를 갖는 이항분포에 근사하는 것을 알 수 있다.

$$\frac{r}{N} = p\text{가 일정하고 } N\text{이 충분히 크면 } H(N, r, n) \approx B(n, p)\text{이다.}$$

예제 17

500명을 모집하는 공무원 시험에서 남자 200명과 여자 300명이 합격했다고 하자. 합격자의 성별을 모르는 상황에서 10명을 무작위로 선정하여 교육부로 배치하려고 한다. 선정된 10명 중에 여자 6명이 포함될 근사 확률을 구하라.

풀이

교육부로 배치된 여자의 수를 X라 하면 $X \sim H(500, 300, 10)$이다.

따라서 $p = \frac{300}{500} = 0.6$, $X \approx B(10, 0.6)$이고 구하고자 하는 근사 확률은 다음과 같다.

$$P(X = 6) = P(X \le 6) - P(X \le 5) = 0.6177 - 0.3669 = 0.2508$$

I Can Do 17

200개의 상품 중 20개가 불량이라 한다. 이 중에서 20개를 무작위로 선정했을 때, 2개가 불량품일 근사 확률을 구하라.

연습문제

1. 이산확률변수 X의 확률분포가 다음과 같다. 물음에 답하라.

X	-2	-1	0	1	2
$P(X=x)$	0.15	0.25		0.25	0.30

(1) $P(X=0)$을 구하라.

(2) 평균 μ와 분산 σ^2을 구하라.

2. $X \sim B(8,\ 0.45)$에 대하여 다음을 구하라.

(1) $P(X=4)$

(2) $P(X \neq 3)$

(3) $P(X \leq 5)$

(4) $P(X \geq 6)$

(5) 평균 μ

(6) 분산 σ^2

(7) $P(\mu-\sigma \leq X \leq \mu+\sigma)$

(8) $P(\mu-2\sigma \leq X \leq \mu+2\sigma)$

3. $X \sim P(5)$에 대하여 다음 확률을 구하라.

(1) $P(X=3)$

(2) $P(X \leq 4)$

(3) $P(X \geq 10)$

(4) $P(4 \leq X \leq 8)$

4. 모수가 $N=10$, $r=6$, $n=5$인 초기하분포에 대하여 다음 확률을 구하라.

(1) $P(X=3)$

(2) $P(X=4)$

(3) $P(X \leq 4)$

(4) $P(X > 3)$

5. $X \sim G(0.6)$에 대하여 다음 확률을 구하라.

(1) $P(X=3)$

(2) $P(X \leq 4)$

(3) $P(X \geq 10)$

(4) $P(4 \leq X \leq 8)$

6. 미국에서는 신차에 대한 안전도 검사를 마친 자동차는 1-스타에서 5-스타까지 순위를 부여하여, 그 결과를 미국 도로교통안전국(NHTSA)에 보내도록 되어 있다. 새로 개발한 신차 100대의 안전도를 검사한 결과, 다음 표와 같았다. 안전도 검사를 받은 신차 중에서 무작위로 한 대를 선정하였을 때, 이 자동차의 등급을 나타내는 수를 확률변수 X라 하자. 물음에 답하라.

등급(스타)	1	2	3	4	5
자동차 수(대)	6	11	18	49	16

(1) X의 확률분포를 구하라.

(2) $P(X \geq 3)$을 구하라.

(3) 평균 등급을 구하라.

7. 단거리 홀에서 다른 선수들보다 월등히 게임을 잘하는 어느 프로 골퍼가 있다. 과거 경험에 비추어 3홀, 4홀 그리고 5홀에서 그의 샷의 수는 다음 표와 같은 확률분포를 보였다. 이 골퍼의 각 홀에 대한 기대 점수를 구하라.

파 3홀		파 4홀		파 5홀	
x	$p(x)$	x	$p(x)$	x	$p(x)$
2	0.11	3	0.15	4	0.06
3	0.78	4	0.78	5	0.78
4	0.07	5	0.04	6	0.10
5	0.04	6	0.03	7	0.06

8. 지방의 어느 중소도시에서 5%의 시민이 특이한 질병에 걸렸다고 한다. 이들 중에서 임의로 5명을 선정했을 때, 이 질병에 걸린 사람이 2명 이하일 확률을 구하라.

9. 한 포털 사이트에서 2014년 6월 15일부터 일주일 동안 초등학생이 늦은 시간까지 학원에 다니는 것에 대하여 찬반 조사를 한 결과 32%가 반대 의견을 표시했다. 이 조사에 응한 20명 중에서 반대 의견을 표시한 사람 수를 확률변수 X라 할 때, 다음을 구하라.

(1) X의 확률함수

(2) 2명 이상이 반대 의견을 표시했을 확률

(3) 반대 의견을 제시한 사람 수의 평균

10. 1997년에 민주주의와 비민주주의 국가의 뉴스 통제 정도를 연구한 결과가 *Journal of Peace Research*에 발표되었다. 이 결과에 따르면 민주주의 국가의 80%는 언론의 자유를 허용한 반면에 비민주주의 국가는 10%만이 허용한 것으로 조사되었다. 물음에 답하라.

(1) 민주주의를 이념으로 갖는 50개 국가를 임의로 선정했을 때, 평균 몇 곳의 국가가 언론의 자유를 허용하는지 구하라.

(2) 비민주주의를 이념으로 갖는 50개 국가를 임의로 선정했을 때, 평균 몇 곳의 국가가 언론의 자유를 허용하는지 구하라.

(3) 비민주주의를 이념으로 갖는 50개 국가 중에서 언론의 자유를 허용하는 국가가 세 곳 이상일 근사 확률을 구하라.

11. 회사의 보안 시스템은 95 %의 신뢰성을 갖도록 고안되어야 한다. 이 보안 시스템을 갖춘 10개의 회사를 상대로 도난 시험을 실시하였다. 다음 확률을 구하라.

(1) 6개 이상의 회사에서 알람이 울릴 확률

(2) 9개 이하의 회사에서 알람이 울릴 확률

12. 미국 보험계리사 협회에서 작성한 1979~1981년 미국 국민 생명표에는 57세 이상의 사람이 1년 안에 사망할 확률이 0.01059라고 보고되어 있다. 57세에 다다른 10명의 보험 가입자를 보유하고 있는 보험회사에 대하여 다음을 구하라.

(1) 보험 가입자 10명이 내년에 모두 생존할 확률

(2) 내년에 보험 가입자 10명 가운데 8명 이상 생존할 확률

(3) 이 회사의 보험증권을 갖고 있는 10,000명의 가입자 중에서 내년까지 생존할 것으로 기대되는 인원수

13. 어떤 자동차 보험회사가 자사 보험 가입 운전자의 성향이 연간 0.6의 확률을 가지고 추돌사고를 일으킨다는 정보를 가지고 있다. 이 보험회사의 자동차보험에 가입한 10명의 피보험자를 무작위로 선정할 경우, 다음을 구하라.

(1) 추돌사고를 일으킨 피보험자 수에 대한 확률함수

(2) 추돌사고를 일으킨 피보험자 수의 평균과 분산

(3) 꼭 두 명의 피보험자가 사고를 낼 확률

(4) 적어도 4명 이상의 피보험자가 사고를 낼 확률

14. 좌석이 30석인, 어느 작은 비행기에 승객이 나타나지 않을 확률이 다른 승객에 독립적으로 0.1이라 한다. 그리고 이 항공사는 32석의 티켓을 판매하였다. 이때 비행기에 탑승하기 위하여 나타난 승객이 가용할 수 있는 좌석보다 더 많을 확률을 구하라.

15. 인종별 특성인 피부색, 눈동자 색, 머리카락의 색깔이나, 왼손 · 오른손잡이 등은 한 쌍의 유전자에 의하여 결정된다. 이때 우성인자를 d 그리고 열성인자를 r라 하면, (d, d)를 순수우성, (r, r)를 순수열성 그리고 (d, r) 또는 (r, d)를 혼성이라고 한다. 두 남녀가 결혼하면 그 자녀는 각 부모로부터 어느 한 유전인자를 물려받게 되며, 이 유전인자는 두 종류의 유전인자 중에서 동등한 기회로 대물림된다. 물음에 답하라.

(1) 혼성 유전인자를 가지고 있는 두 부모의 자녀가 순수열성일 확률을 구하라.

(2) 혼성 유전인자를 가진 부모에게 5명의 자녀가 있을 때, 5명 중에서 어느 한 명만이 순수열

성일 확률을 구하라.

(3) 평균 순수열성인 자녀 수를 구하라.

16. 치명적인 자동차 사고의 55%가 음주운전에 의한 것이라는 보고가 있다. 앞으로 5건의 치명적인 자동차 사고가 날 때, 음주운전에 의하여 사고가 발생한 횟수 X에 대하여 다음 확률을 구하라.

(1) 다섯 번 모두 사고가 날 확률

(2) 꼭 3번 사고가 날 확률

(3) 적어도 1번 이상 사고가 날 확률

17. 보험 가입자들은 연간 평균 0.3의 비율로 보험금을 신청하며, 신청 건수는 푸아송분포를 따른다고 한다. 물음에 답하라.

(1) 보험 가입자들이 1년에 적어도 2건 이상 보험금을 청구할 확률을 구하라.

(2) 각 보험 신청 금액이 일률적으로 1,000만 원이라 할 때, 연간 피보험자에게 지불해야 할 평균 보험금을 구하라.

(3) 보험증권을 소지한 사람이 500명이라 할 때, 연평균 보험금을 신청할 보험 가입자 수를 구하라(단, 각 보험 가입자는 서로 독립적으로 보험금을 신청한다).

18. 어느 보험회사의 접수 센터에 매일 접수되는 지급 요구 건수는 푸아송분포를 따른다. 접수 센터는 월요일에는 두 건의 지급 요구가 접수되지만 다른 요일에는 하루에 한 건이 접수되는 것으로 기대하며, 서로 다른 요일에 접수되는 건수는 서로 독립이라 한다. 월요일부터 금요일 사이에 적어도 두 건의 지급 요구가 접수될 확률을 구하라.

19. 어느 야구팀이 4월 1일에 개막 경기를 하기로 계획되어 있다. 만일 이날 비가 오면, 경기는 연기되어 비가 오지 않는 다음 날 열린다. 이 야구팀은 비가 올 것에 대비하여 보험에 가입하였으며, 보험회사는 개막전이 연기될 때 매일(최대 2일까지) 1,000달러를 지급하도록 계약을 체결하였다. 그리고 보험회사는 4월 1일 시작하여 연속적으로 비가 오는 날의 수가 평균 0.6인 푸아송분포를 따른다고 결정하였다. 보험회사가 지불해야 할 보험금의 표준편차를 구하라.

20. 건강한 사람에게는 1 mm^3당 평균 6,000개의 백혈구가 있다. 어느 병원에 입원한 환자의 백혈구 결핍을 알아보기 위하여 0.001 mm^3의 혈액을 채취하여 백혈구의 수 X를 조사하였다. 이때 백혈구의 수는 푸아송분포를 따른다고 할 때, 물음에 답하라.

(1) 건강한 사람의 평균 백혈구 수를 구하라.

(2) 건강한 사람에 비하여 이 환자에게 기껏해야 두 개의 백혈구가 관찰될 확률을 구하라.

21. 지질학자들은 지르콘의 표면에 있는 우라늄의 분열 흔적의 수를 가지고 지르콘의 연대를 측정한다. 특정한 지르콘은 1 cm^2당 평균 4개의 흔적을 가지고 있다. 이 지르콘의 2 cm^2에 많아야 3개의 흔적이 있을 확률을 구하라(단, 이 분열 흔적의 수는 푸아송분포를 따른다고 한다).

22. 숫자 1에서 100까지 적힌 카드가 들어 있는 주머니에서 임의로 한 장을 꺼내어 나온 숫자를 확률변수 X라고 할 때, 물음에 답하라.

(1) X의 확률함수를 구하라.

(2) X의 평균과 분산 그리고 표준편차를 구하라.

23. 지중해의 넙치에서 발견되는 기생충의 분포를 연구한 한 과학자는 소화기관이 기생충에 감염된 넙치가 발견될 때까지 조사된 넙치의 수 X는 확률함수 $p(x) = (0.6)(0.4)^{x-1}$, $x = 1, 2, \cdots$로 모형화되는 것을 발견했다. 다음을 구하라.

(1) 소화기관이 기생충에 감염된 넙치가 발견될 때까지 조사된 넙치의 평균

(2) 소화기관이 기생충에 감염된 넙치가 세 번째에 발견될 확률

24. 환자들의 20 %가 결핵을 가지고 있다고 할 때, 환자들의 결핵검사를 위하여 엑스레이 사진을 촬영하였다. 결핵검사를 받은 환자 중에서 처음으로 양성반응을 보인 환자가 발견될 때까지 검사를 받은 환자 수를 X라 할 때, 다음을 구하라.

(1) X의 확률함수

(2) 처음으로 양성반응을 보인 환자가 발견될 때까지 검사를 받은 환자 수의 평균

(3) 어느 날 검사에서 10명을 검사해서야 비로소 처음 결핵환자가 발견될 확률

25. 평소에 세 번 전화를 걸면 두 번 정도 통화가 되는 친구에게 5번째 전화에서 처음으로 통화가 될 확률을 구하라.

26. 한 의학 연구팀이 새로운 치료법을 시도하기 위하여 특별한 질병에 걸린 한 사람을 찾고자 한다. 한편 이 질병에 걸린 사람은 전체 인구의 5 %이며, 연구팀은 이 질병에 걸린 사람을 찾을 때까지 임의로 진찰한다고 할 때, 물음에 답하라.

(1) 평균 몇 명을 진찰해야 이 질병에 걸린 사람을 처음으로 만나는지 구하라.

(2) 4명 이하의 환자를 진찰해서 이 질병에 걸린 사람을 만날 확률을 구하라.

(3) 10명 이상 진찰해야 이 질병에 걸린 사람을 만날 확률을 구하라.

27. 30명의 환자가 있는 병동에 5명의 AIDS 환자가 있다. 이들 중에서 임의로 10명을 선정하여 의사에게 진찰을 받게 하였다. 물음에 답하라.

(1) 이 의사에게 진찰받은 환자 중에 AIDS 환자 2명이 포함될 확률을 구하라.

(2) 임의로 선정된 10명 중에 AIDS 환자가 포함될 기댓값과 분산을 구하라.

28. 어느 상점은 80개의 모뎀을 가지고 있으며, 그중에서 30개는 A 회사 제품이고 나머지는 B 회사 제품이다. A 회사의 모뎀 중에서 20 %가 불량이고, B 회사의 모뎀 중에서 8 %가 불량이었다. 이 상점에서 5개의 모뎀을 표본으로 추출하여 정확히 두 개가 불량일 확률을 구하라.

29. 한 중간 판매업자가 50개의 상품을 수입하였다. 이들 수입 상품 중 5개의 상품에 결함이 있으나 판매업자는 몇 개의 상품에 결함이 있는지 모른다. 판매업자는 수입 상품 중에서 10개를 임의로 뽑아 결함이 있는지 조사하기로 하였다. 이때, 조사한 상품 중에서 결함이 있는 상품이 2개 이하이면 수입을 허용하기로 하였다. 이 판매업자가 수입된 상품을 허용할 확률을 구하라.

30. 지하수 오염 실태를 조사하기 위하여 30곳에 구멍을 뚫어 수질을 조사하였다. 그 결과 19곳은 오염이 매우 심각하였고, 6곳은 약간 오염되었다고 보고하였다. 그러나 채취한 지하수 병들이 섞여 있어 어느 지역의 지하수가 깨끗한지 모른다. 이런 상황에서 5곳을 선정하였을 때, 다음을 구하라.

(1) 오염 정도에 따른 확률분포

(2) 선정된 5곳 중에서 매우 심각하게 오염된 지역이 3곳, 약간 오염된 지역이 1곳일 확률

(3) 선정된 5곳 중에서 적어도 4곳이 심각하게 오염되었을 확률

연속확률분포

Continuous Probability Distribution

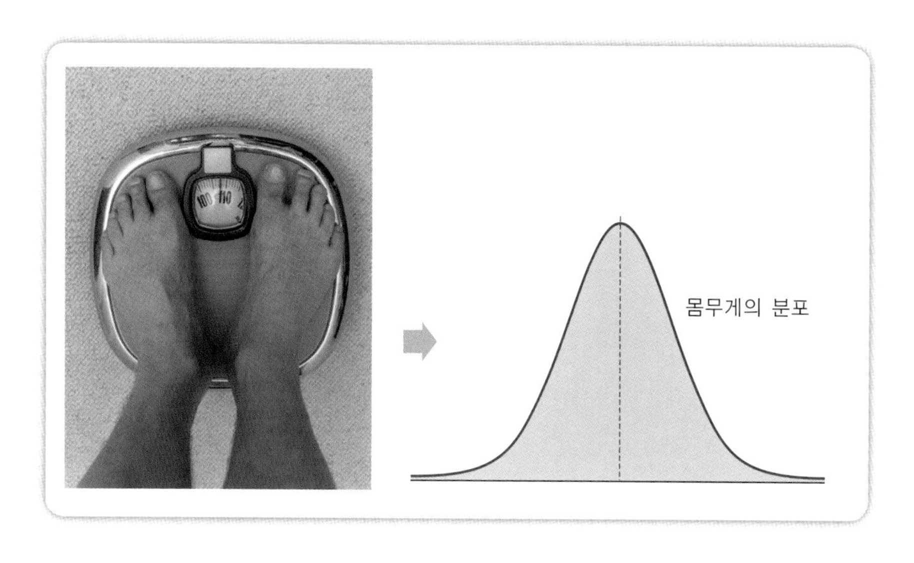

학습목표

- 연속확률변수의 의미와 연속확률변수의 평균과 분산을 구할 수 있다.
- 정규분포를 이해하고 확률을 계산할 수 있다.
- 이항분포의 정규근사를 이해할 수 있다.
- 카이제곱분포, t-분포, F-분포를 이해하고 백분위수를 구할 수 있다.

6.1 연속확률변수

5장에서 이산확률변수와 그에 대한 확률함수를 살펴보았으나, 실제 모든 실험 결과가 이산확률변수로 나타낼 수 있는 것은 아니다. 예를 들어, 다음과 같은 측정값의 집단을 생각해 보자.

- 올해 태어난 신생아들의 몸무게와 키
- 우리나라 사람의 수명 또는 새로 제작한 기계의 수명
- 교차로에서 일어나는 교통사고 발생 시간 간격 또는 프런트에 도착하는 손님들의 대기 시간 간격
- 특정 지역의 일일 온도 변화
- 생산한 베어링의 오차

이와 같은 측정값들은 1.4절에서 소개한 바 있는 연속자료이고, 어떤 구간 안의 점들과 대응을 이루고 있다. 이 단원에서는 연속자료를 설명할 수 있는 확률변수와 확률함수에 대하여 살펴본다.

6.1.1 연속확률변수

앞의 여러 가지 예에서 보았듯이 확률변수가 어떤 구간 안의 무수히 많은 점들과 대응을 이루는 확률변수, 다시 말해서 셈할 수 없이 무수히 많은 값을 가질 수 있는 확률변수를 **연속확률변수**라 한다.

> 연속확률변수(continuous random variable)는 확률변수가 취할 수 있는 모든 값, 즉 상태공간이 어떤 구간으로 나타나는 확률변수를 의미한다.

예를 들어, 2011년에 우리나라에서는 임신 25주 만에 몸무게 380 g인 초극소 미숙아가 태어났으나 의료진에 의해 사망하지 않은 사례가 있으며, 2012년에 중국에서는 7.1 kg인 우량아가 태어나서 화제가 된 적이 있다. 하지만 이와 같은 특수한 경우를 제외하고 열 달을 채우고 태어난 신생아의 몸무게는 평균 3.2 kg 정도이고 대략 2.7~4.6 kg 사이이다. 따라서 정상적인 신생아의 몸무게를 확률변수 X라 하면, X의 상태공간은 구간 $[2.7, 4.6]$이다. 이와 같이 확률변수 X가 취할 수 있는 모든 값이 유한구간 $[a, b]$ 또는 무한구간 $[0, \infty)$, $(-\infty, \infty)$ 등과 같을 때, 확률변수 X를 연속확률변수라 한다.

예제 1

다음 확률변수 X가 연속확률변수인지 결정하라.

(1) X는 오차가 2 mL이고 용량이 245 mL로 표시된 음료수의 양이다.

(2) X는 시험 시간이 1시간인 시험에서 각각의 학생들이 답안지를 제출한 시간이다.

(3) X는 교체된 형광등의 수명이다.

(4) X는 카드 외판원이 3장의 카드를 판매할 때까지 만난 고객의 수이다.

풀이

(1) X는 표시 용량이 245 mL이고 오차가 2 mL인 음료수의 양이므로 X의 상태공간은 구간 $[243, 247]$이다. 따라서 X는 연속확률변수이다.

(2) X는 문제지를 받자마자 곧바로 답안지를 제출하는 경우부터 1시간을 꽉 채우고 제출하는 경우까지 생각할 수 있으므로 X의 상태공간은 $[0, 1]$이다. 따라서 X는 연속확률변수이다.

(3) 형광등이 교체된 이후로 이 형광등이 언제 수명을 다할지 모르므로 X의 상태공간은 $[0, \infty)$이다. 따라서 X는 연속확률변수이다.

(4) 3장의 카드를 팔기 위하여 최소한 3명의 고객을 만나야 하며, 계속하여 마지막 3번째 카드를 팔기 위하여 만난 고객 수이므로 X의 상태공간은 $\{3, 4, 5, \cdots\}$이다. 따라서 X는 이산확률변수이다.

I Can Do 1

다음 확률변수 X가 연속확률변수인지 결정하라.

(1) X는 교환대에 걸려온 전화 횟수이다.

(2) X는 교환대에 걸려온 전화 사이의 대기 시간이다.

(3) 기상청 발표 자료에 따르면, 2013년 최대 강수량은 7월에 관측된 302.4 mm이다. 이때 X는 우리나라에서 2013년 6~8월 사이에 측정된 강수량이다.

6.1.2 확률밀도함수

이산확률변수 X가 취할 수 있는 각각의 값에 확률을 대응시켜서 확률분포를 얻었으며, X의 서로 다른 값에 대한 확률을 모두 더하면 1인 것을 살펴보았다. 따라서 확률 히스토그램의 전체 넓이는 1이고, 이산확률변수 X의 확률함수 $p(x)$를 이용하면 $X = x$일 확률은 곧바로 $P(X = x) = p(x)$로 구할 수 있다. 또한 $P(x - 0.5 \le X \le x + 0.5)$의 값은 [그림 6-1]과 같이 확률 히스토그램을 이용하여 $x - 0.5$에서 $x + 0.5$ 사이의 막대의 넓이로 구할 수 있다.

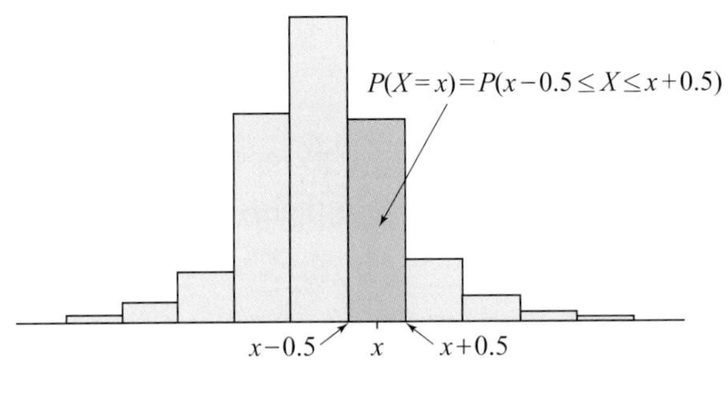

[그림 6-1] **확률 히스토그램**

그러나 연속확률변수 X가 취하는 셈할 수 없이 무수히 많은 개개의 값에 확률을 대응시키려 한다면, 이산확률변수의 경우와 같이 그 확률들을 모두 더한 값이 1이라고 말할 수 없다. 그 이유는 대응시킨 확률 값들이 셈할 수 없이 무수히 많으므로 일일이 더할 수 없기 때문이다. 따라서 연속확률변수의 확률분포는 이산확률변수의 경우와는 다르게 정의해야 한다.

이제 연속확률변수의 확률분포를 알아보기 위하여, 연속확률변수 X가 취할 수 있는 자료 값을 무작위로 선정하여 상대도수히스토그램을 만들어 보자. 이때 [그림 6-2(a)]와 같이 자료 수가 적으면 적을수록 계급의 수도 적으면서 계급 간격은 넓게 나타난다. 그러나 자료 수가 많으면 많을수록 계급의 수도 많아지면서 계급 간격은 좁게 나타나며, 히스토그램의 모양도 변한다. 특히 [그림 6-2(d)~(f)]와 같이 자료 값의 개수가 늘어날수록 계급 간격이 조밀해지고 상대도수히스토그램은 어떤 곡선에 가까워진다. 이 곡선을 연속확률변수 X의 확률분포라 한다.

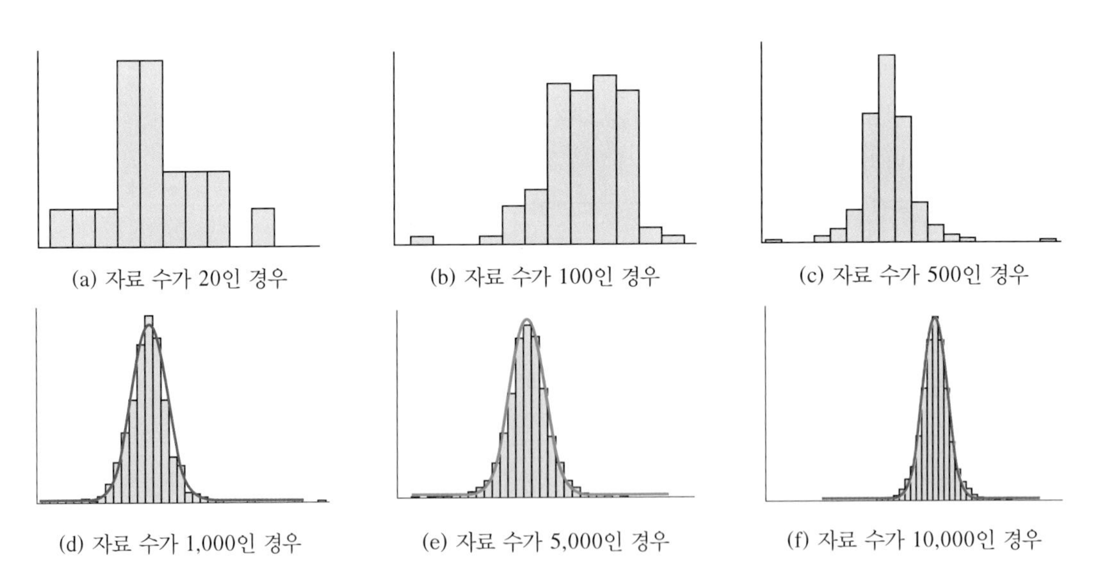

[그림 6-2] **자료 값에 대한 상대도수히스토그램**

그러면 이산확률분포와 동일하게 연속확률변수의 확률함수는 x축과 그 위에서만 나타나고 또한 곡선으로 이루어진 부분의 넓이는 1이어야 한다. 이때 이 확률함수 $f(x)$를 연속확률변수 X의 **확률밀도함수**라 한다. 따라서 확률밀도함수 $f(x)$의 그래프는 x축과 그 위에서 나타나며 전체 실수 구간에서 곡선 $f(x)$로 둘러싸인 부분의 넓이는 1이다.

확률밀도함수(probability density function)는 연속확률변수 X에 대하여 다음을 만족하는 함수이다.

- 모든 실수 x에 대하여 $f(x) \geq 0$이다.
- 모든 실수 구간과 함수 $f(x)$로 둘러싸인 부분의 넓이는 1이다.

이때 확률밀도함수에 대한 두 번째 조건을 다음과 같이 표현할 수 있다.

$$\int_{-\infty}^{\infty} f(x)\, dx = 1$$

이산확률변수의 경우에 [그림 6-1]에서 보는 바와 같이 확률 $P(x-0.5 \leq X \leq x+0.5)$는 확률 히스토그램의 넓이와 같다. 같은 방법으로 연속확률변수 X가 a에서 b 사이에 놓일 확률, 즉 $P(a \leq X \leq b)$는 [그림 6-3]과 같이 $x=a$와 $x=b$ 그리고 확률밀도함수 $f(x)$와 x축으로 둘러싸인 부분의 넓이이다.

이산확률변수 X가 어느 특정한 값 a만을 취할 확률 $P(X=a)$에 대하여 a가 상태공간 안에 있으면 $P(X=a)=p(a)>0$이고 상태공간 안에 있지 않으면 $P(X=a)=0$임을 알고 있다. 그러나 연속확률변수 X가 어느 특정한 값 a만을 취할 확률은 [그림 6-3]에서 b가 a에 가까워질수록 확률밀도함수 $f(x)$ 아래의 넓이는 0에 가까워지는 것을 알 수 있다. 그러므로 연속확률변수 X가 어느 특정한 값 a만을 취할 확률은 항상 $P(X=a)=0$이다. 따라서 연속확률변수 X에

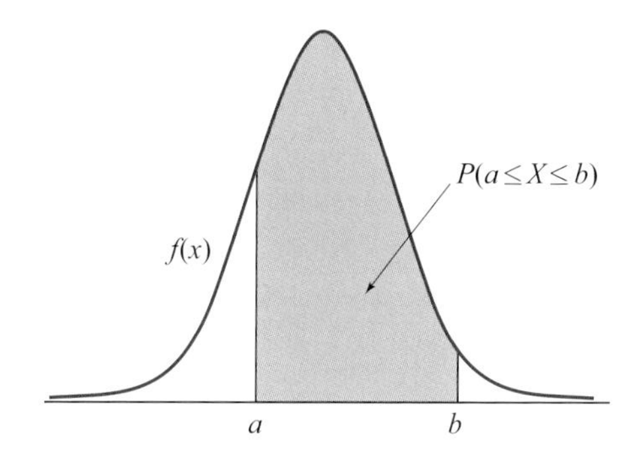

[그림 6-3] **연속확률분포의 확률**

대하여 다음 성질이 성립하는 것을 알 수 있다.

- $P(X = a) = 0$
- $P(X \geq a) = P(X > a),\ P(X \leq a) = P(X < a)$
- $P(a \leq X \leq b) = P(a < X \leq b) = P(a \leq X < b) = P(a < X < b)$
- $P(a \leq X \leq b) = P(X \leq b) - P(X \leq a)$

예제 2

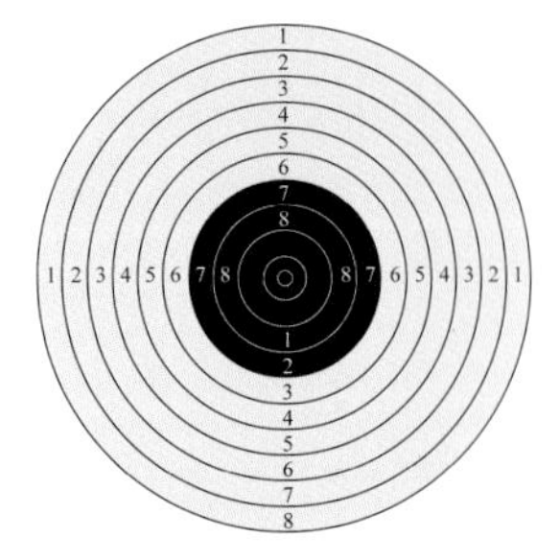

중심부에 있는 가장 작은 원의 반지름이 5 mm이고 두 번째로 작은 원의 반지름이 1 cm인 표적지가 있다. 원은 바깥쪽으로 갈수록 반지름의 길이가 1 cm씩 커진다. 중심으로부터 한 사격 선수가 쏜 총알이 표적지를 관통한 위치까지의 길이를 확률변수 X라 하고, $P(X \leq x)$를 다음과 같이 정의한다. 물음에 답하라(단, 이 선수는 반드시 전체 반지름의 길이가 10 cm인 표적지의 원 안에 맞춘다).

$$P(X \leq x) = \frac{(\text{반지름의 길이가 } x\text{인 원의 넓이})}{(\text{전체 원의 넓이})}$$

(1) 중심부에 있는 가장 작은 원에 맞힐 확률을 구하라.

(2) 반지름의 길이가 a보다 작은 원에 맞힐 확률을 구하라.

(3) 반지름의 길이가 3 cm와 4 cm인 원 안에 맞힐 확률을 구하라.

(4) 반지름의 길이가 4 cm인 원 밖에 맞힐 확률을 구하라.

풀이

(1) 전체 원의 반지름은 10 cm이고, 가장 작은 원의 반지름이 0.5 cm이므로 중심부에 있는 가장 작은 원에 맞힐 확률은 다음과 같다.

$$P(X \leq 0.5) = \frac{0.5^2\pi}{10^2\pi} = \frac{0.25}{100} = 0.0025$$

(2) 반지름의 길이가 a보다 작은 원에 맞힐 확률은 다음과 같다.

$$P(X \leq a) = \frac{a^2\pi}{10^2\pi} = \frac{a^2}{100}$$

(3) 반지름의 길이가 3 cm와 4 cm인 원 안에 맞힐 확률은 각각 다음과 같다.

$$P(X \leq 3) = \frac{3^2}{100} = 0.09,\ P(X \leq 4) = \frac{4^2}{100} = 0.16$$

그러므로 반지름의 길이가 3 cm와 4 cm인 원 안에 맞힐 확률은 다음과 같다.

$$P(3 \le X \le 4) = P(X \le 4) - P(X \le 3) = 0.16 - 0.09 = 0.07$$

(4) 반지름의 길이가 4 cm인 원 밖에 맞힐 확률은 다음과 같다.

$$P(X > 4) = 1 - P(X \le 4) = 1 - 0.16 = 0.84$$

I Can Do 2

연속확률변수 X의 확률밀도함수 $f(x)$가 그림과 같이 삼각형 모양일 때, 물음에 답하라.

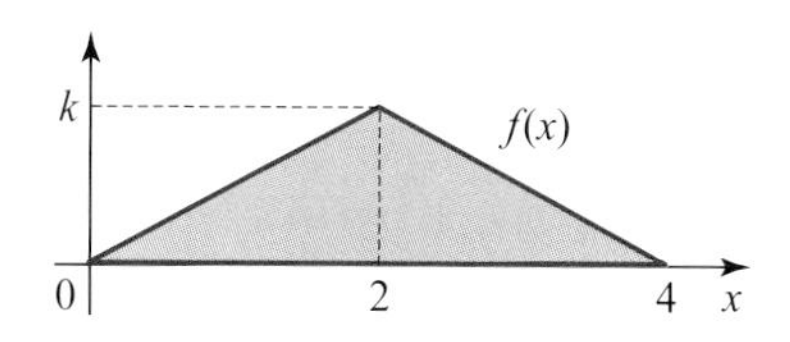

(1) 상수 k를 구하라.

(2) 확률 $P(X \le 1)$을 구하라.

(3) 확률 $P(1 \le X \le 2)$를 구하라.

(4) 확률 $P(X \ge 2.5)$를 구하라.

서울에서 부산까지 일정한 속도로 승용차를 타고 가면 교통 체증과 휴게소에 들리는 시간을 포함하여 4시간 30분에서 5시간이 걸린다고 한다. 그러면 승용차를 운행한 시간 X는 [그림 6-4]와 같이 270분에서 300분 사이에서 일정한 모양으로 분포를 이룬다. 이때 분포 모양이 직사각형이므로 밑면의 길이 30과 높이 k인 직사각형의 넓이는 1이어야 하고, 따라서 $k = \frac{1}{30}$이다.

이와 같이 구간 $a \le x \le b$에서 확률밀도함수가 $f(x) = \frac{1}{b-a}$이고 다른 곳에서 $f(x) = 0$인 연속확률분포를 **균등분포**(uniform distribution)라 하고 $X \sim U(a, b)$로 나타낸다. 그러면 $a \le c \le b$에 대하여 $X \le c$일 확률은 [그림 6-5]에서와 같이 $P(X \le c) = \frac{c-a}{b-a}$이다.

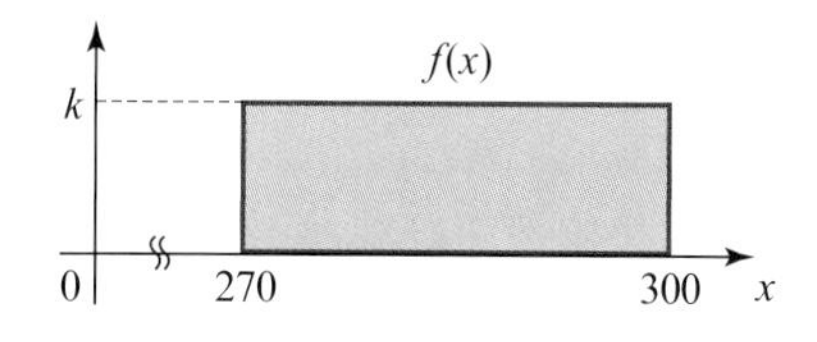

[그림 6-4] **균등분포의 확률밀도함수**

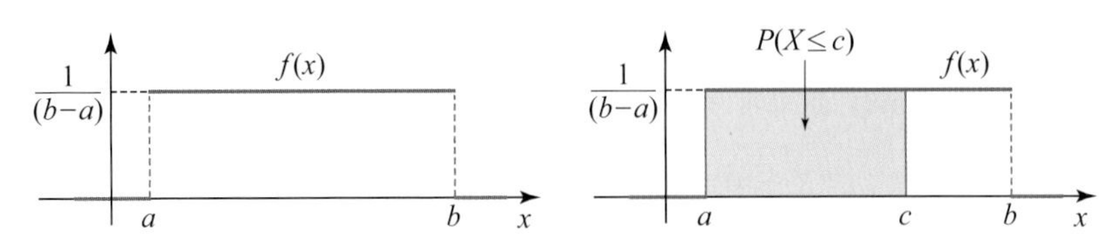

[그림 6-5] 균등분포의 확률밀도함수와 확률

예제 3

$X \sim U(1,\ 5)$에 대하여 다음을 구하라.

(1) X의 확률밀도함수 (2) $P(X \le 3)$ (3) $P(2 \le X \le 3.5)$

〔풀이〕

(1) 확률변수 X가 $1 \le x \le 5$에서 균등분포를 이루므로 확률밀도함수는 다음과 같다.

$$f(x) = \begin{cases} \dfrac{1}{4}, & 1 \le x \le 5 \\ 0, & x < 1,\ x > 5 \end{cases}$$

(2) $P(X \le 3)$은 밑변이 1에서 3까지이고 높이가 $\frac{1}{4}$인 사각형의 넓이이므로 다음과 같다.

$$P(X \le 3) = 2 \times \frac{1}{4} = 0.5$$

(3) $P(2 \le X \le 3.5)$은 밑변이 2에서 3.5까지이고 높이가 $\frac{1}{4}$인 사각형의 넓이이므로 다음과 같다.

$$P(2 \le X \le 3.5) = 1.5 \times \frac{1}{4} = 0.375$$

I Can Do 3

$X \sim U(0,\ 4)$에 대하여 다음을 구하라.

(1) X의 확률밀도함수 (2) $P(X \le 3)$

6.1.3 연속확률변수의 평균과 분산

이산확률변수의 평균을 나타내는 X의 기댓값을 확률질량함수 $f(x)$와 모든 실수 x에 대하여 다음과 같이 정의하였다.

$$\mu = E(X) = \sum_{\text{모든 } x} x\, f(x)$$

여기서 기호 Σ는 합한다는 의미를 갖는 수학기호이다. 이 기호는 합한다는 뜻의 영어 단어인 Sum의 머리글자 S에 대응하는 그리스 문자이며 이산형인 수들을 더할 때 사용한다. 이 머리글자 S를 위와 아래로 잡아당기면 ∫(적분기호)가 되며, 이것은 연속형으로 주어지는 수들을 더할 때 사용한다. 연속확률변수 X의 확률밀도함수 $f(x)$에 대해 **기댓값**(expected value)은 다음과 같이 정의할 수 있다.

$$\mu = E(X) = \int_{-\infty}^{\infty} x f(x)\, dx$$

그리고 이산확률변수의 경우와 동일하게 연속확률변수 X에 대하여 X의 기댓값 $E(X)$는 다음 성질을 갖는다.

- $E(a) = a$
- $E(aX) = aE(X)$
- $E(aX + b) = aE(X) + b$
- $E[u(X) + v(X)] = E[u(X)] + E[v(X)]$

또한 연속확률변수에 대한 분산과 표준편차는 각각 다음과 같이 정의한다.

연속확률변수 X의 분산(variance)은 다음과 같으며, X의 표준편차(standard deviation)는 X의 분산의 양의 제곱근이다.

$$\sigma^2 = E[(X - \mu)^2] = \int_{-\infty}^{\infty} (x - \mu)^2 f(x)\, dx$$

특히 확률밀도함수 $f(x)$의 성질을 이용하면 분산 σ^2은 다음과 같이 간단히 얻을 수 있다.

$$\sigma^2 = E(X^2) - \mu^2 = \int_{-\infty}^{\infty} x^2 f(x)\, dx - \mu^2$$

예제 4

연속확률변수 X의 확률밀도함수가 $0 \le x \le 1$에서 $f(x) = 2x$일 때, 다음을 구하라.

(1) X의 평균 (2) X의 분산 (3) $P(0 \le X \le 0.5)$

【풀이】

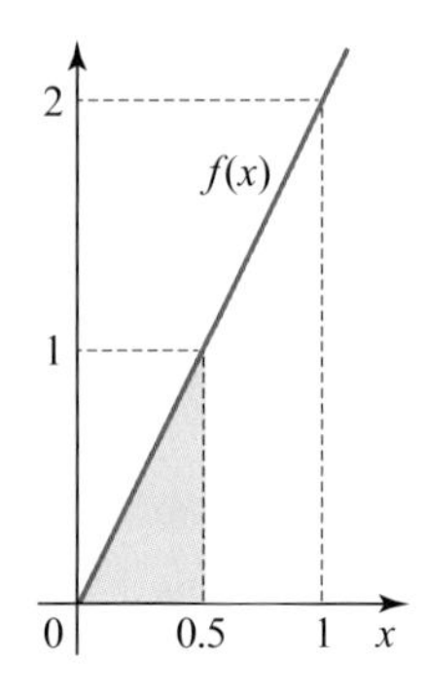

(1) $\mu = E(X) = \int_0^1 x\, f(x)\, dx = \int_0^1 x\,(2x)\, dx = 2\int_0^1 x^2\, dx = \frac{2}{3}x^3 \Big|_0^1 = \frac{2}{3}$

(2) $E(X^2) = \int_0^1 x^2 f(x)\, dx = \int_0^1 x^2(2x)\, dx = 2\int_0^1 x^3\, dx = \frac{2}{4}x^4 \Big|_0^1 = \frac{1}{2}$

이므로 분산은 다음과 같다.

$$\sigma^2 = E(X^2) - \mu^2 = \frac{1}{2} - \left(\frac{2}{3}\right)^2 = \frac{1}{18}$$

(3) $P(0 \le X \le 0.5) = \int_0^{0.5} f(x)\, dx = \int_0^{0.5} 2x\, dx = x^2 \Big|_0^{0.5} = (0.5)^2 = 0.25$이다.

또는 구하고자 하는 확률이 오른쪽 그림과 같이 밑변의 길이가 0.5이고 높이가 1인 직각삼각형의 넓이이므로 $\frac{1}{2} \times 0.5 \times 1 = 0.25$이다.

I Can Do 4

연속확률변수 X의 확률밀도함수가 $-1 \le x \le 1$에서 확률밀도함수 $f(x) = \frac{x+1}{2}$일 때, 다음을 구하라.

(1) X의 평균 (2) X의 분산 (3) 확률 $P(0 \le X \le 0.5)$

특히 구간 $a \le x \le b$에서 균등분포를 따르는 확률변수 X, 즉 $X \sim U(a, b)$에 대하여 X의 평균과 분산은 각각 다음과 같다.

- 평균: $\mu = \frac{a+b}{2}$
- 분산: $\sigma^2 = \frac{(b-a)^2}{12}$

예제 5

$X \sim U(1, 5)$에 대하여 X의 평균과 분산을 구하라.

【풀이】

평균은 $\mu = \frac{1+5}{2} = 3$이고 분산은 $\sigma^2 = \frac{(5-1)^2}{12} = \frac{16}{12} = \frac{4}{3}$이다.

I Can Do 5

$X \sim U(0,\ 4)$에 대하여 X의 평균과 분산을 구하라.

6.2 정규분포

일반적으로 사회현상 또는 자연현상에서 관찰되는 대다수의 자료 집단에 대한 도수히스토그램은 자료의 수가 많을수록 [그림 6-2(d)~(f)]와 같이 종 모양에 가까운 형태로 나타난다. 또한 [그림 5-7]에서 푸아송분포의 확률 히스토그램은 평균 μ가 커질수록 μ를 중심으로 종 모양에 가까워지는 것을 보았다. 뿐만 아니라 p가 작지 않은 경우에는 시행 횟수 n이 커질수록 이항분포의 확률 히스토그램도 역시 평균 np를 중심으로 종 모양의 곡선에 가까워진다. 이러한 종 모양의 확률분포를 **정규분포**라 한다. 이 분포는 연속확률분포들 중에서 가장 중요한 분포이며 실제로 폭넓게 응용되고 있다. 뿐만 아니라 정규분포는 과학적인 방법에 의하여 통계적 추론을 실시할 때 핵심적인 역할을 한다. 이 절에서는 정규분포의 다양한 특성과 확률 계산에 대해 살펴본다.

6.2.1 정규분포의 성질

정규분포는 자연현상, 산업 현장 그리고 경영 또는 비즈니스에서 얻어지는 자료 집단을 설명하기 위한 확률 모형에 사용되며, 그 예로 다음을 생각할 수 있다.

- 사람의 혈압
- 가계 지출
- 측정오차
- 몸무게 또는 키

이러한 정규분포는 다소 복잡하게 보이지만, 평균 μ와 분산 σ^2에 의하여 다음과 같이 결정되는 확률밀도함수를 갖는다.

정규분포(normal distribution)는 평균 μ와 분산 σ^2에 대하여 다음 확률밀도함수를 가지는 연속확률분포이고, 이것을 $X \sim N(\mu, \sigma^2)$으로 나타낸다.

$$f(x) = \frac{1}{\sqrt{2\pi}\,\sigma} e^{-\frac{(x-\mu)^2}{2\sigma^2}}, \quad -\infty < x < \infty$$

정규밀도함수 $f(x)$에서 e는 약 2.718 그리고 π는 약 3.1415인 무리수이다. 따라서 이 함수는 완전히 평균 μ와 분산 σ^2에 의하여 결정되는 것을 알 수 있다. 이때 함수 $f(x)$의 성질을 살펴보면 다음과 같다.

- $f(x)$는 $x = \mu$에 관하여 좌우대칭이고, 따라서 X의 중위수는 $M_e = \mu$이다.
- $f(x)$는 $x = \mu$에서 최댓값을 가지고, 따라서 X의 최빈값은 $M_o = \mu$이다.
- $x = \mu \pm \sigma$에서 $f(x)$는 변곡점을 갖는다. 즉, 곡선의 모양이 위로 볼록하다가 아래로 볼록하게 바뀐다.
- $x = \mu \pm 3\sigma$에서 x축에 거의 접하는 모양을 가지고 $x \to \pm\infty$이면 $f(x) \to 0$이다.

따라서 평균 μ와 분산 σ^2인 정규분포는 다음과 같이 해석할 수 있다.

- 정규분포는 중심위치에서 꼭짓점이 하나인 종 모양이다. 이때 평균, 중위수 그리고 최빈값이 분포의 중심위치로 동일하다.
- 정규분포는 평균 $x = \mu$에 대하여 좌우대칭이다. 따라서 평균을 중심으로 오른쪽 방향과 왼쪽 방향으로 곡선 아래의 넓이가 동일하게 0.5이다.
- 곡선의 꼭짓점에서 $x = \mu \pm \sigma$까지 곡선이 급하게 하강하고, 그 이후부터 완만하게 감소한다.
- 정규분포의 중심은 평균 μ에 의해 결정되고, 밀집 정도 또는 퍼짐은 표준편차 σ에 의해 결정된다.

이와 같은 성질에 따라 $f(x)$의 그래프를 그리면 [그림 6-6]과 같은 종 모양이다.

이때 평균은 서로 다르지만 표준편차가 σ로 동일한 두 정규분포는 [그림 6-7]과 같이 중심위치는 다르지만 모양은 동일하게 나타난다.

한편 평균은 동일하지만 표준편차 σ가 다른 경우에는 [그림 6-8]과 같이 σ가 작을수록 자료가 평균에 밀집하고 클수록 자료가 퍼지는 모양을 갖는다.

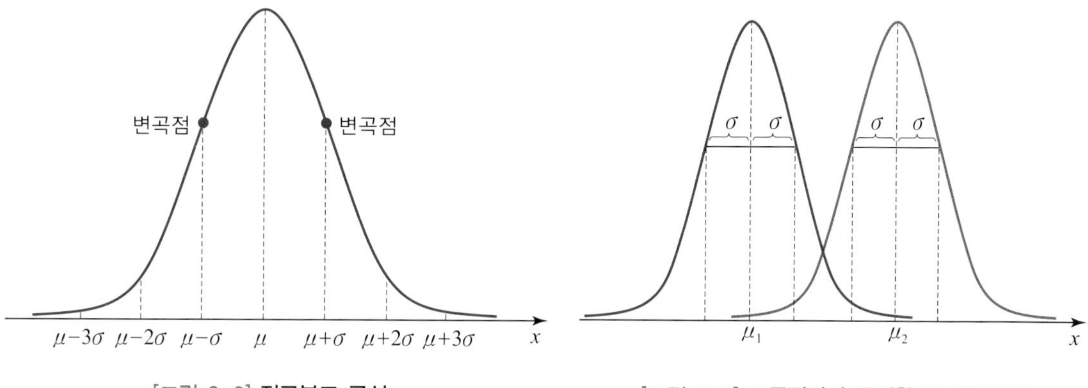

[그림 6-6] **정규분포 곡선**

[그림 6-7] **표준편차가 동일한 두 정규분포**

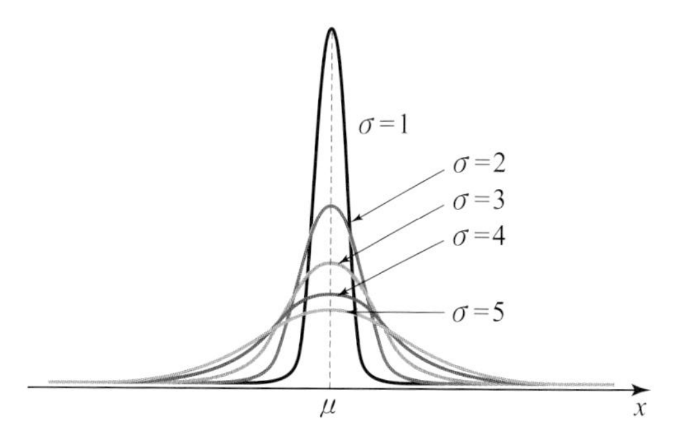

[그림 6-8] **표준편차가 서로 다른 정규분포**

6.2.2 표준정규분포

정규분포는 평균 $-\infty < \mu < \infty$와 표준편차 $\sigma > 0$에 의해 결정된다. 이때 $X \sim N(\mu, \sigma^2)$에 대하여 $a \le X \le b$인 확률을 구하기 위하여 a와 b 사이에서 곡선 아랫부분의 넓이를 구해야만 한다. 그러나 이것은 불가능하다. 그 이유는 무수히 많은 정규분포에 대한 확률표를 만든다는 것 자체가 불가능할 뿐만 아니라 $a \le x \le b$에서 확률밀도함수 $f(x)$를 적분하는 것도 불가능하기 때문이다. 그러나 다행히도 정규확률변수 X를 표준화하면 모든 형태의 정규분포를 동일한 정규분포로 변환할 수 있다. 즉, 정규확률변수 X를 다음과 같이 표준화하면 모든 정규분포를 평균 $\mu = 0$, 표준편차 $\sigma = 1$인 정규분포로 변환할 수 있다.

$$Z = \frac{X - \mu}{\sigma}$$

다시 말해서, 평균 μ, 표준편차 σ인 정규확률변수 X를 Z로 표준화하면 $Z \sim N(0, 1)$이다. 따라서 $X \sim N(\mu, \sigma^2)$에 대하여 표준화 과정을 거치면 $a \le X \le b$인 확률을 구할 수 있다. 이때 표준화된 정규분포를 **표준정규분포**라 한다.

> 표준정규분포(standard normal distribution)는 평균이 $\mu = 0$이고 분산이 $\sigma^2 = 1$인 정규분포이고, 이것을 $Z \sim N(0, 1)$로 나타낸다.

표준정규분포의 확률밀도함수는 다음과 같다.

$$\phi(z) = \frac{1}{\sqrt{2\pi}} e^{-\frac{z^2}{2}}, \quad -\infty < z < \infty$$

표준정규분포의 확률밀도함수 $\phi(z)$는 다음과 같은 성질을 갖는다.

- $\phi(z)$는 $z = 0$에 관하여 좌우대칭이고, 따라서 Z의 중위수는 $M_e = 0$이다.
- $\phi(z)$는 $z = 0$에서 최댓값을 가지고, 따라서 Z의 최빈값은 $M_o = 0$이다.
- $z = \pm 1$에서 $\phi(z)$는 변곡점을 갖는다. 즉, $z = \pm 1$에서 곡선의 모양이 위로 볼록하다가 아래로 볼록하게 바뀐다.
- $z = \pm 3$에서 z축에 거의 접하는 모양을 가지고 $z \to \pm\infty$이면 $\phi(z) \to 0$이다.

따라서 표준정규분포는 다음과 같이 해석할 수 있다.

- 표준정규분포는 중심위치 $z = 0$에서 꼭짓점이 하나인 종 모양이다. 이때 평균, 중위수 그리고 최빈값이 분포의 중심위치 $z = 0$으로 동일하다.
- 표준정규분포는 $z = 0$에 대하여 좌우대칭이다. 따라서 $z = 0$보다 작은 부분과 큰 부분의 넓이가 동일하게 0.5이다.
- 곡선의 꼭짓점에서 $z = \pm 1$까지 곡선이 급하게 하강하고, 그 이후부터 완만하게 감소한다.

그러므로 표준정규분포 확률밀도함수 $\phi(z)$는 [그림 6-9]와 같이 $z = 0$에 관하여 좌우대칭인 종 모양의 분포곡선을 갖는다.

확률밀도함수 $\phi(z)$에 대해 전체 실수 구간에서 곡선 아랫부분의 넓이가 1이며, 이 함수는 $z = 0$에 대하여 좌우대칭이므로 [그림 6-10]과 같이 $z = 0$의 왼쪽과 오른쪽의 넓이가 동일하

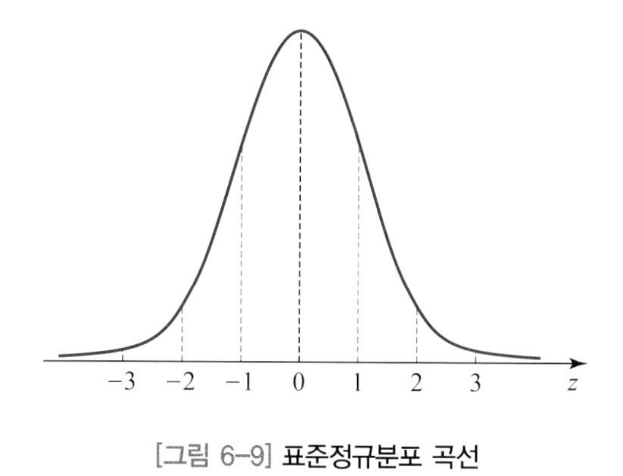

[그림 6-9] **표준정규분포 곡선**

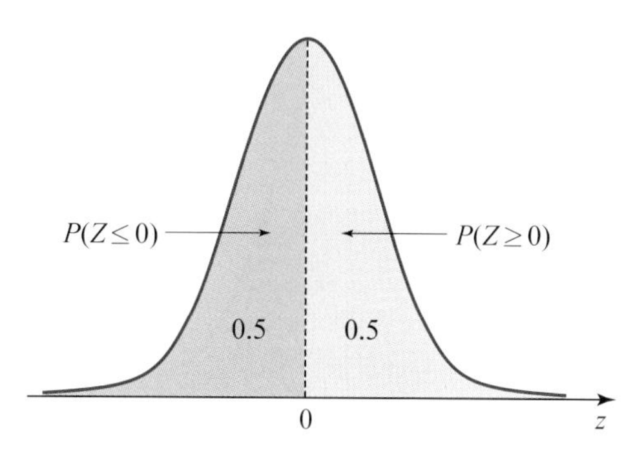

[그림 6-10] **확률** $P(Z \leq 0) = P(Z \geq 0)$

다. 따라서 분할된 두 부분에 대한 넓이는 각각 0.5이고, $P(Z \leq 0) = P(Z \geq 0) = 0.5$이다.

함수 $\phi(z)$가 $z = 0$에 대하여 좌우대칭이므로 [그림 6-11(a)]와 같이 양수 a에 대하여 $z \leq -a$와 $z \geq a$에서 곡선 아랫부분의 넓이가 동일하다. 즉, $P(Z \leq -a) = P(Z \geq a)$이고, 이 두 확률을 **꼬리확률**(tail probability)이라 한다. 또한 전체 실수 구간에서 넓이가 1이므로 [그림 6-11(b)]와 같이 $P(Z \geq a) = 1 - P(Z \leq a)$이다.

한편 $P(Z \leq 0) = 0.5$이고 [그림 6-12(a)]와 같이 $P(Z \leq a) = P(Z \leq 0) + P(0 \leq Z \leq a)$이므로 명백히 $P(Z \leq a) = 0.5 + P(0 \leq Z \leq a)$가 성립한다. 또한 $P(Z \geq 0) = 0.5$이고 [그림 6-12(b)]와 같이 $P(Z \geq 0) = P(0 \leq Z \leq a) + P(Z \geq a)$이므로 $P(Z \geq a) = 0.5 - P(0 \leq Z \leq a)$가 성립한다.

그리고 함수 $\phi(z)$가 $z = 0$에 대하여 좌우대칭이므로 [그림 6-13]과 같이 $-a \leq z \leq 0$과 $0 \leq z \leq a$에서 곡선 아랫부분의 넓이가 동일하다. 즉, $P(-a \leq Z \leq 0) = P(0 \leq Z \leq a)$이다. 따라서 $P(-a \leq Z \leq a) = 2P(0 \leq Z \leq a)$가 성립한다.

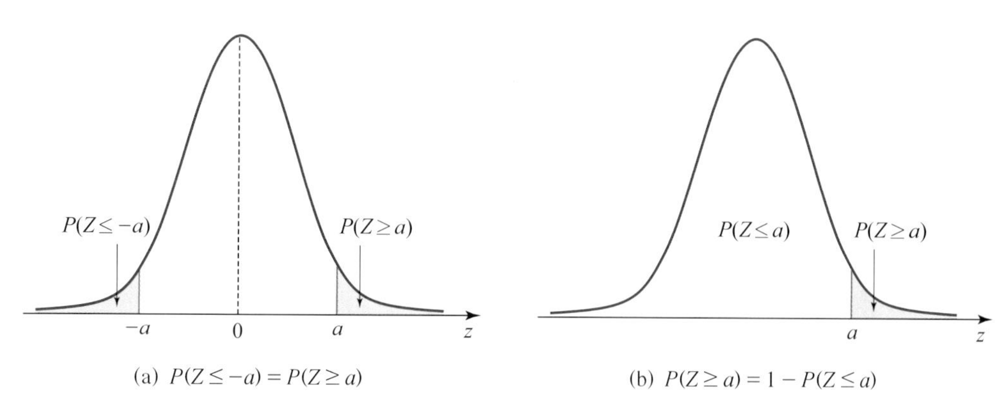

(a) $P(Z \leq -a) = P(Z \geq a)$ (b) $P(Z \geq a) = 1 - P(Z \leq a)$

[그림 6-11] **확률** $P(Z \leq -a)$**와** $P(Z \geq a)$

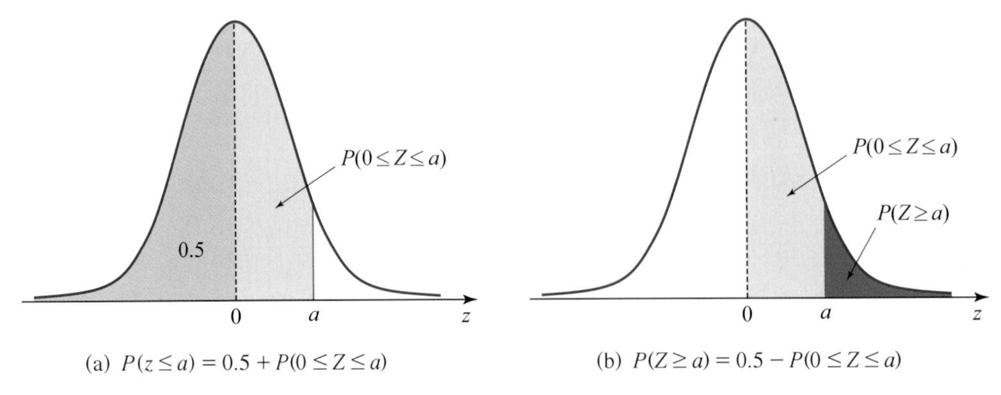

(a) $P(z \le a) = 0.5 + P(0 \le Z \le a)$　　(b) $P(Z \ge a) = 0.5 - P(0 \le Z \le a)$

[그림 6-12] **확률** $P(Z \le a)$**와** $P(Z \ge a)$

따라서 임의의 양수 a에 대하여 다음이 성립하며, 이는 정규분포에 대한 확률 계산을 하는 데 매우 유용하다.

- $P(Z \le 0) = P(Z \ge 0) = 0.5$
- $P(Z \le -a) = P(Z \ge a) = 1 - P(Z \le a)$
- $P(Z \le a) = 0.5 + P(0 \le Z \le a),\ P(Z \ge a) = 0.5 - P(0 \le Z \le a)$
- $P(|Z| \le a) = P(-a \le Z \le a) = 2P(0 \le Z \le a)$

더욱이 표준정규분포는 평균이 0이고 표준편차가 1이므로 경험적 규칙을 이 분포에 적용하면 [그림 6-14]와 같이 각 표준편차에 대한 다음 확률을 얻는다.

$$P(|Z| \le 1) = 0.683, \quad P(|Z| \le 2) = 0.954, \quad P(|Z| \le 3) = 0.997$$

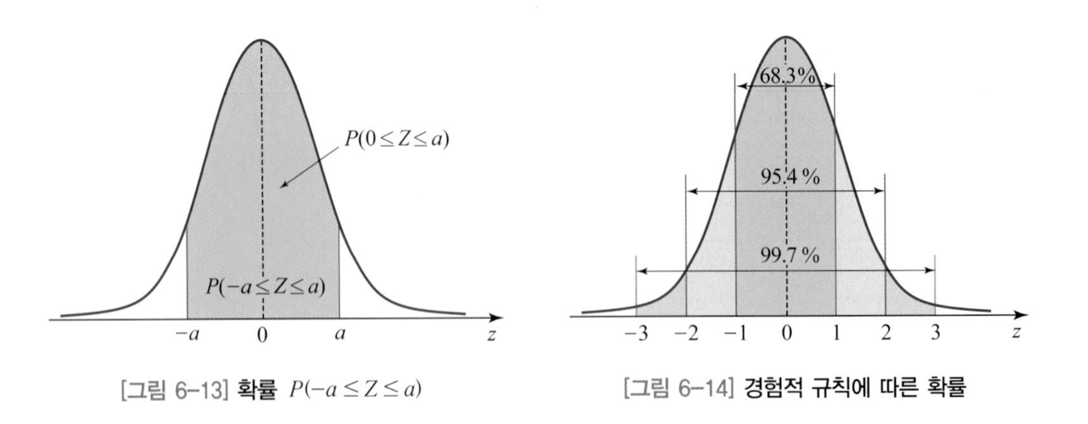

[그림 6-13] **확률** $P(-a \le Z \le a)$　　[그림 6-14] **경험적 규칙에 따른 확률**

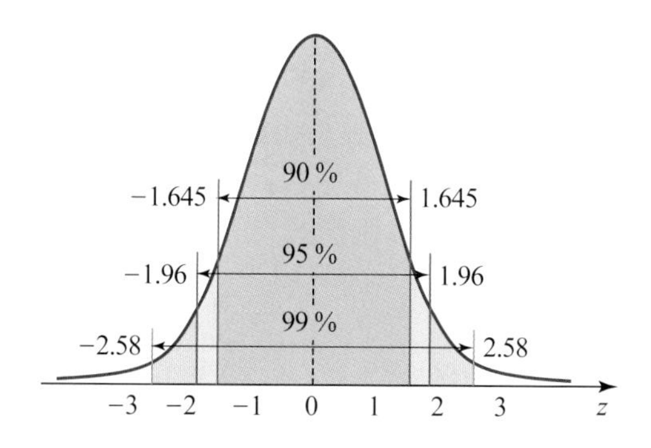

[그림 6−15] 표준정규분포에서의 중심확률

끝으로 통계적 추론에서 꼬리확률 $P(Z > a)$가 0.05, 0.025, 0.005인 경우 또는 [그림 6−15]와 같이 $P(|Z| < a)$가 0.9, 0.95, 0.99가 되는 경우를 많이 접한다. 이때 이러한 확률을 갖는 점 a는 각각 1.645, 1.96, 2.58이고 다음이 성립한다.

- $P(Z > 1.645) = 0.05, \quad P(Z > 1.96) = 0.025, \quad P(Z > 2.58) = 0.005$
- $P(|Z| < 1.645) = 0.9, \quad P(|Z| < 1.96) = 0.95, \quad P(|Z| < 2.58) = 0.99$

특히 [그림 6−16(a)]와 같이 꼬리확률 $P(Z \le z_\alpha) = 1 - \alpha$ 또는 $P(Z \ge z_\alpha) = \alpha$를 만족하는 $100(1-\alpha)\%$ 백분위수를 z_α로 표시한다. 그러면 [그림 6−16(b)]와 같이 양쪽 꼬리확률이 $\frac{\alpha}{2}$인 두 점 $-z_{\alpha/2}$, $z_{\alpha/2}$에 대하여 다음을 얻는다.

$$P(|Z| \le z_{\alpha/2}) = P(-z_{\alpha/2} \le Z \le z_{\alpha/2}) = 1 - \alpha$$

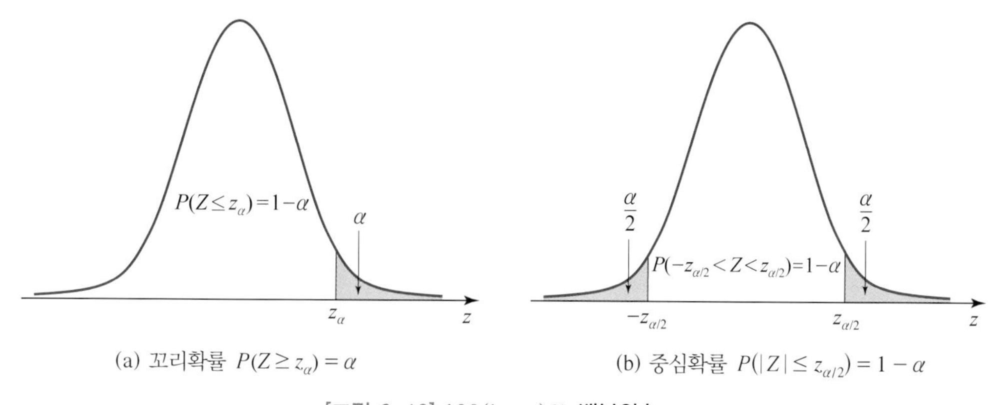

[그림 6−16] $100(1-\alpha)\%$ 백분위수 z_α

6.2.3 정규확률계산

우선 표준정규분포에 대한 확률을 계산하는 방법을 살펴본다. 이항분포의 경우와 동일한 방법으로 표준정규분포에 대한 확률을 계산하기 위하여 [부록 A.3]에 주어진 [표 6-1]과 같은 누적표준정규확률표를 이용한다. 이 표를 이용하여 $P(Z \leq 1.04)$를 구한다면, 1.04의 소수점 이하 첫째 자리인 1.0을 z열에서 선택하고, 소수점 이하 숫자인 .04를 z행에서 선택하여 만나는 값 .8508을 선택한다. 그러면 이 숫자는 확률 $P(Z \leq 1.04)$를 나타낸다. 즉 $P(Z \leq 1.04) = 0.8508$이다.

[표 6-1] **누적표준정규확률표** $P(Z \leq 1.04) = 0.8508$

z	0.00	0.01	0.02	0.03	0.04	0.05	0.06	0.07	0.08	0.09
0.6	.7257	.7291	.7324	.7357	.7389	.7422	.7454	.7486	.7517	.7549
0.7	.7580	.7611	.7642	.7673	.7704	.7734	.7764	.7794	.7823	.7852
0.8	.7881	.7910	.9739	.7967	.7995	.8023	.8051	.8078	.8106	.8133
0.9	.8159	.8186	.8212	.8238	.8264	.8289	.8315	.9340	.8365	.8389
1.0	.8413	.8438	.8461	.8485	.8508	.8531	.8554	.8577	.8599	.8621
1.1	.8643	.8665	.8686	.8708	.8729	.8749	.8770	.8790	.8810	.8830
1.2	.8949	.8869	.8888	.8907	.8925	.8944	.8962	.8980	.8997	.9015
1.3	.9032	.9049	.9066	.9182	.9099	.9115	.9131	.9147	.9162	.9177
1.4	.9192	.9207	.9222	.9236	.9251	.9265	.9279	.9292	.9306	.9319

예제 6

[부록 A.3]을 이용하여 $P(Z \leq 1.96)$을 구하라.

풀이

구하고자 하는 확률은 그림의 넓이이다.

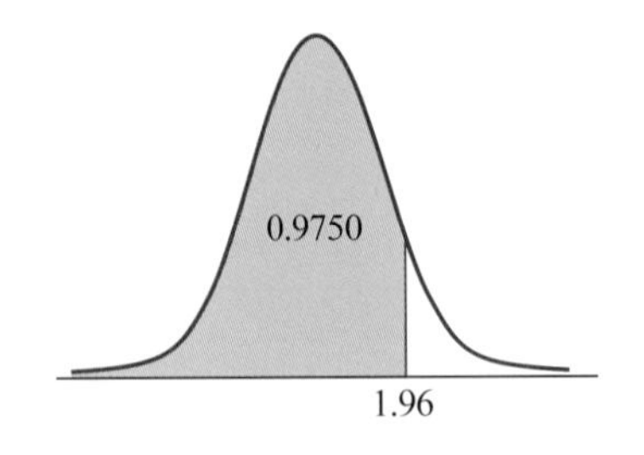

[부록 A.3]에서 z열의 1.9와 z행의 .06이 만난 위치의 수가 0.9750이므로 $P(Z \le 1.96) = 0.9750$이다.

예제 7

[부록 A.3]을 이용하여 $P(Z \ge 2.03)$을 구하라.

풀이

구하고자 하는 확률은 그림의 넓이이다.

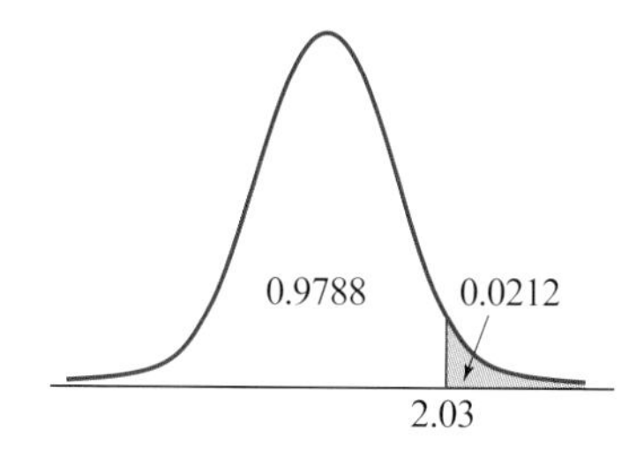

이 확률을 구하기 위해 먼저 $z \le 2.03$인 부분의 넓이, 즉 $P(Z \le 2.03)$을 먼저 구한다. [부록 A.3]에서 z열의 2.0과 z행의 .03이 만난 위치의 수가 0.9788이므로 $P(Z \le 2.03) = 0.9788$이다. 그러므로 구하고자 하는 확률은 다음과 같다.

$$P(Z \ge 2.03) = 1 - P(Z \le 2.03) = 1 - 0.9788 = 0.0212$$

예제 8

[부록 A.3]을 이용하여 $P(Z \le -0.57)$을 구하라.

풀이

구하고자 하는 확률은 그림 (a)의 넓이이다.

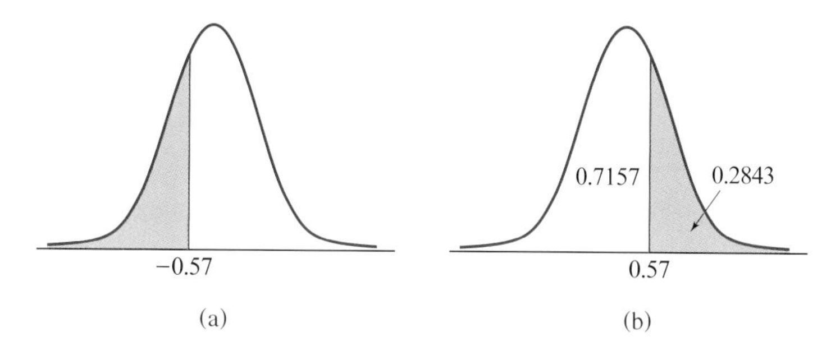

표준정규분포 곡선은 $z = 0$에 대해 좌우대칭이므로 이 넓이는 그림 (b)의 넓이 $P(Z \ge 0.57)$과 같다.

그리고 [부록 A.3]에서 z열의 0.5와 z행의 .07이 만난 위치의 수가 0.7157이므로 $P(Z \leq 0.57) = 0.7157$이다. 그러므로 구하고자 하는 확률은 다음과 같다.

$$P(Z \leq -0.57) = P(Z \geq 0.57) = 1 - P(Z \leq 0.57) = 1 - 0.7157 = 0.2843$$

예제 9

[부록 A.3]을 이용하여 $P(-1.75 \leq Z \leq 2.12)$을 구하라.

풀이

구하고자 하는 확률은 그림 (a)의 넓이이다.

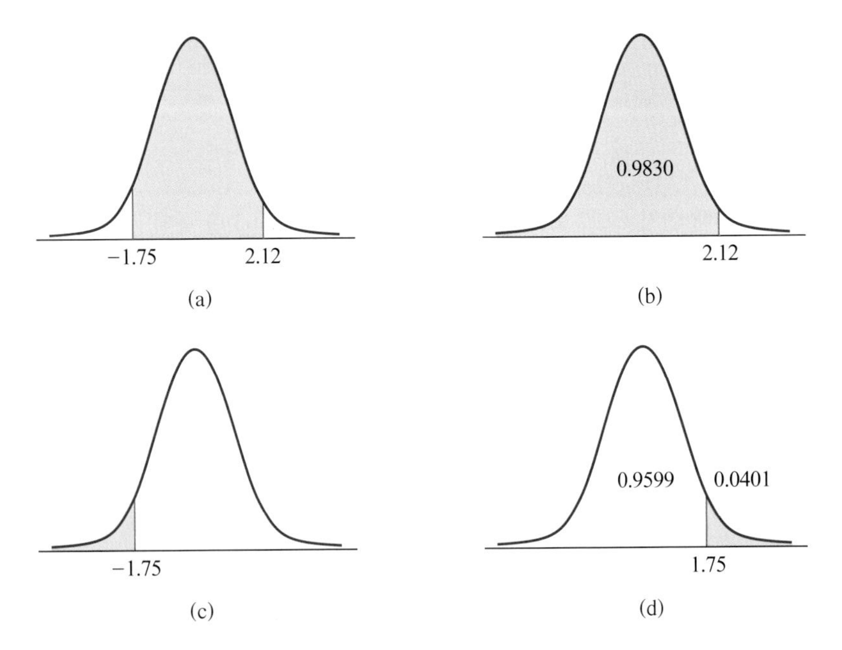

그림 (a)의 넓이는 그림 (b)의 넓이 $P(Z \leq 2.12)$에서 그림 (c)의 넓이 $P(Z \leq -1.75)$를 뺀 것과 같다. 이때 그림 (c)의 넓이는 그림 (d)의 넓이 $P(Z \geq 1.75)$와 같으므로 먼저 $P(Z \leq 1.75)$를 구한다. [부록 A.3]에서 z열의 1.7과 z행의 .05가 만난 위치의 수가 0.9599이므로 $P(Z \leq 1.75) = 0.9599$이고, 따라서 $P(Z \geq 1.75) = 1 - 0.9599 = 0.0401$이다. 또한 z열의 2.1과 z행의 .02가 만난 위치의 수가 0.9830이므로 $P(Z \leq 2.12) = 0.9830$이다. 그러므로 구하고자 하는 확률은 다음과 같다.

$$\begin{aligned} P(-1.75 \leq Z \leq 2.12) &= P(Z \leq 2.12) - P(Z \leq -1.75) \\ &= P(Z \leq 2.12) - P(Z \leq 1.75) \\ &= 0.9830 - 0.041 \\ &= 0.942 \end{aligned}$$

예제 10

[부록 A.3]을 이용하여 $P(-1.03 \le Z \le 1.03)$을 구하라.

풀이

구하고자 하는 확률은 그림 (a)의 넓이이다.

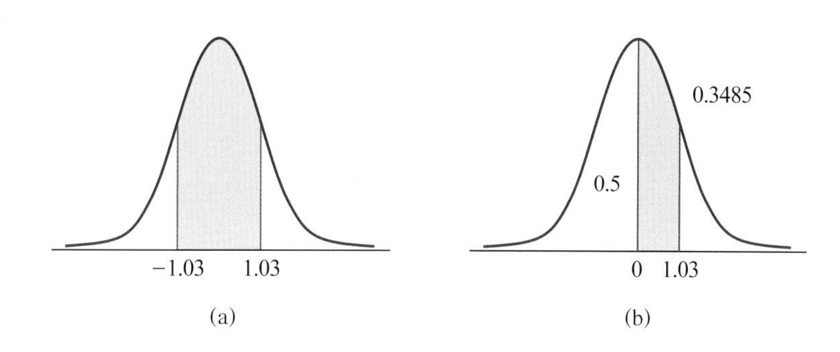

(a) (b)

$z = 0$에 대해 좌우대칭이므로 이 넓이는 그림 (b)의 넓이 $P(0 \le Z \le 1.03)$의 2배와 같다. 그리고 [부록 A.3]에서 z열의 1.0과 z행의 .03이 만난 위치의 수가 0.8485이므로 $P(Z \le 1.03) = 0.8485$이다. 한편 $P(Z \le 0) = 0.5$이므로 $P(0 \le Z \le 1.03) = 0.3485$이다. 그러므로 구하고자 하는 확률은 $P(-1.03 \le Z \le 1.03) = 2 \times 0.3485 = 0.6970$이다.

I Can Do 6

[부록 A.3]을 이용하여 다음 확률을 구하라.

(1) $P(0 \le Z \le 1.54)$ (2) $P(-1.10 \le Z \le 1.10)$

(3) $P(Z \le -1.78)$ (4) $P(Z \ge -1.23)$

이제 일반적인 정규분포에 대한 확률을 계산하는 방법을 살펴보자. 앞에서도 언급한 바와 같이 정규분포는 μ와 σ에 의해 결정되므로 표준화 과정 $Z = \dfrac{X-\mu}{\sigma}$를 이용하여 일반적인 정규분포를 표준정규분포로 변환하여 확률을 구해야 한다. 즉, 정규분포와 표준정규분포 사이에 다음 관계가 성립한다.

$$X \sim N(\mu, \sigma^2) \iff Z = \frac{X-\mu}{\sigma} \sim N(0, 1)$$

그러면 정규분포 $N(\mu, \sigma^2)$을 따르는 확률변수 X에 대하여 구간 $a \le X \le b$를 표준화하면 양 끝점 a와 b는 다음과 같이 표준화된다.

$$z_a = \frac{a-\mu}{\sigma}, \quad z_b = \frac{b-\mu}{\sigma}$$

즉, 구간 $a \le X \le b$는 표준화 과정을 거쳐서 구간 $\frac{a-\mu}{\sigma} \le Z \le \frac{b-\mu}{\sigma}$로 변환되고, 이 두 구간은 동치이다. 따라서 일반적인 정규분포의 확률을 다음과 같이 표준정규분포에 대한 확률로 변환할 수 있다.

$$P(a \le X \le b) = P\left(\frac{a-\mu}{\sigma} \le Z \le \frac{b-\mu}{\sigma}\right) = P\left(Z \le \frac{b-\mu}{\sigma}\right) - P\left(Z \le \frac{a-\mu}{\sigma}\right)$$

예를 들어, 정규분포 $N(50, 10^2)$를 따르는 X에 대하여 $P(X \le 63.1)$을 구하고자 한다면, 63.1을 다음과 같이 표준화한다.

$$z_0 = \frac{63.1 - 50}{10} = 1.31$$

그러면 두 구간 $X \le 63.1$과 $Z \le 1.31$은 동치이고, 따라서 [그림 6-17]과 같이 두 영역의 넓이가 동일하다. 즉, $P(X \le 63.1) = P(Z \le 1.31) = 0.9049$이다.

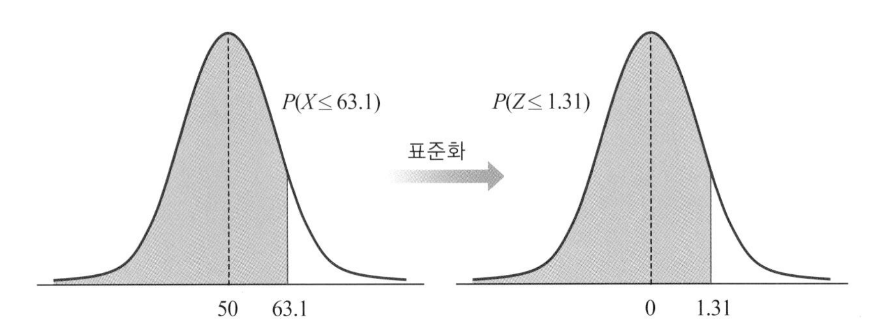

[그림 6-17] **정규분포의 표준화**

예제 11

어느 음료수 1 mL 안에 들어 있는 박테리아의 수는 평균 90마리, 표준편차 10마리인 정규분포를 따른다고 한다. 음료수 1 mL 표본을 선정했을 때, 다음 확률을 구하라.

(1) 박테리아의 수가 80마리 이하일 확률

(2) 박테리아의 수가 115마리 이상일 확률

(3) 박테리아의 수가 75마리 이상 103마리 이하일 확률

풀이

1 mL 표본 안에 들어 있는 박테리아의 수를 X라 하면 $Z = \dfrac{X-90}{10}$은 표준정규분포를 따른다.

(1) $x = 80$을 표준화하면 $z = \dfrac{80-90}{10} = -1$이므로 구하고자 하는 확률은 다음과 같다.

$$P(X \le 80) = P(Z \le -1) = P(Z \ge 1) = 1 - P(Z \le 1) = 1 - 0.8413 = 0.1587$$

(2) $x = 115$를 표준화하면 $z = \dfrac{115-90}{10} = 2.5$이므로 구하고자 하는 확률은 다음과 같다.

$$P(X \ge 115) = P(Z \ge 2.5) = 1 - P(Z \le 2.5) = 1 - 0.9938 = 0.0062$$

(3) $x = 75$와 $x = 103$을 표준화하면 각각 다음과 같다.

$$\frac{75-90}{10} = -1.5, \quad \frac{103-90}{10} = 1.3$$

그러므로 구하고자 하는 확률은 다음과 같다.

$$\begin{aligned} P(75 \le X \le 103) &= P(-1.5 \le Z \le 1.3) = P(Z \le 1.3) - P(Z \le -1.5) \\ &= P(Z \le 1.3) + P(Z \le 1.5) - 1 = 0.9032 + 0.9332 - 1 = 0.8364 \end{aligned}$$

I Can Do 7

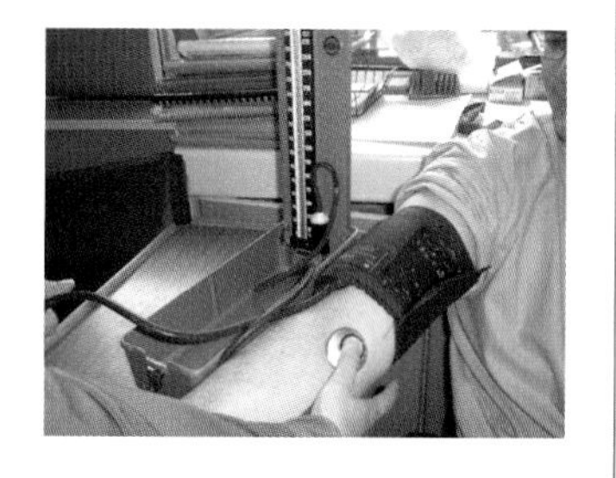

우리나라 30~40대 근로자의 혈압은 평균 124 mmHg, 표준편차 8 mmHg인 정규분포를 따른다고 한다. 30~40대 근로자 중 임의로 한 사람을 선정했을 때, 다음 확률을 구하라.

(1) 이 사람의 혈압이 120 mmHg 이하일 확률

(2) 이 사람의 혈압이 142 mmHg 이상일 확률

(3) 이 사람의 혈압이 115 mmHg에서 136 mmHg 사이일 확률

한편 $X \sim N(\mu, \sigma^2)$에 대하여 $P(X \le x_\alpha) = 1 - \alpha$를 만족하는 $100(1-\alpha)\%$ 백분위수 x_α를 구할 수 있다. 이를 위하여 먼저 누적표준정규확률표에서 꼬리확률 $P(Z \le z_\alpha) = 1 - \alpha$를 만족하는 z_α를 구한다. 그러면 z_α는 x_α를 표준화한 위치를 나타내므로 다음 관계를 얻는다.

$$z_\alpha = \frac{x_\alpha - \mu}{\sigma} \Rightarrow x_\alpha = \mu + \sigma z_\alpha$$

예제 12

$X \sim N(5, 2^2)$에 대하여 다음을 구하라.

(1) $P(X > x_0) = 0.025$를 만족하는 x_0

(2) $P(X < x_0) = 0.9265$를 만족하는 x_0

(3) $P(5 - x_0 < X < 5 + x_0) = 0.8262$을 만족하는 x_0

풀이

(1) $P(Z > z_0) = 1 - P(Z \le z_0) = 0.025$이므로 $P(Z \le z_0) = 0.9750$이고 다음 확률표에서 확률이 0.9750인 z_0을 구하면 $z_0 = 1.96$이다.

z	.00	.01	.02	.03	.04	.05	.06	.07	.08	.09
1.9	.9713	.9719	.9726	.9732	.9738	.9744	.9750	.9756	.9761	.9767

그러면 구하고자 하는 백분위수는 $x_0 = 5 + 2 \times 1.96 = 8.92$이다.

(2) 확률표로부터 먼저 확률이 0.9265인 z_0을 구하면 $z_0 = 1.45$이다. 그러면 구하고자 하는 백분위수는 $x_0 = 5 + 2 \times 1.45 = 7.9$이다.

(3) 주어진 확률을 표준화하면 다음과 같다.

$$P(5 - x_0 < X < 5 + x_0) = P\left(-\frac{x_0}{2} \le Z \le \frac{x_0}{2}\right) = 2P\left(0 \le Z \le \frac{x_0}{2}\right) = 0.8262$$

그러므로 $P\left(Z \le \frac{x_0}{2}\right) = 0.4131$이고 누적표준정규확률표로부터 $\frac{x_0}{2} = 1.36$을 얻는다. 따라서 구하고자 하는 값은 $x_0 = 2.72$이다.

I Can Do 8

$X \sim N(150, 5^2)$에 대하여 다음을 구하라.

(1) $P(X > x_0) = 0.0055$를 만족하는 x_0

(2) $P(X < x_0) = 0.9878$을 만족하는 x_0

(3) $P(150 - x_0 < X < 150 + x_0) = 0.9010$을 만족하는 x_0

또한 서로 독립인 확률변수 X와 Y에 대한 분산을 각각 σ_1^2, σ_2^2이라 하면 다음이 성립한다.

$$Var(aX) = a^2\sigma_1^2, \quad Var(X \pm Y) = \sigma_1^2 + \sigma_2^2$$

특히 서로 독립인 확률변수 X와 Y가 정규분포 $X \sim N(\mu_1, \sigma_1^2)$, $Y \sim N(\mu_2, \sigma_2^2)$을 따른다면, 추측통계학에서 유용하게 사용되는 다음 성질이 성립한다.

- $aX+b \sim N(a\mu_1+b,\ a^2\sigma_1^2)$, $a(\neq 0)$와 b는 임의의 상수
- $X+Y \sim N(\mu_1+\mu_2,\ \sigma_1^2+\sigma_2^2)$
- $X-Y \sim N(\mu_1-\mu_2,\ \sigma_1^2+\sigma_2^2)$

예제 13

대도시의 무연 휘발유 가격 X는 $N(1995,\ 144)$를 따르고 중소도시의 무연 휘발유 가격 Y는 $N(1755,\ 100)$을 따른다고 하자. 대도시와 중소도시의 무연 휘발유 가격의 차에 대하여 다음을 구하라(단, 두 지역의 무연 휘발유 가격은 서로 독립이다).

(1) $X-Y$의 확률분포

(2) 대도시와 중소도시의 휘발유 가격의 차이가 200원 이하일 확률

(3) 대도시와 중소도시의 휘발유 가격의 차이가 220원과 260원 사이일 확률

풀이

(1) X와 Y가 서로 독립이고 정규분포를 따르므로 $X-Y \sim N(240,\ 244)$이다.

(2) $U=X-Y$라 하면 $U \sim N(240,\ 15.62^2)$이므로 다음 확률을 얻는다.

$$\begin{aligned} P(U \le 200) &= P\left(Z \le \frac{200-240}{15.62}\right) \\ &= P(Z \le -2.56) = 1-P(Z \le 2.56) \\ &= 1-0.9948 = 0.0052 \end{aligned}$$

(3) U를 표준화하면 다음 확률을 얻는다.

$$\begin{aligned} P(220 \le U \le 260) &= P\left(\frac{220-240}{15.62} \le Z \le \frac{260-240}{15.62}\right) \\ &= P(-1.28 \le Z \le 1.28) = 2P(0 \le Z \le 1.28) \\ &= 2(0.8997-0.5) = 0.7994 \end{aligned}$$

I Can Do 9

6~8세인 아동의 학원비를 조사한 보건복지부의 2009년 자료에 의하면, 빈곤층은 평균 12.2만 원, 표준편차 6.9만 원이고, 차상위 이상은 평균 24.6만 원, 표준편차 16.4만 원이었다. 두 계층의 학원비가 각각 정규분포를 따른다고 할 때, 다음을 구하라(단, 계층 간 학원비는 서로 독립이다).

(1) 차상위 이상의 학원비를 X, 빈곤층의 학원비를 Y라 할 때, $X-Y$의 확률분포

(2) 두 계층 간 학원비의 차이가 10만 원과 20만 원 사이일 확률

6.3 이항분포의 정규근사

5.2절에서 매회 성공률이 p인 이항 실험을 n번 독립적으로 반복하여 시행할 때 성공의 횟수에 관한 이항분포를 살펴보았다. 이때 시행 횟수 n이 충분히 크면 누적이항확률표를 이용하여 확률을 구할 수 없으나, 보편적으로 $np \le 5$인 경우(즉, $p \approx 0$)에 푸아송분포를 이용하여 근사적으로 이항확률을 구하는 방법을 소개하였다. 그러나 시행 횟수 n이 충분히 크면서도 성공률 p가 충분히 작지 않은 경우에는 푸아송분포를 사용하기 곤란하다. 이 절에서는 이와 같이 시행 횟수 n이 충분히 크면서도 성공률 p가 충분히 작지 않은 이항확률을 근사적으로 구하는 방법을 살펴본다.

예를 들어 $n = 50$, $p = 0.7$인 이항분포 $B(50,\ 0.7)$를 생각해 보자. 그러면 이항분포의 확률 히스토그램은 [그림 6-18(a)]와 같이 종 모양의 분포(정규분포)에 가까운 것을 알 수 있다. 특히 평균 $\mu = np = 35$, 분산 $\sigma^2 = npq = 10.5$인 정규곡선과 이항확률 히스토그램을 비교하면 [그림 6-18(b)]와 같이 두 확률분포가 거의 일치함을 알 수 있다.

일반적으로 $np \ge 5$, $nq \ge 5$일 때, 시행 횟수 n이 커질수록 이항분포는 평균 $\mu = np$, 분산 $\sigma^2 = npq$인 정규분포에 가까워지는 것으로 알려져 있다. 따라서 이항분포 $X \sim B(n,\ p)$에 대하여, $np \ge 5$, $np \ge 5$이면 이항 확률변수 X는 다음과 같이 정규분포에 근사하며 이것을 이항분포의 **정규근사**(normal approximation)라 한다.

$$X \approx N(np,\ npq)$$

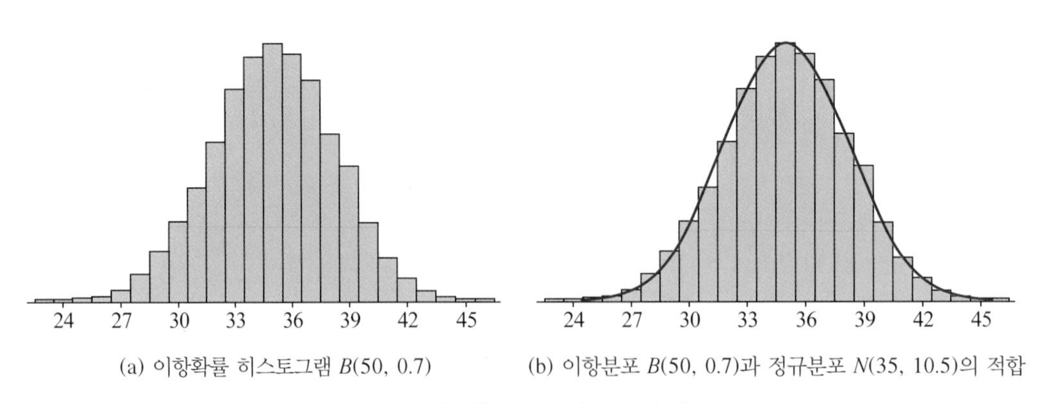

(a) 이항확률 히스토그램 $B(50,\ 0.7)$ (b) 이항분포 $B(50,\ 0.7)$과 정규분포 $N(35,\ 10.5)$의 적합

[그림 6-18] 이항분포와 정규분포의 비교

예제 14

확률변수 X가 모수 $n=50$, $p=0.7$인 이항분포를 따를 때 다음을 구하라(단, $P(X \le 39)=0.9211$, $P(X \le 32)=0.2178$이다).

(1) 이항확률 $P(33 \le X \le 39)$

(2) 정규근사에 의한 $P(33 \le X \le 39)$

풀이

(1) $P(33 \le X \le 39) = P(X \le 39) - P(X \le 32) = 0.9211 - 0.2178 = 0.7033$

(2) $n=50$, $p=0.7$이므로 평균은 $\mu = 50 \times 0.7 = 35$, 분산은 $\sigma^2 = 50 \times 0.7 \times 0.3 = 10.5$인 정규분포에 근사한다. 즉, $X \approx N(35,\ 3.2404^2)$이다. 그러므로 정규근사에 의한 근사 확률은 다음과 같다.

$$\begin{aligned} P(33 \le X \le 39) &= P\left(\frac{33-35}{3.2404} \le Z \le \frac{39-35}{3.2404}\right) = P(-0.62 \le Z \le 1.23) \\ &= P(Z \le 1.23) - P(Z \le -0.62) = P(Z \le 1.23) + P(Z \le 0.62) - 1 \\ &\approx 0.8907 + 0.7324 - 1 = 0.6231 \end{aligned}$$

I Can Do 10

$X \sim B(15,\ 0.4)$일 때, 물음에 답하라.

(1) [부록 A.1]을 이용하여 확률 $P(7 \le X \le 9)$를 구하라.

(2) 정규근사에 의하여 확률 $P(7 \le X \le 9)$를 구하라.

[예제 14]에서 이항확률 $P(33 \le X \le 39)$를 구하는 경우를 생각하면, 확률 $P(X=33)$은 [그림 6-19(a)]와 같이 x의 값이 32.5에서 33.5인 막대의 넓이이고, $P(X=39)$는 x의 값이 38.5에

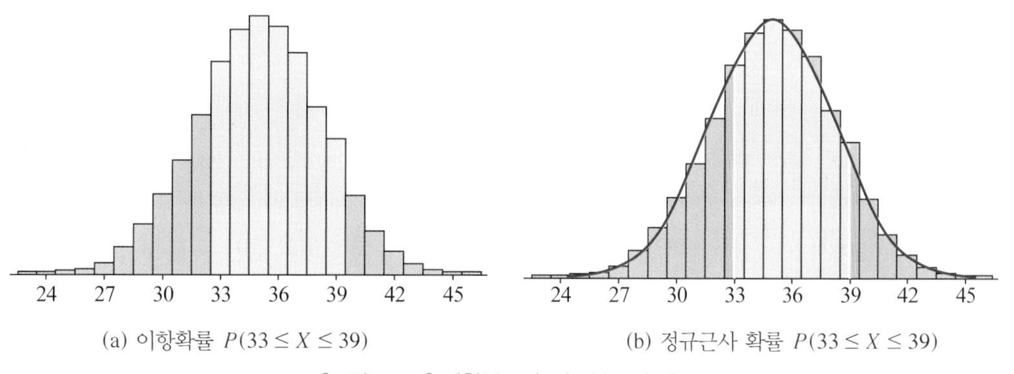

(a) 이항확률 $P(33 \le X \le 39)$ (b) 정규근사 확률 $P(33 \le X \le 39)$

[그림 6-19] 이항분포와 정규분포의 비교

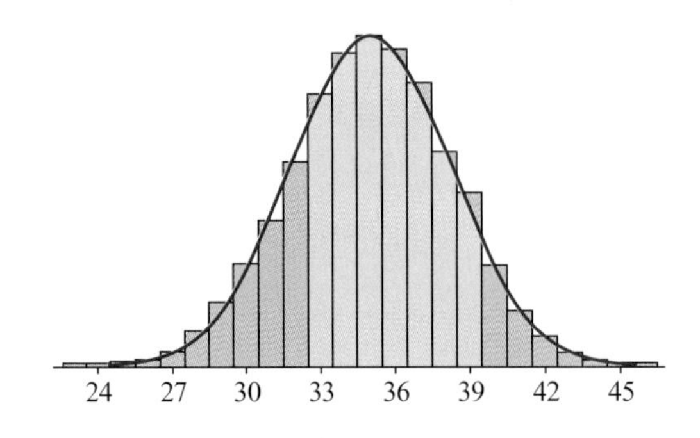

[그림 6-20] **연속성 수정 정규근사 확률**

서 39.5인 막대의 넓이이다. 그러나 정규근사 확률 $P(33 \le X \le 39)$를 구할 때, [그림 6-19(b)]와 같이 앞의 이항확률 값에서 확률 히스토그램의 x값이 32.5~33 사이와 39~39.5 사이인 막대 일부의 넓이를 누락시키게 된다. 이렇게 누락된 값에 의하여 이항확률과 정규근사 확률 사이의 오차가 커진다.

따라서 정규근사에 의한 근사 확률을 계산할 때, 누락된 부분을 없애기 위하여 [그림 6-20]과 같이 $P(32.5 \le X \le 39.5)$를 구한다. 즉, 정규근사에 의한 $P(a \le X \le b)$의 근사 확률을 구하기 위하여 $P(a - 0.5 \le X \le b + 0.5)$를 구하며, 이러한 근사 확률을 **연속성 수정 정규근사**(normal approximation with continuity correction factor)라 한다.

예제 15

[예제 14]에서 연속성을 수정한 정규근사에 의한 $P(33 \le X \le 39)$의 근사 확률을 구하라.

풀이

$$P(32.5 \le X \le 39.5) = P\left(\frac{32.5 - 35}{3.2404} \le Z \le \frac{39.5 - 35}{3.2404}\right) = P(-0.77 \le Z \le 1.39)$$

$$= P(Z \le 1.39) - P(Z \le -0.77) = P(Z \le 1.39) + P(Z \le 0.77) - 1$$

$$= 0.9177 + 0.7794 - 1 = 0.6971$$

I Can Do 11

[I Can Do 10]에서 연속성을 수정한 정규근사에 의한 $P(7 \le X \le 9)$의 근사 확률을 구하라.

6.4 정규분포와 관련된 분포

이 절에서는 정규분포와 관련되며 통계적 추론에서 널리 사용되는 카이제곱분포, t-분포 그리고 F-분포에 대해 살펴본다. 이 확률분포들은 7장에서 확률표본에 대한 통계량들과 관련된다.

6.4.1 카이제곱분포

카이제곱분포는 정규모집단의 모분산 σ^2에 대한 통계적 추론에 사용되며, 독립인 표준정규확률변수 $Z_i \sim N(0, 1)$, $i = 1, 2, \cdots, n$에 의하여 다음과 같이 정의되는 확률분포이다.

n개의 서로 독립인 표준정규확률변수 $Z_1, Z_2, \cdots, Z_n$에 대하여 $V = Z_1^2 + Z_2^2 + \cdots + Z_n^2$으로 정의되는 확률변수의 확률분포를 자유도(degree of freedom) d.f. $= n$인 카이제곱분포(chi-squared distribution)라 하고, $V \sim \chi^2(n)$으로 나타낸다.

$Z^2 \sim \chi^2(1)$이고, $V \sim \chi^2(n)$인 카이제곱 확률변수 V의 평균과 분산은 각각 자유도에 의해 다음과 같이 결정된다.

$$\mu = n, \quad \sigma^2 = 2n$$

카이제곱분포의 확률밀도함수는 다음과 같은 특성이 있다.

- [그림 6-21]과 같이 왼쪽으로 치우치고 오른쪽으로 긴 꼬리를 갖는 분포, 즉 양의 왜도를 갖는 분포를 이룬다.
- [그림 6-22]와 같이 자유도 n이 커질수록 종 모양의 분포에 가까워진다. 즉, 자유도 n이

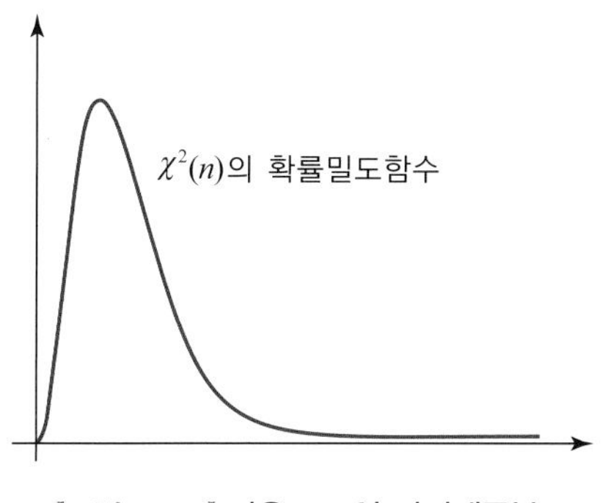

[그림 6-21] 자유도 n인 카이제곱분포

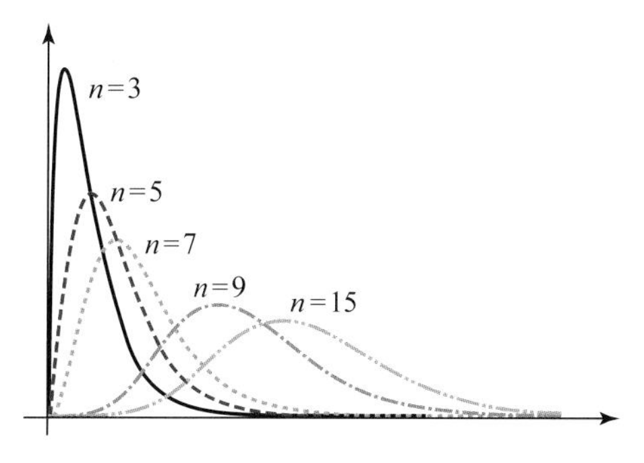

[그림 6-22] 자유도에 따른 카이제곱분포

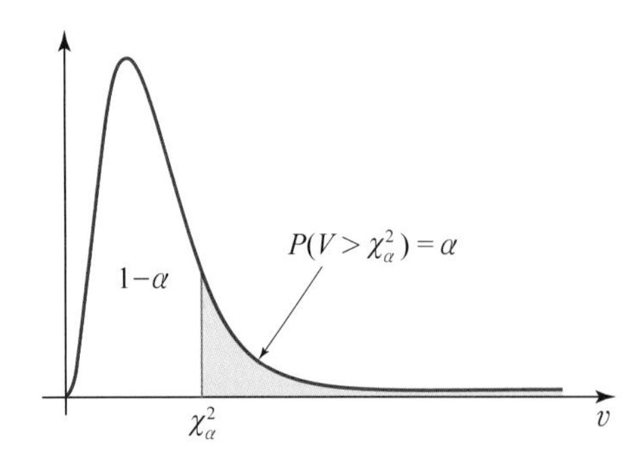

[그림 6-23] $100(1-\alpha)\%$ 백분위수

커질수록 카이제곱분포는 정규분포에 근사한다.

특히 모분산에 대한 추론에서 [그림 6-23]과 같이 지정된 꼬리확률 α에 대한 임계점, 즉 자유도 n인 카이제곱분포에 대하여 $\alpha = P(V > x_\alpha)$를 나타내는 $100(1-\alpha)\%$ 백분위수 x_α를 구해야 하는 경우가 종종 나타난다. 이때 백분위수를 $x_\alpha = \chi^2_\alpha$으로 나타낸다.

오른쪽 꼬리확률 α와 자유도 n인 카이제곱분포에서 $100(1-\alpha)\%$ 백분위수 χ^2_α을 구하기 위하여 카이제곱분포의 오른쪽 꼬리확률을 나타내는 [부록 A.4]를 이용한다. 예를 들어, 자유도 5인 카이제곱분포에 대하여 $P(V > \chi^2_{0.05}) = 0.05$를 만족하는 $\chi^2_{0.05}$를 구하기 위하여, [표 6-2]와 같이 자유도를 나타내는 d.f.에서 5를 선택하고 꼬리확률을 나타내는 α에서 0.05를 선택하여 행과 열이 만나는 위치에 있는 수 11.07을 선택한다. 그러면 자유도 5인 카이제곱분포에서 오른쪽 꼬리확률이 0.05인 95% 백분위수는 $\chi^2_{0.05} = 11.07$이다. 다시 말해서 $P(V > 11.07) = 0.05$ 또는 $P(V \le 11.07) = 0.95$를 의미한다.

[표 6-2] 카이제곱분포표 $\chi^2_{0.05} = 11.07,\ P(V > 11.07) = 0.05$

d.f. \ α	0.5	0.1	0.05	0.025	0.01	0.005
1	0.45	2.71	3.84	5.02	6.63	7.88
2	1.39	4.61	5.99	7.38	9.21	10.60
3	2.37	6.25	7.81	9.35	11.34	12.84
4	3.36	7.78	9.49	11.14	13.28	14.86
5	4.35	9.24	11.07	12.83	15.09	16.75
6	5.35	10.64	12.59	14.45	16.81	18.55
7	6.35	12.02	14.07	16.01	18.48	20.28
8	7.34	13.36	15.51	17.53	20.09	21.95
9	8.34	14.68	16.92	19.02	21.67	23.59

예제 16

[부록 A.4]를 이용하여 자유도 10인 카이제곱분포에서 왼쪽 꼬리확률과 오른쪽 꼬리확률이 각각 5 % 인 두 임계점 χ_L^2과 χ_R^2을 구하라.

(풀이)

왼쪽 꼬리확률이 5 %인 점 χ_L^2에 대하여 $P(V > \chi_L^2) = 0.95$이므로 [부록 A.4]에서 d.f. = 10과 $\alpha = 0.95$가 만나는 위치의 수 3.94를 택하면 $\chi_L^2 = \chi_{0.95}^2 = 3.94$이다. 그리고 오른쪽 꼬리확률이 5 %인 점 χ_R^2에 대하여 $P(V > \chi_R^2) = 0.05$이므로 d.f. = 10과 $\alpha = 0.05$가 만나는 위치의 수 18.31을 택하면 $\chi_R^2 = \chi_{0.05}^2 = 18.31$이다.

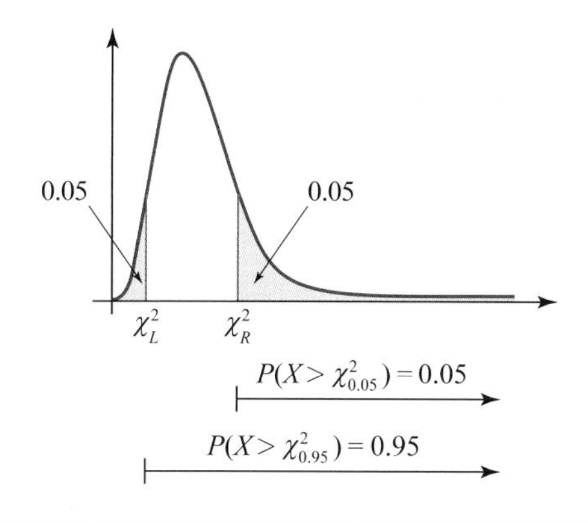

I Can Do 12

확률변수 V가 자유도 5인 카이제곱분포를 따르는 경우, [부록 A.4]를 이용하여 $P(V < x_0) = 0.95$를 만족하는 임계값 x_0을 구하라.

6.4.2 *t*−분포

t−분포는 모분산이 알려지지 않은 정규모집단의 모평균에 대하여 추론하는 경우에 사용된다. 이 분포는 서로 독립인 표준정규확률변수 Z와 자유도 n인 카이제곱 확률변수 V에 대하여, 다음과 같이 정의되는 확률변수 T의 확률분포이다.

t−분포(chi-square distribution)는 다음과 같은 확률변수 T의 확률분포이며, $T \sim t(n)$으로 나타낸다.

$$T = \frac{Z}{\sqrt{V/n}}$$

이 분포는 영국의 윌리엄 고셋(William Sealy Gosset; 1876~1937)이 Student라는 필명으로 발표한 논문에서 처음으로 사용되었으며, Student t-분포라고도 한다. 이때 모수 n을 t-분포의 자유도라 하며, 자유도 n인 t-분포의 평균은 0이고 분산은 자유도에 의해 다음과 같이 결정된다.

$$\mu = 0, \quad \sigma^2 = \frac{n}{n-2}, \quad n > 2$$

한편 t-분포는 표준정규분포와 비교하여 다음과 같은 특성이 있다.

- 분포 곡선은 $t = 0$에서 최댓값을 갖고 대칭이다. 따라서 평균, 중위수 그리고 최빈값이 동일하고, 이는 분포의 중심위치를 나타낸다.
- 분포 곡선은 표준정규분포와 같이 종 모양이다.
- [그림 6-24]와 같이 t-분포의 꼬리 부분이 표준정규분포보다 약간 두텁다.
- [그림 6-25]와 같이 자유도 n이 증가하면 t-분포는 표준정규분포에 근접하게 된다.

자유도 n인 t-분포는 $t = 0$에 대하여 대칭이므로 $P(T > t_\alpha) = \alpha$를 만족하는 $100(1-\alpha)\%$ 백분위수 $t = t_\alpha$에 대하여 [그림 6-26]과 같이 다음 성질을 갖는다.

- $P(T > t_\alpha) = P(T < -t_\alpha) = \alpha$
- $P(|T| < t_{\alpha/2}) = 1 - \alpha$

통계적 추론에서 자유도 n인 t-분포에 대하여 $100(1-\alpha)\%$ 백분위수 t_α, 즉 $P(T > t_\alpha) = \alpha$를 만족하는 t_α를 구하는 경우를 접하게 된다. 이러한 백분위수는 t-분포의 오른쪽 꼬리확률

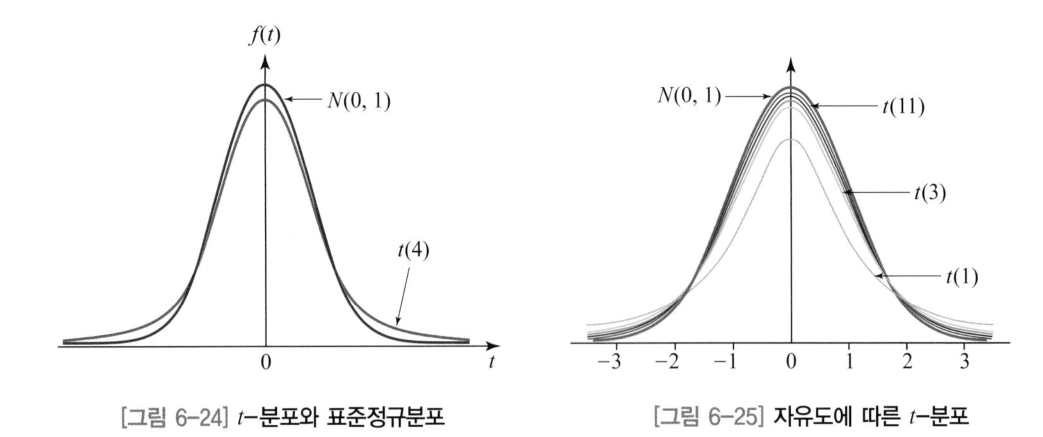

[그림 6-24] t-분포와 표준정규분포

[그림 6-25] 자유도에 따른 t-분포

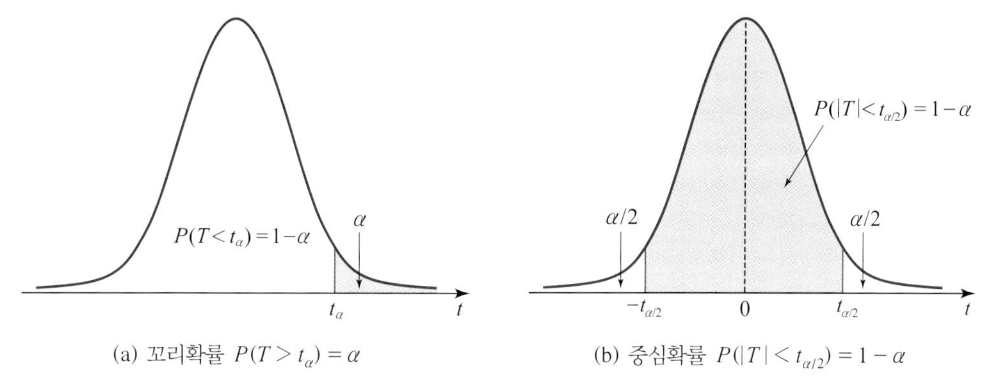

(a) 꼬리확률 $P(T > t_\alpha) = \alpha$　　(b) 중심확률 $P(|T| < t_{\alpha/2}) = 1 - \alpha$

[그림 6-26] $100(1-\alpha)\%$ **백분위수** t_α

에 대한 백분위수를 나타내는 [부록 A.5]를 이용한다. 예를 들어, 자유도 4인 t−분포에 대하여 $P(T > t_{0.01}) = 0.01$을 만족하는 $t_{0.01}$을 구하기 위하여, [표 6−3]과 같이 자유도를 나타내는 d.f.에서 4를 선택하고 꼬리확률을 나타내는 α에서 0.01을 선택하여 행과 열이 만나는 위치에 있는 수 3.747을 선택한다. 그러면 자유도 4인 t−분포에서 꼬리확률이 0.01인 99% 백분위수는 $t_{0.01} = 3.747$이다. 다시 말해서 $P(T > 3.747) = 0.01$ 또는 $P(T \le 3.747) = 0.99$를 의미한다.

[표 6-3] ***t*−분포표**　　$t_{0.01} = 3.747$, $P(T > 3.747) = 0.01$

d.f. \ α	0.25	0.10	0.05	0.025	0.01	0.005
1	1.000	3.078	6.314	12.706	31.821	63.675
2	0.816	1.886	2.920	4.303	6.965	9.925
3	0.765	1.638	2.353	3.182	4.541	5.841
4	0.741	1.533	2.132	2.776	3.747	4.604
5	0.727	1.476	2.015	2.571	3.365	4.032
6	0.718	1.440	1.943	2.447	3.143	3.707

예제 17

[부록 A.5]를 이용하여 자유도 10인 t−분포에서 중심확률이 0.9인 두 임계점 t_L과 t_R를 구하라.

풀이

중심확률이 0.9이고 $t = 0$에 대하여 대칭이므로 왼쪽과 오른쪽 꼬리확률은 동일하게 5%이다. 따라서 $t_L = -t_{0.05}$, $t_R = t_{0.05}$이고, $t_{0.05}$는 [부록 A.5]에서 d.f. = 10과 $\alpha = 0.05$가 만나는 위치의 수 1.812를 택하면 $t_{0.05} = 1.812$이다. 따라서 구하고자 하는 두 임계점은 $t_L = -1.812$, $t_R = 1.812$이다.

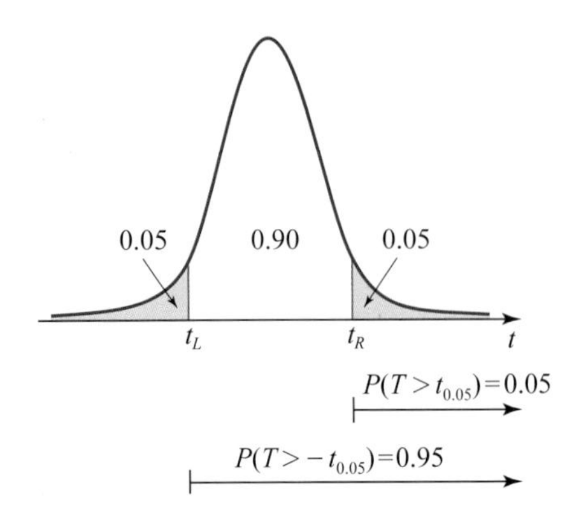

I Can Do 13

자유도 4인 t−분포에 대하여 [부록 A.5]를 이용하여 다음을 구하라.

(1) $P(T > t_{0.025}) = 0.025$를 만족하는 임계값 $t_{0.025}$

(2) $P(|T| < t_0) = 0.99$를 만족하는 임계값 t_0

6.4.3 F−분포

서로 독립인 두 모집단의 모분산이 동일한지 아닌지를 통계적으로 추론할 때 F−분포를 이용한다. 이 분포는 자유도가 각각 m과 n이고 서로 독립인 카이제곱 확률변수 U와 V에 대하여, 다음과 같이 정의되는 확률변수 F의 확률분포이다.

F−분포(F-distribution)는 서로 독립인 두 확률변수 $U \sim \chi^2(m)$과 $V \sim \chi^2(n)$에 대하여, 다음과 같이 정의되는 확률변수 F의 확률분포이며 $F \sim F(m, n)$으로 나타낸다.

$$F = \frac{U/m}{V/n}$$

이때 두 모수 m과 n을 각각 분자의 자유도, 분모의 자유도라 하며, F−분포의 평균 μ와 분산 σ^2은 각각 다음과 같다.

$$\mu = \frac{n}{n-2}, \quad n \geq 3$$

$$\sigma^2 = \frac{2n^2(m+n-2)}{m(n-2)^2(n-4)}, \quad n \geq 5$$

한편 F−분포는 표준정규분포와 비교하여 다음과 같은 특성을 갖는다.

- 분모의 자유도가 커질수록 $\mu \approx 1$, $\sigma^2 \approx \frac{2}{m}$이다.
- [그림 6−27]과 같이 자유도 m, n이 커지면 $\mu = 1$을 중심으로 좌우대칭인 정규분포에 근사한다.
- 일반적으로 F−분포는 왼쪽으로 치우치고 오른쪽으로 긴 꼬리를 갖는다. 즉, 양의 왜도를 갖는다.

또한 분자와 분모의 자유도가 각각 m과 n인 F−분포에 대하여 오른쪽 꼬리확률이 α인 $100(1-\alpha)\%$ 백분위수를 $f_{\alpha, m, n}$으로 표시하며, [그림 6−28]과 같이 다음 성질을 갖는다.

- $P(F > f_{\alpha, m, n}) = \alpha$
- $P(f_{1-(\alpha/2), m, n} \leq F \leq f_{\alpha/2, m, n}) = 1 - \alpha$

특히 $F \sim F(m, n)$이면 $F = \frac{U/m}{V/n}$이므로 $\frac{1}{F} = \frac{V/n}{U/m}$이고, 따라서 $\frac{1}{F} \sim F(n, m)$이므로 $f_{1-\alpha, m, n}$은 다음과 같은 방법으로 구할 수 있다.

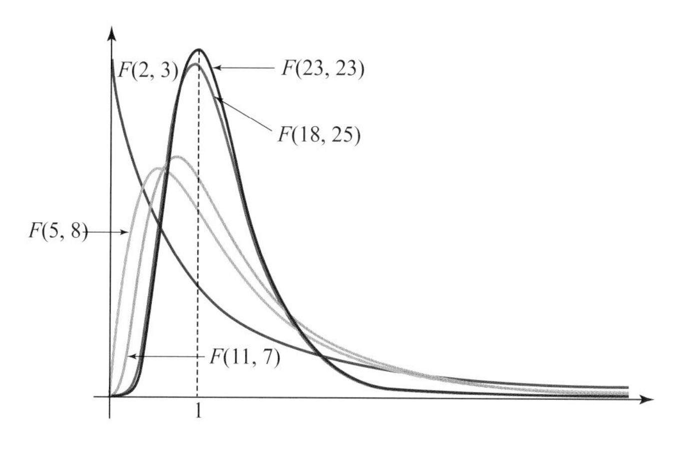

[그림 6−27] 자유도에 따른 F−분포의 비교

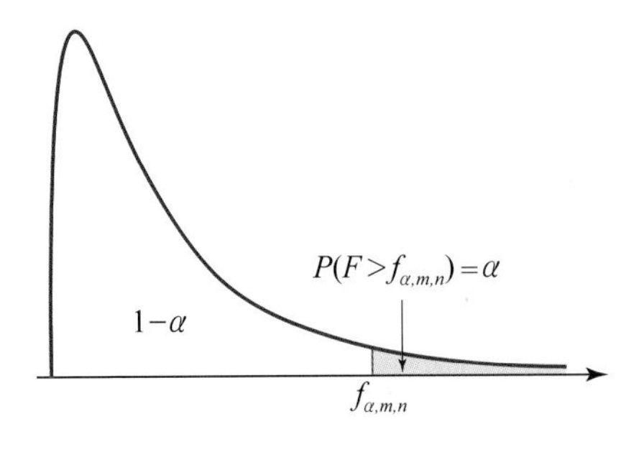

(a) 꼬리확률 $P(F > f_{\alpha,\, m,\, n}) = \alpha$

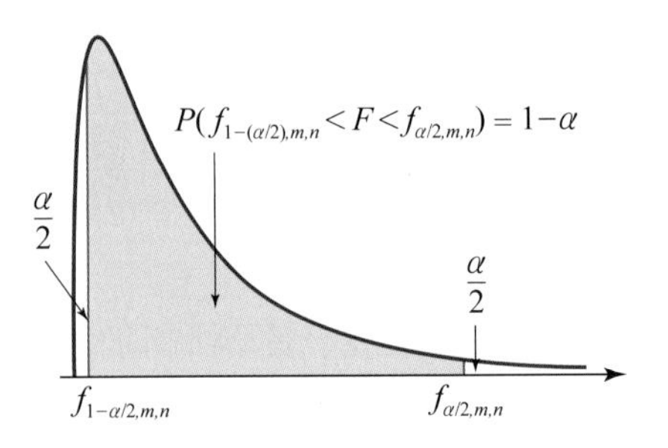

(b) 중심확률 $P(f_{1-(\alpha/2),\, m,\, n} \le F \le f_{\alpha/2,\, m,\, n}) = 1-\alpha$

[그림 6-28] $100(1-\alpha)\%$ **백분위수** $f_{\alpha,\, m,\, n}$

$$f_{1-\alpha,\, m,\, n} = \frac{1}{f_{\alpha,\, n,\, m}}$$

통계적 추론에서 오른쪽 꼬리확률 α와 분자와 분모의 자유도가 각각 m과 n인 F-분포에 대하여 $100(1-\alpha)\%$ 백분위수 $f_{\alpha,\, m,\, n}$을 구하는 경우를 접할 때가 있다. 이러한 백분위수는 F-분포의 자유도 m과 n 그리고 오른쪽 꼬리확률 α를 나타내는 [부록 A.6]을 이용한다. 예를 들어, $F \sim F(4,\, 5)$에서 오른쪽 꼬리확률 $P(F > f_{0.05,\, 4,\, 5}) = 0.05$를 만족하는 95% 백분위수를 구하고자 한다면, [표 6-4]와 같이 분모의 자유도 5에서 $\alpha = 0.050$인 행과 분자의 자유도 4의 열이 만나는 위치의 수 5.19를 선택한다. 그러면 F-분포 $F(4,\, 5)$에서 95% 백분위수는 $f_{0.05,\, 4,\, 5} = 5.19$이다. 다시 말해서, $P(F > f_{0.05,\, 4,\, 5}) = P(F > 5.19) = 0.05$이다.

[표 6-4] F-분포표

$f_{0.05,\, 4,\, 5} = 5.19$, $P(F > 5.19) = 0.05$

꼬리확률

분모의 자유도	α	분자의 자유도								
		1	2	3	4	5	6	7	8	9
5	0.10	4.06	3.78	3.62	3.52	3.45	3.40	3.37	3.34	3.32
	0.05	6.61	5.79	5.41	5.19	5.05	4.95	4.88	4.82	4.77
	0.025	10.01	8.43	7.76	7.39	7.15	6.98	6.85	6.76	6.68
	0.01	16.26	13.27	12.06	11.39	10.97	10.67	10.46	10.29	10.16

예제 18

[부록 A.6]을 이용하여 분자와 분모의 자유도가 각각 7과 10인 F-분포에서 중심확률이 0.9인 두 임계

점 f_L과 f_R를 구하라.

풀이

중심확률이 0.9이므로 왼쪽과 오른쪽 꼬리확률은 동일하게 5 %이다. 왼쪽 꼬리확률이 0.05인 임계점은 $f_{0.95,\,7,\,10} = \dfrac{1}{f_{0.05,\,10,\,7}} = \dfrac{1}{3.64} \approx 0.2747$이고, 오른쪽 꼬리확률이 0.05인 임계점은 $f_{0.05,\,7,\,10} = 3.14$이다. 그러므로 $f_L = f_{0.95,\,7,\,10} = 0.2747$, $f_R = f_{0.05,\,7,\,10} = 3.14$이다.

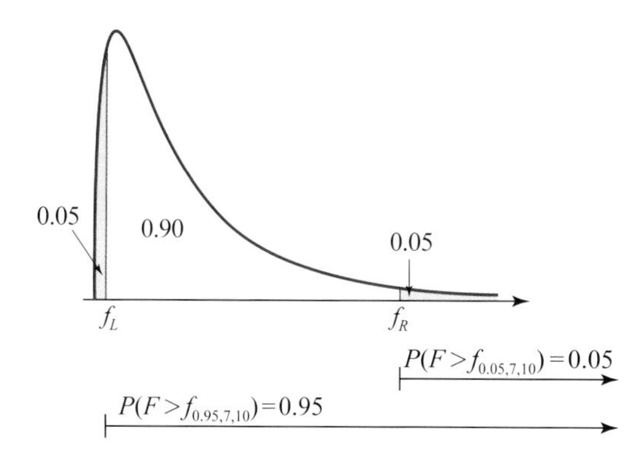

I Can Do 14

$F \sim F(4,\ 5)$일 때, [부록 A.6]을 이용하여 다음을 구하라.

(1) $f_{0.025,\,4,\,5}$ (2) $f_{0.95,\,4,\,5}$

연습문제

1. 표준정규확률변수 Z에 대하여 다음을 구하라.

(1) $P(Z \geq 2.05)$
(2) $P(Z < 1.11)$
(3) $P(Z > -1.27)$
(4) $P(-1.02 \leq Z \leq 1.02)$

2. $X \sim N(5, 4)$일 때, 다음을 구하라.

(1) $P(X \geq 4.5)$
(2) $P(X < 6.5)$
(3) $P(X \leq 2.5)$
(4) $P(3 \leq X \leq 7)$

3. $V \sim \chi^2(10)$일 때, 다음을 구하라.

(1) 97.5 % 백분위수 $\chi^2_{0.025}$
(2) $P(V > \chi_0) = 0.995$를 만족하는 χ_0

4. $T \sim t(10)$일 때, 다음을 구하라.

(1) 95 % 백분위수 $t_{0.05}$
(2) $P(T \leq t_0) = 0.995$를 만족하는 t_0

5. $F \sim F(8, 6)$일 때, 다음을 구하라.

(1) $f_{0.01,\,8,\,6}$
(2) $f_{0.05,\,8,\,6}$
(3) $f_{0.90,\,8,\,6}$
(4) $f_{0.99,\,8,\,6}$

6. $X \sim U(-2, 2)$일 때, 다음을 구하라.

(1) X의 확률밀도함수
(2) X의 평균과 분산
(3) $P(\mu - \sigma < X < \mu + \sigma)$

7. 어느 건전지 제조 회사에서 만든 1.5 V 건전지는 실제로 1.45 V에서 1.65 V 사이에서 균등분포를 이룬다고 한다. 물음에 답하라.

(1) 생산된 건전지 중에서 임의로 하나를 선정했을 때, 기대되는 전압과 표준편차를 구하라.
(2) 건전지 전압이 1.5 V보다 작을 확률을 구하라.
(3) 10개의 건전지가 들어 있는 상자 안에 1.5 V보다 전압이 낮은 건전지 수의 평균과 분산을 구하라.
(4) (3)에서 1.5 V보다 낮은 전압을 가진 건전지가 4개 이상 들어 있을 확률을 구하라.

8. A 대학교는 학생들을 위해 셔틀버스를 운행한다. 버스는 오후 1시부터 5시까지 40분 간격으로 학교 안 지정된 정류장에 도착한다. 학생은 정류장에 무작위로 도착하고, 버스를 기다리는 시간은 0에서 40분까지 균등하게 분포를 이룬다. 물음에 답하라.

(1) 버스를 기다리는 시간에 대한 확률밀도함수를 구하라.

(2) 기다리는 시간의 평균과 표준편차를 구하라.

(3) 15분 이상 기다릴 확률을 구하라.

(4) 기다리는 시간이 5분에서 10분 사이일 확률을 구하라.

9. 보험협회에 따르면 연간 1인당 지출하는 보험료는 최소 25만 원부터 최대 300만 원 사이에서 균등분포를 이룬다고 한다. 물음에 답하라.

(1) 보험료로 지출하는 평균 금액과 표준편차를 구하라.

(2) 무작위로 한 사람을 선정했을 때, 이 사람이 연간 150만 원 이상 지출할 확률을 구하라.

(3) 무작위로 한 사람을 선정했을 때, 이 사람이 연간 50만 원 이상, 150만 원 이하로 지출할 확률을 구하라.

10. 확률변수 X의 확률밀도함수가 다음과 같을 때, $P(X \le a) = \frac{1}{4}$인 상수 a를 구하라.

$$f(x) = \begin{cases} 2x, & 0 \le x \le 1 \\ 0, & \text{다른 곳에서} \end{cases}$$

11. 연속확률변수 X의 확률밀도함수 $f(x)$가 그림과 같은 이등변삼각형이라 할 때, 물음에 답하라.

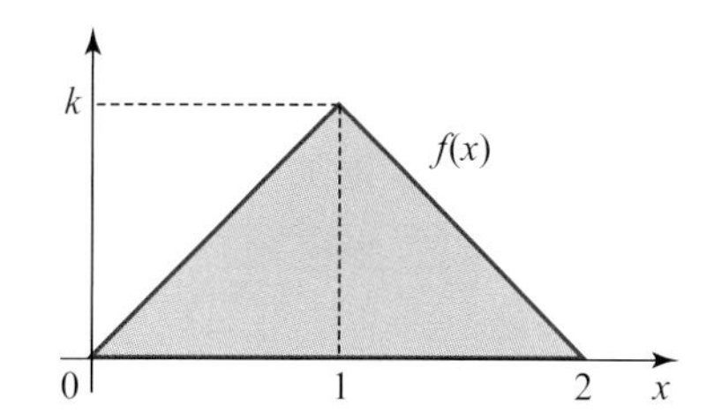

(1) 상수 k를 구하라.

(2) $P(X \le 0.6)$을 구하라.

(3) $P(0.5 \le X \le 1.5)$를 구하라.

(4) $P(X \ge 1.2)$를 구하라.

12. 어느 구단의 농구선수가 경기에 참가한 시간을 분석한 결과, 그림과 같은 확률밀도함수를 갖는다고 하자. 이 선수가 경기에 참여하는 시간에 대한 다음 확률을 구하라.

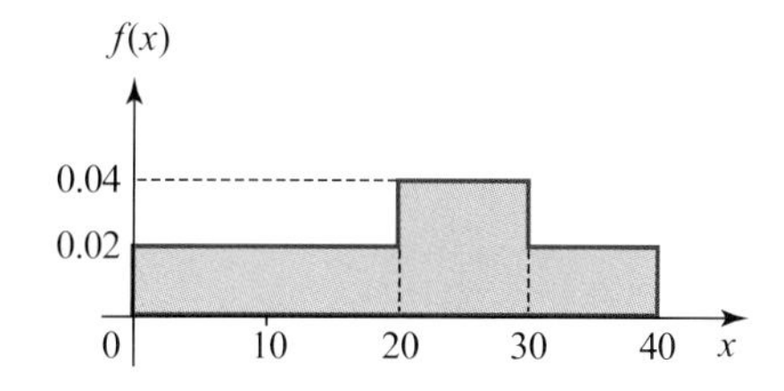

(1) 35분 이상 참가할 확률

(2) 25분 이하 참가할 확률

(3) 15분 이상, 35분 이하 참가할 확률

13. $Z \sim N(0, 1)$에 대하여 $P(Z \geq z_\alpha) = \alpha$이고 $X \sim N(\mu, \sigma^2)$이라 할 때, 다음을 구하라.

(1) $P(X \leq \mu + \sigma z_\alpha)$

(2) $P(\mu - \sigma z_{\alpha/2} \leq X \leq \mu + \sigma z_{\alpha/2})$

14. $X \sim N(60, 16)$일 때, 다음을 구하라.

(1) $P(|X - \mu| \leq 0.1\mu)$

(2) $P(|X - \mu| \leq 2.5\sigma)$

15. $X \sim N(\mu, \sigma^2)$에 대하여 $P(\mu - k\sigma < X < \mu + k\sigma) = 0.754$인 상수 k를 구하라.

16. 표준정규확률변수 Z에 대하여 다음을 만족하는 z_0을 구하라.

(1) $P(Z \leq z_0) = 0.9986$

(2) $P(Z \leq z_0) = 0.0154$

(3) $P(0 \leq Z \leq z_0) = 0.3554$

(4) $P(-z_0 \leq Z \leq z_0) = 0.9030$

(5) $P(-z_0 \leq Z \leq z_0) = 0.2052$

(6) $P(Z \geq z_0) = 0.6915$

17. $X \sim N(10, 9)$에 대하여 다음을 만족하는 x_0을 구하라.

(1) $P(X \leq x_0) = 0.9986$

(2) $P(X \leq x_0) = 0.0154$

(3) $P(10 \leq X \leq x_0) = 0.3554$

(4) $P(-x_0 \leq X \leq x_0) = 0.9030$

(5) $P(-x_0 \leq X \leq x_0) = 0.2052$

(6) $P(X \geq x_0) = 0.6915$

18. $X \sim N(4, 9)$일 때, 다음을 구하라.

(1) $P(X < 7)$

(2) $P(4 \leq X \leq x_0) = 0.4750$인 x_0

(3) $P(1 < X < x_0) = 0.756$인 x_0

19. 집에서 학교까지 걸어서 가는 시간이 평균 10분이고 표준편차는 1.5분인 정규분포를 따른다고 하자. 이때 집에서 학교까지 걸어서 가는 데 걸리는 시간에 대하여 다음을 구하라.

(1) 집에서 출발하여 걸어서 학교까지 가는 데 12분 이상 걸릴 확률

(2) 집에서 출발하여 걸어서 9분 안에 학교에 도착할 확률

(3) 집에서 학교까지 걸어서 7분 이상 걸리지만 11분 안에 도착할 확률

20. 이번 학기 통계학 성적은 $X \sim N(70, 16)$인 정규분포를 따르며, 담당 교수는 학점에 대하여 A, B, C, D, F를 각각 15 %, 30 %, 30 %, 15 %, 10 %의 비율로 준다고 할 때, A, B, C, D 등급의 하한점수를 구하라.

21. 고교 3학년 학생 1,000명에게 실시한 모의고사에서 국어 점수 X와 수학 점수 Y는 각각 $X \sim N(75, 9)$, $Y \sim N(68, 16)$인 정규분포를 따르고, 이 두 성적은 서로 독립이라고 한다. 물음에 답하라.

(1) 국어 점수가 82점 이상일 확률을 구하라.

(2) 두 과목의 점수의 합이 130점 이상, 150점 이하에 해당하는 학생 수를 구하라.

(3) 각 과목에서 상위 5% 안에 들어가기 위한 최소 점수를 구하라.

22. $X \sim B(20, 0.4)$에 대하여 연속성을 수정한 다음 근사 확률을 구하라.

(1) $P(X \le 10)$　　(2) $P(7 \le X \le 11)$

(3) $P(X \ge 15)$

23. 미국 보험계리사 협회(Society Of Actuaries; SOA)의 확률 시험문제는 오지선다로 제시된다. 100문항의 SOA 시험 문제 중에서 지문을 임의로 선택할 때, 다음을 구하라.

(1) 선택한 평균 정답 수

(2) 정답을 정확히 15개 선택할 근사 확률

(3) 25개 이하로 정답을 선택할 근사 확률

24. A 신문기사에 따르면 2014년 6월 현재 청년 실업률이 9.5%라고 한다. 고용 가능한 청년 100명을 무작위로 선정하여 표본조사를 하였을 때, 물음에 답하라.

(1) 표본으로 선정된 청년들 중에서 평균 미취업자 수를 구하라.

(2) 미취업자 수의 분산과 표준편차를 구하라.

(3) 미취업자가 정확히 8명일 근사 확률을 구하라.

(4) 미취업자가 많아야 12명일 근사 확률을 구하라.

25. 한 해 동안 어떤 기업체의 근로자 2,000명이 1년 기간의 생명보험에 가입하였을 때, 이 기간에 근로자 개개인의 사망률이 0.001이라 한다. 이때 보험회사가 적어도 4건에 대하여 보상을 해야 할 근사 확률을 구하라.

(1) 푸아송 근사　　(2) 정규근사

26. $T \sim t(n)$에 대하여 $\sigma^2 = 1.25$라 한다. 이때 자유도 n과 $P(|T| \le 2.228)$을 구하라.

표본분포

Sampling Distribution

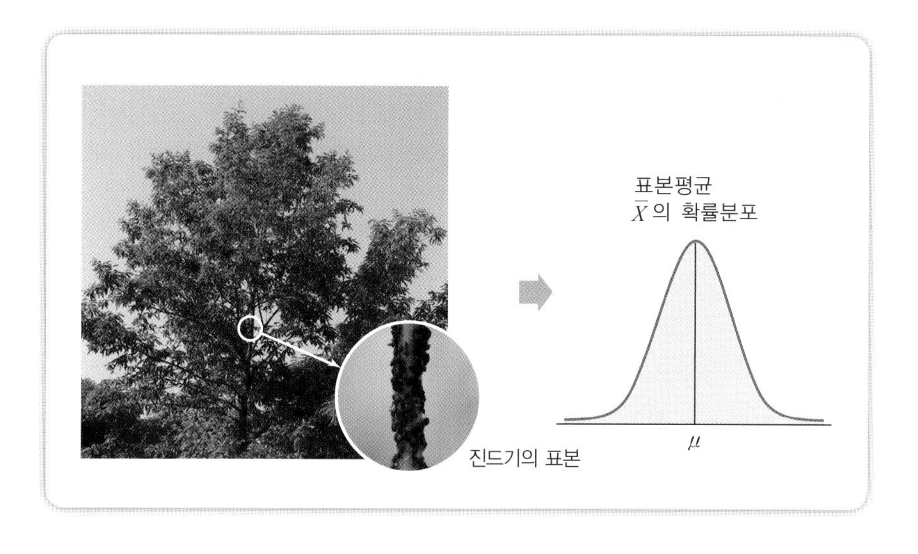

학습목표

- 모집단 분포와 표본분포의 차이를 이해할 수 있다.
- 표본평균, 표본분산, 표본비율의 표본분포를 이해할 수 있다.
- 중심극한정리를 이해하고, 응용할 수 있다.
- 표본평균의 차, 모비율의 차와 표본분산의 비에 대한 표본분포를 이해할 수 있다.

7.1 모집단 분포와 표본분포

2장에서 그림이나 도표를 이용하여 모집단의 자료를 표현하는 방법을 살펴보았으며, 3장에서 여러 가지 중심위치 척도와 산포도 그리고 그 척도를 계산하는 방법을 살펴보았다. 또한 5장과 6장에서 이산확률분포인 이항분포는 시행횟수 n과 성공률 p에 의하여 결정되고, 연속확률분포인 정규분포는 평균 μ와 분산 σ^2에 의해 결정되는 것을 살펴보았다.

지금까지 우리는 모집단의 모든 자료 값을 이미 알고 있거나 성공률 p 또는 평균 μ와 분산 σ^2을 완전히 알고 있는 경우를 다루었다. 그러나 실제 현상에서 모집단의 모든 자료 값을 구한다는 것은 쉽지 않으며, 따라서 모집단의 평균과 분산 또는 성공률 등을 구한다는 것은 거의 불가능하다. 이 때문에 표본을 선정하여 모집단의 특성을 과학적으로 추론하게 되는데, 이것이 바로 추측통계학이다. 이 절에서는 추측통계학에서 기본이 되고 모집단의 분포와 표본에서 얻어지는 통계량 등에 대해 살펴본다.

7.1.1 모집단 분포와 표본추출 방법

1장에서 어떤 통계적 목적에 의해 얻은 응답 결과, 실험 결과, 측정값들 전체의 집합을 모집단이라 하였다. 예를 들어, 어느 스마트폰 배터리 제조 회사에서 생산된 배터리의 완전 충전 후 사용 가능 시간에 대한 정보를 알고자 한다면, 현재까지 생산된 배터리와 앞으로 생산될 모든 배터리를 대상으로 수명을 조사해야 한다. 만일 그렇게 할 수 있다면 정확하게 배터리 수명에 대한 중심위치인 평균과 밀집도인 분산을 비롯하여 수명에 대한 히스토그램과 같은 정확한 확률분포를 얻을 수 있다. 그러나 실제로 그러한 통계적 실험을 한다는 것은 불가능하기 때문에 표본을 선정하여 생산된 배터리 수명에 대한 평균 또는 분산 등과 같은 정보를 추론한다. 이때 생산된 모든 배터리의 수명에 대한 확률분포를 **모집단 분포**라 하고, 1장에서 언급한 바와 같이 모집단 분포의 특성을 나타내는 수치를 **모수**라 한다.

> 모집단 분포(population distribution)는 어떤 통계적 실험 결과인 모집단의 자료가 가지는 확률분포를 의미한다.

특히 생산된 모든 배터리의 평균 수명과 같은 모집단 분포의 평균을 **모평균**(population mean), 모집단 분포의 분산과 표준편차를 각각 **모분산**(population variance)과 **모표준편차**(population standard deviation)라고 한다. 또한 생산된 배터리의 불량률과 같이 모집단에서 어떤 특정한 성질을 갖는 자료의 비율을 **모비율**(population proportion)이라 한다. 한편 이러한 모수를 추론하기 하기 위하여 모집단을 이루는 모든 자료 값들은 동일한 모집단 분포에 따라 나타나며, 모집단의 서로 다른 자료 값들은 동일한 모집단 분포를 갖는 독립인 확률변수로 생각한다. 1장에서 언급한 바와 같이 추측통계학은 표본을 기초로 알려지지 않은 모수를 추론하는 통계학이다. 그러나 A 정당의 지지율을 표본조사하기 위하여 그 정당의 지지자를 표본으로 더 많이 선정한다든지 또는 그 반대로 선정한다면 왜곡된 결과를 얻게 된다. 즉, 표본을 인위적으로 선정하는 경우에는 많은 오류를 범할 수 있다. 따라서 '공정하고 객관적인 방법으로 표본을 어떻게 선정하는가?'라는 문제는 매우 중요하다. 이제 표본을 선정하는 방법에 대하여 살펴보자.

가장 폭넓게 사용하는 표본 선정 방법으로 단순임의추출법이 있다. 예를 들어, 1학년 학생 1,000명 전체의 통계학 평균 점수를 추론하기 위해 30명으로 구성된 표본을 선정하는 경우를 생각해 보자. 동일한 모양과 동일한 크기의 메모지에 각자의 학번을 기재하고 상자 안에 넣는다. 상자 안의 메모지를 잘 섞은 후에 상자를 보지 않고 30장의 메모지를 꺼내는 방법이 바로 **단순임의추출법**이다. 또는 좀 더 편리하게 난수표를 이용하는 방법을 생각할 수 있다. 학번과 같이 모집단을 이루는 개개인에게 숫자를 부여하고 난수표에서 무작위로 부여된 숫자를 선정하여, 선정된 숫자에 해당하는 학생의 통계학 점수를 표본으로 택하는 것이다.

단순임의추출법(simple random sampling)은 모집단을 형성하고 있는 모든 대상들의 선정 가능성이 동등하도록 추출하는 방법이다.

단순임의추출법은 시간이 부족한 환경에서는 부적당하다. 예를 들어, 음료수 제조 회사의 판매 부서에서 지난 한 달 동안 1,000개의 지점별로 판매한 평균 수입을 급하게 추정하기 위해 100개의 지점을 선정한다고 하자. 그러면 1,000개의 지점에서 기록한 1,000개의 매출 장부를 입수하여 지점별 평균 수입을 추론하기 위해 100개의 매출 장부를 선정해야 한다. 이때 단순임의추출법으로 확률표본을 얻기 위하여 1,000개의 매출 장부에 번호를 부여하고, 난수표를 이용하여 100개의 매출 장부를 선정하는 과정을 거치면 시간을 낭비하는 문제가 발생한다. 이 경우에는 0~9 사이의 임의의 수 하나를 선정하고, 이후 10씩 커지는 숫자를 선정한다. 예를 들어, 처음에 4가 선정된다면 그 이후부터 14, 24, 34 등과 같이 10씩 커지는 100개의 숫자를 선정하는 것이다. 이와 같이 모집단의 크기를 표본의 크기로 나눈 값인 k씩 커지도록 표본을 선정하는 방법을 **계통추출법**이라 한다.

계통추출법(systematic sampling)은 모집단의 각 대상에 일련번호를 부여하고, 1, 2, ⋯, n 중에서 어느 하나를 무작위로 선정한 이후로 k씩 커지는 순서로 표본을 선정하는 방법이다. 여기서 k는 모집단 크기를 표본의 크기로 나눈 값이다.

조사 대상이 되는 모집단이 어떤 특성에 따라 그룹(층)으로 분류되는 경우에 사용되는 표본추출법을 **층화추출법**이라 한다. 이때 분류된 각 층을 모집단으로 생각하여, 단순임의추출법 또는 계통추출법에 의하여 미리 할당된 수에 따라 각 층에서 표본을 추출한다. 물론 각 층별로 서로 다른 방법으로 표본을 추출할 수 있다. 예를 들어, 1학년 전체의 통계학 평균 점수를 알기 위하여 사회과학, 자연과학, 공학으로 그룹화(층화)하고, 각 그룹에서 할당된 수만큼 표본을 무작위로 추출하는 방법이다. 또 다른 예로, 정당의 지지율에 대한 표본을 추출하기 위하여 전국을 서울, 수도권, 충청권, 강원권, 호남권 그리고 영남권으로 구분하고, 각 권역별로 할당된 수만큼 표본을 선정하는 방법이 있으며, 이러한 추출방법을 층화추출법이라 한다.

층화추출법(stratified sampling)은 모집단의 특성에 따라 층화된 곳에서 각 층마다 표본을 무작위로 추출하는 방법이다.

집락추출법은 모집단을 연구 목적에 부합하도록 이질적인 구성 요소를 포함하는 여러 개의 집락으로 구분하여 집락을 추출 단위로 표본을 추출하는 방법이다. 예를 들어, 서울시 거주 가구의 월평균 소득을 조사하기 위하여 서울시에 거주하는 모든 가구를 방문하여 조사할 경우, 경제적으로 많은 비용이 소요된다. 이와 같은 경우에 서울시를 25개의 행정구역(집락)으로 분할하여 그중에서 5개 구를 무작위로 선정하여 표본을 추출하는 방법이 바로 집락추출법이다.

집락추출법(cluster sampling)은 모집단을 몇 개의 조사 단위인 집락으로 구분하고, 집락을 추출 단위로 표본을 추출하는 방법이다.

7.1.2 표본분포

모집단으로부터 앞에서와 같은 방법으로 표본을 추출했다면, 표본의 특성을 나타내는 통계량인 여러 가지 수치적인 척도들을 계산할 수 있다. 이때 표본으로 선정된 대상의 수를 **표본의 크기**(sample size)라 하며, 선정된 표본의 평균과 분산을 각각 **표본평균**(sample mean)과 **표본분**

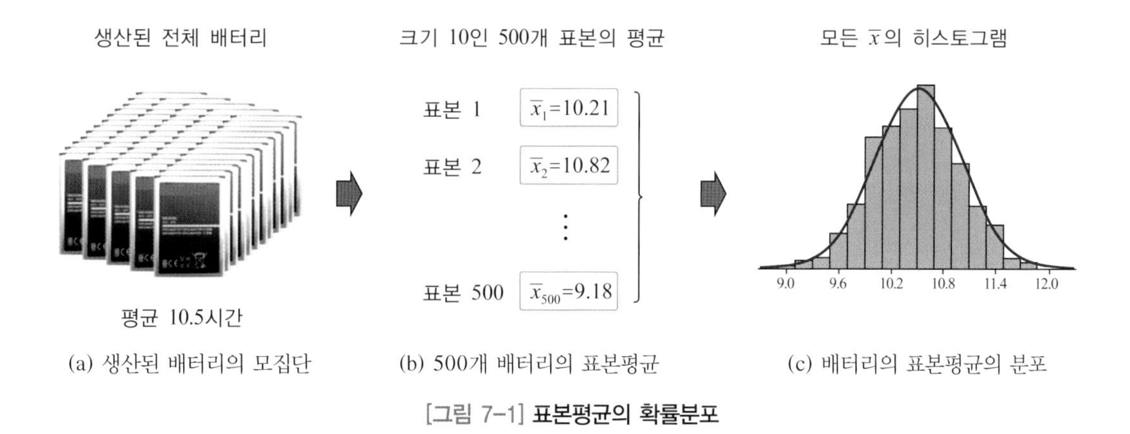

(a) 생산된 배터리의 모집단 (b) 500개 배터리의 표본평균 (c) 배터리의 표본평균의 분포

[그림 7-1] **표본평균의 확률분포**

산(sample variance)이라 한다. 이와 같은 표본평균과 표본분산은 표본으로부터 결정되며, 표본의 특성을 나타내는 통계량이다. 이때 표본을 어떻게 선정하느냐에 따라 각 표본에서 얻은 통계량은 다르게 나타나므로 통계량은 확률변수이다. 예를 들어, 스마트폰 배터리 제조 회사에서 생산된 배터리의 완전 충전 후 사용 가능한 평균 시간에 대한 정보를 추론한다고 하자. 생산된 배터리들 중에서 임의로 10개씩 선정하여 배터리의 사용 가능한 평균 시간을 조사한다면, [그림 7-1(b)]와 같이 첫 번째 선정한 표본 10개의 평균 시간은 $\overline{x}_1 = 10.21$시간이고 두 번째 선정한 표본 10개의 평균 시간은 $\overline{x}_2 = 10.82$시간, 같은 방법으로 500번째 선정한 표본 10개의 평균 시간은 $\overline{x}_{500} = 9.18$시간과 같이 다르게 측정되고, 측정된 500개의 표본평균에 대한 히스토그램을 그리면 [그림 7-1(c)]와 같다.

그러므로 표본평균 $\overline{X}$는 확률변수이고 또한 어떤 유형의 확률분포를 가지는데, 이러한 확률분포를 **표본분포**라 한다.

표본분포(sampling distribution)는 모집단에서 크기 n인 표본을 반복하여 선정할 때 얻어지는 통계량의 확률분포이다.

3장에서 정의한 바와 같이 표본평균과 표본분산은 각각 다음과 같다.

$$\text{표본평균: } \overline{X} = \frac{1}{n}\sum_{i=1}^{n} X_i$$

$$\text{표본분산: } S^2 = \frac{1}{n-1}\sum_{i=1}^{n} (X_i - \overline{X})^2$$

그리고 표본에서 관찰된 $X_1 = x_1, X_2 = x_2, \cdots, X_n = x_n$에 대한 표본평균과 표본분산의 관찰값은 각각 다음과 같이 정의된다.

$$\overline{x} = \frac{1}{n}\sum_{i=1}^{n} x_i,\ \ s^2 = \frac{1}{n-1}\sum_{i=1}^{n}(x_i - \overline{x})^2$$

예제 1

1, 2, 3, 4의 번호가 적힌 공을 주머니에 넣고 복원추출에 의해 임의로 두 개를 추출하여 표본을 만든다. 각각의 공이 나올 확률은 동일하게 $\frac{1}{4}$일 때, 물음에 답하라.

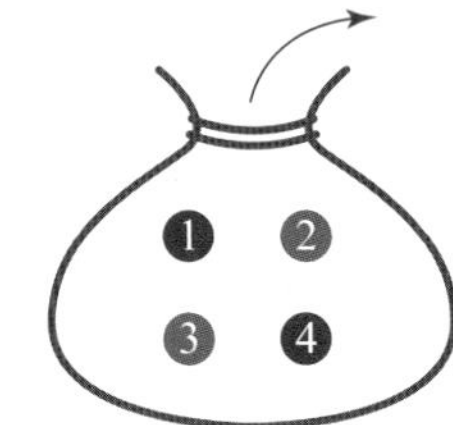

(1) 표본으로 나올 수 있는 모든 경우를 구하라.

(2) (1)에서 구한 각 표본의 평균을 구하라.

(3) 표본평균 $\overline{X}$의 확률분포를 구하라.

(4) 표본평균 $\overline{X}$의 평균과 분산을 구하라.

(5) 모집단 분포의 평균과 분산을 구하라.

풀이

(1) 복원추출로 두 개의 공을 꺼내므로 표본으로 나올 수 있는 모든 경우는 다음과 같다.

$\{1, 1\}, \{1, 2\}, \{1, 3\}, \{1, 4\}, \{2, 1\}, \{2, 2\}, \{2, 3\}, \{2, 4\},$
$\{3, 1\}, \{3, 2\}, \{3, 3\}, \{3, 4\}, \{4, 1\}, \{4, 2\}, \{4, 3\}, \{4, 4\}$

(2) (1)에서 구한 16개의 표본평균을 구하면, 1, 1.5, 2, 2.5, 3, 3.5, 4이다.

(3) $i, j = 1, 2, 3, 4$에 대하여 복원추출로 표본 $\{i, j\}$가 나올 확률은 $\frac{1}{4} \times \frac{1}{4} = \frac{1}{16}$이므로 각 표본과 표본평균의 확률분포는 다음과 같다.

표본	$\overline{X}$	$P(\overline{X} = \overline{x})$
$\{1, 1\}$	1	$\frac{1}{16}$
$\{1, 2\}, \{2, 1\}$	1.5	$\frac{2}{16}$
$\{1, 3\}, \{2, 2\}, \{3, 1\}$	2	$\frac{3}{16}$
$\{1, 4\}, \{2, 3\}, \{3, 2\}, \{4, 1\}$	2.5	$\frac{4}{16}$
$\{2, 4\}, \{3, 3\}, \{4, 2\}$	3	$\frac{3}{16}$
$\{3, 4\}, \{4, 3\}$	3.5	$\frac{2}{16}$
$\{4, 4\}$	4	$\frac{1}{16}$

(4) 표본평균 $\overline{X}$의 평균은 다음과 같다.

$$\mu_{\overline{X}} = 1 \times \frac{1}{16} + 1.5 \times \frac{2}{16} + 2 \times \frac{3}{16} + \cdots + 4 \times \frac{1}{16} = \frac{40}{16} = 2.5$$

또한

$$E(\overline{X}^2) = 1^2 \times \frac{1}{16} + 1.5^2 \times \frac{2}{16} + 2^2 \times \frac{3}{16} + \cdots + 4^2 \times \frac{1}{16} = \frac{110}{16} = 6.875$$

이므로 분산은 $\sigma_{\overline{X}}^2 = 6.875 - 2.5^2 = 0.625$이다.

(5) $x = 1, 2, 3, 4$에 대하여 모집단의 확률변수 X는 이산균등분포를 따르므로 평균과 분산은 각각 다음과 같다.

$$\mu = \frac{1+4}{2} = 2.5, \ \sigma^2 = \frac{4^2-1}{12} = 1.25$$

I Can Do 1

1, 2, 3의 번호가 적힌 공을 주머니에 넣고 복원추출에 의해 임의로 두 개를 추출하여 표본을 만든다. 각각의 공이 나올 확률은 동일하게 $\frac{1}{3}$일 때, 물음에 답하라.

(1) 표본으로 나올 수 있는 모든 경우를 구하라.

(2) (1)에서 구한 각 표본의 평균을 구하라.

(3) 표본평균 $\overline{X}$의 확률분포를 구하라.

(4) 표본평균 $\overline{X}$의 평균과 분산을 구하라.

(5) 모집단 분포의 평균과 분산을 구하라.

한편 우리나라 국민의 흡연율 또는 음주율 같이, 모집단에서 특정한 성질을 갖고 있는 대상의 비율을 **모비율**이라 하고, 표본에서 특정한 성질을 갖고 있는 대상의 비율을 **표본비율**이라 한다.

모비율(population proportion)은 모집단을 형성하고 있는 모든 대상에 대한 특정한 성질을 갖고 있는 대상의 비율(p)을 나타낸다.

표본비율(sample proportion)은 확률표본을 이루는 대상에 대한 특정한 성질을 갖는 대상의 비율($\hat{p}$)이다.

따라서 모집단의 크기를 N, 표본의 크기를 n 그리고 모집단이나 표본 안에 어느 특정한 성질을 갖는 자료의 수를 x라 하면, 모비율과 표본비율은 각각 다음과 같다.

$$\text{모비율: } p = \frac{x}{N}$$

$$\text{표본비율: } \hat{p} = \frac{x}{n}$$

표본을 어떻게 선정하느냐에 따라 표본비율이 다르게 측정되므로 표본비율 역시 확률변수이다.

예제 2

우리나라 20세 이상 성인 245명을 대상으로 조사한 결과, 136명이 프로야구를 좋아한다고 응답하였다. 프로야구를 좋아하는 성인의 표본비율을 구하라.

풀이

20세 이상 성인 중 표본으로 선정한 245명 가운데 프로야구를 좋아한다고 응답한 사람의 수가 136명이므로 표본비율은 $\hat{p} = \frac{136}{245} \approx 0.5551(= 55.51\%)$이다.

I Can Do 2

1학년 학생 1,500명 중에서 250명을 임의로 선정하여 조사한 결과, 11명이 자동차를 갖고 있다고 응답하였다. 자동차를 소유한 1학년 학생의 표본비율을 구하라.

7.2 일표본의 표본분포

7.1절에서 모집단으로부터 크기 n인 표본을 추출하는 방법과 표본으로부터 얻은 여러 가지 통계량을 살펴보았다. 이때 통계량들은 추출된 표본에 따라 달라지는 확률변수이고 따라서 어떤 형태의 확률분포를 갖는다. 이 절에서는 모집단이 정규분포를 따를 때의 통계량들에 관한 확률분포를 살펴본다. 특히 표본평균 $\overline{X}$에 대한 확률분포와 $\overline{X}$의 평균 $\mu_{\overline{X}}$와 모평균 μ 사이의 관계 그리고 $\overline{X}$의 분산 $\sigma_{\overline{X}}^2$와 모분산 σ^2 사이의 관계를 살펴보고, 모집단이 정규분포를 따르지 않을 때 표본의 크기에 따라 표본평균 $\overline{X}$의 확률분포가 어떻게 변하는지 살펴본다. 특별한 언급이 없는 경우에, 모집단 분포는 모평균 μ와 모분산 σ^2을 갖는 정규분포로 가정한다.

7.2.1 표본평균의 표본분포(모분산을 아는 경우)

정규모집단 $N(\mu, \sigma^2)$에서 크기 n인 표본을 선정한다고 하자. 그러면 서로 독립이고 $X_i \sim N(\mu, \sigma^2)$인 X_i, $i = 1, 2, \cdots, n$에 대하여 표본평균은 다음과 같이 정의된다.

$$\overline{X} = \frac{1}{n}\sum_{i=1}^{n} X_i$$

한편 6.2.3절에서 본 바와 같이 서로 독립인 두 정규확률변수 $X \sim N(\mu_1, \sigma_1^2)$, $Y \sim N(\mu_2, \sigma_2^2)$에 대하여

$$X + Y \sim N(\mu_1 + \mu_2, \sigma_1^2 + \sigma_2^2), \quad aX \sim N(a\mu_1, a^2\sigma_1^2)$$

이다. 그러므로 표본평균 $\overline{X}$의 평균과 분산은 각각 다음과 같다.

$$\mu_{\overline{X}} = E\left(\frac{1}{n}\sum_{i=1}^{n} X_i\right) = \frac{1}{n}\sum_{i=1}^{n} E(X_i) = \frac{1}{n}\sum_{i=1}^{n} \mu = \frac{1}{n}\cdot(n\mu) = \mu$$

$$\sigma^2_{\overline{X}} = Var\left(\frac{1}{n}\sum_{i=1}^{n} X_i\right) = \frac{1}{n^2}\sum_{i=1}^{n} Var(X_i) = \frac{1}{n^2}\sum_{i=1}^{n} \sigma^2 = \frac{1}{n^2}\cdot(n\sigma^2) = \frac{\sigma^2}{n}$$

더욱이 서로 독립인 정규확률변수들의 합도 정규분포를 따르므로 표본평균 $\overline{X}$는 정규분포 $\overline{X} \sim N\left(\mu, \frac{\sigma^2}{n}\right)$을 따른다. 따라서 모분산 σ^2이 알려진 정규모집단에서 크기 n인 표본을 선정할 때, 표본평균에 대한 표본분포는 평균 μ, 분산 $\frac{\sigma^2}{n}$인 정규분포를 따른다. 즉, 다음과 같다.

$$\overline{X} \sim N\left(\mu, \frac{\sigma^2}{n}\right) \quad \text{또는} \quad Z = \frac{\overline{X} - \mu}{\sigma/\sqrt{n}} \sim N(0, 1)$$

모평균 μ와 표본평균 $\overline{X}$의 평균은 동일하지만, $\overline{X}$의 분산은 모분산 σ^2을 표본의 크기 n으로 나눈 것과 동일함을 알 수 있다.

$$\mu_{\overline{X}} = \mu, \quad \sigma^2_{\overline{X}} = \frac{\sigma^2}{n}$$

따라서 정규모집단 분포에 대하여 표본평균의 표본분포는 [그림 7-2]와 같이 모평균에 더욱 집중되는 정규분포를 이룬다.

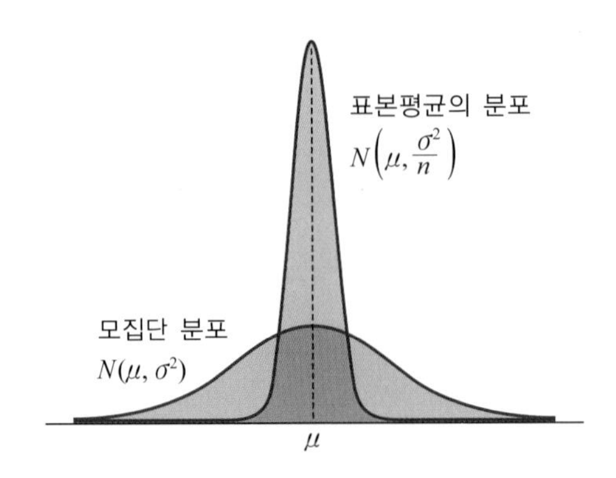

[그림 7-2] **정규모집단 분포와 표본평균의 표본분포**

예제 3

모평균 100, 모분산 9인 정규모집단으로부터 크기 25인 표본을 임의로 추출할 때, 다음을 구하라.

(1) 표본평균 $\overline{X}$의 표본분포

(2) 표본평균이 99 이상, 101 이하일 확률

(3) 표본평균이 모평균보다 1.5 이상 더 클 확률

풀이

(1) 정규모집단 분포 $N(100, 9)$에서 크기 $n = 25$인 표본을 추출하므로 표본평균의 표본분포는 평균 $\mu_{\overline{X}} = 100$, 분산 $\sigma_{\overline{X}}^2 = \frac{9}{25} = 0.6^2$인 정규분포 $\overline{X} \sim N(100, 0.6^2)$이다.

(2) 99와 101을 표준화하면 각각 다음과 같다.

$$\frac{99-100}{0.6} \approx -1.67, \quad \frac{101-100}{0.6} \approx 1.67$$

따라서 구하고자 하는 확률은 다음과 같다.

$$\begin{aligned} P(99 \le \overline{X} \le 101) &= P(-1.67 \le Z \le 1.67) \\ &= 2[P(Z \le 1.67) - 0.5] \\ &= 2(0.9525 - 0.5) = 0.9050 \end{aligned}$$

(3) 표본평균이 모평균보다 1.5 이상 클 확률은 표본평균이 101.5보다 클 확률이다. 또한 101.5를 표준화하면 $z = \frac{101.5-100}{0.6} = 2.5$이므로 구하고자 하는 확률은 다음과 같다.

$$\begin{aligned} P(\overline{X} \ge \mu + 1.5) = P(\overline{X} \ge 101.5) &= P(Z \ge 2.5) \\ &= 1 - P(Z < 2.5) \\ &= 1 - 0.9938 = 0.0062 \end{aligned}$$

I Can Do 3

모평균 20, 모분산 25인 정규모집단에서 크기 36인 표본을 임의로 추출할 때, 다음을 구하라.

(1) 표본평균 $\overline{X}$의 표본분포

(2) 표본평균이 19.4 이상, 21.8 이하일 확률

(3) 표본평균과 모평균의 차의 절댓값이 1.5보다 클 확률

7.2.2 표본평균의 표본분포(모분산을 모르는 경우)

모분산 σ^2이 알려진 정규모집단에서 크기 n인 표본을 선정할 때, 표본평균에 대한 표본분포는 다음과 같다.

$$\overline{X} \sim N\left(\mu, \frac{\sigma^2}{n}\right) \quad \text{또는} \quad Z = \frac{\overline{X} - \mu}{\sigma / \sqrt{n}} \sim N(0, 1)$$

그러나 대부분의 모집단은 모분산 σ^2 또는 모표준편차 σ가 알려지지 않으며, 따라서 표본평균이 정규분포를 따른다고 할 수 없다. 이때 표본평균 $\overline{X}$의 표준화에서 모표준편차 σ를 표본표준편차 s로 대치하면, $\overline{X}$의 표준화 확률변수 Z는 자유도가 $n-1$인 t-분포를 따른다. 즉, 모분산 σ^2이 알려지지 않은 정규모집단에서 크기 n인 표본을 선정할 때, 표본평균 $\overline{X}$의 표준화 확률변수를 T로 나타내며 그 식은 다음과 같다.

$$T = \frac{\overline{X} - \mu}{s / \sqrt{n}} \sim t(n-1)$$

예제 4

신입생 전체를 대상으로 기초 학력을 조사한 결과, 평균이 77점인 정규분포를 따른다고 알려졌다. 신입생 중에서 9명을 무작위로 선정하여 표본조사할 때, 물음에 답하라.

(1) 표본평균에 대한 표본분포를 구하라.

(2) 무작위로 얻은 표본이 다음과 같을 때, 이 표본의 표본평균과 표본표준편차를 구하라.

72 86 75 83 67 77 82 79 88

(3) (2)의 표본을 이용하여 표본평균이 상위 5 %인 점수를 구하라.

풀이

(1) 모집단 분포에서 평균이 $\mu = 77$이지만 모분산을 모르는 정규분포이고 $n = 9$이므로 표본평균에 대

한 표본분포는 자유도 8인 t-분포를 따른다. 즉, $T = \dfrac{\overline{X} - 77}{s/3} \sim t(8)$이다.

(2) 선정된 표본의 표본평균과 표본분산은 각각 다음과 같다.

$$\overline{x} = \frac{72 + 86 + \cdots + 88}{9} \approx 78.78$$

$$s^2 = \frac{1}{8}\sum_{i=1}^{9}(x_i - 78.78)^2 \approx \frac{367.556}{8} = 45.9445$$

그러므로 표본평균은 $\overline{x} = 78.78$이고 표본표준편차는 $s = \sqrt{45.9445} \approx 6.778$이다.

(3) 상위 5 %인 점수를 x_0이라 하면, $P(\overline{X} \geq x_0) = 0.05$이고 $T = \dfrac{\overline{X} - 77}{6.778/3} \sim t(8)$이므로 다음을 얻는다.

$$P(\overline{X} \geq x_0) = P\left(\frac{\overline{X} - 77}{6.778/3} \geq \frac{x_0 - 77}{6.778/3}\right) = P\left(T \geq \frac{x_0 - 77}{6.778/3}\right) = 0.05$$

자유도 8인 t-분포표에서 상위 5 %인 95 % 백분위수가 $t_{0.05} = 1.860$이므로 구하고자 하는 x_0은 다음과 같다.

$$T = \frac{x_0 - 77}{6.778/3} = 1.86, \quad x_0 = 77 + \frac{1.86 \times 6.778}{3} = 81.20236 (\approx 81)$$

I Can Do 4

새로 개발한 신차의 연비가 평균 15 km인 정규분포를 따른다고 하자. 크기 10인 표본을 임의로 추출하여 표본조사할 때, 물음에 답하라.

(1) 표본평균에 대한 표본분포를 구하라.

(2) 무작위로 얻은 표본이 다음과 같을 때, 이 표본의 표본평균과 표본표준편차를 구하라(단, 단위는 km이다).

15.1	14.6	16.4	15.5	14.2	14.4	14.6	16.0	16.2	16.7

(3) (2)의 표본을 이용하여 표본평균이 상위 10 %인 연비를 구하라.

7.2.3 중심극한정리

정규분포가 아닌 모집단 분포로부터 복원추출로 표본을 선정할 때, 표본의 크기에 따라 표본평균의 표본분포가 어떻게 변하는지 살펴보자. [예제 1]과 같이 확률함수가 $p(x) = \dfrac{1}{4}$,

$x = 1, 2, 3, 4$인 모집단 분포를 생각하자. 모집단 분포가 이산균등분포이므로 모평균과 모분산은 각각 다음과 같다.

$$\mu = \frac{4+1}{2} = 2.5,\ \ \sigma^2 = \frac{4^2-1}{12} = 1.25$$

이때 이 모집단으로부터 크기 2인 표본을 선정하면, [예제 1]에서 표본평균 $\overline{X}$의 표본분포는 [표 7-1]과 같음을 알았다.

그리고 $\overline{X}$의 평균과 분산은 각각 $\mu_{\overline{X}} = 2.5$와 $\sigma^2_{\overline{X}} = 0.625$이다. 따라서 $\overline{X}$의 평균과 모평균 그리고 $\overline{X}$의 분산과 모분산 사이에 다음 관계가 성립한다.

$$\mu_{\overline{X}} = \mu = 2.5,\ \ \sigma^2_{\overline{X}} = \frac{\sigma^2}{2} = 0.625$$

이제 이 모집단으로부터 크기 3인 표본을 선정하면, 표본에서 관찰될 수 있는 모든 경우 (x_1, x_2, x_3), $x_1, x_2, x_3 = 1, 2, 3, 4$에 대하여 표본평균 $\overline{X}$의 표본분포는 [표 7-2]와 같다.

이때 $\overline{X}$의 평균과 분산은 각각 $\mu_{\overline{X}} = 2.5$와 $\sigma^2_{\overline{X}} = 0.417$이고, $\overline{X}$의 평균과 모평균 그리고 $\overline{X}$의 분산과 모분산 사이에 다음 관계가 성립한다.

$$\mu_{\overline{X}} = \mu = 2.5,\ \ \sigma^2_{\overline{X}} = \frac{\sigma^2}{3} = 0.417$$

동일한 방법으로 이 모집단으로부터 크기 4인 표본평균 $\overline{X}$의 표본분포는 [표 7-3]과 같으며, 다음이 성립한다.

$$\mu_{\overline{X}} = \mu = 2.5,\ \ \sigma^2_{\overline{X}} = \frac{\sigma^2}{4} = 0.3125$$

[표 7-1] 크기 2인 표본평균의 확률분포

$\overline{X}$	1	1.5	2	2.5	3	3.5	4
$P(\overline{X} = \overline{x})$	$\frac{1}{16}$	$\frac{2}{16}$	$\frac{3}{16}$	$\frac{4}{16}$	$\frac{3}{16}$	$\frac{2}{16}$	$\frac{1}{16}$

[표 7-2] 크기 3인 표본평균의 확률분포

$\overline{X}$	1	$\frac{4}{3}$	$\frac{5}{3}$	2	$\frac{7}{3}$	$\frac{8}{3}$	3	$\frac{10}{3}$	$\frac{11}{3}$	4
$P(\overline{X} = \overline{x})$	$\frac{1}{64}$	$\frac{3}{64}$	$\frac{6}{64}$	$\frac{10}{64}$	$\frac{12}{64}$	$\frac{12}{64}$	$\frac{10}{64}$	$\frac{6}{64}$	$\frac{3}{64}$	$\frac{1}{64}$

[표 7-3] 크기 4인 표본평균의 확률분포

$\overline{X}$	1	$\frac{5}{4}$	$\frac{6}{4}$	$\frac{7}{4}$	2	$\frac{9}{4}$	$\frac{10}{4}$
$P(\overline{X}=\overline{x})$	$\frac{1}{4^4}$	$\frac{4}{4^4}$	$\frac{10}{4^4}$	$\frac{20}{4^4}$	$\frac{31}{4^4}$	$\frac{40}{4^4}$	$\frac{44}{4^4}$
$\overline{X}$	$\frac{11}{4}$	3	$\frac{13}{4}$	$\frac{14}{4}$	$\frac{15}{4}$	4	
$P(\overline{X}=\overline{x})$	$\frac{40}{4^4}$	$\frac{31}{4^4}$	$\frac{20}{4^4}$	$\frac{10}{4^4}$	$\frac{4}{4^4}$	$\frac{1}{4^4}$	

[표 7-4] 크기 5인 표본평균의 확률분포

$\overline{X}$	1	$\frac{6}{5}$	$\frac{7}{5}$	$\frac{8}{5}$	$\frac{9}{5}$	2	$\frac{11}{5}$	$\frac{12}{5}$
$P(\overline{X}=\overline{x})$	$\frac{1}{4^5}$	$\frac{5}{4^5}$	$\frac{15}{4^5}$	$\frac{35}{4^5}$	$\frac{65}{4^5}$	$\frac{101}{4^5}$	$\frac{135}{4^5}$	$\frac{155}{4^5}$
$\overline{X}$	$\frac{13}{5}$	$\frac{14}{5}$	3	$\frac{16}{5}$	$\frac{17}{5}$	$\frac{18}{5}$	$\frac{19}{5}$	4
$P(\overline{X}=\overline{x})$	$\frac{155}{4^5}$	$\frac{135}{4^5}$	$\frac{101}{4^5}$	$\frac{65}{4^5}$	$\frac{35}{4^5}$	$\frac{15}{4^5}$	$\frac{5}{4^5}$	$\frac{1}{4^5}$

그리고 크기 5인 표본평균 $\overline{X}$의 표본분포는 [표 7-4]와 같으며, 다음이 성립한다.

$$\mu_{\overline{X}} = \mu = 2.5,\ \ \sigma_{\overline{X}}^2 = \frac{\sigma^2}{4} = 0.25$$

따라서 모평균과 모분산이 각각 μ, σ^2이고 정규분포가 아닌 확률분포를 따르는 모집단에서 크기 n인 표본을 선정할 때, 표본평균 $\overline{X}$의 평균과 분산은 정규모집단의 경우와 동일하게 다음과 같다.

$$\mu_{\overline{X}} = \mu, \quad \sigma_{\overline{X}}^2 = \frac{\sigma^2}{n}$$

또한 모집단 분포와 표본의 크기 n에 따른 표본평균의 표본분포를 살펴보면 [그림 7-3]과 같이 n이 커질수록 $\overline{X}$의 분포가 종 모양으로 변하는 것을 알 수 있다. 즉, n이 커질수록 $\overline{X}$의 분포는 정규분포에 근사한다. 따라서 모집단 분포가 이산균등분포인 경우에 크기 n인 표본을 임의로 선정할 때, n이 커질수록 표본평균 $\overline{X}$의 확률분포는 평균 μ와 분산 $\frac{\sigma^2}{n}$인 정규분포에 근사한다. 특히 이산균등분포뿐만 아니라 일반적으로 정규분포가 아닌 임의의 모집단 분포로부터 충분히 큰 표본을 추출할 경우에, 다음이 성립한다.

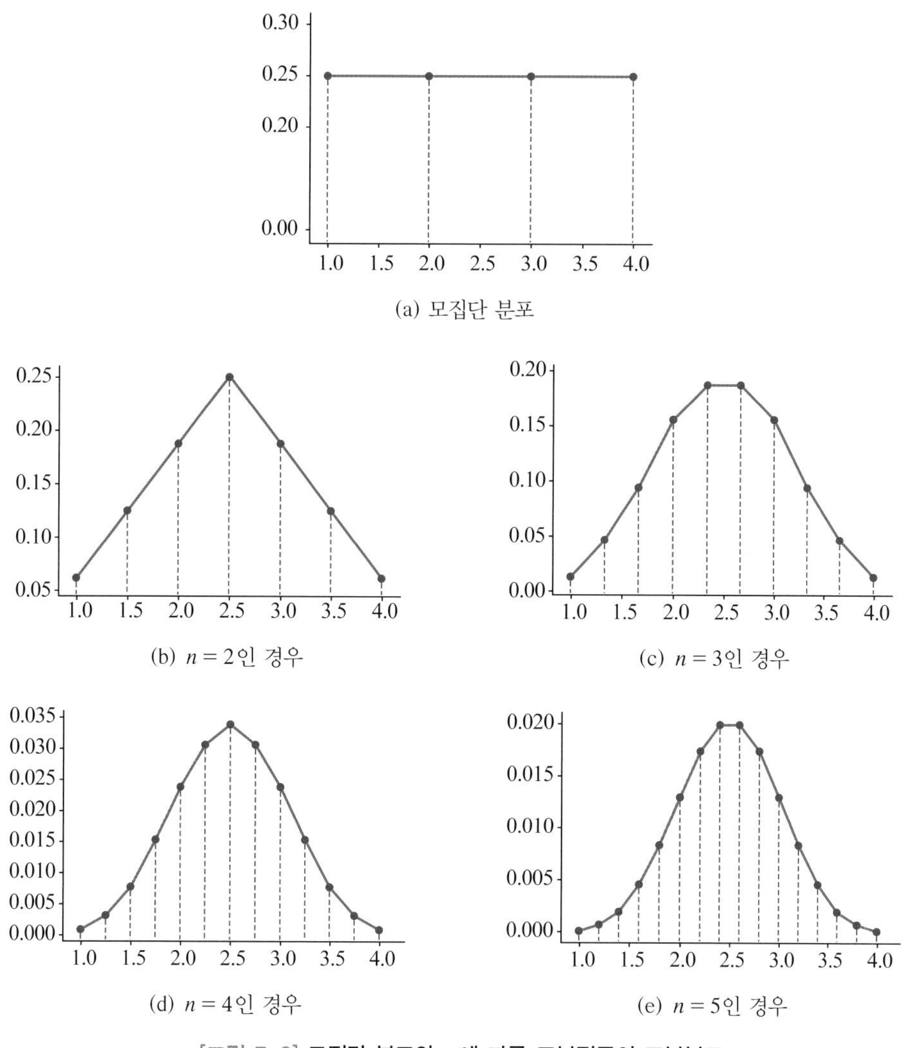

(a) 모집단 분포

(b) $n = 2$인 경우 (c) $n = 3$인 경우

(d) $n = 4$인 경우 (e) $n = 5$인 경우

[그림 7-3] **모집단 분포와 n에 따른 표본평균의 표본분포**

모평균 μ, 모분산 σ^2인 임의의 모집단으로부터 크기 n인 표본을 선정할 때, n이 충분히 크면($n \geq 30$) 표본평균 $\overline{X}$의 확률분포는 다음과 같이 평균 μ, 분산 $\frac{\sigma^2}{n}$인 정규분포에 근사하며, 이것을 중심극한정리(central limit theorem)라 한다.

$$\overline{X} \approx N\left(\mu, \frac{\sigma^2}{n}\right) \quad \text{또는} \quad Z = \frac{\overline{X} - \mu}{\sigma / \sqrt{n}} \approx N(0,\ 1)$$

한편 모집단의 크기가 충분히 크다면, 이 모집단으로부터 비복원추출로 확률표본을 선정했을 때의 표본평균 $\overline{X}$의 표본분포 역시 복원추출로 표본을 선정했을 때의 표본분포와 동일하다. 따라서 특별한 언급이 없는 한 확률표본은 복원추출로 선정된 것으로 생각한다.

예제 5

우리나라 남성의 결혼 연령은 평균 32세, 분산 8.41세라 한다. 우리나라 결혼 적령기인 남성 36명을 임의로 선정하여 표본조사할 때, 다음을 구하라.

(1) 평균 결혼 연령의 근사 표본분포

(2) 평균 결혼 연령이 31세 이상, 33세 이하일 근사 확률

(3) 평균 결혼 연령이 33.5세 이상일 근사 확률

풀이

(1) $n = 36 \geq 30$이므로 중심극한정리에 의하여 평균 결혼 연령은 $\overline{X} \approx N\left(32, \frac{8.41}{36}\right)$이다.

(2) 31과 33을 표준화하면 각각 다음과 같다.

$$\frac{31-32}{0.483} \approx -2.07, \quad \frac{33-32}{0.483} \approx 2.07$$

따라서 구하고자 하는 근사 확률은 다음과 같다.

$$P(31 \leq \overline{X} \leq 33) = P(-2.07 \leq Z \leq 2.07) = 2[P(Z \leq 2.07) - 0.5]$$
$$\approx 2(0.9808 - 0.5) = 0.9616$$

(3) 33.5를 표준화하면 $z = \frac{1.5}{0.483} \approx 3.11$이므로 구하고자 하는 근사 확률은 다음과 같다.

$$P(\overline{X} \geq 33.5) = P(Z \geq 3.11) = 1 - P(Z \leq 3.11) \approx 1 - 0.9991 = 0.0009$$

I Can Do 5

어느 신용카드를 소지한 사람들이 한 달 동안 사용한 금액은 평균 185만 원, 모분산 900만 원이라 하자. 카드 소지자 중에서 임의로 36명을 선정했을 때, 다음을 구하라.

(1) 평균 사용 금액의 근사 표본분포

(2) 평균 사용 금액이 175만 원 이상, 200만 원 이하일 근사 확률

(3) 평균 사용 금액이 173만 원 이하일 근사 확률

7.2.4 모분산의 표본분포

정규모집단 $N(\mu, \sigma^2)$으로부터 크기 n인 표본을 선정할 때, 표본분산은 다음과 같이 정의한다.

$$S^2 = \frac{1}{n-1}\sum_{i=1}^{n}(X_i - \overline{X})^2$$

이때 표본분산 S^2에 관한 표본분포는 다음과 같이 χ^2-통계량 V에 대하여 자유도가 $n-1$인 카이제곱분포이다.

$$V = \frac{(n-1)S^2}{\sigma^2} \sim \chi^2(n-1)$$

특히, $V \sim \chi^2(n-1)$이면 $\mu_V = n-1$이므로 다음이 성립한다.

$$E\left[\frac{(n-1)S^2}{\sigma^2}\right] = n-1, \text{ 즉 } E(S^2) = \sigma^2$$

이러한 이유로 정규모집단 $N(\mu, \sigma^2)$에서 모분산 σ^2을 추정하거나 검정하기 위하여 표본분산 S^2을 이용하며, 이때 사용하는 통계량과 확률분포는 $V = \frac{(n-1)S^2}{\sigma^2} \sim \chi^2(n-1)$이다.

예제 6

감기약의 무게는 분산이 0.000756 g인 정규분포를 따른다고 한다. 시중에서 판매되는 감기약 16개를 수거하여 무게를 측정할 때, 물음에 답하라.

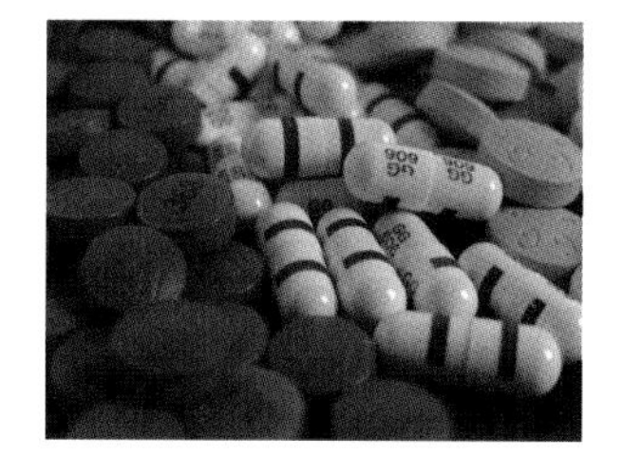

(1) 표본분산과 관련된 χ^2-통계량 V의 분포를 구하라.

(2) 표본조사한 결과 다음과 같을 때, 관찰된 표본분산의 값 s_0^2을 구하라(단, 단위는 g이다).

4.23	4.26	4.26	4.24	4.27	4.23	4.19	4.27
4.21	4.25	4.23	4.29	4.30	4.24	4.20	4.24

(3) 이 표본을 이용하여 통계량의 관찰값 $\chi_0^2 = \frac{(n-1)s_0^2}{\sigma^2}$을 구하라.

(4) 표본분산 S^2이 s_0^2보다 클 확률을 구하라.

풀이

(1) $\sigma^2 = 0.000756$이고 확률표본의 크기가 16이므로 표본분산에 관련된 표본분포는 자유도 15인 카이제곱분포이다. 즉, $V = \frac{15S^2}{0.000756} \sim \chi^2(15)$이다.

(2) 표본평균과 표본분산은 각각 다음과 같다.

$$\bar{x} = \frac{4.23 + 4.26 + \cdots + 4.24}{16} \approx 4.2444$$

$$s_0^2 = \frac{1}{15}\sum_{i=1}^{16}(x_i - 4.2444)^2 = \frac{0.013793}{15} \approx 0.00092$$

(3) $n = 16$, $\sigma^2 = 0.000756$이므로 통계량의 관찰값은 다음과 같다.

$$\chi_0^2 = \frac{(n-1)s_0^2}{\sigma^2} = \frac{15 \times 0.00092}{0.000756} \approx 18.25$$

(4) 카이제곱분포표로부터 구하고자 하는 확률은 다음과 같다.

$$P(S^2 > s_0^2) = P(S^2 > 0.00092) = P\left(\frac{15S^2}{\sigma^2} > \frac{15 \times 0.00092}{0.000756}\right) = P(V > 18.25) = 0.25$$

I Can Do 6

제주도에서 여름 휴가를 보내기 위해 무작위로 동일한 크기의 펜션 사용료를 조사한 결과 다음과 같았다. 물음에 답하라(단, 펜션 사용료는 분산이 8.03인 정규분포를 따르고, 단위는 만 원이다).

12.5	11.5	6.0	5.5	15.5	11.5	10.5	
17.5	10.0	9.5	13.5	8.5	11.5	15.5	10.5

(1) χ^2−통계량 V의 분포를 구하고, 관찰된 표본분산의 값 s_0^2을 구하라.

(2) 통계량의 관찰값 $\chi_0^2 = \dfrac{(n-1)s_0^2}{\sigma^2}$을 구하라.

(3) 표본분산 S^2이 s_0^2보다 클 확률을 구하라.

7.2.5 표본비율의 표본분포

이항 확률변수의 실질적인 응용으로 선호도 조사 또는 여론 조사 등을 생각할 수 있다. 예를 들어 모집단을 구성하는 사람들이 어느 특정 사건을 선호하는 비율(p)을 알기 위하여 n명으로 구성된 표본을 임의로 선정하였고, n명 중에서 x명이 특정 사건을 선호한다고 하자. 그러면 n명으로 구성된 표본 중에서 특정 사건을 선호하는 비율(성공률)인 표본비율은 $\hat{p} = \frac{x}{n}$이다. 한편 표본을 구성하는 개개인이 특정 사건에 대해 선호하는 비율이 독립적으로 p이므로 표본으로 선정된 n명 중에서 특정 사건을 선호하는 사람의 수를 X라 하면, $X \sim B(n, p)$이다. 그러므로 확률변수 X의 평균과 분산은 각각 $\mu = np$와 $\sigma^2 = npq$이고, 표본비율 $\hat{p}$의 평균과 분산은 다음과 같다.

$$\mu_{\hat{p}} = E\left(\frac{X}{n}\right) = \frac{1}{n}E(X) = \frac{1}{n}(np) = p$$

$$\sigma^2_{\hat{p}} = Var\left(\frac{X}{n}\right) = \frac{1}{n}^2 Var(X) = \frac{1}{n} \times npq = \frac{pq}{n}$$

이때 n이 충분히 크면 6.2.3절에서 살펴본 바와 같이 표본비율 $\hat{p}$의 확률분포는 평균 $\mu_{\hat{p}}$와 분산 $\sigma^2_{\hat{p}}$을 갖는 정규분포에 근사한다. 즉, 표본비율의 표본분포는 다음과 같다.

$$\hat{p} \approx N(\mu_{\hat{p}}, \sigma^2_{\hat{p}}) = N\left(p, \frac{pq}{n}\right)$$

예제 7

2013년 10월에 한국대학신문에서 대학생을 상대로 조사한 자료에 따르면, 가장 존경하는 인물 1위는 응답률 21.1 %로 반기문 UN 사무총장이었다. 이 응답률이 전체 대학생의 생각이라는 가정 아래 500명의 대학생을 임의로 선정했을 때, 반기문 UN 사무총장에 대한 지지율이 25 %를 넘을 확률을 구하라.

풀이

$n = 500$, $p = 0.211$, $q = 1 - p = 0.789$이므로 500명에 대한 반기문 UN 사무총장 지지율을 $\hat{p}$라 하면, $\hat{p}$의 평균과 분산은 각각 다음과 같다.

$$\mu_{\hat{p}} = 0.211, \ \ \sigma^2_{\hat{p}} = \frac{0.211 \times 0.789}{500} \approx 0.0182^2$$

따라서 $\hat{p} \approx N(0.211, 0.0182^2)$이다. 그러므로 구하고자 하는 확률은 다음과 같다.

$$\begin{aligned} P(\hat{p} > 0.25) &= P\left(\frac{\hat{p} - 0.211}{0.0182} > \frac{0.25 - 0.211}{0.0182}\right) \approx P(Z > 2.14) \\ &= 1 - P(Z \leq 2.14) = 1 - 0.9838 = 0.0162 \end{aligned}$$

I Can Do 7

35명의 왼손잡이가 포함된 1,000명의 어린이 중 무작위로 40명을 선정하였다. 물음에 답하라.

(1) 선정된 어린이 중에서 적어도 2명의 왼손잡이가 있을 확률을 구하라.

(2) 선정된 어린이 중에서 왼손잡이의 비율이 5 % 이상일 확률을 구하라.

7.3 이표본의 표본분포

지금까지 단일 모집단의 표본에 대한 통계량의 표본분포를 살펴보았다. 만일 대학수학능력시험에서 남학생 집단과 여학생 집단의 평균이 동일한지 알아보고자 한다면 두 집단으로부터 각각 표본을 추출하여야 한다. 이와 같이 서로 독립인 두 모집단의 모수를 비교하기 위해서는 각각 표본을 추출하고, 추론하기 위한 값을 얻기 위하여 두 표본으로부터 적당한 통계량을 산출하여야 한다. 이 절에서는 서로 독립인 두 표본으로부터 얻은 통계량의 차 또는 비에 관한 표본분포를 살펴본다.

7.3.1 두 표본평균의 차에 대한 표본분포(두 모분산을 아는 경우)

두 모분산 σ_1^2과 σ_2^2을 알고 있고, 서로 독립인 정규모집단 $N(\mu_1, \sigma_1^2)$과 $N(\mu_2, \sigma_2^2)$으로부터 각각 크기 n과 m인 표본을 추출했을 때, 각각의 표본평균을 $\overline{X}$, $\overline{Y}$라 하자.

$$\overline{X} = \frac{1}{n}\sum_{i=1}^{n} X_i, \quad \overline{Y} = \frac{1}{m}\sum_{j=1}^{m} Y_j$$

그러면 7.2.1절에서 살펴본 바와 같이 두 표본평균은 각각 다음과 같은 정규분포를 따른다.

$$\overline{X} \sim N\left(\mu_1, \frac{\sigma_1^2}{n}\right), \quad \overline{Y} \sim N\left(\mu_2, \frac{\sigma_2^2}{m}\right)$$

따라서 6.2.3절에서와 같이 두 표본평균의 차 $\overline{X} - \overline{Y}$는 다음과 같은 정규분포를 따른다.

$$\overline{X} - \overline{Y} \sim N\left(\mu_1 - \mu_2, \frac{\sigma_1^2}{n} + \frac{\sigma_2^2}{m}\right)$$

그러므로 $\overline{X} - \overline{Y}$를 표준화하면 다음과 같다.

$$\frac{\overline{X} - \overline{Y} - (\mu_1 - \mu_2)}{\sqrt{\dfrac{\sigma_1^2}{n} + \dfrac{\sigma_2^2}{m}}} \sim N(0, 1)$$

예제 8

모분산이 각각 $\sigma_1^2 = 9$, $\sigma_2^2 = 16$이고 동일한 모평균을 갖는 서로 독립인 두 정규모집단에서 각각 크기 $n = m = 64$인 표본을 추출하였다. 첫 번째 모집단의 표본평균을 $\overline{X}$, 두 번째 모집단의 표본평균을 $\overline{Y}$

라 할 때, $|\overline{X}-\overline{Y}|$가 2보다 클 확률을 구하라.

(풀이)

두 모집단의 모평균을 각각 μ_1, μ_2라 하면, 두 모평균이 동일하므로 $\overline{X}-\overline{Y}$의 평균은 $\mu_{\overline{X}-\overline{Y}} = \mu_1-\mu_2=0$이다. 그리고 $\sigma_1^2=9$, $\sigma_2^2=16$, $n=m=64$이므로 $\overline{X}-\overline{Y}$의 분산은 다음과 같다.

$$\sigma^2_{\overline{X}-\overline{Y}} = \frac{\sigma_1^2}{n}+\frac{\sigma_2^2}{m} = \frac{9}{64}+\frac{16}{64}=\frac{25}{64}=0.625^2$$

따라서 $U=\overline{X}-\overline{Y}$라 하면 $U \sim N(0,\ 0.625^2)$ 또는 $Z=\dfrac{U}{0.625} \sim N(0,\ 1)$이다. 그러므로 구하고자 하는 확률은 다음과 같다.

$$\begin{aligned} P(|\overline{X}-\overline{Y}|>2) &= P(|U|>2)=P\left(|Z|>\frac{2}{0.625}\right) \\ &= P(|Z|>3.2)=2[1-P(Z\le 3.2)] \\ &= 2(1-0.9993)=0.0014 \end{aligned}$$

I Can Do 8

모평균과 모분산이 각각 $\mu_1=5$, $\mu_2=4$, $\sigma_1^2=9$, $\sigma_2^2=16$이고 서로 독립인 두 정규모집단에서 각각 크기 $n=m=100$인 표본을 추출하였다. 첫 번째 모집단의 표본평균을 $\overline{X}$, 두 번째 모집단의 표본평균을 $\overline{Y}$라 할 때, $|\overline{X}-\overline{Y}|$가 2보다 작을 확률을 구하라.

특히 두 모분산이 동일하다면, 즉 $\sigma_1^2=\sigma_2^2=\sigma^2$이면 $\overline{X}-\overline{Y}$의 표본분포는 다음과 같다.

$$\overline{X}-\overline{Y} \sim N\left(\mu_1-\mu_2, \left(\frac{1}{n}+\frac{1}{m}\right)\sigma^2\right)$$

이때 $\overline{X}-\overline{Y}$를 표준화하면 다음과 같다.

$$\frac{\overline{X}-\overline{Y}-(\mu_1-\mu_2)}{\sigma\sqrt{\dfrac{1}{n}+\dfrac{1}{m}}} \sim N(0,\ 1)$$

예제 9

모평균과 모분산이 각각 $\mu_1=5$, $\mu_2=3$, $\sigma_1^2=\sigma_2^2=9$이고 서로 독립인 두 정규모집단에서 각각 크기가 64인 표본을 추출하였다. 첫 번째 모집단의 표본평균을 $\overline{X}$, 두 번째 모집단의 표본평균을 $\overline{Y}$라 할

때, $|\overline{X}-\overline{Y}|$가 3보다 클 확률을 구하라.

풀이

$\overline{X}-\overline{Y}$의 평균은 $\mu_{\overline{X}-\overline{Y}}=\mu_1-\mu_2=2$이다. 그리고 $\sigma_1^2=\sigma_2^2=\sigma^2=9$, $n=m=64$이므로 $\overline{X}-\overline{Y}$의 분산은 다음과 같다.

$$\sigma^2_{\overline{X}-\overline{Y}}=\sigma^2\left(\frac{1}{n}+\frac{1}{m}\right)=9\left(\frac{1}{64}+\frac{1}{64}\right)=\frac{18}{64}\approx 0.53^2$$

따라서 $U=\overline{X}-\overline{Y}$이라 하면 $U\sim N(2,\ 0.53^2)$ 또는 $Z=\dfrac{U-2}{0.53}\sim N(0,\ 1)$이다. 그러므로 구하고자 하는 확률은 다음과 같다.

$$\begin{aligned}P(|\overline{X}-\overline{Y}|>3)&=P(|U|>3)=P\left(|Z|>\frac{3-2}{0.53}\right)\\&\approx P(|Z|>1.89)=2[1-P(Z\le 1.89)]\\&=2(1-0.9706)=0.0588\end{aligned}$$

I Can Do 9

[I Can Do 8]에서 모분산만 $\sigma_1^2=\sigma_2^2=9$로 수정되었을 때, $|\overline{X}-\overline{Y}|$가 2보다 작을 확률을 구하라.

한편 모평균과 모분산이 각각 $\mu_1, \mu_2, \sigma_1^2, \sigma_2^2$이고 서로 독립인 임의의 모집단 분포에서 각각 크기 n과 m인 표본을 선정했을 때 각각의 표본평균을 $\overline{X}$와 $\overline{Y}$라 하자. 이때 표본의 크기 n과 m이 충분히 크다면 중심극한정리에 의하여 두 표본평균 $\overline{X}$, $\overline{Y}$의 표본분포는 다음과 같은 정규분포에 근사한다.

$$\overline{X}\approx N\left(\mu_1,\ \frac{\sigma_1^2}{n}\right),\ \overline{Y}\approx N\left(\mu_2,\ \frac{\sigma_2^2}{m}\right)$$

따라서 두 표본평균의 차 $\overline{X}-\overline{Y}$의 표본분포는 다음과 같은 정규분포에 근사한다.

$$\overline{X}-\overline{Y}\approx N\left(\mu_1-\mu_2,\ \frac{\sigma_1^2}{n}+\frac{\sigma_2^2}{m}\right)$$

특히 $\sigma_1^2=\sigma_2^2=\sigma^2$이면 $\overline{X}-\overline{Y}$의 표본분포는 다음 정규분포에 근사한다.

$$\overline{X}-\overline{Y}\approx N\left(\mu_1-\mu_2,\left(\frac{1}{n}+\frac{1}{m}\right)\sigma^2\right)$$

예제 10

성인 남성의 키는 평균 173.38 cm, 표준편차 5.75 cm이고, 성인 여성의 키는 160.39 cm, 표준편차 4.99 cm라 한다. 남성과 여성을 각각 150명씩 임의로 선정했을 때, 남성의 평균 키가 여성의 평균 키보다 14 cm 이상 클 확률을 구하라.

풀이

남성 표본의 평균 키와 여성 표본의 평균 키의 표본분포는 각각 다음과 같은 정규분포에 근사한다.

$$\overline{X} \approx N\left(173.38, \frac{5.75^2}{150}\right), \ \overline{Y} \approx N\left(160.39, \frac{4.99^2}{150}\right)$$

따라서 두 표본평균의 차 $\overline{X} - \overline{Y}$ 의 표본분포는 다음과 같은 정규분포에 근사한다.

$$U = \overline{X} - \overline{Y} \approx N\left(173.38 - 160.39, \frac{5.75^2}{150} + \frac{4.99^2}{150}\right) \approx N(12.99, 0.62^2)$$

그러므로 구하고자 하는 확률은 다음과 같다.

$$\begin{aligned} P(\overline{X} - \overline{Y} > 14) = P(U > 14) &= P\left(Z > \frac{14 - 12.99}{0.62}\right) \\ &\approx P(Z > 1.63) = 1 - P(Z \le 1.63) \\ &= 1 - 0.9484 = 0.0516 \end{aligned}$$

I Can Do 10

성인 남성의 몸무게는 평균 66.55 kg, 표준편차 8.46 kg이고, 성인 여성의 몸무게는 55.74 kg, 표준편차 5.42 kg이라 한다. 남성 150명과 여성 150명을 임의로 선정했을 때, 남성의 평균 몸무게가 여성의 평균 몸무게보다 12 kg 이상 클 확률을 구하라.

7.3.2 두 표본평균의 차에 대한 표본분포(두 모분산을 모르는 경우)

7.2.2절에서 언급한 바와 같이 대부분의 경우에 모집단의 모분산이 알려지지 않으며, 따라서 단일표본에 대한 표본평균은 t-분포와 관련되는 것을 살펴보았다. 이표본인 경우에도 두 표본평균의 차는 단일표본과 동일하게 t-분포를 사용하지만, 다음과 같은 차이가 있다.

- 두 모집단분포는 정규분포이다.
- 두 모분산은 알려지지 않았으나 동일하다. 즉, $\sigma_1^2 = \sigma_2^2 = \sigma^2$이고 σ^2은 미지이다.
- 두 표본분산을 공동으로 사용한다.

만일 이미 알고 있는 두 모분산이 동일하다면, 즉 $\sigma_1^2 = \sigma_2^2 = \sigma^2$이면 7.3.1절에서 $\overline{X} - \overline{Y}$의 표본분포가 다음과 같음을 살펴보았다.

$$\frac{\overline{X} - \overline{Y} - (\mu_1 - \mu_2)}{\sigma\sqrt{\frac{1}{n} + \frac{1}{m}}} \sim N(0,\ 1)$$

그러나 실제로 모분산 σ^2이 알려지지 않으므로 위 통계량에서 σ를 사용할 수 없다. 따라서 단일표본에서와 같이 σ 대신에 두 표본에 대해 공동으로 사용하는 표본표준편차로 대치한다. 이때 사용하는 표본표준편차를 공동으로 사용한다는 의미에서 합동표본표준편차라 하고, 이것은 합동표본분산의 양의 제곱근을 의미한다. 두 정규모집단에서 각각 크기 n과 m인 표본을 추출할 때, **합동표본분산**(pooled sample variance)을 다음과 같이 정의한다.

$$S_p^2 = \frac{1}{n+m-2}\left[\sum_{i=1}^{n}(X_i - \overline{X})^2 + \sum_{j=1}^{m}(Y_j - \overline{Y})^2\right]$$

특히, 이 합동표본분산은 두 표본분산 S_1^2과 S_2^2을 이용하여 다음과 같이 표현할 수 있다.

$$S_p^2 = \frac{1}{n+m-2}[(n-1)S_1^2 + (m-1)S_2^2]$$

이때 **합동표본표준편차**(pooled sample standard deviation)는 합동표본분산의 양의 제곱근인 S_p이고, 다음과 같이 $\overline{X} - \overline{Y}$의 표준화 확률변수에서 σ 대신에 관찰된 s_p로 대치한다. 그러면 표준화 확률변수는 다음과 같이 자유도 $n+m-2$인 t-분포를 따른다.

$$\frac{\overline{X} - \overline{Y} - (\mu_1 - \mu_2)}{s_p\sqrt{\frac{1}{n} + \frac{1}{m}}} \sim t(n+m-2)$$

다시 말해서, 미지의 동일한 모분산을 가지는 서로 독립인 두 정규모집단에서 각각 크기 n과 m인 두 확률표본을 추출할 때, 두 표본평균의 차 $\overline{X} - \overline{Y}$는 자유도 $n+m-2$인 t-분포를 따른다.

예제 11

타이어를 생산하는 어느 회사에서 새로운 공정 방법과 예전 방법으로 생산한 타이어의 수명 차이를 알아보기 위하여, 두 방법으로 생산한 타이어를 각각 임의로 추출하여 수명을 조사한 결과 다음 표와 같았다. 두 방법으로 생산한 타이어의 평균 수명이 동일하다고 할 때, 새로운 방법으로 생산한 타이어의 표본평균이 예전 방식으로 생산한 타이어의 표본평균보다 1.518 km 이상 더 클 확률을 구하라(단, 타이어의 수명은 동일한 분산을 갖는 정규분포를 따르고, 단위는 1,000 km이다).

새로운 방법	65.4	63.6	61.5	62.6	61.1	60.4	62.5	62.4	63.7
예전 방법	59.2	60.6	56.2	62.0	58.1	57.7	58.1		

〔풀이〕

새로운 방법에 대한 표본평균을 $\overline{X}$ 그리고 예전 방법에 대한 표본평균을 $\overline{Y}$라 하자. 그러면 표본으로부터 각각의 표본평균은 $\overline{x} = 62.58$, $\overline{y} = 58.84$이고, 표본분산은 다음과 같다.

$$s_1^2 = \frac{1}{8}\sum_{i=1}^{9}(x_i - 62.58)^2 = 2.30, \quad s_2^2 = \frac{1}{6}\sum_{j=1}^{7}(y_j - 58.84)^2 = 3.76$$

그러므로 합동표본분산과 합동표본표준편차는 각각 다음과 같다.

$$s_p^2 = \frac{1}{9+7-2}(8 \cdot s_1^2 + 6 \cdot s_2^2) \approx 2.926, \quad s_p = \sqrt{2.926} \approx 1.71$$

한편 표본의 크기가 각각 9와 7이므로 다음을 얻는다.

$$\sqrt{\frac{1}{n} + \frac{1}{m}} = \sqrt{\frac{1}{9} + \frac{1}{7}} \approx 0.504$$

따라서 $s_p\sqrt{\frac{1}{n} + \frac{1}{m}} = 1.71 \times 0.504 \approx 0.862$이고, $\overline{X} - \overline{Y}$는 자유도 14인 t-분포를 따른다. 한편 두 모평균이 동일하므로 $\mu_{\overline{X}} - \mu_{\overline{Y}} = 0$이므로 구하고자 하는 확률은 다음과 같다.

$$P(\overline{X} - \overline{Y} > 1.518) = P\left(\frac{\overline{X} - \overline{Y} - 0}{0.862} > \frac{1.518}{0.862}\right) \approx P(T > 1.761) = 0.05$$

I Can Do 11

자동차를 생산하는 두 공정 라인에서 차체에 엔진을 올리는 평균 시간에 차이가 있는지 알아보기 위하여 두 공정 라인에서 엔진을 올리는 시간을 측정한 결과 다음과 같았다. 공정 라인 A의 표본평균이 공정 라인 B의 표본평균보다 1.66분 이상일 확률을 구하라(단, 엔진을 올리는 시간은 정규분포를 따르고, 단위는 분이다).

공정 라인 A	3	7	5	8	4	3
공정 라인 B	2	4	9	3	2	

7.3.3 합동표본분산에 대한 표본분포

동일한 모분산 $\sigma_1^2 = \sigma_2^2 = \sigma^2$을 갖는 서로 독립인 두 정규모집단으로부터 각각 크기가 n과 m인 두 확률표본을 추출한다고 하자. 앞에서 두 표본의 표본분산에 대하여 합동표본분산을 다음과 같이 정의했다.

$$S_p^2 = \frac{1}{n+m-2}[(n-1)S_1^2 + (m-1)S_2^2]$$

이때 합동표본분산은 단일표본에서의 표본분산에 대한 표본분포와 같이 카이제곱분포를 따르며, 자유도는 $n+m-2$이다. 즉, S_p^2에 관한 표본분포는 다음과 같다.

$$\frac{n+m-2}{\sigma^2} S_p^2 \sim \chi^2(n+m-2)$$

예제 12

서로 독립인 두 정규모집단 $N(\mu_1, 25)$와 $N(\mu_2, 25)$에서 각각 크기 8과 10인 확률표본을 추출하였다. 이때 $P(S_p^2 > s_0) = 0.05$를 만족하는 s_0을 구하라.

(풀이)

$n=8,\ m=10$이고 $\sigma_1^2 = \sigma_2^2 = 25$이므로 $\frac{n+m-2}{\sigma^2} = \frac{16}{25}$이다. 따라서 $\frac{16}{25}S_p^2 \sim \chi^2(16)$이고 자유도 16에 대한 95 % 백분위수는 $\chi_{0.05}^2 = 26.30$이다. 즉, 다음이 성립한다.

$$P(S_p^2 > s_0) = P\left(\frac{16S_p^2}{25} > \frac{16s_0}{25}\right) = P\left(\frac{16S_p^2}{25} > \chi_{0.05}^2\right) = 0.05$$

그러므로 구하고자 하는 s_0은 다음과 같다.

$$\frac{16s_0}{25} = \chi_{0.05}^2 = 26.3,\quad s_0 = \frac{25 \times 26.3}{16} \approx 41.094$$

I Can Do 12

서로 독립인 두 정규모집단 $N(24, 16)$과 $N(28, 16)$에서 각각 크기 10과 15인 확률표본을 추출하였다. 이때 $P(S_p^2 > s_0) = 0.05$를 만족하는 s_0을 구하라.

7.3.4 두 표본분산의 비에 대한 표본분포

서로 독립인 두 정규모집단의 모분산이 각각 σ_1^2, σ_2^2일 때, 두 모분산 중에서 어느 것이 더 큰지 비교하는 경우를 생각해 보자. 이때 모분산은 양수이므로 두 모분산의 비의 값을 이용하여 다음과 같이 비교할 수 있다.

$$\sigma_1^2 > \sigma_2^2 \Leftrightarrow \frac{\sigma_1^2}{\sigma_2^2} > 1, \ \sigma_1^2 = \sigma_2^2 \Leftrightarrow \frac{\sigma_1^2}{\sigma_2^2} = 1, \ \sigma_1^2 < \sigma_2^2 \Leftrightarrow \frac{\sigma_1^2}{\sigma_2^2} < 1$$

이를 위하여 모분산이 각각 σ_1^2, σ_2^2이고 서로 독립인 두 정규모집단에서 각각 크기 n과 m인 표본을 추출하면, 7.2.4절에서 표본분산 S_1^2과 S_2^2에 대하여 다음 표본분포가 성립하는 것을 살펴보았다.

$$U = \frac{n-1}{\sigma_1^2} S_1^2 \sim \chi^2(n-1), \ V = \frac{m-1}{\sigma_2^2} S_2^2 \sim \chi^2(m-1)$$

이때 S_1^2과 S_2^2이 서로 독립이므로 6.4.3절에서 살펴본 F-분포의 정의에 의하여 명백히 다음이 성립한다.

$$\frac{S_1^2/\sigma_1^2}{S_2^2/\sigma_2^2} = \frac{\dfrac{(n-1)S_1^2/\sigma_1^2}{n-1}}{\dfrac{(m-1)S_2^2/\sigma_2^2}{m-1}} \sim F(n-1, m-1)$$

그러므로 두 표본분산의 비 $\dfrac{S_1^2}{S_2^2}$에 관련된 표본분포는 다음과 같은 F-분포이다.

$$\frac{S_1^2/\sigma_1^2}{S_2^2/\sigma_2^2} \sim F(n-1, m-1)$$

예제 13

서로 독립인 두 정규모집단 $N(\mu_1, 9)$와 $N(\mu_2, 8)$에서 각각 크기 5와 6인 확률표본을 추출하였다. 이때 $P\left(\dfrac{S_1^2}{S_2^2} > s_0\right) = 0.05$를 만족하는 s_0을 구하라.

풀이

$n = 5$, $m = 6$이므로 분자와 분모의 자유도는 각각 $n - 1 = 4$와 $m - 1 = 5$이다. 또한 $\sigma_1^2 = 9$, $\sigma_2^2 = 8$

이므로 $\dfrac{S_1^2/9}{S_2^2/8} = \dfrac{8S_1^2}{9S_2^2} \sim F(4,\ 5)$이고 $F-$분포에서 95 % 백분위수는 $f_{0.05,\ 4,\ 5} = 5.19$이다. 따라서 다음이 성립한다.

$$P\left(\frac{S_1^2}{S_2^2} > s_0\right) = P\left(\frac{8S_1^2}{9S_2^2} > \frac{8s_0}{9}\right) = P\left(\frac{8S_1^2}{9S_2^2} > f_{0.05,\ 4,\ 5}\right) = 0.05$$

그러면 구하고자 하는 s_0은 다음과 같다.

$$\frac{8s_0}{9} = f_{0.05,\ 4,\ 5} = 5.19,\quad s_0 = \frac{9 \times 5.19}{8} = 5.83875$$

I Can Do 13

동일한 모분산 σ^2을 갖는 서로 독립인 두 정규모집단에서 각각 크기 10과 15인 확률표본을 추출하였다. 이때 $P(S_1^2 > s_0 S_2^2) = 0.025$를 만족하는 s_0을 구하라.

7.3.5 두 표본비율의 차에 대한 표본분포

서로 독립이고 모비율이 각각 p_1, p_2인 두 모집단에서 각각 크기 n과 m인 표본을 선정한다고 하자. 이때 두 표본의 크기가 충분히 크다면, 7.2.5절에서 언급한 바와 같이 두 표본의 표본비율의 표본분포는 각각 다음과 같은 정규분포에 근사한다.

$$\hat{p}_1 \approx N\left(p_1,\ \frac{p_1 q_1}{n}\right),\quad \hat{p}_2 \approx N\left(p_2,\ \frac{p_2 q_2}{m}\right)$$

이때 두 표본이 서로 독립이므로 두 표본비율의 차는 다음과 같은 표본분포를 따른다.

$$\hat{p}_1 - \hat{p}_2 \approx N\left(p_1 - p_2,\ \frac{p_1 q_1}{n} + \frac{p_2 q_2}{m}\right)$$

그러므로 두 표본비율의 차를 표준화하면 다음과 같다.

$$\frac{(\hat{p}_1 - \hat{p}_2) - (p_1 - p_2)}{\sqrt{\dfrac{p_1 q_1}{n} + \dfrac{p_2 q_2}{m}}} \approx N(0,\ 1)$$

예제 14

법원의 판결에 의해 형사소송에서 무죄를 주장하는 피고인이 교도소로 보내지는 비율은 84.7 %이고 유죄를 인정하는 피고인 중에 교도소로 보내지는 비율은 52.1 %라고 한다. 이러한 사실을 알아보기 위해 무죄를 주장하는 피고인 150명과 유죄를 인정하는 피고인 120명을 선정하였다. 무죄를 주장하는 피고인 중에 교도소로 보내지는 비율을 $\hat{p}_1$, 유죄를 인정하는 피고인 중에 교도소로 보내지는 비율을 $\hat{p}_2$라 할 때, $\hat{p}_1 - \hat{p}_2$가 30 %를 초과할 확률을 구하라.

(풀이)

무죄를 주장하는 피고인이 교도소로 보내지는 비율을 p_1, 유죄를 인정하는 피고인 중에 교도소로 보내지는 비율을 p_2라 하면, $p_1 = 0.847$, $p_2 = 0.521$이다. 그리고 $n = 150$, $m = 120$이므로 $p_1 - p_2 = 0.326$이고 다음을 얻는다.

$$\sqrt{\frac{p_1 q_1}{n} + \frac{p_2 q_2}{m}} = \sqrt{\frac{0.847 \times 0.153}{150} + \frac{0.521 \times 0.479}{120}} \approx 0.054$$

그러므로 구하고자 하는 확률은 다음과 같다.

$$\begin{aligned} P(\hat{p}_1 - \hat{p}_2 > 0.3) &= P\left(\frac{\hat{p}_1 - \hat{p}_2 - 0.326}{0.054} > \frac{0.3 - 0.326}{0.054}\right) \\ &= P(Z > -0.48) = P(Z < 0.48) = 0.6844 \end{aligned}$$

I Can Do 14

대한가족계획협회에서 1998년 7월 미혼인 남자 54 %와 여자 36 %가 성인 전용 극장의 허용을 지지한다고 발표하였다. 이 사실을 기초로 올해 미혼인 남자와 여자를 각각 500명씩 조사할 경우, 지지율의 차가 10 % 이하일 확률을 구하라.

연습문제

1. 모집단분포가 이산균등분포 $X \sim DU(6)$인 모집단으로부터 크기 2인 표본을 임의로 추출한다. 물음에 답하라.
   (1) 표본으로 나올 수 있는 모든 경우를 구하라.
   (2) (1)에서 구한 각 표본의 평균을 구하라.
   (3) 표본평균 $\overline{X}$의 확률분포를 구하라.
   (4) 표본평균 $\overline{X}$의 평균과 분산을 구하라.
   (5) 모집단분포의 평균과 분산을 구하라.

2. 모집단의 확률분포가 $p(1) = 0.8$, $p(2) = 0.2$인 양의 비대칭일 때, 이 모집단으로부터 크기 2인 표본을 임의로 추출한다. 물음에 답하라.
   (1) 표본으로 나올 수 있는 모든 경우를 구하라.
   (2) (1)에서 구한 각 표본의 평균을 구하라.
   (3) 표본평균 $\overline{X}$의 확률분포를 구하라.
   (4) 표본평균 $\overline{X}$의 평균과 분산을 구하라.
   (5) 모집단분포의 평균과 분산을 구하라.

3. $\mu = 50$이고 모표준편차가 다음과 같은 모집단으로부터 크기 25인 확률표본을 선정할 때, 표본평균이 49와 52 사이일 확률을 구하라.
   (1) $\sigma = 4$ (2) $\sigma = 9$ (3) $\sigma = 12$

4. $\mu = 50$이고 모표준편차 $\sigma = 5$인 정규모집단으로부터 다음과 같은 크기 n인 확률표본을 선정할 때, 표본평균이 49와 51 사이일 확률을 구하라.
   (1) $n = 16$ (2) $n = 49$ (3) $n = 64$

5. $\mu = 45$, $\sigma^2 = 9$인 정규모집단으로부터 크기 64인 표본을 임의로 추출한다. 표본평균이 어떤 상수 k보다 작을 확률이 0.95일 때, 상수 k를 구하라.

6. 모분산이 $\sigma^2 = 36$인 정규모집단에서 크기 16인 표본을 임의로 추출할 때, $P(|\overline{X} - \mu| \geq 3)$을 구하라.

7. 모평균 $\mu = 20$, 모표준편차 $\sigma = 6$인 정규모집단에서 크기 n인 표본을 임의로 추출할 때, 표본표준편차가 1.5라 한다. 표본의 크기 n을 구하라.

8. 우리나라 20세 이상 성인 남자의 혈중 콜레스테롤 수치는 평균 $\mu = 198$, 분산 $\sigma^2 = 36$인 정규분포에 따른다고 가정하자. 물음에 답하라(단, 단위는 mg/dL이다).

(1) 임의로 1명을 선정하였을 때, 이 사람의 혈압이 196과 200 사이일 확률을 구하라.

(2) 100명을 임의로 선정하여 표본을 만들 때, 표본평균 $\overline{X}$의 표본분포를 구하라.

(3) 표본평균이 196과 200 사이일 확률을 구하라.

(4) 표본평균이 $\mu \pm \frac{\sigma}{5}$ 사이일 확률을 구하라.

9. 유럽연합의 기준은 질소산화물 발생량이 주행거리 1 km당 0.5 g 이하일 것을 요구한다. 유럽에 수출하기 위하여 국내에서 생산된 특정 모델의 자동차에서 내뿜는 배기가스에 포함된 질소산화물은 1 km당 평균 0.45 g, 표준편차 0.05 g인 정규분포를 따른다. 물음에 답하라.

(1) 이 모델의 자동차 한 대를 무작위로 선정했을 때, 유럽연합의 기준에 포함될 확률을 구하라.

(2) 9대의 자동차를 무작위로 선정했을 때, 표본평균이 유럽연합의 기준에 포함될 확률을 구하라.

10. 어느 회사에서 생산되는 알카라인 배터리는 평균 35시간, 표준편차 5.5시간이라 한다. 이를 확인하기 위해 25개를 임의로 수거해서 조사했다. 물음에 답하라.

(1) 평균 사용시간이 36시간 이상일 확률을 구하라.

(2) 평균 사용시간이 33시간 이하일 확률을 구하라.

(3) 평균 사용시간이 34.5시간과 35.5시간 사이일 확률을 구하라.

(4) 평균 사용시간이 x_0보다 클 확률이 0.025인 x_0을 구하라.

11. 모평균이 μ인 정규모집단으로부터 크기 9인 표본을 임의로 추출한다. 추출된 표본의 표본분산이 25일 때, $P(|\overline{X} - \mu| < k) = 0.90$을 만족하는 상수 k를 구하라.

12. 우리나라 20세 이상 성인 남자의 혈중 콜레스테롤 수치는 평균 $\mu = 198$인 정규분포를 따른다고 하자. 25명을 무작위로 선정하여 콜레스테롤을 측정한 결과 $\overline{x} = 197$, $s = 3.45$이었다. 물음에 답하라(단, 단위는 mg/dL이다).

(1) 표본평균 $\overline{X}$에 대한 표본분포를 구하라.

(2) 표본평균이 196.82와 199.18 사이일 근사확률을 구하라.

(3) 표본평균이 상위 2.5 %인 경계수치를 구하라.

13. 새로운 제조 방법으로 생산한 전구의 수명이 평균 5,000시간인 정규분포를 따른다고 하자. 이 회사에서 생산한 전구 16개를 구입하여 조사한 결과 $\overline{x} = 4{,}800$시간, $s = 1{,}000$시간이었다. 물음에 답하라.

(1) 표본평균 $\overline{X}$의 표본분포를 구하라.

(2) 이 표본을 이용하여 $P(|\overline{X} - 5000| < x_0) = 0.9$를 만족하는 x_0을 구하라.

14. 어느 주식의 가격이 매일 1단위 오를 확률은 0.52이고, 1단위 내릴 확률은 0.48이라 한다. 첫째 날 200을 투자하여 100일 후의 가격은 $X = 200 + \sum_{i=1}^{100} X_i$이다. 물음에 답하라(단, 단위는 만 원이다).

(1) 주식의 등락 금액 X_i, $i = 1, 2, \cdots, 100$의 확률함수를 구하라.

(2) X_i의 평균과 분산을 구하라.

(3) 중심극한정리에 의하여 100일 후의 가격이 210 이상일 확률을 구하라.

15. 경찰청은 음주운전 단속에서 100일간 면허 정지 처분을 받은 사람들의 혈중 알코올 농도를 측정한 결과, 평균 0.075이고 표준편차가 0.009라고 하였다. 어느 특정한 날에 전국적인 음주 측정에서 64명이 면허 정지 처분을 받았다고 하자. 물음에 답하라(단, 단위는 mg/dL이다).

(1) 면허 정지 처분을 받은 사람들의 알코올 농도의 평균에 관한 표본분포를 구하라.

(2) 평균 혈중 알코올 농도가 0.077 이상일 확률을 구하라.

16. 손해보험회사는 다음 두 가지 사실을 알고 있다고 하자.

- 주택을 소유한 모든 사람들의 화재로 인한 연간 평균 손실이 25만 원이고 표준편차는 100만 원이다.
- 손실 금액은 거의 대부분이 0원이고 단지 몇몇 손실이 매우 크게 나타나는 양의 비대칭분포를 이룬다.

보험증권을 소지한 1,000명을 임의로 선정했을 때, 다음을 구하라.

(1) 표본평균의 표본분포

(2) 표본평균이 28만 원을 초과하지 않을 확률

17. 이종격투기 선수들의 평균 악력은 90 kg이고 표준편차는 9 kg이라고 한다. 물음에 답하라.

(1) 36명의 선수를 임의로 선정했을 때, 이 선수들의 평균 악력이 87 kg과 93 kg 사이일 근사 확률을 구하라.

(2) 64명의 선수를 임의로 선정했을 때, (1)의 확률을 구하라.

18. 모분산이 0.35인 정규모집단으로부터 크기 8인 표본을 추출한다. 물음에 답하라.

(1) 표본분산과 관련된 통계량 $V = \frac{(n-1)S^2}{\sigma^2}$의 분포를 구하라.

(2) 표본조사한 결과가 다음과 같을 때, 관찰된 표본분산의 값 s_0^2을 구하라.

2.5	2.1	3.4	1.7	2.0	3.2	2.8	2.4

(3) $P(S^2 < s_1) = 0.05$를 만족하는 s_1을 구하라.

(4) $P(S^2 > s_2) = 0.05$를 만족하는 s_2를 구하라.

19. 건강한 성인이 하루에 소비하는 물의 양은 평균 1.5 L, 분산 0.0476 L인 정규분포를 따른다고 한다. 10명의 성인을 무작위로 선정하여 하루 동안 소비하는 물의 양을 측정하고자 한다. 물음에 답하라.

(1) 표본분산과 관련된 통계량 $V = \dfrac{(n-1)S^2}{\sigma^2}$의 분포를 구하라.

(2) 표본조사한 결과 다음과 같을 때, 관찰된 표본분산의 값 s_0^2을 구하라(단, 단위는 L이다).

1.5	1.6	1.2	1.7	1.4	1.3	1.6	1.3	1.4	1.7

(3) 이 표본을 이용하여 통계량의 관찰값 $\chi_0^2 = \dfrac{(n-1)S_0^2}{\sigma^2}$을 구하라.

(4) 표본분산 S^2이 (2)에서 구한 s_0^2보다 클 확률을 구하라.

(5) $P(S^2 > s_1^2) = 0.025$인 s_1^2을 구하라.

20. 모비율이 $p = 0.25$인 모집단으로부터 크기가 각각 다음과 같은 표본을 임의로 선정한다. 이때 표본비율이 $p \pm 0.1$ 안에 있을 근사 확률을 구하고, 표본의 크기가 커짐에 따른 확률의 변화를 비교하라.

(1) $n = 50$ (2) $n = 100$ (3) $n = 150$

21. 2014년 7월 26일자 동아일보에 '전년도 해외여행자 수가 1,484만 6천 명으로 역대 최고를 기록했다.'라는 기사가 실렸다. 이는 전 국민의 약 30 %에 해당하는 비율이다. 2015년도에 해외여행을 계획하는 사람의 비율을 조사하기 위하여, 500명을 임의로 선정하여 조사하였다. 물음에 답하라.

(1) 표본비율의 근사 확률분포를 구하라.

(2) $|\hat{p} - p|$가 0.05보다 작을 확률을 구하라.

(3) 표본비율이 p_0보다 클 확률이 0.025인 p_0을 구하라.

22. 순수한 초콜릿을 좋아하는지 첨가물이 포함된 초콜릿을 좋아하는지 미국 통계학회에서 조사한 결과, 미국 소비자의 약 75 %가 땅콩이나 캐러멜 등을 첨가한 초콜릿을 좋아하는 것으로 조사되었다. 첨가물이 포함된 초콜릿을 좋아하는지 알아보기 위하여 200명의 소비자를 임의로 선정하였다. 물음에 답하라.

(1) 표본비율의 근사 확률분포를 구하라.

(2) 표본비율이 78 %를 초과할 확률을 구하라.

(3) 표본비율의 95 % 백분위수를 구하라.

23. 어느 식품 회사의 마케팅 부서에서 분석한 자료에 따르면, 주부들의 20 %가 식품비로 주당 10 만 원 이상을 소비하는 것으로 나타났다. 모비율이 20 %라는 가정 아래서 무작위로 1,000명의 주부를 표본으로 선정하였다. 물음에 답하라.

(1) 표본비율의 근사 확률분포를 구하라.

(2) 표본비율이 $p \pm 0.02$ 안에 있을 근사 확률을 구하라.

(3) 표본비율의 90 %, 95 % 그리고 99 % 백분위수를 구하라.

24. 지난 선거에서 후보자 A는 해당 지역의 유권자를 상대로 49.5 %의 지지율을 얻었다. 이번 선거에서도 지난 선거의 지지율을 얻을 수 있는지 알기 위하여, 400명의 유권자를 상대로 조사하여 49 %를 초과할 확률을 구하라.

25. 모평균과 모분산이 각각 $\mu_1 = 178$, $\mu_2 = 166$, $\sigma_1 = 16$, $\sigma_2 = 9$이고 독립인 두 정규모집단에서 각각 크기 $n = m = 16$인 표본을 임의로 추출하였다. 물음에 답하라.

(1) 두 표본평균의 차에 대한 확률분포를 구하라.

(2) 두 표본평균의 차가 10 이상일 확률을 구하라.

26. A 교수는 과거 경험에 따르면 여학생의 통계학 점수는 평균 79점, 표준편차 15점이고 남학생의 통계학 점수는 평균 77점, 표준편차 10점이라고 하였다. 이러한 주장을 확인하기 위하여 여학생 40명과 남학생 50명을 임의로 선정하였다. 물음에 답하라(단, 통계학 점수는 정규분포를 따른다).

(1) 표본으로 선정된 여학생과 남학생의 평균점수의 차에 대한 확률분포를 구하라.

(2) 여학생의 평균이 남학생의 평균보다 1점 이상일 확률을 구하라.

27. 2014년 4월 한 신문 기사에 의하면, 지난해 국내 20대 대기업에 다니는 남녀 직원의 평균 근속 연수는 6년 정도 차이가 났다고 한다. 두 그룹의 표준편차가 동일하게 3년이라 가정하고, 남자 직원 250명과 여자 직원 200명을 임의로 선정하였다. 물음에 답하라.

(1) 표본으로 선정된 남녀 직원의 평균 근속 연수의 차에 대한 확률분포를 구하라.

(2) 남자와 여자의 평균 근속 연수의 차가 ±5년 사이일 확률을 구하라.

28. 2014년 4월 연합뉴스의 보도에 의하면, 지난해 국내 20대 대기업에 다니는 남자 직원의 평균 연봉은 8,600만 원이고, 여자 직원의 평균 연봉은 5,800만 원이었다. 두 그룹의 연봉은 표준편차가 동일하게 1,000만 원인 정규분포를 따른다고 가정하고, 남자 직원 25명과 여자 직원 20명을 임의로 선정하였다. 물음에 답하라.

(1) 표본으로 선정된 남자 직원과 여자 직원의 평균 연봉의 차에 대한 확률분포를 구하라.

(2) 남자 직원의 평균 연봉이 여자 직원의 평균 연봉보다 3,400만 원 이상 높을 확률을 구하라.

29. 두 정규모집단 A와 B의 모분산은 동일하고, 평균은 각각 $\mu_1 = 700$, $\mu_2 = 680$이라 한다. 이때 두 모집단으로부터 표본을 추출하여 다음과 같은 결과를 얻었다. 물음에 답하라.

A 표본	$n = 17,\ \overline{x} = 704,\ s_1 = 39.25$
B 표본	$m = 10,\ \overline{y} = 675,\ s_2 = 43.75$

(1) 두 표본에 대한 합동표본분산 s_p^2을 구하라.

(2) 두 표본평균의 차 $T = \overline{X} - \overline{Y}$에 대한 확률분포를 구하라.

(3) $P(T > t_0) = 0.05$인 t_0을 구하라.

30. 다음 표는 고혈압에 걸린 환자 32명을 두 그룹으로 분류하여 각기 다른 방법으로 치료한 결과이다. 이때 평균 수치가 높을수록 치료의 효과가 있음을 나타내고, 두 방법에 의한 치료 결과는 정규분포를 따른다고 한다. 물음에 답하라.

치료법 A	$n = 14,\ \overline{x} = 47.20,\ s_2^2 = 111.234$
치료법 B	$m = 18,\ \overline{y} = 43.43,\ s_1^2 = 105.252$

(1) 두 표본에 대한 합동표본분산을 구하라.

(2) $\mu_1 = \mu_2$라 할 때, 이 표본에 기초하여 $P(\overline{X} - \overline{Y} > 10.175)$를 구하라.

(3) $\sigma_1^2 = \sigma_2^2 = 102$일 때, 합동표본분산이 62.87보다 클 확률을 구하라.

(4) $\sigma_1^2 = \sigma_2^2 = 102$일 때, $P\left(S_1^2 > 0.4S_2^2\right)$를 구하라(단, $f_{0.05,\ 13,\ 17} = 0.4$이다).

31. 시중에서 판매되고 있는 두 회사의 커피믹스에 포함된 카페인의 양을 조사한 결과, 다음 표를 얻었다. 이때 두 회사에서 제조된 커피믹스에 포함된 카페인의 양은 동일한 분산을 갖는 정규분포를 따른다고 한다. 물음에 답하라(단, 단위는 mg이다).

A 회사	$n = 16,\ \overline{x} = 78,\ s_1^2 = 32.5$
B 회사	$m = 16,\ \overline{y} = 75,\ s_2^2 = 34.2$

(1) 두 표본에 대한 합동표본분산을 구하라.

(2) $\mu_1 = \mu_2$라 할 때, 이 표본에 기초하여 $P\left(\overline{X} - \overline{Y} > x_0\right) = 0.01$을 만족하는 x_0을 구하라.

(3) $\sigma_1^2 = \sigma_2^2 = 33$일 때, $P\left(S_p^2 > s_0\right) = 0.01$을 만족하는 s_0을 구하라.

(4) $\sigma_1^2 = 30$, $\sigma_2^2 = 35$일 때, $P\left(\dfrac{S_1^2}{S_2^2} > f_0\right) = 0.05$를 만족하는 f_0을 구하라.

32. 여자의 27 %와 남자의 22 %가 어느 특정 브랜드의 커피를 좋아한다고 커피 회사가 주장한다. 이것을 알아보기 위하여 여자와 남자를 동일하게 250명씩 임의로 선정하여 조사한 결과, 여자 중에서 69명 그리고 남자 중에서 58명이 좋아한다고 응답하였다. 물음에 답하라.

(1) 여자와 남자의 표본비율의 차 $\hat{p}_1 - \hat{p}_2$에 대한 근사 확률분포를 구하라.

(2) $\hat{p}_1 - \hat{p}_2$가 3 %보다 작을 근사 확률을 구하라.

(3) $\hat{p}_1 - \hat{p}_2$가 관찰된 표본비율의 차보다 클 근사 확률을 구하라.

(4) $\hat{p}_1 - \hat{p}_2$가 p_0보다 클 확률이 0.025인 p_0을 구하라.

33. 2005년 통계조사에 따르면, 25세 이상 남자와 여자 중 대졸 이상은 각각 37.8 %와 25.4 %로 조사되었다. 남자와 여자를 각각 500명, 450명씩 표본조사한 결과, 남자와 여자 비율의 차가 10 % 이하일 확률을 구하라.

34. 2012년 12월에 부산시에서 조사한 '부산 지역 외국인 주민 생활환경 실태조사 및 정책발전방안'에 따르면, 한국어 교육을 받을 의향이 있는지 묻는 항목에 중화권 131명 중 93.9 %, 북미 및 유럽권 48명 중 93.8 %가 그렇다고 응답하였다. 두 지역의 외국인 주민의 한국어 교육을 받을 의향이 동일하게 93 %라고 가정할 때, 물음에 답하라.

(1) 중화권과 북미 및 유럽권 외국인 주민의 표본비율의 차 $\hat{p}_1 - \hat{p}_2$에 대한 근사 확률분포를 구하라.

(2) $\hat{p}_1 - \hat{p}_2$가 5 %보다 작을 근사 확률을 구하라.

(3) $\hat{p}_1 - \hat{p}_2$가 관찰된 표본비율의 차보다 클 근사 확률을 구하라.

(4) $\hat{p}_1 - \hat{p}_2$가 p_0보다 클 확률이 0.05인 p_0을 구하라.

대표본 추정

Large Sample Estimation

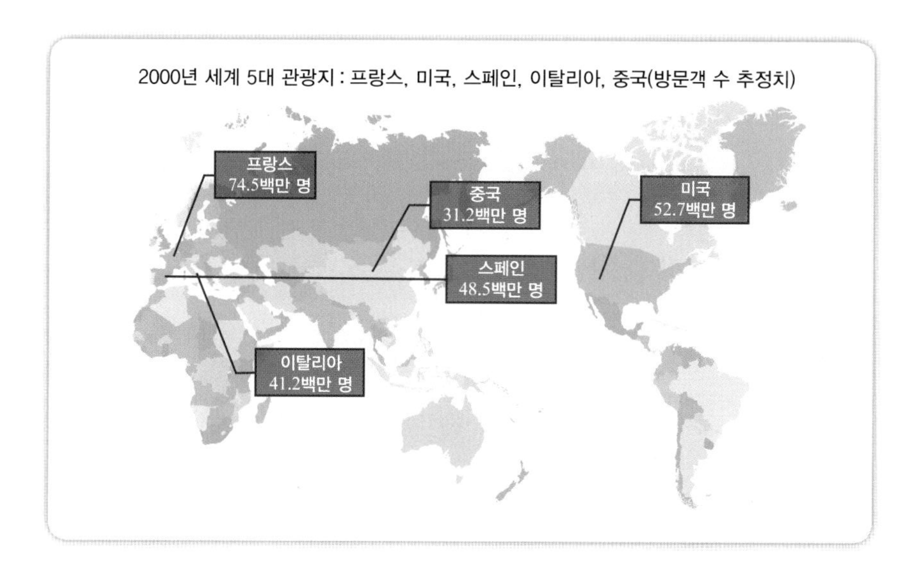

학습목표

- 점추정과 구간추정의 의미를 이해할 수 있다.
- 모평균과 모비율의 구간추정을 구할 수 있다.
- 두 모평균의 차와 모비율의 차에 대한 구간추정을 구할 수 있다.
- 추정을 위한 적당한 표본의 크기를 구할 수 있다.

8.1 점추정

정규모집단에서 표본을 추출하여 얻은 여러 가지 통계량의 표본분포를 7장에서 살펴보았다. 특히 임의의 모집단으로부터 대표본을 추출하면 중심극한정리에 의해 표본평균은 정규분포에 근사하는 것을 학습하였다. 이때 모집단 분포와 모수를 알고 있다는 전제하에 통계량의 표본분포에 대한 성질을 분석하였으나, 사실상 모수는 알려져 있지 않다. 따라서 임의로 선정한 표본을 이용하여 알려지지 않은 모수를 보편적이고 타당한 방법으로 추정해야 한다. 이와 같이 표본으로부터 얻은 정보를 이용하여 알려지지 않은 모집단의 정보를 추론하는 것이 추측통계학의 목적이다. 이 절에서는 표본을 이용하여 모수를 추론하는 점추정에 대해 살펴본다.

8.1.1 점추정의 의미

장기간 침체된 부동산 경기를 부양하기 위해 정부는 장 · 단기 부양 대책을 발표한다. 그러나 그 이전에 다양한 방법에 의한 부양책을 설정하고 각각의 대책을 분석하여 불확실한 미래의 부동산 경기를 예측하거나 의사 결정을 내리게 된다. 이와 같이 표본을 추출하여 분석한 결과를 이용하여 불확실한 모집단의 특성(모평균, 모분산, 모비율)을 예측하는 일련의 과정을 **통계적 추론**이라 한다.

> 통계적 추론(statistical inference)은 표본으로부터 얻은 정보를 이용하여 과학적으로 미지의 모수를 추론하는 과정을 의미한다.

특히 모평균, 모분산, 모비율 등과 같은 모수를 추론하기 위해, 크기 n인 표본을 추출하여 표본에서 관찰된 값 $x_1, x_2, \cdots, x_n$을 분석한 결과를 이용하여 표본평균, 표본분산, 표본비율 등을 산출한다. 이를 통해 모수와 모집단 분포에 대한 알려지지 않은 정보를 추론하며, [그림 8-1]은 이와 같은 통계적 추론의 과정을 나타낸다.

이때 추출된 표본에 대한 표본평균, 표본분산, 표본비율과 같은 통계량의 측정값을 산출하여 미지의 모집단 분포와 모수를 추론하는 일련의 과정을 **추정**이라 한다. 그리고 모수를 추정하기 위하여 표본으로부터 얻은 통계량을 **추정량**이라 한다.

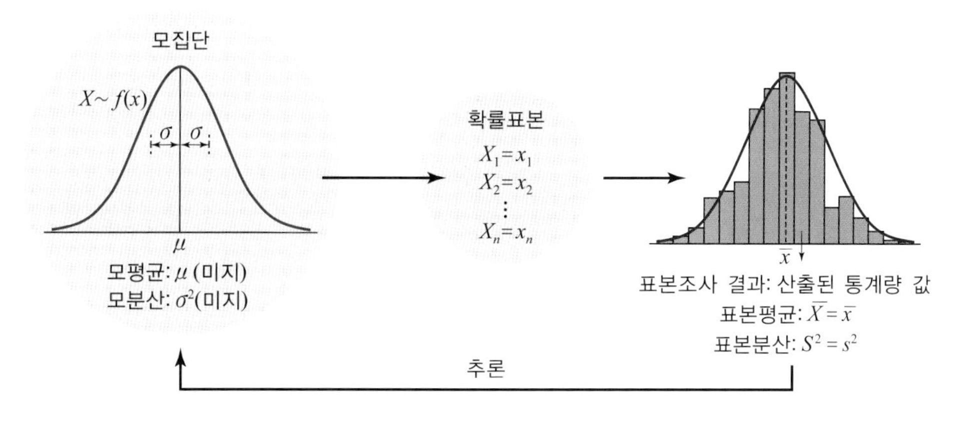

[그림 8-1] **모수와 모집단 분포를 추론하는 과정**

> 추정(estimate)은 표본으로부터 얻은 통계량을 이용하여 모수 θ를 추론하는 과정을 의미한다.
> 추정량(estimator)은 모수 θ를 추정하기 위해 표본으로부터 선정한 통계량이다.

일반적으로 모수는 θ로 표시하며, 모수에 대한 정보를 추론하기 위하여 추출한 표본으로부터 설정한 추정량은 $\hat{\Theta}$로 나타낸다. 추정량은 표본으로 선정된 자료에 기초하여 모수의 참값을 추론하기 위한 규칙 또는 함수, 즉 $\hat{\theta} = \hat{\Theta}(x_1, x_2, \cdots, x_n)$이며, 선정된 표본의 관찰값에 의해 수치적으로 측정 가능한 값이다. 그러나 7장에서 살펴본 바와 같이 표본을 어떻게 선정하느냐에 따라 추정량은 서로 다른 측정값을 갖는다. 따라서 추정량은 선정된 표본 $\{x_1, x_2, \cdots, x_n\}$에 따라 가변적인 확률변수이고, 어떤 하나의 확률분포를 형성한다. 특히 모수를 추정하기 위하여 선정된 표본을 이용해 어떤 수치를 계산하는 규칙 $\hat{\Theta}$를 **점추정량**이라 하고, 그 규칙에 의해 산출된 수치, 즉 모수의 추정치 $\hat{\theta}$를 **점추정**이라 한다.

> 점추정량(point estimator)은 모수 θ를 추정하기 위하여 표본에 기초해 어떤 하나의 수치를 계산하는 규칙 또는 함수 $\hat{\Theta}(x_1, x_2, \cdots, x_n)$를 의미한다.
> 점추정(point estimate)은 모수 θ를 추론하기 위하여 점추정량에 의해 얻은 수치 $\hat{\theta}$이다.

점추정 $\hat{\theta}$가 알려지지 않은 모수 θ의 정확한 값은 아니지만, 가장 좋은 점추정은 미지인 모수의 가장 바람직한 가상의 값으로 생각할 수 있다. 이때 모수 θ를 추정하기 위한 점추정량은 여러 개가 있을 수 있으며, 따라서 여러 개의 점추정량 중에서 가장 바람직한 추정량을 선택하는 것이 필수적이다. 예를 들어, 모평균을 추정하기 위하여 표본평균이나 표본 중위수 또는 표본 최빈값을 비롯한 여러 가지 추정량을 선택할 수 있으며, 이러한 점추정량들 중에서 가장 바람직한 추정량을 선택할 필요가 있다.

8.1.2 바람직한 점추정

가장 바람직한 추정량이 되기 위해서는 두 가지 조건이 필요하다. 하나는 추정하고자 하는 모수에 대한 추정량의 표본분포가 모수의 참값을 중심으로 이루어진 것이고, 다른 하나는 이 추정량의 표준편차가 가장 작은 것이다. 이제 이 두 가지 조건에 대하여 살펴본다.

모수 θ에 대한 점추정량 $\hat{\Theta}(X_1, \cdots, X_n)$의 표본분포가 모수 θ의 참값을 중심위치로 갖는 추정량을 선택하며, 이러한 추정량을 **불편추정량**이라 한다.

불편추정량(unbiased estimator)은 추정량의 평균이 모수 θ의 참값과 같은 추정량이다. 즉, 다음을 만족하는 추정량 $\hat{\Theta}$이다.

$$\mu_{\hat{\Theta}} = E(\hat{\Theta}) = \theta$$

편의추정량(biased estimator)은 불편추정량이 아닌 추정량 $\hat{\Theta}$으로 $b = E(\hat{\Theta}) - \theta$를 편의(bias)라 한다.

7장에서 살펴본 바와 같이 정규분포를 포함한 임의의 모집단 분포에서 크기 n인 표본을 임의로 선정하면, 표본평균 $\overline{X}$의 평균은 모평균 μ와 동일하다. 그러므로 모평균 μ를 추정하기 위한 추정량으로 표본평균 $\overline{X}$를 선택하면, 즉 $\hat{\mu} = \overline{X}$라 하면 $E(\hat{\mu}) = \mu_{\overline{X}} = \mu$이다. 따라서 표본평균 $\overline{X}$는 모평균 μ에 대한 불편추정량이다.

모평균 μ에 대한 불편추정량은 표본평균 이외에도 여러 가지 형태가 존재할 수 있다. [그림 8-2]에서 추정량 $\hat{\mu}_1$과 $\hat{\mu}_2$에 대한 표본분포의 중심위치가 모평균 μ와 일치하므로 두 추정량은 μ에 대한 불편추정량이다. 그러나 $\hat{\mu}_3$의 표본분포는 중심위치가 모평균 μ보다 작고, $\hat{\mu}_4$의 표본분포는 중심위치가 모평균 μ보다 크다. 따라서 $\hat{\mu}_3$와 $\hat{\mu}_4$는 모평균 μ에 대한 편의추정량이다. 이와 같이 모수 θ에 대한 여러 가지 추정량 중에서 불편성을 갖는 불편추정량을 선택한다.

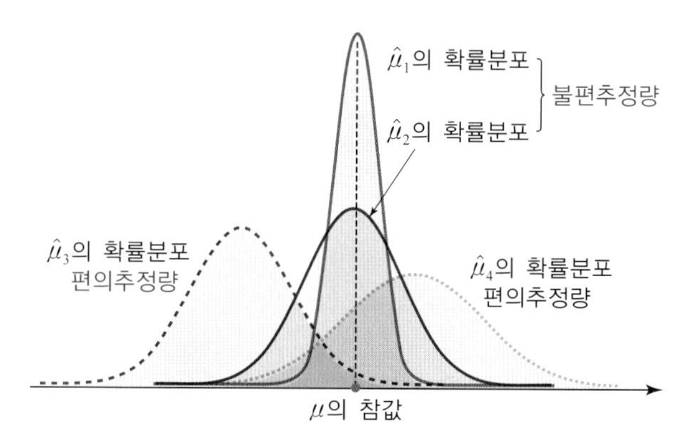

[그림 8-2] **편의추정량과 불편추정량**

예제 1

모평균이 μ인 모집단에서 크기 3인 확률표본 $\{X_1, X_2, X_3\}$을 추출하여, 모평균에 대한 점추정량을 다음과 같이 정의하였다. 모평균 μ에 대한 불편추정량과 편의추정량을 구별하라.

$$\hat{\mu}_1 = \frac{1}{3}(X_1 + X_2 + X_3),\ \ \hat{\mu}_2 = \frac{1}{4}(2X_1 + X_2 + X_3)$$

$$\hat{\mu}_3 = \frac{1}{5}(X_1 + 2X_2 + 2X_3),\ \ \hat{\mu}_4 = \frac{1}{5}(X_1 + 2X_2 + X_3)$$

풀이

X_1, X_2, X_3이 동일한 모집단 분포를 따르므로 $E(X_1) = E(X_2) = E(X_3) = \mu$이다. 또한 기댓값의 성질을 이용하여 각 추정량의 평균을 구하면, 다음과 같다.

$$E(\hat{\mu}_1) = \frac{1}{3}E(X_1 + X_2 + X_3) = \frac{1}{3}[E(X_1) + E(X_2) + E(X_3)] = \frac{1}{3}(\mu + \mu + \mu) = \mu,$$

$$E(\hat{\mu}_2) = \frac{1}{4}E(2X_1 + X_2 + X_3) = \frac{1}{4}[2E(X_1) + E(X_2) + E(X_3)] = \frac{1}{4}(2\mu + \mu + \mu) = \mu,$$

$$E(\hat{\mu}_3) = \frac{1}{5}E(X_1 + 2X_2 + 2X_3) = \frac{1}{5}[E(X_1) + 2E(X_2) + 2E(X_3)] = \frac{1}{5}(\mu + 2\mu + 2\mu) = \mu,$$

$$E(\hat{\mu}_4) = \frac{1}{5}E(X_1 + 2X_2 + X_3) = \frac{1}{5}[E(X_1) + 2E(X_2) + E(X_3)] = \frac{1}{5}(\mu + 2\mu + \mu) = \frac{4}{5}\mu$$

그러므로 $\hat{\mu}_1, \hat{\mu}_2, \hat{\mu}_3$는 모평균 μ에 대한 불편추정량이고 $\hat{\mu}_4$는 편의추정량이다.

I Can Do 1

모평균이 μ인 모집단에서 크기 2인 확률표본 $\{X_1, X_2\}$을 추출하여, 모평균에 대한 점추정량을 다음과 같이 정의하였다. 모평균 μ에 대한 불편추정량과 편의추정량을 구별하라.

$$\hat{\mu}_1 = X_1,\ \ \hat{\mu}_2 = \frac{1}{2}(X_1 + X_2),\ \ \hat{\mu}_3 = \frac{1}{2}(X_1 + 2X_2),\ \ \hat{\mu}_4 = \frac{1}{3}(X_1 + 2X_2)$$

일반적으로 절사평균은 모평균에 대한 불편추정량이 아니며, 표본 중위수도 모집단 중위수에 대한 불편추정량이 되지 못한다. 한편 7.2.4절에서 정규모집단으로부터 크기 n인 표본을 임의로 선정할 때 표본분산 S^2에 대하여 $E(S^2) = \sigma^2$이고, 7.2.5절에서 모비율 p인 모집단에서 크기 n인 표본을 임의로 선정하면 표본비율 $\hat{p}$에 대하여 $\mu_{\hat{p}} = p$인 것을 살펴보았다. 따라서 모평균, 모분산 그리고 모비율에 대하여 다음 사실을 얻는다.

- 표본평균 $\overline{X} = \frac{1}{n}\sum X_i$는 모평균 μ에 대한 불편추정량이다.
- 표본분산 $S^2 = \frac{1}{n-1}\sum(X_i - \overline{X})^2$는 모분산 σ^2에 대한 불편추정량이다.
- 표본비율 $\hat{p} = \frac{X}{n}$는 모비율 p에 대한 불편추정량이다.

다음과 같이 표본분산을, 모분산과 동일하게 평균편차제곱합을 표본의 크기 n으로 나눈 값으로 정의해 보자.

$$S^2 = \frac{1}{n}\sum(X_i - \overline{X})^2$$

그러면 정규모집단에 대한 표본분산의 평균은 다음과 같고, 따라서 불편성을 갖지 않는다.

$$E(S^2) = \left(\frac{n-1}{n}\right)\sigma^2 \neq \sigma^2$$

그러므로 표본분산을 정의하기 위하여 평균편차제곱합을 표본의 크기보다 1만큼 작은 $n-1$로 나누어 정의하는 것이다.

이때 [예제 1]과 같이 모수 θ에 대한 불편추정량이 여러 개인 경우에, 이들 중에서 더 바람직한 추정량이 있는지 의문이 생긴다. 이에 대한 답은 중심위치인 모수 θ의 참값에 가장 가깝게 밀집되는 표본분포를 갖는 추정량을 선택하는 것이 가장 좋다는 것이다. 그리고 확률분포는 분산이 작을수록 평균에 더욱더 밀집하므로 불편추정량 중에서 분산 또는 표준편차가 가장 작은 추정량을 선택하게 되며, 이러한 추정량을 **유효추정량**이라 한다.

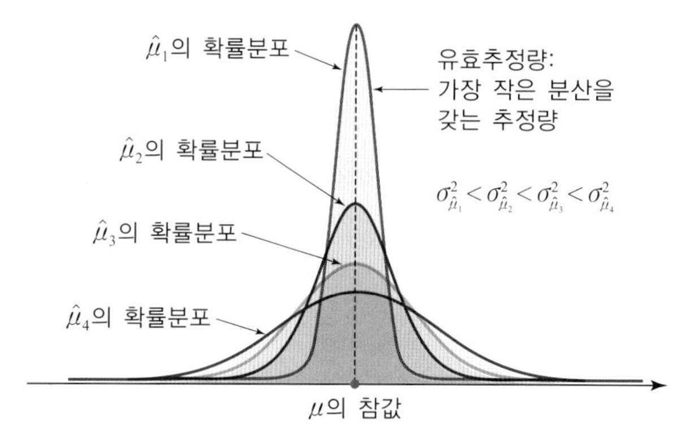

[그림 8-3] **유효추정량의 의미**

유효추정량(efficient estimator)은 추정량의 표본분포가 모수 θ의 참값에 가장 가깝게 분포하는 경우, 즉 가장 작은 분산을 갖는 추정량이다. 즉, 다음을 만족하는 추정량 $\hat{\Theta}$이다.

$$Var(\hat{\Theta}) = \min\{Var(\hat{\Theta}_1), Var(\hat{\Theta}_2), \cdots, Var(\hat{\Theta}_k)\}$$

예를 들어, [그림 8-3]과 같이 모평균 μ에 대한 불편추정량 $\hat{\mu}_1, \hat{\mu}_2, \hat{\mu}_3, \hat{\mu}_4$에 대하여 이 추정량들의 분산을 비교하면 다음과 같다.

$$\sigma^2_{\hat{\mu}_1} < \sigma^2_{\hat{\mu}_2} < \sigma^2_{\hat{\mu}_3} < \sigma^2_{\hat{\mu}_4}$$

이때 $\hat{\mu}_1$의 분산이 가장 작으며, 따라서 4개의 불편추정량 중에서 모평균 μ를 중심으로 가장 가깝게 분포하는 추정량 $\hat{\mu}_1$가 유효성을 가지므로 $\hat{\mu}_1$가 유효추정량이다.

이때 추정량 $\hat{\Theta}$의 표준편차를 **표준오차**라 한다.

표준오차(standard error)는 모수 θ를 추정하기 위해 사용되는 추정량의 표준편차이다. 즉, 다음과 같다.

$$S.E.(\hat{\Theta}) = \sqrt{Var(\hat{\Theta})}$$

예제 2

[예제 1]의 모평균 μ에 대한 불편추정량 중에서 유효성을 갖는 추정량을 구하라.

풀이

[예제 1]에서 구한 불편추정량은 $\hat{\mu}_1, \hat{\mu}_2, \hat{\mu}_3$이다. 그리고 X_1, X_2, X_3이 동일한 모집단 분포를 따르므

로 $Var(X_1) = Var(X_2) = Var(X_3) = \sigma^2$이라 하면, 6.2.3절의 분산의 성질에 의하여 각 추정량의 분산은 다음과 같다.

$$Var(\hat{\mu}_1) = \frac{1}{9}Var(X_1 + X_2 + X_3) = \frac{1}{9}[Var(X_1) + Var(X_2) + Var(X_3)]$$
$$= \frac{1}{9}(\sigma^2 + \sigma^2 + \sigma^2) = \frac{\sigma^2}{3},$$
$$Var(\hat{\mu}_2) = \frac{1}{16}Var(2X_1 + X_2 + X_3) = \frac{1}{16}[4Var(X_1) + Var(X_2) + Var(X_3)]$$
$$= \frac{1}{16}(4\sigma^2 + \sigma^2 + \sigma^2) = \frac{3\sigma^2}{8},$$
$$Var(\hat{\mu}_3) = \frac{1}{25}Var(X_1 + 2X_2 + 2X_3) = \frac{1}{25}[Var(X_1) + 4Var(X_2) + 4Var(X_3)]$$
$$= \frac{1}{25}(\sigma^2 + 4\sigma^2 + 4\sigma^2) = \frac{9\sigma^2}{25}$$

그러면 $Var(\hat{\mu}_1) < Var(\hat{\mu}_2) < Var(\hat{\mu}_3)$이고, 따라서 모평균 μ에 대한 유효추정량은 $\hat{\mu}_1$이다.

I Can Do 2

[I Can Do 1]의 모평균 μ에 대한 불편추정량 중에서 유효성을 갖는 추정량을 구하라.

[예제 1]과 [예제 2]로부터 모평균이 μ인 모집단에서 크기 3인 확률표본을 추출하여 모평균 μ를 추정할 때, 표본평균 $\hat{\mu}_1 = \overline{X} = \frac{1}{3}(X_1 + X_2 + X_3)$이 모평균 μ에 대해 불편성을 갖는 유효추정량임을 알 수 있다. 이와 같이 모수 θ에 대하여 불편성과 유효성을 모두 갖는 추정량이 가장 바람직하며, 이러한 추정량은 가장 작은 분산을 갖는 불편추정량이므로 **최소분산불편추정량**이라 한다.

최소분산불편추정량(minimum variance unbiased estimator)은 모수 θ에 대한 불편성과 유효성을 갖는 추정량이다.

표본평균 $\overline{X}$가 표본 중앙값 $\tilde{X}$보다 더 좋은 효율성을 갖는 추정량인 것이 알려져 있으며, [그림 8-4]와 같이 표본의 크기가 클수록 표본평균의 분산이 작아지므로 유효성이 크다. 실제로 표본의 크기 n이 모집단의 크기 N과 같다면, 즉 $n = N$이면 표본평균이 곧 모평균이다.

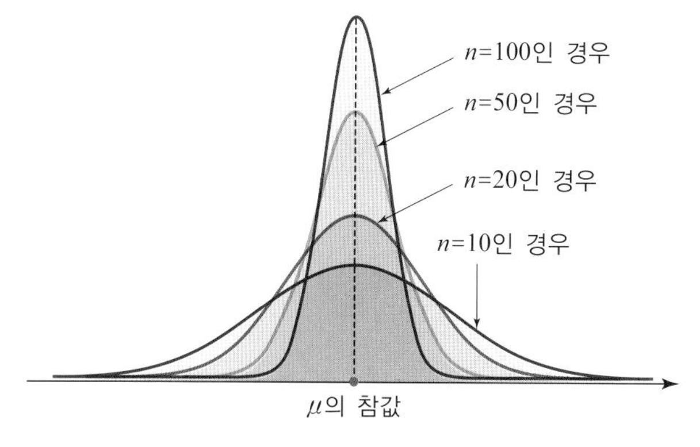

[그림 8-4] n에 따른 표본평균의 표본분포

예제 3

성인이 전자책에 있는 텍스트 한 쪽을 읽는 데 걸리는 평균 시간을 추정하기 위하여 다음과 같이 12명을 임의로 선정하여 시간을 측정하였다. 이때 텍스트 한 쪽을 읽는 데 걸리는 시간은 표준편차가 8초인 정규분포를 따른다고 알려졌다. 이 표본을 이용하여 성인이 텍스트 한 쪽을 읽는 데 걸리는 평균 시간을 추정하고, 표준오차를 구하라(단, 단위는 초이다).

43.2	41.5	48.3	37.7	46.8	42.6	46.7	51.4	47.3	40.1	46.2	44.7

풀이

표본평균 $\overline{X}$가 모평균 μ에 대한 최소분산불편추정량이므로 표본평균을 구하면 다음과 같다.

$$\hat{\mu} = \overline{x} = \frac{1}{12}(43.2 + 41.5 + \cdots + 44.7) \approx 44.71$$

또한 표본평균 $\overline{X}$의 표준편차는 $\sigma_{\overline{X}} = \dfrac{\sigma}{\sqrt{n}}$이므로 표준오차는 다음과 같다.

$$S.E.(\hat{\mu}) = \frac{\sigma}{\sqrt{12}} = \frac{8}{\sqrt{12}} \approx 2.31$$

I Can Do 3

다음은 9명의 어린이가 하루 동안 TV를 시청하는 시간이다. 이 표본을 이용하여 어린이가 하루 동안 TV를 시청하는 평균 시간을 추정하고, 표준오차를 구하라(단, 어린이가 TV를 시청하는 시간은 분산이 0.5시간인 정규분포를 따르고, 단위는 시간이다).

2.2	3.1	3.8	2.7	4.0	2.6	2.4	1.6	2.3

8.2 구간추정

지금까지 대표본을 선정하여 모평균을 점추정하는 방법을 살펴보았다. 그러나 점추정에 의한 모수의 추정은 표본이 어떻게 선정되느냐에 따라 왜곡된 추정값을 얻는 오류를 범할 수 있다. 이 절에서는 이러한 오류를 극복하기 위한 추정 방법을 소개하며, 특별한 언급이 없는 한 모집단 분포는 모평균 μ와 모분산 σ^2을 갖는 정규분포이고 모분산을 알고 있다고 가정한다.

8.2.1 신뢰구간의 의미

표본으로부터 얻은 점추정이 모수의 참값에 가능한 한 가깝기를 바라지만, 이것이 어느 정도로 참값에 가까운지 신뢰할 수 없다. 예를 들어 [예제 3]에서 성인이 텍스트 한 쪽을 읽는 데 걸리는 평균 시간은 44.71초이다. 그러면 성인 전체가 텍스트 한 쪽을 읽는 데 걸리는 평균 시간이 44.71초라고 자신 있게 말할 수 있을까? 그리고 그것을 어느 정도로 신뢰할 수 있을까? 혹시 표본이 왜곡되지는 않았을까? 이러한 이유에서 특정한 신뢰도를 가지고 모평균이 어떤 구간 안에 놓일 것으로 믿어지는 구간을 추정한다. 이와 같이 모수 θ의 참값이 포함될 것으로 믿어지는 구간을 추정하는 방법을 **구간추정**이라 하고, 모수의 참값이 어떤 구간에 포함될 것으로 믿어지는 확신의 정도를 **신뢰도**라 한다.

> 구간추정(interval estimation)은 모수 θ의 참값이 포함되리라고 믿어지는 구간을 추정하는 것이다.
> 신뢰도(degree of confidence)는 모수의 참값이 추정한 구간 안에 포함될 것으로 믿어지는 미리 정해 놓은 확신의 정도이며, 일반적으로 $(1-\alpha)100\,\%$로 나타낸다.

특히 $\alpha = 0.1,\ 0.05,\ 0.01$인 경우, 즉 90 %, 95 %, 99 % 신뢰도를 자주 사용하며, 이러한 신뢰도에 대한 구간추정은 8.1절에서 학습한 모수 θ에 대한 점추정 $\hat{\theta}$를 구간의 중심으로 사용한다. 그러면 $(1-\alpha)100\,\%$ 신뢰도에서 모수 θ에 대한 구간추정은 $(\hat{\theta}-e,\ \hat{\theta}+e)$이고, e를 **오차한계**(margin of error)라 하고, 이 구간추정을 신뢰도 $(1-\alpha)100\,\%$에 대한 모수 θ의 **신뢰구간**이라 한다. 예를 들어, [예제 3]에서 성인이 텍스트 한 쪽을 읽는 데 걸리는 시간의 표준편차가 $\sigma = 8$로 알려졌다고 할 때, 평균시간 μ에 대한 점추정 $\overline{x} = 44.71$과 신뢰도 95 %인 구간추정은 [그림 8-5]와 같다. 여기서 신뢰도 95 %에 대한 오차한계는 $e = 4.53$이고, 이 구간 (40.18, 49.24)를 신뢰도 95 %인 μ의 신뢰구간이라 한다.

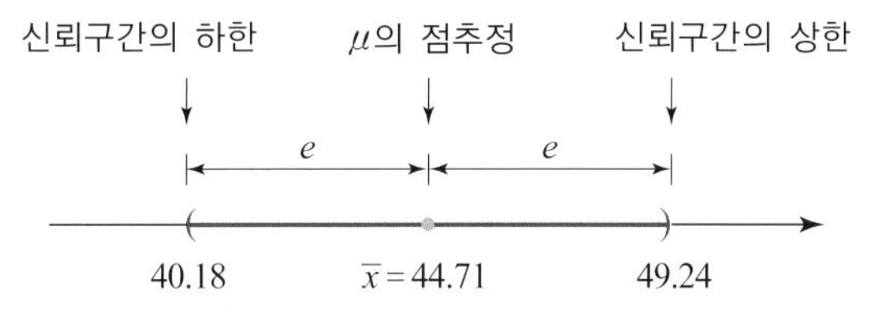

[그림 8-5] 신뢰도 95 %의 구간추정

신뢰구간(confidence interval)은 신뢰도 $(1-\alpha)100\%$에서 모수 θ의 참값이 포함되리라고 믿어지는 구간이다. 이때 $\hat{\theta}-e$와 $\hat{\theta}+e$를 각각 신뢰구간의 하한(lower bound)과 상한(upper bound)이라 한다.

여기서 95 % 신뢰도라 함은 표본으로부터 얻은 신뢰구간이 정확한 모수의 참값을 포함할 확률이 95 %임을 나타내는 것이 아니다. 예를 들어, [그림 8-6]과 같이 동일한 모집단으로부터 동일한 크기의 표본 20개를 임의로 추출했을 때, 95 % 신뢰도라는 것은 이 표본으로부터 얻은 신뢰구간들 중에서 95 %에 해당하는 19개의 구간이 모평균의 참값을 포함하고 최대 5 %에 해당하는 1개의 구간은 모수의 참값을 포함하지 않을 수 있음을 의미한다.

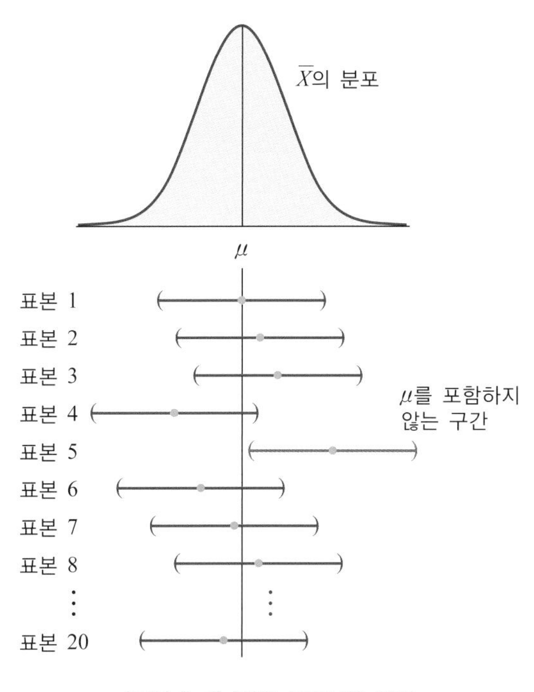

[그림 8-6] 95 % 신뢰도의 의미

8.2.2 모평균의 신뢰구간

이제 모분산 σ^2을 알고 있는 정규모집단의 모평균에 대한 신뢰도 $(1-\alpha)100\%$ 신뢰구간을 구해 보자. 모집단으로부터 크기 n인 표본을 추출하면, 표본평균 $\overline{X}$는 다음과 같이 정규분포를 따른다.

$$\overline{X} \sim N\left(\mu, \frac{\sigma^2}{n}\right) \quad \text{또는} \quad Z = \frac{\overline{X}-\mu}{\sigma/\sqrt{n}} \sim N(0, 1)$$

한편 표준정규분포에서 양쪽 꼬리확률이 각각 $\frac{\alpha}{2}$인 임계점은 [그림 8-7]과 같이 각각 $-z_{\alpha/2}$와 $z_{\alpha/2}$이다.

다시 말해서, 임계점 $z_{\alpha/2}$에 대하여 다음이 성립한다.

$$P\left(\left|\frac{\overline{X}-\mu}{\sigma/\sqrt{n}}\right| < z_{\alpha/2}\right) = P\left(|\overline{X}-\mu| < z_{\alpha/2}\frac{\sigma}{\sqrt{n}}\right) = 1-\alpha$$

이때 모평균 μ와 점추정 $\overline{X}$의 차이인 $|\overline{X}-\mu|$를 **추정오차**(error of estimation)라 하며, $(1-\alpha)100\%$ 신뢰도에서 모평균 μ에 대한 오차한계는 최대 추정오차로서 다음과 같다.

$$e = z_{\alpha/2}\frac{\sigma}{\sqrt{n}} = z_{\alpha/2}S.E.(\overline{X})$$

표준정규분포에서 양쪽 꼬리확률의 합이 0.1, 0.05 그리고 0.01이 되는 임계점은 각각 다음과 같음을 살펴보았다.

$$P(|Z| < 1.645) = 0.9, \quad P(|Z| < 1.96) = 0.95, \quad P(|Z| < 2.58) = 0.99$$

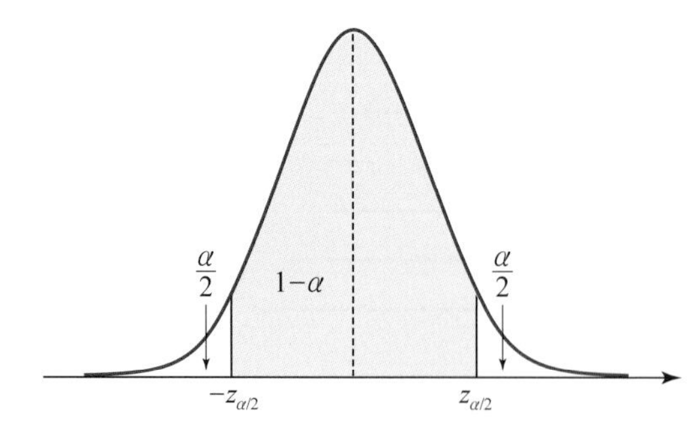

[그림 8-7] 꼬리확률과 임계점

즉, 중심확률이 90 %, 95 %, 99 %가 되는 임계점은 각각 다음과 같다.

$$P\left(\left|\overline{X}-\mu\right|<1.645\frac{\sigma}{\sqrt{n}}\right)=0.90$$

$$P\left(\left|\overline{X}-\mu\right|<1.96\frac{\sigma}{\sqrt{n}}\right)=0.95$$

$$P\left(\left|\overline{X}-\mu\right|<2.58\frac{\sigma}{\sqrt{n}}\right)=0.99$$

그러므로 모분산 σ를 알고 있는 정규모집단의 모평균 μ에 대한 신뢰도가 90 %, 95 %, 99 %인 오차한계는 각각 다음과 같다.

- $\left|\overline{X}-\mu\right|$에 대한 90 % 오차한계: $e_{90\%}=1.645\frac{\sigma}{\sqrt{n}}$
- $\left|\overline{X}-\mu\right|$에 대한 95 % 오차한계: $e_{95\%}=1.96\frac{\sigma}{\sqrt{n}}$
- $\left|\overline{X}-\mu\right|$에 대한 99 % 오차한계: $e_{99\%}=2.58\frac{\sigma}{\sqrt{n}}$

따라서 모평균 μ에 대한 다음 신뢰구간을 얻는다.

- μ에 대한 90 % 신뢰구간: $\left(\overline{x}-1.645\frac{\sigma}{\sqrt{n}},\ \overline{x}+1.645\frac{\sigma}{\sqrt{n}}\right)$
- μ에 대한 95 % 신뢰구간: $\left(\overline{x}-1.96\frac{\sigma}{\sqrt{n}},\ \overline{x}+1.96\frac{\sigma}{\sqrt{n}}\right)$
- μ에 대한 99 % 신뢰구간: $\left(\overline{x}-2.58\frac{\sigma}{\sqrt{n}},\ \overline{x}+2.58\frac{\sigma}{\sqrt{n}}\right)$

모분산 σ^2을 알고 있을 때, 모평균 μ에 대한 $(1-\alpha)100\,\%$신뢰구간은 다음과 같다.

$$\left(\overline{x}-z_{\alpha/2}\frac{\sigma}{\sqrt{n}},\ \ \overline{x}+z_{\alpha/2}\frac{\sigma}{\sqrt{n}}\right)$$

즉, 모평균 μ에 대한 $(1-\alpha)100\,\%$ 신뢰구간은 [그림 8-8]과 같이 점추정 $\overline{x}$를 중심으로 오차한계 $z_{\alpha/2}\frac{\sigma}{\sqrt{n}}$를 반경으로 가지며, 신뢰도가 클수록 신뢰구간은 커진다.

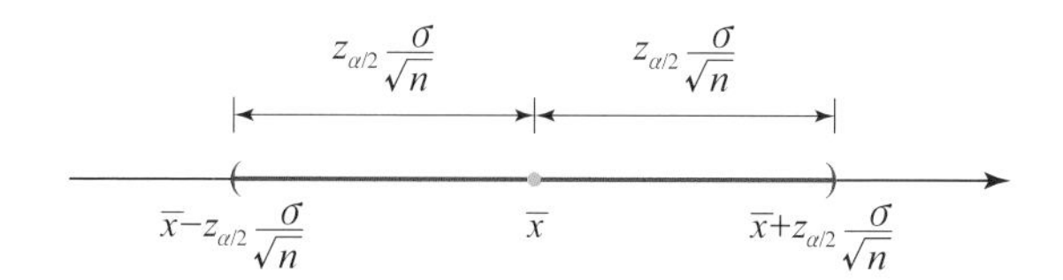

[그림 8-8] **모평균 μ에 대한 신뢰구간**

예제 4

[예제 3]의 표본을 이용하여 성인이 전자책에 있는 텍스트 한 쪽을 읽는 데 걸리는 평균 시간에 대한 90 %, 95 %, 99 % 신뢰구간을 구하라.

풀이

[예제 3]에서 표본평균은 $\overline{x} = 44.71$이고 표준오차는 $S.E.(\overline{X}) = 2.31$이다. 따라서 90 %, 95 %, 99 % 오차한계는 각각 다음과 같다.

$$e_{90\%} = 1.645 \times 2.31 \approx 3.80, \quad e_{95\%} = 1.96 \times 2.31 \approx 4.53, \quad e_{99\%} = 2.58 \times 2.31 \approx 5.96$$

그러므로 다음 신뢰구간을 얻는다.

90 % 신뢰구간: $(44.71 - 3.80,\ 44.71 + 3.80) = (40.91,\ 48.51)$

95 % 신뢰구간: $(44.71 - 4.53,\ 44.71 + 4.53) = (40.18,\ 49.24)$

99 % 신뢰구간: $(44.71 - 5.96,\ 44.71 + 5.96) = (38.75,\ 50.67)$

I Can Do 4

[I Can Do 3]의 표본을 이용하여 어린이가 하루 동안 TV를 시청한 평균 시간에 대한 90 %, 95 %, 99 % 신뢰구간을 구하라.

한편 모분산을 알고 있으나 모집단 분포가 알려지지 않은 경우에 중심극한정리에 의해 표본평균의 분포는 다음과 같은 정규분포에 근사한다.

$$\overline{X} \approx N\left(\mu, \frac{\sigma^2}{n}\right) \quad \text{또는} \quad Z = \frac{\overline{X} - \mu}{\sigma / \sqrt{n}} \approx N(0,\ 1)$$

그러므로 정규모집단의 경우와 동일한 방법에 의해 신뢰도가 90 %, 95 %, 99 %인 근사 신뢰구간을 다음과 같이 얻을 수 있다.

- μ에 대한 90 % 근사 신뢰구간: $\left(\overline{x} - 1.645\frac{\sigma}{\sqrt{n}},\ \overline{x} + 1.645\frac{\sigma}{\sqrt{n}}\right)$
- μ에 대한 95 % 근사 신뢰구간: $\left(\overline{x} - 1.96\frac{\sigma}{\sqrt{n}},\ \overline{x} + 1.96\frac{\sigma}{\sqrt{n}}\right)$
- μ에 대한 99 % 근사 신뢰구간: $\left(\overline{x} - 2.58\frac{\sigma}{\sqrt{n}},\ \overline{x} + 2.58\frac{\sigma}{\sqrt{n}}\right)$

예제 5

우리나라 빈곤층 아동 · 청소년 가구의 월평균 소득액을 추정하기 위하여 30가구를 표본조사한 결과 다음과 같았다. 이 표본을 이용하여 월평균 소득액의 95 % 신뢰구간을 구하라(단, 표준편차는 $\sigma = 3$이고 단위는 만 원이다).

91.23	88.76	91.19	90.54	91.85	85.07	90.91	88.03	89.22	89.47
89.12	90.48	91.42	90.94	85.65	85.15	86.07	96.35	90.01	88.26
90.50	87.08	92.65	87.05	85.80	87.63	86.66	83.43	93.40	90.17

풀이

표본평균은 $\overline{x} \approx 89.136$이고 표준오차는 $S.E.(\overline{X}) = \dfrac{3}{\sqrt{30}} \approx 0.5477$이다. 따라서 95 % 근사 오차한계는 $e_{95\%} = 1.96 \times 0.5477 \approx 1.073$이다. 그러므로 95 % 근사 신뢰구간은 다음과 같다.

$$(89.136 - 1.073,\ 89.136 + 1.073) = (88.063,\ 90.209)$$

I Can Do 5

우리나라 빈곤층 가구에서 아동 · 청소년의 의료 급여 수급의 평균을 추정하기 위하여 30가구를 표본조사한 결과 다음과 같았다. 이 표본을 이용하여 의료 급여 수급의 평균에 대한 95 % 신뢰구간을 구하라(단, 표준편차는 $\sigma = 5.105$이고 단위는 만 원이다).

93.242	89.635	92.660	92.540	94.883	102.165	93.326	90.880	93.684	91.564
88.727	94.317	88.166	96.085	82.028	97.213	99.338	93.381	86.498	83.348
97.262	89.656	84.045	89.113	81.562	87.180	94.345	92.436	93.633	97.276

8.2.3 모비율의 신뢰구간

7.2.5절에서, 모비율 p인 모집단에서 크기 n인 표본을 임의로 추출할 때, 표본비율 $\hat{p}$의 표본분포는 다음과 같은 정규분포에 근사하는 것을 살펴보았다.

$$\hat{p} \approx N\left(p, \frac{pq}{n}\right) \quad \text{또는} \quad \frac{\hat{p} - p}{\sqrt{pq/n}} \approx N(0, 1)$$

이때 표본의 크기가 클수록 표본비율 $\hat{p}$는 모비율 p에 근접한다. 즉 $\hat{p} \approx p$이다. 따라서 $\hat{p}$의 표준화 확률변수에서 $\sqrt{\frac{pq}{n}} \approx \sqrt{\frac{\hat{p}\hat{q}}{n}}$이고, 다음 근사 확률분포를 얻는다.

$$\frac{\hat{p}-p}{\sqrt{\hat{p}\hat{q}/n}} \approx N(0,\ 1)$$

그러면 정규분포의 꼬리확률 $z_{\alpha/2}$에 대하여 다음을 얻는다.

$$P\left(\left|\frac{\hat{p}-p}{\sqrt{\hat{p}\hat{q}/n}}\right| < z_{\alpha/2}\right) = P\left(|\hat{p}-p| < z_{\alpha/2}\sqrt{\frac{\hat{p}\hat{q}}{n}}\right) = 1-\alpha$$

이때 $|\hat{p}-p|$에 대한 $(1-\alpha)100\,\%$ 오차한계는 다음과 같다.

$$e = z_{\alpha/2}\sqrt{\frac{\hat{p}\hat{q}}{n}}$$

특히 표준정규분포로부터 $z_{0.05} = 1.645$, $z_{0.025} = 1.96$, $z_{0.005} = 2.58$이므로 $|\hat{p}-p|$에 대한 $90\,\%$, $95\,\%$, $99\,\%$ 오차한계는 다음과 같다.

- $|\hat{p}-p|$에 대한 $90\,\%$ 오차한계: $e_{90\%} = 1.645\sqrt{\frac{\hat{p}\hat{q}}{n}}$
- $|\hat{p}-p|$에 대한 $95\,\%$ 오차한계: $e_{95\%} = 1.96\sqrt{\frac{\hat{p}\hat{q}}{n}}$
- $|\hat{p}-p|$에 대한 $99\,\%$ 오차한계: $e_{99\%} = 2.58\sqrt{\frac{\hat{p}\hat{q}}{n}}$

그러므로 모비율 p에 대한 다음 신뢰구간을 얻는다.

- p에 대한 $90\,\%$ 신뢰구간: $\left(\hat{p} - 1.645\sqrt{\frac{\hat{p}\hat{q}}{n}},\ \hat{p} + 1.645\sqrt{\frac{\hat{p}\hat{q}}{n}}\right)$
- p에 대한 $95\,\%$ 신뢰구간: $\left(\hat{p} - 1.96\sqrt{\frac{\hat{p}\hat{q}}{n}},\ \hat{p} + 1.96\sqrt{\frac{\hat{p}\hat{q}}{n}}\right)$
- p에 대한 $99\,\%$ 신뢰구간: $\left(\hat{p} - 2.58\sqrt{\frac{\hat{p}\hat{q}}{n}},\ \hat{p} + 2.58\sqrt{\frac{\hat{p}\hat{q}}{n}}\right)$

일반적으로 모비율 p에 대한 $(1-\alpha)100\,\%$ 신뢰구간은 다음과 같다.

$$\left(\hat{p} - z_{\alpha/2}\sqrt{\frac{\hat{p}\hat{q}}{n}},\ \hat{p} + z_{\alpha/2}\sqrt{\frac{\hat{p}\hat{q}}{n}}\right)$$

예제 6

부산에서 4년 이상 거주하고 있는 외국인 110명을 상대로 한국 문화에 대한 인지 수준을 조사한 결과, 한국 문화를 알고 있다고 응답한 비율이 88.2 %였다. 이 자료를 기초로 우리나라에서 4년 이상 거주하고 있는 외국인의 한국 문화에 대한 인지 비율에 대한 95 % 신뢰구간을 구하라.

풀이

표본비율이 $\hat{p} = 0.882$이므로 $\hat{q} = 0.118$이고 $n = 110$이므로 95 % 오차한계는 다음과 같다.

$$e_{95\%} = 1.96\sqrt{\frac{0.882 \times 0.118}{110}} \approx 0.06$$

그러므로 95 % 근사 신뢰구간은 다음과 같다.

$$(0.882 - 0.06,\ 0.882 + 0.06) = (0.822,\ 0.942)$$

I Can Do 6

부산에 거주하는 외국인 800명을 상대로 한국의 의료 환경에 대한 만족도를 조사한 결과, 38.5 %가 만족한다고 응답하였다. 이 자료를 기초로 한국에 거주하는 외국인이 우리나라 의료 환경에 만족하는 비율에 대한 95 % 신뢰구간을 구하라.

8.3 모평균 차의 구간추정

7.3.1절에서, 두 모분산 σ_1^2과 σ_2^2을 알고 있는 서로 독립인 정규모집단 $N(\mu_1, \sigma_1^2)$과 $N(\mu_2, \sigma_2^2)$으로부터 각각 크기 n과 m인 표본을 추출하여 그 표본평균을 각각 $\overline{X}, \overline{Y}$라 하면, $\overline{X} - \overline{Y}$는 다음과 같은 정규분포를 따르는 것을 살펴보았다.

$$\overline{X} - \overline{Y} \sim N\left(\mu_1 - \mu_2, \frac{\sigma_1^2}{n} + \frac{\sigma_2^2}{m}\right) \quad \text{또는} \quad Z = \frac{\overline{X} - \overline{Y} - (\mu_1 - \mu_2)}{\sqrt{\frac{\sigma_1^2}{n} + \frac{\sigma_2^2}{m}}} \sim N(0,\ 1)$$

따라서 앞에서와 동일한 방법으로 두 모평균의 차 $\mu_1 - \mu_2$에 대한 점추정량은 $\overline{X} - \overline{Y}$이고, 이때 표준오차는 다음과 같다.

$$S.E.(\overline{X} - \overline{Y}) = \sqrt{\frac{\sigma_1^2}{n} + \frac{\sigma_2^2}{m}}$$

특히 $|(\overline{X}-\overline{Y})-(\mu_1-\mu_2)|$에 대한 $(1-\alpha)100\%$의 오차한계는 $e=z_{\alpha/2}\,S.E.(\overline{X}-\overline{Y})$이고, 따라서 $|(\overline{X}-\overline{Y})-(\mu_1-\mu_2)|$에 대한 90 %, 95 %, 99 % 오차한계를 구하면 다음과 같다.

- $|(\overline{X}-\overline{Y})-(\mu_1-\mu_2)|$에 대한 90 % 오차한계: $e_{90\%}=1.645\sqrt{\dfrac{\sigma_1^2}{n}+\dfrac{\sigma_2^2}{m}}$
- $|(\overline{X}-\overline{Y})-(\mu_1-\mu_2)|$에 대한 95 % 오차한계: $e_{95\%}=1.96\sqrt{\dfrac{\sigma_1^2}{n}+\dfrac{\sigma_2^2}{m}}$
- $|(\overline{X}-\overline{Y})-(\mu_1-\mu_2)|$에 대한 99 % 오차한계: $e_{99\%}=2.58\sqrt{\dfrac{\sigma_1^2}{n}+\dfrac{\sigma_2^2}{m}}$

그러므로 두 모평균의 차 $\mu_1-\mu_2$에 대한 다음 신뢰구간을 얻는다.

- $\mu_1-\mu_2$에 대한 90 % 신뢰구간: $\left((\overline{x}-\overline{y})-e_{90\%},\ (\overline{x}-\overline{y})+e_{90\%}\right)$
- $\mu_1-\mu_2$에 대한 95 % 신뢰구간: $\left((\overline{x}-\overline{y})-e_{95\%},\ (\overline{x}-\overline{y})+e_{95\%}\right)$
- $\mu_1-\mu_2$에 대한 99 % 신뢰구간: $\left((\overline{x}-\overline{y})-e_{99\%},\ (\overline{x}-\overline{y})+e_{99\%}\right)$

일반적으로 두 모분산 σ_1^2과 σ_2^2을 알고 있을 때, 모평균의 차 $\mu_1-\mu_2$에 대한 $(1-\alpha)100\%$ 신뢰구간은 다음과 같다.

$$\left((\overline{x}-\overline{y})-z_{\alpha/2}\sqrt{\frac{\sigma_1^2}{n}+\frac{\sigma_2^2}{m}},\ (\overline{x}-\overline{y})+z_{\alpha/2}\sqrt{\frac{\sigma_1^2}{n}+\frac{\sigma_2^2}{m}}\right)$$

특히 $\sigma_1^2=\sigma_2^2=\sigma^2$이면, 모평균의 차 $\mu_1-\mu_2$에 대한 $(1-\alpha)100\%$ 신뢰구간은 다음과 같다.

$$\left((\overline{x}-\overline{y})-z_{\alpha/2}\,\sigma\sqrt{\frac{1}{n}+\frac{1}{m}},\ (\overline{x}-\overline{y})+z_{\alpha/2}\,\sigma\sqrt{\frac{1}{n}+\frac{1}{m}}\right)$$

예제 7

대도시와 중소도시의 무연 휘발유 가격에 차이가 있는지 알아보기 위하여 표본조사한 결과, 다음과 같은 자료를 얻었다. 이때 두 지역 간 가격 차이의 평균에 대한 95 % 신뢰구간을 구하라(단, 모표준편차가 각각 80원과 30원인 정규분포를 따르고 단위는 1,000원이다).

대도시	1.69	1.79	1.68	1.72	1.66	1.73	1.59	1.78	1.72	1.63	1.55	1.85
중소도시	1.46	1.47	1.42	1.51	1.55	1.52	1.48	1.47	1.53	1.50		

(풀이)

대도시와 중소도시의 표본평균을 각각 $\overline{X}$와 $\overline{Y}$라 하면, $\overline{x} = 1.6992$, $\overline{y} = 1.4910$이고 $\overline{x} - \overline{y} = 0.2082$이다. 한편 $\sigma_1^2 = 0.08^2$, $\sigma_2^2 = 0.03^2$이고 $n = 12$, $m = 10$이므로 표준오차는 다음과 같다.

$$S.E.(\overline{X} - \overline{Y}) = \sqrt{\frac{0.08^2}{12} + \frac{0.03^2}{10}} \approx 0.025$$

따라서 95 % 오차한계는 $e_{95\%} = 1.96 \times 0.025 = 0.049$이고, 신뢰구간은 다음과 같다.

$$(0.2082 - 0.049,\ 0.2082 + 0.049) = (0.1592,\ 0.2572)$$

I Can Do 7

[예제 7]에서, 대도시와 중소도시의 모표준편차가 동일하게 $\sigma = 80$원이라 할 때, 두 지역 간 가격 차이의 평균에 대한 90 % 신뢰구간을 구하라.

8.4 모비율 차의 구간추정

7.3.5절에서 서로 독립이고 모비율이 각각 p_1, p_2인 두 모집단에서 각각 크기 n과 m인 표본을 선정할 때, 두 표본비율의 차 $\hat{p}_1 - \hat{p}_2$의 분포는 다음과 같은 정규분포에 근사함을 살펴보았다.

$$\hat{p}_1 - \hat{p}_2 \approx N\left(p_1 - p_2,\ \frac{p_1 q_1}{n} + \frac{p_2 q_2}{m}\right) \quad \text{또는} \quad \frac{(\hat{p}_1 - \hat{p}_2) - (p_1 - p_2)}{\sqrt{\frac{p_1 q_1}{n} + \frac{p_2 q_2}{m}}} \approx N(0,\ 1)$$

또한 표본의 크기 n과 m이 충분히 크면 $\hat{p}_1 \approx p_1$, $\hat{p}_2 \approx p_2$이므로 다음 근사분포를 얻는다.

$$\frac{(\hat{p}_1 - \hat{p}_2) - (p_1 - p_2)}{\sqrt{\frac{\hat{p}_1 \hat{q}_1}{n} + \frac{\hat{p}_1 \hat{q}_1}{m}}} \approx N(0,\ 1)$$

따라서 $\hat{p}_1 - \hat{p}_2$의 표준오차는

$$S.E.(\hat{p}_1 - \hat{p}_2) = \sqrt{\frac{\hat{p}_1 \hat{q}_1}{n} + \frac{\hat{p}_2 \hat{q}_2}{m}}$$

이고, $|(\hat{p}_1 - \hat{p}_2) - (p_1 - p_2)|$에 대한 $(1 - \alpha)100\%$ 오차한계는 다음과 같다.

$$e = z_{\alpha/2}\, S.E.(\hat{p}_1 - \hat{p}_2) = z_{\alpha/2} \sqrt{\frac{\hat{p}_1 \hat{q}_1}{n} + \frac{\hat{p}_2 \hat{q}_2}{m}}$$

그러므로 $|(\hat{p}_1 - \hat{p}_2) - (p_1 - p_2)|$에 대한 90 %, 95 % 그리고 99 % 오차한계는 다음과 같다.

- $\left|(\hat{p}_1-\hat{p}_2)-(p_1-p_2)\right|$에 대한 90 % 오차한계: $e_{90\%}=1.645\sqrt{\frac{\hat{p}_1\hat{q}_1}{n}+\frac{\hat{p}_2\hat{q}_2}{m}}$
- $\left|(\hat{p}_1-\hat{p}_2)-(p_1-p_2)\right|$에 대한 95 % 오차한계: $e_{95\%}=1.96\sqrt{\frac{\hat{p}_1\hat{q}_1}{n}+\frac{\hat{p}_2\hat{q}_2}{m}}$
- $\left|(\hat{p}_1-\hat{p}_2)-(p_1-p_2)\right|$에 대한 99 % 오차한계: $e_{99\%}=2.58\sqrt{\frac{\hat{p}_1\hat{q}_1}{n}+\frac{\hat{p}_2\hat{q}_2}{m}}$

따라서 두 모비율의 차 p_1-p_2에 대한 다음 신뢰구간을 얻는다.

- p_1-p_2에 대한 90 % 신뢰구간: $\left((\hat{p}_1-\hat{p}_2)-e_{90\%}, (\hat{p}_1-\hat{p}_2)+e_{90\%}\right)$
- p_1-p_2에 대한 95 % 신뢰구간: $\left((\hat{p}_1-\hat{p}_2)-e_{95\%}, (\hat{p}_1-\hat{p}_2)+e_{95\%}\right)$
- p_1-p_2에 대한 99 % 신뢰구간: $\left((\hat{p}_1-\hat{p}_2)-e_{99\%}, (\hat{p}_1-\hat{p}_2)+e_{99\%}\right)$

일반적으로 모비율의 차 p_1-p_2에 대한 $(1-\alpha)100\%$ 신뢰구간은 다음과 같다.

$$\left((\hat{p}_1-\hat{p}_2)-z_{\alpha/2}\sqrt{\frac{\hat{p}_1\hat{q}_1}{n}+\frac{\hat{p}_2\hat{q}_2}{m}}, (\hat{p}_1-\hat{p}_2)+z_{\alpha/2}\sqrt{\frac{\hat{p}_1\hat{q}_1}{n}+\frac{\hat{p}_2\hat{q}_2}{m}}\right)$$

예제 8

대한가족계획협회에서 1998년 7월 미혼 직장인 1,089명(남 470명, 여 619명)을 대상으로 성인 전용 극장의 허용에 대해 설문 조사한 결과, 남성 254명과 여성 223명이 찬성하였다. 물음에 답하라.

(1) 남성과 여성의 성인 전용 극장의 허용에 대한 찬성률의 차 p_1-p_2를 추정하라.

(2) $\hat{p}_1-\hat{p}_2$의 표준오차를 구하라.

(3) $\left|(\hat{p}_1-\hat{p}_2)-(p_1-p_2)\right|$에 대한 95 % 오차한계를 구하라.

(4) p_1-p_2에 대한 95 % 신뢰구간을 구하라.

풀이

(1) $\hat{p}_1=\frac{254}{470}\approx 0.54$, $\hat{p}_2=\frac{223}{619}\approx 0.36$이므로 $\hat{p}_1-\hat{p}_2=0.54-0.36=0.18$이다.

(2) $\hat{q}_1=0.46$, $\hat{q}_2=0.64$이므로 표준오차는 다음과 같다.

$$S.E.(\hat{p}_1-\hat{p}_2)=\sqrt{\frac{0.54\times 0.46}{470}+\frac{0.36\times 0.64}{619}}\approx 0.03$$

(3) 95 % 오차한계는 $e_{95\%}=1.96\times 0.03=0.0588$이다.

(4) 95 % 신뢰구간은 $(0.18-0.0588, 0.18+0.0588)=(0.1212, 0.2388)$이다.

I Can Do 8

두 종류의 약품 A, B의 효능을 조사하기 위하여 동일한 조건을 가진 환자 400명 중 250명은 약품 A로 치료하고, 다른 150명은 약품 B로 치료한 결과, 각각 215명과 124명이 효과를 얻었다. 두 약품의 효율의 차이에 대한 90 % 신뢰구간을 구하라.

8.5 표본의 크기

지금까지는 주어진 표본의 크기를 이용하여 모수를 추정하는 방법을 살펴보았다. 이때 표본의 크기가 너무 작으면 왜곡된 모집단의 특성을 추정할 수 있으며, 또한 표본의 크기가 너무 크면 모집단의 특성은 잘 표현할 수 있으나 경제적 · 시간적 · 공간적인 여러 제약으로 어려움을 겪을 수 있다. 따라서 주어진 신뢰수준과 오차한계에 맞춰서 가장 효율적으로 표본을 추출하기 위해 표본의 크기를 결정하는 문제 역시 매우 중요하다. 이 절에서는 모평균과 모비율에 대한 추정을 위한 표본의 크기를 결정하는 방법을 다루도록 한다.

8.5.1 모평균의 추정을 위한 표본의 크기

모평균의 추정을 위한 표본의 크기를 구하기 위하여, 95 % 신뢰도에서 신뢰구간의 길이가 기껏해야 d인 구간을 결정한다고 하자. 그러면 표본의 크기 n에 기초하여 얻은 μ에 대한 95 % 신뢰구간의 길이는 [그림 8-9]와 같이 $L = 2 \times 1.96\frac{\sigma}{\sqrt{n}} = 3.92\frac{\sigma}{\sqrt{n}}$이다.

그리고 이 신뢰구간의 길이가 기껏해야 d이므로 다음 관계를 얻는다.

$$3.92\frac{\sigma}{\sqrt{n}} \le d$$

따라서 표본의 크기는 다음 관계를 만족해야 한다.

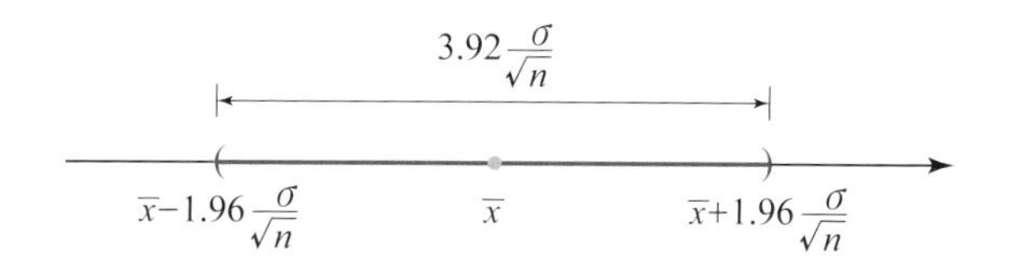

[그림 8-9] 95 % 신뢰구간의 길이

$$\sqrt{n} \geq 3.92\frac{\sigma}{d} \quad \text{또는} \quad n \geq \left(3.92\frac{\sigma}{d}\right)^2$$

일반적으로 정규모집단에서 크기 n인 표본을 추출할 때, 모평균 μ에 대한 $(1-\alpha)100\%$ 신뢰구간은 다음과 같다.

$$\bar{x} - z_{\alpha/2}\frac{\sigma}{\sqrt{n}} < \mu < \bar{x} + z_{\alpha/2}\frac{\sigma}{\sqrt{n}}$$

따라서 신뢰구간의 길이는 다음과 같다.

$$L = 2z_{\alpha/2}\frac{\sigma}{\sqrt{n}}$$

이때 이 신뢰구간의 길이가 d를 넘지 않도록 한다면, 즉

$$2z_{\alpha/2}\frac{\sigma}{\sqrt{n}} \leq d$$

라 하면 표본의 크기는 다음을 만족해야 한다.

$$n \geq \frac{4z_{\alpha/2}^2\sigma^2}{d^2}$$

즉, 신뢰구간의 길이가 d 이하인 모평균 μ의 $(1-\alpha)100\%$ 신뢰구간을 얻기 위한 표본의 크기는 다음과 같다.

$$n \geq \frac{4z_{\alpha/2}^2\sigma^2}{d^2}$$

예제 9

어느 대학의 학생과에서 학생들의 월 평균 생활비를 조사하고자 한다. 95 % 신뢰구간의 길이가 8만 원을 넘지 않게 하려면 최소한 몇 명의 학생을 조사해야 하는지 구하라(단, 전체 학생의 생활비는 모표준편차가 20만 원인 정규분포를 따른다고 한다).

(풀이)

$\sigma = 20$, $d = 8$이고 $z_{0.025} = 1.96$이므로 다음을 얻는다.

$$n \geq 4 \cdot \left(\frac{1.96 \times 20}{8}\right)^2 = 96.04$$

따라서 구하고자 하는 표본의 크기는 $n = 97$이다.

I Can Do 9

모표준편차가 2인 정규모집단의 모평균을 추정하고자 한다. 90 % 신뢰구간의 길이가 0.2를 넘지 않도록 하는 최소한의 표본의 크기를 구하라.

한편 두 모분산 σ_1^2과 σ_2^2을 알고 있는 서로 독립인 정규모집단 $N(\mu_1, \sigma^2)$과 $N(\mu_2, \sigma_2^2)$으로부터 각각 크기 n, m인 표본을 추출할 때, 모평균의 차 $\mu_1 - \mu_2$에 대한 $(1-\alpha)100\%$ 신뢰구간은 다음과 같다.

$$\left((\overline{x}-\overline{y}) - z_{\alpha/2}\sqrt{\frac{\sigma_1^2}{n}+\frac{\sigma_2^2}{m}},\ (\overline{x}-\overline{y}) + z_{\alpha/2}\sqrt{\frac{\sigma_1^2}{n}+\frac{\sigma_2^2}{m}}\right)$$

이때 두 표본의 크기가 같다면, 즉 $n = m$이면 신뢰구간의 길이는 다음과 같다.

$$L = 2z_{\alpha/2}\sqrt{\frac{\sigma_1^2+\sigma_2^2}{n}}$$

따라서 이 신뢰구간의 길이가 d를 넘지 않도록 한다면, 즉

$$2z_{\alpha/2}\sqrt{\frac{\sigma_1^2+\sigma_2^2}{n}} \le d$$

라 하면 표본의 크기는 다음을 만족해야 한다.

$$n \ge \frac{4z_{\alpha/2}^2(\sigma_1^2+\sigma_2^2)}{d^2}$$

따라서 두 표본의 크기가 같을 때, 신뢰구간의 길이가 d 이하인 모평균의 차 $\mu_1 - \mu_2$에 대한 $(1-\alpha)100\%$ 신뢰구간을 얻기 위한 표본의 크기는 다음과 같다.

$$n = m \ge \frac{4z_{\alpha/2}^2(\sigma_1^2+\sigma_2^2)}{d^2}$$

예제 10

두 회사에서 제조되는 1.5 L 페트병에 들어 있는 음료수 양의 평균 차를 조사하고자 한다. 두 회사에서 제조된 음료수 표본을 동일한 개수로 선정하여 95 % 신뢰구간의 길이가 0.005 L보다 작게 하기 위한 최소한의 표본의 크기를 구하라(단, 두 회사의 음료수 양은 표준편차가 각각 0.01 L와 0.02 L인 정규분포를 따르는 것으로 알려져 있다).

풀이

$\sigma_1 = 0.01$, $\sigma_2 = 0.02$이고 $z_{0.025} = 1.96$, $d = 0.005$이므로 다음을 얻는다.

$$n \ge \frac{4 \cdot 1.96^2 (0.01^2 + 0.02^2)}{0.005^2} = 307.328$$

따라서 구하고자 하는 표본의 크기는 $n = m = 308$이다.

I Can Do 10

모표준편차가 각각 5와 3인 두 정규모집단의 모평균의 차에 대한 95% 신뢰구간의 길이가 2보다 작게 하기 위한 최소한의 표본의 크기를 구하라(단, 두 표본의 크기는 동일하다).

8.5.2 모비율의 추정을 위한 표본의 크기

모비율 p를 추정하기 위한 $(1-\alpha)100\%$ 신뢰구간은 다음과 같다.

$$\hat{p} - z_{\alpha/2}\sqrt{\frac{\hat{p}\hat{q}}{n}} < p < \hat{p} + z_{\alpha/2}\sqrt{\frac{\hat{p}\hat{q}}{n}}$$

따라서 이 신뢰구간의 길이는 $L = 2z_{\alpha/2}\sqrt{\frac{\hat{p}\hat{q}}{n}}$이고, 이 신뢰구간의 길이를 d보다 작게 하기 위한 표본의 크기는 다음과 같다.

$$2z_{\alpha/2}\sqrt{\frac{\hat{p}\hat{q}}{n}} \le d \quad \text{또는} \quad n \ge 4z_{\alpha/2}^2 \frac{\hat{p}(1-\hat{p})}{d^2}$$

이때 $\hat{p}$는 표본을 조사한 후에 얻어지는 비율이므로 아직은 알 수 없다. 그러나 $\hat{p}$에 대한 이차식 $\hat{p}(1-\hat{p})$를 완전제곱식으로 변형하면 다음과 같다.

$$\hat{p}(1-\hat{p}) = -\left(\hat{p} - \frac{1}{2}\right)^2 + \frac{1}{4} \le \frac{1}{4}$$

따라서 표본의 크기 n을 구하기 위하여 $\hat{p}(1-\hat{p})$의 최댓값 $\frac{1}{4}$을 취하여 다음과 같이 표본의 크기를 선정한다.

$$n \ge \frac{z_{\alpha/2}^2}{d^2}$$

그러나 과거의 경험이나 사전조사에 의하여 모비율에 대한 사전 정보 p^*를 알고 있다면 표본의 크기를 다음과 같이 구할 수 있다.

$$n \ge 4z_{\alpha/2}^2 \frac{p^*(1-p^*)}{d^2}$$

즉, 신뢰구간의 길이가 d 이하인 모비율 p에 대한 $(1-\alpha)100\%$ 신뢰구간을 얻기 위한 표본의 크기는 다음과 같다.

- 사전 정보가 없는 경우: $n \ge \dfrac{z_{\alpha/2}^2}{d^2}$
- 사전 정보 p^*가 있는 경우: $n \ge 4z_{\alpha/2}^2 \dfrac{p^*(1-p^*)}{d^2}$

예제 11

대통령 후보의 지지도에 대한 오차 범위 ±2%에서 신뢰도 95%인 신뢰구간을 구하고자 한다면 최소한 몇 명의 유권자를 상대로 여론조사를 실시해야 하는지 구하라.

(풀이)

$|\hat{p}-p| \le 0.02$이므로 $d = 2 \times 0.02 = 0.04$이고, $z_{0.025} = 1.96$이므로 다음을 얻는다.

$$n \ge \frac{(1.96)^2}{(0.04)^2} = 2401$$

따라서 구하고자 하는 표본의 크기는 $n = 2,401$이다.

I Can Do 11

2002년도 대학문화신문이 발표한 자료에 따르면, 서울 지역 대학생의 78%가 '강의 도중 휴대폰을 사용한 경험이 있다.'라고 답하였다. 오차한계 2.5%에서 대학생의 휴대폰 사용 경험 비율에 대한 95% 신뢰구간을 구하기 위한 최소한의 표본의 크기를 구하라.

연습문제

1. 모분산이 다음과 같은 정규모집단의 모평균에 대한 95% 신뢰도를 갖는 구간을 추정하기 위하여 크기가 50인 표본을 선정한다. 이때 오차한계를 구하라.

(1) $\sigma^2 = 5$ (2) $\sigma^2 = 15$

(3) $\sigma^2 = 25$ (4) $\sigma^2 = 35$

2. 모분산 4인 정규모집단의 모평균에 대한 95% 신뢰도를 갖는 구간을 추정하기 위하여 다음과 같은 크기의 표본을 선정한다. 이때 오차한계를 구하라.

(1) $n = 50$ (2) $n = 100$

(3) $n = 200$ (4) $n = 500$

3. 모비율에 대한 95% 신뢰도를 갖는 구간을 추정하기 위하여 다음과 같은 크기의 표본을 선정하여 조사한 결과, 표본비율이 $\hat{p} = 0.75$였다. 이때 오차한계를 구하라.

(1) $n = 50$ (2) $n = 100$

(3) $n = 200$ (4) $n = 500$

4. 모분산이 4인 정규모집단에서 크기 3인 확률표본을 선정하여 모평균을 추정하기 위해 다음과 같이 점추정량을 설정하였다. 물음에 답하라.

$$\hat{\mu}_1 = \frac{1}{3}(X_1 + X_2 + X_3), \quad \hat{\mu}_2 = \frac{1}{4}(X_1 + X_2 + 2X_3), \quad \hat{\mu}_3 = \frac{1}{3}(3X_1 + X_2 + X_3)$$

(1) 각 추정량의 편의를 구하라.

(2) 불편추정량과 편의추정량을 구하라.

(3) 불편추정량의 분산을 구하고, 최소분산불편추정량을 구하라.

5. 모분산이 4인 정규모집단에서 크기 3인 확률표본을 선정하여 모평균을 추정하기 위해 다음과 같이 점추정량을 설정하였다. 물음에 답하라.

$$\hat{\mu}_1 = \frac{X_1}{2} + \frac{X_2}{3} + \frac{X_3}{6}, \quad \hat{\mu}_2 = \frac{X_1}{2} + \frac{X_2}{3} + \frac{X_3}{4}, \quad \hat{\mu}_3 = \frac{X_1}{3} + \frac{X_2}{4} + \frac{5X_3}{12}$$

(1) 각 추정량의 편의를 구하라.

(2) 불편추정량과 편의추정량을 구하라.

(3) 불편추정량의 분산을 구하고, 최소분산추정량을 구하라.

6. 모분산이 8인 정규모집단에서 크기 50인 표본을 조사한 결과 $\sum_{i=1}^{50} x_i = 426.8$이었다. 이 결과를

이용하여 모평균에 대한 95 % 신뢰구간을 구하라.

7. 어느 회사에서 생산하는 비누의 무게는 분산이 $\sigma^2 = 5.4\,\text{g}$인 정규분포를 따른다고 한다. 50개의 비누를 임의로 추출하였을 때 그 평균 무게의 값은 $\bar{x} = 95.1\,\text{g}$이었다. 이 회사에서 생산하는 비누의 평균 무게에 대한 95 % 신뢰구간을 구하라.

8. 다음은 어느 직장에 근무하는 직원 20명에 대한 혈중 콜레스테롤 수치를 조사한 자료이다. 이 직장에 근무하는 직원들의 콜레스테롤 수치는 분산이 400인 정규분포를 따른다고 할 때, 평균 콜레스테롤에 대한 95 % 신뢰구간을 구하라(단, 단위는 mg/dL이다).

193.27	193.88	253.26	237.15	188.83	200.56	274.31	230.36	212.08	222.19
198.48	202.50	215.35	218.95	233.16	222.23	218.53	204.64	206.72	199.37

9. 다음은 어느 상점에서 종업원이 제공하는 서비스 시간에 대한 자료이다. 과거 경험에 따르면, 서비스 시간이 표준편차 25초인 정규분포를 따른다고 한다. 이때 평균 서비스 시간에 대한 95 % 신뢰구간을 구하라(단, 단위는 초이다).

95	21	54	127	109	51	65	30	98	107
68	99	69	101	73	82	100	63	45	76
72	85	121	76	117	67	126	112	83	95

10. 다음은 TV 광고 시간을 측정한 자료이다. 이 자료를 이용하여 TV 평균 광고 시간에 대한 95 % 근사 신뢰구간을 구하라(단, 일반적으로 TV 광고 시간은 표준편차가 0.22분인 정규분포를 따르고, 단위는 분이다).

1.5	2.9	2.8	1.6	2.2	2.5	1.9	2.0	3.1	2.7
1.3	1.9	2.6	1.9	2.7	1.8	1.7	2.2	2.3	2.3
3.5	1.8	1.5	2.1	2.0	1.5	2.0	2.4	1.9	2.3

11. 모분산이 각각 $\sigma_1^2 = 9$, $\sigma_2^2 = 4$이고, 서로 독립인 두 정규모집단으로부터 각각 크기 25와 36인 표본을 추출하여 표본평균 $\bar{x} = 35$, $\bar{y} = 32.5$를 얻었다. 물음에 답하라.

(1) 두 모평균 차를 점추정하라.

(2) $\overline{X}-\overline{Y}$의 표준오차를 구하라.

(3) $|(\overline{X}-\overline{Y})-(\mu_1-\mu_2)|$에 대한 95 % 오차한계를 구하라.

(4) 두 모평균 차에 대한 95 % 신뢰구간을 구하라.

12. 남성과 여성의 평균 주급에 차이가 있는지 조사하기 위해 미국 노동통계청에서 조사한 결과, 전일제 임금근로자인 남성 256명의 평균 주급은 854달러, 여성 162명의 평균 주급은 691달러였다. 이때 남성의 표준편차는 121달러이고 여성의 표준편차는 86달러인 정규분포를 따른다고 한다. 물음에 답하라.

(1) 남성과 여성의 평균 주급의 차를 점추정하라.

(2) $\overline{X}-\overline{Y}$의 표준오차를 구하라.

(3) $|(\overline{X}-\overline{Y})-(\mu_1-\mu_2)|$에 대한 95 % 오차한계를 구하라.

(4) 두 모평균 차에 대한 95 % 신뢰구간을 구하라.

13. 금융감독원이 2010년도에 전국 28개 대학의 2,490명의 학생을 대상으로 대학생 금융 이해력 평가를 실시하여 총점 100점에 대해 다음 결과를 얻었다. 물음에 답하라.

(1) 2,490명의 평균 점수는 60.8점이다. 전체 대학생의 점수는 표준편차가 10.5점인 정규분포를 따른다고 할 때, 우리나라 대학생의 금융 이해력의 평균 점수에 대한 95 % 신뢰구간을 구하라.

(2) 이 자료에 따르면 상경계열 학생은 평균 65.7점이고 공학계열 학생의 평균은 49.5점이었다. 상경계열 학생 356명과 공학계열 학생 324명을 조사하였고 각각 분산이 21과 85인 정규분포를 따른다고 할 때, 상경계열과 공학계열 학생의 평균 점수의 차에 대한 95 % 신뢰구간을 구하라.

14. 충무시의 어느 중학교에서는 반바지 교복 착용에 대해 전교생 720명을 대상으로 설문 조사한 결과, 97 %의 찬성률로 반바지 교복을 착용하고 있다. 이러한 사실에 근거하여 전국의 중학생을 대상으로 반바지 교복 착용에 대한 설문 조사를 실시한다고 할 때, 물음에 답하라.

(1) 전체 중학생의 찬성률을 점추정하라.

(2) 표본비율 $\hat{p}$의 표준오차를 구하라.

(3) $|\hat{p}-p|$에 대한 95 % 오차한계를 구하라.

(4) 찬성률에 대한 95 % 신뢰구간을 구하라.

15. 2014년에 한국소비자보호원은 서울 지역 자가 운전자 1,000명을 대상으로 설문 조사를 실시한 결과, 가짜 석유 또는 정량 미달 주유를 의심한 경험이 있는 소비자가 79.3 %에 이르는 것으로 나타났다고 밝혔다. 이와 같은 경험을 가진 서울 지역 자가 운전자의 비율에 대한 90 % 신뢰구

간을 구하라.

16. 2014년에 교육부와 통일부가 전국 200개 초 · 중 · 고 학생 116,000명을 대상으로 우리나라 통일에 대해 조사한 결과, '통일이 필요하다.'라는 응답이 53.5 %로 나타났다. 통일이 필요하다고 생각하는 초 · 중 · 고 학생의 비율에 대한 95 % 신뢰구간을 구하라.

17. 통계청은 2014년 2분기 적자 가구의 비율을 표본조사하여 다음 결과를 얻었다. 물음에 답하라.

- 전체적으로 적자 가구의 비율은 23.0 %이다.
- 서민층과 중산층의 적자 가구의 비율은 각각 26.8 %와 19.8 %이다.

(1) 우리나라의 적자 가구 비율에 대한 95 % 신뢰구간을 구하라(단, 표본의 크기는 14,950가구라 가정한다).

(2) 서민층과 중산층의 적자 가구 비율의 차에 대한 95 % 신뢰구간을 구하라(단, 표본의 크기는 동일하게 48,000가구라 가정한다).

18. 한국영양학회지에 발표된 "고등학생의 식습관과 건강 인지에 관한 연구"에 따르면, 서울 지역 고등학교 남학생 260명과 여학생 250명을 표본조사하여 다음 결과가 나왔다. 물음에 답하라.

- 주 1회 이상 아침 식사를 결식하는 비율이 남학생 41.1 %, 여학생 44.1 %이다.
- 자신이 건강하다고 생각하는 비율은 남학생 68.9 %, 여학생 55.6 %이다.
- 평균 키는 남학생이 174.1 cm, 여학생이 161.6 cm이다.
- 평균 몸무게는 남학생이 65.9 kg, 여학생이 52.5 kg이다.

(1) 서울 지역 고등학교 남학생의 평균 키와 여학생의 평균 키의 차에 대한 95 % 신뢰구간을 구하라(단, 남학생과 여학생의 키에 대한 표준편차는 각각 5 cm와 3 cm이고 정규분포를 따른다고 가정한다).

(2) 서울 지역 고등학교 남학생의 평균 몸무게와 여학생의 평균 몸무게의 차에 대한 99 % 신뢰구간을 구하라(단, 남학생과 여학생의 키에 대한 표준편차는 각각 4.5 kg과 2.5 kg이고 정규분포를 따른다고 가정한다).

(3) 주 1회 이상 아침 식사를 결식하는 서울 지역 고등학교 여학생의 비율과 남학생의 비율의 차에 대한 90 % 신뢰구간을 구하라.

(4) 건강하다고 생각하는 서울 지역 고등학교 남학생의 비율과 여학생의 비율의 차에 대한 95 % 신뢰구간을 구하라.

19. 2000년 4월 (사)한국 청소년 순결 운동본부가 전국의 고등학생(남학생 256명, 여학생 348명)을 대상으로 청소년의 음주 정도에 대하여 표본조사한 결과, 남학생 83.9 %, 여학생 59.2 %가 음주 경험이 있는 것으로 조사되었다. 남학생과 여학생의 음주율 차에 대한 95 % 신뢰구간을 구

하라.

20. 한강의 물속에 포함된 염분의 평균 농도를 구하고자 한다. 95 % 신뢰구간의 길이가 0.4를 넘지 않도록 하기 위한 최소한의 표본의 크기를 구하라(단, 염분의 농도에 대한 표준편차는 3인 것으로 알려져 있다고 한다).

21. 모 일간지의 선호도에 대한 95 % 신뢰구간의 길이를 8 % 이내로 구하기 위하여 표본조사를 실시하고자 한다. 다음과 같은 상황에서 조건을 만족시키는 최소한의 표본의 크기를 구하라.

(1) 5년 전에 조사한 바에 따르면, 이 일간지에 대한 선호도는 29.7 %이다.

(2) 표본조사를 처음으로 실시하여 아무런 정보가 없다.

대표본 가설검정

Large Sample Test of Hypotheses

학습목표

- 통계적 가설검정의 의미를 이해할 수 있다.
- 모평균과 모비율에 대한 가설을 검정할 수 있다.
- 두 모평균의 차와 모비율의 차에 대한 가설을 검정할 수 있다.

9.1 통계적 가설검정

미리 정해진 신뢰도에 따른 모평균과 모비율의 정확한 값이 포함되는 구간을 추정하는 방법을 8장에서 살펴보았다. 가장 보편적인 통계적 추론의 또 다른 유형은 주어진 유의수준에서 모수에 대한 주장을 검정하는 것이다. 예를 들어, 25년 이상 근무한 3급 공무원의 월 평균 연금 수령액이 250만 원이라는 주장이나 중 · 고등학생의 흡연율이 작년에 비하여 4.5 % 증가했다는 주장 등이 과연 타당성이 있는지 검정하는 것이다. 여기서는 이미 주어진 유의수준에서 모수에 대한 주장이 타당성을 갖는지 검정하는 방법을 살펴본다.

9.1.1 통계적 가설검정의 의미

우리나라 법정에서는 기소된 어떤 사람이 유죄임을 밝히기까지 무죄 추정의 원칙을 따른다. 이때 판사는 기소된 사람이 무죄라고 가정하고, 이 사람이 유죄인지 아니면 무죄인지를 판가름하는 충분한 증거를 조사하여 죄의 유무를 결정한다. 이와 같이 모수에 대한 어떤 주장이 옳은지 아니면 거짓인지 명확히 입증하기 전까지는 그 주장이 타당한 것으로 인정한다. 그리고 이 주장의 타당성을 증명하기 위해 자료를 수집하고, 수집한 자료를 기초로 검정한 이후에 타당성이 있는지 결정하게 된다. 이때 모수에 대한 주장을 **가설**이라 한다.

가설(hypothesis)은 타당성의 유무를 명확히 밝혀야 할 모수에 대한 주장을 의미한다.

앞에서도 언급했듯이 대부분의 모집단은 모든 대상을 조사하기에는 불가능할 정도로 매우 크다. 따라서 모집단으로부터 표본을 추출하여 모수에 대한 주장의 진위를 결정해야 한다. **가설검정**은 표본 통계량을 이용하여 모평균, 모비율, 모분산 등과 같은 모수에 대한 주장의 진위를 검정하는 과정을 말한다.

가설검정(hypothesis testing)은 표본 통계량을 이용하여 모수에 대한 주장의 진위를 검정하는 과정을 의미한다.

예를 들어, 어느 패스트푸드 가게에서 종업원의 평균 서비스 시간이 1분 20초라고 주장한다고 하자. 그러면 이러한 주장이 참인지 아니면 거짓인지 판정하기 위해, 이러한 주장과 상반되는 또 다른 주장을 생각한다. 이와 같이 통계적으로 검증받아야 할 가설, 즉 평균 서비스 시간이 1분 20초라는 주장을 **귀무가설**이라 하고, 귀무가설에 반대되는 가설, 즉 귀무가설을 부정하는 가설을 **대립가설**이라 한다.

귀무가설(null hypothesis)은 거짓이 명확히 규명될 때까지 참인 것으로 인정되는 모수에 대한 주장, 다시 말해서 그 타당성을 입증해야 할 가설을 의미하고 H_0으로 나타낸다.

대립가설(alternative hypothesis)은 귀무가설이 거짓이라면 참이 되는 가설, 즉 귀무가설을 부정하는 새로운 가설을 의미하고 H_1로 나타낸다.

이때 귀무가설을 H_0으로 나타내는 것은 가설(hypothesis)의 첫 자 H와 '차이가 없다' 또는 '효과가 없다'를 나타내는 0을 의미한다. 예를 들어, '패스트푸드 가게에서 종업원의 평균 서비스 시간이 1분 20초이다.'라는 주장은 그 타당성을 입증해야 할 귀무가설이고, 이것을 $H_0 : \mu = 80$(초)로 나타낸다. 이에 반하여 대립가설은 귀무가설이 참이 아니라는 주장, 즉 $H_1 : \mu \neq 80$을 나타낸다.

귀무가설은 반드시 기호 $\leq, =, \geq$ 등을 사용하고 대립가설은 이에 반대되는 $>, \neq, <$를 사용한다. 예를 들어, 모수 θ에 대한 주장 θ_0에 대한 귀무가설과 대립가설을 다음과 같이 정한다.

$$\begin{cases} H_0 : \theta \leq \theta_0 \\ H_1 : \theta > \theta_0 \end{cases} \quad \begin{cases} H_0 : \theta = \theta_0 \\ H_1 : \theta \neq \theta_0 \end{cases} \quad \begin{cases} H_0 : \theta \geq \theta_0 \\ H_1 : \theta < \theta_0 \end{cases}$$

한편 모수에 대한 신뢰구간을 구하기 위하여 표본으로부터 모수와 관련되는 추정량을 사용한 것과 같이 귀무가설 H_0의 진위 여부를 검정하기 위하여 사용하는 표본 통계량을 **검정통계량**이라 한다.

검정통계량(test statistic)은 귀무가설 H_0의 진위 여부를 판정하기 위해 표본으로부터 얻은 통계량을 의미한다.

예를 들어, $H_0 : \mu = 80$을 검정하기 위해 검정통계량으로 표본평균 $\overline{X}$를 사용한다. 그리고 이 검정통계량을 이용하여 H_0이 참이라는 결론을 내리면 귀무가설 H_0을 **채택**(accept)한다고 한다. 반면에 H_0이 거짓인 결론을 얻는다면, 즉 대립가설 H_1이 타당하면 귀무가설 H_0을 **기각**(reject)한다고 한다. 그러면 검정통계량의 관찰값은 귀무가설을 채택하는 영역과 귀무가설을 기각시키는 두 영역으로 분할된다. 이와 같은 두 영역을 각각 **채택역**과 **기각역**이라 하고, 그 경계를 **임계값**(critical value)이라 한다.

채택역(acceptance region)은 귀무가설 H_0을 채택하는 검정통계량의 영역(범위)이다.
기각역(critical region)은 귀무가설 H_0을 기각하는 검정통계량의 영역(범위)이다.

앞에서 언급한 바와 같이, 가설검정을 할 때엔 귀무가설이 참이라는 가정 아래서 검정을 실시한다. 따라서 귀무가설을 기각한다는 결론을 얻거나 아니면 귀무가설을 기각하지 못한다는 두 가지 결론 중에서 어느 하나를 선택하게 된다. 그러나 이러한 결론은 모집단을 이용한 것이 아니라 불완전한 표본을 이용한 것이므로 항상 잘못된 결론을 얻을 가능성이 있다. 실제로 귀무가설 H_0이 참이고 표본을 검정한 결과에 따라 귀무가설을 채택하거나 실제로 귀무가설 H_0이 거짓이고 표본을 검정한 결과 귀무가설을 기각한다면 올바른 결정을 하게 된다.

한편 실제로 귀무가설 H_0이 참이지만 표본을 검정한 결과에 따라 귀무가설을 기각하거나 실제로 귀무가설 H_0이 거짓이지만 표본을 검정한 결과 귀무가설을 채택한다면 잘못된 결정을 함으로써 오류를 범하게 된다. 즉, 실제 상황과 표본에 의한 검정 결과에 따라 [표 9-1]과 같이 네 가지 결과를 얻을 수 있다.

이때 참인 귀무가설을 기각시킴으로써 발생하는 오류와 거짓인 귀무가설을 채택함으로써 발생하는 오류를 각각 **제1종 오류**와 **제2종 오류**라 한다. 예를 들어, $H_0 : \mu = 80$이 참이지만 검정 결과 H_0을 기각한다면 제1종 오류를 범하게 되고, 반대로 $H_0 : \mu = 80$이 거짓이지만 검정 결과 H_0을 기각하지 않는다면 제2종 오류를 범하게 된다.

제1종 오류(type I error)는 귀무가설 H_0이 참이지만 검정 결과 귀무가설을 기각시킴으로써 발생하는 오류를 의미하며 α로 나타낸다.
제2종 오류(type II error)는 귀무가설 H_0이 거짓이지만 검정 결과 귀무가설을 채택함으로써 발생하는 오류를 의미하며 β로 나타낸다.

[표 9-1] **가설검정에 대한 네 가지 결과**

실제 상황 / 검정 결과	H_0이 참	H_0이 거짓
H_0을 채택	올바른 결정	제2종 오류
H_0을 기각	제1종 오류	올바른 결정

이때 제1종 오류를 범할 확률 α를 **유의수준**(significance level)이라 하며, 보편적으로 유의수준 α는 0.01, 0.05, 0.1을 많이 사용한다. 구간추정에서 신뢰도가 95 %라는 사실은 동일한 모집단으로부터 표본 20개를 임의로 추출하였을 때, 이 표본으로부터 얻은 신뢰구간들 중에서 95 %에 해당하는 19개의 구간이 모평균의 참값을 포함하고 최대 5 %에 해당하는 1개의 구간은 모수의 참값을 포함하지 않을 수 있음을 의미하였다. 이와 비슷하게 유의수준이 $\alpha = 0.05$라는 것은 원칙적으로 기각할 것을 예상하여 설정한 가설을 기각한다고 하더라도 그것에 의한 오차는 최대 5 % 이하임을 나타낸다. 다시 말해서, 유의수준 $\alpha = 0.05$는 귀무가설 H_0이 참이지만 H_0을 기각함으로써 발생하는 오류를 범할 위험이 20회의 검정에서 5 %에 해당하는 최대 1회까지만 허용하는 것을 의미하며, 따라서 유의수준 5 %인 가설검정은 구간추정에서 사용하는 95 % 신뢰도와 반대되는 개념으로 생각할 수 있다.

예제 1

다음 주장에 대한 귀무가설과 대립가설을 수학적 기호로 표현하라.

(1) 어느 대학교는 홍보물에서 본교 졸업생의 취업률이 72.1 %라고 주장한다.

(2) 주유소 협회는 전국 평균 유가가 1,108원 이하라고 주장한다.

풀이

(1) 이 대학교의 취업률을 p라 하면 $p = 0.721$이다. 이것은 대학교에서 주장하는 것으로 귀무가설이고, 이에 반대되는 주장인 대립가설은 $p \neq 0.721$이다. 그러므로 수학적 기호로 나타내면 다음과 같다.

$$H_0 : p = 0.721, \quad H_1 : p \neq 0.721$$

(2) 전국 평균 유가를 μ라 하면, 주유소 협회의 주장은 $\mu \leq 1108$이고 이것은 귀무가설이다. 그리고 이에 반대되는 주장은 $\mu > 1108$이다. 그러므로 수학적 기호로 나타내면 다음과 같다.

$$H_0 : \mu \leq 1108, \quad H_1 : \mu > 1108$$

I Can Do 1

다음 주장에 대한 귀무가설과 대립가설을 수학적 기호로 표현하라.

(1) 보건복지부에서 청소년의 흡연율이 17.8 %라고 주장한다.

(2) 자동차 배터리 회사는 우리 회사에서 제조된 배터리의 평균 수명은 4.5년이라고 광고한다.

9.1.2 검정 방법

이제 귀무가설 H_0을 통계적으로 검정하는 방법에 대해 살펴본다. 이를 위하여 다음과 같은 순서에 따라 귀무가설에 대한 진위 여부를 검정한다.

❶ 귀무가설 H_0과 대립가설 H_1을 설정한다.
❷ 유의수준 α를 정한다.
❸ 적당한 검정통계량을 선택한다.
❹ 유의수준 α에 대한 임계값과 기각역을 구한다.
❺ 표본으로부터 검정통계량의 관찰값을 구하고, H_0의 채택과 기각 여부를 결정한다.

이때 미리 주어진 유의수준 α에 대한 기각역과 채택역에 대해 검정통계량의 관찰값이 기각역 안에 들어 있으면 귀무가설 H_0을 기각시키고, 채택역 안에 들어 있으면 H_0을 기각시키지 못한다. 그러면 가설을 검정하는 방법은 귀무가설의 유형에 따라 [표 9-2]와 같이 세 가지로 분류된다.

[표 9-2] 가설에 따른 검정 유형

검정 유형	귀무가설	대립가설
양측검정	$H_0 : \theta = \theta_0$	$H_1 : \theta \neq \theta_0$
하단측검정	$H_0 : \theta \geq \theta_0$	$H_1 : \theta < \theta_0$
상단측검정	$H_0 : \theta \leq \theta_0$	$H_1 : \theta > \theta_0$

양측검정(two sided hypothesis)은 귀무가설 $H_0 : \theta = \theta_0$에 대하여 대립가설 $H_1 : \theta \neq \theta_0$으로 구성되는 검정 방법이다. 예를 들어 귀무가설이 $H_0 : \mu = \mu_0$이고 유의수준을 α라 하면, [그림

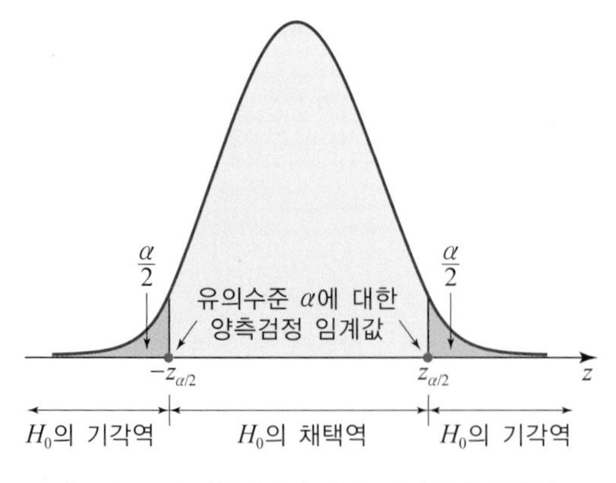

[그림 9-1] 양측검정에 대한 기각역과 채택역

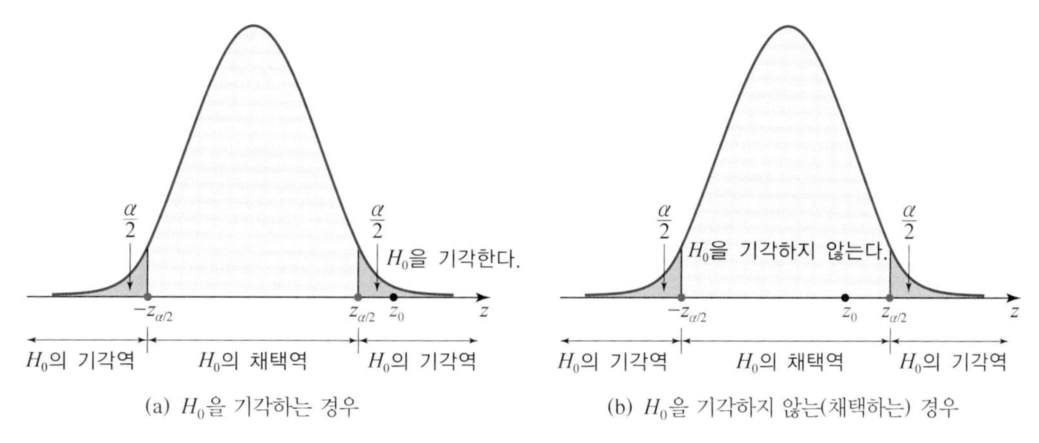

[그림 9-2] 양측검정 결과 H_0의 기각과 채택

9-1]과 같이 양쪽 꼬리확률이 각각 $\frac{\alpha}{2}$가 되는 두 임계값 $\pm z_{\alpha/2}$에 의해 세 영역으로 분리된다. 그러면 양쪽 꼬리 부분은 귀무가설 H_0을 기각시키는 기각역이고 중심 부분은 H_0을 기각시키지 못하는 채택역이다. 즉, 채택역은 신뢰도 $(1-\alpha)100\%$인 신뢰구간과 일치한다.

그러면 표본으로부터 얻은 검정통계량의 관찰값 z_0이 기각역과 채택역 중에서 어느 영역에 놓이느냐에 따라 귀무가설 H_0을 기각시키거나 채택한다. 만일 [그림 9-2(a)]와 같이 검정통계량의 관찰값 z_0이 기각역 안에 놓이면 귀무가설 H_0을 기각시키고, [그림 9-2(b)]와 같이 관찰값 z_0이 채택역 안에 놓이면 귀무가설 H_0을 기각시키지 못한다.

하단측검정(one sided lower hypothesis)은 귀무가설 $H_0: \theta \geq \theta_0$에 대하여 대립가설 $H_1: \theta < \theta_0$으로 구성되는 가설검정이다. 이때 유의수준을 α라 하면, 아래쪽 꼬리확률이 α가 되는 임계값 $-z_\alpha$에 의해 두 영역으로 분리된다. 이때 [그림 9-3]과 같이 왼쪽 꼬리 부분은 귀무가설 H_0을 기각시키는 기각역이고 오른쪽 부분은 H_0을 기각시키지 못하는 채택역이다.

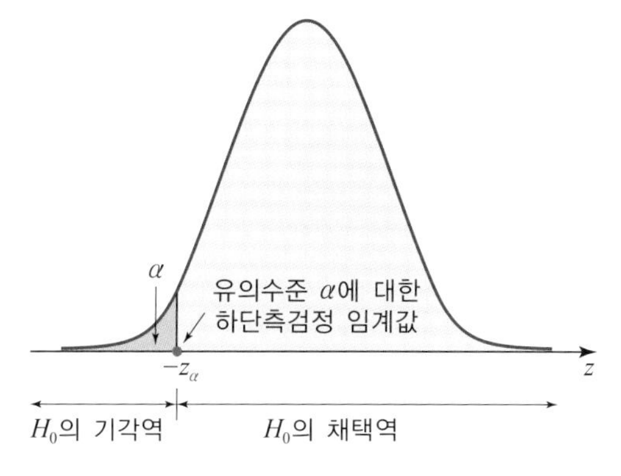

[그림 9-3] 하단측검정에 대한 기각역과 채택역

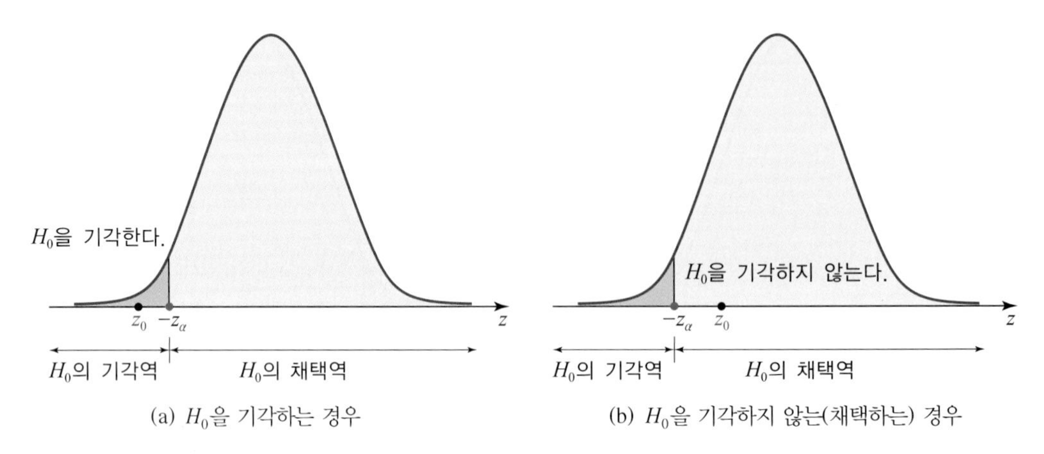

[그림 9-4] **하단측검정 결과 H_0의 기각과 채택**

이 경우에는 표본으로부터 얻은 검정통계량의 관찰값 z_0이 [그림 9-4(a)]와 같이 기각역 안에 놓이면 귀무가설 H_0을 기각시키고, [그림 9-4(b)]와 같이 관찰값 z_0이 채택역 안에 놓이면 귀무가설 H_0을 기각시키지 못한다.

상단측검정(one sided upper hypothesis)은 귀무가설 $H_0: \theta \le \theta_0$에 대하여 대립가설 $H_1: \theta > \theta_0$으로 구성되는 가설검정이다. 이때 유의수준을 α라 하면, 오른쪽 꼬리확률이 α가 되는 임계값 z_α에 의해 두 영역으로 분리된다. 이때 [그림 9-5]와 같이 오른쪽 꼬리 부분은 귀무가설 H_0을 기각시키는 기각역이고 왼쪽 부분은 H_0을 기각시키지 못하는 채택역이다.

이 경우에도 하단측검정과 동일하게 표본으로부터 얻은 검정통계량의 관찰값 z_0이 [그림 9-6(a)]와 같이 기각역 안에 놓이면 귀무가설 H_0을 기각시키고, [그림 9-6(b)]와 같이 관찰값 z_0이 채택역 안에 놓이면 귀무가설 H_0을 기각시키지 못한다.

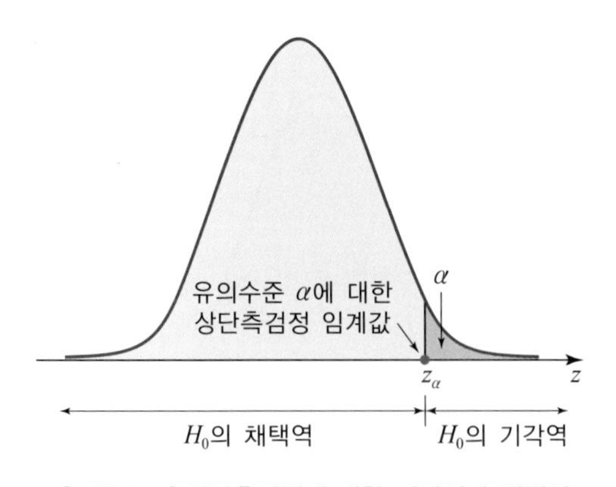

[그림 9-5] **상단측검정에 대한 기각역과 채택역**

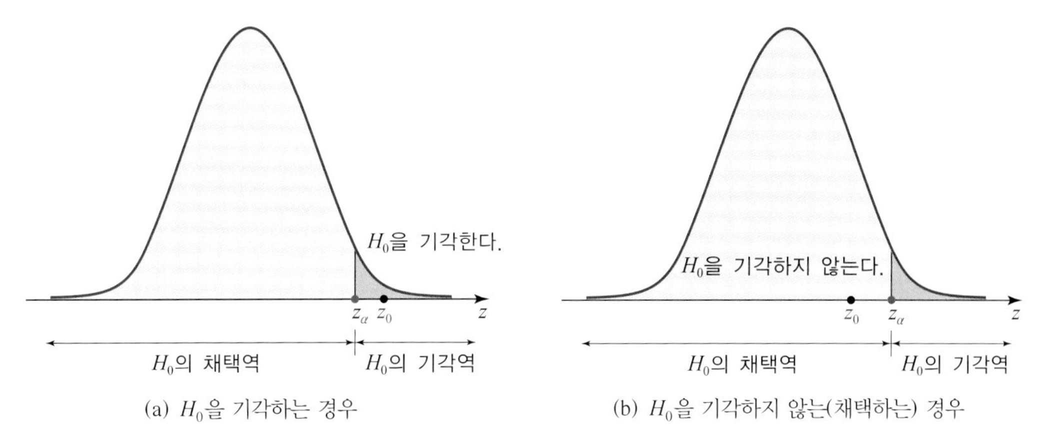

[그림 9-6] **상단측검정 결과 H_0의 기각과 채택**

9.1.3 p−값

지금까지는 이미 주어진 유의수준 α에 대하여 표본으로부터 얻은 검정통계량의 관찰값이 기각역에 놓이는지 아니면 채택역에 놓이는지 살펴봄으로써 귀무가설을 기각하거나 채택하는 방법을 살펴보았다. 이러한 방법은 유의수준이 달라지면 상이한 결론을 얻게 된다. 예를 들어, 귀무가설 H_0에 대한 상단측검정에서 검정통계량의 관찰값이 $z_0 = 2.1$이라 하자. 이때 유의수준이 $\alpha = 0.05$이면 임계값은 $z_{0.05} = 1.645$이고 관찰값 z_0이 기각역 안에 들어가므로 유의수준 5 %에서 귀무가설을 기각한다. 그러나 유의수준이 $\alpha = 0.01$이면 임계값이 $z_{0.01} = 2.33$이고 따라서 관찰값 z_0이 채택역 안에 들어가므로 유의수준 1 %에서 귀무가설을 기각할 수 없다. 다시 말해서, 검정통계량의 관찰값이 동일하더라도 유의수준에 따라 귀무가설을 채택하거나 기각시키게 된다. 이러한 모호함을 피하기 위하여 p−값이라 하는 변동 가능한 유의수준을 사용한다.

p−값(p−value)은 귀무가설 H_0이 참이라고 가정할 때, 관찰값에 의해 H_0을 기각시킬 수 있는 가장 작은 유의수준이다.

예를 들어, 상단측검정에서 검정통계량의 관찰값이 $z_0 = 2.1$이라 하면, H_0을 기각시킬 수 있는 가장 작은 임계값은 2.1이고 따라서 이에 대한 유의수준은 $P(Z \ge 2.1) = 0.0179$이다. 그러면 유의수준 5 %와 1 % 그리고 p−값 사이에 [그림 9-7]과 같이 $0.01 < p\text{−값} < 0.05$임을 알 수 있다.

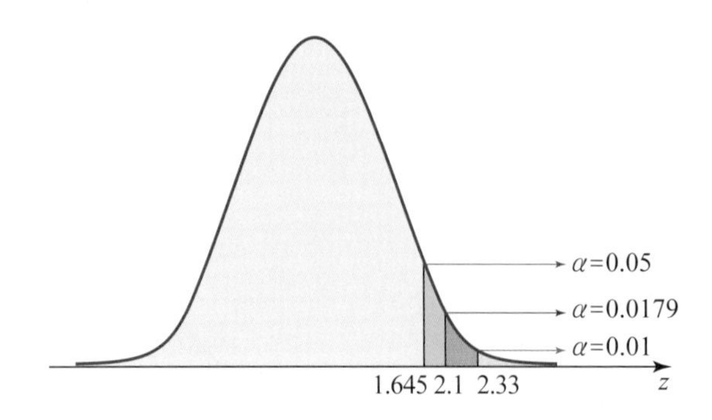

[그림 9-7] p-값과 유의수준의 비교

여기서 유의수준이 $\alpha = 0.05$이면 관찰값 $z_0 = 2.1$이 기각역 안에 놓이고, 이때 p-값은 유의수준보다 작다. 그러나 유의수준이 $\alpha = 0.01$이면 관찰값 z_0이 채택역 안에 놓이고, 이때 p-값은 유의수준보다 크다. 따라서 p-값이 주어진 유의수준보다 작으면 귀무가설 H_0을 기각시키고, 유의수준보다 크면 H_0을 기각시킬 수 없음을 알 수 있다. 사실 p-값은 귀무가설이 참이라는 전제 아래 관찰된 표본으로부터 얻은 결과이기보다는 귀무가설에 대한 모순을 극복할 표본을 얻을 확률, 다시 말해서 표본으로부터 얻은 검정통계량의 값을 초과할 확률을 나타내므로 이 값이 작을수록 H_0에 대한 타당성은 떨어진다. 따라서 p-값이 작을수록 표본에 의해 얻은 검정통계량의 관찰값이 귀무가설에서 주장하는 모수 θ_0으로부터 멀리 떨어지고, 반대로 p-값이 클수록 검정통계량의 관찰값이 θ_0에 가깝다. 그러면 p-값과 유의수준 α에 따른 귀무가설 H_0의 기각 및 채택은 [표 9-3]과 같다.

p-값을 이용하여 다음과 같은 순서로 귀무가설에 대한 타당성을 검정할 수 있다.

❶ 귀무가설 H_0과 대립가설 H_1을 설정한다.

❷ 유의수준 α를 정한다.

❸ 적당한 검정통계량을 선택한다.

[표 9-3] p-값과 유의수준에 따른 H_0의 채택과 기각

p-값	유의수준(α)		
	10 %	5 %	1 %
$p \geq 0.1$	H_0을 채택	H_0을 채택	H_0을 채택
$0.05 \leq p < 0.1$	H_0을 기각	H_0을 채택	H_0을 채택
$0.01 \leq p < 0.05$	H_0을 기각	H_0을 기각	H_0을 채택
$p < 0.01$	H_0을 기각	H_0을 기각	H_0을 기각

❹ p-값을 구한다.

❺ $p < \alpha$이면 귀무가설을 기각하고, $p \ge \alpha$이면 귀무가설을 채택한다.

9.2 모평균의 검정

이제 대표본을 이용하여 모분산 σ^2이 알려져 있는 정규모집단의 모평균에 대한 주장을 검정하는 방법에 대해 살펴본다. 일단 9.1절에서 언급한 모수 θ를 μ로 바꾸고 θ_0을 μ_0으로 바꾸면 된다. 이때 모평균에 대한 주장을 검정하기 위하여 사용하는 통계량, 즉 다음 세 가지 유형의 귀무가설을 검정하기 위한 검정통계량은 추정할 때와 동일하게 표본평균 $\overline{X}$이다.

$$H_0 : \mu = \mu_0, \ H_0 : \mu \ge \mu_0, \ H_0 : \mu \le \mu_0$$

9.2.1 모평균에 대한 양측검정

귀무가설이 $H_0 : \mu = \mu_0$이라는 주장에 대한 타당성을 명확히 보이기 전에는 모평균이 μ_0이라는 주장이 정당한 것으로 가정한다. 따라서 이 귀무가설의 타당성을 입증하기 위하여 크기 n인 표본을 임의로 추출하면 검정통계량인 $\overline{X}$는 다음 정규분포를 따른다.

$$\overline{X} \sim N\left(\mu_0, \frac{\sigma^2}{n}\right) \quad \text{또는} \quad Z = \frac{\overline{X} - \mu_0}{\sigma/\sqrt{n}} \sim N(0, 1)$$

우선 귀무가설에 대한 타당성을 조사하기 위하여 대립가설 $H_1 : \mu \ne \mu_0$을 설정한다. 그리고 미리 설정된 유의수준 α에 대한 검정통계량 Z의 관찰값 z_0을 구한다. 그러면 유의수준은 귀무가설 $H_0 : \mu = \mu_0$이 참이라는 가정 아래서 H_0을 기각할 확률이므로 유의수준 α에 대한 기각역은 다음과 같다.

$$Z = \frac{\overline{X} - \mu_0}{\sigma/\sqrt{n}} < -z_{\alpha/2}, \ Z = \frac{\overline{X} - \mu_0}{\sigma/\sqrt{n}} < z_{\alpha/2}$$

즉, 양측검정에 대한 기각역은 [그림 9-8]과 같으며, 표본으로부터 얻은 다음 검정통계량의 관찰값이 기각역 안에 놓이면 H_0을 기각하고, 채택역 안에 놓이면 H_0을 기각시킬 수 없다.

$$z_0 = \frac{\overline{x} - \mu_0}{\sigma/\sqrt{n}}$$

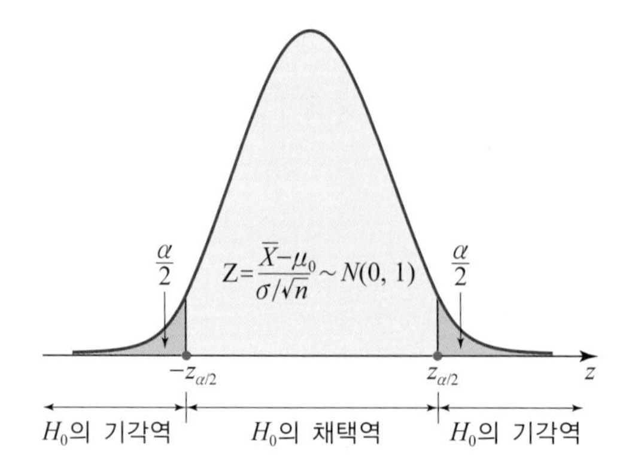

[그림 9-8] $H_0 : \mu = \mu_0$에 대한 양측검정

따라서 모분산을 알고 대표본인 정규모집단의 경우, 모평균에 대한 양측검정은 다음과 같이 요약된다.

귀무가설 $H_0 : \mu = \mu_0$에 대하여 양측검정에 대한 검정통계량은

$$Z = \frac{\overline{X} - \mu_0}{\sigma / \sqrt{n}}$$

이고, 기각역 R는 다음과 같다.

$$R : Z < -z_{\alpha/2} \quad \text{또는} \quad R : Z > z_{\alpha/2}$$

한편 검정통계량의 관찰값 z_0에 대하여 양측검정에 대한 $p-$값은 다음과 같이 정의된다.

$$p\text{−값} = P(Z < -z_0) + P(Z > z_0)$$

이 경우 $p-$값은 [그림 9-9]와 같으며, $p-$값 $\geq \alpha$이면 H_0을 채택하고 $p-$값 $< \alpha$이면 H_0을 기각한다.

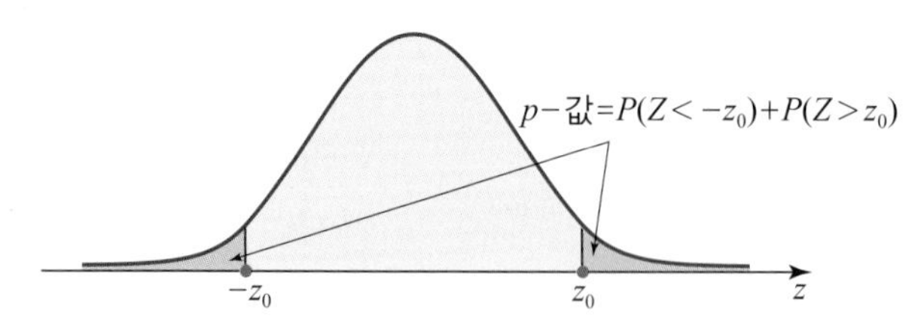

[그림 9-9] $H_0 : \mu = \mu_0$에 대한 양측검정의 $p-$값

예제 2

어느 지자체에서 고3 남학생의 평균 키가 10년 전보다 3.1 cm 더 큰 172.3 cm라고 주장하였다. 이러

한 주장의 진위를 조사하기 위하여 이 지역에 거주하는 고3 남학생 120명을 임의로 선정하여 측정한 결과 평균 키가 171.8 cm였다. 이때 남학생의 키는 표준편차가 3.26 cm인 정규분포를 따른다고 할 때, 물음에 답하라.

(1) 귀무가설과 대립가설을 설정하라.

(2) 유의수준 5 %에서 기각역을 구하라.

(3) 검정통계량의 관찰값을 구하라.

(4) $p-$값을 구하라.

(5) 검정통계량의 관찰값 또는 $p-$값을 이용하여 유의수준 5 %에서 귀무가설을 검정하라.

풀이

(1) 귀무가설은 $H_0 : \mu_0 = 172.3$이고 대립가설은 $H_1 : \mu_0 \neq 172.3$이다.

(2) 유의수준 $\alpha = 0.05$에 대한 양측검정의 기각역은 $R : |Z| > z_{0.025} = 1.96$이다.

(3) 모표준편차가 $\sigma = 3.26$이므로 검정통계량은 $Z = \dfrac{\overline{X} - 172.3}{3.26/\sqrt{120}}$이고 $\overline{x} = 171.8$이므로 검정통계량의 관찰값은 $z_0 = \dfrac{171.8 - 172.3}{3.26/\sqrt{120}} \approx -1.68$이다.

(4) 검정통계량의 관측값에 대하여 $|z_0| = 1.68$이므로 $p-$값은 다음과 같다.

$$\begin{aligned} p-\text{값} &= P(Z < -1.68) + P(Z > 1.68) = 2P(Z > 1.68) \\ &= 2[1 - P(Z < 1.68)] = 2(1 - 0.9535) = 0.093 \end{aligned}$$

(5) 검정통계량의 관찰값 $z_0 = -1.68$은 기각역 $Z < -1.96$, $Z > 1.96$ 안에 놓이지 않으므로 유의수준 5 %에서 귀무가설 $H_0 : \mu_0 = 172.3$을 기각할 수 없다. 또한 $p-$값$= 0.093 > \alpha = 0.05$이므로 귀무가설 $H_0 : \mu_0 = 172.3$을 유의수준 5 %에서 기각할 수 없다.

I Can Do 2

안과협회에서는 환한 곳에서 어두운 방에 들어갈 경우에 우리의 눈이 어두운 곳에 적응하는 데 걸리는 시간은 평균 7.88초라고 주장한다. 이 주장을 검정하기 위해 임의로 50명을 추출하여 실험한 결과, 적응시간이 평균 7.83초였다. 이때 적응 시간은 표준편차 0.15인 정규분포를 따른다고 할 때, 물음에 답하라.

(1) 귀무가설과 대립가설을 설정하라.

(2) 유의수준 5 %에서 기각역을 구하라.

(3) 검정통계량의 관찰값을 구하라.

(4) $p-$값을 구하라.

(5) 검정통계량의 관찰값 또는 $p-$값을 이용하여 유의수준 5 %에서 귀무가설을 검정하라.

9.2.2 모평균에 대한 하단측검정

모평균에 대한 귀무가설 $H_0: \mu \geq \mu_0$에 대한 주장을 검정하는 방법에 대해 살펴본다. 이 경우에도 모평균에 대한 검정이므로 검정통계량은 표본평균 $\overline{X}$이고, 표준화한 검정통계량은 다음과 같이 표준정규분포를 따른다.

$$Z = \frac{\overline{X} - \mu_0}{\sigma / \sqrt{n}} \sim N(0,\ 1)$$

이때 대립가설은 $H_1: \mu < \mu_0$이고 유의수준은 H_0이 참이라는 조건 아래서 H_0을 기각할 확률이므로 유의수준 α에 대한 기각역은 다음과 같다.

$$Z = \frac{\overline{X} - \mu_0}{\sigma / \sqrt{n}} < -z_\alpha$$

즉, 귀무가설에 대한 기각역은 [그림 9-10]과 같으며, 표본으로부터 얻은 다음 검정통계량의 관찰값이 기각역 안에 놓이면 H_0을 기각하고, 채택역 안에 놓이면 H_0을 기각시킬 수 없다.

$$z_0 = \frac{\overline{x} - \mu_0}{\sigma / \sqrt{n}}$$

따라서 모분산을 알고 대표본인 정규모집단의 경우, 모평균에 대한 하단측검정은 다음과 같이 요약된다.

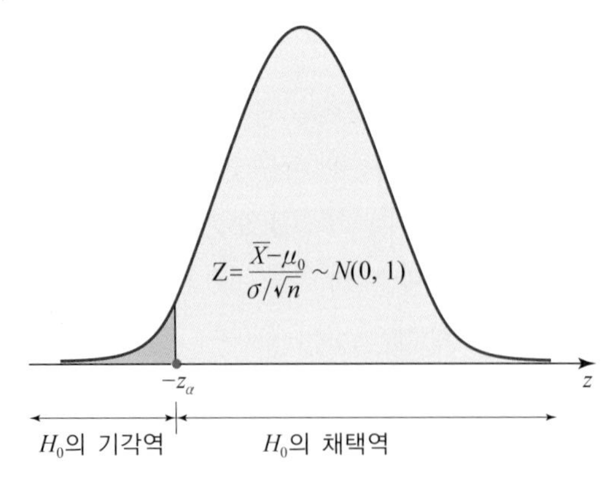

[그림 9-10] $H_0: \mu \geq \mu_0$에 대한 하단측검정

귀무가설 $H_0 : \mu \geq \mu_0$에 대하여 하단측검정에 대한 검정통계량은

$$Z = \frac{\overline{X} - \mu_0}{\sigma / \sqrt{n}}$$

이고, 기각역 R는 다음과 같다.

$$R : Z < -z_\alpha$$

한편 검정통계량의 관찰값 z_0에 대하여 하단측검정에 대한 p–값은 다음과 같이 정의된다.

$$p\text{–값} = P(Z < -z_0)$$

이 경우 p–값은 [그림 9–11]과 같으며, p–값 $\geq \alpha$이면 H_0을 채택하고 p–값 $< \alpha$이면 H_0을 기각한다.

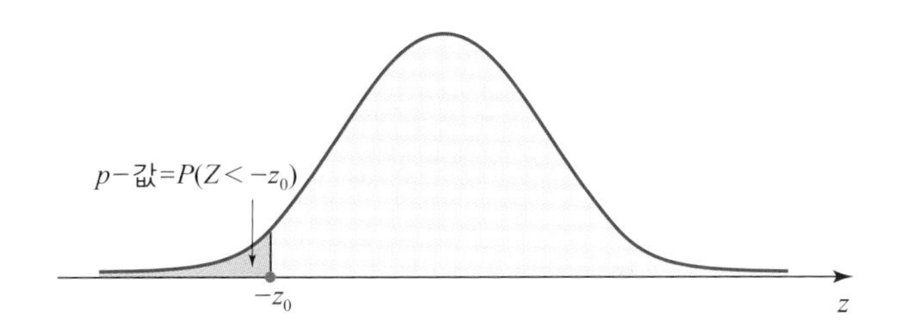

[그림 9–11] $H_0 : \mu \geq \mu_0$에 대한 하단측검정의 p–값

예제 3

어느 대학에서 취업을 위해 외국어 강좌를 늘린 결과, 졸업생의 토익 평균 점수가 800점 이상이라고 한다. 이것을 검정하기 위해 졸업생 50명을 임의로 선정하여 토익 점수의 평균을 조사한 결과 795점이었다. 토익 점수는 표준편차가 18.5점인 정규분포를 따른다고 할 때, 물음에 답하라.

(1) 귀무가설과 대립가설을 설정하라.

(2) 유의수준 5 %에서 기각역을 구하라.

(3) 검정통계량의 관찰값을 구하라.

(4) p–값을 구하라.

(5) 검정통계량의 관찰값 또는 p–값을 이용하여 유의수준 5 %에서 귀무가설을 검정하라.

【풀이】

(1) 귀무가설은 $H_0 : \mu_0 \geq 800$이고 대립가설은 $H_1 : \mu_0 < 800$이다.

(2) 유의수준 $\alpha = 0.05$에 대한 하단측검정 기각역은 $R : Z < -z_{0.05} = -1.645$이다.

(3) 모표준편차가 $\sigma = 18.5$이므로 검정통계량은 $Z = \dfrac{\overline{X} - 800}{18.5/\sqrt{50}}$이고 $\overline{x} = 795$이므로 검정통계량의 관찰값은 $z_0 = \dfrac{795 - 800}{18.5/\sqrt{50}} \approx -1.91$이다.

(4) 검정통계량의 관측값이 $z_0 = -1.91$이므로 $p-$값은 다음과 같다.

$$p-\text{값} = P(Z < -1.91) = 1 - P(Z < 1.91) = 1 - 0.9719 = 0.0281$$

(5) 검정통계량의 관찰값 $z_0 = -1.91$이 기각역 $Z < -1.645$ 안에 놓이므로 귀무가설 $H_0 : \mu_0 \geq 800$을 유의수준 5 %에서 기각한다. 또한 $p-$값$= 0.0281 < \alpha = 0.05$이므로 귀무가설 $H_0 : \mu_0 \geq 800$을 유의수준 5 %에서 기각한다.

I Can Do 3

성인이 전자책에 있는 텍스트 한 쪽을 읽는 데 평균 48초 이상 걸린다고 한다. 이것을 검정하기 위해 12명을 임의로 선정하여 시간을 측정하여 다음을 얻었다. 텍스트 한 쪽을 읽는 데 걸리는 시간은 표준편차가 8초인 정규분포를 따른다고 할 때, 물음에 답하라.

43.2	41.5	48.3	37.7	46.8	42.6	46.7	51.4	47.3	40.1	46.2	44.7

(1) 귀무가설과 대립가설을 설정하라.
(2) 유의수준 5 %에서 기각역을 구하라.
(3) 검정통계량의 관찰값을 구하라.
(4) $p-$값을 구하라.
(5) 검정통계량의 관찰값 또는 $p-$값을 이용하여 유의수준 5 %에서 귀무가설을 검정하라.

9.2.3 모평균에 대한 상단측검정

모평균에 대한 귀무가설 $H_0 : \mu \leq \mu_0$에 대한 주장을 검정하는 경우에도 모평균에 대한 검정이므로 검정통계량은 표본평균 $\overline{X}$이다. 따라서 표준화한 검정통계량은 다음과 같다.

$$Z = \frac{\overline{X} - \mu_0}{\sigma/\sqrt{n}} \sim N(0,\ 1)$$

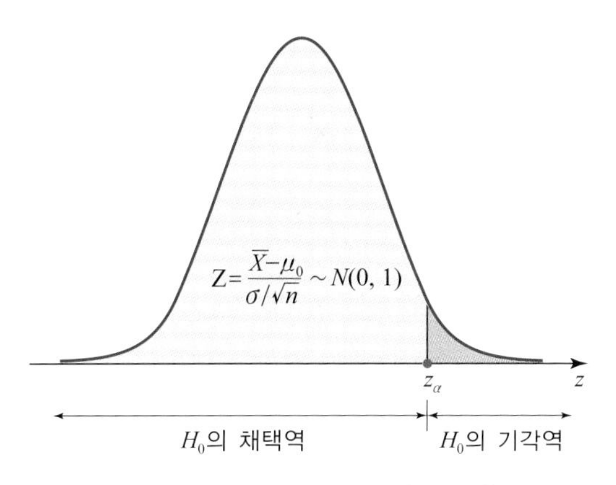

[그림 9-12] $H_0 : \mu \leq \mu_0$**에 대한 상단측검정**

이때 대립가설은 $H_1 : \mu > \mu_0$이고 유의수준은 H_0이 참이라는 조건 아래서 H_0을 기각할 확률이므로 유의수준 α에 대한 기각역은 다음과 같다.

$$Z = \frac{\overline{X} - \mu_0}{\sigma / \sqrt{n}} > z_\alpha$$

즉, 귀무가설에 대한 기각역은 [그림 9-12]와 같으며, 표본으로부터 얻은 다음 검정통계량의 관찰값이 기각역 안에 놓이면 H_0을 기각하고, 채택역 안에 놓이면 H_0을 기각시킬 수 없다.

$$z_0 = \frac{\overline{x} - \mu_0}{\sigma / \sqrt{n}}$$

따라서 모분산을 알고 대표본인 정규모집단의 경우, 모평균에 대한 상단측검정은 다음과 같이 요약된다.

귀무가설 $H_0 : \mu \leq \mu_0$에 대하여 상단측검정에 대한 검정통계량은

$$Z = \frac{\overline{X} - \mu_0}{\sigma / \sqrt{n}}$$

이고, 기각역 R는 다음과 같다.

$$R : Z > z_\alpha$$

한편 검정통계량의 관찰값 z_0에 대하여 상단측검정에 대한 $p-$값은 다음과 같이 정의된다.

$$p\text{-값} = P(Z > z_0)$$

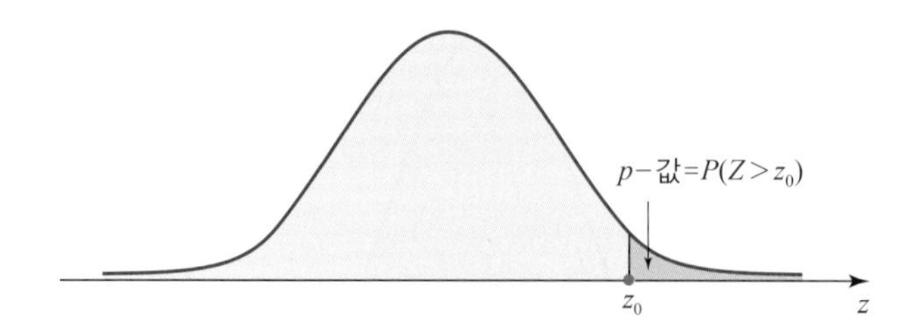

[그림 9-13] $H_0: \mu \le \mu_0$**에 대한 상단측검정의** $p-$**값**

이때 $p-$값은 [그림 9-13]과 같으며, $p-$값 $\ge \alpha$이면 H_0을 채택하고 $p-$값 $< \alpha$이면 H_0을 기각한다.

모분산이 알려진 정규모집단의 모평균에 대한 주장의 가설검정을 종합하면 [표 9-4]와 같다.

[표 9-4] **모평균에 대한 검정 유형과 기각역 그리고** $p-$**값**

검정 유형 \ 가설과 기각역	귀무가설 H_0	대립가설 H_1	H_0의 기각역	$p-$값
하단측검정	$\mu \ge \mu_0$	$\mu < \mu_0$	$Z < -z_\alpha$	$P(Z < -z_0)$
상단측검정	$\mu \le \mu_0$	$\mu > \mu_0$	$Z > z_\alpha$	$P(Z > z_0)$
양측검정	$\mu = \mu_0$	$\mu \ne \mu_0$	$\lvert Z \rvert > z_{\alpha/2}$	$2[1 - P(Z < z_0)]$

예제 4

귀무가설 $H_0: \mu \le 50$에 대한 주장을 확인하기 위하여 크기 40인 표본을 임의로 추출하여 조사한 결과 $\bar{x} = 50.9$를 얻었다. 모집단이 모표준편차가 $\sigma = 2.8$인 정규분포를 따른다고 할 때, 물음에 답하라.

(1) 표본평균의 관찰값을 이용하여 유의수준 $\alpha = 0.05$에서 검정하라.

(2) 표본평균의 관찰값을 이용하여 유의수준 $\alpha = 0.01$에서 검정하라.

(3) $p-$값을 구하고 (1)과 (2)의 결과를 확인하라.

풀이

(1) ① 귀무가설 $H_0: \mu \le 50$에 대한 대립가설 $H_1: \mu > 50$을 설정한다.

② 유의수준 $\alpha = 0.05$에 대한 상단측검정 기각역은 $R: Z > 1.645$이다.

③ 모표준편차가 $\sigma = 2.8$이므로 검정통계량은 $Z = \dfrac{\bar{X} - 50}{2.8/\sqrt{40}}$이고 $\bar{x} = 50.9$이므로 검정통계량의 관찰값은 $z_0 = \dfrac{50.9 - 50}{2.8/\sqrt{40}} \approx 2.03$이다.

④ 검정통계량의 관찰값 $z_0 = 2.03$은 기각역 안에 놓이므로 $H_0: \mu \le 50$을 기각한다.

(2) 유의수준 $\alpha = 0.01$에 대한 상단측검정의 임계값은 $z_{0.01} = 2.33$이고 따라서 기각역은 $R : Z > 2.33$이다. 한편 검정통계량의 관찰값 $z_0 = 2.03$은 기각역 안에 들어가지 않으므로 귀무가설 $H_0 : \mu \leq 50$을 기각할 수 없다.

(3) $z_0 = 2.03$이므로 $p-$값은 다음과 같다.

$$p-\text{값} = P(Z > 2.03) = 1 - P(Z < 2.03) = 1 - 0.9788 = 0.0212$$

그러므로 $p-$값 $= 0.0212 < \alpha = 0.05$이고 $p-$값 $= 0.0212 > \alpha = 0.01$다. 그러므로 유의수준 5 %에서 H_0을 기각하지만 유의수준 1 %에서 H_0을 기각할 수 없다.

I Can Do 4

모표준편차가 $\sigma = 1.75$인 정규모집단에서 모평균이 $\mu \leq 10$이라고 한다. 이 모집단에서 15개의 자료를 임의로 추출하여 조사한 결과 표본평균이 $\bar{x} = 10.8$이었을 때, 물음에 답하라.

(1) 모평균에 대한 주장이 타당한지 유의수준 5 %에서 검정하라.

(2) $p-$값을 구하고 유의수준 1 %에서 검정하라.

특히 모분산을 모르는 임의의 모집단인 경우에 표본의 크기가 클수록($n \geq 30$) 표본분산 s^2은 모분산 σ^2에 근사한다. 따라서 중심극한정리에 의해 크기 n인 표본의 표본평균 $\overline{X}$에 대해 다음이 성립한다.

$$Z = \frac{\overline{X} - \mu_0}{s/\sqrt{n}} \approx N(0,\ 1)$$

그러므로 모분산을 모르는 경우, 모평균에 대한 가설검정을 위하여 다음 검정통계량을 사용한다.

$$Z = \frac{\overline{X} - \mu_0}{s/\sqrt{n}}$$

9.3 모평균 차의 검정

대표본을 이용하여 모분산 σ_1^2과 σ_2^2이 알려진 서로 독립인 두 정규모집단의 모평균에 대한 주장을 검정하는 방법에 대해 살펴본다. 두 모평균 μ_1과 μ_2의 차이가 d_0이라 하면, $\mu_1-\mu_2=d_0$으로 나타낼 수 있다. 이때 두 모평균 차에 대한 귀무가설의 세 가지 유형 $\mu_1-\mu_2\ge d_0$, $\mu_1-\mu_2=d_0$, $\mu_1-\mu_2\le d_0$에 대하여 다음과 같이 대립가설을 설정할 수 있다.

$$\begin{cases} H_0:\mu_1-\mu_2\ge d_0 \\ H_1:\mu_1-\mu_2< d_0 \end{cases},\quad \begin{cases} H_0:\mu_1-\mu_2= d_0 \\ H_1:\mu_1-\mu_2\ne d_0 \end{cases},\quad \begin{cases} H_0:\mu_1-\mu_2\le d_0 \\ H_1:\mu_1-\mu_2> d_0 \end{cases}$$

특히 $d_0=0$이면 귀무가설과 대립가설은 다음과 같다.

$$\begin{cases} H_0:\mu_1\ge\mu_2 \\ H_1:\mu_1<\mu_2 \end{cases},\quad \begin{cases} H_0:\mu_1=\mu_2 \\ H_1:\mu_1\ne\mu_2 \end{cases},\quad \begin{cases} H_0:\mu_1\le\mu_2 \\ H_1:\mu_1>\mu_2 \end{cases}$$

한편 8.3절에서 두 모분산 σ_1^2과 σ_2^2을 알고 있는 서로 독립인 정규모집단 $N(\mu_1, \sigma_1^2)$과 $N(\mu_2, \sigma_2^2)$으로부터 각각 크기 n과 m인 표본을 추출하여 표본평균을 각각 $\overline{X}, \overline{Y}$라 하면, 다음이 성립하는 것을 학습하였다.

$$Z=\frac{\overline{X}-\overline{Y}-(\mu_1-\mu_2)}{\sqrt{\dfrac{\sigma_1^2}{n}+\dfrac{\sigma_2^2}{m}}}\sim N(0,\ 1)$$

따라서 두 모평균의 차에 대한 귀무가설 $H_0:\mu_1-\mu_2=d_0$의 타당성을 입증하기 전까지는 이 주장을 옳다고 생각하므로 검정통계량 Z는 다음과 같은 표준정규분포를 따른다.

$$Z=\frac{\overline{X}-\overline{Y}-d_0}{\sqrt{\dfrac{\sigma_1^2}{n}+\dfrac{\sigma_2^2}{m}}}\sim N(0,\ 1)$$

그러므로 두 표본평균의 관찰값 $\overline{x}$와 $\overline{y}$에 대하여 검정통계량의 관찰값은 다음과 같다.

$$z_0=\frac{\overline{x}-\overline{y}-d_0}{\sqrt{\dfrac{\sigma_1^2}{n}+\dfrac{\sigma_2^2}{m}}}$$

그러면 유의수준 α에서 $\mu_1-\mu_2$에 대한 세 가지 유형의 검정은 9.2절에서 살펴본 방법과 동일하다.

따라서 모분산을 알고 있는 경우에 귀무가설 $H_0:\mu_1-\mu_2\ge d_0$, $H_0:\mu_1-\mu_2=d_0$, $H_0:\mu_1-\mu_2\le d_0$에 대한 검정통계량은 다음과 같다.

$$Z = \frac{\overline{X} - \overline{Y} - d_0}{\sqrt{\frac{\sigma_1^2}{n} + \frac{\sigma_2^2}{m}}}$$

특히 두 모분산을 모르는 임의의 모집단인 경우에 표본의 크기가 클수록($n \geq 30$) 표본분산 s^2은 모분산 σ^2에 근사하므로 중심극한정리에 의해 크기 n과 m이 충분히 클 때 다음과 같음을 알 수 있다.

$$Z = \frac{\overline{X} - \overline{Y} - (\mu_1 - \mu_2)}{\sqrt{\frac{s_1^2}{n} + \frac{s_2^2}{m}}} \approx N(0, 1)$$

따라서 모분산을 모르는 임의의 두 모집단의 모평균의 차에 대한 귀무가설 $H_0 : \mu_1 - \mu_2 \geq d_0$, $H_0 : \mu_1 - \mu_2 = d_0$, $H_0 : \mu_1 - \mu_2 \leq d_0$을 검정하기 위하여 대표본을 선정할 때, 다음 검정통계량을 사용한다.

$$Z = \frac{\overline{X} - \overline{Y} - d_0}{\sqrt{\frac{s_1^2}{n} + \frac{s_2^2}{m}}}$$

그리고 이 경우에 두 모평균의 차 $\mu_1 - \mu_2$에 대한 세 가지 가설검정의 기각역과 p-값은 [표 9-5]와 같다.

[표 9-5] **두 모평균의 차에 대한 검정 유형과 기각역 그리고 p-값**

가설과 기각역 / 검정 유형	귀무가설 H_0	대립가설 H_1	H_0의 기각역	p-값
하단측검정	$\mu_1 - \mu_2 \geq d_0$	$\mu_1 - \mu_2 < d_0$	$Z < -z_\alpha$	$P(Z < -z_0)$
상단측검정	$\mu_1 - \mu_2 \leq d_0$	$\mu_1 - \mu_2 > d_0$	$Z > z_\alpha$	$P(Z > z_0)$
양측검정	$\mu_1 - \mu_2 = d_0$	$\mu_1 - \mu_2 \neq d_0$	$\lvert Z \rvert > z_{\alpha/2}$	$2[1 - P(Z < z_0)]$

예제 5

대학에서 승용차를 갖고 있지 않은 학생과 갖고 있는 학생의 학업 성취도를 비교하기 위하여 각각 150명과 100명을 임의로 선정하여 학점을 비교하였다. 승용차를 갖고 있지 않은 학생의 평점은 3.450이고 갖고 있는 학생의 평점은 3.330이었다. 두 그룹의 평점에 차이가 없다는 주장을 유의수준 5 %에서 검정하라(단, 두 그룹의 평점은 각각 표준편차가 $\sigma_1 = 0.36$, $\sigma_2 = 0.4$인 정규분포를 따른다).

풀이

① 두 그룹의 평점에 차이가 없다는 주장을 검정하므로 귀무가설은 $H_0: \mu_1 = \mu_2$이고 대립가설은 $H_0: \mu_1 \neq \mu_2$이다.

② 유의수준 $\alpha = 0.05$에 대한 양측검정 기각역은 $R: |Z| > z_{0.025} = 1.96$이다.

③ 모표준편차가 각각 $\sigma_1 = 0.36$, $\sigma_2 = 0.4$이고 $n = 150$, $m = 100$이므로

검정통계량은 $Z = \dfrac{\overline{X} - \overline{Y} - 0}{\sqrt{\dfrac{0.36^2}{150} + \dfrac{0.4^2}{100}}} \approx \dfrac{\overline{X} - \overline{Y}}{0.05}$이다. $\overline{x} = 3.45$, $\overline{y} = 3.33$이므로 검정통계량의 관찰값

은 $z_0 = \dfrac{3.45 - 3.33}{0.05} = 2.4$이다.

④ 관찰값 $z_0 = 2.4$는 기각역 안에 놓이므로 $H_0: \mu_1 = \mu_2$를 기각한다.

예제 6

마이크로 오븐 A와 B 중 하나를 사려고 한다. 이때 모델 A의 수리비가 모델 B보다 저렴하다면 모델 A를 선택하고자 한다. 모델 A와 모델 B를 각각 47개와 55개를 선정하여 비교한 결과, 평균 수리비가 각각 7.5만 원과 8.0만 원이고, 표준편차가 1.25만 원과 2.0만 원이었다. 모델 A를 사야 하는지에 대해 유의수준 1 %에서 검정하라.

풀이

① 모델 A와 모델 B의 평균 수리비를 각각 μ_1, μ_2라 하면, 밝히고자 하는 것은 $\mu_1 < \mu_2$이고 등호가 들어가지 않으므로 대립가설로 설정한다. 따라서 귀무가설은 $H_0: \mu_1 - \mu_2 \geq 0$이고 대립가설은 $H_1: \mu_1 - \mu_2 < 0$이다.

② 유의수준 $\alpha = 0.01$에 대한 하단측검정 기각역은 $R: Z < -z_{0.01} = -2.33$이다.

③ 표본표준편차가 각각 $s_1 = 1.25$, $s_2 = 2$이고 $n = 47$, $m = 55$이므로

검정통계량은 $Z = \dfrac{\overline{X} - \overline{Y} - 0}{\sqrt{\dfrac{1.25^2}{47} + \dfrac{2^2}{50}}} \approx \dfrac{\overline{X} - \overline{Y}}{0.3365}$이다. $\overline{x} = 7.5$, $\overline{y} = 8.0$이므로 검정통계량의 관찰값은

$z_0 = \dfrac{7.5 - 8}{0.3365} \approx -1.4859$이다.

④ 관찰값 $z_0 = -1.4859$는 기각역 안에 놓이지 않으므로 $H_0: \mu_1 - \mu_2 \geq 0$를 기각할 수 없다. 즉, 모델 A의 수리비가 모델 B보다 저렴하다고 결론 내리기에는 불충분하다. 따라서 모델 A를 사야 할 근거가 미약하다.

I Can Do 5

의사협회에서 남자 40명과 여자 35명을 조사한 바에 따르면 입원 일수가 다음과 같았다. 이 자료가 남자의 입원 일수가 여자의 입원 일수보다 더 길다는 증거가 되는지 유의수준 10%에서 조사하라(단, 남자와 여자의 입원 일수에 대한 표준편차는 각각 $\sigma_1 = 7.5$, $\sigma_2 = 6.8$일이다).

(단위: 일)

남자	4	4	12	18	9	6	12	10	3	6	15	7	3	55	1	2	10	13	5	7
	1	23	9	2	1	17	2	24	11	14	6	2	1	8	1	3	19	3	1	13
여자	14	7	15	1	12	1	3	7	21	4	1	5	4	4	3	5	18	12	5	1
	7	7	2	15	4	9	10	7	3	6	5	9	6	2	14					

9.4 모비율의 검정

이제 모비율 p에 대한 가설을 검정하는 방법에 대해 살펴본다. 모비율을 추정하기 위해 표본비율 $\hat{p}$를 사용한 것과 같은 방법으로, 모비율 p에 대한 가설을 검정하기 위한 검정통계량으로 표본비율 $\hat{p}$를 사용한다. 그러면 모평균의 경우와 마찬가지로 다음 세 가지 유형의 귀무가설과 대립가설을 생각할 수 있다.

$$\begin{cases} H_0 : p = p_0 \\ H_1 : p \neq p_0 \end{cases}, \quad \begin{cases} H_0 : p \geq p_0 \\ H_1 : p < p_0 \end{cases}, \quad \begin{cases} H_0 : p \leq p_0 \\ H_1 : p > p_0 \end{cases}$$

이때 진위 여부를 명확히 밝히기 전까지 세 가지 유형의 귀무가설에 대한 주장은 정당한 것으로 간주하므로 모비율은 $p = p_0$으로 생각한다. 그러면 표본의 크기가 충분히 클 때 표본비율 $\hat{p}$의 분포는 정규분포 $N\left(p_0, \dfrac{p_0 q_0}{n}\right)$에 근사하므로 다음과 같이 표준화할 수 있다.

$$Z = \frac{\hat{p} - p_0}{\sqrt{p_0 q_0 / n}} \approx N(0, 1)$$

따라서 모비율 p에 대한 가설을 검정하기 위한 검정통계량과 그 확률분포는 다음과 같다.

$$Z = \frac{\hat{p} - p_0}{\sqrt{p_0 q_0 / n}} \approx N(0, 1)$$

[표 9-6] 모비율에 대한 검정 유형과 기각역 그리고 p-값

가설과 기각역 / 검정 유형	귀무가설 H_0	대립가설 H_1	H_0의 기각역	p-값
하단측검정	$p \ge p_0$	$p < p_0$	$Z < -z_\alpha$	$P(Z < -z_0)$
상단측검정	$p \le p_0$	$p > p_0$	$Z > z_\alpha$	$P(Z > z_0)$
양측검정	$p = p_0$	$p \ne p_0$	$\lvert Z \rvert > z_{\alpha/2}$	$2[1 - P(Z < z_0)]$

그러면 유의수준이 α일 때, 모비율에 대한 세 가지 가설검정의 기각역과 p-값은 [표 9-6]과 같다.

예제 7

대형 마트 A는 고객의 이용률이 다른 마트들보다 높은 45 %라고 협력 업체에 홍보하였다. 이러한 사실의 진위를 알아보기 위하여 협력 업체가 주민 1,500명을 대상으로 조사한 결과, 642명이 A 마트를 주로 이용한다고 답하였다. 물음에 답하라.

(1) A 마트의 주장을 유의수준 5 %에서 검정하라.

(2) p-값을 구하고 유의수준 10 %에서 검정하라.

풀이

(1) ① 귀무가설은 $H_0 : p = 0.45$이고 대립가설은 $H_1 : p \ne 0.45$이다.

② 유의수준 $\alpha = 0.05$에 대한 양측검정 기각역은 $R : \lvert Z \rvert > 1.96$이다.

③ 검정통계량은 $Z = \dfrac{\hat{p} - 0.45}{\sqrt{\dfrac{0.45 \times 0.55}{1500}}} \approx \dfrac{\hat{p} - 0.45}{0.0128}$이고, 표본으로 선정된 1,500명 중에서 642명이 A 마트를 이용하므로 표본비율은 $\hat{p} = \dfrac{642}{1500} = 0.428$이다. 따라서 검정통계량의 관찰값은 $z_0 = \dfrac{0.428 - 0.45}{0.0128} \approx -1.72$이다.

④ 검정통계량의 관찰값 $z_0 = -1.72$는 기각역 안에 놓이지 않으므로 $H_0 : p = 0.45$를 기각할 수 없다.

(2) 검정통계량의 관찰값에 대하여 $\lvert z_0 \rvert = 1.72$이므로 p-값은 다음과 같다.

$$p\text{-값} = 2[1 - P(Z < 1.72)] = 2(1 - 0.9573) = 0.0854$$

따라서 p-값$= 0.0854 < \alpha = 0.1$이므로 유의수준 10 %에서 $H_0 : p = 0.45$를 기각한다.

I Can Do 6

귀무가설 $H_0: p \geq 0.2$를 검정하기 위하여 다음과 같이 표본조사하였다. 다음 두 가지 결과에 대하여 p-값을 통해 유의수준 5%에서 각각 귀무가설을 검정하라.

(1) 크기 50인 표본을 조사하여 표본비율 $\hat{p} = 0.15$를 얻었다.

(2) 크기 500인 표본을 조사하여 표본비율 $\hat{p} = 0.15$를 얻었다.

9.5 모비율 차의 검정

이제 서로 독립인 두 모집단의 모비율을 각각 p_1, p_2라 할 때, $p_1 - p_2$에 대한 다음 세 가지 유형의 귀무가설과 대립가설을 살펴보자.

$$\begin{cases} H_0: p_1 = p_2 \\ H_1: p_1 \neq p_2 \end{cases}, \quad \begin{cases} H_0: p_1 \geq p_2 \\ H_1: p_1 < p_2 \end{cases}, \quad \begin{cases} H_0: p_1 \leq p_2 \\ H_1: p_1 > p_2 \end{cases}$$

이 경우에도 귀무가설의 진위가 명확히 밝혀지기까지 귀무가설을 인정하므로 $p_1 - p_2 = 0$, 즉 $p_1 = p_2$라고 가정한다. 그러면 추정에서 살펴본 바와 같이, 두 모집단으로부터 각각 크기 n과 m인 표본을 추출하여 두 표본비율을 각각 $\hat{p}_1$와 $\hat{p}_2$라 하면 $\hat{p}_1 - \hat{p}_2$에 대한 확률분포는 다음과 같다.

$$Z = \frac{\hat{p}_1 - \hat{p}_2}{\sqrt{\frac{p_1 q_1}{n} + \frac{p_2 q_2}{m}}} \approx N(0,\ 1)$$

특히 두 모비율이 동일하다는 가설이므로 공동의 모비율 $p_1 = p_2 = p$에 대한 추론이고, 따라서 p에 대한 가장 좋은 추론을 얻기 위해 **합동표본비율**을 사용한다.

크기 n과 m인 표본의 합동표본비율(pooled sample proportion)은 두 표본에 대한 성공의 횟수 x와 y에 대해 다음 비율을 의미한다.

$$\hat{p} = \frac{x + y}{n + m}$$

그리고 크기 n과 m이 클수록 $\hat{p} \approx p = p_1 = p_2$이므로 확률변수 Z의 분모에서 p_1, p_2를 $\hat{p}$로 교체하여 다음 근사 확률분포를 얻는다.

$$Z = \frac{\hat{p}_1 - \hat{p}_2}{\sqrt{\hat{p}\hat{q}\left(\frac{1}{n} + \frac{1}{m}\right)}} \approx N(0,\ 1)$$

따라서 $p_1 - p_2$에 대한 세 가지 유형의 가설을 검정하기 위한 검정통계량과 그 확률분포는 다음과 같다.

$$Z = \frac{\hat{p}_1 - \hat{p}_2}{\sqrt{\hat{p}\hat{q}\left(\frac{1}{n} + \frac{1}{m}\right)}} \approx N(0,\ 1)$$

유의수준이 α일 때, 모비율에 대한 세 가지 가설검정의 기각역과 p–값은 [표 9–7]과 같다.

[표 9–7] 두 모비율의 차에 대한 검정 유형과 기각역 그리고 p–값

가설과 기각역 / 검정 유형	귀무가설 H_0	대립가설 H_1	H_0의 기각역	p–값
하단측검정	$p_1 \geq p_2$	$p_1 < p_2$	$Z < -z_\alpha$	$P(Z < -z_0)$
상단측검정	$p_1 \leq p_2$	$p_1 > p_2$	$Z > z_\alpha$	$P(Z > z_0)$
양측검정	$p_1 = p_2$	$p_1 \neq p_2$	$\lvert Z \rvert > z_{\alpha/2}$	$2[1 - P(Z < z_0)]$

예제 8

어느 대기업에 대한 취업 성향을 알아보기 위하여 20대와 30대 그룹으로 나누어 각각 952명과 1,043명을 대상으로 조사하였다. 그 결과 이 기업을 선호한 인원이 각각 627명과 651명이었다. 이 기업에 대한 20대의 선호도가 30대보다 높은지 유의수준 5 %에서 다음과 같은 방법으로 검정하라.

(1) 기각역을 구하여 검정한다.

(2) p–값을 구하여 검정한다.

〈풀이〉

(1) ① 20대와 30대의 선호도를 각각 p_1과 p_2라 하면, 20대의 선호도가 30대보다 높은지를 검정하므로 $p_1 - p_2 > 0$를 대립가설로 설정하면 귀무가설은 $H_0 : p_1 - p_2 \leq 0$이고 대립가설은 $H_1 : p_1 - p_2 > 0$이다.

② 유의수준 5 %에서 상단측검정이므로 기각역은 $R : Z > 1.645$이다.

③ 20대와 30대 그룹의 표본비율은 각각 $\hat{p}_1 \approx 0.659$, $\hat{p}_2 \approx 0.624$이고 합동표본비율은 $\hat{p} = \frac{627 + 651}{952 + 1043} = 0.641$이므로 검정통계량은 다음과 같다.

$$Z = \frac{\hat{p}_1 - \hat{p}_2}{\sqrt{(0.641 \times 0.359)\left(\frac{1}{952} + \frac{1}{1043}\right)}} = \frac{\hat{p}_1 - \hat{p}_2}{0.0215}$$

그러므로 검정통계량의 관찰값은 다음과 같다.

$$z_0 = \frac{0.659 - 0.624}{0.0215} = 1.63$$

④ 검정통계량의 관찰값 $z_0 = 1.63$이 기각역 안에 놓이지 않으므로 귀무가설을 기각하지 않는다. 즉, 20대의 선호도가 30대보다 높다고 주장할 근거가 충분하지 않다.

(2) 검정통계량의 관찰값이 $z_0 = 1.63$이므로 $p-$값$= P(Z > 1.63) = 1 - 0.9484 = 0.0516$이고 유의수준 $\alpha = 0.05$보다 크므로 귀무가설을 기각할 수 없다. 즉, 20대의 선호도가 30대보다 높다고 주장할 근거가 충분하지 않다.

I Can Do 7

어느 대학병원은 남자 1,000명 중 56명, 여자 1,000 중 37명이 심장 질환을 앓고 있다고 보고하였다. 이를 기초로 남녀의 심장 질환 발병 비율이 동일한지 유의수준 5 %에서 검정하라.

연습문제

1. 모표준편차가 5인 정규모집단에서 크기 36인 표본을 추출했더니 표본평균이 48.5였다. 유의수준 5 %에서 두 가설 $H_0 : \mu = 50$과 $H_1 : \mu \neq 50$을 검정하려고 한다. 물음에 답하라.

(1) 기각역을 구하라.

(2) 검정통계량의 관찰값을 구하라.

(3) $p-$값을 구하라.

(4) 검정통계량의 관찰값을 이용하여 귀무가설의 진위를 결정하라.

(5) $p-$값을 이용하여 귀무가설의 진위를 결정하라.

2. 모표준편차가 0.35인 정규모집단에서 크기 45인 표본을 추출하여 표본평균이 3.2였다. 유의수준 5 %에서 두 가설 $H_0 : \mu = 3.09$와 $H_1 : \mu \neq 3.09$를 검정하려고 한다. 물음에 답하라.

(1) 기각역을 구하라.

(2) 검정통계량의 관찰값을 구하라.

(3) $p-$값을 구하라.

(4) 검정통계량의 관찰값을 이용하여 귀무가설의 진위를 결정하라.

(5) $p-$값을 이용하여 귀무가설의 진위를 결정하라.

3. 우리나라 직장인의 연간 평균 독서량이 15.5권 이상이라는 출판협회의 주장을 알아보기 위하여 50명의 직장인을 임의로 선정하여 독서량을 조사한 결과 연간 평균 14.2권이었다. 그리고 과거 조사한 자료에 따르면 직장인의 연간 평균 독서량은 표준편차가 3.4권인 정규분포를 따르는 것으로 알려져 있다. 이 자료를 근거로 출판협회의 주장에 대하여 유의수준 1 %에서 조사하라.

4. 2주 동안 유럽 여행을 하는 데 소요되는 평균 경비는 300만 원을 초과한다고 한다. 이를 알아보기 위하여 어느 날 인천국제공항에서 유럽 여행을 다녀온 사람 70명을 임의로 선정하여 조사한 결과 여행 경비는 평균 310만 원이었다. 여행 경비는 표준편차가 25.6만 원인 정규분포를 따르는 것으로 알려져 있다. 이 자료를 근거로 평균 경비가 300만 원을 초과하는지 유의수준 5 %에서 조사하라.

5. 환경부는 휴대전화 케이스 코팅 중소기업들이 집중된 어느 지역에서 오염물질인 총탄화수소의 대기배출 농도가 평균 902 ppm이라고 하였다. 이를 알아보기 위하여 이 지역의 중소기업 50곳의 총탄화수소 대기배출 농도를 조사한 결과, 평균 농도가 895 ppm이고 표준편차가 25.1 ppm이었다. 이 자료를 근거로 환경부의 주장에 대하여 유의수준 5 %에서 조사하라.

6. 어느 지역에서 일을 하는 건설 노동자의 하루 평균 임금이 14.5만 원인지 알아보기 위하여 이 지역의 건설 노동자 350명을 상대로 조사한 결과, 평균 임금이 14.2만 원, 표준편차가 3.5만 원인 것으로 조사되었다. 이 자료를 근거로 평균 임금이 14.5만 원인지 유의수준 10 %에서 조사하라.

7. 고무 장난감을 생산하는 한 회사가 지름 60 mm인 유아용 고무 원판을 주문받아 제작하였다. 그러나 물건을 받은 주문자는 이 업체에서 생산한 고무 원판의 지름이 60 mm에 미치지 않는다고 항의하였다. 이것을 알아보기 위하여, 50개의 고무 원판을 표본조사했더니 다음과 같았다. 이 자료를 근거로 주문자의 주장이 맞는지 유의수준 5 %에서 조사하라(단, 단위는 mm이다).

56.7	64.0	58.2	60.4	63.7	58.0	55.1	54.3	57.8	63.1
61.6	63.2	54.3	54.2	56.2	63.4	57.7	54.2	55.4	60.3
60.2	54.1	60.1	57.1	57.2	61.9	63.2	59.6	60.1	62.1
61.2	56.0	55.9	54.8	58.1	61.5	61.7	61.2	55.8	59.0
62.9	63.9	59.3	60.9	59.0	58.7	61.4	61.8	54.9	57.7

8. 우리나라 사람의 커피 소비량은 1인당 연평균 484잔을 초과한다고 한다. 이를 알아보기 위하여 200명을 임의로 선정하여 커피 소비량을 조사한 결과, 1인당 소비하는 커피는 연평균 486잔 그리고 표준편차는 16.54잔이었다. 이 자료를 근거로 $p-$값을 구하여 커피 소비량이 1인당 484잔을 초과하는지 유의수준 5 %에서 조사하라.

9. 한 청소년 실태 조사 보고서에 따르면, 중소도시에 거주하는 청소년이 휴일에 봉사활동이나 동아리 활동을 하는 평균 시간은 76분이라고 한다. 이를 알아보기 위하여 전국의 중소도시에 거주하는 청소년 400명의 봉사활동 또는 동아리 활동 시간을 조사한 결과, 평균 75.4시간, 표준편차 5.8시간이었다. 이 자료를 근거로 봉사활동 또는 동아리 활동 시간이 평균 76분인지 유의수준 5 %에서 조사하라.

10. 우리나라 9~11세 아동을 대상으로 흡연 경험이 있는지 조사한 한 보고서에 따르면, 경험이 있다는 응답률이 8.9 %였다. 이를 알아보기 위하여 전국의 9~11세 아동 3,000명을 상대로 흡연 경험의 유무를 조사한 결과, 294명이 흡연 경험이 있다고 응답하였다. 이 자료를 근거로 흡연 경험이 있는 아동의 비율이 8.9 %인지 유의수준 5 %에서 조사하라.

11. 우리나라 남아의 출생률은 54.5 %로, 아직도 120명의 남아 중에서 20명은 짝이 없다고 한다. 이것을 알아보기 위하여 산부인과 병원에서 무작위로 선정한 450명의 신생아를 조사한 결과 261명이 남자아이였다. 이 자료를 근거로 남아의 출생률이 54.5 %인지 유의수준 5 %에서 조사하라.

12. 어떤 특정한 국가 정책에 대한 여론의 반응을 알아보기 위하여 여론조사를 실시하여 다음 결과를 얻었다. 다음 결과를 각각 이용하여 국민의 절반이 이 정책을 지지한다고 할 수 있는지 유의수준 5 %에서 조사하라.

(1) 2,500명을 상대로 여론조사를 실시하여 1,300명이 이 정책에 찬성하였다.

(2) 1,000명을 상대로 여론조사를 실시하여 520명이 이 정책에 찬성하였다.

13. 한 포털 사이트는 우리나라 20세 이상의 성인들 중에서 인터넷 신문을 이용하는 사람의 비율이 54.5 %를 초과한다고 하였다. 이를 알아보기 위하여 427명을 임의로 선정하여 인터넷 신문의 이용 여부를 조사한 결과, 256명이 인터넷 신문을 이용한다고 응답하였다. 이 자료를 근거로 $p-$값을 구하여 인터넷 신문의 이용률이 54.5 %를 초과하는지 유의수준 5 %에서 조사하라.

14. 어느 지역에 거주하는 외국인을 상대로 조사한 보고서에 따르면, 한국인을 친근하게 느낀다고 응답한 비율이 34.4 %를 넘지 않는다고 한다. 이것을 알아보기 위하여 그 지역에 거주하는 외국인 450명을 조사한 결과, 139명이 친근하게 느낀다고 응답하였다. 이 자료를 근거로 $p-$값을 구하여 보고서의 내용에 대하여 유의수준 5 %에서 조사하라.

15. 두 모집단의 평균이 동일한지 알아보기 위하여 각각 크기 36인 표본을 조사하여 다음을 얻었다. 이것을 근거로 $p-$값을 구하고 모평균이 동일한지 유의수준 5 %에서 조사하라.

	표본평균	모표준편차
A	27.3	5.2
B	24.8	6.0

16. 사회계열과 공학계열 대졸 출신의 평균 임금이 동일한지 알아보기 위하여 각각 크기 50인 표본을 조사하여 다음을 얻었다. 이것을 근거로 두 계열 출신의 평균 임금이 동일한지 유의수준 5 %에서 조사하라.

	표본평균	모표준편차
사회계열	301.5만 원	38.6만 원
공학계열	317.1만 원	43.3만 원

17. 감기에 걸렸을 때 비타민 C의 효능을 알아보기 위하여, 비타민 C를 복용한 그룹과 복용하지 않은 그룹으로 나누어 회복 기간을 조사하여 다음 결과를 얻었다. 이것을 근거로 감기에 걸렸을 때 비타민 C가 효력이 있는지 유의수준 5 %에서 조사하라(단, 단위는 일이다).

	표본평균	표본표준편차	표본의 크기
비타민 C를 복용한 그룹	5.2	1.4	100
비타민 C를 복용 안 한 그룹	5.8	2.2	65

18. 두 그룹 A와 B의 모평균이 동일한지 알아보기 위하여 표본조사한 결과, 다음과 같았다. 이것을 근거로 모평균이 동일한지 유의수준 5 %에서 조사하라.

	표본평균	표본표준편차	표본의 크기
A	201	5	65
B	199	6	96

19. 두 회사 A와 B에서 생산된 타이어의 제동 거리가 동일한지 알아보기 위하여 두 회사 제품을 64개씩 임의로 선정하여 조사한 결과 다음과 같았다. 이것을 근거로 두 회사 타이어의 제동 거리가 동일한지 유의수준 5 %에서 조사하라(단, 단위는 m이다).

	평균	표준편차
A 회사	13.46	1.46
B 회사	13.95	1.33

20. 12세 이하의 남자아이가 여자아이에 비해 주당 TV 시청 시간이 더 많은지 알아보기 위하여 조사한 결과 다음과 같았다. 이것을 근거로 남자아이가 여자아이보다 TV를 더 많이 시청하는지 유의수준 5 %에서 조사하라(단, 단위는 시간이다).

	표본평균	모표준편차	표본의 크기
남자아이	14.5	2.1	48
여자아이	13.7	2.7	42

21. 어느 패스트푸드 가게에서 근무하는 종업원 A의 서비스 시간이 종업원 B보다 긴지 알아보기 위하여 조사한 결과 다음과 같았다. 이것을 근거로 종업원 A가 종업원 B보다 서비스 시간이 긴지 유의수준 1 %에서 조사하라(단, 단위는 분이다).

	표본평균	모표준편차	표본의 크기
종업원 A	4.5	0.45	50
종업원 B	4.3	0.42	80

22. 울산 지역의 1인당 평균 소득이 서울보다 150만 원 이상 더 많은지 알아보기 위하여 두 도시에 거주하는 사람을 각각 100명씩 임의로 선정하여 조사한 결과 다음 표와 같았다. 이것을 근거로 울산 지역의 평균 소득이 서울보다 150만 원 이상 더 많은지 유의수준 5 %에서 조사하라.

	평균	표준편차
울산	1,854만 원	69.9만 원
서울	1,684만 원	73.3만 원

23. 남녀 직장인이 받는 스트레스에 대해 조사한 결과가 다음과 같다. 이것을 근거로 남녀 직장인이 받는 스트레스에 차이가 있는지 유의수준 5 %에서 조사하라.

	조사 인원	스트레스를 받은 인원
남자	1,650명	1,137명
여자	1,235명	806명

24. A와 B 두 도시 간, 특정 정당 지지율에 차이가 있는지 알아보기 위하여 두 도시에서 500명씩 임의로 추출하여 지지도를 조사한 결과, A 도시에서 275명, B 도시에서 244명이 지지하는 것으로 조사되었다. 이 자료를 근거로 두 도시 간의 지지도에 차이가 있는지 유의수준 5 %에서 조사하라.

25. 어떤 단체에서 국영 TV의 광고 방송에 대한 찬반을 묻는 조사를 실시하였다. 대도시에 거주하는 사람들 2,055명 중 1,312명이 찬성하였고, 농어촌에 거주하는 사람 800명 중 486명이 찬성하였다. 도시 사람의 찬성률이 농어촌 사람의 찬성률보다 큰지 유의수준 5 %에서 조사하라.

26. 남학생 650명과 여학생 555명을 대상으로 학업을 위하여 아르바이트를 하고 있는지 설문 조사를 실시한 결과, 남학생 403명과 여학생 389명이 아르바이트를 하고 있는 것으로 조사되었다. 아르바이트하는 남학생의 비율이 여학생의 비율보다 낮은지 유의수준 1 %에서 조사하라.

소표본 추론

Small Sample Inference

학습목표

- 모평균에 대한 소표본의 신뢰구간과 가설검정을 이해할 수 있다.
- 두 모평균 차에 대한 소표본의 신뢰구간과 가설검정을 이해할 수 있다.
- 쌍체 t−검정을 이해하고 검정을 실시할 수 있다.
- 모분산의 신뢰구간과 가설검정을 이해할 수 있다.
- 두 모분산 비에 대한 신뢰구간과 가설검정을 이해할 수 있다.

10.1 모평균에 대한 소표본 추론

지금까지 대표본인 경우 모분산을 알고 있는 정규모집단 또는 모분산을 모르지만 대표본을 이용한 모집단의 모평균을 추론하는 방법을 살펴보았다. 모분산을 알고 있는 정규모집단인 경우에는 표본의 크기에 관계없이 정규분포를 사용하였다. 그러나 대부분의 모집단은 모분산이 알려져 있지 않으며, 충분히 큰 표본을 얻기 위해서는 경제적 · 시간적인 제약이 따른다. 따라서 모분산을 모르고 표본의 크기가 작은 경우에 모평균을 추정하거나 검정하는 통계적 추론을 살펴볼 필요가 있다. 이 절에서는 이러한 경우 모평균을 통계적 추론하는 방법을 살펴본다.

10.1.1 모평균에 대한 소표본 추정

7.2.2절에서 모표준편차 σ가 알려지지 않은 경우에 표본평균 $\overline{X}$의 표준화에서 모표준편차 σ를 표본표준편차 s로 대치하면, $\overline{X}$의 표준화 확률변수는 다음과 같이 자유도가 $n-1$인 t–분포를 따르는 것을 살펴보았다.

$$T = \frac{\overline{X} - \mu}{s/\sqrt{n}} \sim t(n-1)$$

그리고 6.4.2절에서 t–분포는 $t=0$을 중심으로 좌우대칭이고, 특히 [그림 10–1]과 같이 양쪽 꼬리확률이 $\frac{\alpha}{2}$가 되는 임계값 $\pm t_{\alpha/2}$에 대하여 중심확률은 $1-\alpha$이다.

이를 정리하면 다음과 같다.

$$P(|T| < t_{\alpha/2,\, n-1}) = 1 - \alpha$$

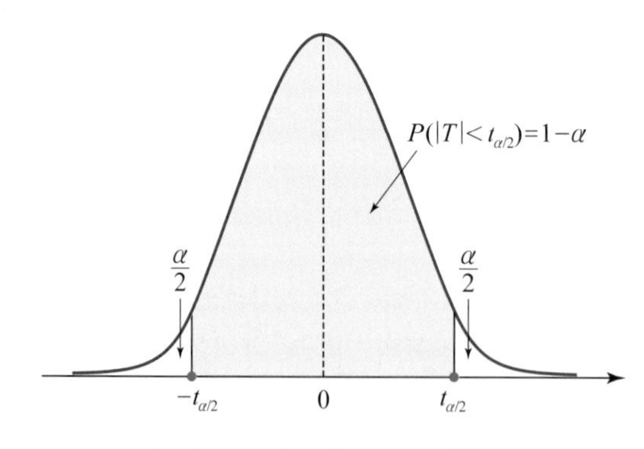

[그림 10–1] t–분포의 중심확률

소표본($n < 30$)을 이용하여 모분산 σ^2이 알려지지 않은 경우에 정규분포 또는 정규분포에 근사하는 모집단의 모평균 μ를 추정하기 위하여 자유도 $n-1$인 t-분포를 이용한다. 따라서 모평균을 추정하기 위한 추정량은 대표본의 경우와 동일하게 표본평균 $\overline{X}$이고 다음이 성립한다.

$$P\left(\left|\frac{\overline{X}-\mu}{s/\sqrt{n}}\right| < t_{\alpha/2,\, n-1}\right) = P\left(\left|\overline{X}-\mu\right| < \frac{s}{\sqrt{n}} t_{\alpha/2,\, n-1}\right) = 1-\alpha$$

이때 모평균 μ에 대한 $(1-\alpha)100\%$ 신뢰도에서 최대 추정오차 $t_{\alpha/2,\, n-1}\frac{s}{\sqrt{n}}$가 오차한계이다. 따라서 n이 소표본일 경우 $(1-\alpha)100\%$ 신뢰도에서 모평균 μ에 대한 오차한계는 다음과 같다.

$$e = t_{\alpha/2,\, n-1}\frac{s}{\sqrt{n}} = t_{\alpha/2,\, n-1}\, S.E.(\overline{X})$$

그러므로 모분산을 모르고 n이 작은 소표본을 이용한 모평균의 추정은 자유도 $n-1$인 t-분포를 이용하며, $\left|\overline{X}-\mu\right|$에 대한 신뢰도가 90 %, 95 %, 99 %인 오차한계는 각각 다음과 같다.

- $\left|\overline{X}-\mu\right|$에 대한 90 % 오차한계: $e_{90\%} = t_{0.05,\, n-1}\frac{s}{\sqrt{n}}$
- $\left|\overline{X}-\mu\right|$에 대한 95 % 오차한계: $e_{95\%} = t_{0.025,\, n-1}\frac{s}{\sqrt{n}}$
- $\left|\overline{X}-\mu\right|$에 대한 99 % 오차한계: $e_{99\%} = t_{0.005,\, n-1}\frac{s}{\sqrt{n}}$

여기서 $t_{0.05,\, n-1}$은 자유도 $n-1$인 t-분포에서 오른쪽 꼬리확률이 0.05인 임계값을 나타낸다. 따라서 모평균 μ에 대한 다음 신뢰구간을 얻는다.

- μ에 대한 90 % 신뢰구간: $(\overline{x}-e_{90\%},\, \overline{x}+e_{90\%})$
- μ에 대한 95 % 신뢰구간: $(\overline{x}-e_{95\%},\, \overline{x}+e_{95\%})$
- μ에 대한 99 % 신뢰구간: $(\overline{x}-e_{99\%},\, \overline{x}+e_{99\%})$

모평균 μ에 대한 $(1-\alpha)100\%$ 신뢰구간은 [그림 10-2]와 같이 점추정 $\overline{x}$를 중심으로 오차한계 $t_{\alpha/2,\, n-1}\frac{s}{\sqrt{n}}$를 반경으로 가지며, 신뢰도가 클수록 신뢰구간은 커진다.

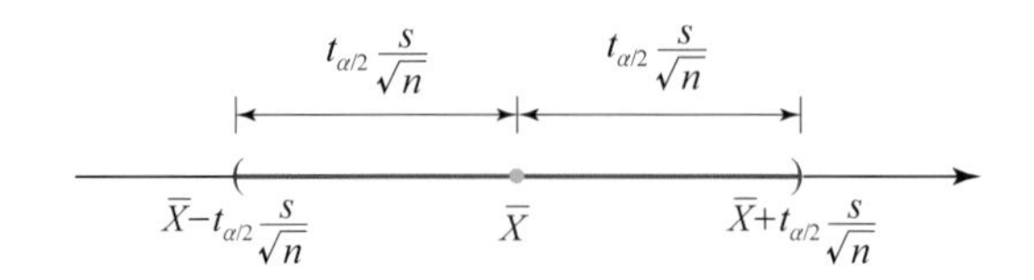

[그림 10-2] **모평균 μ에 대한 신뢰구간**

예제 1

정규모집단에서 크기 10인 표본을 추출하여 조사한 결과 다음과 같다.

3.1	1.9	2.4	2.8	2.9	3.0	2.8	2.3	2.2	2.6

이때 $|\overline{X}-\mu|$에 대한 95 % 오차한계와 모평균에 대한 95 % 신뢰구간을 구하라.

〔풀이〕

표본평균과 표본분산을 구하면 각각 다음과 같다.

$$\overline{x}=\frac{1}{10}(3.1+1.9+\cdots+2.6)=2.6$$

$$s^2=\frac{1}{9}\sum_{i=1}^{10}(x_i-2.6)^2\approx 0.1511$$

따라서 표본표준편차는 $s=\sqrt{0.1511}\approx 0.3887$이고, 자유도 9인 t-분포를 이용한다. 이때 t-분포표로부터 $t_{0.025,\,9}=2.262$이므로 $|\overline{X}-\mu|$에 대한 95 % 오차한계는 다음과 같다.

$$e_{95\%}=2.262\times\frac{0.3887}{\sqrt{10}}\approx 0.278$$

따라서 모평균에 대한 95 % 신뢰구간은 다음과 같다.

$$(2.6-0.278,\ 2.6+0.278)=(2.322,\ 2.878)$$

I Can Do 1

정규모집단에서 크기 17인 표본을 추출하여 조사한 결과, 표본평균 41, 표본표준편차 3.2였다. 이때 $|\overline{X}-\mu|$에 대한 95 % 오차한계와 모평균에 대한 95 % 신뢰구간을 구하라.

10.1.2 모평균에 대한 소표본 가설검정

모분산 σ^2이 알려져 있지 않고 표본의 크기가 작은 경우에 모평균 μ에 대한 가설을 검정하는 방법은 대표본의 경우와 동일하다. 단, 소표본의 경우에는 정규분포가 아니라 자유도 $n-1$인 t-분포를 사용하며, 따라서 모평균에 대한 검정통계량은 다음과 같다.

$$T = \frac{\overline{X} - \mu_0}{s/\sqrt{n}} \sim t(n-1)$$

그러므로 모분산을 모르는 모집단분포의 모평균에 대한 주장의 진위 여부를 검정하기 위하여 자유도 $n-1$인 t-분포를 사용하며, 다음과 같은 순서를 따른다.

❶ 귀무가설 H_0과 대립가설 H_1을 설정한다.
❷ 유의수준 α를 정한다.
❸ 검정통계량 $T = \frac{\overline{X} - \mu_0}{s/\sqrt{n}}$을 선택한다.
❹ 유의수준 α에 대한 임계값과 기각역을 구한다.
❺ 표본으로부터 검정통계량의 관찰값을 구하고, H_0의 채택과 기각 여부를 결정한다.

이때 미리 주어진 유의수준 α에 대한 기각역과 채택역에 대해 검정통계량의 관찰값이 기각역 안에 들어 있으면 귀무가설 H_0을 기각시키고, 그렇지 않으면 H_0을 기각시키지 못한다.

양측검정

귀무가설 $H_0: \mu = \mu_0$의 진위 여부를 검정하기 위하여 대립가설 $H_1: \mu \neq \mu_0$을 설정한다. 유의수준 α에 대한 임계값 $t_{\alpha/2}$를 t-분포표에서 찾고 검정통계량의 관찰값 t_0을 구한다. 이때 [그림 10-3]과 같이 관찰값 t_0이 채택역 안에 놓이면 귀무가설을 기각하지 못하고, 그렇지 않으면 귀무가설을 기각한다.

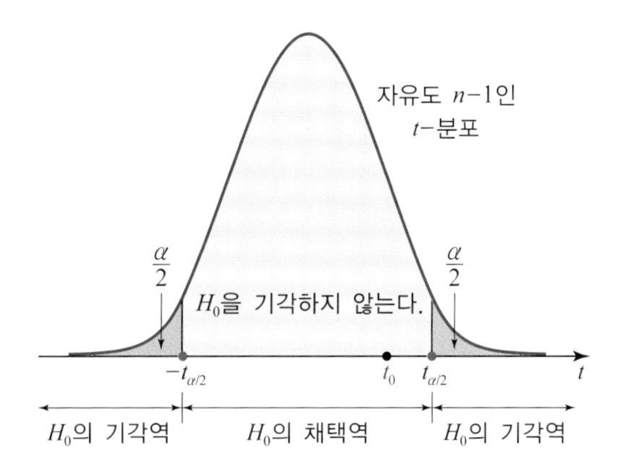

[그림 10-3] 양측검정에 대한 기각역과 채택역

따라서 모분산을 모르고 n이 소표본인 경우, 모평균에 대한 양측검정은 다음과 같이 요약된다.

귀무가설 $H_0: \mu = \mu_0$에 대하여 양측검정하여 대한 검정통계량과 그 확률분포는

$$T = \frac{\overline{X} - \mu_0}{s/\sqrt{n}} \sim t(n-1)$$

이고, 기각역 R는 다음과 같다.

$$R: T < -t_{\alpha/2,\, n-1} \quad \text{또는} \quad R: T > t_{\alpha/2,\, n-1}$$

예제 2

리필용 플라스틱 샴푸 용기를 만드는 한 제조 회사가 국내 최대 용량인 1,100 mL의 용기를 생산했다고 광고한다. 이를 확인하기 위하여 18개의 용기를 임의로 수거하여 샴푸의 용량을 조사한 결과 다음과 같았다. 이 자료를 이용하여 샴푸 용기 제조 회사의 주장에 대해 유의수준 5 %에서 조사하라(단, 샴푸의 양은 정규분포를 따르고, 단위는 mL이다).

1073	1067	1103	1122	1057	1096	1057	1053	1089
1102	1100	1091	1053	1138	1063	1120	1077	1091

풀이

표본평균과 표본분산을 구하면 다음과 같다.

$$\overline{x} = \frac{1}{18}(1073 + 1067 + \cdots + 1091) \approx 1086.2, \quad s^2 = \frac{1}{17}\sum_{i=1}^{18}(x_i - 1086.2)^2 \approx 650.3$$

표본표준편차가 $s = \sqrt{650.3} \approx 25.5$이므로 자유도 17인 t-분포를 이용하여, 다음과 같은 순서로 귀무가설의 진위 여부를 검정한다.

① 귀무가설 $H_0: \mu = 1100$과 대립가설 $H_1: \mu \neq 1100$을 설정한다.

② 유의수준 $\alpha = 0.05$에 대한 임계값이 $t_{0.025,17} = 2.11$이므로 기각역은 $R: |T| > 2.11$이다.

③ $s = 25.5$이므로 검정통계량은 $T = \dfrac{\overline{X} - 1100}{25.5/\sqrt{18}}$이고 $\overline{x} = 1086.2$이므로 검정통계량의 관찰값은 $t_0 = \dfrac{1086.2 - 1100}{25.5/\sqrt{18}} \approx -2.3$이다.

④ 관찰값 $t_0 = -2.3$은 기각역 안에 놓이므로 $H_0: \mu = 1100$을 기각한다. 즉, 유의수준 5 %에서 샴푸 용기 제조 회사의 주장은 설득력이 없다.

I Can Do 2

어느 음료수 제조 회사에서 시판 중인 음료수의 용량이 360 mL라고 한다. 이 음료수 6개를 수거하여 용량을 측정한 결과, 평균 360.6 mL, 표준편차 0.74 mL였다. 이 결과를 이용하여 유의수준 10 %에서 음료수의 용량을 조사하라(단, 음료수의 용량은 정규분포를 따른다).

하단측검정

귀무가설 $H_0 : \mu \geq \mu_0$에 대하여 대립가설 $H_1 : \mu < \mu_0$을 설정한다. 유의수준 α에 대하여 임계값 $t_{\alpha,\, n-1}$을 t−분포표에서 찾고 검정통계량의 관찰값 t_0을 구한다. 이때 [그림 10−4]와 같이 관찰값 t_0이 기각역 $T < -t_{\alpha,\, n-1}$ 안에 놓이면 귀무가설을 기각하고, 그렇지 않으면 귀무가설을 기각하지 않는다.

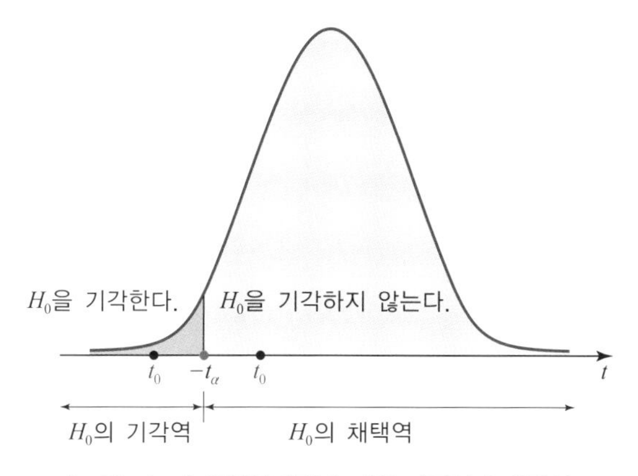

[그림 10−4] **하단측검정에 대한 기각역과 채택역**

예제 3

어느 타이어 제조 회사에서 생산된 타이어의 평균 수명이 10 이상인지 알아보기 위하여 이 회사의 타이어 10개를 조사한 결과, 평균 9.6, 표준편차 0.504였다. 이 자료를 이용하여 타이어의 평균 수명이 10 이상인지 유의수준 2.5 %에서 조사하라(단, 타이어의 수명은 정규분포를 따르고 단위는 만 km이다).

〔풀이〕

① 귀무가설 $H_0 : \mu \geq 10$과 대립가설 $H_1 : \mu < 10$을 설정한다.

② 자유도 9인 t-분포에서 유의수준 $\alpha = 0.025$에 대한 임계값이 $t_{0.025,\,9} = 2.262$이므로 하단측검정의 기각역은 $R : T < -2.262$이다.

③ 표본표준편차가 $s = 0.504$이므로 검정통계량은 $T = \dfrac{\overline{X} - 10}{0.504/\sqrt{10}}$이고 $\overline{x} = 9.6$이므로 검정통계량의 관찰값은 $t_0 = \dfrac{9.6 - 10}{0.504/\sqrt{10}} \approx -2.51$이다.

④ 관찰값 $t_0 = -2.51$은 기각역 안에 놓이므로 $H_0 : \mu \geq 10$을 기각한다. 즉, 유의수준 5 %에서 타이어의 수명이 10만 km 이상이라는 증거가 불충분하다.

I Can Do 3

뼈와 치아에 가장 중요한 요소 중 하나인 칼슘의 하루 섭취량은 800 mg이다. 차상위 계층 이하인 사람들의 하루 섭취량이 이 기준에 미치지 못하는지 알아보기 위하여 6명의 차상위 계층 이하인 사람을 임의로 선정하여 조사한 결과, 평균 774 mg, 표준편차 31.4 mg이었다. 이 자료를 이용하여 차상위 계층 이하인 사람들의 하루 칼슘 섭취량의 미달 여부를 유의수준 5 %에서 조사하라(단, 칼슘의 하루 섭취량은 정규분포를 따른다).

상단측검정

귀무가설 $H_0 : \mu \leq \mu_0$에 대하여 대립가설 $H_1 : \mu > \mu_0$을 설정한다. 유의수준 α에 대하여 임계값 $t_{\alpha,\,n-1}$을 t-분포표에서 찾고 검정통계량의 관찰값 t_0을 구한다. 이때 [그림 10-5]와 같이 관찰값 t_0이 기각역 $T > t_{\alpha,\,n-1}$ 안에 놓이면 귀무가설을 기각하고, 그렇지 않으면 귀무가설을 기각하지 않는다.

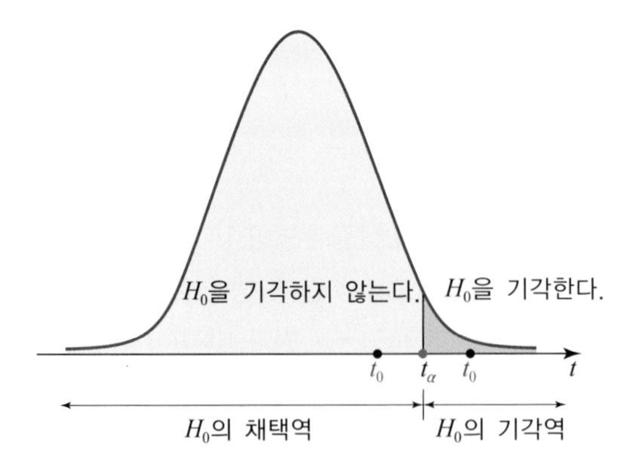

[그림 10-5] **상단측검정에 대한 기각역과 채택역**

예제 4

어느 대형 마트를 이용하는 고객의 지출이 1인당 평균 9만 원을 초과하는지 알아보기 위하여 임의로 고객 6명을 선정하여 조사한 결과 다음과 같았다. 이 마트에서 1인당 지출이 9만 원을 초과하는지 유의수준 5 %에서 조사하라(단, 고객의 지출은 정규분포를 따르고 단위는 만 원이다).

14.8	9.5	11.2	9.8	10.2	9.4

풀이

표본평균과 표본분산을 구하면 각각 다음과 같다.

$$\bar{x} = \frac{1}{6}(14.8 + 9.5 + 11.2 + 9.8 + 10.2 + 9.4) \approx 10.817$$

$$s^2 = \frac{1}{5}\sum_{i=1}^{6}(x_i - 10.817)^2 \approx 4.234$$

표본표준편차가 $s = \sqrt{4.234} \approx 2.058$이므로 자유도 5인 t-분포를 이용하여, 다음과 같은 순서로 귀무가설의 진위 여부를 검정한다.

① 귀무가설 $H_0 : \mu \le 9$와 대립가설 $H_1 : \mu > 9$(주장)를 설정한다.

② 유의수준 $\alpha = 0.05$에 대한 임계값이 $t_{0.05,\,5} = 2.015$이므로 기각역은 $R : T > 2.015$이다.

③ 표본표준편차가 $s = 2.058$이므로 검정통계량은 $T = \dfrac{\bar{X} - 9}{2.058/\sqrt{6}}$이고 $\bar{x} = 10.817$이므로 검정통계량의 관찰값은 $t_0 = \dfrac{10.817 - 9}{2.058/\sqrt{6}} \approx 2.1626$이다.

④ 관찰값 $t_0 = 2.1626$은 기각역 안에 놓이므로 $H_0 : \mu \le 9$를 기각한다. 즉, 유의수준 5 %에서 대형 마트 고객의 지출이 평균 9만 원을 초과하여 지출한다는 증거는 충분하다.

I Can Do 4

스마트폰에 사용되는 배터리의 수명이 하루를 초과하는지 알아보기 위하여 10개를 임의로 선정하여 조사한 결과, 평균 1.2일, 표준편차 0.35일이었다. 배터리의 수명이 하루를 초과하는지 유의수준 5 %에서 조사하라(단, 배터리의 수명은 정규분포를 따른다).

또는 p-값을 이용하여 다음과 같은 순서로 귀무가설에 대한 타당성을 검정할 수 있다.

❶ 귀무가설 H_0과 대립가설 H_1을 설정한다.

❷ 유의수준 α를 정한다.

❸ 검정통계량 $T = \dfrac{\overline{X} - \mu_0}{s/\sqrt{n}}$을 선택하고, 관찰값 t_0을 구한다.

❹ p−값을 구한다.

❺ $p < \alpha$이면 귀무가설을 기각하고, $p \geq \alpha$이면 귀무가설을 채택한다.

그러면 모분산을 모르고 n이 소표본인 경우에 귀무가설 H_0에 대한 검정은 [표 10−1]과 같이 요약할 수 있다.

[표 10−1] **모평균에 대한 검정 유형과 기각역 그리고 p−값**

가설과 기각역 / 검정 유형	귀무가설 H_0	대립가설 H_1	H_0의 기각역	p−값
하단측검정	$\mu \geq \mu_0$	$\mu < \mu_0$	$R: T < -t_{\alpha,\, n-1}$	$P(T < t_0)$
상단측검정	$\mu \leq \mu_0$	$\mu > \mu_0$	$R: T > t_{\alpha,\, n-1}$	$P(T > t_0)$
양측검정	$\mu = \mu_0$	$\mu \neq \mu_0$	$R: \lvert T \rvert > \lvert t_{\alpha/2,\, n-1} \rvert$	$P(\lvert T \rvert > \lvert t_0 \rvert)$

예제 5

어느 광역시의 보건환경연구원이, 해당 광역시 주요 도로의 질소산화물은 위험 수준인 0.101 ppm보다 작다고 주장하였다. 이를 알아보기 위하여 이 지역의 주요 도로 18곳의 질소산화물 배출을 조사한 결과, 평균 0.098 ppm, 표준편차 0.005 ppm이었다. p−값을 구하여 보건환경연구원의 주장에 대해 유의수준 1 %에서 조사하라(단, 질소산화물의 양은 정규분포를 따른다).

풀이

① 귀무가설 $H_0 : \mu \geq 0.101$과 대립가설 $H_1 : \mu < 0.101$(주장)을 설정한다.

② 표본표준편차가 $s = 0.005$이므로 검정통계량은 $T = \dfrac{\overline{X} - 0.101}{0.005/\sqrt{8}}$이고, $\overline{x} = 0.098$이므로 검정통계량의 관찰값은 $t_0 = \dfrac{0.098 - 0.101}{0.005/\sqrt{18}} \approx -2.54558$이다.

③ 검정통계량의 관찰값이 $t_0 = -2.54558$이고 하단측검정이므로 자유도 17인 t−분포표로부터 $-t_{0.02,\, 17} = -2.224$, $-t_{0.01,\, 17} = -2.567$이므로 $0.01 < p$−값 < 0.02이다.

④ p−값 > 0.01이므로 귀무가설 H_0을 기각할 수 없다. 즉, 유의수준 1 %에서 이 지역의 주요 도로의 질소산화물이 위험 수준보다 작다는 근거는 불충분하다.

I Can Do 5

모평균이 $\mu \le 10$이라는 주장에 대한 타당성을 조사하기 위하여 크기 25인 표본을 조사한 결과, 표본평균 10.3과 표본표준편차 2를 얻었다. $p-$값을 구하고 유의수준 5 %에서 검정하라.

10.2 모평균 차에 대한 소표본 추론

8.3절과 9.3절에서 모분산 σ_1^2과 σ_2^2이 알려진 서로 독립인 두 정규모집단의 모평균의 차에 대한 신뢰구간과 가설검정을 구하는 방법을 살펴보았다. 여기서는 두 모분산이 알려지지 않았으나 동일하다는 사실을 알고 있는 서로 독립인 두 정규모집단의 모평균의 차 $\mu_1-\mu_2$에 대한 통계적 추론 방법을 살펴본다.

10.2.1 두 모평균 차에 대한 소표본 추정

두 모분산이 $\sigma_1^2=\sigma_2^2=\sigma^2$이지만 미지이고 서로 독립인 두 정규모집단으로부터 각각 크기가 n과 $m(n<30,\ m<30)$인 두 소표본을 추출한다고 하자. 그러면 7.3.2절에서 두 표본평균의 차 $\overline{X}-\overline{Y}$는 합동표본표준편차 S_p에 대하여 다음과 같이 자유도 $n+m-2$인 $t-$분포를 따르는 것을 살펴보았다.

$$T=\frac{\overline{X}-\overline{Y}-(\mu_1-\mu_2)}{s_p\sqrt{\dfrac{1}{n}+\dfrac{1}{m}}}\sim t(n+m-2)$$

따라서 자유도 $n+m-2$인 $t-$분포에 따르는 확률변수 T에 대하여 다음 중심확률을 얻는다.

$$P\left(|T|<t_{\alpha/2,\,n+m-2}\right)=P\left(\left|(\overline{X}-\overline{Y})-(\mu_1-\mu_2)\right|<s_p\sqrt{\frac{1}{n}+\frac{1}{m}}\cdot t_{\alpha/2,\,n+m-2}\right)=1-\alpha$$

그러므로 대표본의 경우와 동일하게 두 모평균의 차 $\mu_1-\mu_2$에 대한 점추정량은 $\overline{X}-\overline{Y}$이고, 이때 $(1-\alpha)100\,\%$의 오차한계는 다음과 같다.

$$e_{(1-\alpha)100\%}=t_{\alpha/2,\,n+m-2}\,s_p\sqrt{\frac{1}{n}+\frac{1}{m}}$$

따라서 이 경우, 모평균의 차 $\mu_1 - \mu_2$에 대한 $(1-\alpha)100\%$ 신뢰구간은 다음과 같다.

$$\mu_1 - \mu_2 \text{에 대한 } (1-\alpha)100\% \text{ 신뢰구간: } \left((\overline{x} - \overline{y}) - e_{(1-\alpha)100\%},\ (\overline{x} - \overline{y}) + e_{(1-\alpha)100\%} \right)$$

예제 6

배기량이 2000 cc인 차량과 3000 cc인 차량의 rpm을 조사한 결과 다음 표와 같았다. 2000 cc 차량과 3000 cc 차량의 평균 rpm의 차에 대한 95 % 신뢰구간을 구하라(단, 두 종류의 차량에 대한 rpm은 표준편차가 동일한 정규분포를 따른다고 알려져 있다).

2000 cc 차량	2360	2330	2350	2430	2380	2360
3000 cc 차량	2250	2230	2300	2240	2260	2340

풀이

2000 cc 차량과 3000 cc 차량의 표본평균은 각각 $\overline{x} \approx 2368.3$, $\overline{y} = 2270.0$이다. 또한 두 표본의 표본분산을 구하면 각각 다음과 같다.

$$s_1^2 = \frac{1}{5}\sum_{i=1}^{6}(x_i - 2368.3)^2 \approx 1176.7, \quad s_2^2 = \frac{1}{5}\sum_{i=1}^{6}(y_i - 2270)^2 = 1760$$

따라서 합동표본분산과 합동표본표준편차는 다음과 같다.

$$s_p^2 = \frac{5 \times 1176.7 + 5 \times 1760}{6+6-2} = 1468.35, \quad s_p = \sqrt{1468.35} \approx 38.32$$

또한 자유도 10인 t-분포에서 $t_{0.025,\,10} = 2.228$이므로 95 % 신뢰구간에 대한 오차한계는 다음과 같다.

$$e_{95\%} = 2.228 \times 38.32 \times \sqrt{\frac{1}{6} + \frac{1}{6}} \approx 49.3$$

이때 $\overline{x} - \overline{y} = 98.3$이므로 $\mu_1 - \mu_2$에 대한 95 % 신뢰구간은 다음과 같다.

$$\left((\overline{x} - \overline{y}) - e_{95\%},\ (\overline{x} - \overline{y}) + e_{95\%} \right) = (49.0,\ 147.6)$$

I Can Do 6

시중에서 판매되고 있는 두 회사의 커피에 포함된 카페인의 양을 조사한 결과, 다음 표와 같았다. 두 회사에서 판매하는 커피에 함유된 평균 카페인의 차에 대한 90 % 신뢰구간을 구하라(단, 두 회사에서 판매하는 커피에 포함된 카페인의 양은 동일한 분산을 갖는 정규분포를 따르고, 단위는 mg이다).

A 회사	$n=8,\ \bar{x}=109,\ s_1^2=4.25$
B 회사	$m=6,\ \bar{y}=107,\ s_2^2=4.36$

10.2.2 모평균 차에 대한 소표본 가설검정

두 모분산이 동일하지만 미지이고 서로 독립인 두 정규모집단에 대한 모평균의 차에 대한 가설을 검정하기 위하여 소표본을 추출한 경우를 생각하자. 그러면 앞에서 언급한 바와 같이 확률변수

$$T=\frac{\overline{X}-\overline{Y}-(\mu_1-\mu_2)}{s_p\sqrt{\frac{1}{n}+\frac{1}{m}}}$$

는 자유도 $n+m-2$인 t–분포를 따른다. 따라서 귀무가설

$$H_0:\mu_1-\mu_2=d_0,\quad H_0:\mu_1-\mu_2\geq d_0,\quad H_0:\mu_1-\mu_2\leq d_0$$

의 타당성을 검정하기 위하여 다음 검정통계량과 자유도 $n+m-2$인 t–분포를 이용한다.

$$T=\frac{\overline{X}-\overline{Y}-d_0}{s_p\sqrt{\frac{1}{n}+\frac{1}{m}}}$$

즉, 모분산을 모르고 n과 m이 소표본인 경우에 두 모평균의 차 $\mu_1-\mu_2$에 대한 검정통계량과 그 확률분포는 다음과 같다.

$$T=\frac{\overline{X}-\overline{Y}-d_0}{s_p\sqrt{\frac{1}{n}+\frac{1}{m}}}\sim t(n+m-2)$$

그리고 두 모평균의 차 $\mu_1-\mu_2$에 대한 가설검정의 각 유형에 대한 기각역과 p–값은 [표 10–2]와 같다.

[표 10-2] 두 모평균의 차에 대한 검정 유형과 기각역 그리고 p-값

가설과 기각역 / 검정 유형	귀무가설 H_0	대립가설 H_1	H_0의 기각역	p-값
하단측검정	$\mu_1 - \mu_2 \geq d_0$	$\mu_1 - \mu_2 < d_0$	$T < -t_{\alpha,\, n+m-2}$	$P(T < t_0)$
상단측검정	$\mu_1 - \mu_2 \leq d_0$	$\mu_1 - \mu_2 > d_0$	$T > t_{\alpha,\, n+m-2}$	$P(T > t_0)$
양측검정	$\mu_1 - \mu_2 = d_0$	$\mu_1 - \mu_2 \neq d_0$	$\lvert T \rvert > \lvert t_{\alpha/2,\, n+m-2} \rvert$	$P(\lvert T \rvert > \lvert t_0 \rvert)$

예제 7

[예제 6]의 자료를 이용하여 배기량이 2000 cc인 차량의 rpm이 3000 cc인 차량의 rpm보다 높은지 유의수준 5 %에서 조사하라.

풀이

① 2000 cc인 차량과 3000 cc인 차량의 평균 rpm을 각각 μ_1, μ_2라 하면, 밝히고자 하는 것은 $\mu_1 > \mu_2$이고 등호가 들어가지 않으므로 대립가설로 설정한다. 따라서 귀무가설은 $H_0 : \mu_1 \leq \mu_2$이고 대립가설은 $H_1 : \mu_1 > \mu_2$(주장)이다.

② 유의수준 $\alpha = 0.05$에 대한 상단측검정이고 이때 자유도 10인 t-분포를 사용하므로 기각역은 $R : T > t_{0.05,\,10} = 1.812$이다.

③ 합동표준편차가 $s_p = 38.32$이므로 검정통계량은 다음과 같다.

$$T = \frac{\overline{X} - \overline{Y}}{38.32 \times \sqrt{\frac{1}{6} + \frac{1}{6}}} \approx \frac{\overline{X} - \overline{Y}}{22.1241}$$

④ $\overline{x} - \overline{y} = 98.3$이므로 검정통계량의 관찰값은 $t_0 = \frac{98.3}{22.1241} \approx 4.44$이고, 따라서 관찰값이 기각역 안에 놓이므로 귀무가설을 기각한다. 즉, 2000 cc인 차량의 rpm이 3000 cc 차량의 rpm보다 높다고 할 수 있다.

I Can Do 7

[I Can Do 6]의 자료를 이용하여 두 회사의 커피에 함유된 카페인의 양이 같은지 유의수준 5 %에서 조사하라.

A 회사	$n = 8,\ \overline{x} = 109,\ s_1^2 = 4.25$
B 회사	$m = 6,\ \overline{y} = 107,\ s_2^2 = 4.36$

10.2.3 쌍체 t-검정

지금까지는 서로 독립인 두 모집단으로부터 각각 표본을 추출하여 모평균을 비교하였으며, 따라서 두 표본의 대상은 서로 독립이었다. 그러나 통계학 개론의 학습법에 대하여 통계 패키지를 활용하는 것이 효과가 있는지 알아보기 위하여 임의로 학생을 선정하였다고 하자. 이 학생을 대상으로 통계 패키지를 학습하기 전에 평가를 실시하고, 통계 패키지를 학습한 후의 평가 자료를 비교하는 경우를 생각할 수 있다. 그러면 지금까지와는 다르게 표본으로 선정된 대상이 동일하고 통계 패키지 교육을 실시하기 전의 학습 결과와 실시한 이후의 학습 결과를 비교하므로 서로 종속인 자료 집단을 다루게 된다. 이와 같이 동일한 대상에 의한 실험 전의 결과와 실험 후의 결과인 쌍으로 이루어진 두 자료 집단의 평균의 차에 대한 가설을 검정하는 방법을 살펴본다. 즉, 통계 패키지를 학습한 후의 평균을 μ_1 그리고 학습 전의 평균을 μ_2라 할 때, $\mu_1 - \mu_2$에 대한 가설을 검정하는 방법을 살펴본다.

이를 위하여 패키지 교육 전후의 모집단은 정규분포를 따르고, 표본은 임의로 선정된다고 가정한다. 예를 들어, 표본으로 선정된 10명의 통계 패키지 학습 전후의 평가는 정규분포를 따르고 임의로 선정된 표본의 측정값은 [표 10-3]과 같다고 하자.

일단 각 쌍으로 이루어진 관찰값의 차 $d_i = y_i - x_i$를 구하고, d_i에 대한 평균 $\overline{d}$를 구한다.

$$\overline{d} = \frac{1}{10}(5 + 6 + 6 + \cdots + 4 - 1) = 4.8$$

[표 10-3] 학습 전후의 평가와 개인별 차

대상자	학습 전(x_i)	학습 후(y_i)	개인별 차($d_i = y_i - x_i$)
1	82	87	5
2	78	84	6
3	86	92	6
4	78	83	5
5	84	97	13
6	78	79	1
7	71	76	5
8	86	90	4
9	80	84	4
10	89	88	−1

그러면 $\bar{d}$의 표본분포는 자유도 9인 $t-$분포를 이루고, 개인별 차의 표본표준편차는 $s_d \approx 3.645$이다. 이때 학습 후의 모평균과 학습 전의 모평균의 편차에 대한 가설 $H_0: \mu_2 - \mu_1 = \mu_d$를 검정하기 위한 검정통계량과 그 확률분포는 다음과 같다.

$$T = \frac{\bar{d} - \mu_d}{s_d / \sqrt{n}} \sim t(n-1)$$

만일 통계 패키지를 활용한 교육 방법이 효과가 있는지 조사한다면, 즉 $\mu_2 - \mu_1 > 0$을 조사한다면, 귀무가설 $H_0: \mu_2 - \mu_1 \leq 0$과 대립가설 $H_1: \mu_2 - \mu_1 > 0$(주장)을 설정한다. 검정통계량의 관찰값은 $t_0 = \dfrac{4.8 - 0}{3.645/\sqrt{10}} \approx 4.164$이다. 따라서 유의수준 5%에서 검정한다면 자유도 9인 $t-$분포에서 $t_{0.05} = 1.833$이므로 귀무가설을 기각한다. 따라서 $\mu_2 > \mu_1$, 즉 통계 패키지를 활용한 교육 방법이 효과적이라고 할 수 있다.

이와 같이 크기가 n이고 실험 전후의 쌍체로 이루어진 소표본에 대하여 귀무가설

$$H_0: \mu_2 - \mu_1 = \mu_d, \quad H_0: \mu_2 - \mu_1 \geq \mu_d, \quad H_0: \mu_2 - \mu_1 \leq \mu_d$$

의 타당성을 검정하기 위하여 다음 검정통계량과 자유도 $n-1$인 $t-$분포를 이용한다.

$$T = \frac{\bar{d} - \mu_d}{s_d / \sqrt{n}} \sim t(n-1)$$

이때 $\bar{d}$는 쌍으로 이루어진 관찰값의 차 $d_i = y_i - x_i$의 평균이고, μ_d는 두 모평균의 차에 대한 가설을 나타낸다. 그리고 s_d는 관찰값의 차 d_i들의 표준편차이며 다음과 같다.

$$s_d = \sqrt{\frac{n\left(\Sigma d_i^2\right) - (\Sigma d_i)^2}{n(n-1)}}$$

따라서 다음 순서에 따라 **쌍체 t-검정**을 실시한다.

❶ 귀무가설 H_0과 대립가설 H_1을 설정한다.

❷ 유의수준 α에 대하여 자유도 $n-1$인 $t-$분포에서 임계값과 기각역을 구한다.

❸ 표본으로부터 $\bar{d}$와 s_d를 구한다.

❹ 검정통계량 $T = \dfrac{\bar{d} - \mu_d}{s_d / \sqrt{n}}$의 관찰값 t_0을 구하고, 이 값이 기각역 안에 놓이는지 확인한다.

⑤ 위 결과를 이용하여 귀무가설의 기각 여부를 판단한다. 또는 관찰값 t_0을 이용한 p−값을 구하고 유의수준 α와 비교하여 귀무가설의 기각 여부를 판단한다.

그러면 두 모평균의 차 $\mu_2 - \mu_1$에 대한 가설검정의 각 유형에 대한 기각역과 p−값은 [표 10−4]와 같다.

[표 10−4] **두 모평균의 차에 대한 검정 유형과 기각역 그리고 p−값**

가설과 기각역 / 검정 유형	귀무가설 H_0	대립가설 H_1	H_0의 기각역	p−값
하단측검정	$\mu_1 - \mu_2 \geq \mu_d$	$\mu_1 - \mu_2 < \mu_d$	$T < -t_{\alpha,\, n-1}$	$P(T < t_0)$
상단측검정	$\mu_1 - \mu_2 \leq \mu_d$	$\mu_1 - \mu_2 > \mu_d$	$T > t_{\alpha,\, n-1}$	$P(T > t_0)$
양측검정	$\mu_1 - \mu_2 = \mu_d$	$\mu_1 - \mu_2 \neq \mu_d$	$\lvert T \rvert > \lvert t_{\alpha/2,\, n-1} \rvert$	$P(\lvert T \rvert > \lvert t_0 \rvert)$

예제 8

골프채를 생산하는 한 회사가 자신들이 개발한 신형 골프채를 사용하면 타수를 낮출 수 있다고 주장한다. 6명의 골퍼를 무작위로 선정하여 가장 최근에 기록한 5번의 평균 타수를 물어본 다음, 신형 골프채를 사용하여 각각 5번씩 골프를 치게 한 후에 평균 타수를 물어본 결과 다음 표와 같았다. 유의수준 5 %에서 신형 골프채를 사용하면 타수가 줄어드는지 조사하라(단, 구형과 신형 골프채에 의한 타수는 정규분포를 따른다고 알려져 있다).

골퍼	1	2	3	4	5	6
구형 골프채	95	102	83	92	85	96
신형 골프채	92	96	83	88	84	91

(풀이)

우선 각 골퍼별로 과거의 평균 타수와 현재의 평균 타수의 차를 구한다.

골퍼	1	2	3	4	5	6
타수 차이(d_i)	−3	−6	0	−4	−1	−5

① 신형의 평균 타수와 구형의 평균 타수를 각각 μ_1, μ_2라 하면, 밝히고자 하는 것은 $\mu_1 < \mu_2$이고 등호가 들어가지 않으므로 대립가설로 설정한다. 따라서 귀무가설은 $H_0 : \mu_1 \geq \mu_2$이고 대립가설은 $H_1 : \mu_1 < \mu_2$(주장)이다.

② 유의수준 $\alpha = 0.05$에 대한 하단측검정이고 이때 자유도 5인 t-분포를 사용하므로 기각역은 $R : T < -t_{0.05,\,5} = -2.015$이다.

③ 타수의 차에 대한 평균과 표준편차를 구한다.

$$\bar{d} = -\frac{1}{6}(3 + 6 + 0 + 4 + 1 + 5)$$
$$\approx -3.167$$

그리고 $\Sigma d_i^2 = 87$, $(\Sigma d_i)^2 = 361$이므로 타수의 차에 대한 표준편차는 다음과 같다.

$$s_d = \sqrt{\frac{6 \cdot 87 - 361}{30}} \approx 2.3166$$

④ 검정통계량 $T = \dfrac{\bar{d} - 0}{2.3166/\sqrt{6}}$의 관찰값은 다음과 같다.

$$t_0 = -\frac{3.167}{2.3166/\sqrt{6}} \approx -3.3487$$

따라서 t_0은 기각역 안에 들어간다.

⑤ 귀무가설을 기각한다. 즉, 신형 골프채를 사용하면 타수가 줄어든다고 할 수 있다.

I Can Do 8

어느 제약 회사는 기존의 감기약 A에 비하여 새로 개발한 신약 B가 더 효과적인지 알아보기 위해 과거에 감기약 A를 사용했던 감기 환자 8명을 임의로 선정하여 회복 기간을 조사하였고 그 결과가 다음과 같았다. 유의수준 10 %에서 신약이 효과가 있는지 조사하라(단, 두 종류의 감기약에 의한 회복 기간은 정규분포를 따른다고 알려져 있다).

감기 환자	1	2	3	4	5	6	7	8
A의 회복 기간	6	4	3	5	5	7	6	4
B의 회복 기간	4	3	4	3	4	6	3	3

10.3 모분산에 대한 소표본 추론

이 절에서는 정규모집단의 모분산과 모표준편차에 대한 구간추정 및 가설검정 방법에 대하여 살펴본다.

10.3.1 모분산에 대한 추정

7.2.4절에서, 정규모집단으로부터 크기 n인 표본을 추출하면 표본분산 S^2에 관한 표본분포는 다음과 같이 자유도가 $n-1$인 카이제곱분포인 것을 살펴보았다.

$$V = \frac{(n-1)S^2}{\sigma^2} \sim \chi^2(n-1)$$

특히 [그림 10-6]과 같이 양쪽 꼬리확률이 $\frac{\alpha}{2}$가 되는 임계값은 $\chi^2_{1-(\alpha/2),\, n-1}$과 $\chi^2_{\alpha/2,\, n-1}$이다. 그러므로 자유도 $n-1$인 χ^2−분포에 대하여 다음을 얻는다.

$$\begin{aligned} P\left(\chi^2_{1-(\alpha/2),\, n-1} < V < \chi^2_{\alpha/2,\, n-1}\right) &= P\left(\chi^2_{1-(\alpha/2),\, n-1} < \frac{(n-1)S^2}{\sigma^2} < \chi^2_{\alpha/2,\, n-1}\right) \\ &= 1-\alpha \end{aligned}$$

또는

$$P\left(\frac{(n-1)S^2}{\chi^2_{\alpha/2,\, n-1}} < \sigma^2 < \frac{(n-1)S^2}{\chi^2_{1-(\alpha/2),\, n-1}}\right) = 1-\alpha$$

따라서 모분산 σ^2에 대한 $(1-\alpha)100\%$ 신뢰구간은 다음과 같다.

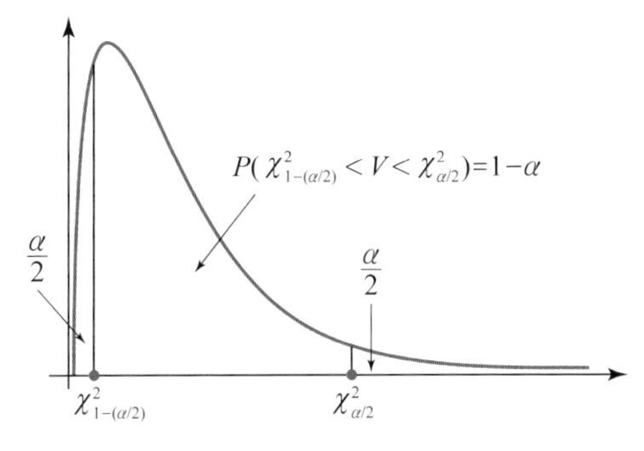

[그림 10-6] χ^2− 분포의 중심확률

$$\left(\frac{(n-1)s^2}{\chi^2_{\alpha/2,\,n-1}},\ \frac{(n-1)s^2}{\chi^2_{1-(\alpha/2),\,n-1}}\right)$$

한편 표본표준편차 s는 모표준편차 σ에 대한 편의추정량이지만, 일반적으로 $n \geq 10$이면 편의를 무시할 수 있다. 따라서 $n \geq 10$인 경우에 모표준편차 σ에 대한 $(1-\alpha)100\,\%$ 신뢰구간은 다음과 같다.

$$\left(s\sqrt{\frac{n-1}{\chi^2_{\alpha/2,\,n-1}}},\ s\sqrt{\frac{n-1}{\chi^2_{1-(\alpha/2),\,n-1}}}\right)$$

그러므로 모분산 σ^2에 대한 90 %, 95 %, 99 % 신뢰구간을 구하기 위하여 자유도 $n-1$인 χ^2-분포를 사용하며, 각 신뢰구간의 하한과 상한은 [표 10-5]와 같다.

[표 10-5] **모분산 σ^2에 대한 신뢰구간의 하한과 상한**

신뢰수준	신뢰구간	
	하 한	상 한
90 % 신뢰구간	$\frac{(n-1)s^2}{\chi^2_{0.05,\,n-1}}$	$\frac{(n-1)s^2}{\chi^2_{0.95,\,n-1}}$
95 % 신뢰구간	$\frac{(n-1)s^2}{\chi^2_{0.025,\,n-1}}$	$\frac{(n-1)s^2}{\chi^2_{0.975,\,n-1}}$
99 % 신뢰구간	$\frac{(n-1)s^2}{\chi^2_{0.005,\,n-1}}$	$\frac{(n-1)s^2}{\chi^2_{0.995,\,n-1}}$

예제 9

어느 제약 회사에서 생산되는 캡슐 감기약의 무게에 대한 분산을 알아보기 위하여 시중에서 판매되는 감기약 16개를 수거하여 무게를 측정한 결과 다음과 같았다. 이 자료를 이용하여 다음을 구하라(단, 이 회사에서 제조되는 캡슐 감기약의 무게는 정규분포를 따르고, 단위는 g이다).

4.23	4.26	4.26	4.24	4.27	4.23	4.19	4.27
4.21	4.25	4.23	4.29	4.30	4.24	4.20	4.24

(1) 모분산 σ^2에 대한 95 % 신뢰구간

(2) 모표준편차 σ에 대한 95 % 신뢰구간

풀이

(1) 표본평균과 표본분산은 각각 다음과 같다.

$$\bar{x} = \frac{4.23 + 4.26 + \cdots + 4.24}{16} \approx 4.2444$$

$$s^2 = \frac{1}{15}\sum_{i=1}^{16}(x_i - 4.2444)^2 \approx 0.00092$$

그리고 표본의 크기가 16이므로 자유도 15인 χ^2–분포에서 $\chi^2_{0.025,\,15} = 27.49$, $\chi^2_{0.975,\,15} = 6.26$이므로 모분산 σ^2에 대한 95 % 신뢰구간의 하한과 상한은 각각 다음과 같다.

$$\chi_L^2 = \frac{(n-1)s^2}{\chi^2_{0.025,\,15}} = \frac{15 \times 0.00092}{27.49} \approx 0.0005$$

$$\chi_R^2 = \frac{(n-1)s^2}{\chi^2_{0.975,\,15}} = \frac{15 \times 0.00092}{6.26} \approx 0.0022$$

따라서 구하고자 하는 신뢰구간은 (0.0005, 0.0022)이다.

(2) $\sqrt{0.0005} \approx 0.0224$, $\sqrt{0.0022} \approx 0.0469$이므로 모표준편차 σ에 대한 95 % 신뢰구간은 (0.0224, 0.0469)이다.

I Can Do 9

제주도에서 여름 휴가를 보내기 위해 무작위로 동일한 규모의 펜션 사용료를 조사한 결과 다음과 같았다. 물음에 답하라(단, 펜션 사용료는 정규분포를 따르고, 단위는 만 원이다).

12.5	11.5	6.0	5.5	15.5	11.5	10.5
17.5	10.0	9.5	13.5	8.5	11.5	15.5

(1) 모분산 σ^2에 대한 95 % 신뢰구간을 구하라.

(2) 모표준편차 σ에 대한 95 % 신뢰구간을 구하라.

10.3.2 모분산에 대한 가설검정

이제 정규모집단의 모분산에 대한 가설의 진위 여부를 결정하는 방법을 살펴본다. 모분산의 추정에서와 같이 모분산의 가설 σ_0^2을 검정하기 위하여 크기 n인 표본으로부터 표본분산 S^2과 자유도 $n-1$인 χ^2–분포를 이용하여 다음과 같은 순서로 가설의 진위 여부를 결정한다.

❶ 귀무가설 H_0과 대립가설 H_1을 설정한다.

❷ 유의수준 α에 대한 기각역을 구한다.

❸ 검정통계량 $\chi^2 = \dfrac{(n-1)S^2}{\sigma^2}$을 선택한다.

❹ 표본으로부터 검정통계량의 관찰값 χ_0^2을 구하고, H_0의 채택과 기각 여부를 결정한다.

이때 미리 주어진 유의수준 α에 대한 기각역과 채택역에 대해 검정통계량의 관찰값이 기각역 안에 들어 있으면 귀무가설 H_0을 기각시키고, 그렇지 않으면 H_0을 기각시키지 못한다. 또는 p–값을 유의수준과 비교하여 귀무가설의 기각 또는 채택을 결정한다.

양측검정

우선 귀무가설 $H_0 : \sigma^2 = \sigma_0^2$의 진위 여부를 검정하기 위하여 대립가설 $H_1 : \sigma^2 \neq \sigma_0^2$을 설정한다. 그리고 유의수준 α에 대한 임계값 $\chi^2_{1-(\alpha/2)}$와 $\chi^2_{\alpha/2}$을 χ^2–분포표에서 찾고 기각역 $R : \chi^2 < \chi^2_{1-(\alpha/2)}, \chi^2 \geq \chi^2_{\alpha/2}$을 결정한다. 이때 [그림 10–7]과 같이 검정통계량의 관찰값 χ_0^2이 채택역 안에 들어가면 귀무가설을 기각하지 못하고, 기각역 안에 들어가면 귀무가설을 기각한다.

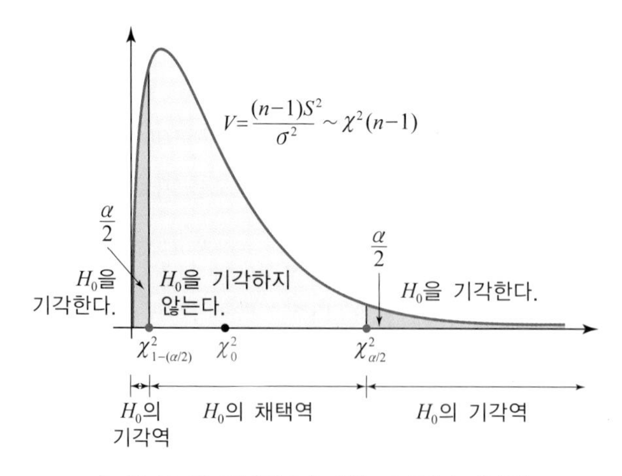

[그림 10–7] 양측검정에 대한 기각역과 채택역

따라서 정규모집단의 모분산에 대한 양측검정은 다음과 같이 요약된다.

귀무가설 $H_0 : \sigma^2 = \sigma_0^2$에 대하여 양측검정에 대한 검정통계량과 그 확률분포는

$$\chi^2 = \frac{(n-1)S^2}{\sigma_0^2} \sim \chi^2(n-1)$$

이고, 기각역 R는 다음과 같다.

$$R : \chi^2 < \chi^2_{1-(\alpha/2),\, n-1},\ \chi^2 \geq \chi^2_{\alpha/2,\, n-1}$$

예제 10

어느 지역에 거주하는 청소년이 자원봉사에 참여하는 평균 시간이 하루에 4.5시간이고 표준편차는 0.3시간이라고 한다. 이것을 알아보기 위하여 이 지역의 청소년 21명을 조사한 결과, 평균 4.3시간, 표준편차 0.2시간이었다. 유의수준 5 %에서 표준편차가 0.3시간이라는 주장을 조사하라(단, 자원봉사 시간은 정규분포를 따른다고 한다).

풀이

① 귀무가설 $H_0 : \sigma = 0.3$과 대립가설 $H_1 : \sigma \neq 0.3$을 설정한다. 그러면 모분산에 대한 귀무가설 $H_0 : \sigma^2 = 0.09$와 대립가설 $H_1 : \sigma \neq 0.09$로 변환하여 검정을 실시할 수 있다.

② 유의수준 $\alpha = 0.05$에 대한 양측검정이고 자유도가 20이므로 $\chi^2_{0.975,\, 20} = 9.59$, $\chi^2_{0.025,\, 20} = 34.17$이고 기각역은 $R : \chi^2 < 9.59$, $\chi^2 > 34.17$이다.

③ 검정통계량 $\chi^2 = \dfrac{20S^2}{0.09}$의 관찰값은 $\chi_0^2 = \dfrac{20(0.2)^2}{0.09} \approx 8.89$이므로 기각역 안에 놓인다.

④ 유의수준 5 %에서에서 귀무가설을 기각한다. 즉, 자원봉사 시간의 표준편차가 0.3시간이라는 근거는 타당성이 없다.

I Can Do 10

정규모집단으로부터 크기 10인 표본을 임의로 선정하여 조사한 결과 다음과 같았다. 모분산이 $\sigma^2 = 0.8$이라는 주장에 대하여 유의수준 1 %에서 조사하라.

1.5	1.1	3.6	1.5	1.7	2.1	3.2	2.5	2.8	2.9

하단측검정

귀무가설 $H_0 : \sigma^2 \geq \sigma_0^2$의 진위 여부를 검정하기 위하여 대립가설 $H_1 : \sigma^2 < \sigma_0^2$을 설정한다. 유의수준 α에서 하단측검정의 $\chi^2_{1-\alpha, n-1}$을 χ^2-분포표에서 찾고 기각역 $R : \chi^2 < \chi^2_{1-\alpha, n-1}$을 결정한다. 그리고 [그림 10-8]과 같이 검정통계량의 관찰값 χ_0^2이 채택역 안에 들어가면 귀무가설을 기각하지 못하고, 기각역 안에 들어가면 귀무가설을 기각한다.

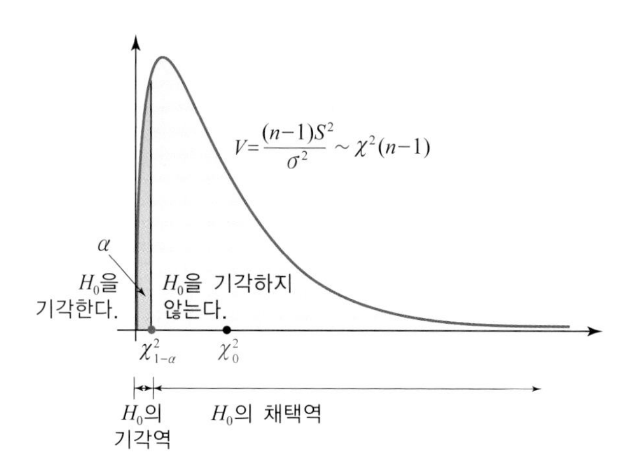

[그림 10-8] **하단측검정에 대한 기각역과 채택역**

예제 11

어느 단체가, 특정한 수입 자동차 연비의 표준편차가 1.2 km/L 이상이라고 주장한다. 이 주장에 대해 조사하기 위하여 동일한 모델의 자동차 13대를 주행 시험한 결과, 표준편차가 0.82 km/L였다. 자동차 연비가 정규분포를 따른다고 할 때, 이 단체의 주장을 수용할 수 있는지 유의수준 5 %에서 조사하라.

풀이

① 귀무가설 $H_0 : \sigma \geq 1.2$과 대립가설 $H_1 : \sigma < 1.2$을 설정한 후, 모분산에 대한 귀무가설 $H_0 : \sigma^2 \geq 1.44$과 대립가설 $H_1 : \sigma^2 < 1.44$로 변환하여 검정을 실시한다.

② 자유도 12인 χ^2-분포에서 유의수준 5 %에 대한 기각역은 $R : \chi^2 < \chi^2_{0.95, 12} = 5.23$이다.

③ $s = 0.82$이므로 검정통계량 $\chi^2 = \frac{12S^2}{1.44}$의 관찰값은 $\chi_0^2 = \frac{12(0.82)^2}{1.44} \approx 5.60$이다.

④ 검정통계량의 관찰값이 기각역 안에 놓이지 않으므로 귀무가설을 기각할 수 없다. 즉, 조사된 자료에 기초하여 이 단체의 주장은 근거가 충분하다.

I Can Do 11

정규모집단에서 모표준편차가 0.09보다 작은지 알아보기 위하여, 크기 12인 표본을 추출하여 조사한 결과 표본표준편차가 0.05였다. 모표준편차가 0.09보다 작은지 유의수준 5%에서 조사하라.

상단측검정

귀무가설 $H_0 : \sigma^2 \le \sigma_0^2$의 진위 여부를 검정하기 위하여 대립가설 $H_1 : \sigma^2 > \sigma_0^2$을 설정한다. 유의수준 α에서 상단측검정의 $\chi^2_{\alpha, n-1}$을 χ^2–분포표에서 찾고 기각역 $R : \chi^2 > \chi^2_{\alpha, n-1}$을 결정한다. 그리고 [그림 10–9]와 같이 검정통계량의 관찰값 χ_0^2이 채택역 안에 들어가면 귀무가설을 기각하지 못하고, 기각역 안에 들어가면 귀무가설을 기각한다.

그러면 모분산에 대한 귀무가설 H_0에 대한 가설검정은 [표 10–6]과 같이 요약할 수 있다.

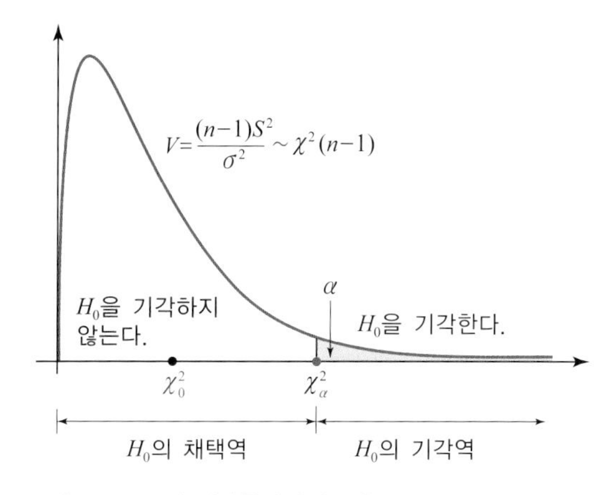

[그림 10–9] **상단측검정에 대한 기각역과 채택역**

[표 10–6] **모분산에 대한 검정 유형과 기각역**

검정 유형 \ 가설과 기각역	귀무가설 H_0	대립가설 H_1	H_0의 기각역 R
하단측검정	$\sigma^2 \ge \sigma_0^2$	$\sigma^2 < \sigma_0^2$	$\chi^2 < \chi^2_{1-\alpha, n-1}$
상단측검정	$\sigma^2 \le \sigma_0^2$	$\sigma^2 > \sigma_0^2$	$\chi^2 > \chi^2_{\alpha, n-1}$
양측검정	$\sigma^2 = \sigma_0^2$	$\sigma^2 \ne \sigma_0^2$	$\chi^2 < \chi^2_{1-(\alpha/2), n-1}$, $\chi^2 > \chi^2_{\alpha/2, n-1}$

예제 12

어느 생수 회사에서, 자신들이 생산하는 생수 페트병의 순수 용량은 평균 1.5 L, 분산은 0.3 L 이하라고 주장한다. 이것을 확인하기 위하여 임의로 페트병 15개를 수거하여 측정한 결과, 분산이 0.48 L였다. 이 생수 회사의 주장이 타당한지 유의수준 5 %에서 조사하라(단, 이 회사에서 생산하는 생수의 용량은 정규분포를 따른다고 한다).

(풀이)

① 귀무가설 $H_0 : \sigma^2 \le 0.3$과 대립가설 $H_1 : \sigma^2 > 0.3$을 설정한다.

② 유의수준 $\alpha = 0.05$에 대한 상단측검정이고 자유도가 14이므로 $\chi^2_{0.05,\, 14} = 23.68$이고, 기각역은 $R : \chi^2 > 23.68$이다.

③ 검정통계량 $\chi^2 = \dfrac{14S^2}{0.3}$의 관찰값은 $\chi_0^2 = \dfrac{14 \times 0.48}{0.3} = 22.4$이므로 기각역 안에 놓이지 않는다.

④ 유의수준 5 %에서 귀무가설을 기각할 수 없다. 즉, 생수 회사의 주장에 타당성이 있다.

I Can Do 12

정규모집단에서 크기 17인 표본을 조사하여 표본평균 15.1과 표준편차 2.7을 얻었다. 가설 $H_0 : \sigma^2 \le 4.5$을 유의수준 5 %에서 조사하라.

10.4 모분산 비에 대한 소표본 추론

가끔 우리는 방송 매체를 통하여 어떤 대학들의 학점이 편중되었다는 뉴스를 접하기도 하고, 또 일반적이지는 않지만 어느 회사에서 생산된 측정 기구의 정밀도가 더 정확한지 비교하는 경우도 있다. 이러한 상황에 대한 통계적 추론은 두 집단 사이의 모분산을 비교함으로써 해결할 수 있는데, 이 절에서는 두 정규모집단의 모분산에 대한 추론을 살펴본다.

10.4.1 모분산 비에 대한 추정

서로 독립인 두 정규모집단 $N(\mu_1, \sigma_1^2)$, $N(\mu_2, \sigma_2^2)$에서 각각 크기 n, m인 표본을 추출했을 때 표본분산을 S_1^2, S_2^2이라 하면, 7.3.4절에서 두 표본분산의 비 $\dfrac{S_1^2}{S_2^2}$에 관련된 표본분포는 다음과

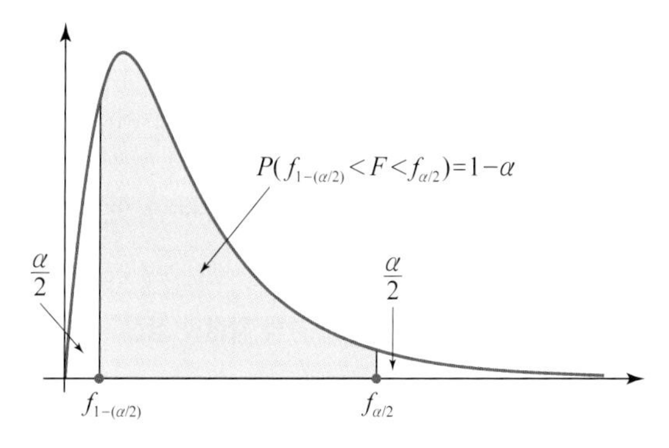

[그림 10-10] F - 분포의 중심확률

같이 분자의 자유도가 $n-1$이고 분모의 자유도가 $m-1$인 F-분포인 것을 살펴보았다.

$$\frac{S_1^2/\sigma_1^2}{S_2^2/\sigma_2^2} \sim F(n-1, m-1)$$

이때 [그림 10-10]과 같이 분자와 분모의 자유도가 $n-1$, $m-1$인 F-분포에서 왼쪽과 오른쪽 꼬리확률이 각각 $\frac{\alpha}{2}$가 되는 임계값 $f_{1-(\alpha/2),\, n-1,\, m-1}$, $f_{\alpha/2,\, n-1,\, m-1}$에 대하여 중심확률은 $1-\alpha$이다.

그러므로 분자 · 분모의 자유도가 $n-1$, $m-1$인 F-분포에 대하여 다음을 얻는다.

$$P\left(f_{1-(\alpha/2),\, n-1,\, m-1} < \frac{S_1^2/\sigma_1^2}{S_2^2/\sigma_2^2} < f_{\alpha/2,\, n-1,\, m-1}\right) = 1-\alpha$$

또는

$$P\left(\frac{S_1^2/S_2^2}{f_{\alpha/2,\, n-1,\, m-1}} < \frac{\sigma_1^2}{\sigma_2^2} < \frac{S_1^2/S_2^2}{f_{1-(\alpha/2),\, n-1,\, m-1}}\right) = 1-\alpha$$

그러므로 두 모분산의 비 $\frac{\sigma_1^2}{\sigma_2^2}$에 대한 $(1-\alpha)100\%$ 신뢰구간은 다음과 같다.

$$\left(\frac{s_1^2}{s_2^2}\frac{1}{f_{\alpha/2,\, n-1,\, m-1}},\ \frac{s_1^2}{s_2^2}\frac{1}{f_{1-(\alpha/2),\, n-1,\, m-1}}\right)$$

이때 6.4.3절에서 살펴본 바와 같이 $\frac{1}{f_{1-(\alpha/2),\,n,\,m}} = f_{\alpha/2,\,m,\,n}$임에 유의한다. 따라서 두 모분산의 비 $\frac{\sigma_1^2}{\sigma_2^2}$에 대한 90 %, 95 %, 99 % 신뢰구간을 구하기 위하여 분자와 분모의 자유도가 $n-1,\ m-1$인 F-분포를 사용하며, 각 신뢰구간의 하한과 상한은 [표 10-7]과 같다.

[표 10-7] 모분산의 비 $\frac{\sigma_1^2}{\sigma_2^2}$에 대한 신뢰구간의 하한과 상한

신뢰수준	신뢰구간	
	하 한	상 한
90 % 신뢰구간	$\frac{s_1^2}{s_2^2}\frac{1}{f_{0.05,\,n-1,\,m-1}}$	$\frac{s_1^2}{s_2^2}\frac{1}{f_{0.95,\,n-1,\,m-1}}$
95 % 신뢰구간	$\frac{s_1^2}{s_2^2}\frac{1}{f_{0.025,\,n-1,\,m-1}}$	$\frac{s_1^2}{s_2^2}\frac{1}{f_{0.975,\,n-1,\,m-1}}$
99 % 신뢰구간	$\frac{s_1^2}{s_2^2}\frac{1}{f_{0.005,\,n-1,\,m-1}}$	$\frac{s_1^2}{s_2^2}\frac{1}{f_{0.995,\,n-1,\,m-1}}$

예제 13

서로 독립인 두 정규모집단으로 각각 표본을 선정하여 다음 결과를 얻었다. 모분산의 비 $\frac{\sigma_1^2}{\sigma_2^2}$에 대한 90 % 신뢰구간을 구하라.

	크기	표본평균	표본표준편차
표본 1	10	$\bar{x} = 17.5$	$s_1 = 3.1$
표본 2	8	$\bar{y} = 21.2$	$s_2 = 2.8$

풀이

표본의 크기가 각각 10과 8이므로 분자의 자유도 9와 분모의 자유도 7인 F-분포에서 임계값을 구하면, 각각 $f_{0.05,\,9,\,7} = 3.68$, $f_{0.95,\,9,\,7} = \frac{1}{f_{0.05,\,7,\,9}} = \frac{1}{3.29} \approx 0.304$이다. 그러므로 90 % 신뢰구간의 하한과 상한은 각각 다음과 같다.

$$f_L = \frac{s_1^2/s_2^2}{f_{0.05}} = \frac{3.1^2}{2.8^2}\frac{1}{3.68} \approx 0.333$$

$$f_U = \frac{s_1^2/s_2^2}{f_{0.95}} = \frac{3.1^2}{2.8^2}\frac{1}{0.304} \approx 4.032$$

따라서 $\frac{\sigma_1^2}{\sigma_2^2}$에 대한 90 % 신뢰구간은 (0.333, 4.032)이다.

I Can Do 13

서로 독립인 두 정규모집단으로 각각 표본을 선정하여 다음 결과를 얻었다. 모분산의 비 $\frac{\sigma_1^2}{\sigma_2^2}$에 대한 95% 신뢰구간을 구하라.

	크기	표본평균	표본표준편차
표본 1	7	$\bar{x} = 161$	$s_1 = 7.4$
표본 2	6	$\bar{y} = 169$	$s_2 = 9.1$

10.4.2 모분산 비에 대한 가설검정

7.3.4절에서 두 모분산 σ_1^2과 σ_2^2의 대소 관계를 비교하기 위하여 다음과 같이 생각할 수 있음을 설명하였다.

$$\sigma_1^2 > \sigma_2^2 \Leftrightarrow \frac{\sigma_1^2}{\sigma_2^2} > 1, \quad \sigma_1^2 = \sigma_2^2 \Leftrightarrow \frac{\sigma_1^2}{\sigma_2^2} = 1, \quad \sigma_1^2 < \sigma_2^2 \Leftrightarrow \frac{\sigma_1^2}{\sigma_2^2} < 1$$

따라서 두 모분산 σ_1^2과 σ_2^2의 대소 관계를 비교하기 위하여 각각 크기 n과 m인 표본의 표본분산 S_1^2과 S_2^2에 대하여 $\frac{S_1^2}{S_2^2}$을 이용한다. 그러면 σ_1^2과 σ_2^2을 비교하는 가설을 검정하기 위하여 분자와 분모의 자유도가 각각 $n-1$, $m-1$인 F-분포를 이용하며, 다음과 같은 순서에 의하여 가설의 진위 여부를 결정한다.

❶ 귀무가설 H_0과 대립가설 H_1을 설정한다.

❷ 분자와 분모의 자유도가 $n-1$, $m-1$인 F-분포에서 유의수준 α에 대한 임계값과 기각역을 구한다.

❸ 검정통계량 $F = \frac{S_1^2}{S_2^2}$을 선택하고, 관찰값 f_0을 구한다.

❹ 표본으로부터 검정통계량의 관찰값 f_0을 구하고, H_0의 채택과 기각 여부를 결정한다.

그러면 검정통계량의 관찰값 f_0이 미리 주어진 유의수준 α에 대한 기각역 안에 들어 있으면 귀무가설 H_0을 기각시키고, 그렇지 않으면 H_0을 기각시키지 못한다. 또는 p-값을 구하여 유의수준과 비교하여 귀무가설의 기각 또는 채택을 결정한다.

양측검정

우선 귀무가설 $H_0 : \sigma_1^2 = \sigma_2^2$의 진위 여부를 검정하기 위하여 대립가설 $H_1 : \sigma_1^2 \neq \sigma_2^2$을 설정한다. 그리고 분자와 분모의 자유도가 각각 $n-1$, $m-1$인 F-분포표에서 유의수준 α에 대한 임계값 $f_{1-(\alpha/2),\,n-1,\,m-1}$과 $f_{\alpha/2,\,n-1,\,m-1}$을 찾고, 기각역 $R : F < f_{1-(\alpha/2),\,n-1,\,m-1}$, $F > f_{\alpha/2,\,n-1,\,m-1}$을 결정한다. 이때 [그림 10-11]과 같이 검정통계량의 관찰값 f_0이 채택역 안에 들어가면 귀무가설을 기각하지 못하고, 기각역 안에 들어가면 귀무가설을 기각한다.

하단측검정

귀무가설 $H_0 : \sigma_1^2 \geq \sigma_2^2$에 대한 대립가설 $H_1 : \sigma_1^2 < \sigma_2^2$을 설정한다. 그리고 분자와 분모의 자유도가 각각 $n-1$, $m-1$인 F-분포표에서 유의수준 α에 대한 임계값 $f_{1-\alpha,\,n-1,\,m-1}$을 찾고, 기각역 $R : F < f_{1-\alpha,\,n-1,\,m-1}$을 결정한다. 이때 [그림 10-12]와 같이 검정통계량의 관찰값 f_0이 채택역 안에 들어가면 귀무가설을 기각하지 못하고, 기각역 안에 들어가면 귀무가설을 기각한다.

상단측검정

귀무가설 $H_0 : \sigma_1^2 \leq \sigma_2^2$에 대한 대립가설 $H_1 : \sigma_1^2 > \sigma_2^2$을 설정한다. 그리고 분자와 분모의 자유도가 각각 $n-1$, $m-1$인 F-분포표에서 유의수준 α에 대한 임계값 $f_{\alpha,\,n-1,\,m-1}$을 찾고, 기각역 $R : F > f_{\alpha,\,n-1,\,m-1}$을 결정한다. 이때 [그림 10-13]과 같이 검정통계량의 관찰값 f_0이 채택역 안에 들어가면 귀무가설을 기각하지 못하고, 기각역 안에 들어가면 귀무가설을 기각한다.

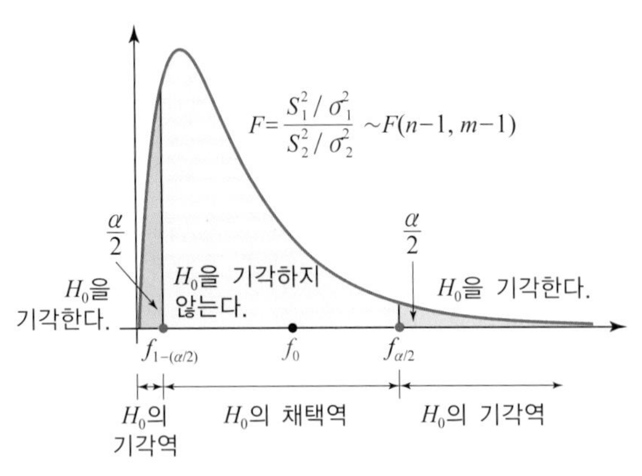

[그림 10-11] **양측검정에 대한 기각역과 채택역**

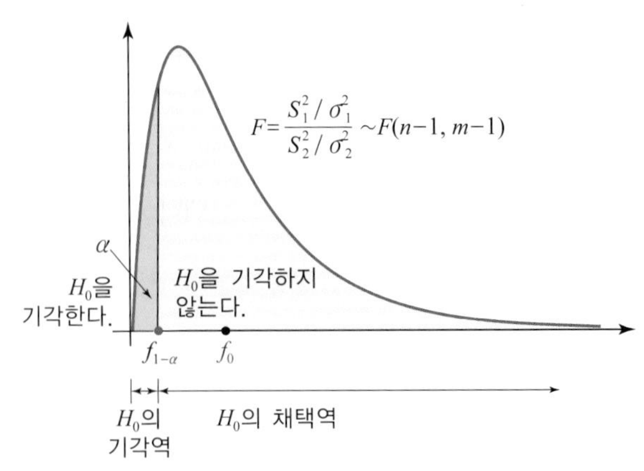

[그림 10-12] **하단측검정에 대한 기각역과 채택역**

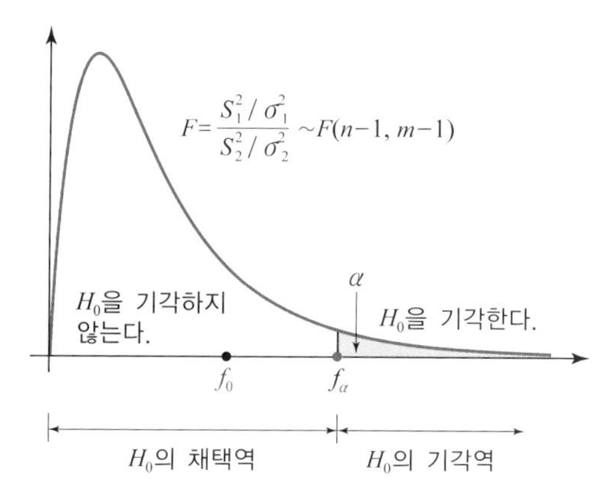

[그림 10-13] **상단측검정에 대한 기각역과 채택역**

[표 10-8] **모분산의 비 $\dfrac{\sigma_1^2}{\sigma_2^2}$에 검정 유형과 기각역**

가설과 기각역 / 검정 유형	귀무가설 H_0	대립가설 H_1	H_0의 기각역 R
하단측검정	$\sigma_1^2 \ge \sigma_2^2$	$\sigma_1^2 < \sigma_2^2$	$F < f_{1-\alpha,\ n-1,\ m-1}$
상단측검정	$\sigma_1^2 \le \sigma_2^2$	$\sigma_1^2 > \sigma_2^2$	$F > f_{\alpha,\ n-1,\ m-1}$
양측검정	$\sigma_1^2 = \sigma_2^2$	$\sigma_1^2 \ne \sigma_2^2$	$F < f_{1-(\alpha/2),\ n-1,\ m-1}$, $F > f_{\alpha/2,\ n-1,\ m-1}$

그러면 모분산의 비 $\dfrac{\sigma_1^2}{\sigma_2^2}$에 대한 귀무가설 H_0에 대한 검정은 [표 10-8]과 같이 요약할 수 있다.

예제 14

두 지역에서 각각 10가구씩 표본추출하여 소비 지출을 조사한 결과가 다음과 같다. 두 지역의 소비 지출의 분산이 동일한지 유의수준 5 %에서 조사하라(단, 소비 지출은 정규분포를 따르고, 단위는 만 원이다).

A 지역	72	75	75	80	100	110	125	150	160	200
B 지역	50	60	72	90	100	125	125	130	132	170

풀이

① A 지역과 B 지역의 소비 지출에 대한 분산을 각각 σ_1^2, σ_2^2이라 하면, 귀무가설 $H_0: \sigma_1^2 = \sigma_2^2$과 대립가설 $H_1: \sigma_1^2 \ne \sigma_2^2$을 설정한다.

② 분자와 분모의 자유도는 각각 9이므로 유의수준 $\alpha = 0.05$인 양측검정에 대한 임계점은

$f_{0.025,\,9,\,9} = 4.03$, $f_{0.975,\,9,\,9} = \dfrac{1}{f_{0.025,\,9,\,9}} = \dfrac{1}{4.03} \approx 0.248$이고, 따라서 기각역은 $F < 0.248$, $F > 4.03$이다.

③ 두 지역의 표본평균과 표본분산을 구하면 다음과 같다.

$$\bar{x} = \frac{1}{10}(72 + 75 + \cdots + 200) = 114.7, \quad \bar{y} = \frac{1}{10}(50 + 60 + \cdots + 170) = 105.4$$

$$s_1^2 = \frac{1}{9}\sum_{i=1}^{10}(x_i - 114.7)^2 \approx 1899.8, \quad s_2^2 = \frac{1}{9}\sum_{i=1}^{10}(y_i - 105.4)^2 \approx 1418.5$$

따라서 검정통계량 $F = \dfrac{S_1^2}{S_2^2}$의 측정값은 $f_0 = \dfrac{1899.8}{1418.5} \approx 1.339$이다.

④ 이 측정값은 기각역 안에 놓이지 않으므로 귀무가설 H_0을 기각할 수 없다. 즉, 두 지역의 소비 지출의 분산이 같다고 할 수 있다.

I Can Do 14

식물학자가 두 지역에 서식하고 있는 어떤 식물의 줄기 굵기를 측정한 결과, 다음과 같은 결과를 얻었다. 두 지역의 식물의 줄기 굵기에 대한 분산이 서로 같은지를 유의수준 5 %에서 검정하라(단, 단위는 cm이고, 굵기는 정규분포를 따른다고 한다).

A 지역	0.8	1.8	1.0	0.1	0.9	1.7	1.4	1.0	0.9	1.2	0.5		
B 지역	1.0	0.8	1.6	2.6	1.3	1.1	2.4	1.8	2.5	1.4	1.9	2.0	1.2

연습문제

1. 어느 회사에서 제조되는 1.5 V 소형 건전지의 평균 수명을 알아보기 위하여 15개를 임의로 조사한 결과, 평균 71.5시간, 표준편차 3.8시간으로 측정되었다. 이 회사에서 제조되는 소형 건전지의 평균 수명에 대한 95 % 신뢰구간을 구하라.

2. 어느 회사에서는 직원들의 후생 복지를 지원하기 위하여 먼저 직원들이 여가 시간에 자기 계발을 위하여 하루 동안 투자하는 시간을 조사하였고, 그 결과는 다음과 같았다. 물음에 답하라(단, 다른 회사의 직원들이 자기 계발을 위하여 투자한 시간은 정규분포를 따르고, 단위는 분이다).

40	30	70	60	50	60	60	30	40	50	90	60	50	30	30

(1) 전 직원이 자기 계발을 위하여 투자하는 평균 시간에 대한 95 % 신뢰구간을 구하라.

(2) 직원들의 자기 계발을 위한 평균 투자 시간이 1시간에 미달하는지 유의수준 5 %에서 조사하라.

3. 건강에 관심이 많은 어느 사회단체는 건강한 성인이 하루에 소비하는 물의 양은 2 L 이상이라고 하였다. 이것을 확인하기 위하여 12명의 건강한 성인을 임의로 선정하여 하루에 소비하는 물의 양을 다음과 같이 조사하였다. 건강한 성인이 하루에 평균 2 L 이상 소비하는지 유의수준 1 %에서 조사하라(단, 건강한 성인의 하루 물 소비량은 정규분포를 따르고 단위는 L이다).

2.1	2.2	1.5	1.7	2.0	1.6	1.7	1.5	2.4	1.6	2.5	1.9

4. 정규모집단의 모평균을 알아보기 위하여 크기 10인 표본을 조사하여 $\overline{x} = 24.04$, $s = 1.2$를 얻었다. 물음에 답하라.

(1) 신뢰도 95 %인 모평균에 대한 신뢰구간을 구하라.

(2) 유의수준 $\alpha = 0.01$에서 $H_0 : \mu = 25$와 $H_1 : \mu \neq 25$를 조사하라.

(3) 유의수준 $\alpha = 0.05$에서 $H_0 : \mu = 25$와 $H_1 : \mu \neq 25$를 조사하라.

5. 어느 공업 지역 부근을 흐르는 하천 물의 평균 pH 농도가 7이라고 한다. 이것을 알아보기 위하여 임의로 21곳의 물을 선정하여 조사한 결과, 평균 7.2, 표준편차 0.32였다. 이 하천의 pH 농도는 정규분포를 따른다고 할 때, 평균 pH 농도가 7인지 유의수준 5 %에서 조사하라.

6. 점심시간에 식당가 부근에 있는 공영 주차장에 주차된 승용차의 평균 주차 시간이 1시간을 초과하는지 알아보기 위하여 어느 점심시간에 주차 시간을 조사한 결과 다음과 같았다. 물음에 답하라(단, 주차시간은 정규분포를 따르고 단위는 분이다).

53	47	68	62	65	65	68	65	64	56
68	76	55	63	56	62	69	60	62	60

(1) 평균 주차 시간이 1시간을 초과하는지 유의수준 5 %에서 조사하라.

(2) p−값을 구하여 유의수준 5 %에서 조사하라.

7. 자동차 배터리를 판매하는 한 판매상이 자신이 판매하는 배터리의 평균 수명은 36개월을 초과한다고 말한다. 임의로 배터리 10개를 측정하여 평균 37.8개월, 표준편차 4.3개월을 얻었다. 이 자료를 근거로 배터리의 평균 수명이 36개월을 초과하는지 유의수준 5 %에서 조사하라.

8. 모분산이 동일한 두 정규모집단에서 각각 임의로 표본을 선정하여 다음 결과를 얻었다. 이때 두 모평균의 차에 대한 90 % 신뢰구간을 구하라.

	표본평균	표본표준편차	표본의 크기
표본 A	$\bar{x} = 25.5$	$s_1 = 2.1$	$n = 10$
표본 B	$\bar{y} = 24.7$	$s_2 = 3.2$	$m = 8$

9. 40대 남녀를 임의로 선정하여 혈압을 측정한 결과가 다음과 같다. 남자와 여자의 혈압은 모분산이 동일한 정규분포를 따른다고 할 때, 남자와 여자의 평균 혈압의 차에 대한 95 % 신뢰구간을 구하라.

	표본평균	표본표준편차	표본의 크기
남자	$\bar{x} = 141$	$s_1 = 3.6$	$n = 6$
여자	$\bar{y} = 135$	$s_2 = 2.7$	$m = 9$

10. 두 회사에서 생산한 전기포트의 평균 수명에 차이가 있는지 알기 위하여 임의로 표본을 선정하여 다음을 얻었다. 평균 수명에 차이가 있는지 유의수준 5 %에서 조사하라(단, 전기포트의 수명은 모분산이 동일한 정규분포를 따르고 단위는 년이다).

	표본평균	표본표준편차	표본의 크기
표본 A	$\overline{x} = 7.46$	$s_1 = 0.52$	$n = 11$
표본 B	$\overline{y} = 7.81$	$s_2 = 0.46$	$m = 13$

11. 두 정유 회사에서 판매하는 가솔린의 평균 가격이 동일한지 알아보기 위하여 임의로 표본을 선정하여 다음 표를 얻었다. 물음에 답하라(단, 이때 가솔린 가격은 모분산이 동일한 정규분포를 따르고 단위는 원이다).

	표본평균	표본표준편차	표본의 크기
표본 A	$\overline{x} = 1687$	$s_1 = 32$	$n = 15$
표본 B	$\overline{y} = 1665$	$s_2 = 38$	$m = 15$

(1) 유의수준 1%에서 평균 가격이 동일한지 조사하라.

(2) 유의수준 10%에서 평균 가격이 동일한지 조사하라.

12. 새로운 교수법이 효과가 있는지 알아보기 위하여 독립적으로 두 그룹을 임의로 선정하여 테스트를 실시하여 다음 줄기-잎 그림을 작성하였다. 유의수준 5%에서 새로운 교수법이 효과가 있는지 조사하라(단, 테스트 결과는 모분산이 동일한 정규분포를 따른다고 알려져 있다).

새로운 교수법		전통적인 교수법
6	6	5 6
9 6 5 2	7	0 2 6 6 9
8 8 7 5 3 1	8	1 2 4 7
9 6 4 1	9	0 2 3

13. 근무 시간이 고정된 것보다 자유롭게 선택하는 제도에서 근로자의 효율이 높은지 알아보기 위하여, 독립적으로 자유 시간 선택제와 고정 시간제 근로자를 선정하여 다음과 같이 일의 양을 조사하였다. 자유 시간 선택제에 의한 근로자의 평균 일의 양이 더 큰지 유의수준 5%에서 조사하라(단, 각 근로자의 일의 양은 모분산이 동일한 정규분포를 따른다고 알려져 있다).

	표본평균	표본표준편차	표본의 크기
자유 시간 선택제	$\overline{x} = 69.3$	$s_1 = 2.7$	$n = 10$
고정 시간제	$\overline{y} = 67.8$	$s_2 = 2.5$	$m = 13$

14. 독립이고 모분산이 동일한 두 정규모집단에서 각각 표본을 선정하여 다음 결과를 얻었다. 이 자료를 근거로 $\mu_1 < \mu_2$인 주장을 유의수준 5%에서 조사하라.

표본 1	8 2 7 4 3
표본 2	9 6 6 8 5 4

15. 실험 전후의 변화를 확인하기 위하여 크기 10인 표본을 선정하여 실험 전후의 측정값을 다음과 같이 얻었다. 실험 전후의 평균에 차이가 없는지 유의수준 5%에서 조사하라(단, 실험 전후의 측정값은 정규분포를 따른다).

표본	1	2	3	4	5	6	7	8	9	10
실험 전	5.6	7.4	5.8	10.9	8.8	9.7	6.8	7.9	8.6	5.8
실험 후	5.3	6.9	5.5	9.7	8.4	9.8	7.0	7.3	8.2	5.5

16. 자동차 사고가 빈번히 일어나는 교차로의 신호 체계를 바꾸면 사고를 줄일 수 있다고 경찰청에서 말한다. 이것을 알아보기 위하여 시범적으로 사고가 많이 발생하는 지역을 선정하여 지난 한 달 동안 발생한 사고 건수와 신호 체계를 바꾼 후의 사고 건수를 조사한 결과 다음과 같았다. 유의수준 5%에서 신호 체계를 바꾸면 사고를 줄일 수 있는지 조사하라(단, 사고 건수는 정규분포를 따른다고 알려져 있다).

지역	1	2	3	4	5	6	7	8
바꾸기 전	5	10	8	9	5	7	6	8
바꾼 후	4	9	8	8	4	8	5	8

17. 정규모집단으로부터 크기 16인 표본을 추출하여 조사한 결과, 표본분산이 15.4였다. 모분산에 대한 95% 신뢰구간을 구하라.

18. 정규모집단으로부터 크기 20인 표본을 추출하여 조사한 결과 표본분산 2.4를 얻었다. 모분산이 2보다 큰지 유의수준 10%에서 조사하라.

19. 전자상가에 있는 10곳의 캠코더 판매점을 둘러본 결과, 동일한 제품의 캠코더 가격이 다음과 같이 다르게 나타났다. 물음에 답하라(단, 캠코더 가격은 정규분포를 따르고, 단위는 천 원이다).

938.8	952.0	946.8	958.8	948.4	950.0	953.8	928.8	947.5	936.2

(1) 표본평균과 표본분산을 구하라.

(2) 모평균이 950.0천 원인지 유의수준 5%에서 조사하라.

(3) 모표준편차가 11.2천 원인지 유의수준 5%에서 조사하라.

20. 지름 20 mm인 볼트를 생산한 회사에서 볼트 지름의 표준편차가 0.5 mm보다 작다고 하였다. 이것을 알아보기 위하여 10개의 볼트를 임의로 조사하여 다음을 얻었다. 표준편차가 0.5 mm 작은지 유의수준 5%에서 조사하라(단, 단위는 mm이다).

20.8	20.2	19.2	21.1	20.6	20.0	20.3	19.5	19.7	20.3

21. 정규모집단으로부터 크기 12인 표본을 임의로 선정하여 평균 13.1과 표준편차 2.7을 얻었다. 물음에 답하라.

(1) σ^2에 대한 95% 신뢰구간을 구하라.

(2) 유의수준 5%에서 모분산이 5보다 큰지 조사하라.

22. 12세 이하의 어린이가 일주일 동안 TV를 시청하는 시간을 조사하여 다음을 얻었다. 이것을 근거로 남자 어린이와 여자 어린이의 시청 시간의 분산의 비에 대한 95% 신뢰구간을 구하라(단, 단위는 시간이다).

	표본표준편차	표본의 크기
남자	2.1	8
여자	2.7	10

23. 다음 표본조사 결과를 이용하여 두 정규모집단의 모분산의 비에 대한 90% 신뢰구간을 구하라.

	표본평균	표본표준편차	표본의 크기
표본 A	201	6.2	6
표본 B	199	5.4	9

24. 서울 지역 1인당 평균소득의 분산이 울산 지역보다 큰지 알아보기 위하여, 두 지역에서 16명씩 임의로 선정하여 조사한 결과 다음 표와 같았다. 물음에 답하라.

	평균	표준편차
울산	1,854만 원	69.9만 원
서울	1,684만 원	73.3만 원

(1) 이것을 근거로 서울 지역의 분산이 울산 지역보다 큰지 유의수준 10 %에서 조사하라.

(2) p-값을 구하여 (1)을 검정하라.

25. 서로 다른 실험 방법에 대한 반응의 분산이 서로 다른지 알아보기 위하여, 크기가 각각 8과 6인 표본을 조사하여 각각 표준편차 $s_1 = 2.3$과 $s_2 = 5.4$를 얻었다. 두 실험 방법에 대한 반응의 모분산이 서로 다른지 유의수준 5 %에서 조사하라.

26. 스마트폰을 생산하는 공정라인에서 일하는 남녀 근로자의 작업 능률이 동일한지 알아보기 위하여 남녀 근로자를 각각 10명씩 임의로 추출하여 조사한 결과, 남자 근로자의 분산은 2.5이고, 여자 근로자의 분산은 2.0이었다. 남자와 여자가 생산한 스마트폰의 모분산에 차이가 있는지 유의수준 10 %에서 조사하라.

27. 서로 독립인 두 정규모집단으로부터 각각 크기 10과 16인 표본을 임의로 선정하였다. 이때 표본 1의 표준편차는 $s_1 = 6.45$이고 표본 2의 표준편차는 $s_2 = 14.16$이었다. 이 자료를 근거로 귀무가설 $H_0 : \sigma_1^2 = \sigma_2^2$에 대하여 다음 대립가설을 유의수준 5 %에서 조사하라.

(1) $H_1 : \sigma_1^2 \neq \sigma_2^2$

(2) $H_1 : \sigma_1^2 < \sigma_2^2$

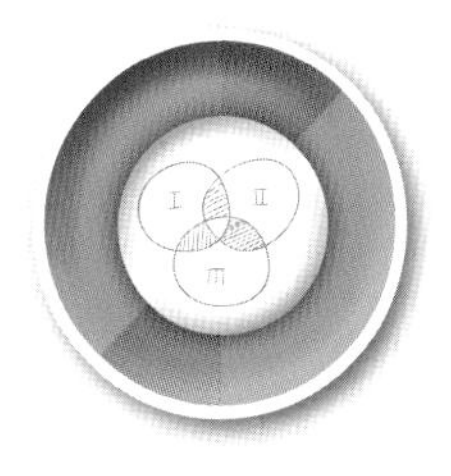

부록 및 해답

Appendix & Solutions

A.1 누적이항확률표

n	x	p									
		0.05	0.10	0.15	0.20	0.25	0.30	0.35	0.40	0.45	0.50
2	0	0.9025	0.8100	0.7225	0.6400	0.5625	0.4900	0.4225	0.3600	0.3025	0.2500
	1	0.9975	0.9900	0.9775	0.9600	0.9375	0.9100	0.8775	0.8400	0.7975	0.7500
	2	1.0000	1.0000	1.0000	1.0000	1.0000	1.0000	1.0000	1.0000	1.0000	1.0000
3	0	0.8574	0.7290	0.6141	0.5120	0.4219	0.3430	0.2746	0.2160	0.1664	0.1250
	1	0.9928	0.9720	0.9392	0.8960	0.8438	0.7840	0.7182	0.6480	0.5748	0.5000
	2	0.9999	0.9990	0.9966	0.9920	0.9844	0.9730	0.9571	0.9360	0.9089	0.8750
	3	1.0000	1.0000	1.0000	1.0000	1.0000	1.0000	1.0000	1.0000	1.0000	1.0000
4	0	0.8145	0.6561	0.5220	0.4096	0.3164	0.2401	0.1785	0.1296	0.0915	0.0625
	1	0.9860	0.9477	0.8905	0.8192	0.7382	0.6517	0.5630	0.4752	0.3900	0.3125
	2	0.9995	0.9963	0.9880	0.9728	0.9492	0.9163	0.8735	0.8208	0.7585	0.6875
	3	1.0000	0.9999	0.9995	0.9984	0.9961	0.9919	0.9850	0.9744	0.9590	0.9375
	4	1.0000	1.0000	1.0000	1.0000	1.0000	1.0000	1.0000	1.0000	1.0000	1.0000
5	0	0.7738	0.5905	0.4437	0.3277	0.2373	0.1681	0.1160	0.0778	0.0503	0.0312
	1	0.9774	0.9185	0.8352	0.7373	0.6328	0.5282	0.4284	0.3370	0.2562	0.1875
	2	0.9988	0.9914	0.9734	0.9421	0.8965	0.8369	0.7648	0.6826	0.5931	0.5000
	3	1.0000	0.9995	0.9978	0.9933	0.9844	0.9692	0.9460	0.9130	0.8688	0.8125
	4	1.0000	1.0000	0.9999	0.9997	0.9990	0.9976	0.9947	0.9898	0.9815	0.9687
	5	1.0000	1.0000	1.0000	1.0000	1.0000	1.0000	1.0000	1.0000	1.0000	1.0000
6	0	0.7351	0.5314	0.3771	0.2621	0.1780	0.1176	0.0754	0.0467	0.0277	0.0156
	1	0.9672	0.8857	0.7765	0.6553	0.5339	0.4202	0.3191	0.2333	0.1636	0.1094
	2	0.9978	0.9841	0.9527	0.9011	0.8306	0.7443	0.6471	0.5443	0.4415	0.3438
	3	0.9999	0.9987	0.9941	0.9830	0.9624	0.9295	0.8826	0.8208	0.7447	0.6562
	4	1.0000	0.9999	0.9996	0.9984	0.9954	0.9891	0.9777	0.9590	0.9308	0.8906
	5	1.0000	1.0000	1.0000	0.9999	0.9998	0.9993	0.9982	0.9959	0.9917	0.9844
	6	1.0000	1.0000	1.0000	1.0000	1.0000	1.0000	1.0000	1.0000	1.0000	1.0000

누적이항확률표(계속)

n	x	p									
		0.05	0.10	0.15	0.20	0.25	0.30	0.35	0.40	0.45	0.50
7	0	0.6983	0.4783	0.3206	0.2097	0.1335	0.0824	0.0490	0.0280	0.0152	0.0078
	1	0.9556	0.8503	0.7166	0.5767	0.4449	0.3294	0.2338	0.1586	0.1024	0.0625
	2	0.9962	0.9743	0.9262	0.8520	0.7564	0.6471	0.5323	0.4199	0.3164	0.2266
	3	0.9998	0.9973	0.9879	0.9667	0.9294	0.8740	0.8002	0.7102	0.6083	0.5000
	4	1.0000	0.9998	0.9988	0.9953	0.9871	0.9712	0.9444	0.9037	0.8471	0.7734
	5	1.0000	1.0000	0.9999	0.9990	0.9987	0.9962	0.9910	0.9812	0.9643	0.9375
	6	1.0000	1.0000	1.0000	1.0000	0.9999	0.9998	0.9994	0.9984	0.9963	0.9922
	7	1.0000	1.0000	1.0000	1.0000	1.0000	1.0000	1.0000	1.0000	1.0000	1.0000
8	0	0.6634	0.4305	0.2725	0.1678	0.1001	0.0576	0.0319	0.0168	0.0084	0.0039
	1	0.9428	0.8131	0.6572	0.5033	0.3671	0.2553	0.1691	0.1064	0.0632	0.0352
	2	0.9942	0.9619	0.8948	0.7969	0.6785	0.5518	0.4278	0.3154	0.2201	0.1445
	3	0.9996	0.9950	0.9786	0.9437	0.8862	0.8059	0.7064	0.5941	0.4770	0.3633
	4	1.0000	0.9996	0.9971	0.9896	0.9727	0.9420	0.8939	0.8263	0.7396	0.6367
	5	1.0000	0.9999	0.9998	0.9988	0.9958	0.9887	0.9747	0.9502	0.9115	0.8555
	6	1.0000	1.0000	1.0000	0.9999	0.9996	0.9987	0.9964	0.9915	0.9819	0.9648
	7	1.0000	1.0000	1.0000	1.0000	1.0000	0.9999	0.9998	0.9993	0.9983	0.9961
	8	1.0000	1.0000	1.0000	1.0000	1.0000	1.0000	1.0000	1.0000	1.0000	1.0000
9	0	0.6302	0.3874	0.2316	0.1342	0.0751	0.0404	0.0207	0.0101	0.0046	0.0020
	1	0.9288	0.7748	0.5995	0.4362	0.3003	0.1960	0.1211	0.0705	0.0385	0.0195
	2	0.9916	0.9470	0.8591	0.7382	0.6007	0.4628	0.3373	0.2318	0.1495	0.0898
	3	0.9994	0.9917	0.9661	0.9144	0.8343	0.7297	0.6089	0.4826	0.3614	0.2539
	4	1.0000	0.9991	0.9944	0.9804	0.9511	0.9012	0.8283	0.7334	0.6214	0.5000
	5	1.0000	0.9999	0.9994	0.9969	0.9900	0.9747	0.9464	0.9006	0.8342	0.7461
	6	1.0000	1.0000	1.0000	0.9997	0.9987	0.9957	0.9888	0.9750	0.9502	0.9102
	7	1.0000	1.0000	1.0000	1.0000	0.9999	0.9996	0.9986	0.9962	0.9909	0.9805
	8	1.0000	1.0000	1.0000	1.0000	1.0000	1.0000	0.9999	0.9997	0.9992	0.9980
	9	1.0000	1.0000	1.0000	1.0000	1.0000	1.0000	1.0000	1.0000	1.0000	1.0000

누적이항확률표(계속)

n	x	p									
		0.05	0.10	0.15	0.20	0.25	0.30	0.35	0.40	0.45	0.50
10	0	0.5987	0.3487	0.1969	0.1074	0.0563	0.0282	0.0135	0.0060	0.0025	0.0010
	1	0.9139	0.7361	0.5443	0.3758	0.2440	0.1493	0.0860	0.0464	0.0233	0.0107
	2	0.9885	0.9298	0.8202	0.6778	0.5256	0.3828	0.2616	0.1673	0.0996	0.0547
	3	0.9990	0.9872	0.9500	0.8791	0.7759	0.6496	0.5138	0.3823	0.2660	0.1719
	4	0.9999	0.9984	0.9901	0.9672	0.9219	0.8497	0.7515	0.6331	0.5044	0.3770
	5	1.0000	0.9999	0.9986	0.9936	0.9803	0.9527	0.9051	0.8338	0.7384	0.6230
	6	1.0000	1.0000	0.9999	0.9991	0.9965	0.9894	0.9740	0.9452	0.8980	0.8281
	7	1.0000	1.0000	1.0000	0.9999	0.9996	0.9984	0.9952	0.9877	0.9726	0.9453
	8	1.0000	1.0000	1.0000	1.0000	1.0000	0.9999	0.9995	0.9983	0.9955	0.9893
	9	1.0000	1.0000	1.0000	1.0000	1.0000	1.0000	0.9999	0.9999	0.9997	0.9990
	10	1.0000	1.0000	1.0000	1.0000	1.0000	1.0000	1.0000	1.0000	1.0000	1.0000
11	0	0.5688	0.3138	0.1673	0.0859	0.0422	0.0198	0.0088	0.0036	0.0014	0.0005
	1	0.8981	0.6974	0.4922	0.3221	0.1971	0.1130	0.0606	0.0302	0.0139	0.0059
	2	0.9848	0.9104	0.7788	0.6174	0.4552	0.3127	0.2001	0.1189	0.0652	0.0327
	3	0.9984	0.9815	0.9306	0.8389	0.7133	0.5696	0.4256	0.2963	0.1911	0.1133
	4	0.9999	0.9972	0.9841	0.9496	0.8854	0.7897	0.6683	0.5328	0.3971	0.2744
	5	1.0000	0.9997	0.9973	0.9883	0.9657	0.9218	0.8513	0.7535	0.6331	0.5000
	6	1.0000	1.0000	0.9997	0.9980	0.9924	0.9784	0.9499	0.9006	0.8262	0.7256
	7	1.0000	1.0000	1.0000	0.9998	0.9988	0.9957	0.9878	0.9707	0.9390	0.8867
	8	1.0000	1.0000	1.0000	1.0000	0.9999	0.9990	0.9980	0.9941	0.9852	0.9673
	9	1.0000	1.0000	1.0000	1.0000	1.0000	1.0000	0.9998	0.9993	0.9978	0.9941
	10	1.0000	1.0000	1.0000	1.0000	1.0000	1.0000	1.0000	1.0000	0.9998	0.9995
	11	1.0000	1.0000	1.0000	1.0000	1.0000	1.0000	1.0000	1.0000	1.0000	1.0000
12	0	0.5404	0.2824	0.1422	0.0687	0.0317	0.0138	0.0057	0.0022	0.0008	0.0002
	1	0.8816	0.6590	0.4435	0.2749	0.1584	0.0850	0.0424	0.0196	0.0083	0.0032
	2	0.9804	0.8891	0.7358	0.5583	0.3907	0.2528	0.1513	0.0834	0.0421	0.0193
	3	0.9978	0.9744	0.9078	0.7946	0.6488	0.4925	0.3467	0.2253	0.1345	0.0730
	4	0.9998	0.9957	0.9761	0.9274	0.8424	0.7237	0.5833	0.4382	0.3044	0.1938
	5	1.0000	0.9995	0.9954	0.9806	0.9456	0.8822	0.7873	0.6652	0.5269	0.3872
	6	1.0000	1.0000	0.9993	0.9961	0.9857	0.9614	0.9154	0.8418	0.7393	0.6128
	7	1.0000	1.0000	0.9999	0.9994	0.9972	0.9905	0.9745	0.9427	0.8883	0.8062
	8	1.0000	1.0000	1.0000	0.9999	0.9996	0.9983	0.9944	0.9847	0.9644	0.9270
	9	1.0000	1.0000	1.0000	1.0000	1.0000	0.9998	0.9992	0.9972	0.9921	0.9807
	10	1.0000	1.0000	1.0000	1.0000	1.0000	1.0000	0.9999	0.9997	0.9989	0.9968
	11	1.0000	1.0000	1.0000	1.0000	1.0000	1.0000	1.0000	1.0000	0.9999	0.9998
	12	1.0000	1.0000	1.0000	1.0000	1.0000	1.0000	1.0000	1.0000	1.0000	1.0000

누적이항확률표(계속)

n	x	p									
		0.05	0.10	0.15	0.20	0.25	0.30	0.35	0.40	0.45	0.50
13	0	0.5133	0.2542	0.1209	0.0550	0.0238	0.0097	0.0037	0.0013	0.0004	0.0001
	1	0.8646	0.6213	0.3983	0.2336	0.1267	0.0637	0.0296	0.0126	0.0049	0.0017
	2	0.9755	0.8661	0.6920	0.5017	0.3326	0.2025	0.1132	0.0579	0.0269	0.0112
	3	0.9969	0.9658	0.8820	0.7473	0.5843	0.4206	0.2783	0.1686	0.0929	0.0461
	4	0.9997	0.9935	0.9658	0.9009	0.7940	0.6543	0.5005	0.3530	0.2280	0.1334
	5	1.0000	0.9991	0.9924	0.9700	0.9198	0.8346	0.7159	0.5744	0.4268	0.2905
	6	1.0000	0.9999	0.9987	0.9930	0.9757	0.9376	0.8705	0.7712	0.6437	0.5000
	7	1.0000	1.0000	0.9998	0.9988	0.9944	0.9818	0.9538	0.9022	0.8212	0.7095
	8	1.0000	1.0000	1.0000	0.9998	0.9990	0.9960	0.9874	0.9679	0.9302	0.8666
	9	1.0000	1.0000	1.0000	1.0000	0.9999	0.9993	0.9975	0.9922	0.9797	0.9539
	10	1.0000	1.0000	1.0000	1.0000	1.0000	0.9999	0.9997	0.9987	0.9959	0.9888
	11	1.0000	1.0000	1.0000	1.0000	1.0000	1.0000	1.0000	0.9999	0.9995	0.9983
	12	1.0000	1.0000	1.0000	1.0000	1.0000	1.0000	1.0000	1.0000	1.0000	0.9999
	13	1.0000	1.0000	1.0000	1.0000	1.0000	1.0000	1.0000	1.0000	1.0000	1.0000
14	0	0.4877	0.2288	0.1028	0.0440	0.0178	0.0068	0.0024	0.0008	0.0002	0.0001
	1	0.8470	0.5846	0.3567	0.1979	0.1010	0.0475	0.0205	0.0081	0.0029	0.0009
	2	0.9699	0.8416	0.6479	0.4481	0.2811	0.1608	0.0839	0.0398	0.0170	0.0065
	3	0.9958	0.9559	0.8535	0.6982	0.5213	0.3552	0.2205	0.1243	0.0632	0.0287
	4	0.9996	0.9908	0.9533	0.8702	0.7415	0.5842	0.4227	0.2793	0.1672	0.0898
	5	1.0000	0.9985	0.9885	0.9561	0.8883	0.7805	0.6405	0.4859	0.3373	0.2120
	6	1.0000	0.9998	0.9978	0.9884	0.9617	0.9067	0.8164	0.6925	0.5461	0.3953
	7	1.0000	1.0000	0.9997	0.9976	0.9897	0.9685	0.9247	0.8499	0.7414	0.6047
	8	1.0000	1.0000	1.0000	0.9996	0.9978	0.9917	0.9757	0.9417	0.8811	0.7880
	9	1.0000	1.0000	1.0000	1.0000	0.9997	0.9983	0.9940	0.9825	0.9574	0.9102
	10	1.0000	1.0000	1.0000	1.0000	1.0000	0.9998	0.9989	0.9961	0.9886	0.9713
	11	1.0000	1.0000	1.0000	1.0000	1.0000	1.0000	0.9999	0.9994	0.9978	0.9935
	12	1.0000	1.0000	1.0000	1.0000	1.0000	1.0000	1.0000	0.9999	0.9997	0.9991
	13	1.0000	1.0000	1.0000	1.0000	1.0000	1.0000	1.0000	1.0000	1.0000	0.9999
	14	1.0000	1.0000	1.0000	1.0000	1.0000	1.0000	1.0000	1.0000	1.0000	1.0000

누적이항확률표(계속)

n	x	p									
		0.05	0.10	0.15	0.20	0.25	0.30	0.35	0.40	0.45	0.50
15	0	0.4633	0.2059	0.0874	0.0352	0.0134	0.0047	0.0016	0.0005	0.0001	0.0000
	1	0.8290	0.5490	0.3186	0.1671	0.0802	0.0353	0.0142	0.0052	0.0017	0.0005
	2	0.9638	0.8159	0.6042	0.3980	0.2361	0.1268	0.0617	0.0271	0.0107	0.0037
	3	0.9945	0.9444	0.8227	0.6482	0.4613	0.2969	0.1727	0.0905	0.0424	0.0176
	4	0.9994	0.9873	0.9383	0.8358	0.6865	0.5155	0.3519	0.2173	0.1204	0.0592
	5	0.9999	0.9978	0.9832	0.9389	0.8516	0.7216	0.5643	0.4032	0.2608	0.1509
	6	1.0000	0.9997	0.9964	0.9819	0.9434	0.8689	0.7548	0.6098	0.4522	0.3036
	7	1.0000	1.0000	0.9994	0.9958	0.9827	0.9500	0.8868	0.7869	0.6535	0.5000
	8	1.0000	1.0000	0.9999	0.9992	0.9958	0.9848	0.9578	0.9050	0.8182	0.6964
	9	1.0000	1.0000	1.0000	0.9999	0.9992	0.9963	0.9876	0.9662	0.9231	0.8491
	10	1.0000	1.0000	1.0000	1.0000	0.9999	0.9993	0.9972	0.9907	0.9745	0.9408
	11	1.0000	1.0000	1.0000	1.0000	1.0000	0.9999	0.9995	0.9981	0.9937	0.9824
	12	1.0000	1.0000	1.0000	1.0000	1.0000	1.0000	0.9999	0.9987	0.9989	0.9963
	13	1.0000	1.0000	1.0000	1.0000	1.0000	1.0000	1.0000	1.0000	0.9999	0.9995
	14	1.0000	1.0000	1.0000	1.0000	1.0000	1.0000	1.0000	1.0000	1.0000	1.0000
	15	1.0000	1.0000	1.0000	1.0000	1.0000	1.0000	1.0000	1.0000	1.0000	1.0000
16	0	0.4401	0.1853	0.0743	0.0281	0.0100	0.0033	0.0010	0.0003	0.0001	0.0000
	1	0.8108	0.5177	0.2839	0.1407	0.0635	0.0261	0.0098	0.0033	0.0010	0.0003
	2	0.9571	0.7892	0.5614	0.3518	0.1971	0.0994	0.0451	0.0183	0.0066	0.0021
	3	0.9930	0.9316	0.7899	0.5981	0.4050	0.2459	0.1339	0.0651	0.0281	0.0106
	4	0.9991	0.9830	0.9209	0.7982	0.6302	0.4499	0.2892	0.1666	0.0853	0.0384
	5	0.9999	0.9967	0.9765	0.9183	0.8103	0.6598	0.4900	0.3288	0.1976	0.1051
	6	1.0000	0.9995	0.9900	0.9733	0.9204	0.8247	0.6881	0.5272	0.3660	0.2272
	7	1.0000	0.9999	0.9989	0.9930	0.9729	0.9256	0.8406	0.7161	0.5629	0.4018
	8	1.0000	1.0000	0.9998	0.9985	0.9925	0.9743	0.9329	0.8577	0.7441	0.5982
	9	1.0000	1.0000	1.0000	0.9998	0.9984	0.9929	0.9771	0.9417	0.8759	0.7728
	10	1.0000	1.0000	1.0000	1.0000	0.9997	0.9984	0.9938	0.9809	0.9514	0.8949
	11	1.0000	1.0000	1.0000	1.0000	1.0000	0.9997	0.9987	0.9951	0.9851	0.9616
	12	1.0000	1.0000	1.0000	1.0000	1.0000	1.0000	0.9998	0.9991	0.9965	0.9894
	13	1.0000	1.0000	1.0000	1.0000	1.0000	1.0000	1.0000	0.9999	0.9994	0.9979
	14	1.0000	1.0000	1.0000	1.0000	1.0000	1.0000	1.0000	1.0000	0.9999	0.9997
	15	1.0000	1.0000	1.0000	1.0000	1.0000	1.0000	1.0000	1.0000	1.0000	1.0000
	16	1.0000	1.0000	1.0000	1.0000	1.0000	1.0000	1.0000	1.0000	1.0000	1.0000

누적이항확률표(계속)

n	x	p									
		0.05	0.10	0.15	0.20	0.25	0.30	0.35	0.40	0.45	0.50
20	0	0.3585	0.1216	0.0388	0.0115	0.0032	0.0008	0.0002	0.0000	0.0000	0.0000
	1	0.7358	0.3917	0.1756	0.0692	0.0243	0.0076	0.0021	0.0005	0.0001	0.0000
	2	0.9245	0.6769	0.4049	0.2061	0.0913	0.0355	0.0121	0.0036	0.0009	0.0002
	3	0.9841	0.8670	0.6477	0.4114	0.2252	0.1071	0.0444	0.0160	0.0049	0.0013
	4	0.9974	0.9568	0.8298	0.6296	0.4148	0.2375	0.1182	0.0510	0.0189	0.0059
	5	0.9997	0.9887	0.9327	0.8042	0.6172	0.4164	0.2454	0.1256	0.0553	0.0207
	6	1.0000	0.9976	0.9781	0.9133	0.7858	0.6080	0.4166	0.2500	0.1299	0.0577
	7	1.0000	0.9996	0.9941	0.9679	0.8982	0.7723	0.6010	0.4159	0.2520	0.1316
	8	1.0000	0.9999	0.9987	0.9900	0.9591	0.8867	0.7624	0.5956	0.4143	0.2517
	9	1.0000	1.0000	0.9998	0.9974	0.9861	0.9520	0.8782	0.7553	0.5914	0.4119
	10	1.0000	1.0000	1.0000	0.9994	0.9961	0.9829	0.9468	0.8725	0.7507	0.5881
	11	1.0000	1.0000	1.0000	0.9999	0.9991	0.9949	0.9804	0.9435	0.8692	0.7483
	12	1.0000	1.0000	1.0000	1.0000	0.9998	0.9987	0.9940	0.9790	0.9420	0.8684
	13	1.0000	1.0000	1.0000	1.0000	1.0000	0.9997	0.9985	0.9935	0.9786	0.9423
	14	1.0000	1.0000	1.0000	1.0000	1.0000	1.0000	0.9997	0.9984	0.9936	0.9793
	15	1.0000	1.0000	1.0000	1.0000	1.0000	1.0000	1.0000	0.9997	0.9985	0.9941
	16	1.0000	1.0000	1.0000	1.0000	1.0000	1.0000	1.0000	1.0000	0.9997	0.9987
	17	1.0000	1.0000	1.0000	1.0000	1.0000	1.0000	1.0000	1.0000	1.0000	0.9998
	18	1.0000	1.0000	1.0000	1.0000	1.0000	1.0000	1.0000	1.0000	1.0000	1.0000
	19	1.0000	1.0000	1.0000	1.0000	1.0000	1.0000	1.0000	1.0000	1.0000	1.0000
	20	1.0000	1.0000	1.0000	1.0000	1.0000	1.0000	1.0000	1.0000	1.0000	1.0000

A.2 누적푸아송확률표

x	$\mu=E(X)$									
	0.1	0.2	0.3	0.4	0.5	0.6	0.7	0.8	0.9	1.0
0	0.905	0.819	0.741	0.670	0.607	0.549	0.497	0.449	0.407	0.368
1	0.995	0.982	0.963	0.938	0.910	0.878	0.844	0.809	0.772	0.736
2	1.000	0.999	0.996	0.992	0.986	0.977	0.966	0.953	0.937	0.920
3	1.000	1.000	1.000	0.999	0.998	0.997	0.994	0.991	0.987	0.981
4	1.000	1.000	1.000	1.000	1.000	1.000	0.999	0.999	0.998	0.996
5	1.000	1.000	1.000	1.000	1.000	1.000	1.000	1.000	1.000	0.999
6	1.000	1.000	1.000	1.000	1.000	1.000	1.000	1.000	1.000	1.000

x	1.1	1.2	1.3	1.4	1.5	1.6	1.7	1.8	1.9	2.0
0	0.333	0.301	0.273	0.247	0.223	0.202	0.183	0.165	0.147	0.135
1	0.699	0.663	0.627	0.592	0.558	0.525	0.493	0.463	0.434	0.406
2	0.900	0.879	0.857	0.833	0.809	0.783	0.757	0.731	0.704	0.677
3	0.974	0.966	0.957	0.946	0.934	0.921	0.907	0.891	0.875	0.857
4	0.995	0.992	0.989	0.986	0.981	0.976	0.970	0.964	0.956	0.947
5	0.999	0.998	0.998	0.997	0.996	0.994	0.992	0.990	0.987	0.983
6	1.000	1.000	1.000	0.999	0.999	0.999	0.998	0.997	0.997	0.995
7	1.000	1.000	1.000	1.000	1.000	1.000	1.000	0.999	0.999	0.999
8	1.000	1.000	1.000	1.000	1.000	1.000	1.000	1.000	1.000	1.000

x	2.2	2.4	2.6	2.8	3.0	3.2	3.4	3.6	3.8	4.0
0	0.111	0.091	0.074	0.061	0.050	0.041	0.033	0.027	0.022	0.018
1	0.355	0.308	0.267	0.231	0.199	0.171	0.147	0.126	0.107	0.092
2	0.623	0.570	0.518	0.469	0.423	0.380	0.340	0.303	0.269	0.238
3	0.819	0.779	0.736	0.69	0.647	0.603	0.558	0.515	0.473	0.433
4	0.928	0.904	0.877	0.848	0.815	0.781	0.744	0.706	0.668	0.629
5	0.975	0.964	0.951	0.935	0.916	0.895	0.871	0.844	0.816	0.785
6	0.993	0.988	0.983	0.976	0.966	0.955	0.942	0.927	0.909	0.889
7	0.998	0.997	0.995	0.992	0.988	0.983	0.977	0.969	0.960	0.949
8	1.000	0.999	0.999	0.998	0.996	0.994	0.992	0.988	0.984	0.979
9	1.000	1.000	1.000	0.999	0.999	0.998	0.997	0.996	0.994	0.992
10	1.000	1.000	1.000	1.000	1.000	1.000	0.999	0.999	0.998	0.997
11	1.000	1.000	1.000	1.000	1.000	1.000	1.000	1.000	0.999	0.999
12	1.000	1.000	1.000	1.000	1.000	1.000	1.000	1.000	1.000	1.000

누적푸아송확률표(계속)

x	4.20	4.40	4.60	4.80	5.00	5.20	5.40	5.60	5.80	6.00
0	0.015	0.012	0.010	0.008	0.007	0.006	0.005	0.004	0.003	0.002
1	0.078	0.066	0.056	0.048	0.040	0.034	0.029	0.024	0.021	0.017
2	0.210	0.185	0.163	0.143	0.125	0.109	0.095	0.082	0.072	0.062
3	0.395	0.359	0.326	0.294	0.265	0.238	0.213	0.191	0.170	0.151
4	0.590	0.551	0.513	0.476	0.440	0.406	0.373	0.342	0.313	0.285
5	0.753	0.720	0.686	0.651	0.616	0.581	0.546	0.512	0.478	0.446
6	0.867	0.844	0.818	0.791	0.762	0.732	0.702	0.670	0.638	0.606
7	0.936	0.921	0.905	0.887	0.867	0.845	0.822	0.797	0.771	0.744
8	0.972	0.964	0.955	0.944	0.932	0.918	0.903	0.886	0.867	0.847
9	0.989	0.985	0.980	0.975	0.968	0.960	0.951	0.941	0.929	0.916
10	0.996	0.994	0.992	0.990	0.986	0.982	0.977	0.972	0.965	0.957
11	0.999	0.998	0.997	0.996	0.995	0.998	0.990	0.988	0.984	0.980
12	1.000	0.999	0.999	0.999	0.998	0.997	0.996	0.995	0.993	0.991
13	1.000	1.000	1.000	1.000	0.999	0.999	0.999	0.998	0.997	0.996
14	1.000	1.000	1.000	1.000	1.000	1.000	0.999	0.999	0.999	0.999
15	1.000	1.000	1.000	1.000	1.000	1.000	1.000	1.000	1.000	0.999
16	1.000	1.000	1.000	1.000	1.000	1.000	1.000	1.000	1.000	1.000

x	6.50	7.00	7.50	8.00	8.50	9.00	9.50	10.0	10.5	11.0
0	0.002	0.001	0.001	0.000	0.000	0.000	0.000	0.000	0.000	0.000
1	0.011	0.007	0.005	0.003	0.002	0.001	0.001	0.000	0.000	0.000
2	0.043	0.030	0.020	0.014	0.009	0.006	0.004	0.003	0.002	0.001
3	0.112	0.082	0.059	0.042	0.030	0.021	0.015	0.010	0.007	0.005
4	0.224	0.173	0.132	0.100	0.074	0.055	0.040	0.029	0.021	0.015
5	0.369	0.301	0.241	0.191	0.150	0.116	0.089	0.067	0.050	0.038
6	0.527	0.450	0.378	0.313	0.256	0.207	0.165	0.130	0.102	0.079
7	0.673	0.599	0.525	0.453	0.386	0.324	0.269	0.220	0.179	0.143
8	0.792	0.729	0.662	0.593	0.523	0.456	0.392	0.333	0.279	0.232
9	0.877	0.830	0.776	0.717	0.653	0.587	0.522	0.458	0.397	0.341
10	0.933	0.901	0.862	0.816	0.763	0.706	0.645	0.583	0.521	0.460
11	0.966	0.947	0.921	0.888	0.849	0.803	0.752	0.697	0.639	0.579
12	0.984	0.973	0.957	0.936	0.909	0.876	0.836	0.792	0.742	0.689
13	0.993	0.987	0.978	0.966	0.949	0.926	0.898	0.864	0.825	0.781
14	0.997	0.994	0.990	0.983	0.973	0.959	0.940	0.917	0.888	0.854
15	0.999	0.998	0.995	0.992	0.986	0.978	0.967	0.951	0.932	0.907
16	1.000	0.999	0.998	0.996	0.993	0.989	0.982	0.973	0.960	0.944
17	1.000	1.000	0.999	0.998	0.997	0.995	0.991	0.986	0.978	0.968
18	1.000	1.000	1.000	0.999	0.999	0.998	0.996	0.993	0.988	0.982
19	1.000	1.000	1.000	1.000	0.999	0.999	0.998	0.997	0.994	0.991
20	1.000	1.000	1.000	1.000	1.000	1.000	0.999	0.998	0.997	0.995
21	1.000	1.000	1.000	1.000	1.000	1.000	1.000	0.999	0.999	0.998
22	1.000	1.000	1.000	1.000	1.000	1.000	1.000	1.000	0.999	0.999
23	1.000	1.000	1.000	1.000	1.000	1.000	1.000	1.000	1.000	1.000

누적푸아송확률표(계속)

x	11.5	12.0	12.5	13.0	13.5	14.0	14.5	15.0	15.5	16.0
0	0.000	0.000	0.000	0.000	0.000	0.000	0.000	0.000	0.000	0.000
1	0.000	0.000	0.000	0.000	0.000	0.000	0.000	0.000	0.000	0.000
2	0.001	0.001	0.000	0.000	0.000	0.000	0.000	0.000	0.000	0.000
3	0.003	0.002	0.002	0.001	0.001	0.000	0.000	0.000	0.000	0.000
4	0.011	0.008	0.005	0.004	0.003	0.002	0.001	0.001	0.001	0.000
5	0.028	0.020	0.015	0.011	0.008	0.006	0.004	0.003	0.002	0.0014
6	0.060	0.046	0.035	0.026	0.019	0.014	0.010	0.008	0.006	0.0040
7	0.114	0.090	0.070	0.054	0.041	0.032	0.024	0.018	0.013	0.0100
8	0.191	0.155	0.125	0.100	0.079	0.062	0.048	0.037	0.029	0.0220
9	0.289	0.242	0.201	0.166	0.135	0.109	0.088	0.070	0.055	0.0433
10	0.402	0.347	0.297	0.252	0.211	0.176	0.145	0.118	0.096	0.0774
11	0.520	0.462	0.406	0.353	0.304	0.260	0.220	0.185	0.154	0.1270
12	0.633	0.576	0.519	0.463	0.409	0.358	0.311	0.268	0.228	0.1931
13	0.733	0.682	0.628	0.573	0.518	0.464	0.413	0.363	0.317	0.2745
14	0.815	0.772	0.725	0.675	0.623	0.570	0.518	0.466	0.415	0.3675
15	0.878	0.844	0.806	0.764	0.718	0.669	0.619	0.568	0.517	0.4667
16	0.924	0.899	0.869	0.835	0.798	0.756	0.711	0.664	0.615	0.5660
17	0.954	0.937	0.916	0.890	0.861	0.827	0.790	0.749	0.705	0.6593
18	0.974	0.963	0.948	0.930	0.908	0.883	0.853	0.819	0.782	0.7423
19	0.986	0.979	0.969	0.957	0.942	0.923	0.901	0.875	0.846	0.8122
20	0.992	0.988	0.983	0.975	0.965	0.952	0.936	0.917	0.894	0.8682
21	0.996	0.994	0.991	0.986	0.980	0.971	0.960	0.947	0.930	0.9108
22	0.998	0.997	0.995	0.992	0.989	0.983	0.976	0.967	0.956	0.9418
23	0.999	0.999	0.998	0.996	0.994	0.991	0.986	0.981	0.973	0.9633
24	1.000	0.999	0.999	0.998	0.997	0.995	0.992	0.989	0.984	0.978
25	1.000	1.000	0.999	0.999	0.998	0.997	0.996	0.994	0.991	0.9869
26	1.000	1.000	1.000	1.000	0.999	0.999	0.998	0.997	0.995	0.9925
27	1.000	1.000	1.000	1.000	1.000	0.999	0.999	0.998	0.997	0.9959
28	1.000	1.000	1.000	1.000	1.000	1.000	0.999	0.999	0.999	0.9978
29	1.000	1.000	1.000	1.000	1.000	1.000	1.000	1.000	0.999	0.9989
30	1.000	1.000	1.000	1.000	1.000	1.000	1.000	1.000	1.000	0.9994
31	1.000	1.000	1.000	1.000	1.000	1.000	1.000	1.000	1.000	1.000
32	1.000	1.000	1.000	1.000	1.000	1.000	1.000	1.000	1.000	1.000
33	1.000	1.000	1.000	1.000	1.000	1.000	1.000	1.000	1.000	1.000
34	1.000	1.000	1.000	1.000	1.000	1.000	1.000	1.000	1.000	1.000
35	1.000	1.000	1.000	1.000	1.000	1.000	1.000	1.000	1.000	1.000

A.3 누적표준정규확률표

z	0.00	0.01	0.02	0.03	0.04	0.05	0.06	0.07	0.08	0.09
0.0	0.5000	0.5000	0.5080	0.5120	0.5160	0.5199	0.5239	0.5279	0.5319	0.5359
0.1	0.5398	0.5398	0.5478	0.5517	0.5557	0.5596	0.5636	0.5675	0.5714	0.5753
0.2	0.5793	0.5793	0.5871	0.5910	0.5948	0.5987	0.6026	0.6064	0.6103	0.6141
0.3	0.6179	0.6179	0.6255	0.6293	0.6331	0.6368	0.6406	0.6443	0.6480	0.6517
0.4	0.6554	0.6554	0.6628	0.6664	0.6700	0.6736	0.6772	0.6808	0.6844	0.6879
0.5	0.6915	0.6915	0.6985	0.7019	0.7054	0.7088	0.7123	0.7157	0.7190	0.7224
0.6	0.7257	0.7257	0.7324	0.7357	0.7389	0.7422	0.7454	0.7486	0.7517	0.7549
0.7	0.7580	0.7580	0.7642	0.7673	0.7703	0.7734	0.7764	0.7794	0.7823	0.7852
0.8	0.7881	0.7881	0.7939	0.7967	0.7995	0.8023	0.8051	0.8078	0.8106	0.8133
0.9	0.8159	0.8159	0.8212	0.8238	0.8264	0.8289	0.8315	0.8340	0.8365	0.8389
1.0	0.8413	0.8413	0.8461	0.8485	0.8508	0.8531	0.8554	0.8577	0.8599	0.8621
1.1	0.8643	0.8643	0.8686	0.8708	0.8729	0.8749	0.8770	0.8790	0.8810	0.8830
1.2	0.8849	0.8849	0.8888	0.8907	0.8925	0.8944	0.8962	0.8980	0.8997	0.9015
1.3	0.9032	0.9032	0.9066	0.9082	0.9099	0.9115	0.9131	0.9147	0.9162	0.9177
1.4	0.9192	0.9192	0.9222	0.9236	0.9251	0.9265	0.9279	0.9292	0.9306	0.9319
1.5	0.9332	0.9332	0.9357	0.9370	0.9382	0.9394	0.9406	0.9418	0.9429	0.9441
1.6	0.9452	0.9452	0.9474	0.9484	0.9495	0.9505	0.9515	0.9525	0.9535	0.9545
1.7	0.9554	0.9554	0.9573	0.9582	0.9591	0.9599	0.9608	0.9616	0.9625	0.9633
1.8	0.9641	0.9641	0.9656	0.9664	0.9671	0.9678	0.9686	0.9693	0.9699	0.9706
1.9	0.9713	0.9713	0.9726	0.9732	0.9738	0.9744	0.9750	0.9756	0.9761	0.9767
2.0	0.9772	0.9772	0.9783	0.9788	0.9793	0.9798	0.9803	0.9808	0.9812	0.9817
2.1	0.9821	0.9821	0.9830	0.9834	0.9838	0.9842	0.9846	0.9850	0.9854	0.9857
2.2	0.9861	0.9861	0.9868	0.9871	0.9875	0.9878	0.9881	0.9884	0.9887	0.9890
2.3	0.9893	0.9893	0.9898	0.9901	0.9904	0.9906	0.9909	0.9911	0.9913	0.9916
2.4	0.9918	0.9918	0.9922	0.9925	0.9927	0.9929	0.9931	0.9932	0.9934	0.9936
2.5	0.9938	0.9938	0.9941	0.9943	0.9945	0.9946	0.9948	0.9949	0.9951	0.9952
2.6	0.9953	0.9953	0.9956	0.9957	0.9959	0.9960	0.9961	0.9962	0.9963	0.9964
2.7	0.9965	0.9965	0.9967	0.9968	0.9969	0.9970	0.9971	0.9972	0.9973	0.9974
2.8	0.9974	0.9974	0.9976	0.9977	0.9977	0.9978	0.9979	0.9979	0.9980	0.9981
2.9	0.9981	0.9981	0.9982	0.9983	0.9984	0.9984	0.9985	0.9985	0.9986	0.9986
3.0	0.9987	0.9987	0.9987	0.9988	0.9988	0.9989	0.9989	0.9989	0.9990	0.9990

A.4 카이제곱분포표

d.f. \ α	0.995	0.99	0.975	0.95	0.9	0.5	0.1	0.05	0.025	0.01	0.005
1	0.00004	0.0002	0.001	0.004	0.02	0.45	2.71	3.84	5.02	6.63	7.88
2	0.01	0.02	0.05	0.10	0.21	1.39	4.61	5.99	7.38	9.21	10.60
3	0.07	0.11	0.22	0.35	0.58	2.37	6.25	7.81	9.35	11.34	12.84
4	0.21	0.30	0.48	0.71	1.06	3.36	7.78	9.49	11.14	13.28	14.86
5	0.41	0.55	0.83	1.15	1.61	4.35	9.24	11.07	12.83	15.09	16.75
6	0.68	0.87	1.24	1.64	2.20	5.35	10.64	12.59	14.45	16.81	18.55
7	0.99	1.24	1.69	2.17	2.83	6.35	12.02	14.07	16.01	18.48	20.28
8	1.34	1.65	2.18	2.73	3.49	7.34	13.36	15.51	17.53	20.09	21.95
9	1.73	2.09	2.70	3.33	4.17	8.34	14.68	16.92	19.02	21.67	23.59
10	2.16	2.56	3.25	3.94	4.87	9.34	15.99	18.31	20.48	23.21	25.19
11	2.60	3.05	3.82	4.57	5.58	10.34	17.28	19.68	21.92	24.72	26.76
12	3.07	3.57	4.40	5.23	6.30	11.34	18.55	21.03	23.34	26.22	28.30
13	3.57	4.11	5.01	5.89	7.04	12.34	19.81	22.36	24.74	27.69	29.82
14	4.07	4.66	5.63	6.57	7.79	13.34	21.06	23.68	26.12	29.14	31.32
15	4.60	5.23	6.26	7.26	8.55	14.34	22.31	25.00	27.49	30.58	32.80
16	5.14	5.81	6.91	7.96	9.31	15.34	23.54	26.30	28.85	32.00	34.27
17	5.70	6.41	7.56	8.67	10.09	16.34	24.77	27.59	30.19	33.41	35.72
18	6.26	7.01	8.23	9.39	10.86	17.34	25.99	28.87	31.53	34.81	37.16
19	6.84	7.63	8.91	10.12	11.65	18.34	27.20	30.14	32.85	36.19	38.58
20	7.43	8.26	9.59	10.85	12.44	19.34	28.41	31.41	34.17	37.57	40.00
21	8.03	8.90	10.28	11.59	13.24	20.34	29.62	32.67	35.48	38.93	41.40
22	8.64	9.54	10.98	12.34	14.04	21.34	30.81	33.92	36.78	40.29	42.80
23	9.26	10.20	11.69	13.09	14.85	22.34	32.01	35.17	38.08	41.64	44.18
24	9.89	10.86	12.40	13.85	15.66	23.34	33.20	36.42	39.36	42.98	45.56
25	10.52	11.52	13.12	14.61	16.47	24.34	34.38	37.65	40.65	44.31	46.93
26	11.16	12.20	13.84	15.38	17.29	25.34	35.56	38.89	41.92	45.64	48.29
27	11.81	12.88	14.57	16.15	18.11	26.34	36.74	40.11	43.19	46.96	49.64
28	12.46	13.56	15.31	16.93	18.94	27.34	37.92	41.34	44.46	48.28	50.99
29	13.12	14.26	16.05	17.71	19.77	28.34	39.09	42.56	45.72	49.59	52.34
30	13.79	14.95	16.79	18.49	20.60	29.34	40.26	43.77	46.98	50.89	53.67
40	20.71	22.16	24.43	26.51	29.05	39.34	51.81	55.76	59.34	63.69	66.77
50	27.99	29.71	32.36	34.76	37.69	49.33	63.17	67.50	71.42	76.15	79.49
60	35.53	37.48	40.48	43.19	46.46	59.33	74.40	79.08	83.30	88.38	91.95
70	43.28	45.44	48.76	51.74	55.33	69.33	85.53	90.53	95.02	100.43	104.21
80	51.17	53.54	57.15	60.39	64.28	79.33	96.58	101.88	106.63	112.33	116.32
90	59.20	61.75	65.65	69.13	73.29	89.33	107.57	113.15	118.14	124.12	128.30
100	67.33	70.06	74.22	77.93	82.36	99.33	118.50	124.34	129.56	135.81	140.17

A.5 t–분포표

d.f. \ α	α					
	0.25	0.1	0.05	0.025	0.01	0.005
1	1.000	3.078	6.314	12.706	31.821	63.657
2	0.817	1.886	2.920	4.303	6.965	9.925
3	0.765	1.638	2.353	3.182	4.541	5.841
4	0.741	1.533	2.132	2.776	3.747	4.604
5	0.727	1.476	2.015	2.571	3.365	4.032
6	0.718	1.440	1.943	2.447	3.143	3.707
7	0.711	1.415	1.895	2.365	2.998	3.499
8	0.706	1.397	1.860	2.306	2.896	3.355
9	0.703	1.383	1.833	2.262	2.821	3.250
10	0.700	1.372	1.812	2.228	2.764	3.169
11	0.697	1.363	1.796	2.201	2.718	3.106
12	0.695	1.356	1.782	2.179	2.681	3.055
13	0.694	1.350	1.771	2.160	2.650	3.012
14	0.692	1.345	1.761	2.145	2.624	2.977
15	0.691	1.341	1.753	2.131	2.602	2.947
16	0.690	1.337	1.746	2.120	2.583	2.921
17	0.689	1.333	1.740	2.110	2.567	2.898
18	0.688	1.330	1.734	2.101	2.552	2.878
19	0.688	1.328	1.729	2.093	2.539	2.861
20	0.687	1.325	1.723	2.086	2.528	2.845
21	0.686	1.323	1.721	2.080	2.518	2.831
22	0.686	1.321	1.717	2.074	2.508	2.819
23	0.685	1.319	1.714	2.069	2.500	2.807
24	0.685	1.318	1.711	2.064	2.492	2.797
25	0.684	1.316	1.708	2.060	2.485	2.787
26	0.684	1.315	1.706	2.056	2.479	2.779
27	0.684	1.314	1.703	2.052	2.473	2.771
28	0.683	1.313	1.701	2.048	2.467	2.763
29	0.683	1.311	1.699	2.045	2.462	2.756
30	0.683	1.310	1.697	2.042	2.457	2.750
40	0.681	1.303	1.684	2.021	2.423	2.704
50	0.679	1.299	1.676	2.009	2.403	2.678
60	0.679	1.296	1.671	2.000	2.390	2.660
70	0.678	1.294	1.667	1.994	2.381	2.648
80	0.678	1.292	1.664	1.990	2.374	2.639
90	0.677	1.291	1.662	1.987	2.369	2.632
100	0.677	1.290	1.660	1.984	2.364	2.626
∞	0.674	1.282	1.645	1.960	2.326	2.576

A.6 F–분포표

분모의 자유도	α	분자의 자유도								
		1	2	3	4	5	6	7	8	9
1	0.10	39.86	49.50	53.59	55.83	57.24	58.20	58.91	59.44	59.86
	0.05	161.40	199.5	215.7	224.6	23.20	234.00	236.80	238.90	240.50
	0.025	647.79	799.50	864.16	899.58	921.85	937.11	948.22	956.66	963.28
	0.01	4,052	5,000	5,403	5,625	5,764	5,859	5,928	5,981	6,022
2	0.10	8.53	9.00	9.16	9.24	9.29	9.33	9.35	9.37	9.38
	0.05	18.51	19.00	19.16	19.25	19.30	19.33	19.35	19.37	19.38
	0.025	38.51	39.00	39.17	39.25	39.30	39.33	39.36	39.37	39.39
	0.01	98.50	99.00	99.17	99.25	99.30	99.33	99.36	99.37	99.39
3	0.10	5.54	5.46	5.39	5.34	5.31	5.28	5.27	5.25	5.24
	0.05	10.13	9.55	9.28	9.12	9.01	8.94	8.89	8.85	8.81
	0.025	17.44	16.04	15.44	15.10	14.88	14.73	14.62	14.54	14.47
	0.01	34.12	30.82	29.46	28.71	28.24	27.91	27.62	27.49	27.35
4	0.10	4.54	4.32	4.19	4.11	4.05	4.01	3.98	3.95	3.94
	0.05	7.71	6.94	6.59	6.39	6.26	6.16	6.09	6.04	6.00
	0.025	12.22	10.65	9.98	9.60	9.36	9.20	9.07	8.98	8.90
	0.01	21.20	18.00	16.69	15.98	15.52	15.21	14.98	14.80	14.66
5	0.10	4.06	3.78	3.62	3.52	3.45	3.40	3.37	3.34	3.32
	0.05	6.61	5.79	5.41	5.19	5.05	4.95	4.88	4.82	4.77
	0.025	10.01	8.43	7.76	7.39	7.15	6.98	6.85	6.76	6.68
	0.01	16.26	13.27	12.06	11.39	10.97	10.67	10.46	10.29	10.16
6	0.10	3.78	3.46	3.29	3.18	3.11	3.05	3.01	2.98	2.96
	0.05	5.99	5.14	4.76	4.53	4.39	4.28	4.21	4.15	4.10
	0.025	8.81	7.26	6.60	6.23	5.99	5.82	5.70	5.60	5.52
	0.01	13.75	10.92	9.78	9.15	8.75	8.47	8.26	8.10	7.98
7	0.10	3.59	3.26	3.07	2.96	2.88	2.83	2.78	2.75	2.72
	0.05	5.59	4.74	4.35	4.12	3.97	3.87	3.79	3.73	3.68
	0.025	8.07	6.54	5.89	5.52	5.29	5.12	4.99	4.90	4.82
	0.01	12.25	9.55	8.45	7.85	7.46	7.19	6.99	6.84	6.72
8	0.10	3.46	3.11	2.92	2.81	2.73	2.67	2.62	2.59	2.56
	0.05	5.32	4.46	4.07	3.84	3.69	3.58	3.50	3.44	3.39
	0.025	7.57	6.06	5.42	5.05	4.82	4.65	4.53	4.43	4.36
	0.01	11.26	8.65	7.59	7.01	6.63	6.37	6.18	6.03	5.91
9	0.10	3.36	3.01	2.81	2.69	2.61	2.55	2.51	2.47	2.44
	0.05	5.12	4.26	3.86	3.63	3.48	3.37	3.29	3.23	3.18
	0.025	7.21	5.71	5.08	4.72	4.48	4.32	4.20	4.10	4.03
	0.01	10.56	8.02	6.99	6.42	6.06	5.80	5.61	5.47	5.35
10	0.10	3.29	2.92	2.73	2.61	2.52	2.46	2.41	2.38	2.35
	0.05	4.96	4.10	3.71	3.48	3.33	3.22	3.14	3.07	3.02
	0.025	6.94	5.46	4.83	4.47	4.24	4.07	3.95	3.85	3.78
	0.01	10.04	7.56	6.55	5.99	5.64	5.39	5.20	5.06	4.94
11	0.10	3.23	2.86	2.66	2.54	2.45	2.39	2.34	2.30	2.27
	0.05	4.84	3.98	3.59	3.36	3.20	3.09	3.01	2.95	2.90
	0.025	6.72	5.26	4.63	4.28	4.04	3.88	3.76	3.66	3.59
	0.01	9.65	7.21	6.22	5.67	5.32	5.07	4.89	4.74	4.63

해답

Chapter 02 기술통계학 기법 – 표와 그래프

I Can Do

1.

구분	도수	상대도수	백분율(%)
A	2,096,294	0.4310	43.10
B	2,726,763	0.5606	56.06
C	23,325	0.0048	0.48
D	17,401	0.0036	0.36

2.

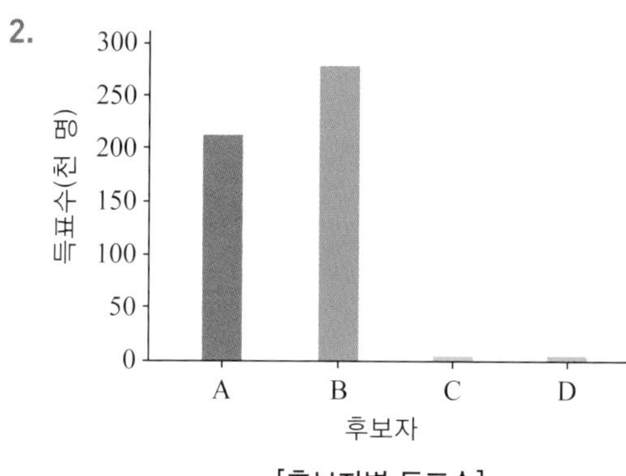

[후보자별 득표수]

[후보자별 득표 비율]

3.

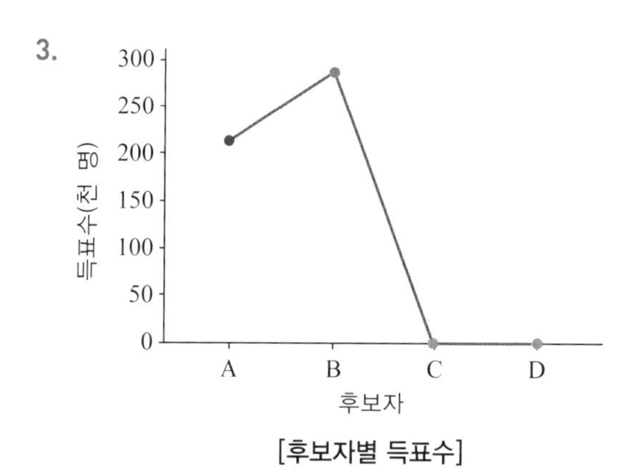

[후보자별 득표수]

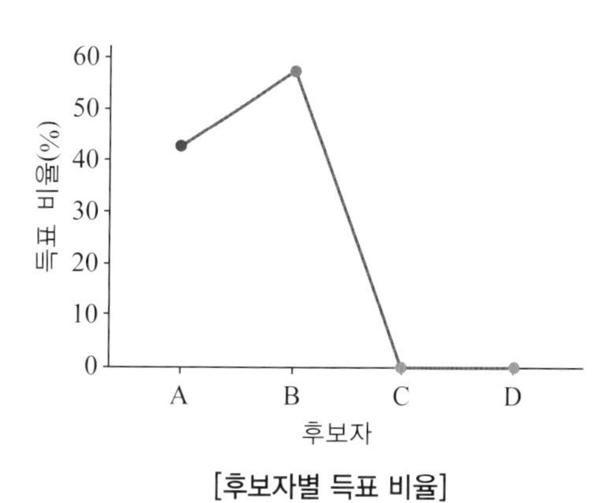

[후보자별 득표 비율]

4.

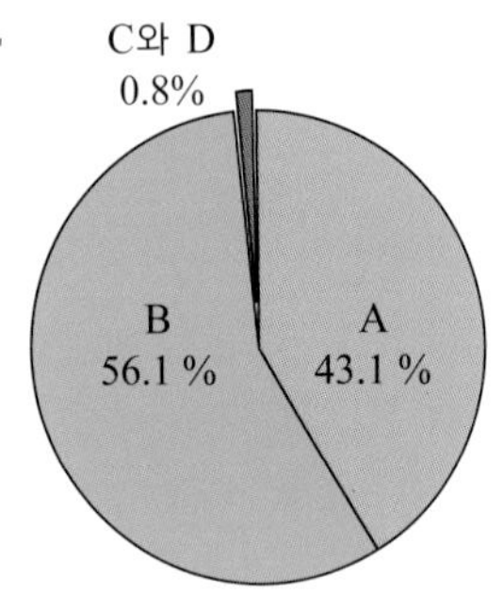

[후보자별 득표율]

5.

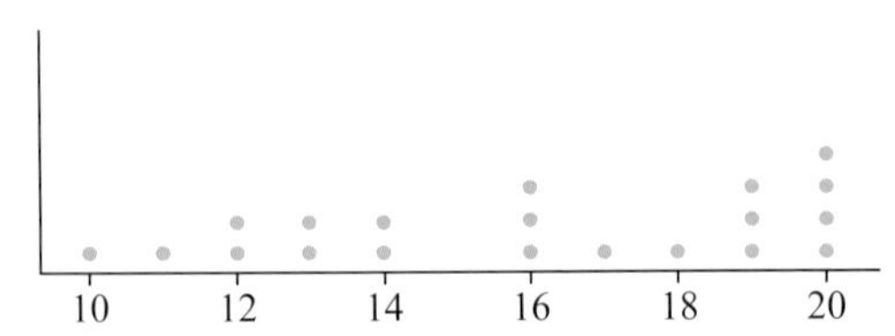

6.

계급	계급 간격	도수	상대도수	누적도수	누적상대도수	계급값
제1계급	10.15~14.15	7	0.35	7	0.35	12.15
제2계급	14.15~18.15	4	0.20	11	0.55	16.15
제3계급	18.15~22.15	2	0.10	13	0.65	20.15
제4계급	22.15~26.15	4	0.20	17	0.85	24.15
제5계급	26.15~30.15	3	0.15	20	1.00	28.15
합계		20	1.00			

7.

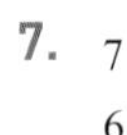

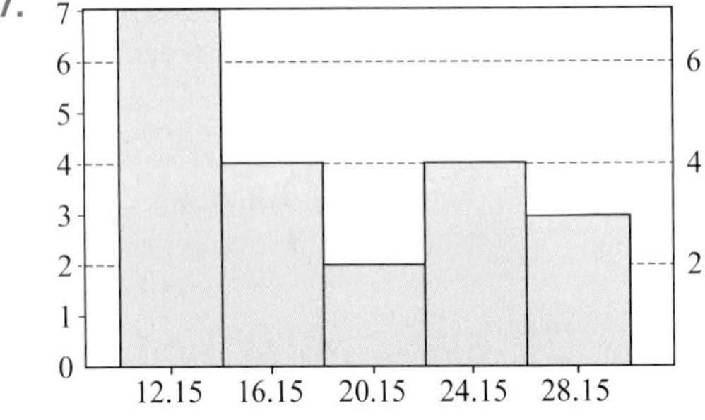

8.

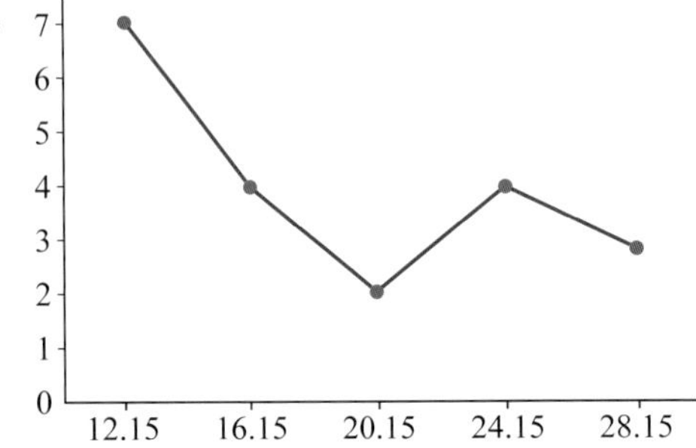

9.

3	20	2 5 9
5	21	1 2
7	22	6 9
10	23	1 6 6
10	24	8
9	25	2
8	26	1 7 7 9
4	27	5
3	28	2 3
1	29	5

전체 도수 20
기본단위 0.1

10.

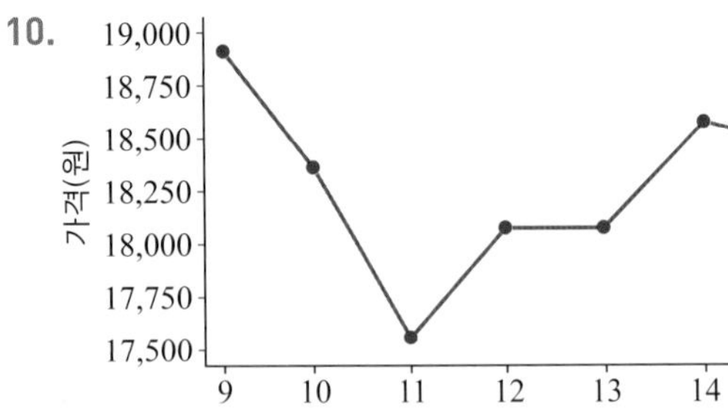

[주가의 변화]

11.

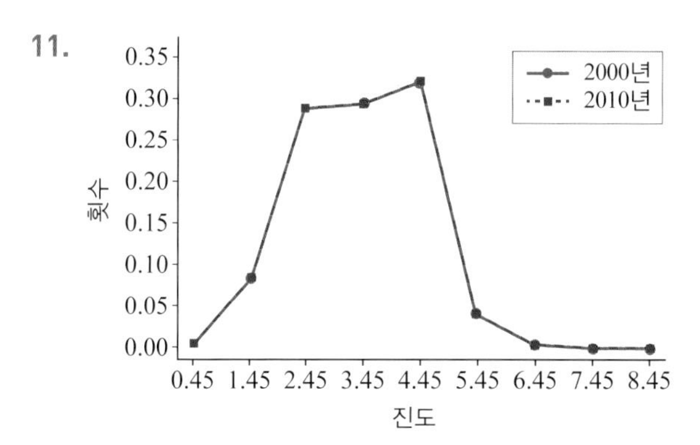

[2000년과 2010년의 지진 발생 비율]

12.

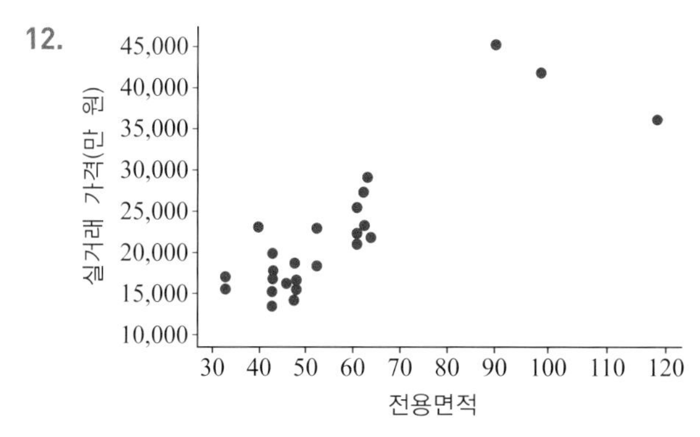

[전용면적 대비 실거래 가격]

연습문제

1. (1)

범주	도수	상대도수
A	10	0.20
G	11	0.22
I	8	0.16
P	9	0.18
S	12	0.24

(2)

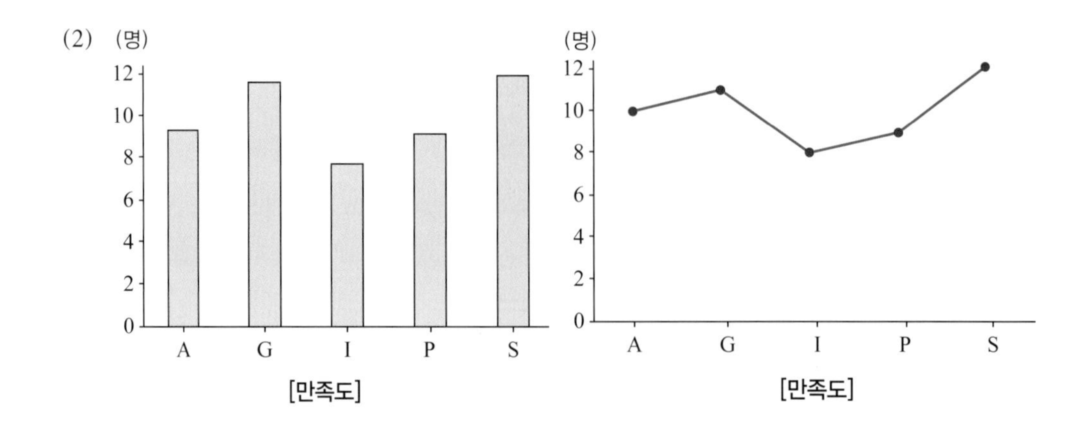

[만족도] [만족도]

(3)

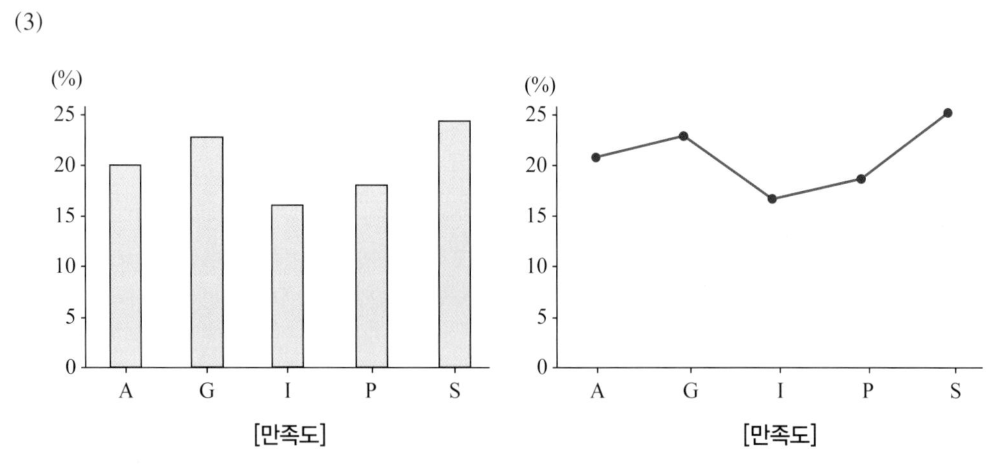

[만족도] [만족도]

(4)

S 12, 24.0 %
A 10, 20.0 %
G 11, 22.0 %
I 8, 16.0 %
P 9, 18.0 %

[원그래프]

2. (1)

범주	도수	상대도수
찬성	59	0.59
반대	27	0.27
무응답	14	0.14

(2)

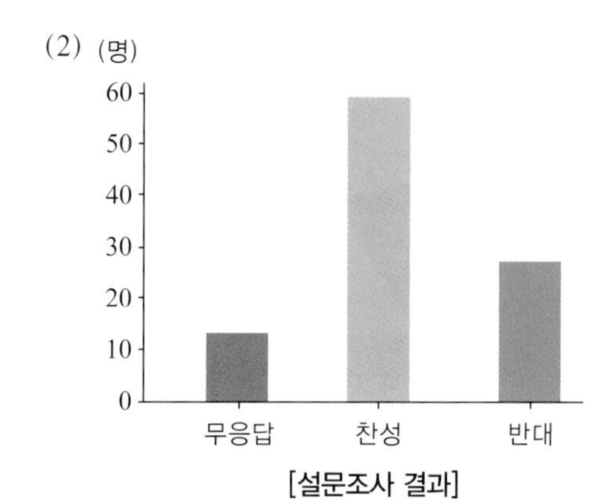

[설문조사 결과]

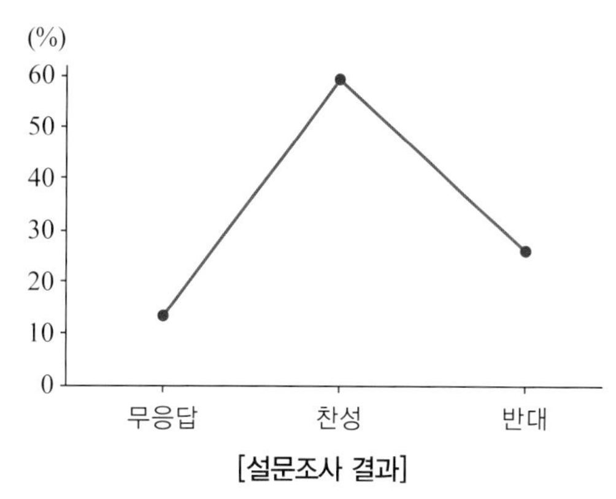

[설문조사 결과]

(3)

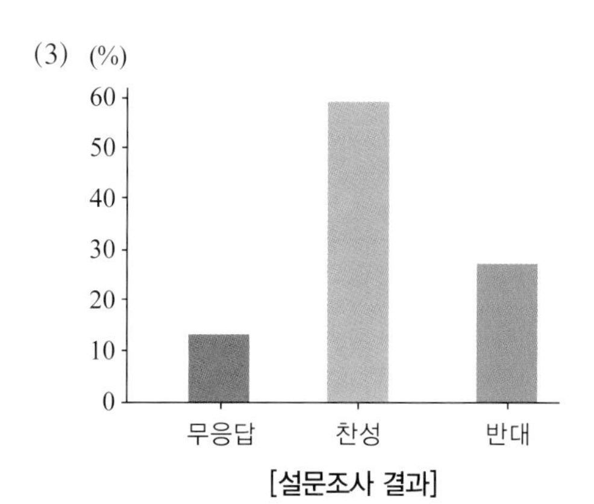

[설문조사 결과]

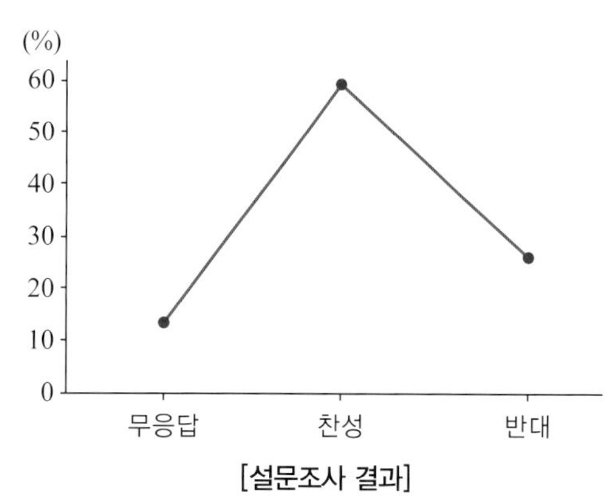

[설문조사 결과]

(4)

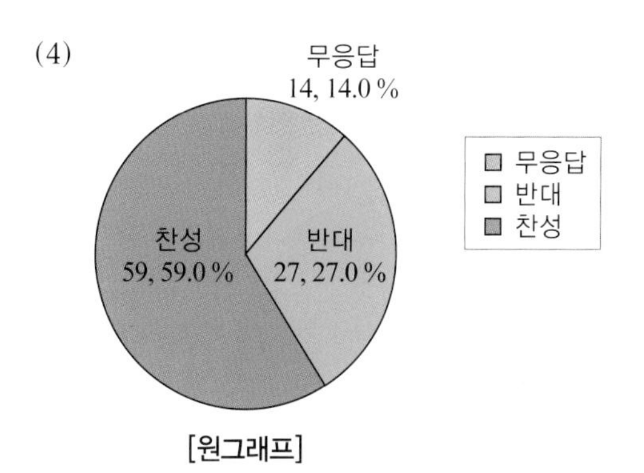

[원그래프]

3. (1)

(단위: 명)

연령	20대(+19세)	30대	40대	50대	60대 이상
유권자 수	1,167,872	746,026	895,857	939,274	995,212
사전투표자 수	7,313,343	7,927,535	8,969,415	8,146,143	8,939,792

(2) (3)

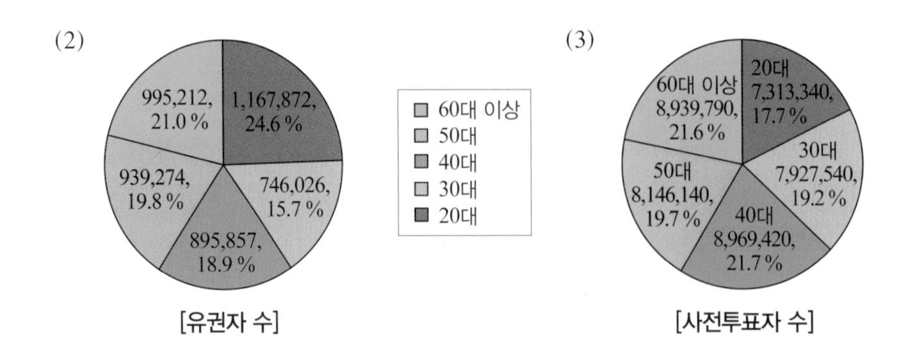

[유권자 수] [사전투표자 수]

4. (1)

순위	암 종류	남자	암 종류	여자
1	위	0.230	갑상선	0.364
2	대장	0.185	유방	0.173
3	폐	0.164	대장	0.119
4	간	0.132	위	0.112
5	전립선	0.097	폐	0.071
6	갑상선	0.076	간	0.046
7	방광	0.031	자궁경부	0.040
8	췌장	0.030	담낭	0.027
9	신장	0.029	췌장	0.025
10	담낭	0.027	난소	0.022

(2)

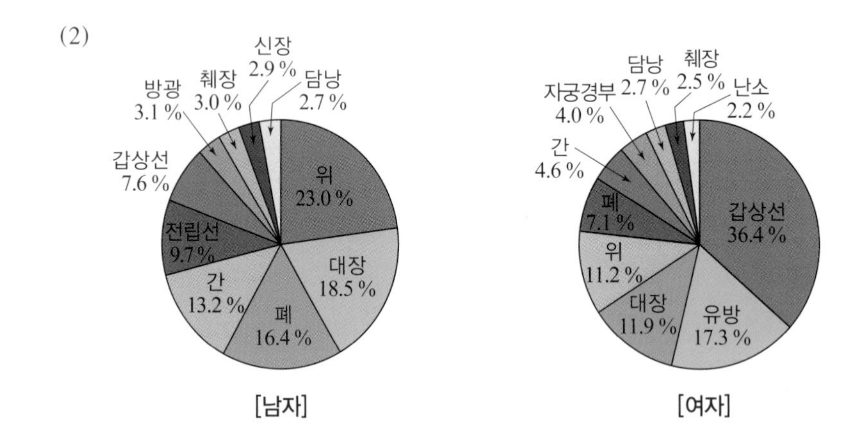

[남자] [여자]

5.

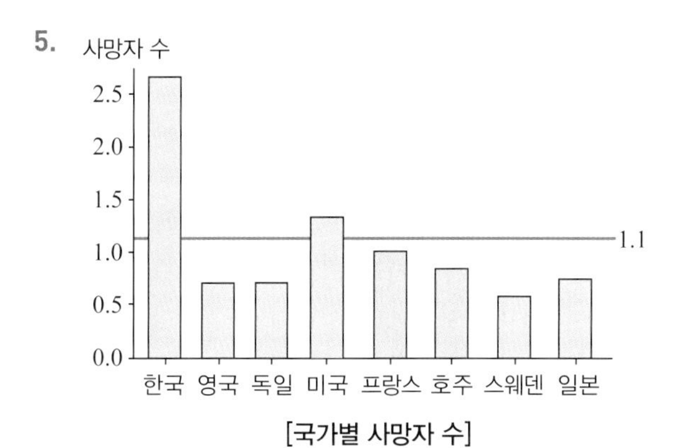

[국가별 사망자 수]

6. (1)

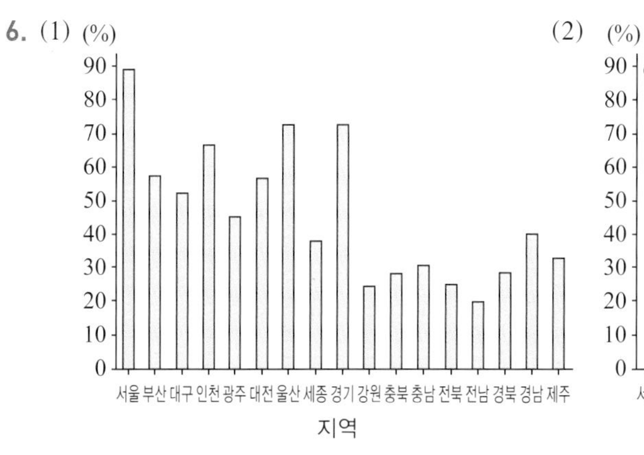

[지역별 재정자립도]

(2)

[지역별 재정자립도]

(3)

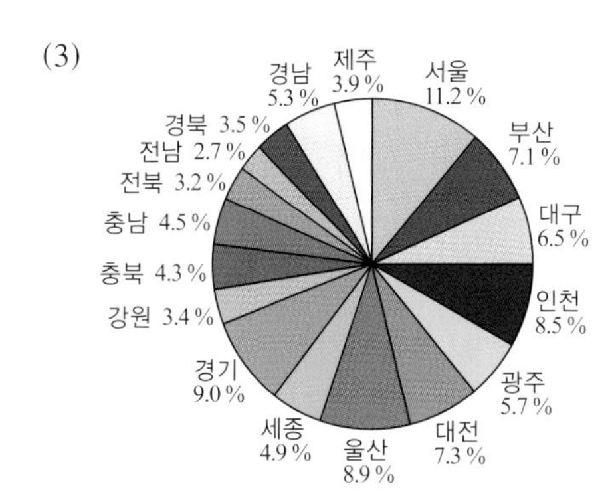

[재정자립도 원그래프]

7. (1) (2) (3)

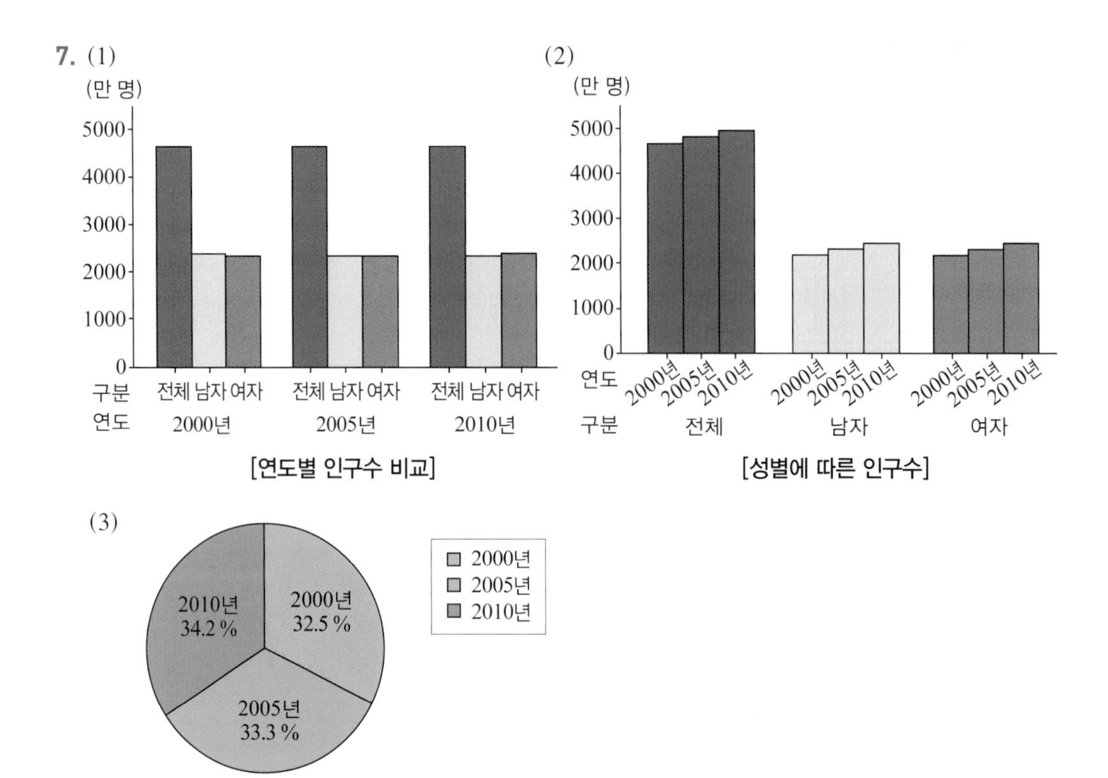

[연도별 인구수 비교]

[성별에 따른 인구수]

[인구수(연도)의 원그래프]

8. (1) (2)

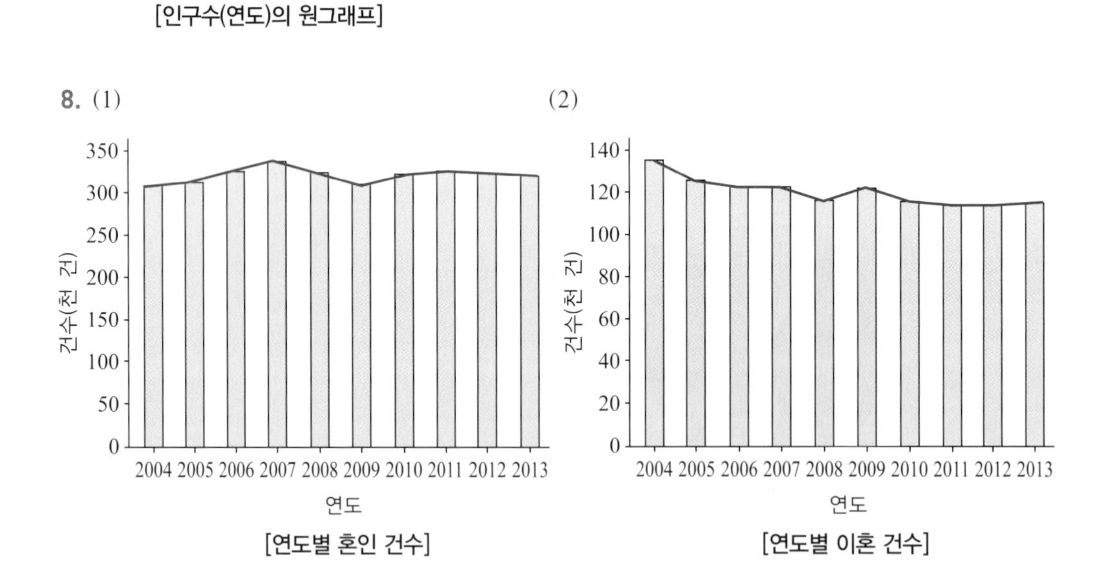

[연도별 혼인 건수]

[연도별 이혼 건수]

(3)

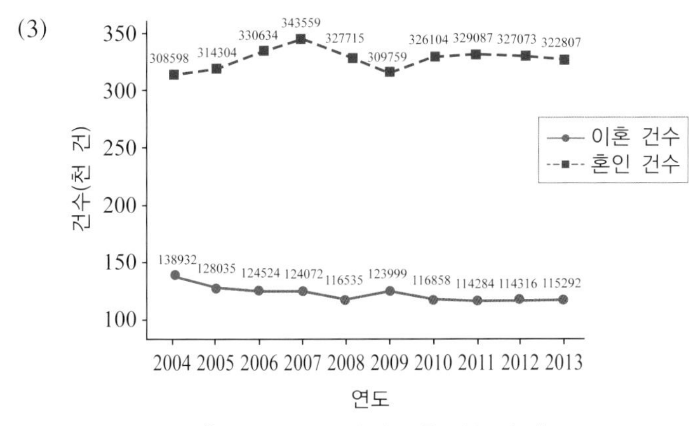

[연도별 혼인 건수와 이혼 건수 비교]

9. (1) (2)

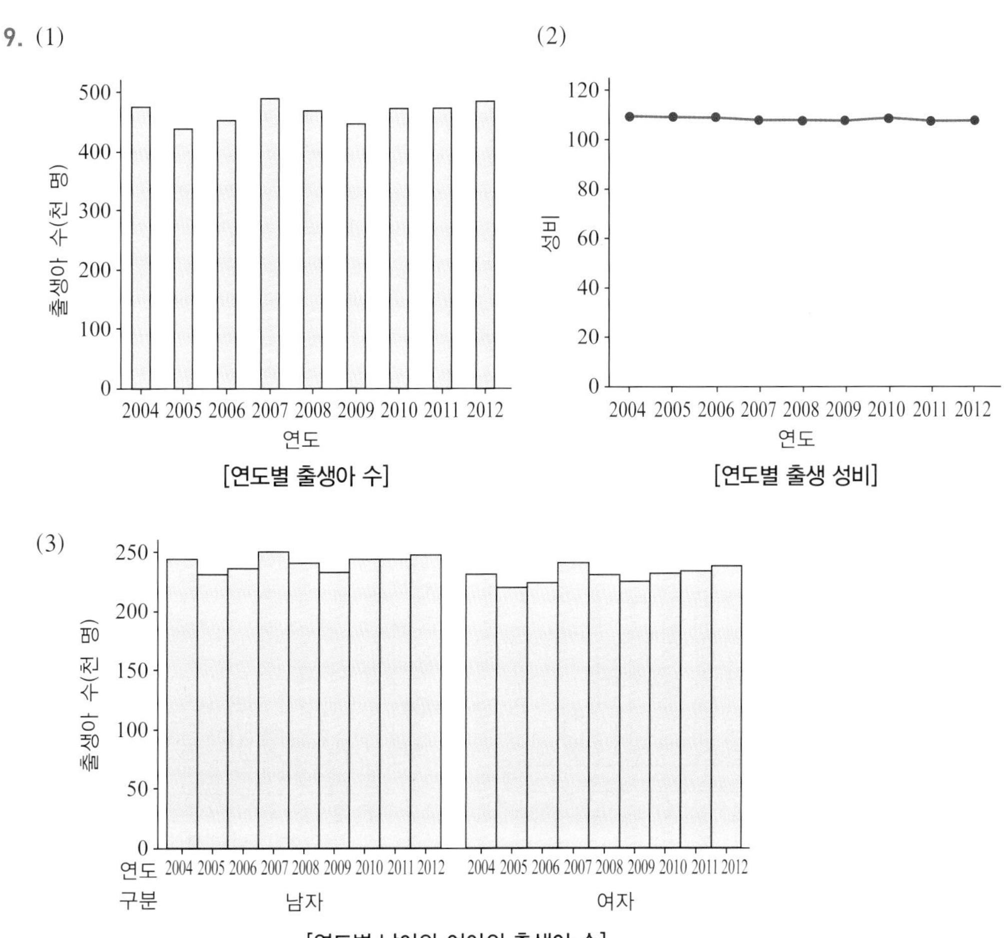

[연도별 남아와 여아의 출생아 수]

10. (1)

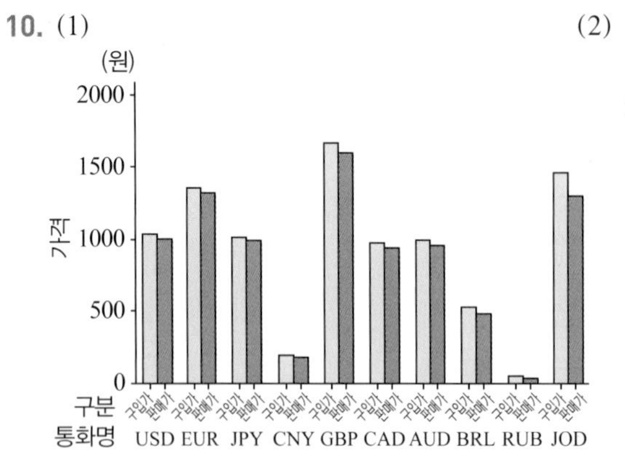

[통화별 구입 가격과 판매 가격 비교]

(2)

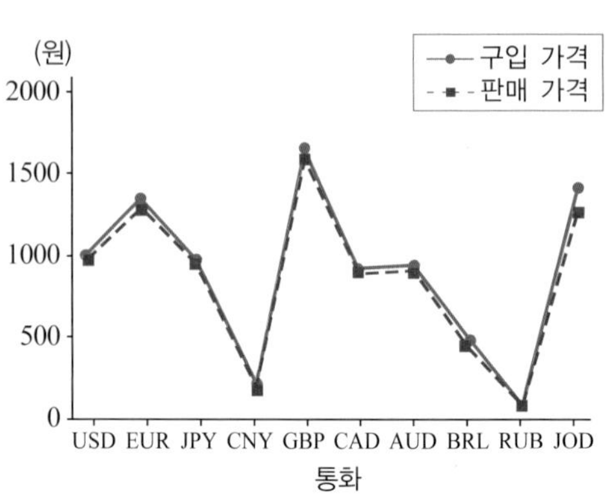

[구입 가격과 판매 가격의 비교]

(3)

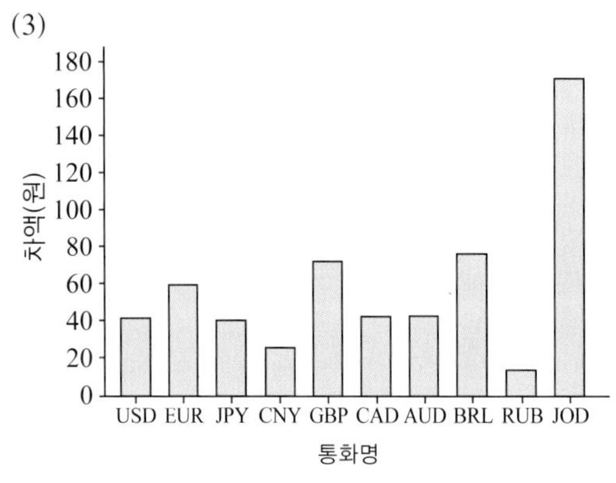

[구입 가격과 판매 가격의 차]

11. (1)

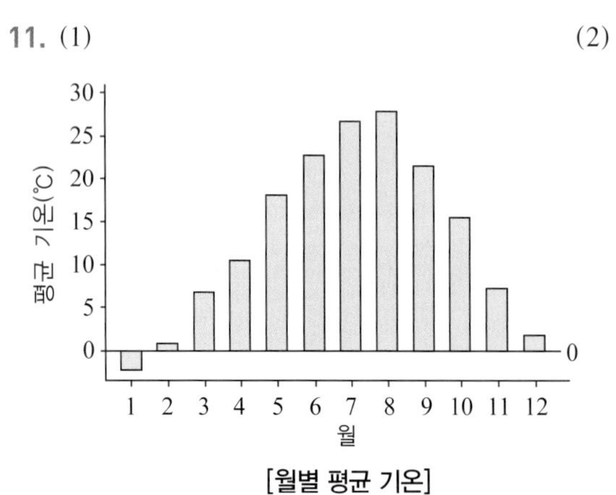

[월별 평균 기온]

(2)

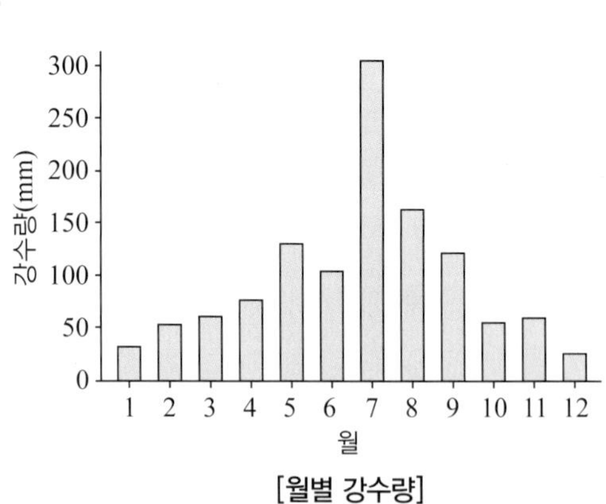

[월별 강수량]

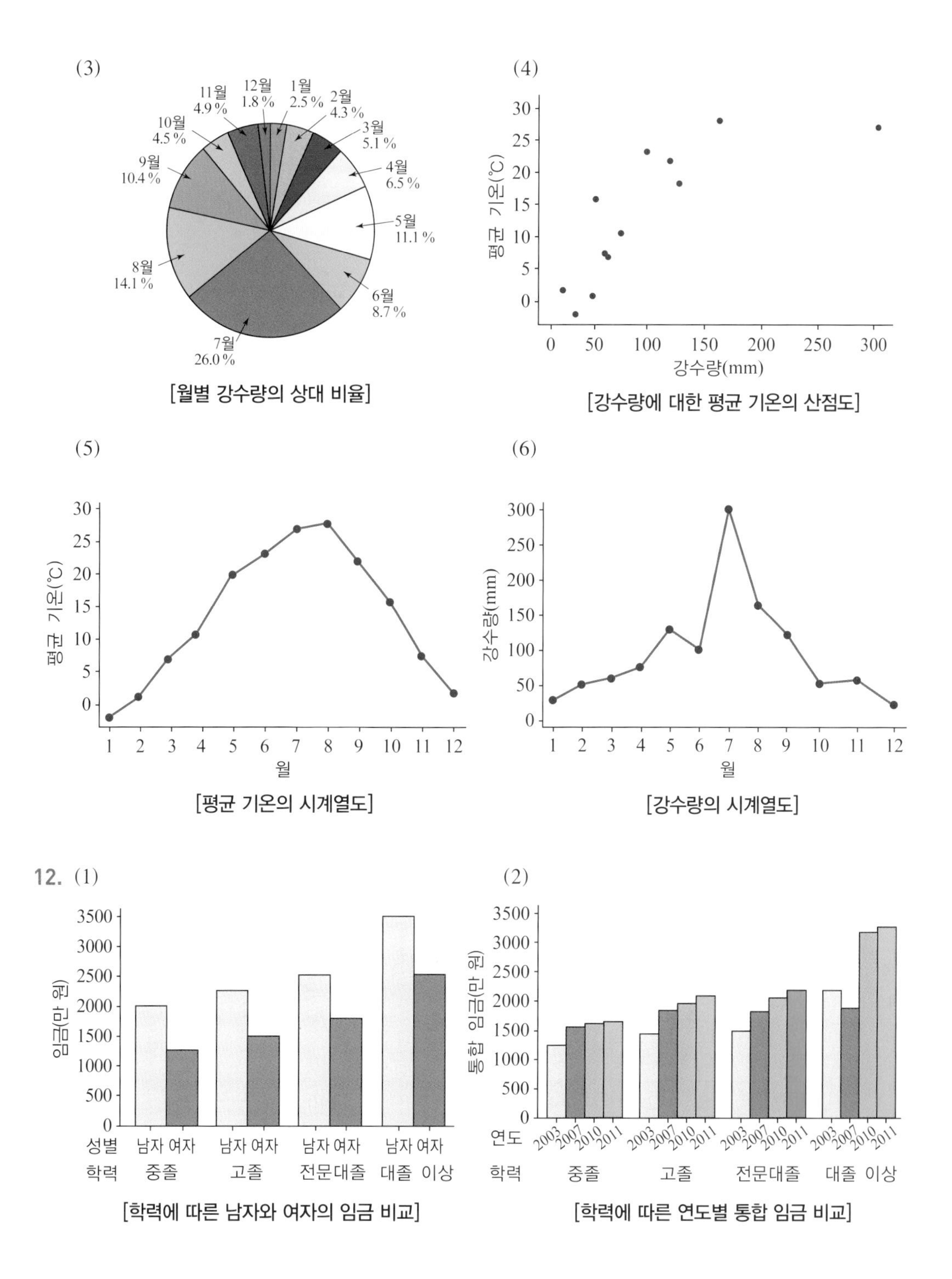

[월별 강수량의 상대 비율]

[강수량에 대한 평균 기온의 산점도]

[평균 기온의 시계열도]

[강수량의 시계열도]

[학력에 따른 남자와 여자의 임금 비교]

[학력에 따른 연도별 통합 임금 비교]

(3)

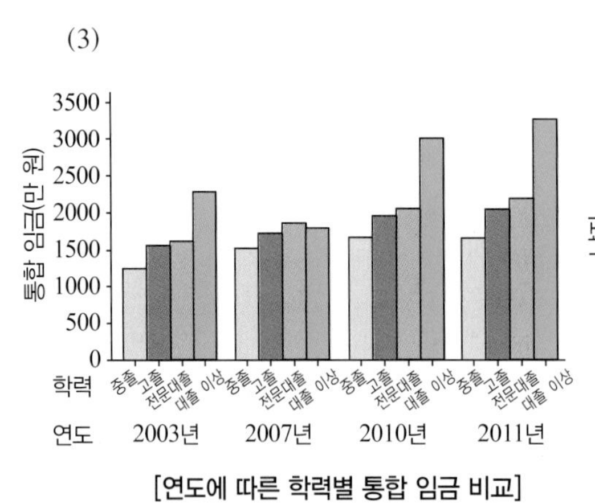

[연도에 따른 학력별 통합 임금 비교]

(4)

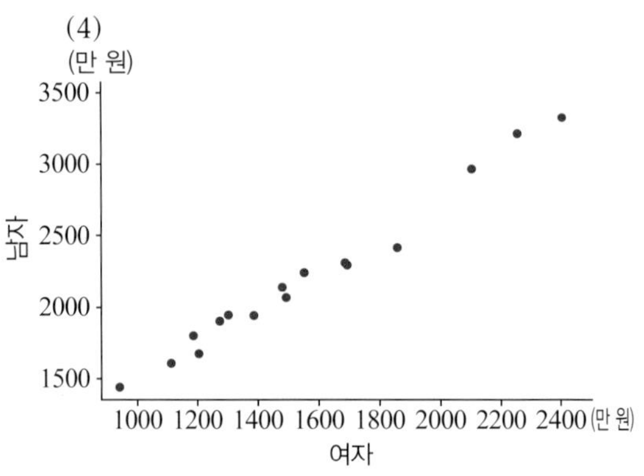

[남자와 여자의 임금에 대한 산점도]

(5)

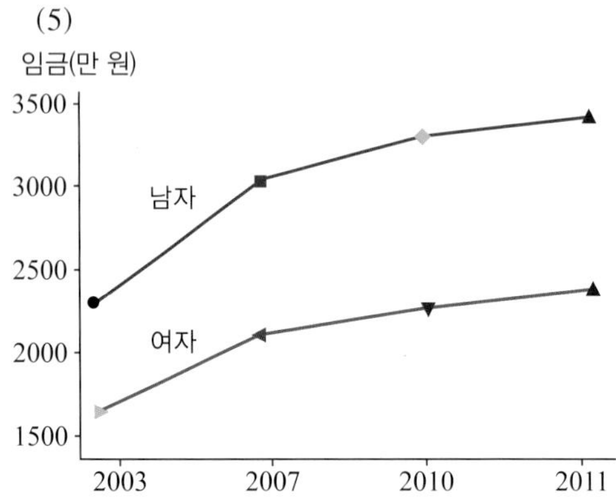

[남자와 여자의 임금 시계열도]

13.

1.1 1.2 1.3 1.4 1.5 1.6 1.7 1.8 1.9 2.0 2.1 2.2 2.3 2.4 2.5 2.6 2.7 2.8

14. (1)

계급	계급 간격	도수	상대도수	누적도수	누적상대도수	계급값
제1계급	0.5~4.5	25	0.05	25	0.05	2.5
제2계급	4.5~8.5	55	0.11	80	0.16	6.5
제3계급	8.5~12.5	60	0.12	140	0.28	10.5
제4계급	12.5~16.5	90	0.18	230	0.46	14.5
제5계급	16.5~20.5	115	0.23	345	0.69	18.5
제6계급	20.5~24.5	85	0.17	430	0.86	22.5
제7계급	24.5~28.5	50	0.10	480	0.96	26.5
제8계급	28.5~32.5	20	0.04	500	1.00	30.5
합계		500	1.00			

(2)

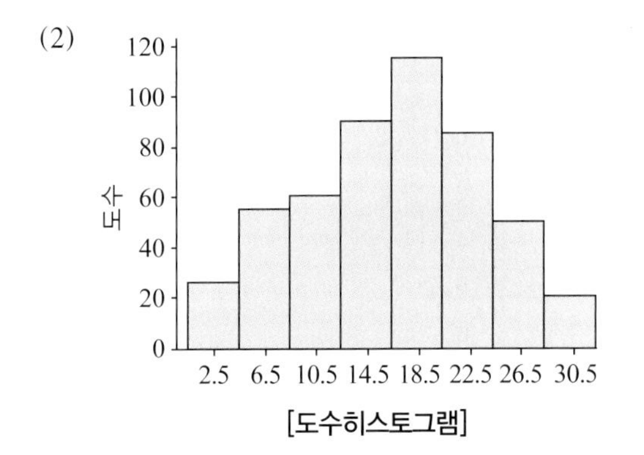

[도수히스토그램]

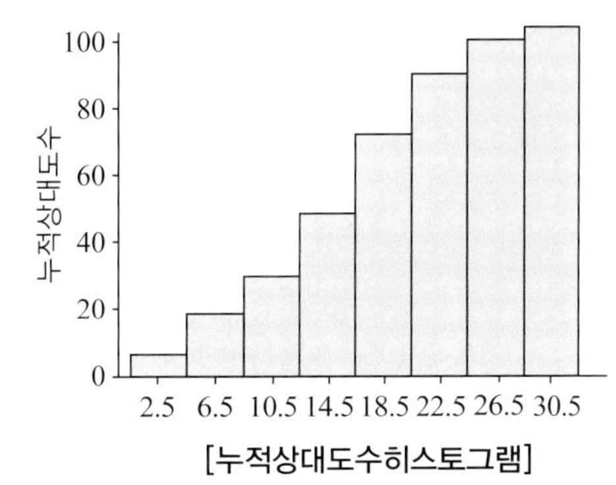

[누적상대도수히스토그램]

(3)

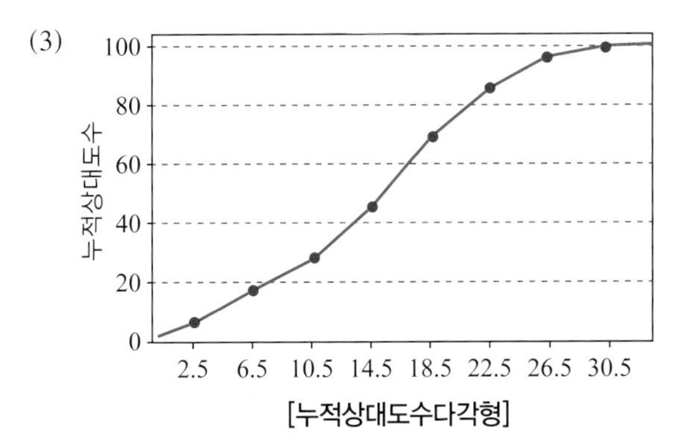

[누적상대도수다각형]

15. (1)

계급	계급 간격	도수	상대도수	누적도수	누적상대도수	계급값
제1계급	20.5~24.5	11	0.22	11	0.22	22.5
제2계급	24.5~28.5	8	0.16	19	0.38	26.5
제3계급	28.5~32.5	11	0.22	30	0.60	30.5
제4계급	32.5~36.5	11	0.22	41	0.82	34.5
제5계급	36.5~40.5	9	0.18	50	1.00	38.5
합계		50	1.00			

(2)

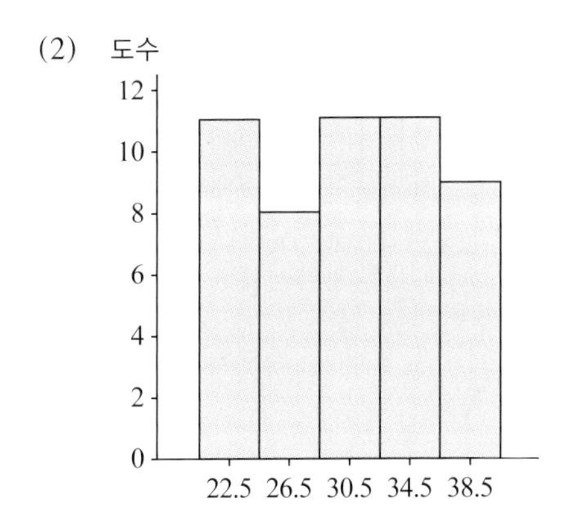

(3) 19　　　(4) 82 %

16. (1)

1	6	2
1	7	
1	8	
6	9	5 6 7 8 8
16	10	2 2 3 4 4 5 6 6 6 9
23	11	1 2 2 5 5 8 8
(8)	12	0 1 2 3 4 5 7 8
19	13	1 1 2 2 4 5 5 6 6 7
9	14	0 3 4 5 6 7 7 8 9

(2)

1	6o	2
1	6*	
1	7o	
1	7*	
1	8o	
1	8*	
1	9o	
6	9*	5 6 7 8 8
11	10o	2 2 3 4 4
16	10*	5 6 6 6 9
19	11o	1 2 2
23	11*	5 5 8 8
(5)	12o	0 1 2 3 4
22	12*	5 7 8
19	13o	1 1 2 2 4
14	13*	5 5 6 6 7
9	14o	0 3 4
6	14*	5 6 7 7 8 9

(3) 6.2

17. (1)

10 10 11 14 15 17 20 21 21 23 25 25 25 27 28 28 31 33 33 35 36 36 36 37 38
38 39 39 39 40 41 41 42 42 43 43 43 44 44 45 47 47 47 49 53 54 55 56 58 59

(2)　　　　　　　　　(3)

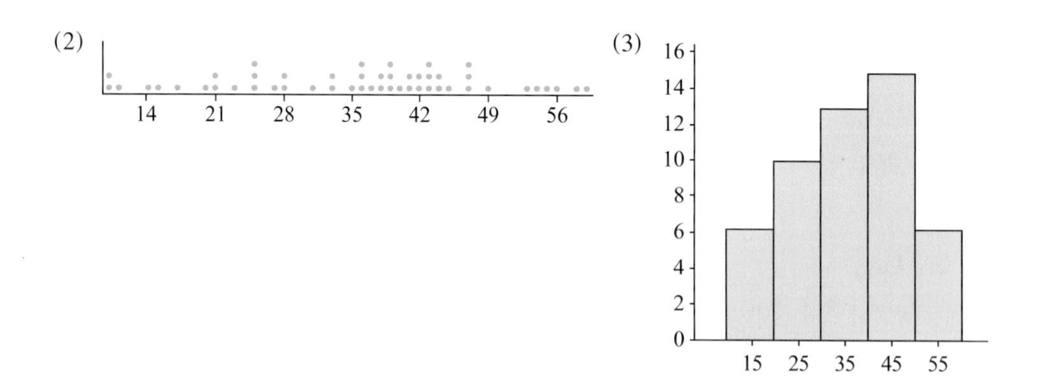

18. (1)

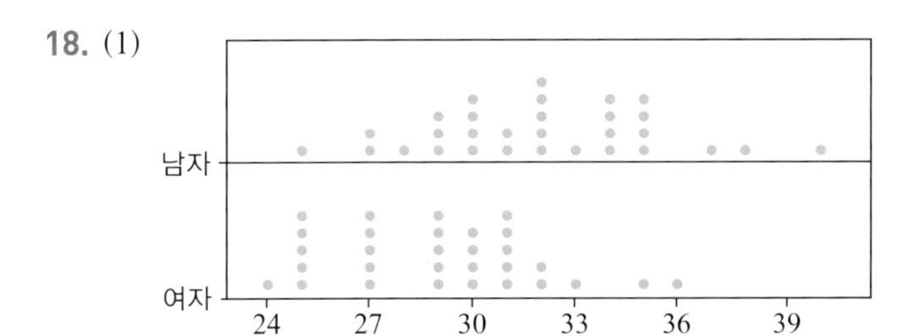

(2)

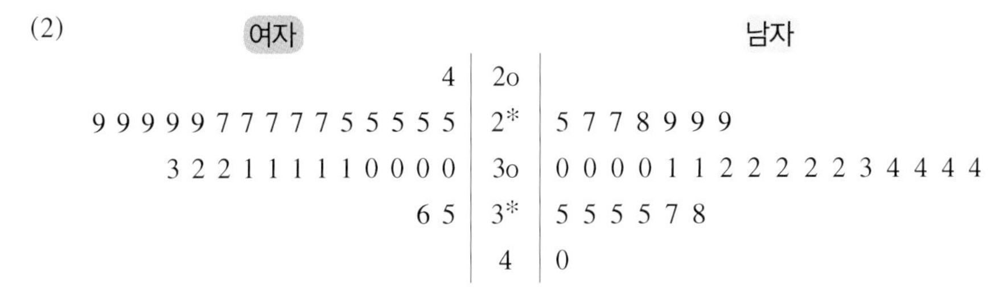

여자		남자
4	2o	
9 9 9 9 9 7 7 7 7 7 5 5 5 5 5	2*	5 7 7 8 9 9 9
3 2 2 1 1 1 1 1 0 0 0 0	3o	0 0 0 0 1 1 2 2 2 2 2 3 4 4 4 4
6 5	3*	5 5 5 5 7 8
	4	0

(3)

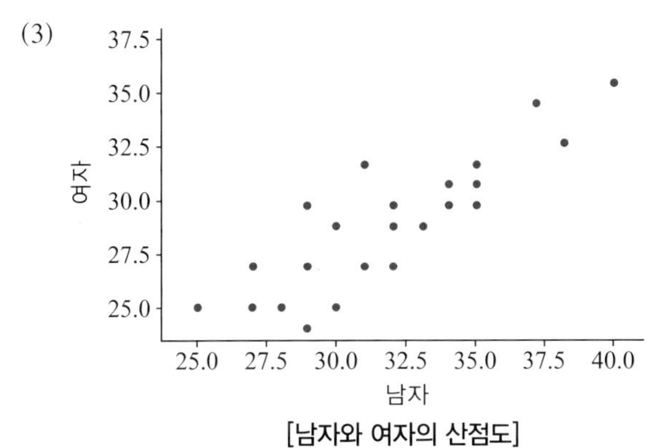

[남자와 여자의 산점도]

19. (1)

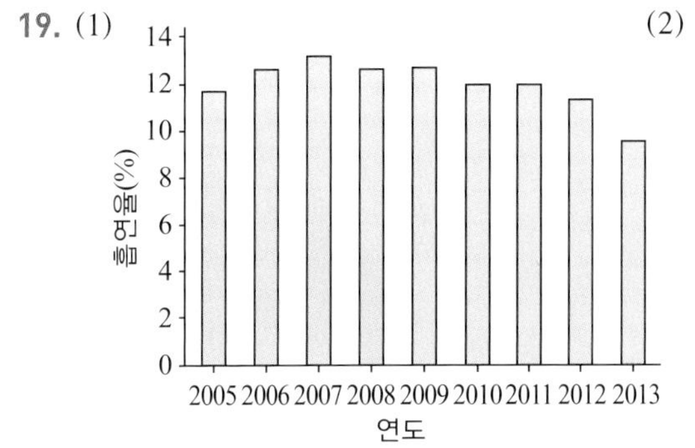

[연도별 흡연율]

(2)

[연도별 흡연율의 시계열도]

20.

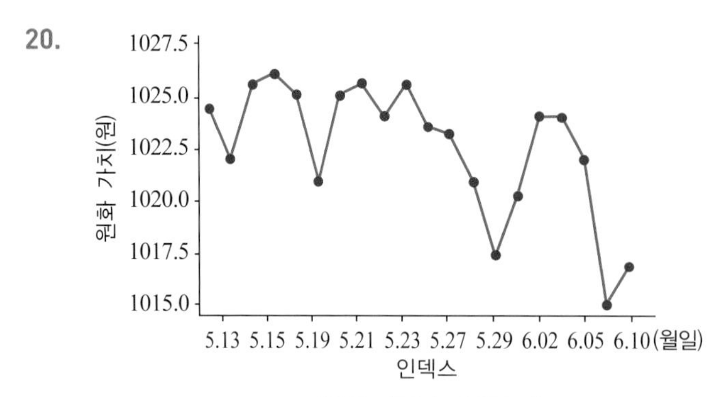

[원화 가치의 시계열도]

21. (1)

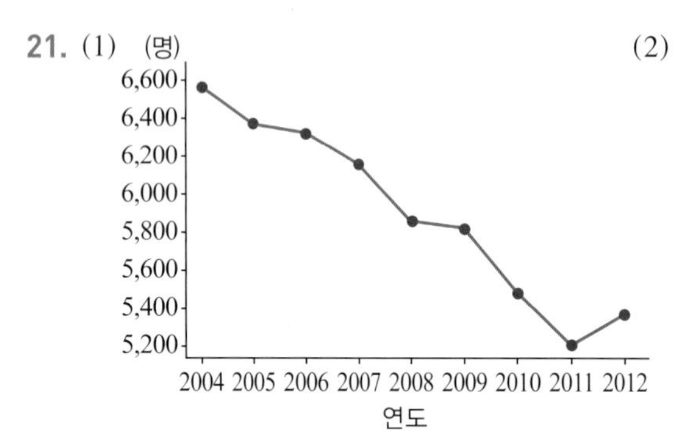

[연도별 사망자 수의 시계열도]

(2)

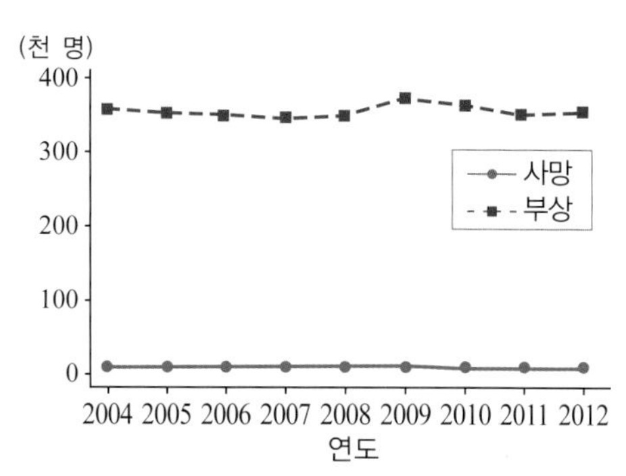

[연도별 사망자 수와 부상자 수의 시계열도]

22. (1)

성별 \ 나이	19~20세	21~22세	23~24세	25~26세	합계
남자(M)	13	4	5	3	25
여자(F)	9	6	3	2	20
합계	22	10	8	5	45

(2) (3)

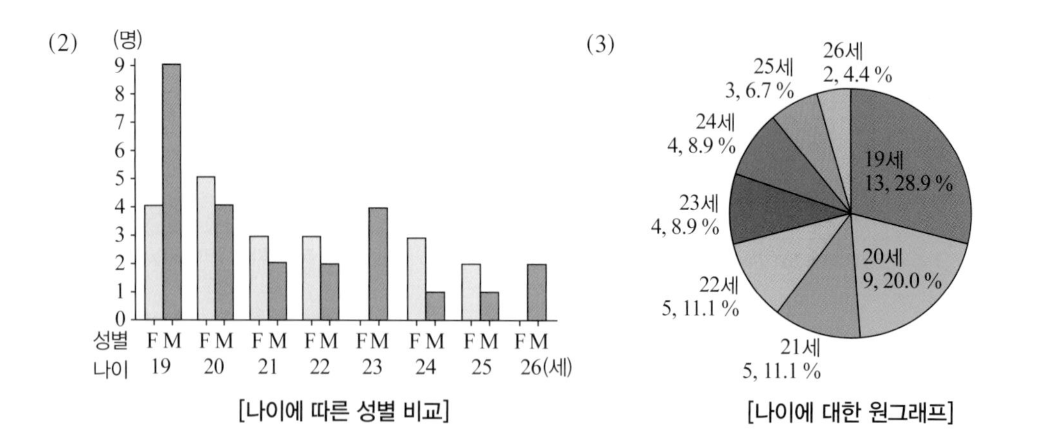

[나이에 따른 성별 비교] [나이에 대한 원그래프]

23. (1)

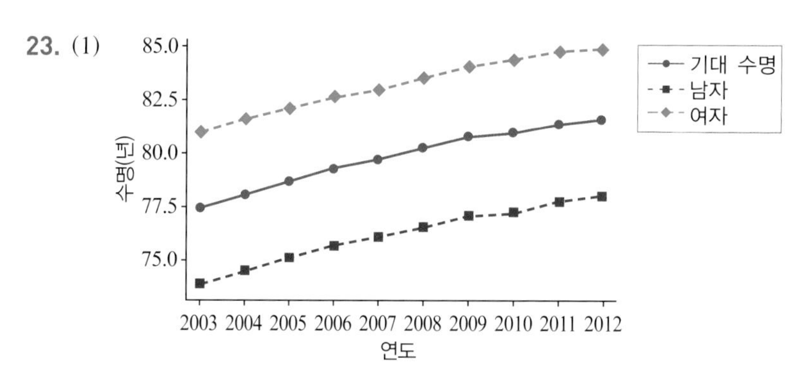

[기대 수명과 남녀의 평균 수명]

(2) 기대 수명의 기울기: $\frac{4}{9}$

$$y = \frac{4}{9}(x - 2012) + 81.4; \quad y_{2020} = \frac{4}{9}(2020 - 2012) + 81.4 = 84.96\,(\text{세})$$

남자의 평균 수명의 기울기: $\frac{4.1}{9}$

$$y = \frac{4.1}{9}(x - 2012) + 78; \quad y_{2020} = \frac{4.1}{9}(2020 - 2012) + 78 = 81.64\,(\text{세})$$

여자의 평균 수명의 기울기: $\frac{3.8}{9}$

$$y = \frac{3.8}{9}(x - 2012) + 84.6; \quad y_{2020} = \frac{3.8}{9}(2020 - 2012) + 84.6 = 87.98\,(\text{세})$$

Chapter 03 기술통계학 기법－수치적 척도

I Can Do

1.

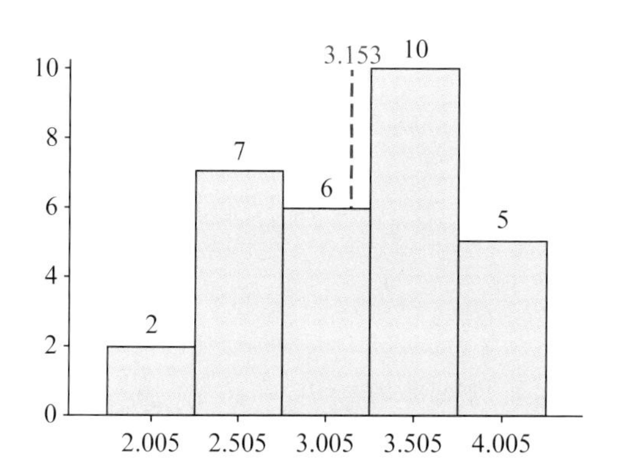

2. 3.456점

3. 32

4. 평균: 14.5, 10 %－절사평균: 5.5

5. A의 중위수: 6, B의 중위수: 5.5

6. A의 최빈값: 5, B의 최빈값: 없다.

7. A의 범위: 4, B의 범위: 46

8. 1.5

9. 5523.64

10. 1.3

11. 모표준편차: 74.3212, 표본표준편차: 1.1402

12. 개수: 84개, 비율: 84 %

13.

계급 간격	도수	계급값	$f_i x_i$	$(x_i - \overline{x})^2$	$(x_i - \overline{x})^2 f_i$
1.05~1.41	8	1.23	9.84	0.4045	3.2360
1.41~1.77	6	1.59	9.54	0.0762	0.4572
1.77~2.13	5	1.95	9.75	0.0071	0.0355
2.13~2.49	7	2.31	16.17	0.1971	1.3797
2.49~2.85	4	2.67	10.68	0.6464	2.5856
합계	30		55.98	1.3313	7.6940

평균: 1.866, 분산: 0.2653, 표준편차: 0.515

14. 평균 연봉에 대한 변동계수: 27.52 %, 근속 연수에 대한 변동계수: 32.59 %, 근속 연수의 흩어진 정도가 평균 연봉의 흩어진 정도에 비하여 상대적으로 약 1.2배($=\frac{32.59}{27.52}$) 정도 더 크다.

15. 영희의 z−점수: 0.1029, 철수의 z−점수: −0.082

16. 70−백분위수: 172, 제1사분위수: 144, 제2사분위수: 157, 제3사분위수: 176

17. 32

18.

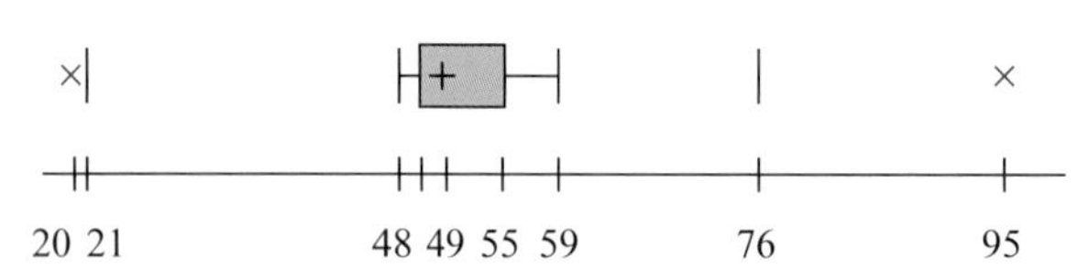

19. 10.2

20. 0.9806

연습문제

1. $\overline{x} = 4$, $M_e = 3.5$, $M_o = 2, 3$

2. $\overline{x} = 4.4$, $M_e = 3$, $M_o = 3$, $T = 3.375$

3. (1) $\overline{x} = 36.3$, $M_e = 35.5$,

   $\overline{y} = 45.7$, $M_e = 44.7$

   (2) 마케팅 전공: $P_{25} = x_{(3)} = 34.2$, $P_{75} = x_{(8)} = 39.5$, 회계학 전공: $P_{25} = 40.95$, $P_{75} = 49.8$

   (3) 회계학 전공 졸업자가 마케팅 전공 졸업자에 비하여 평균 9,400 $ 더 많다.

4. $\overline{x} = 1.0375$, $M_e = 0.75$, $M_o = 0.7$

5. $\overline{x} = 46.65$, $M_e = 41.7$

6. (1) 323,964 (2) 121,685 (3) 202,279

7. (1) $\overline{x} = 12.89$, $\overline{y} = 96.9$ (2) $T_x = 12.95$, $T_y = 83.9$

(3) $M_e^x = 12.85$, $M_e^y = 67.6$

8. (1) $\overline{x} = 1.84$, $M_e = 1.8$, $M_o = 2.3$ (2) $Q_1 = 1.4$, $Q_3 = 2.3$ (3) 1.6

9. (1) $\overline{x} = 30.58$, $M_e = 31.5$, $M_o = 22, 38$ (2) $Q_1 = 25$, $Q_3 = 35$

(3) 26.5

10. (1) $\overline{x} = 12.064$, $M_e = 12.15$, $M_o = 10.6$ (2) 12.126

(3) $Q_1 = 10.6$, $Q_3 = 13.5$ (4) 10.75

11. (1) $\overline{x} = 35.66$, $M_e = 38$, $M_o = 25, 36, 39, 43, 47$

(2) $Q_1 = 25$, $Q_3 = 44$

12. (1) $\overline{x} = 144.67$, $\overline{y} = 128.17$

(2) $s_x^2 = 989.54$, $s_x = 31.4570$, $s_y^2 = 1740.49$, $s_y = 41.7192$

(3) 여학생의 120분에 대한 표준점수: $z = \dfrac{120 - 144.67}{31.457} = -0.7842$

남학생의 120분에 대한 표준점수: $z = \dfrac{120 - 128.17}{41.7192} = -0.1958$

13. (1) $\overline{x} = 32$, $M_e^x = 30.5$, $M_o = 32$

$\overline{y} = 29.067$, $M_e^y = 29.5$, $M_o = 25, 27, 29, 31$

(2) $\overline{x} - \overline{y} = 2.933$, $M_e^{x-y} = 3$, $M_o = 3, 5$

(3) $R_x = 15$, $R_y = 12$, $MD_x = 2.667$, $MD_y = 2.404$

(4) $s_x = 3.414$, $s_y = 3.039$

(5)

남자	표준점수	남자	표준점수	남자	표준점수
32	0.0000	25	−2.0504	34	0.5858
35	0.8787	32	0.0000	37	1.4646
30	−0.5858	28	−1.1717	32	0.0000
30	−0.5858	27	−1.4646	35	0.8787
30	−0.5858	32	0.0000	29	−0.8787
40	2.3433	29	−0.8787	34	0.5858
30	−0.5858	35	0.8787	34	0.5858
33	0.2929	31	−0.2929	38	1.7575
31	−0.2929	29	−0.8787	32	0.0000
35	0.8787	27	−1.4646	34	0.5858

여자	표준점수	여자	표준점수	여자	표준점수
27	−0.6800	25	−1.3381	30	0.3071
32	0.9652	29	−0.0219	35	1.9523
25	−1.3381	25	−1.3381	27	−0.6800
29	−0.0219	25	−1.3381	31	0.6361
25	−1.3381	29	−0.0219	24	−1.6671
36	2.2813	30	0.3071	31	0.6361
29	−0.0219	30	0.3071	31	0.6361
29	−0.0219	32	0.9652	33	1.2942
27	−0.6800	27	−0.6800	30	0.3071
31	0.6361	27	−0.6800	31	0.6361

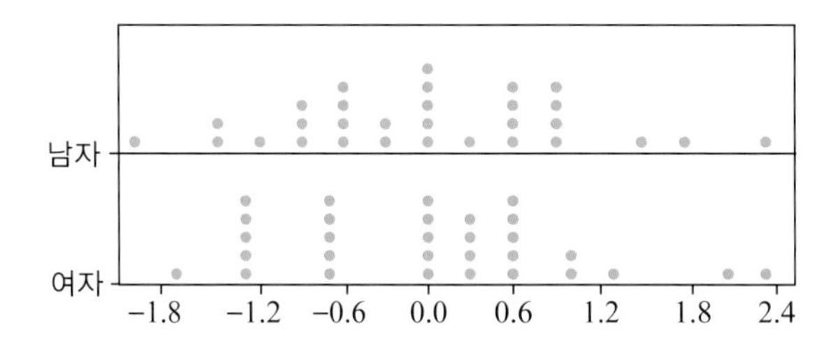

(6) 양의 상관관계가 있다.

14. (1) $\bar{x} = 15.847$, $\bar{y} = 17.267$, $\bar{z} = 19.043$, $s_x^2 = 9.447$, $s_y^2 = 5.964$, $s_z^2 = 12.340$

(2) $Q_1^x = 13.4$, $Q_2^x = 15.5$, $Q_3^x = 17.5$, $Q_1^y = 15.7$, $Q_2^y = 16.9$, $Q_3^y = 18.5$, $Q_1^z = 16.8$, $Q_2^z = 18.5$, $Q_3^z = 19.9$

(3) 무향보다는 향기가 있을 때 손님들의 구매력이 높아지고, 레몬향보다 라벤더향일 때 구매력이 높다. 특히 라벤더향일 때 충동적으로 구매하는 손님이 있다.

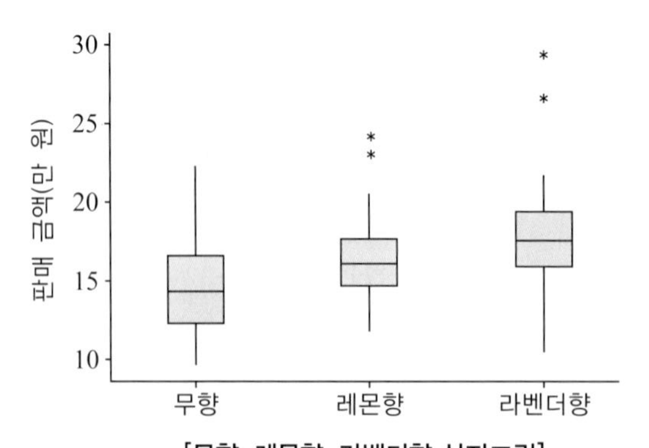

[무향, 레몬향, 라벤더향 상자그림]

15. (1) 120,000원 (2) $Q_1 = 100{,}000$원, $Q_3 = 170{,}000$원 (3) I.Q.R = 70,000원

(4) 370,000원 (5) 275,000원 (6) 양의 비대칭

16. (1) $\overline{x} = -3.668$, $\overline{y} = 0.779$

(2) $Q_1^x = -5.45$, $Q_2^x = -3.9$, $Q_3^x = -2.1$, $Q_1^y = -0.5$, $Q_2^y = 1.25$, $Q_3^y = 1.6$

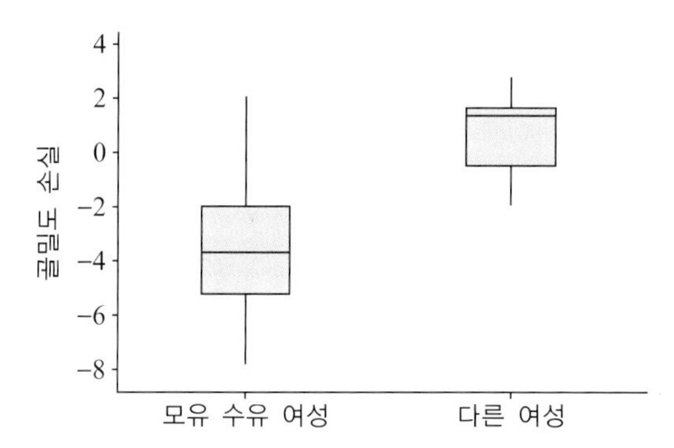

[모유 수유 여성과 다른 여성의 비교]

17.

계급 간격	도수(f_i)	계급값(x_i)	$f_i x_i$	$(x_i - \overline{x})^2$	$(x_i - \overline{x})^2 f_i$
9.5~18.5	4	14	56	514.382	2057.53
18.5~27.5	6	23	138	187.142	1122.85
27.5~36.5	13	32	416	21.902	284.73
36.5~45.5	16	41	656	18.662	298.60
45.5~54.5	10	50	500	177.422	1774.22
54.5~63.5	0	59	0	498.182	0.00
63.5~72.5	1	68	68	980.942	980.94
합계	50		1834	2398.64	6518.88

$\overline{x} = 36.68$, $s = 11.5343$

18. $\overline{x} = 32$, $s = 13.3495$

19. (1) $\overline{x} = 7.502$, $\overline{y} = 7.502$, $s_A = 2.0316$, $s_B = 2.0331$

(2) 자료 집단 A는 오른쪽으로 치우치고 왼쪽으로 긴 꼬리 모양으로 분포를 이루지만, 자료 집단 B는 퍼짐형으로 나타난다.

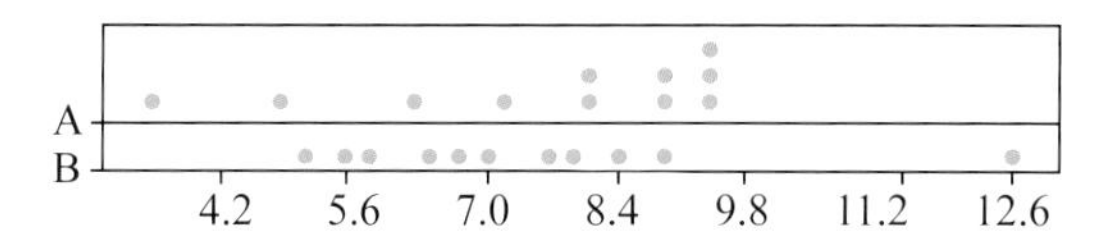

20. (1) 적어도 75명의 점수가 60점과 80점 사이에 있다.

(2) 적어도 85명의 점수가 57점과 83점 사이에 있다.

21. $C.V_x = 0.058 (= 5.8\%)$, $C.V_y = 0.037 (= 3.7\%)$

따라서 몸무게에 비하여 키의 분포가 상대적으로 넓게 나타난다.

22. $s_{xy} = 1.8072$, $r_{xy} = 0.997$

Chapter 04 확률

I Can Do

1. (1) 6 (2) 720 (3) 60

2. (1) 4 (2) 4 (3) 15 (4) 20

3. (1) 120 (2) 56 (3) 56

4.
$$\begin{Bmatrix} (1, 1), & (1, 2), & (1, 3), & (1, 4), & (1, 5), & (1, 6) \\ (2, 1), & (2, 2), & (2, 3), & (2, 4), & (2, 5), & (2, 6) \\ (3, 1), & (3, 2), & (3, 3), & (3, 4), & (3, 5), & (3, 6) \\ (4, 1), & (4, 2), & (4, 3), & (4, 4), & (4, 5), & (4, 6) \\ (5, 1), & (5, 2), & (5, 3), & (5, 4), & (5, 5), & (5, 6) \\ (6, 1), & (6, 2), & (6, 3), & (6, 4), & (6, 5), & (6, 6) \end{Bmatrix}$$

5.
$$\begin{Bmatrix} (2, 1), & (2, 2), & (2, 3), & (2, 4), & (2, 5), & (2, 6) \\ (4, 1), & (4, 2), & (4, 3), & (4, 4), & (4, 5), & (4, 6) \\ (6, 1), & (6, 2), & (6, 3), & (6, 4), & (6, 5), & (6, 6) \end{Bmatrix}$$

6. (1)
$$\begin{Bmatrix} (R1, R2), & (R1, B1), & (R1, B2) \\ (R2, R1), & (R2, B1), & (R2, B2) \\ (B1, R1), & (B1, R2), & (B1, B2) \\ (B2, R1), & (B2, R2), & (B2, B1) \end{Bmatrix}$$

(2)
$$\begin{Bmatrix} (R1, R1), & (R1, R2), & (R1, B1), & (R1, B2) \\ (R2, R1), & (R2, R2), & (R2, B1), & (R2, B2) \\ (B1, R1), & (B1, R2), & (B1, B1), & (B1, B2) \\ (B2, R1), & (B2, R2), & (B2, B1), & (B2, B2) \end{Bmatrix}$$

7. (1) $\{(3, 1), (3, 2), (3, 3), (3, 4), (3, 5), (3, 6), (1, 6), (2, 5), (4, 3), (5, 2), (6, 1)\}$

(2) $\{(1, 6), (4, 3)\}$

(3)
$$\begin{Bmatrix} (1, 1), & (1, 2), & (1, 4), & (1, 5) \\ (2, 1), & (2, 2), & (2, 4), & (2, 5) \\ (4, 1), & (4, 2), & (4, 4), & (4, 5) \\ (5, 1), & (5, 2), & (5, 4), & (5, 5) \\ (6, 1), & (6, 2), & (6, 4), & (6, 5) \end{Bmatrix}$$

(4) $\{(1, 6), (3, 4), (4, 3)\}$

8. 딸을 g, 아들을 b라 하면, 표본공간은 다음과 같다.

$$S = \{ggg, ggb, gbg, bgg, gbb, bgb, bbg, bbb\}$$

따라서 네 사건은 각각 다음과 같다.

$$A = \{ggg\},\ B = \{ggb,\ gbg,\ bgg\},\ C = \{gbb,\ bgb,\ bbg\},\ D = \{bbb\}$$

그러므로 어느 두 사건도 공통인 표본점을 갖지 않고 따라서 A, B, C, D는 쌍마다 배반인 사건이다.

9. 0.375 **10.** 0.35 **11.** 0.556

12. (1) $\frac{8}{13}$ (2) $\frac{21}{26}$ **13.** $\frac{35}{36}$

14. (1) 0.23 (2) 0.1667 (3) 0.2885

15. (1) 0.2679 (2) 0.2343

16. 사건 A와 사건 B는 서로 종속이다.

17. (1) 0.000405 (2) 0.026595 (3) 0.041595

18. (1) 0.378 (2) 0.988 (3) 0.012

19. 0.014 **20.** 0.357

연습문제

1. (1) 90 (2) 60 (3) 10 (4) 45

2. (1) 7776 (2) 1024 (3) 132600 (4) 100

3. (1) 24 (2) 60 (3) 125 (4) 10

4. (1) $\begin{Bmatrix} HHHH, & HHHT, & HHTH, & HTHH, & THHH, & HHTT, & HTHT, & THTH, \\ HTTH, & THHT, & TTHH, & HTTT, & THTT, & TTHT, & TTTH, & TTTT \end{Bmatrix}$

(2) $\{HHTT, HTHT, THTH, HTTH, THHT, THTH\}$

(3) $\{TTHH, TTHT, TTTH, TTT\}$

(4) $\{HHHH, HHHT, TTTH, TTT\}$

(5) $\{HTHT, THTH\}$

5. (1) $\{1, 2, 3, \cdots\}$ (2) $[21, 32.3]$ (3) $[0, \infty)$

6. (1) {(연주, 하나), (연주, 채은), (연주, 상국), (연주, 영훈), (하나, 연주), (하나, 채은), (하나, 상국), (하나, 영훈), (채은, 연주), (채은, 하나), (채은, 상국), (채은, 영훈), (상국, 연주), (상국, 하나), (상국, 채은), (상국, 영훈), (영훈, 연주), (영훈, 하나), (영훈, 채은), (영훈, 상국)}

(2) {(영훈, 연주), (영훈, 하나), (영훈, 채은), (영훈, 상국)}

(3) {(연주, 채은), (하나, 채은), (상국, 채은), (영훈, 채은)}

(4) {(연주, 하나), (연주, 채은), (하나, 연주), (하나, 채은), (채은, 연주), (채은, 하나)}

7. (1) $\frac{1}{12}$ (2) $\frac{1}{4}$ (3) 0.38 (4) 0.3 (5) $\frac{1}{3}$

8. (1) $\frac{1}{9}$ (2) $\frac{4}{9}$ (3) $\frac{4}{9}$

9. (1) 0.018 (2) 0.904 (3) 0.166

10. (1) 0.2 (2) 0.70 (3) 0.22

11. (1) $P(A) = \frac{9}{19}$, $P(B) = \frac{9}{19}$, $P(C) = \frac{9}{19}$

(2) $P(A \cap B) = \frac{4}{19}$, $P(A \cup B) = \frac{14}{19}$, $P(A \cap B \cap C) = \frac{2}{19}$

(3) $\frac{16}{19}$

(4) $P(A^c \cap B) = \frac{5}{19}$, $P(A \cap B^c) = \frac{5}{19}$

12. (1) 0.37 (2) 0.09 (3) 0.87

13. $\frac{5}{6}$ **14.** 0.65 **15.** 0.0271 **16.** 0.48

17. 0.2 **18.** (1) 0.00555 (2) 0.2793 (3) 0.7207

19. (1) 0.384 (2) 0.04 (3) 0.512 (4) 0.488 (5) $\frac{1}{3}$

20. $\frac{36}{65}$ **21.** (1) 0.3281 (2) 0.0964 (3) 0.3105 (4) 0.6038

22. 0.016 **23.** (1) $\frac{4}{9}$ (2) $\frac{4}{9}$ (3) $\frac{2}{3}$

24. (1) 0.4375

(2) $P(A \mid E) = 0.2086$, $P(B \mid E) = 0.4286$, $P(C \mid E) = 0.3214$, $P(D \mid E) = 0.0714$

25. (1) 0.938 (2) 0.608 **26.** (1) 0.0551 (2) 0.0268

Chapter 05 이산확률분포

I Can Do

1. (1) 이산확률변수이다. (2) 이산확률변수이다.

(3) 이산확률변수이다. (4) 이산확률변수가 아니다.

2.

x	0	1	2	3
$p(x)$	$\frac{10}{56}$	$\frac{30}{56}$	$\frac{15}{56}$	$\frac{1}{56}$

$$p(x) = \begin{cases} 10/56, & x = 0 \\ 30/56, & x = 1 \\ 15/56, & x = 2 \\ 1/56, & x = 4 \end{cases} \quad \text{또는} \quad p(x) = \frac{\binom{3}{x}\binom{5}{5-x}}{\binom{8}{3}}, \quad x = 0, 1, 2, 3$$

3. 0.61 **4.** 1 **5.** 2

6. $\sigma^2 = 0.5$, $\sigma = 0.7071$ **7.** 이항실험이다.

8. (1) $p(x)=\binom{4}{x}(0.3)^x(0.7)^{4-x},\ x=0,\ 1,\ 2,\ 3,\ 4$ (2) 0.2646

9. (1) 0.8497 (2) 0.2668 (3) 0.1503

10. 불량품이 꼭 하나 있을 확률: 0.1211

불량품이 적어도 하나 있을 확률: 0.9718

11. $\mu=0.5,\ \sigma=0.6892$

12. 9시부터 9시 30분 사이에 꼭 1명의 손님이 찾아올 확률: 0.271

10시부터 12시까지 손님이 5명 이상 찾아올 확률: 0.9

13. (1) 0.055 (2) 0.015 (3) 0.945

14. (1) $p(x)=\frac{1}{36},\ x=1,\ 2,\ \cdots,\ 36$ (2) $\mu=18.5,\ \sigma^2=647.5\ \ \sigma=25.446$ (3) 0.1944

15. (1) $p(x)=(0.058)(0.942)^{x-1},\ x=1,\ 2,\ 3,\ \cdots$ (2) 17번째

16. (1) $p(x)=\dfrac{\binom{4}{x}\binom{5}{4-x}}{\binom{9}{4}},\ x=0,\ 1,\ 2,\ 3,\ 4$ (2) $\mu=\frac{16}{9},\ \sigma^2=0.6173$ (3) $\frac{10}{63}$

17. 0.2852

연습문제

1. (1) 0.05 (2) $\mu=0.3,\ \sigma^2=1.49$

2. (1) 0.2626 (2) 0.7431 (3) 0.9115 (4) 0.0885

(5) 3.6 (6) 1.98 (7) 0.6914 (8) 0.9735

3. (1) 0.14 (2) 0.44 (3) 0.032 (4) 0.667

4. (1) 0.4762 (2) 0.2381 (3) 0.9762 (4) 0.262

5. (1) 0.096 (2) 0.9744 (3) 0.00026 (4) 0.0633

6. (1)

x	1	2	3	4	5
$p(x)$	0.06	0.11	0.18	0.49	0.16

(2) 0.83 (3) 3.58등급

7. 파 3홀: $2\cdot 0.11+3\cdot 0.78+4\cdot 0.07+5\cdot 0.04=3.04$

파 4홀: $3\cdot 0.15+4\cdot 0.78+5\cdot 0.04+6\cdot 0.03=3.95$

파 5홀: $4\cdot 0.06+5\cdot 0.78+6\cdot 0.10+7\cdot 0.06=5.16$

8. 0.9988

9. (1) $p(x)=\binom{20}{x}(0.32)^x(0.68)^{20-x},\ x=0,\ 1,\ 2,\ \cdots,\ 20$ (2) 0.9954 (3) 4명

10. (1) 8 (2) 4.5 (3) 0.875

11. (1) 0.9999 (2) 0.4013

12. (1) 0.8990 (2) 0.9998 (3) 9894명

13. (1) $p(x)=\binom{10}{x}(0.6)^x(0.4)^{1-x},\ x=0, 1, 2, \cdots, 10$

(2) $\mu=6,\ \sigma^2=2.4$ (3) 0.0106 (4) 0.9452

14. 0.1564

15. (1) 0.25 (2) 0.3955 (3) 1.25명

16. (1) 0.0503 (2) 0.3369 (3) 0.9815

17. (1) 0.037 (2) 300만 원 (3) 150명

18. 0.981

19. 699.05

20. (1) 6개 (2) 0.062

21. 0.042

22. (1) $p(x)=\frac{1}{100},\ x=1, 2, \cdots, 100$ (2) $\mu=50.5,\ \sigma^2=833.25,\ \sigma=28.866$

23. (1) 1.67 (2) 0.096

24. (1) $p(x)=(0.2)(0.8)^{x-1},\ x=1, 2, 3, \cdots$ (2) 5 (3) 0.0268

25. 0.0082

26. (1) 20 (2) 0.1855 (3) 0.6302

27. (1) 0.36 (2) 0.9579

28. 0.102

29. 0.95174

30. (1) $P(X=x, Y=y, Z=z)=\dfrac{\binom{19}{x}\binom{6}{y}\binom{5}{z}}{\binom{30}{5}},\ x+y+z=5\ \ x, y, z=0, 1, 2, 3, 4, 5$

(2) 0.204 (3) 0.3808

Chapter 06 연속확률분포

I Can Do

1. (1) 이산확률변수이다. (2) 연속확률변수이다. (3) 연속확률변수이다.

2. (1) $\frac{1}{2}$ (2) $\frac{1}{8}$ (3) $\frac{3}{8}$ (4) 0.28125

3. (1) $f(x)=\begin{cases}\frac{1}{4}, & 0\le x\le 4\\ 0, & x<0,\ x>4\end{cases}$ (2) 0.75

4. (1) $\frac{1}{3}$ (2) $\frac{2}{9}$ (3) 0.3125

5. $\mu=2,\ \sigma^2=\frac{4}{3}$

6. (1) 0.4382 (2) 0.7286 (3) 0.0375 (4) 0.8907

7. (1) 0.3085 (2) 0.0122 (3) 0.7745

8. (1) 162.7 (2) 161.25 (3) 8.25

9. (1) $X-Y\sim N(12.4,\ 316.57)$ (2) 0.3906

10. (1) 0.3564 (2) 0.2410

11. 0.3652

12. 11.07

13. (1) 2.776 (2) 4.604

14. (1) 7.39 (2) 0.1597

연습문제

1. (1) 0.0202 (2) 0.8643 (3) 0.8980 (4) 0.6922
2. (1) 0.6915 (2) 0.7734 (3) 0.1056 (4) 0.6826
3. (1) 20.48 (2) 2.16
4. (1) 1.812 (2) 3.169
5. (1) 6.37 (2) 3.58 (3) 0.3356 (4) 0.1235
6. (1) $f(x)=\begin{cases}\frac{1}{4}, & -2 \le x \le 2 \\ 0, & \text{다른 곳에서}\end{cases}$ (2) $\mu = 0,\ \sigma^2 = 1.3333$ (3) 0.57735
7. (1) $\mu = 1.55,\ \sigma^2 = 0.0033$ (2) 0.25 (3) $\mu = 2.5,\ \sigma^2 = 1.875$ (4) 0.2241
8. (1) $f(x)=\begin{cases}\frac{1}{40}, & 0 \le x \le 40 \\ 0, & \text{다른 곳에서}\end{cases}$ (2) $\mu = 20,\ \sigma = 11.547$ (3) 0.625 (4) 0.125
9. (1) $\mu = 162.5,\ \sigma = 79.3857$ (2) 0.54545 (3) 0.3636
10. $\frac{1}{2}$
11. (1) 1 (2) 0.18 (3) 0.75 (4) 0.32
12. (1) 0.1 (2) 0.6 (3) 0.6
13. (1) α (2) α
14. (1) 0.8664 (2) 0.9876
15. 1.16
16. (1) 2.98 (2) −2.16 (3) 1.06 (4) 1.66 (5) 0.26 (6) −0.5
17. (1) 19.94 (2) 3.52 (3) 13.18 (4) 14.98 (5) 10.78 (6) 8.5
18. (1) 0.8413 (2) 9.88 (3) 8.11
19. (1) 0.0918 (2) 0.2514 (3) 0.7258
20. $x_A \approx 86,\ x_B \approx 71,\ x_C \approx 67,\ x_D \approx 65$
21. (1) 0.0099 (2) 915명 (3) 국어: 80점, 수학: 75점
22. (1) 0.8729 (2) 0.6969 (3) 0.0015
23. (1) 20개 (2) 0.0454 (3) 0.9162
24. (1) 9.5명 (2) $\sigma^2 = 8.5975,\ \sigma = 2.932$ (3) 0.1186 (4) 0.8461
25. (1) 0.143 (2) 0.1446
26. $n = 10,\ P(|T| \le 2.228) = 0.95$

Chapter 07 표본분포

I Can Do

1. (1) {1, 1}, {1, 2}, {1, 3}, {2, 1}, {2, 2}, {2, 3}, {3, 1}, {3, 2}, {3, 3}
   (2) 1, 1.5, 2, 2.5, 3

(3)

표본	$\bar{x}$	$p(\bar{x})$
{1, 1}	1	$\frac{1}{9}$
{1, 2}, {2, 1}	1.5	$\frac{2}{9}$
{1, 3}, {2, 2}, {3, 1}	2	$\frac{3}{9}$
{3, 2}, {2, 3}	2.5	$\frac{2}{9}$
{3, 3}	3	$\frac{1}{9}$

(4) $\mu_{\overline{X}} = 2,\ \sigma^2_{\overline{X}} = \frac{1}{3}$ (5) $\mu = 2,\ \sigma^2 = \frac{2}{3}$

2. 0.044

3. (1) $\overline{X} \sim N(20, 0.833^2)$ (2) 0.7488 (3) 0.0718

4. (1) $T = \dfrac{\overline{X} - 15}{s/\sqrt{10}} \sim t(9)$ (2) $\bar{x} = 15.37,\ s = 0.91$ (3) 15.4

5. (1) $\overline{X} \approx N(185, 25)$ (2) 0.9759 (3) 0.0082

6. (1) $X \sim \chi^2(14),\ \bar{x} = 11.3,\ s_0^2 = 11.1357$ (2) 19.41 (3) 0.15

7. (1) 0.4721 (2) 0.3015

8. 0.9544

9. 0.9812

10. 0.0735

11. 0.15

12. 24.4661

13. 3.21

14. 0.0038

연습문제

1. (1) {1, 1}, {1, 2}, {1, 3}, {1, 4}, {1, 5}, {1, 6}, {2, 1}, {2, 2}, {2, 3}, {2, 4}, {2, 5}, {2, 6}, {3, 1}, {3, 2}, {3, 3}, {3, 4}, {3, 5}, {3, 6}, {4, 1}, {4, 2}, {4, 3}, {4, 4}, {4, 5}, {4, 6}, {5, 1}, {5, 2}, {5, 3}, {5, 4}, {5, 5}, {5, 6}, {6, 1}, {6, 2}, {6, 3}, {6, 4}, {6, 5}, {6, 6}

(2) 1, 1.5, 2, 2.5, 3, 3.5, 4, 4.5, 5, 5.5, 6

(3)

$\bar{x}$	1	1.5	2	2.5	3	3.5	4	4.5	5	5.5	6
$p_{\overline{X}}$	0.028	0.056	0.083	0.111	0.139	0.166	0.139	0.111	0.083	0.056	0.028

(4) $\mu_{\overline{X}} = 3.5,\ \sigma^2_{\overline{X}} = 1.46$ (5) $\mu = 3.5,\ \sigma^2 = 2.9167$

2. (1) {1, 1}, {1, 2}, {2, 1}, {2, 2} (2) 1, 1.5, 2

(3)

$\bar{x}$	1	1.5	2
$p_{\overline{X}}$	0.64	0.32	0.04

(4) $\mu_{\overline{X}} = 1.2,\ \sigma^2_{\overline{X}} = 0.08$ (5) $\mu = 1.2,\ \sigma^2 = 0.16$

3. (1) 0.8882 (2) 0.5788 (3) 0.4595

4. (1) 0.5762 (2) 0.8414 (3) 0.8904

5. 45.617 **6.** 0.0456 **7.** 16

8. (1) 0.2586 (2) $\overline{X} \sim N(198,\ 0.6^2)$ (3) 0.9992 (4) 0.9544

9. (1) 0.8413 (2) 0.9986

10. (1) 0.1814 (2) 0.0344 (3) 0.4778 (4) 37.156

11. 3.1 **12.** (1) $\dfrac{\overline{X}-198}{3.45/5} \sim t(24)$ (2) 0.9 (3) 199.424

13. (1) $\dfrac{\overline{X}-5000}{250} \sim t(15)$ (2) 438.25

14. (1) $p(x) = \begin{cases} 0.52, & x=1 \\ 0.48, & x=-1 \end{cases}$ (2) $\mu = 0.04,\ \sigma^2 = 0.9984$ (3) 0.2743

15. (1) $\overline{X} \approx N(0.075,\ 0.0011^2)$ (2) 0.0344 **16.** (1) $\overline{X} \approx N(198,\ 10)$ (2) 0.8289

17. (1) 0.9544 (2) 0.9924

18. (1) $X = \dfrac{7S^2}{0.35} \sim \chi^2(7)$ (2) 0.3498 (3) 0.1085 (4) 0.7035

19. (1) $X = \dfrac{9S^2}{0.0476} \sim \chi^2(9)$ (2) 0.0312 (3) 5.9 (4) 0.75 (5) 0.1006

20. (1) 0.8968 (2) 0.9792 (3) 0.9952

21. (1) $\hat{p} \approx N(0.3,\ 0.0205^2)$ (2) 0.9836 (3) 0.3402

22. (1) $\hat{p} \approx N(0.75,\ 0.0306^2)$ (2) 0.1635 (3) 0.8

23. (1) $\hat{p} \approx N(0.2,\ 0.0127^2)$ (2) 0.8836 (3) $p_1 \approx 0.2163,\ p_2 = 0.2209,\ p_3 \approx 0.2296$

24. 0.5793 **25.** (1) $\overline{X}-\overline{Y} \sim N(12,\ 1.25^2)$ (2) 0.0548

26. (1) $\overline{X}-\overline{Y} \sim N(2,\ 2.761^2)$ (2) 0.3594

27. (1) $\overline{X}-\overline{Y} \approx N(6,\ 0.2846^2)$ 또는 $Z = \dfrac{\overline{X}-\overline{Y}-6}{0.2846} \approx N(0,\ 1)$ (2) 0.9996

28. (1) $\overline{X}-\overline{Y} \sim N(2800,\ 300^2)$ 또는 $Z = \dfrac{\overline{X}-\overline{Y}-2800}{300} \sim N(0,\ 1)$ (2) 0.0228

29. (1) 1675.0225 (2) $\dfrac{T-20}{16.3105} \sim t(25)$ (3) 47.8583

30. (1) 107.8442 (2) 0.005 (3) 0.95 (4) 0.05

31. (1) 33.35 (2) 5.0123 (3) 55.979 (4) 2.0566

32. (1) $\hat{p}_1-\hat{p}_2 \approx N(0.05,\ 0.0384^2)$ 또는 $Z = \dfrac{\hat{p}_1-\hat{p}_2-0.05}{0.0384} \approx N(0,\ 1)$

(2) 0.3015 (3) 0.5636 (4) 0.12526

33. 0.2119

34. (1) $\hat{p}_1-\hat{p}_2 \approx N(0,\ 0.043^2)$ 또는 $Z = \dfrac{\hat{p}_1-\hat{p}_2}{0.043} \approx N(0,\ 1)$

(2) 0.877 (3) 0.492 (4) 0.0707

Chapter 08 대표본 추정

I Can Do

1. $E(\hat{\mu}_1) = \mu,\ E(\hat{\mu}_2) = \mu,\ E(\hat{\mu}_3) = \frac{3}{2}\mu,\ E(\hat{\mu}_4) = \mu$

2. $\hat{\mu}_2$

3. $\hat{\mu} = 2.744,\ \text{S.E.}(\hat{\mu}) = 0.167$

4. 90 % 신뢰구간: (2.469, 3.019) 95 % 신뢰구간: (2.417, 3.071) 99 % 신뢰구간: (2.313, 3.175)

5. (89.846, 93.450) **6.** (0.3513, 0.4187) **7.** (0.1549, 0.2677)

8. (− 0.0293, 0.0953) **9.** 1083 **10.** 131 **11.** 1055

연습문제

1. (1) 0.6198 (2) 1.0735 (3) 1.3859 (4) 1.6399

2. (1) 0.5544 (2) 0.3920 (3) 0.2772 (4) 0.1753

3. (1) 0.1200 (2) 0.0849 (3) 0.0600 (4) 0.0380

4. (1) $b_1 = 0,\ b_2 = 0,\ b_3 = \frac{2}{3}\mu$ (2) 불편추정량: $\hat{\mu}_1,\ \hat{\mu}_2$, 편의추정량: $\hat{\mu}_3$

(3) $Var(\hat{\mu}_1) = \frac{4}{3},\ Var(\hat{\mu}_2) = \frac{3}{2}$, 최소분산불편추정량: $\hat{\mu}_1$

5. (1) $b_1 = 0,\ b_2 = \frac{\mu}{12},\ b_3 = 0$ (2) 불편추정량: $\hat{\mu}_1,\ \hat{\mu}_3$, 편의추정량: $\hat{\mu}_2$

(3) $Var(\hat{\mu}_1) = \frac{14}{9},\ Var(\hat{\mu}_3) = \frac{25}{18}$, 최소분산불편추정량: $\hat{\mu}_3$

6. (7.752, 9.320) **7.** (94.456, 95.744) **8.** (207.525, 225.055)

9. (73.95, 91.85) **10.** (2.0485, 2.2775)

11. (1) 2.5 (2) 0.6864 (3) 1.3453 (4) (1.1547, 3.8453)

12. (1) 163 (2) 10.1413 (3) 19.8769 (4) (143.123, 182.877)

13. (1) (60.39, 61.21) (2) (15.089, 17.311)

14. (1) 0.97 (2) 0.0064 (3) 0.0125 (4) (0.9575, 0.9825)

15. (0.771, 0.814) **16.** (0.5321, 0.85379)

17. (1) (0.2233, 0.2367) (2) (0.0647, 0.0753)

18. (1) (11.787, 13.213) (2) (12.572, 14.228) (3) (−0.042, 0.102) (4) (0.0495, 0.2165)

19. (0.178, 0.316) **20.** 865

21. (1) 502 (2) 601

Chapter 09 대표본 가설검정

I Can Do

1. (1) $H_0 : p = 0.178,\ H_1 : p \neq 0.178$ (2) $H_0 : \mu = 4.5,\ H_1 : \mu \neq 4.5$

2. (1) 귀무가설: $H_0 : \mu_0 = 7.88$, 대립가설: $H_1 : \mu_0 \neq 7.88$

(2) $R : |Z| \geq z_{0.025} = 1.96$ (3) -2.36 (4) 0.0182

(5) 검정통계량의 관찰값 $z_0 = -2.36$이 기각역 $Z \leq -1.96,\ Z \geq 1.96$ 안에 놓이므로 귀무가설 $H_0 : \mu_0 = 7.88$을 유의수준 5 %에서 기각한다. 또한 p–값 $= 0.0182 < \alpha = 0.05$이므로 귀무가설 $H_0 : \mu_0 = 7.88$을 유의수준 5 %에서 기각한다.

3. (1) 귀무가설: $H_0 : \mu_0 \geq 48$, 대립가설: $H_1 : \mu_0 < 48$

(2) $R : Z < -1.645$ (3) -1.42 (4) 0.0778

(5) 검정통계량의 관찰값 $z_0 = -1.42$가 기각역 $Z \leq -1.645$ 안에 놓이지 않으므로 귀무가설 $H_0 : \mu_0 \geq 48$을 유의수준 5 %에서 기각할 수 없다. 또한 p–값 $= 0.0778 > \alpha = 0.05$이므로 귀무가설 $H_0 : \mu_0 \geq 48$을 유의수준 5 %에서 기각할 수 없다.

4. (1) 관찰값 $z_0 = 1.77$은 기각역 안에 놓이므로 $H_0 : \mu \leq 10$을 기각한다.

(2) p–값 $= 0.0384 > \alpha = 0.01$이므로 유의수준 1 %에서 H_0을 기각할 수 없다.

5. 남자의 입원 일수가 여자보다 더 길다는 증거를 충분히 제공하지 않는다.

6. (1) $H_0 : p \geq 0.2$를 기각할 수 없다.

(2) $H_0 : p \geq 0.2$를 기각한다.

7. 남자와 여자의 비율이 동일하다는 주장은 타당성이 없다.

연습문제

1. (1) $Z < -1.96,\ Z > 1.96$ (2) -1.8 (3) 0.0718

(4) 모평균이 $\mu = 50$이라는 주장은 타당성이 있다.

(5) 귀무가설 $H_0 : \mu = 50$을 유의수준 5 %에서 기각할 수 없다.

2. (1) $Z < -1.96,\ Z > 1.96$ (2) 2.11 (3) 0.0348

(4) 모평균이 $\mu = 3.09$라는 주장은 타당성이 없다.

(5) 귀무가설 $H_0 : \mu = 3.09$를 유의수준 5 %에서 기각한다.

3. 귀무가설 $H_0 : \mu \geq 15.5$를 유의수준 1 %에서 기각할 수 없다.

4. 유럽 여행을 하는 데 소요되는 평균 경비는 300만 원을 초과한다는 결론은 타당하다.

5. 이 지역의 대기배출 농도가 평균 902 ppm이라는 결론은 불충분하다.

6. 건설 노동자의 하루 평균 임금이 14.5만 원이라는 결론은 충분하다.

7. 주문자의 주장은 설득력이 있다.
8. 우리나라 사람의 커피 소비량은 1인당 연평균 484잔을 초과한다는 주장은 설득력이 있다.
9. 이 보고서의 주장은 설득력이 없다.
10. 이 보고서의 주장은 설득력이 있다.
11. 우리나라 남아의 출생률이 54.5 %라는 주장은 설득력이 있다.
12. (1) 국민의 절반이 이 정책을 지지한다고 할 수 없다.
    (2) 국민의 절반이 이 정책을 지지한다고 할 수 있다.
13. 포털 사이트의 주장은 설득력이 없다.
14. 한국인이 친근하다고 응답한 비율이 34.4 %를 넘지 않는다는 보고서 내용은 설득력이 없다.
15. 두 모평균이 동일하다는 주장은 근거가 없다.
16. 사회계열과 공학계열의 평균 임금은 동일하다고 할 수 있다.
17. 비타민 C가 효력이 있다는 근거는 충분하다.
18. $\mu_1 = \mu_2$라는 결론은 신빙성이 없다.
19. 두 회사 A와 B에서 생산된 타이어의 제동 거리가 동일하다는 결론은 타당성이 없다.
20. 남자아이가 여자아이에 비하여 주당 TV 시청 시간이 더 많다고 하기에 충분하다.
21. 종업원 A의 서비스 시간이 종업원 B보다 많다는 결론은 타당성이 충분하다.
22. 울산 지역의 1인당 평균 소득이 서울보다 150만 원 이상 더 많다고 할 수 있다.
23. 남녀 직장인이 받는 스트레스에 차이가 있다고 할 수 있다.
24. A와 B 두 도시 간의 어떤 정당의 지지율에 차이가 있다고 할 수 있다.
25. 도시 사람의 찬성률이 농어촌 사람의 찬성률보다 크다고 할 근거가 없다.
26. 남학생의 비율이 여학생의 비율보다 높다고 할 수 없다.

Chapter 10 소표본 추론

I Can Do

1. (39.355, 42.645)
2. 음료수의 용량이 360 mL라는 주장은 설득력이 있다.
3. 차상위 계층 이하인 사람의 칼슘 하루 섭취량이 기준에 미치지 못한다고 할 수 있다.
4. 배터리의 수명이 하루를 초과한다고 하기에는 증거가 불충분하다.
5. p−값은 0.20과 0.25 사이의 값이고, 귀무가설 $H_0 : \mu \le 10$을 기각할 수 없다.
6. (0.005, 3.995)
7. 2000 cc인 차량의 rpm이 3000 cc인 차량의 rpm보다 높다고 할 수 없다.
8. 감기약 B가 감기약 A보다 회복 기간을 줄여준다고 할 수 있다.

9. (1) (6.274, 30.982)　　(2) (2.505, 5.566)

10. 모분산이 0.8이라는 주장은 타당해 보인다.

11. 모표준편차가 0.09보다 작다고 할 수 있다.

12. $\sigma^2 \le 4.5$라는 주장은 타당성이 있다.

13. (0.0947, 3.9621)

14. 두 모분산은 같다고 할 수 있다.

연습문제

1. (69.395, 73.605)

2. (1) (40.4073, 59.5927)

(2) 평균 투자 시간이 1시간에 미달한다는 근거가 충분하다.

3. 건강한 성인이 물을 하루에 평균 2 L 이상 마신다는 근거가 충분하다.

4. (1) (23.1816, 24.8984)

(2) 모평균이 25라는 주장은 타당성이 있다.

(3) 모평균이 25라는 주장은 타당성이 없다.

5. 하천 물의 평균 pH 농도가 7이라는 주장은 근거가 불충분하다.

6. (1) 평균 주차 시간이 1시간을 초과한다는 주장은 근거가 불충분하다.

(2) 평균 주차 시간이 1시간을 초과한다는 주장은 타당하다.

7. 배터리의 평균 수명은 36개월을 초과한다는 주장은 근거가 불충분하다.

8. (−1.385, 2.985)　　**9.** (2.49651, 9.50349)

10. 전기포트의 평균 수명에 차이가 있다는 주장은 불충분하다.

11. (1) 두 정유 회사에서 판매하는 가솔린의 평균 가격이 동일하다고 할 수 있다.

(2) 두 정유 회사에서 판매하는 가솔린의 평균 가격이 동일하다는 증거는 불충분하다.

12. 새로운 교수법이 효과가 있다는 근거는 불충분하다.

13. 자유 시간 선택제 근로자의 일의 양이 더 크다는 근거는 불충분하다.

14. $\mu_1 < \mu_2$인 주장은 근거는 불충분하다.

15. 실험 전후의 평균에 차이가 있다고 할 수 있다.

16. 신호 체계를 바꾸면 사고를 줄일 수 있다는 근거는 없다.

17. (8.4, 36.9)

18. 모분산이 2보다 크다는 근거는 불충분하다.

19. (1) $\bar{x} = 946.11$, $s^2 = 157.234$

(2) 모평균이 950.0천 원이라 할 수 있다.

(3) 모표준편차가 11.2천 원이라 할 수 있다.

20. 표준편차는 0.5 mm보다 작다는 근거는 미약하다.

21. (1) (3.658, 20.992)

(2) 모분산이 5보다 크다는 근거는 미약하다.

22. (0.144, 2.9157)

23. (0.357, 6.352)

24. (1) 서울 지역의 분산이 울산 지역의 분산보다 크다고 할 수 없다.

(2) 서울 지역의 분산이 울산 지역의 분산보다 크다고 할 수 있다.

25. 두 실험 방법에 대한 반응의 분산은 같다고 할 수 있다.

26. 남자 근로자와 여자 근로자의 능률은 거의 같다고 할 수 있다.

27. (1) $\sigma_1^2 = \sigma_2^2$이라고 할 근거가 미약하다.

(2) $\sigma_1^2 < \sigma_2^2$이라고 하기에 충분하다.

찾아보기

쉽게 배우는 생활속의 통계학

인쇄 | 2020년 09월 01일
발행 | 2020년 09월 05일

지은이 | 이 재 원
펴낸이 | 조 승 식
펴낸곳 | (주)도서출판 북스힐

등 록 | 1998년 7월 28일 제22-457호
주 소 | 서울시 강북구 한천로 153길 17
전 화 | (02) 994-0071
팩 스 | (02) 994-0073

홈페이지 | www.bookshill.com
이메일 | bookshill@bookshill.com

정가 27,000원

ISBN 979-11-5971-113-8

Published by bookshill, Inc. Printed in Korea.